现代数学基础丛书 188

混沌、Melnikov 方法及新发展

（第二版）

李继彬　陈凤娟　著

科学出版社

北　京

内 容 简 介

物理、化学、力学、生物、经济和社会学中建立的物质运动的数学模型通常用微分方程所定义的连续动力系统来描述. 在某些确定的参数条件下, 这些数学模型存在复杂的动力学行为——混沌性质. 什么是严格的数学意义下的混沌, 如何理解混沌现象? 系统是如何随着参数的改变而发展为混沌行为的? 有什么精确的数学方法和技巧检验混沌行为的存在? 对上述问题, 本书介绍已得到的精确的数学理解的结果. 本书重点介绍检验 Smale 马蹄型混沌存在的 Melnikov 测量方法及其应用.

作为 21 世纪新的研究进展, 本书第二版特别介绍了由 Wang Qiudong 等近年所发展的高阶 Melnikov 函数计算和判定分界线的指数小撕裂的严格的数学方法.

图书在版编目(CIP)数据

混沌、Melnikov 方法及新发展/李继彬, 陈凤娟著. —2 版. —北京：科学出版社，2021.10

(现代数学基础丛书; 188)

ISBN 978-7-03-069368-6

Ⅰ.①混… Ⅱ.①李… ②陈… Ⅲ.①混沌理论 Ⅳ.①O415.5

中国版本图书馆 CIP 数据核字 (2021) 第 138113 号

责任编辑: 胡庆家　李香叶 / 责任校对: 彭珍珍
责任印制: 吴兆东 / 封面设计: 陈　敬

科 学 出 版 社 出版

北京东黄城根北街 16 号
邮政编码：100717
http://www.sciencep.com

北京虎彩文化传播有限公司 印刷
科学出版社发行　各地新华书店经销

*

2012 年 6 月第 一 版　开本: 720 × 1000 B5
2021 年 10 月第 二 版　印张: 29 3/4
2022 年 1 月第三次印刷　字数: 596 000

定价: 198.00 元
(如有印装质量问题, 我社负责调换)

《现代数学基础丛书》序

对于数学研究与培养青年数学人才而言，书籍与期刊起着特殊重要的作用．许多成就卓越的数学家在青年时代都曾钻研或参考过一些优秀书籍，从中汲取营养，获得教益．

20世纪70年代后期，我国的数学研究与数学书刊的出版由于"文化大革命"的浩劫已经破坏与中断了10余年，而在这期间国际上数学研究却在迅猛地发展着．1978年以后，我国青年学子重新获得了学习、钻研与深造的机会．当时他们的参考书籍大多还是50年代甚至更早期的著述．据此，科学出版社陆续推出了多套数学丛书，其中《纯粹数学与应用数学专著》丛书与《现代数学基础丛书》更为突出，前者出版约40卷，后者则逾80卷．它们质量甚高，影响颇大，对我国数学研究、交流与人才培养发挥了显著效用．

《现代数学基础丛书》的宗旨是面向大学数学专业的高年级学生、研究生以及青年学者，针对一些重要的数学领域与研究方向，作较系统的介绍．既注意该领域的基础知识，又反映其新发展，力求深入浅出，简明扼要，注重创新．

近年来，数学在各门科学、高新技术、经济、管理等方面取得了更加广泛与深入的应用，还形成了一些交叉学科．我们希望这套丛书的内容由基础数学拓展到应用数学、计算数学以及数学交叉学科的各个领域．

这套丛书得到了许多数学家长期的大力支持，编辑人员也为其付出了艰辛的劳动．它获得了广大读者的喜爱．我们诚挚地希望大家更加关心与支持它的发展，使它越办越好，为我国数学研究与教育水平的进一步提高做出贡献．

杨 乐

2003年8月

第二版前言

本书第一版自 2012 年出版发行以来已 8 年, 关于动力系统的混沌性质的研究是现代动力系统和非线性科学研究的一个活跃的子领域, 新的创造性成果不断涌现. 近年来, 对与混沌的存在性判定相关的 Melnikov 积分的深入研究, 美国 Arizona 大学 Wang Qiudong 教授和 Brigham Young 大学 Lu Kening 教授作出了一系列令人瞩目的新工作. 为介绍他们的新成果, 作者在第二版中对第一版内容作了增删. 删除了第一版 7.2 节、7.4 节、7.5 节和 7.8 节. 增加了第 8, 9 章和第 13 章的新内容, 以反映本学科研究的新进展.

本书第二版得到了国家自然科学基金 (11471289, 11571318) 的资助. 编著者感谢浙江师范大学和华侨大学对本书出版的支持及科学出版社胡庆家先生在出版过程中给予的帮助. Wang Qiudong 教授和 Lu Kening 教授热诚地支持我们介绍他们的新研究成果, 并认真地阅读了第 8, 9, 13 章的初稿, 提出了宝贵的建议, 作者在此一并表示衷心的谢意.

作 者

2020 年 8 月于泉州和金华

第一版前言

1989 年, 本书第一作者曾在重庆大学出版社出版过 38 万字的《混沌与 Melnikov 方法》一书. 书稿是用铅字排版的, 当年 5 月底和 6 月初, 笔者应邀在重庆大学为数学系 1987 年入学的硕士研究生们讲 "分枝与混沌" 这门课, 并和排版师傅一起, 边铸新铅字, 边改边校对书稿. 第一次印刷的 2000 本书很快售罄. 有趣的是, 时隔二十余年, 迄今在网络上还有求购本书的帖子, 这说明对读者而言, 该书的内容仍有学习的价值. 鉴于原来的铅字版早已毁掉, 今天的出版界已远离 "铅与火", 编著者在保持原书风格的基础上, 结合当今研究的发展, 逐章地改写了原书稿, 增加了三章新发展的内容和大量的参考文献, 定名 "混沌、Melnikov 方法及新发展", 请科学出版社出版.

兹录 "混沌与 Melnikov 方法" 一书原版的引言作为本书前言的一部分:

> "在现实世界上, 许多物理、力学、化学、生物和经济与社会学系统, 往往用微分方程所确定的数学模型来描述. 为揭示这些模型所反映的系统的内部结构, 人们作了各种各样的探索, 所获得的成果丰富和充实了微分方程经典学科的内容, 促进了该学科的发展, 增加了人们对于客观世界的理解. 大量的事实雄辩地说明, 集中精力对付某些有实际背景的系统是发展理论的指南和源泉."

19 世纪 80 年代由 H. Poincaré 所开创的微分方程定性理论, 在 20 世纪上半期由于与非线性振动的联系, 在应用方面获得令人刮目相看的进展. 在理论方面, G. D. Birkhoff 将经典微分方程所定义的动力系统抽象为拓扑动力系统. 随着 20 世纪 50 年代微分流形和微分拓扑理论的崛起, 传统的定义于 Euclid 空间上的微分方程被引申到微分流形上定义的动力系统, 形成了崭新的可微动力系统理论新学科, 获得了许多优秀的成果. 动力系统理论是与时间的发展有关的数学. 该理论的一般目标是寻找有效的方法, 回答问题: 随着时间的演化, 系统的性质如何? 理论的发展沿着两条并行的路线, 一方面, 发现简单性、可理解性和稳定性; 另一方面, 揭示复杂性, 不稳定性和混沌性.

微分动力系统理论的新成果源于微分方程又反作用于微分方程, 提供了人们对于高维系统所确定的连续流的动态复杂性以理论的思维. 这是符合认识发展的辩证法的. 1967 年, 美国动力系统专家 S. Smale 说过, "······常微分方程定性理论中出现的若干现象和问题, 在微分同胚问题中以最简单形式同样出现. 因此, 作为第一步, 在微分同胚中发现定理; 第二步, 通常是倒回去, 将它们翻译成微分方程理论中的结果." 这样一种 "倒回去" 的工作, 简言之, 即微分方程研究中的动力系统方法. 编写本书的目的, 是介绍微分动力系统理论及作用于常微分方程的理论和应用中, 涉及对系统复杂性认识的某些基本结果.

20 世纪 70 年代以来, 对物理、力学、化学和生物学中各种动力学模型的计算机实验和模拟结果说明, 高于二维的微分方程所确定的向量场, 在某些参数条件下, 其轨道有复杂的混沌 (Chaos) 性质. 什么是混沌, 如何理解混沌现象? 系统是如何伴随着参数的改变而发展为混沌行为的? 有什么精确的数学方法和技巧检验混沌行为的存在? 本书对上述问题作出已得到的数学理解的回答. 重点介绍检验 Smale 马蹄型混沌存在的 "Melnikov 测量方法".

粗略地说, 作为一种动力学现象, 混沌所描述的是微分方程的解的轨道在相空间中关于初始条件的敏感依赖性和随时间长期发展的不可预测性. 早在 1890 年, Poincaré 就发现, 混沌的出现与双曲鞍点的稳定和不稳定流形的横截相交导致的同宿缠结 (homoclinic tangles) 紧密相关. 关于同宿缠结的研究导致 20 世纪 60 年代 Smale 马蹄映射的发现. Smale 马蹄具有复杂的动力学结构, 既实现了混沌的描述性定义, 又体现了所有同宿缠结的存在. 同宿缠结机制的这种概念性的简化和 Smale 马蹄映射的优美的几何结构使得现代动力系统理论的新思想得以向数学之外的科学领域广泛传播, 形成了非线性科学研究的新方向.

对于在应用中大量出现的依赖于时间的周期扰动的可积系统和 Hamilton 系统, 1963 年由苏联数学家 Melnikov 发展的分析方法, 经 Guckenheimer 和 Holmes 于 1983 年撰写的专著的再加工和介绍得到广泛传播和发展. 该方法通过测量系统轨道的 Poincaré 映射的双曲鞍点的稳定和不稳定流形之间的距离, 来精确地判定同宿缠结和 Smale 马蹄的存在性. 经过众多数学家近五十年的工作, Melnikov 所建立的方法已经被大大推广, 去处理高维系统和非双曲周期轨的情况, 并发展到无穷维动力系统和随机动力系统的混沌性质研究. 读者可从本书所收录的大量参考文献了解当今的发展动态.

近年来, 为了填补抽象的非一致双曲动力系统理论与微分方程模型的具体应用之间的空白, 美国 Arizona 大学 Wang Qiudong 教授等发展了一系列的新混沌理论——秩为 1 的映射理论, 提供了对非一致双曲的同宿缠结的复杂的几何和动力学结构的深刻理解. 特别对于依赖于时间的周期和非周期扰动的二阶振子, 在假设未扰动系统有同宿到耗散鞍点的同宿轨道的条件下, 他们建立了系统的 Poincaré 映射的精确的数学表达式, 给出了 Poincaré 映射的同宿缠结的更为细致和完整的刻画. 进而证明了系统的许多复杂的动力学行为的存在性. 我们用第 8—10 章共三章初步介绍这个新方向的某些新结果. 希望进一步作研究工作的读者, 应认真地学习 Wang Qiudong 等的原著.

本书主要面向从事动力系统应用的读者, 亦可作为硕士研究生、博士研究生和对常微分方程与动力系统感兴趣的人员的入门读物. 所介绍的内容是基本的, 可供对混沌及其应用感兴趣的研究人员参考. 阅读本书需要学习过数学分析和微分方程课程的基础知识.

本书的出版得到了国家自然科学基金重点基金 (10831003) 的资助. 编著者感谢浙江师范大学的支持及科学出版社赵彦超先生在出版过程中给予的帮助. Wang Qiudong 教授认真地审阅了后三章的原稿, 并提出了宝贵的改进建议, 编著者在此一并表示衷心的谢意.

李继彬

2012 年 3 月

于浙江金华

目　　录

第 1 章　动力系统的基本概念

本章简要介绍动力系统的某些基本概念.

1.1　流和离散动力系统

"动力系统" 这个名词, 由 Poincaré 研究多体问题——质点组动力学问题而产生. 后来被发扬光大, 沿用下来, 在数学上具有确定的含义. 考虑定义在 Euclid 空间 $\mathbf{R}^n$ 上的微分方程组

$$\frac{dx}{dt} = f(x), \tag{1.1.1}$$

其初始条件为 $x(0) = x_0$. 设 $f \in C^1(\mathbf{R}^n, \mathbf{R}^n)$, $x_0 \in \mathbf{R}^n$, 则 (1.1.1) 的初值问题解 $x = \phi(t, x_0)$ 局部存在唯一. 再对 f 增加解整体存在唯一的条件, 即对于一切的 $t \in \mathbf{R}$, $x_0 \in \mathbf{R}^n$, 设解 $x = \phi(t, x_0)$ 整体存在唯一. 由微分方程的一般理论可知, 函数 $\phi(t, x_0)$ 具有以下的性质:

(i) 确定性: 对于一切 $s, t \in \mathbf{R}$, $x \in \mathbf{R}^n$, 有

$$\phi(0, x) = x; \quad \phi(s + t, x) = \phi(s, \phi(t, x)).$$

(ii) 连续性: $\phi(t, x)$ 关于变元 t, x 在 $\mathbf{R} \times \mathbf{R}^n$ 上连续.

满足这两个性质的映射 $\phi : \mathbf{R} \times \mathbf{R}^n \to \mathbf{R}^n$ 构成以 t 为参数的从 $\mathbf{R}^n$ 到 $\mathbf{R}^n$ 的单参数连续变换群. 我们称 ϕ 为 $\mathbf{R}^n$ 中定义的动力系统或流.

对于给定的 $x \in \mathbf{R}^n$, 集合

$$\mathrm{Orb}_\phi(x) = \{\phi(t, x) |\ t \in \mathbf{R}\} \subset \mathbf{R}^n$$

称为流 ϕ 过点 x 的轨道. $\mathbf{R}^n$ 称为状态空间或相空间, 每个点 $x \in \mathbf{R}^n$ 称为一个状态.

如果抛开微分方程, 设 X 是一个拓扑空间 (C^r-微分流形), 一般地考虑连续映射 (C^r-映射)$\phi : \mathbf{R} \times X \to X$, 并设 ϕ 满足确定性条件:

1° $\phi(s + t, x) = \phi(s, \phi(t, x))$, 对于一切 $s, t \in \mathbf{R}$, $x \in X$ 成立;

2° $\phi(0, x) = x$, 对于一切 $x \in X$ 成立.

此时称 ϕ 为定义在 X 上的一个拓扑动力系统 (C^r-动力系统), 或称 X 上的 C^0-(C^r-) 流.

对于任意取定的 $t \in \mathbf{R}$, 由于 $\phi(t, \cdot)$ 定义了一个以 t 为参数的连续 C^r-映射, 简记为 ϕ^t, 条件 1° 和 2° 可改写为

(1) $\phi^{s+t} = \phi^s \cdot \phi^t$, 对于一切 $s, t \in \mathbf{R}$, $x \in X$ 成立;

(2) $\phi^0 = \mathrm{id}$.

由于对于任何固定的 $t \in \mathbf{R}$, ϕ^t 有逆映射 ϕ^{-t}, 因此, ϕ^t 是一个同胚 (C^r-微分同胚). 在拓扑空间 X 上定义的上述流 ϕ 同样关于 t 构成单参数的变换群, 参数的取值范围是实数加群 $\mathbf{R}^+$.

如果对流进行离散采样, 研究它每隔一段时间间隔 T 的状态, 我们得到一个两边有无穷多项的序列

$$\cdots, \phi^{-2T}, \phi^{-T}, \phi^0 = \mathrm{id}, \phi^T, \phi^{2T}, \cdots.$$

这个序列由同胚 $f = \phi^T$ 所生成, 即

$$\phi^{kT} = \phi^T \circ \phi^T \circ \cdots \circ \phi^T = f \circ f \circ \cdots \circ f = f^k, \tag{1.1.2}$$

$$\phi^{-kT} = \phi^{-T} \circ \phi^{-T} \circ \cdots \circ \phi^{-T} = f^{-1} \circ f^{-1} \circ \cdots \circ f^{-1} = f^{-k}. \tag{1.1.3}$$

ϕ^T 称为流 ϕ 的时刻 T 映射, 又称 Poincaré 映射. 特别地, ϕ^1 称为流 ϕ 的时刻 1 映射. 流 ϕ^t 的时刻 T 映射可看作流 $\psi^T = \phi^{Tt}$ 的时刻 1 映射. 因此, 只需考虑 $T = 1$ 的情形.

一般地, 任给一个同胚 (C^r-微分同胚)f, f 不一定是某个流的时刻 1 映射, 同样能够生成一个双边序列

$$\cdots, f^{-2}, f^{-1}, f^0, f^1, f^2, \cdots, \tag{1.1.4}$$

其中, $f^0 = \mathrm{id}, f^k = f \circ f^{k-1} = f \circ f \circ \cdots \circ f; f^{-k} = (f^{-1})^k$. 显然 f 满足关系:

(1) $f^{k+l} = f^k \circ f^l$, 对于一切 $k, l \in \mathbf{Z}$ 成立;

(2) $f^0 = \mathrm{id}$.

与流的情形类比, 人们称这种由同胚 (C^r-微分同胚) 生成的双边序列为离散动力系统. 离散动力系统也是一个单参数变换群, 其参数取值范围是整数加群 $(\mathbf{Z}, +)$.

由于存在没有全局截面的流, 因此, 一般而言, 不能说每个流通过取 Poincaré 映射必对应一个微分同胚. 但是, 流经过采样离散化而得到一个低一维的离散动力系统. 流的时刻 1 映射总是一个同胚. 反之, 采用 "扭扩" (suspension) 微分同胚 f (图 1.1.1), 可构造 f 作为某个流的 Poincaré 映射. 这里不再赘述. 正因为流和离散动力系统有这样紧密的关系, 才激励着离散动力系统理论的大发展. 我们研究流所得到的结论, 往往可用于微分同胚情形. 反之, 在一定的条件下, 由微分

同胚所获得的信息, 可用于研究比微分同胚高一维的流. 人们往往首先在微分同胚的研究中去发现定理, 反过来又用之于微分方程所定义的流, 以得到相应的结果. 这就是微分方程研究的动力系统方法.

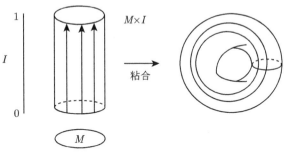

图 1.1.1　离散动力系统的扭扩

上面的讨论都是由同胚 (C^r-微分同胚) 生成的系统, 如果我们更一般地考虑连续映射 (C^r-映射) 的迭代: $f^0 = \mathrm{id},\ f^1, f^2, \cdots, f^k, \cdots, k \in \mathbf{Z}^+$, 所得到的系统称为拓扑半动力系统 ($C^r$-微分半动力系统).

1.2　基本定义和性质

设 X 是拓扑空间 (C^r-流形), $f: X \to X$ 是一个同胚 (C^r-微分同胚).

定义 1.2.1　集合 $\mathrm{Orb}_f(x) = \{f^k(x) | k \in \mathbf{Z}\}, \mathrm{Orb}_{f+}(x) = \{f^k(x) | k \in \mathbf{Z}^+\}, \mathrm{Orb}_{f-}(x) = \{f^k(x) | k \in \mathbf{Z}^-\}$ 分别称为离散动力系统 f 过点 x 的轨道、正半轨道和负半轨道.

显然, $\mathrm{Orb}_f(x) = \mathrm{Orb}_{f+}(x) \bigcup \mathrm{Orb}_{f-}(x)$. 如不产生混淆, 可简记 $\mathrm{Orb}_f(x)$ 为 $\mathrm{Orb}(x)$.

定义 1.2.2　设存在正整数 $n \geqslant 1$, 使得 $f^n(x) = x$ 成立, 称 x 为 f 的周期点; 使得 $f^n(x) = x$ 成立的最小自然数 n, 称为 x 的周期. 特别, 周期为 1 的点, 称为 f 的不动点.

用记号 $\mathrm{Per}(f)$ 和 $\mathrm{Fix}(f)$ 分别表示 f 的周期点集合和不动点集合. 显然, $\mathrm{Fix}(f) \subset \mathrm{Per}(f)$.

定义 1.2.3　设 $x \in X$, 若存在正整数 $m > 0$, 使得 $f^m(x)$ 是 f 的周期点, 则称 x 为 f 的准周期点 (或称终于周期点).

f 的终于周期点集合记为 $\mathrm{EPer}(f)$. f 的周期点必是准周期点, 反之不真. 并且

$$\mathrm{Per}(f) \subset \mathrm{EPer}(f) = \bigcup_{m=0}^{\infty} f^{-m}(\mathrm{Per}(f)).$$

定义 1.2.4　设 $x \in X$, 若对 x 的任意邻域 $U(x) \subset X$, 都存在 $n > 0$, 使得 $f^n(x) \in U(x)$, 则称 x 为 f 的回复点 (recurrence point).

f 的回复点集合记为 $\mathrm{Rec}(f)$. 显然, $\mathrm{Per}(f) \subset \mathrm{Rec}(f)$.

定义 1.2.5　集合

$$\omega(x) = \bigcap_{n \subset \mathbf{N}} \overline{\{f^k(x) | k \geqslant n\}}$$

与

$$\alpha(x) = \bigcap_{n \in \mathbf{N}} \overline{\{f^{-k}(x) | k \geqslant n\}}$$

分别称为 $\mathrm{Orb}_f(x)$ 的 ω 极限点集和 α 极限点集. 其中, $\mathbf{N}$ 表示正整数集合.

由这个定义可见, $\omega(x)$ 和 $\alpha(x)$ 都是闭集. 如果 X 是紧致的度量空间, 则对于一切 $x \in X$, $\omega(x)$ 和 $\alpha(x)$ 都是非空的.

定义 1.2.6　设 $x \in X$, 若存在 x 的邻域 $U(x) \subset X$, 使得对于一切 $k \in \mathbf{Z} - \{0\}$, $f^k(U(x)) \cap U(x) = \varnothing$, 其中 $\varnothing$ 表示空集, 则称 x 为 f 的游荡点. 不是游荡点的点称为非游荡点 (non-wandering point). 换言之, 对 x 的任意邻域 $U(x)$, 总存在整数 $k \neq 0$, 使得 $f^k(U(x)) \cap U(x) \neq \varnothing$, 则称 x 为 f 的非游荡点.

f 非游荡点全体所构成的集合称为 f 的非游荡集, 记为 $\Omega(f)$. 由该定义可知, f 的游荡点集是开集, f 的非游荡集 $\Omega(f)$ 是闭集.

定义 1.2.7　设集合 $\Lambda \subset X$, 且 $F(\Lambda) = \Lambda$ (对于半动力系统 $F(\Lambda) \subset \Lambda$), 称 Λ 为 f 的不变集. 又若 Λ 是 f 的非空闭不变集, 并且不存在真包含于它之中的非空闭不变子集, 则称 Λ 为 f 的极小集.

定理 1.2.1　设 $f: X \to X$ 是一个连续映射, 则

(i) $\Omega(f)$ 是闭集;

(ii) $\cup_{x \in X} \omega(x) \subset \Omega(f)$, 从而 $\Omega(f)$ 非空;

(iii) 全体周期点集 $\mathrm{Per}(f) \subset \Omega(f)$;

(iv) $f(\Omega(f)) \subset \Omega(f)$, 又若 f 为同胚, 则 $\Omega(f)$ 为不变集, 即 $f(\Omega(f)) = \Omega(f)$.

证　(i) 根据定义 1.2.6, $X - \Omega(f)$ 为开集, 故 $\Omega(f)$ 为闭集.

(ii) 设 $x \in X, y \in \omega(x)$, 兹证 $y \in \Omega(f)$. 用 V 表示点 y 的邻域, 兹求满足 $f^{-n}(V) \cap V \neq \varnothing$ 的 $n \geqslant 1$, 从而存在 $n \geqslant 1$ 和某个 $z \in V$, 满足 $f^n(z) \in V$. 事实上, 因为 $y \in \omega(x)$, 故存在自然数列 $\{n_i\}$, 满足 $f^{n_i}(x) \to y$, 选择 $n_{i0} < n_{i1}$, 且 $f^{n_{i0}}(x) \in V, f^{n_{i1}}(x) \in V$. 于是, 取 $n = n_{i1} - n_{i0}$, $z = f^{n_{i0}}(x)$, 即得到结论.

(iii) 若 $f^n(x) = x, n > 0, U$ 是 x 的邻域, 则有 $x \in f^{-n}(U) \cap U$, 从而 $x \in \Omega(f)$.

(iv) 设 $x \in \Omega(f), V$ 为 $f(x)$ 的邻域, 则 $f^{-1}(V)$ 是 x 的邻域. 从而存在某个 $n > 0$, 使得 $f^{-(n+1)}(V) \cap f^{-1}(V) \neq \varnothing$. 因此, $f^{-n}(V) \cap V \neq \varnothing$, 故 $f(x) \in \Omega(f)$,

即 $f(\Omega(f)) \subset \Omega(f)$. 如果 f 是同胚, 必有 $\Omega(f) = \Omega(f^{-1})$. 因此, 由 $f^{-1}(\Omega(f)) \subset \Omega(f)$ 知, $f(\Omega(f)) = \Omega(f)$, 即 $\Omega(f)$ 是不变集. $\qquad\square$

定义 1.2.8 (i) 连续映射 $f : X \to X$ 称为单边拓扑传递的 (topologically transitive), 倘若存在某些 $x \in X$, 其半轨道 $\{f^n(x)|n \geqslant 0\}$ 在 X 中稠;

(ii) 同胚映射 $f : X \to X$ 称为拓扑传递的, 倘若存在某些 $x \in X$, 其轨道 $\mathrm{Orb}_f(x) = \{f^n(x)|n \in \mathbf{Z}\}$ 在 X 中稠.

如果同胚映射 $f : X \to X$ 是单边拓扑传递的, 称 f 是拓扑混合的. 存在例子说明, 拓扑传递的同胚映射 f 不是拓扑混合的. 反之, f 拓扑混合必拓扑传递, 且 $\Omega(f) = X$.

定理 1.2.2 设 $f : X \to X$ 是紧致度量空间的同胚映射, 则以下的说法等价:

(i) f 是拓扑传递的;

(ii) 设 E 是 X 的闭子集, 是 f 的不变集, 则或者 $E = X$, 或者 E 无处稠密 (换言之, 对于任何满足 $f(U) = V$ 的开子集 $U \subset X$, 或者 $U = \varnothing$, 或者 U 为稠集);

(iii) 对任何非空开集 U, V, 存在 $n \in \mathbf{Z}$, 使得 $f^n(U) \cap V \neq \varnothing$;

(iv) 集合 $\{x \in X : \overline{\mathrm{Orb}_f(x)} = X\}$ 是稠的 G_δ 集合.

证 (i) $\Rightarrow$ (ii). 设 $x_0 \in X, \mathrm{Orb}_f(x_0)$ 在 X 中稠, 从而 $\overline{\mathrm{Orb}_f(x_0)} = X$. 设 $E \neq \varnothing$, 且 E 为闭集, 关于 f 不变. 若 U 为开集且 $U \subset E, U \neq \varnothing$, 则存在 p 使得 $f^p(x_0) \in U \subset E$. 从而, $\mathrm{Orb}_f(x_0) \subset E$, 即 $X = E$. 因此, 或者 $E = X$, 或者 E 无内点.

(ii) $\Rightarrow$ (iii). 设 U, V 是非空开集, 则 $\bigcup\limits_{n=-\infty}^{\infty} f^n(U)$ 为开集, 且关于 f 不变, 由 (ii) 中条件, 该集合必为稠集, 从而 $\bigcup\limits_{n=-\infty}^{\infty} f^n(U) \cap V \neq \varnothing$.

(iii) $\Rightarrow$ (iv). 用 $U_1, U_2, \cdots, U_n$ 表示 X 的可数基, 则集合 $\{x \in X | \overline{\mathrm{Orb}_f(x)} = X\} = \bigcap\limits_{n=1}^{\infty} \bigcup\limits_{m=-\infty}^{\infty} f^m(U_n)$, 且由 (iii) 的条件 $\bigcup\limits_{m=-\infty}^{\infty} f^m(U_n)$ 稠, 由此即得 (iv) 的结论.

由 (iv) $\Rightarrow$ (i) 是显然的. $\qquad\square$

以下设拓扑空间 X 是可度量化的, 其距离函数为 d.

定义 1.2.9 设 $f : X \to X$ 是一个连续映射, 称 f 关于初始条件具有敏感依赖性, 倘若存在 $\delta > 0$, 使得对于一切 $x \in X$ 和 x 的任何邻域 U, 恒存在 $y \in U, n \geqslant 0$ 使得 $d(f^n(x), f^n(y)) > \delta$.

定理 1.2.3 如果同胚映射 $f : X \to X$ 是拓扑传递的, 并且 f 有稠的周期点, 则 f 关于初始条件具有敏感依赖性.

证 由于 f 的周期点在 X 中稠, 必存在数 $\delta_0 > 0$, 使得对每个 $x \in X$, 存在 f 的周期点 $q \in X$, 满足 $d(\mathrm{Orb}_f(q), x) \geqslant \dfrac{1}{2}\delta_0$. 事实上, 任取两个周期点 q_1 和 q_2,

记 $\delta_0 = d(\mathrm{Orb}_f(q_1), \mathrm{Orb}_f(q_2))$. 由三角不等式得 $d(\mathrm{Orb}_f(q_1), x) + d(\mathrm{Orb}_f(q_2), x) \geqslant d(\mathrm{Orb}_f(q_1), \mathrm{Orb}_f(q_2)) = \delta_0$. 故 $d(\mathrm{Orb}_f(q_1), x) \geqslant \frac{1}{2}\delta_0$ 或 $d(\mathrm{Orb}_f(q_2), x) \geqslant \frac{1}{2}\delta_0$.

以下证 f 具有敏感常数为 $\delta = \frac{1}{8}\delta_0$ 的初始条件敏感依赖性. 设 $x \in X$, V 为 x 的某个邻域. 由于 f 的周期点是稠的, 在 x 为中心, δ 为半径的球 $B_\delta(x)$ 与 V 之交集 $U = V \cap B_\delta(x)$ 中, 必存在周期为 n 的周期点 p. 如前所述, 存在另一个周期点 $q \in X$(未必在 U 内), 满足 $d(\mathrm{Orb}_f(q), x) \geqslant 4\delta = \frac{1}{2}\delta_0$. 记 $\hat{V} = \bigcap\limits_{i=0}^{n} f^{-i}(B_\delta(f^{-i}(q)))$. 显然, $\hat{V}$ 为开集, 且 $q \in \hat{V}$, 即 $\hat{V}$ 非空. 根据 f 的拓扑传递性, U 中必有一点 y, 并存在某个自然数 k, 使得 $f^k(y) \in \hat{V}$. 我们取 $j = \left[\dfrac{k}{n} + 1\right]$, 其中 $[\cdot]$ 表示该数的整数部分. 于是, $1 \leqslant (nj - n) \leqslant n$. 从而

$$f^{nj}(y) = f^{nj-k}(f^k(y)) \in f^{nj-k}(\hat{V}) \subseteq B_\delta(f^{nj-k}(q)).$$

由于 p 是周期点, $f^{nj}(p) = p$. 应用三角不等式

$$d(f^{nj}(p), f^{nj}(y)) = d(p, f^{nj}(y)) \geqslant d(x, f^{nj-k}(q)) - d(f^{nj-k}(q), f^{nj}(y)) - d(p, x)$$

和关系 $p \in B_\delta(x)$, $f^{nj}(y) \in B_\delta(f^{nj-k}(q))$ 可得

$$d(f^{nj}(x), f^{nj}(y)) > 4\delta - \delta - \delta = 2\delta.$$

再次用三角不等式可证

$$d(f^{nj}(x), f^{nj}(y)) > \delta \quad \text{或} \quad d(f^{nj}(x), f^{nj}(p)) > \delta$$

成立. 在两种情形中, 都已找到 V 中的点, 使得 f^{nj} 作用于该点后与 $f^{nj}(x)$ 的距离大于 δ, 即 f 关于初始条件具有敏感依赖性. $\qquad\square$

这个定理考虑的是度量空间中的连续映射, 具有一般性. 如果限制空间为一维的, 则以下结论成立.

定理 1.2.4 设 I 表示一个区间 (不必有限), $f: I \to I$ 是连续的拓扑传递映射. 则 (1) f 的周期点在 I 中稠; (2) f 关于初始条件具有敏感依赖性.

下面我们设 f 为 $C^r(r \geqslant 1)$-微分同胚. 用 $Df(x_0)$ 表示 f 在 $x_0 \in X$ 的线性化算子.

定义 1.2.10 (i) f 的不动点 $\tilde{x}$ 称为稳定的, 倘若对 $\tilde{x}$ 的每个邻域 U, 都存在 $\tilde{x}$ 的邻域 $\tilde{U} \subset U$, 使得若 $x \in \tilde{U}$, 则对一切 $m > 0, f^m(x) \in U$ 成立. 若不动点 $\tilde{x}$ 是稳定的, 并且对一切 $x \in \tilde{U}$, $\lim\limits_{m \to \infty} f^m(x) = \tilde{x}$, 则称不动点 $\tilde{x}$ 是渐近稳定的, 渐近稳定的不动点又称吸引的不动点.

(ii) f 的周期为 n 的周期点 $\tilde{x}$ 称为双曲的, 倘若 $Df^n(\tilde{x})$ 的所有特征值都不等于 1.

对于二维情形, $\tilde{x}$ 称为双曲的, 倘若 $Df^n(\tilde{x})$ 的两个特征值的模一个大于 1, 一个小于 1.

1.3 拓扑共轭、结构稳定性与分枝

设 X 和 Y 是拓扑空间 (C^r-微分流形), $f: X \to X$ 和 $g: Y \to Y$ 是同胚 (C^r-微分同胚).

定义 1.3.1 若存在从空间 X 到空间 Y 的同胚映射 $h: X \to Y$, 使得

$$h \circ f = g \circ h,$$

则称 f 和 g 拓扑共轭 (图 1.3.1).

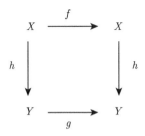

图 1.3.1 拓扑共轭

显然, 拓扑共轭是整个同胚空间上的等价关系. 拓扑共轭映射 h 把系统 f 过点 x 的轨道变成系统 g 过点 $h(x)$ 的轨道; 把轨道 $\mathrm{Orb}_f(x)$ 的 $\omega(\alpha)$ 极限点变成轨道 $\mathrm{Orb}_g h(x)$ 的 $\omega(\alpha)$ 极限点; 把 f 的 n 周期点变成 g 的 n 周期点; 把 f 的非游荡集变成 g 的非游荡集; 等等. 总之, 拓扑共轭的两个系统有相同的轨道结构. 因此, 当研究动力系统时, 拓扑共轭的两个系统可看作同一个系统.

一个动力系统在什么样的条件下经 "扰动" 而不改变轨道结构? 这就是扰动系统的 "持续性" 问题, 或结构稳定性问题.

所谓扰动系统的 "小扰动", 与一切映射组成的空间的拓扑有关. 以 Euclid 空间的映射为例, 设 $U \subset \mathbf{R}^n$ 是一个开集, 对映射的集合引进 C^r 弱拓扑, 即 "在任何紧集上直到 r 阶微分一致收敛的拓扑". 任给 $f \in C^r(U, \mathbf{R}^n)$, f 的基本邻域为

$$u(f, K, \varepsilon) = \{g \in C^r(U, \mathbf{R}^n) | \sup_{x \in X} \|D^j g(x) - D^j f(x)\| < \varepsilon, j = 0, 1, \cdots, r\},$$

其中, $K \subset U$ 是任意紧集, ε 是任意正实数. 注意, 高阶微分 $D^j g(x)$ 是一个 j 重线性映射, $\|D^j g(x)\|$ 表示 j 重线性映射的模.

兹考虑 C^r-流形 M 到 C^r-流形 N 的 C^r-映射集合 $C^r(M, N)$, 我们同样赋予这个集合以 C^r 弱拓扑. 设 $M = N$ 为紧致微分流形, 用 $\mathrm{Diff}^r(M)$ 表示 M 到 M 的 C^r-微分同胚集合.

定义 1.3.2　$f \in \mathrm{Diff}^r(M)$ 称为 C^r 结构稳定的, 如果存在 f 在 C^r 拓扑中的邻域 u, 使得对任意的 $g \in u$, 都与 f 拓扑共轭.

我们通常考虑 $r = 1$ 的情形, 如不混淆, 一般就称为结构稳定性. 动力系统的分枝理论与结构不稳定性有关.

定义 1.3.3　设 $\Sigma^r(M)$ 表示 $\mathrm{Diff}^r(M)$ 中 C^r 结构稳定的 C^r-微分同胚集合, 称 $\Lambda^r(M) = \mathrm{Diff}^r(M)/\Sigma^r(M)$ 为分枝集. 换言之, 分枝集由一切结构不稳定的微分同胚的集合所组成.

对于向量场的分枝集, 通过定义结构稳定向量场和结构不稳定向量场, 我们得到类似的结果.

第 2 章　符号动力系统、有限型子移位和混沌概念

符号动力系统是一个特殊的动力系统. 通过类比的方法, 用符号模型来研究任意的动力系统, 称为符号动力系统方法. 混沌动力学是 20 世纪六七十年代非线性科学研究的一个重要方向. 本章主要介绍如何通过符号动力系统的性质来认识和理解混沌概念.

2.1　符号动力系统

设 $S = \{0, 1, 2, \cdots, n-1\}$ 是由前 n 个正整数组成的集合. 对两个 S 中的元素 $a, b \in S$, 定义距离为

$$\delta(a, b) = \begin{cases} 1, & a \neq b, \\ 0, & a = b. \end{cases} \tag{2.1.1}$$

于是, S 成为一个距离空间, 并有下述性质.

命题 2.1.1　装备有度量 (2.1.1) 的集合 S 是紧的完全不连通的度量空间.

用 Σ^N 表示由 S 中 N 个符号所组成的双边无穷序列. Σ^N 可看作 S 的两边无穷的 Descartes 积:

$$\Sigma^N = \cdots \times S \times S \times S \times \cdots = \prod_{i=-\infty}^{\infty} S^{(i)}, \quad S^{(i)} = S, \quad i = 0, \pm 1, \cdots.$$

因此, $S \in \Sigma^N$ 意思是

$$S = \{\cdots s_{-n} \cdots s_{-1}; s_0 s_1 s_2 \cdots s_n \cdots\}, \quad s \in S, \quad i \in \mathbf{Z}. \tag{2.1.2}$$

对于 $s, t \in \Sigma^N$, 通常定义距离

$$d(s, t) = \sum_{j=-\infty}^{\infty} \frac{\delta(s_j, t_j)}{2^{|j|}}, \tag{2.1.3}$$

其中, $\delta(s_j, t_j)$ 由 (2.1.1) 确定. 有时也用以下式子定义距离

$$d(s, t) = \max\left(\frac{1}{2^{|j|}} \,\middle|\, j \in \mathbf{Z}, s_j \neq t_j\right). \tag{2.1.4}$$

由此可知, $s, t \in \Sigma^N$ 满足 $s_j = t_j$, $|j| \leqslant n \in \mathbf{Z}/\{0\}$, 当且仅当 $d(s, t) \leqslant \dfrac{1}{2^{n+1}}$.

称 Σ^N 为 N 个符号的双边无穷序列空间.

命题 2.1.2　具有度量 (2.1.3) 或 (2.1.4) 的空间 Σ^N 是紧的、完全的和完全不连通的空间.

证　(1) 由于 S 紧, 根据 Tychonov 定理, S 的乘积空间也是紧的.

(2) 只需证明, 对任何 $s \in \Sigma^N$, 存在序列 $\{s^{(n)}\} \subset \Sigma^N$, 使得 $\lim\limits_{n \to \pm\infty} s^{(n)} = s$. 设 s 由 (2.1.2) 表示. 取 $s^{(n)} = (\cdots s_{-n} \cdots s_{-1}; s_0 s_1 \cdots s_n^* \cdots)$, 其中, 若 $s_n \neq 1$, 则 $s_n^* = 1$; 若 $s_n = 1$, 则 $s_n^* = 0$. 显然, $s^{(n)} \in \Sigma^N/\{s\}$ 并且 $\lim\limits_{n \to \pm\infty} s^{(n)} = s$, 故 Σ^N 是完全的.

(3) 兹证 Σ^N 中的任何连通集至多包含一个点, 从而 Σ^N 完全不连通. 事实上, 在 Σ^N 的子集 D 中取两个不同的点 s 与 t, $s_k \neq t_k$, 并考虑两个开集

$$U = \{u \in \Sigma^N | u_k = s_k\}, \quad V = \{v \in \Sigma^N | v_k \neq s_k\}.$$

于是, $U \cup V = \Sigma^N$, $U \cap V = \varnothing$, $s \in U \cap D$, $t \in V \cap D$, 即 D 是非连通集.　　□

注意: 紧性、连通性与完全性是同胚变换下的不变性质. 显然, 经典的 Cantor 三分集也具有命题 2.1.2 中的三条性质. 故 Σ^N 与 Cantor 集是同胚的.

现在定义 Σ^N 到它自己的一个映射, 记为 σ:

$$\sigma(s) = \{\cdots s_{(-n)} \cdots s_{-1} s_0; s_1 s_2 \cdots\}, \quad s \in \Sigma^N,$$

或表示为 $[\sigma(s)] = s_{j+1}$. σ 称为移位映射. 当 σ 的定义域取 Σ^N 中的全体元素时, 通常称 σ 为 N 个符号的完全移位. 而 (σ, Σ^N) 称为具有 N 个符号的符号动力系统. 特别, 当 $N = 2$ 时, 称 (σ, Σ^2) 为 Bernoulli 系统, 称 σ 为 Bernoulli 移位. 易见, $\sigma(\Sigma^N) = \Sigma^N$, 且 σ 是连续的映射.

命题 2.1.3　移位映射 σ 有以下性质:

(i) 存在由一切正整数周期组成的可数无穷多周期轨道;

(ii) 存在不可数无穷多非周期轨道;

(iii) 存在稠轨道.

并且 $\overline{\mathrm{Per}(\sigma)} = \Sigma^N$, 即 σ 的周期点集合在 Σ^N 中稠.

证　(i) 对于任何固定的 $k \in \mathbf{Z}^+/\{0\}$, 取长为 k 的符号段 $(0, 0, \cdots, 0, 1)$ 作为重复的符号段而构造一个序列 s, 显然, s 为 σ 的周期为 k 的周期点, 因为 $\sigma^k(s) = s$. 由于 k 是任意的正整数, 因此, σ 的周期点是可数无穷多的.

(ii) 因为每个完全集有连续统的基数, 故 Σ^N 是不可数集. 除去可数多周期点集合, 余下的仍然为不可数集, 故 σ 存在不可数无穷多非周期轨道.

(iii) 只需证明 σ 在 Σ^N 中存在一条轨道, 该轨道可任意地逼近于 Σ^N 中每个点. 作为例子, 考虑 Σ^2 情形. 用下面的方法定义一个 $s \in \Sigma^2$: 对 $n \in \mathbf{Z}^+$, 取 s 中右边的 $\{s_n\}$ 段为以下顺序的符号段:

(a) 所有长为 1 的段: $\{0\}, \{1\}$;

(b) 所有长为 2 的段: $\{0,0\}, \{0,1\}, \{1,0\}, \{1,1\}$;

(c) 所有长为 3 的段: $\{0,0,0\}, \{0,0,1\}, \cdots, \{1,1,1\}$;

$$\cdots\cdots$$

一切字长 m 的符号段都包含于 $\{s_n\}_{n=0}^{\infty}$ 之中, 而对左半段 $\{s_{-n}\}$ 可任意选取. 由上面的取法可见, 在 s 的右半段已包含任何长为 m 的符号段. 反复应用移位映射 σ, s 右段的符号向左移动, 可使给定的某个符号段位于分隔号 ";" 附近. 因此 Σ^2 中任何给定的元素通过 σ 多次作用于 s 后, 都可任意地逼近于该元素, 这说明 s 在 Σ^2 中稠.

最后, 我们证明 $\overline{\mathrm{Per}(\sigma)} = \Sigma^N$. 对于任意点 $s \in \Sigma^N$, 取 $\{s_{-n} \cdots s_{-1}; s_0 s_1 \cdots s_n\}$ 可构造一个周期点 s^n, 由于 $\lim\limits_{n \to \infty} s^n = s$, 故在 s 的任何邻域都存在周期点, 即 σ 的周期点集合在 Σ^N 中稠. $\square$

由这个命题可见, 移位映射 σ 是拓扑传递的映射, 根据定理 1.2.3, 可得以下结论.

定理 2.1.1 移位映射 σ 具有初始条件敏感依赖性, 即存在不可数子集 $S \subset \Sigma^N / \mathrm{Per}(\sigma)$, 满足

(1) $\lim\limits_{n \to \infty} \sup d(\sigma^n(x), \sigma^n(y)) \geqslant 1, \forall x, y \in S, x \neq y$;

(2) $\lim\limits_{n \to \infty} \inf d(\sigma^n(x), \sigma^n(y)) = 0, \forall x, y \in S$;

(3) $\lim\limits_{n \to \infty} \sup d(\sigma^n(x), \sigma^n(y)) \geqslant 1, \forall x \in S, \forall y \in \mathrm{Per}(\sigma)$.

2.2 有限型子移位

设 Σ^N 为 2.1 节中定义的双边符号序列, σ 为定义于其上的移位映射.

定义 2.2.1 设 A 是所有元素均为 0 或 1 的 $n \times n$ 矩阵, 若对一切 $1 \leqslant i, j \leqslant n$, 存在 $M > 0$ 使得 A^M 的一切元素 a_{ij}^M 是正的, 称 A 为不可约矩阵.

例如, 当 $n = 3$ 时, $A = \begin{pmatrix} 0 & 1 & 1 \\ 0 & 1 & 1 \\ 1 & 0 & 1 \end{pmatrix}$ 是不可约矩阵. 但是, $B = \begin{pmatrix} 1 & 1 & 0 \\ 1 & 1 & 0 \\ 0 & 0 & 0 \end{pmatrix}$ 不是不可约矩阵.

定义 2.2.2 记 $A = (a_{ij})_{i,j=0}^{N-1}$ 为 $N \times N$ 矩阵, $a_{ij} \in \{0,1\}$. 定义

$$\Sigma_A = \{s \in \Sigma^N | a_{s_n, s_{n+1}} = 1, n \in \mathbf{Z}\}.$$

称 $\sigma : \Sigma_A \to \Sigma_A$ 为有限型子移位. 又称符号动力系统 (Σ_A, σ) 为具有传递矩阵 A 的双边拓扑 Markov 链, 记为 $\mathrm{TMC}(\Sigma_A, \sigma)$.

显然, Σ_A 是 Σ^N 的闭子集. $\mathrm{TMC}(\Sigma_A, \sigma)$ 是 (Σ^N, σ) 的子系统.

定理 2.2.1   有限型子移位 $\sigma : \Sigma_A \to \Sigma_A$ 是拓扑传递映射的充分必要条件为 A 是不可约矩阵.

证   设 σ 是拓扑传递映射, 考虑集合

$$[i]_0 = \{(s_n)_{n \in \mathbf{Z}} \in \Sigma_A : s_0 = i\}, \quad i = 0, 1, \cdots, N-1.$$

这些集合是开的. 对给定的 $0 \leqslant i, j \leqslant N-1$, 显然存在 $M > 0$ 使得 $\sigma^{-M}[j]_0 \cap [i]_0 \neq \varnothing$. 选取 $(s_n)_{n \in \mathbf{Z}} \in \sigma^{-M}[j]_0 \cap [i]_0$. 于是, 有 $s_0 = i$, $s_M = j$. 注意

$$a_{ij}^M = \sum_{r_1=1}^{N-1} \cdots \sum_{r_{M-1}=1}^{N-1} a_{ir_1} a_{r_1 r_2} \cdots a_{r_{M-2}, r_{M-1}} a_{r_{M-1} j}.$$

由于 $a_{is_1} = a_{s_1 s_2} = \cdots = a_{s_{M-1} j} = 1$, 故 $a_{ij}^M \geqslant 1$.

反之, 设对于一切 $0 \leqslant i, j \leqslant N-1$, 有 $a_{ij}^M \geqslant 1$. 对给定的两个开集 $U, V \neq \varnothing$, 可取 $(i_n)_{n \in \mathbf{Z}} \in U$ 和 $(j_n)_{n \in \mathbf{Z}} \in V$ 使得对充分大的 $L > 0$ 有

$$U \supset [i_{-L}, i_{-L-1}, \cdots, i_L]_{-L}^L = \{(s_n)_{n \in \mathbf{Z}} \in \Sigma_A : s_k = i_k, -L \leqslant k \leqslant L\},$$

$$U \supset [j_{-L}, j_{-L-1}, \cdots, j_L]_{-L}^L = \{(s_n)_{n \in \mathbf{Z}} \in \Sigma_A : s_k = j_k, -L \leqslant k \leqslant L\}.$$

根据假设, 可找到 $M > 0$ 使得 $a_{i_L, j_{-L}} \geqslant 1$. 这意味着可找到一段 $s_1', \cdots, s_{M-1}'$ 使得 $a_{i_L s_1'} = a_{s_1' s_2'} = \cdots = a_{s_{M-1}' j_{-L}} = 1$, 于是定义

$$s_n = \begin{cases} i_n, & n \leqslant L, \\ s_{n-L}', & L+1 \leqslant n \leqslant L+M-1, \\ j_{n-(2L+M)}, & L+M \leqslant n. \end{cases} \tag{2.2.1}$$

因此, 有 $s \in U \cap \sigma^M V \neq \varnothing$. $\square$

2.3   Li-Yorke 定理和 Sarkovskii 序

人们对于定义于区间上的连续函数的研究已有几百年的历史. 令人惊异的是, 连续映射的反复迭代存在一些非常美丽而深刻的规律. 这种规律由苏联数学家 Sarkovskii 在 1964 年的一篇论文中所揭示.

兹按以下方式为自然数排序: 先排所有大于 1 的奇数 $3, 5, 7, \cdots$; 接着排所有形如 $3 \times 2, 5 \times 2, 7 \times 2, \cdots$ 的数; 然后排所有形如 $3 \times 2^k, 5 \times 2^k, 7 \times 2^k, \cdots$, 这样

的数, $k \geqslant 2$; 最后, 再按降幂排列所有 2 的方幂, $\cdots, 2^4, 2^3, 2^2, 2, 1$. 用 $\lhd$ 表示这种顺序, 成为如下的表:

$$3 \lhd 5 \lhd 7 \lhd \cdots \lhd 3 \times 2 \lhd 5 \times 2 \lhd 7 \times 2 \lhd \cdots \lhd 3 \times 2^2$$

$$\lhd 5 \times 2^2 \lhd 7 \times 2^2 \lhd \cdots \lhd 3 \times 2^3 \lhd 5 \times 2^3 \lhd 7 \times 2^3 \lhd \cdots \lhd 3 \times 2^k$$

$$\lhd 5 \times 2^k \lhd 7 \times 2^k \lhd \cdots \lhd 2^4 \lhd 2^3 \lhd 2^2 \lhd 2 \lhd 1.$$

定义 2.3.1 按上述方式为自然数排的序称为 Sarkovskii 序.

定理 2.3.1 设 $f : I \to \mathbf{R}$ 是从线段 $I = [0, 1]$ 到实数轴 $\mathbf{R}$ 的连续映射. 如果 f 具有周期为 m 的周期点, 它就有按 Sarkovskii 序排列在 m 之后的一切自然数为周期的周期点, 即具有一切周期 $m \lhd$ 后的周期点.

连续映射定义了区间 I 上的一个半动力系统. 若用 $\mathrm{Per}(f)$ 表示其周期点的集合, 用 $\mathrm{PP}(f)$ 表示其周期点的周期的集合, 因为 $\mathrm{Per}(f) \subset I, \mathrm{PP}(f) \subset \mathbf{N}$, 在上述记号下, 定理 2.3.1 可用符号悉述如下:

$$m \in \mathrm{PP}(f), \quad m \lhd n \Longrightarrow n \in \mathrm{PP}(f).$$

定理 2.3.1 是用俄文发表的, 长期不为西方学者所知. 1975 年, T. Y. Li(李天岩) 和 J. A. Yorke 重新发现了该定理的一种特殊情形, 并首创地给出了混沌 (chaos) 的第一个定义. 他们的文章刺激了学术界对半动力系统的广泛讨论. 我们介绍一下 Li-Yorke 定理的证明, 对定理 2.3.1 不作详细讨论.

定理 2.3.2 设 $f : I \to I$ 连续, 若 f 存在周期 3 点, 或等价地, 存在 $a \in I$, 使得 $f^3(a) = a < f(a) < f^2(a)$ (或 $f^3(a) > f(a) > f^2(a)$), 则

(i) f 的周期 $\mathrm{PP}(f) = \mathbf{N}$(自然数集).

(ii) 存在不可数集合 $S_0 \subset I \setminus \mathrm{Per}(f)$, 满足

(A) $\lim\limits_{n \to \infty} \sup |f^n(x) - f^n(y)| > 0, \forall x, y \in S_0, x \neq y$;

(B) $\lim\limits_{n \to \infty} \inf |f^n(x) - f^n(y)| = 0, \forall x, y \in S_0$;

(C) $\lim\limits_{n \to \infty} \sup |f^n(x) - f^n(p)| > 0, \forall x \in S_0, p \in \mathrm{Per}(f)$.

为证定理 2.3.2 需要如下的定义和引理.

定义 2.3.2 设 $I \subset \mathbf{R}$ 是给定的线段, $f : I \to \mathbf{R}$ 是连续映射, $K, L \subset I$ 是 I 的子线段. 如果 $f(K) \supset L$, 称 K 能够覆盖 L, 记为 $K -\rhd L$, 如不致混淆, 简记为 $K -\rhd L$.

以下设 $f : I \to \mathbf{R}$ 为给定的连续映射, 而 J, K, L 等表示 I 的子线段.

引理 2.3.1 若 $J \subset I$ 是线段, 则 $f(J)$ 是线段.

证 这是连续函数的介值定理之简单推论. □

引理 2.3.2　$K \underset{f}{-\triangleright} L$ 的充分必要条件是存在 $J = [r, \delta] \subset K$, 使得 $f(J) = L$, 且 J 的任何真子线段无此性质.

证　记 $L = [\sigma, \tau]$, 因为 $f(K) \supset L$, 故存在 $\alpha, \beta \in K$, 使得 $f(\alpha) = \sigma, f(\beta) = \tau$, 不妨设 $\alpha < \beta$ ($\alpha > \beta$ 情形类似处理). 记

$$\gamma = \sup\{\xi \in K \mid \xi < \beta, f(\xi) = \sigma\},$$
$$\delta = \inf\{\eta \in K \mid \gamma < \eta, f(\eta) = \tau\}.$$

则 $J = [\gamma, \delta]$ 满足要求, 反之亦真. ☐

引理 2.3.3　若 $K \underset{f}{-\triangleright} K$, 则 f 在 K 中有不动点.

证　设 $K = [\sigma, \tau]$, 由引理 2.3.2, 存在极小子区间 $J = [\alpha, \beta] \subset K$, 使得 $f(J) = K$, 其中 $\sigma \leqslant \alpha < \beta \leqslant \tau$, 可能存在两种情况:

(1) $f(a) = \sigma \leqslant \alpha, f(\beta) = \tau \geqslant \beta$;

(2) $f(\alpha) = \tau > \alpha, f(\beta) = \sigma < \beta$.

两种情况都存在 $\xi \in [\alpha, \beta]$, 使得 $f(\xi) = \xi$. ☐

引理 2.3.4　设 $\{I_n\}_0^\infty$ 为闭线段序列, $I_n \subset J$ 且 $I_0 -\triangleright I_1 -\triangleright I_2 -\triangleright I_3 -\triangleright \cdots -\triangleright I_{n-1} -\triangleright I_n -\triangleright I_{n+1} -\triangleright \cdots$. 则存在闭线段序列 $\{Q_n\}_0^\infty$, 使得 $Q_{n+1} \subset Q_n \subset I_0$ 且 $f^n(Q_n) = I_n, \forall n \geqslant 0$, 进而 $\forall x \in Q = \bigcap\limits_{n=0}^\infty Q_n$ 有 $f^n(x) \in I_n, \forall n \geqslant 0$ ($Q = \bigcap\limits_{n=0}^\infty Q_n$ 是单点集合或闭线段).

证　定义 $Q_0 = I_0$, 则 $f^0(Q_0) = I_0$, 倘若 Q_{n-1} 已有定义, 且 $f^n(Q_{n-1}) = I_{n-1}$, 从而由条件, $I_n \subset f(I_{n-1}) = f^n(Q_{n-1})$, 将引理 2.3.2 应用于映射 f^n 与 Q_{n-1}, 可得存在闭区间 $Q_n \subset Q_{n-1}$, 使 $f^n(Q_n) = I_n$, 这就完成了归纳法证明引理前一部分, 又根据引理 2.3.3 可推出后一部分. ☐

推论 2.3.1　如果

$$I_0 -\triangleright I_1 -\triangleright I_2 -\triangleright \cdots -\triangleright I_{n-1} -\triangleright I_0,$$

则存在 $x_0 \in I_0$, 使 $f^n(x_0) = x_0$, 且对 $j = 0, 1, \cdots, n-1$ 有 $f^j(x_0) \in I_j$.

引理 2.3.5　若 $f^N(x) = x$, 则 x 的周期 n 能整除 N, 反之亦然; 又若 x 为 f 的周期 n 点, m 与 n 互素, 则 x 是 f^m 的 n 周期点.

证略.

定理 2.3.2 的证明　设存在 $a \in I$, 使 $f^3(a) = a < f(a) = b < f^2(a) = c$, 记 $K = [a, b], J = [b, c]$, 则有

$$\circlearrowleft J \rightleftarrows K.$$

对任意自然数 $m \geqslant 3$, 考虑覆盖关系

$$J - \triangleright \underbrace{J - \triangleright J - \triangleright J - \triangleright \cdots - \triangleright J}_{m-1\text{次}} - \triangleright K - \triangleright J.$$

由引理 2.3.4 之推论可知, 存在 $\xi \in \text{Fix}(f^m) \bigcap J$, 使得

$$f^{j-1}(\xi) \in J \quad (j = 1, 2, \cdots, m-1), \quad f^{m-1}(\xi) \in K.$$

以下证 $f^k(\xi)$ 不是 3 周期轨道 a, b, c 中的点.

情况 1 3 除不尽 m, 此时 $a, b, c \notin \text{Fix}(f^m)$, 故 $f^k(\xi) \neq a, b$ 或 c.

情况 2 $m = 3n$, 这时因为 $m \neq 3$, 只能有 $m \geqslant 6, m - 1 \geqslant 5$, 周期轨道 a, b, c 中任意点不能在 J 中接连停留 2 次以上, 故 $f^k(\xi) \neq a, b$ 或 c.

对上述两种情形都有

$$f^{j-1}(\xi) \in \text{int} J \ (j = 1, 2, \cdots, m-1), \quad f^{m-1}(\xi) \in \text{int} K.$$

从而可知 $\xi, f(\xi), \cdots, f^{m-1}(\xi)$ 两两不同, 即 ξ 确实为 f 的 m 周期点. 由 m 的任意性即得定理 2.3.2 的 (i).

以下证定理 2.3.2 的 (ii).

由于 $f(K) \supset J$ 和 $f(J) \supset K \cup J$, 因此有

$$f^2(K) \bigcap f^2(J) - \triangleright K \cup J.$$

根据引理 2.3.1, 存在闭线段 $I_0 \subset K, I_1 \subset J, I_0 \cup I_1 \neq \varnothing$ 使得 $f^2(I_0) = K, f^2(I_1) = J$. 于是 $f^4(I_0) \bigcap f^4(I_1) \supset K \cup J \supset I_0 \cup I_1$. 以下令 $g = f^4$, 兹证对 g 存在不可数集合 $S \subset I$, 其中不含周期点, 满足定理 2.3.2 的 (ii), 显然这个 S 对 f 也满足定理 2.3.2 的 (ii).

不失一般性, 设 $I = [0, 1]$, 记 $I_0 = [\underline{m_0}, \overline{m_0}], I_1 = [\underline{m_1}, \overline{m_1}], 0 \leqslant \underline{m_0} < \overline{m_0} < \underline{m_1} < \overline{m_1} \leqslant 1$. 根据引理 2.3.1, 存在 $\underline{m_1} \leqslant a_0 < b_0 \leqslant \overline{m_1}$, 使 $g(a_0, b_0) = (\underline{m_1}, \overline{m_1}), g(a_0) = \underline{m_1}, g(b_0) = \overline{m_1}$ (或者 $g(a_0) = \overline{m_1}, g(b_0) = \underline{m_1}$, 但此时再用 g^2 代替 g 又归结为括号外情形, 而这样做对证明无影响). 还存在点 $\xi \in I_1$, 使 $g(\xi) \leqslant \underline{m_0}$, 其中 $\xi \leqslant a_0$ 或 $\xi \geqslant b_0$, 不妨设 $\xi \leqslant a_0$.

利用引理 2.3.2 可以归纳地证明, 存在

$$[a_0, b_0] \supset [a_1, b_1] \supset \cdots \supset [a_n, b_n] \supset \cdots$$

使得

$$g([a_n, b_n]) = [a_{n-1}, b_{n-1}], \quad g(a_n) = a_{n-1}, \quad g(b_n) = b_{n-1}, \quad \forall n > 0.$$

记 $\lim\limits_{n\to\infty} a_n = a^*, \lim\limits_{n\to\infty} b_n = b^*$. 显然有 $g(a^*) = a^*, g(b^*) = b^*$ 且 $[a^*, b^*]$ 对 g 不变 (当 $a^* = b^*$ 时, $[a^*, b^*]$ 退化为不动点), 又因 $g(\xi) \leqslant \underline{m_0}$, 故 $g([a^*, b^*]) \supset I_0$.

以下构造闭线段序列 $E = \{M_n\}_0^\infty$, 其中 $M_n = I_0$ 或 $I_1, \forall n > 0$. 记所有这种序列之集合为 ζ. 对 $l > 0, 0 \leqslant n \leqslant l$, 记 $p(E, l)$ 为 $M_n = I_0$ 的个数. 对每个实数 $r \in (0, 1)$ 可以构造 $E^r = \{M_n^r\} \in \zeta$, 使满足 $\lim\limits_{k\to\infty} p(E^r, k^2)/k = r$, 这样的 E^r 并不唯一, 兹归纳构造如下.

设 $k_0 > 0$ 是使 $[k_0, r] = 1$ 的最小整数, 记 $E_{k_0^2}^r = \{M_0^r, \cdots, M_{k_0^2}^r\}$, 使 $M_i^r = I_1, 0 \leqslant i < k_0^2, M_{k_0^2}^r = I_0$. 设对 $k > k_0, E_{k^2}^r = \{M_0^r, \cdots, M_{k_0^2}^r, \cdots, M_{k^2}^r\}$ 已有定义. 归纳定义

$$E_{(k+1)^2}^r = \{M_0^r, \cdots, M_{(k+1)^2}^r\},$$

使其前 $k^2 + 1$ 项与 $E_{k^2}^r$ 的项对应相等, 而

$$M_{k^2+j}^r = [a_{2k-1-j}, a^*], \quad j = 1, 2, \cdots, 2k-1, \quad M_{k^2+2k}^r = [m_1, a^*],$$

$$M_{(k+1)^2}^r = \begin{cases} I_0, & [(k+1)r] - [kr] = 1, \\ M_{k^2+2k}^r, & [(k+1)r] - [kr] = 0. \end{cases}$$

这样就完成了归纳步骤, 得到 $E^r = \{M_n^r\} \in \zeta$. 从构造过程可见, E^r 满足关系 $\lim\limits_{k\to\infty} p(E^r, k^2)/k = r$, 且满足引理 2.3.4 的条件 (其中 f 换成 g). 因此, 必存在闭线段序列 $\{Q_n^r\}, Q_{n+1}^r \subset Q_n^r \subset M_0^r, g^n(Q_n^r) = M_n^r$, 且若 $x^r \in Q^r = \bigcap\limits_{n=0}^\infty Q_n^r$, 则有 $g^n(x^r) \in M_n^r, \forall n \geqslant 0$.

设 $0 < r < r_1 < 1$, 易证 $Q^r \cap Q^{r_1} = \varnothing$, 由此可见, 至多有可数个 $r \in (0, 1)$, 可以使对应的 Q^r 为非单点集. 记 $S_0 = \{x^r \in I \mid r \in (0, 1)$ 使 Q^r 为单集点}. 于是, S_0 为不可数集合, 其中不包含周期点. 由于我们对 $r \in (0, 1)$ 得到 $E^r = \{M_n^r\} \in \zeta$, 并且有 $x^r \in Q^r = \bigcap\limits_{n=0}^\infty Q_n^r$, 则 $g^n(x^r) \in M_n^r, \forall n \geqslant 0$. 于是, 对于映上 (满射) 的连续映射 $\varphi : S_0 \to \Sigma(2)$, 有 $\varphi(x^r) = (i_0^r, i_1^r, \cdots) = i^r \in \Sigma(2)$ 且 $\varphi(g^n(x^r)) = \sigma^n(i^r)$. 如果 φ 还是一一的 (单射), 则 φ 为同胚映射, 此时定理 2.3.2(ii) 的结论可由定理 2.1.1 的 (1)—(3) 推出, 然而, φ 未必是一一的.

以下证明定理 2.3.2(ii) 中结论 (A), (B), (C).

(A) 设 S_0 中不同两点 $x^r, x^{r_1}, 0 < r < r_1 < 1$. 据定理 2.1.1 中的 (1), $\limsup\limits_{n\to\infty} (\sigma^n(x^r), \sigma^n(x^{r_1})) > 0$, 即存在 $n_1 < n_2 < \cdots < n_j < \cdots$, 使得 $\lim\limits_{j\to+\infty} \sigma^{n_j}(x^r) = (i^r) \in \Sigma(2)$, $\lim\limits_{j\to+\infty} \sigma^{n_j}(x^{r_1}) = i(r_1) \in \Sigma(2)$. 且 $d(i(r), i(r_1)) > 0$. 可设 $\lim\limits_{j\to+\infty} g^{n_j}(x^r) = x(r) \in S_0$, $\lim\limits_{j\to+\infty} g^{n_j}(x^{r_1}) = x(r_1) \in S_0$. 由于 $\varphi(g^{n_j}(x^r)) = \sigma^{n_j}(i^r)$, $\varphi(y^{n_j}(x^{r_1})) = \sigma^{n_j}(i^{r_1})$, 故 $\varphi(x(r)) = i(r), \varphi(x(r_1)) = i(r_1)$. 从而, $|x(r) - x(r_1)| >$

0, 即 $\lim\limits_{j\to+\infty} |g^{nj}(x^r) - g^{nj}(x^{r_1})| = |x(r) - x(r_1)| > 0.$

(B) 同样, 设 x^r, x^{r_1} 为 S_0 中任意两点, $0 < r < r_1 < 1$. 根据 $M_{k^2+j}^r = M_{k^2+j}^{r_1} = [a_{2k-1-j}, a^*]$ $(j = 1, 2, \cdots, 2k-1)$ 之构造, 有 $g^{k^2+1}(x^r) \in [a_{2k-2}, a^*]$, $g^{k^2+1}(x^{r_1}) \in [a_{2k-2}, a^*]$, 故

$$|g^{k^2+1}(x^r) - g^{k^2+1}(x^{r_1})| \leqslant |a^* - a_{2k-2}| \to 0 \quad (k \to \infty).$$

从而

$$\lim_{n\to\infty} \inf |g^n(x^r) - g^n(x^{r_1})| = 0.$$

(C) 设 $x^r \in S_0, p \in \mathrm{Per}(g)$. 因 $\varphi(x^r) = i^r \in \Sigma(2)$ 满足定理 2.1.1, 又 $\varphi(p) \in \mathrm{Per}(\sigma)$, 故根据定理 2.1.1 的 (3)

$$\lim_{n\to\infty} \sup d(\sigma^n(\varphi(x^r)), \sigma^n(\varphi(p))) > 0.$$

从而有

$$\lim_{n\to\infty} \sup |g^n(x^r) - g^n(x^{r_1})| > 0. \qquad \square$$

Li-Yorke 的定理 2.3.2 的两个结论简要地说即 "周期 3 意味着混沌".

2.4 混沌概念的推广

2.3 节所介绍的 Li-Yorke 的工作是关于混沌现象的第一个严格的数学表述和理论结果. 他们的工作激发了多个领域的科学工作者关于混沌现象的研究热情, 有关混沌概念的文章大量发表, 有兴趣的读者可参考叶向东等的专著《拓扑动力系统概论》.

概略地说, 数学上关于混沌的定义主要涉及以下方面: ① 从初值敏感性出发的定义; ② 从 Li-Yorke 混沌概念发展的定义; ③ 从拓扑熵的角度刻画系统的复杂性的定义; ④ 从具有强回复性来表现混沌.

1986 年, Devaney 以初值敏感性为核心给出以下定义.

定义 2.4.1 *拓扑动力系统 (X, T) 称为 Devaney 意义下混沌的, 如果以下三条成立:*

(1) (X, T) 是拓扑传递的;

(2) T 的周期点在 X 中稠密;

(3) (X, T) 有初值敏感性.

由定理 1.2.3 可见, (1)+(2)⇒(3), 因此, 我们可舍弃第二条, 直接称满足 (1) 和 (3) 条件的系统是混沌的.

沿着 Li-Yorke 的模式, 对于紧距离空间 (X, d) 上的连续自映射, 定理 2.3.2 中 Li-Yorke 混沌概念推广以后的形式如下.

定义 2.4.2 设 f 为紧距离空间 (X, d) 上的连续自映射, $x, y \in X$. 如果

$$\liminf_{n \to \infty} d(f^n(x), f^n(y)) = 0, \quad \limsup_{n \to \infty} d(f^n(x), f^n(y)) > 0,$$

则称 $(x, y) \in X$ 在 Li-Yorke 意义下混沌.

如果对任何两个不同的点 $x, y \in D$, (x, y) 在 Li Yorke 意义下混沌, 则称集合 $D \subset X$ 为 Li-Yorke 混沌集.

如果动力系统 (X, f) 存在不可数的 Li-Yorke 混沌集, 则称 (X, f) 在 Li-Yorke 意义下混沌.

1978 年, Marotto 把 Li-Yorke 混沌的概念推广到了 n 维连续可微映射的情形, 提出了回归排斥子的概念, 使得判断高维映射混沌行为的存在性成为可能. 2005 年, 他又纠正了他所证明的定理的不足之处. 以下介绍他正确的结果.

考虑离散动力系统

$$X_{k+1} = F(X_k), \quad k = 1, 2, \cdots, \tag{2.4.1}$$

其中 $X_k \in \mathbf{R}^n$, $F : \mathbf{R}^n \to \mathbf{R}^n$ 为连续可微映射.

定义 2.4.3 如果 $F(z) = z$, 而且 $\mathrm{D}F(z)$ 的所有特征值的模大于 1, 则称 F 的不动点 z 在 F 作用下是排斥的 (repelling). 如果对所有充分接近 z 的 x, y ($x \neq y$), 存在数 $\sigma > 1$, 使得 $\|F(x) - F(y)\| > \sigma\|x - y\|$, 则称不动点 z 在 F 作用下是扩张的 (expanding).

显然, 所有扩张的不动点是排斥的, 但反之不真.

定义 2.4.4 设 F 的不动点 z 在 F 作用下是排斥的, 并设在 z 的排斥邻域内存在点 $x_0 \neq z$, 使得 $x_M = z$ 并且对一切 k, $1 \leqslant k \leqslant M$, $\det(\mathrm{D}F(x_k)) \neq 0$, 其中 $x_k = F^k(x_0)$. 则称不动点 z 是映射 F 的一个回归排斥子 (snap-back-repeller).

定理 2.4.1 如果可微映射 F 具有一个回归排斥子, 那么系统 (2.4.1)是在 Li-Yorke 意义下混沌的, 即

(1) 存在正整数 n, 使得对每个整数 $p \geqslant n$, 映射 F 具有 p 周期点.

(2) 存在不包含 F 周期点的不可数集 S, 使得

(a) $F(S) \subset S$;

(b) $\forall\, x, y \in S$, $x \neq y$, $\limsup\limits_{K \to \infty} \| F^K(x) - F^K(y) \| > 0$;

(c) $\forall\, x \in S$, 对 F 的每一个周期点 y, $\limsup\limits_{K \to \infty} \| F^K(x) - F^K(y) \| > 0$;

(3) 存在 S 的不可数子集 S_0, 使得 $\forall\, x, y \in S_0$, $\liminf\limits_{K \to \infty} \| F^K(x) - F^K(y) \| = 0$.

2009 年, 赵怡等证明了比 Marotto 定理条件更弱的以下结果.

定理 2.4.2 设 F 为 $\mathbf{R}^n$ 到 $\mathbf{R}^n$ 的映射, $z = 0$ 为 F 的不动点, 如果

(1) F 在 $B_r(0)$ 中连续可微, 其中 $B_r(0)$ 是 $\mathbf{R}^n$ 中以 0 为心, r 为半径的闭球;

(2) $DF(0)$ 关于 $B_r(0)$ 存在局部扩张坐标基 e;

(3) 存在半径 r', 正整数 M 和点 $x_0 \in B_{r'}(0)$, $x_0 \neq 0$, 使得 $F^M(x_0) = 0$ 而且 $\det(DF^M(x_0)) \neq 0$.

则系统 (2.4.1) 在 Li-Yorke 意义下混沌.

近年来, 史玉明和陈关荣等将 Marotto 定理推广到度量空间上定义的离散动力系统, 发表了一系列文章. 详见书末的参考文献.

Schweizer 和 Smital (1994) 对区间映射定义了另一种较 Li-Yorke 混沌更强的混沌——分布混沌. 分布混沌研究点迭代后距离的统计性质, 而不考虑距离极值的极限行为.

总之, 关于混沌概念的研究迄今仍在深入之中.

第 3 章 二阶周期微分系统与二维映射

本章首先介绍非线性振动理论的某些基本概念和术语, 接着介绍二阶周期微分系统与二维映射的关系, 并对二维线性映射的平衡点性质和非线性映射的 Hopf 分枝进行较细致的讨论.

3.1 二阶周期微分系统的谐波解

考虑二阶微分方程组

$$\frac{dx}{dt} = P(x,y,t), \quad \frac{dy}{dt} = Q(x,y,t), \tag{3.1.1}$$

其中, $P, Q \in C^1(\mathbf{R}^3, \mathbf{R}^3), P(x,y,t+T) = P(x,y,t), Q(x,y,t+T) = Q(x,y,t).$

物理和工程中常见的非线性振子

$$\ddot{x} + f(x,\dot{x})\dot{x} + g(x) = e(t) \tag{3.1.2}$$

与

$$\ddot{x} + f(x,\dot{x})\dot{x} + (\gamma + \delta h(t))x = e(t) \tag{3.1.3}$$

是 (3.1.1) 的特殊形式, $e(t)$ 和 $h(t)$ 分别是周期 T 与 T_1 的周期函数, T 与 T_1 可相等或不等. 振动理论中, 称 (3.1.2) 是受迫振动系统, 而 (3.1.3) 是具有受迫激励和参数激励的系统. 函数 $e(t)$ 表示受迫项 (外激励项), $h(t)$ 表示参数激励项 (内激励项).

若 $(x(t),y(t))$ 是方程 (3.1.1) 的一个周期为 T 的周期解, 则称其为 (3.1.1) 的主谐波 (或调和解). 若 $m > 1$ 是整数, $(x(t),y(t))$ 为 (3.1.1) 的一个 mT 周期解, 称为 (3.1.1) 的次谐波解 (v/m 低频振荡解, $v = 1/T$). (3.1.1) 的 T/m 周期解称为超谐波解 (mv 高频振荡解). 又若 $n > 1$ 为整数, 则 (3.1.1) 的 mT/n 周期解称为超次谐波解, 其中 m, n 互素.

命题 3.1.1 非线性受迫振动方程 (3.1.2) 的一切周期解必是主谐波与次谐波解.

证 方程 (3.1.2) 对应的微分方程组为

$$\dot{x} = y, \quad \dot{y} = e(t) - f(x,y)y - g(x). \tag{3.1.4}$$

设 $e(t+T) = e(t), T$ 为 $e(t)$ 的最小周期. 设 $(x(t), y(t))$ 是 (3.1.4) 的一个周期 T_1 解, 则有

$$\dot{x}(t+T_1) \equiv y(t+T_1),$$
$$\dot{y}(t+T_1) \equiv e(t+T_1) - f(x(t+T_1), y(t+T_1))y(t+T_1) - g(x(t+T_1)).$$

利用周期性条件, 上式可化为

$$\dot{x}(t) \equiv y(t), \quad \dot{y}(t) \equiv e(t+T_1) - f(x(t), y(t))y(t) - g(x(t)). \tag{3.1.5}$$

由 (3.1.4) 和 (3.1.5) 可推出:

$$e(t+T_1) = e(t). \tag{3.1.6}$$

因为 T 是 $e(t)$ 的最小周期, 根据 (3.1.6) 应有 $T_1 = mT$, m 为某正整数, 因此, 若 $m = 1$, 则 $(x(t), y(t))$ 为主谐波解. 若 $m > 1$, 则其为次谐波解.

注意, 方程 (3.1.1) 一般没有命题 3.1.1 所述性质, 例如, 方程组

$$\dot{x} = y, \quad \dot{y} = -x + (x^2 + y^2 - 1)\sin(\sqrt{2}t) \tag{3.1.7}$$

是 $\sqrt{2}\pi$ 周期系统, 但 (3.1.7) 存在非主谐波解 $x = \sin(t), y = \cos(t)$. □

命题 3.1.2 $(x(t), y(t))$ 是 (3.1.1) 的周期 T 解的充分必要条件为 $x(0) = x(T), y(0) = y(T)$.

证 必要性显然, 兹证充分性.

令 $(u(t), v(t)) = (x(t+T), y(t+T))$, 由于 $(x(t), y(t))$ 是 (3.1.1) 的一个解, $(u(t), v(t))$ 同样是 (3.1.1) 的解. 条件 $x(0) = x(T), y(0) = y(T)$ 意味着 $x(0) = u(0), y(0) = v(0)$. 因此, 由 (3.1.1) 解的唯一性推出 $x(t) = u(t), y(t) = v(t)$, 即 $(x(t), y(t))$ 是周期 T 解. □

命题 3.1.2 中的条件 $x(0) = x(T), y(0) = y(T)$ 称为周期性边界条件.

设 (3.1.1) 满足初始条件

$$x(0) = \xi, \quad y(0) = \eta \tag{3.1.8}$$

的解为

$$x = x(t; \xi, \eta), \quad y = y(t; \xi, \eta), \tag{3.1.9}$$

其中 $(\xi, \eta) \in D \subset \mathbf{R}^2$.

若对一切 $(\xi, \eta) \in D, t \in \mathbf{R}$, 满足 (3.1.8) 的 (3.1.1) 之解存在唯一, 于是根据解关于初值的唯一性和连续性定理, (ξ, η) 的函数

$$u = x(T; \xi, \eta), \quad v = y(T; \xi, \eta) \tag{3.1.10}$$

是 (ξ, η) 的连续函数. (3.1.10) 定义了一个连续映射

$$P : (\xi, \eta) \to (u, v) \qquad (P : D \to \mathbf{R}^2).$$

如 1.1 节所述, 映射 P 即为方程 (3.1.1) 在 D 上的第一返回映射或 Poincaré 映射.

　　显然, P^n 将点 (ξ, η) 映为点

$$x_n = x(nT; \xi, \eta), \quad y_n = y(nT; \xi, \eta).$$

记 $q_0 = (\xi, \eta)$, 则易证

$$P^n q_0 = q_0, \quad P^{n+m} q_0 = P^n P^m q_0, \quad \forall n, m \in \mathbf{Z}.$$

并且 P^n 关于 ξ, η 连续. 因此, 映射 P 确定了一个同胚, 或离散动力系统.

　　由以上的讨论可见, 我们有如下命题.

命题 3.1.3　(i) *系统* (3.1.1) *存在 T 周期解的充分必要条件是 Poincaré 映射 P 存在不动点;*

　　(ii) *系统* (3.1.1) *存在 mT 次谐波解的充分必要条件是 Poincaré 映射 P 存在 m 周期点.*

　　命题 3.1.3 是 1.1 节所述流与离散动力系统关系的具体化. 从这个命题可见, 研究 (3.1.1) 的周期解问题化为了研究由二维迭代即 Poincaré 映射所确定的周期点问题.

3.2　脉冲激励系统的 Poincaré 映射

　　一般而言, 对于给定的二阶微分方程组 (3.1.1) 其伴随的 Poincaré 映射是不容易求出明显的二维迭代关系的. 但对受脉冲激励的系统, 我们能导出映射的精确表达式, 本节介绍这方面的理论和例子.

3.2.1　单位跳跃函数与 δ-函数

　　间断与连续是对立的统一. 反映函数第一类间断本质特征的是单位跳跃函数 (Heaviside 函数)

$$H(x) = \begin{cases} 0, & x < 0, \\ 1, & x > 0. \end{cases} \tag{3.2.1}$$

用 $H(x)$ 表示函数的突变. 设 $f(x)$ 分段连续, x_i 为第一类间断点, 记跳跃量

$$[f(x_i)] = f(x_i + 0) - f(x_i - 0).$$

令 $S(x) = \sum\limits_{i}[f(x_i)] \cdot H(x - x_i)$, 此时, $f(x) - S(x) = g(x)$ 是连续函数. 于是我们有 $f(x) = g(x) + S(x)$, 即不连续函数可表示为一个连续函数和一个阶梯函数 $S(x)$ 之和, $S(x)$ 是 $H(x - x_i)$ 的线性组合.

导数是差商的极限, $f'(x) = \lim\limits_{h \to 0}\left[f\left(x + \dfrac{h}{2}\right) - f\left(x - \dfrac{h}{2}\right)\right]\bigg/ h$. 我们形式地考虑 $H(x)$ 的导数, 设 $h > 0$, 于是

$$\Delta_h H(x) = H\left(x + \frac{h}{2}\right) - H\left(x - \frac{h}{2}\right) = \begin{cases} 0, & |x| > \dfrac{h}{2}, \\[2mm] \dfrac{1}{2}, & |x| = \dfrac{h}{2}, \\[2mm] 1, & |x| < \dfrac{h}{2}. \end{cases}$$

$$\delta_h(x) \xlongequal{\text{def}} \frac{\Delta_h H(x)}{h} = \begin{cases} 0, & |x| > \dfrac{h}{2}, \\[2mm] -\dfrac{1}{2h}, & |x| = \dfrac{h}{2}, \\[2mm] 1, & |x| < \dfrac{h}{2}. \end{cases}$$

形式地令 $h \to 0$ 得

$$H'(x) = \delta(x) = \begin{cases} 0, & x \neq 0, \\ \infty, & x = 0. \end{cases} \tag{3.2.2}$$

由 (3.2.2) 定义的函数 $\delta(x)$, 不是通常意义下的导数, 它最早在 20 世纪 20 年代由 Dirac 引入, 在物理学中广泛应用, 20 世纪 50 年代开始, 数学工作者建立了分布 (广义函数) 理论, 使它具有了理论基础.

在广义函数论中, 对满足一定条件的无穷可微函数全体组成空间 Φ, 赋以一定的拓扑, 在 Φ 上构造线性泛函, 称 Φ 为基本空间. 设 $f(x) \in \Phi$, $f(x)$ 除在 $[a, b]$ 上不等于零外, 其余处处等于零, 则区间 $[a, b]$ 称为 $f(x)$ 的支集.

我们仍然用 Φ 记支集有界的无穷可微函数全体构成的函数空间.

定义 3.2.1 基本空间 ϕ 上的线性连续泛函, 称为广义函数.

定义 3.2.2 (普通函数看为广义函数) 设 $f(x)$ 为局部可积连续函数, 将 $f(x)$ 看作广义函数, 定义为

$$(f, \varphi) = \int_{-\infty}^{+\infty} f(x)\varphi(x)dx, \quad \forall \varphi \in \Phi. \tag{3.2.3}$$

定义 3.2.3 $\delta(x)$ 是这样的函数, 它使得 $\forall \varphi \in \Phi$ 有

$$(\delta, \varphi) = \int_{-\infty}^{+\infty} \delta(x)\varphi(x)dx = \varphi(0)$$

成立.

对于普通函数, 由于 φ 支集有界, 由分部积分法有: $\forall \varphi \in \Phi$,

$$(f', \varphi) = \int_{-\infty}^{+\infty} f'(x)\varphi(x)dx = f(x)\varphi(x)\Big|_{-\infty}^{+\infty} - \int_{-\infty}^{+\infty} f(x)\varphi'(x)dx = -(f, \varphi').$$

因此, 我们定义广义函数的导数为: $(f', \varphi) = -(f, \varphi')$. 于是

$$(H'(x), \varphi) = -(H(x), \varphi') = -\int_{0}^{+\infty} \varphi'(x)dx = \varphi(0) = (\delta(x), \varphi(x)). \quad (3.2.4)$$

由上面的定义可见: δ-函数是 H 函数的广义导数. 在上述定义之下, δ-函数还可展开为 Fourier 级数. 因为

$$\frac{1}{2\pi} \int_{-\pi}^{+\pi} \delta(x)e^{ikx}dx = \frac{1}{2\pi},$$

故

$$\sum_{-\infty}^{+\infty} \delta(x - 2n\pi) = \frac{1}{2\pi} \sum_{-\infty}^{+\infty} e^{ikx} = \frac{1}{\pi}\left(\frac{1}{2} + \sum_{k=1}^{\infty} \cos kx\right).$$

在上述级数两边还可以进行广义函数的逐项求导运算等.

在工程、物理系统中, 往往用 δ-函数来表示脉冲波.

3.2.2   具有脉冲作用的线性微分方程组的解矩阵

我们研究线性微分方程组

$$\frac{dx}{dt} = \left[A + \sum_{k=1}^{K} A^{(k)} \cdot \sum_{m=-\infty}^{+\infty} \delta(t - t_k - 2m\pi)\right] x \xlongequal{\text{def}} C(t)x, \quad (3.2.5)$$

其中 $x \in \mathbf{R}^n$, A 与 $A^{(k)}$ 为常数矩阵, $0 < t_1 < t_2 < \cdots < t_{k-1} < t_k < 2\pi$. 引入记号

$$T(t) = e^{At}, \quad J^k = e^{A^{(k)}}. \quad (3.2.6)$$

利用 (3.2.5) 与下述积分方程组的等价性

$$x(t) = x(t_0) + \int_{t_0}^{t} C(t)x(t)dt, \quad (3.2.7)$$

我们得到以下结论.

定理 3.2.1 设当 $t = 2m\pi$ 时, $x(m)$ 为状态量 $x(t)$ 的值, 则在时间区间 $2m\pi \leqslant t \leqslant 2(m+1)\pi$ 之内, (3.2.5) 的解有如下的表达式

$$x(t) = T(t - 2m\pi)x(m), \quad 2m\pi \leqslant t \leqslant 2m\pi + t_1,$$

$$x(t) = T(t - 2m\pi - t_{k'})J^{(k')}T(t_{k'} - t_{k'-1})J^{(k'-1)}$$

$$\cdot T(t_{k'-1} - t_{k'-2})\cdots J^{(2)}T(t_2 - t_1)J^{(1)}T(t_1)x(m),$$

$$2m\pi + t_{k'} < t < 2m\pi + t_{k'+1}, \quad k' \leqslant k - 1,$$

$$\cdots\cdots$$

$$x(t) = T(t - 2m\pi - t_k)J^{(k)}T(t_k - t_{k-1})J^{(k-1)}T(t_{k-1} - t_{k-2})\cdots$$

$$J^{(2)}T(t_2 - t_1)J^{(1)}T(t_1)x(m), \quad 2m\pi + t_k < t < 2(m+1)\pi.$$

证 设 $t' = t - 2m\pi$, 对于 $0 < t' \leqslant t_1$, 显然有

$$x(t') = \exp(At')x(m) = T(t')x(m). \tag{3.2.8}$$

以下用 t_{1-} 和 t_{1+} 分别表示时间 t_1 左边及右边的瞬时值, 于是在未受脉冲作用前有

$$x(t_{1-}) = T(t_{1-})x(m).$$

当 $t' = t_1$ 时, 受脉冲作用了, 按上面用阶梯函数定义 $\delta(t)$ 的想法, 用强度为 $\dfrac{A^{(1)}}{a}$, 覆盖区间为 $[t_1, t_1 + a]$ 的小脉冲来代替 $t = t_1$ 时刻的小脉冲, 在 $t_1 \leqslant t' \leqslant t_1 + a$ 内

$$x(t') = \exp\left\{\left(A + \frac{A^{(1)}}{a}\right)(t' - t_1)\right\} \cdot x(t_{1-}).$$

当 $t' = t_1 + a$ 时, 即在有限脉冲宽度之末端.

$$x(t_1 + a) = \exp\{Aa + A^{(1)}\}x(t_{1-}).$$

令 $a \to 0$, 恢复到 δ-函数脉冲型即得

$$x(t_{1+}) = \exp(A^{(1)})x(t_{1-}) = J^{(1)} \cdot x(t_{1-}). \tag{3.2.9}$$

因此, $J^{(1)}$ 可看作在 t_1 时刻由脉冲作用引起的跃度变化.

对于区间 $t_1 < t' < t_2$, 第一个脉冲作用过后, 第二个脉冲作用前, 仍用 (3.2.8) 表示, 即

$$x(t') = \exp[A(t' - t_1)]x(t_{1+}).$$

因此, 由 (3.2.8), (3.2.9) 得

$$x(t') = \exp[A(t' - t_1)] \exp(A^{(1)}) \exp(At_1)x(m). \tag{3.2.10}$$

反复地应用 (3.2.8), (3.2.9), 即证得定理 3.2.1.

从定理 3.2.1, 可得

$$x(2(m+1)\pi) = T(2\pi - t_k)J^{(k)}T(t_k - t_{k-1})J^{(k-1)}T(t_{k-1} - t_{k-2})\cdots$$
$$\cdot J^{(2)}T(t_2 - t_1)J^{(1)}T(t_1)x(2m\pi). \tag{3.2.11}$$

(3.2.11) 给出了线性系统 (3.2.5) 的 Poincaré 映射的准确公式, 应用它即可研究系统零解的稳定性. (3.2.11) 右边的矩阵

$$H \overset{\text{def}}{=} T(2\pi - t_k)J^{(k)}\cdots J^{(1)}T(t_1)$$

称为系统 (3.2.5) 的增长矩阵. 它控制系统在每个周期中的增长变化.   □

3.2.3   脉冲参数激励系统

讨论非线性系统

$$M\ddot{y} + D\dot{y} + Ky + \sum_{m=1}^{l} f^{(m)}(y) \sum_{j=-\infty}^{+\infty} \delta(t - t_m - j) = 0, \tag{3.2.12}$$

其中 y 为 n 维向量, M, D, K 为常数矩阵, $f^{(m)}(y)$ 为 y 的向量值非线性函数. 在时刻 t_m, 第 m 个脉冲参数激励发生. 设 t_m 满足以下顺序

$$0 \leqslant t_1 \leqslant t_2 < \cdots < t_l < 1,$$

此时参数激励的周期为 1, 在 1 个周期内作用着 l 个脉冲, 第 m 个脉冲激励的强度由 $f^{(m)}$ 确定. 因为有脉冲激励项, 在 $t = t_m$, 速度 y 不连续, 但位移 y 是连续的, 且有

$$\dot{y}(t_m^+) - \dot{y}(t_m^-) = -M^{-1}f^{(m)}(y(t_m)).$$

作变换 $y_i = x_i, \dot{y}_i = x_{i+1}$. (3.2.12) 可记为

$$\dot{x} = Ax - \sum_{m=1}^{l} g^{(m)}(x) \sum_{j=-\infty}^{+\infty} \delta(t - t_m - j), \tag{3.2.13}$$

其中

$$A = \begin{pmatrix} 0 & I \\ -M^{-1}K & -M^{-1}D \end{pmatrix}, \quad g^{(m)}(x) = \begin{pmatrix} 0 \\ -M^{-1}f^{(m)}(y) \end{pmatrix}. \tag{3.2.14}$$

用 Φ 表示线性方程 $\dot{x} = Ax$ 满足 $\Phi(0) = I$ 的解矩阵, 并用 $x(0)$ 表示初始状态, 则由定理 3.2.1 可得 (3.2.13) 的解为

$$\begin{cases} x(t) = \Phi(t)x(0), & 0 \leqslant t \leqslant t_1, \\ x(t_1^-) = \Phi(t_1)x(0), \\ x(t_1^+) = x(t_1^-) + g^{(1)}(x(t_1^-)); \\ x(t) = \Phi(t - t_1)x(t_1^+), & t_1 < t < t_2, \\ \cdots\cdots \\ x(t) = \Phi(t - t_1)x(t_1^+), & t_l < t \leqslant 1. \end{cases} \tag{3.2.15}$$

从上述表达式可见, 解 $x(t)$ 可一个周期一个周期地延拓.

以下研究受周期冲量作用的铰接杆的数学模型. 设有一钢杆, 一端铰接, 另一端受周期性负载. 设 A 表示铰接点, 杆关于 A 点有惯矩 I_A, 杆铰接端受弹性系数为 k 的旋转弹簧及阻尼系数为常数 b 的线性阻尼约束. 设 φ 为杆转角, $\varphi = 0$ 为平衡位置, 杆自由端受周期冲量 p_0 作用其方向与 $\varphi = 0$ 一致. 设 l 为铰接点与负载作用点间的距离, $\widetilde{T_0}$ 为冲量作用周期, 则运动方程为

$$I_A \frac{d^2\varphi}{d\widetilde{t}^2} + b\frac{d\varphi}{d\widetilde{t}} + k\varphi + \left[p_0 l \sum_{j=-\infty}^{+\infty} \delta(\widetilde{t} - j\widetilde{\tau_0}) \right] \sin\phi = 0, \tag{3.2.16}$$

其中 $\widetilde{t}$ 为时间. 若引入变换

$$t = \frac{\widetilde{t}}{\widetilde{t_0}}, \quad \mu = b\widetilde{\tau_0}/2I_A \quad \omega_0^2 = KT_0^2/I_A, \quad a = p_0 l\widetilde{\tau_0}/I_A, \quad x_1 = \varphi, \quad x_2 = \dot{\varphi}.$$

(3.2.16) 可化为 (3.2.13) 形式, 其中 $l = 1, t_1 = 0$:

$$\frac{d}{dt}\begin{pmatrix} x_1 \\ x_2 \end{pmatrix} = \begin{pmatrix} 0 & 1 \\ -\omega_0^2 & -2\mu \end{pmatrix} = \begin{pmatrix} x_1 \\ x_2 \end{pmatrix} + \begin{pmatrix} 0 \\ -\alpha\sin x_1 \end{pmatrix} \sum_{j=-\infty}^{+\infty} \delta(t - t_m - j). \tag{3.2.17}$$

于是具有 $\Phi(0) = I$ 的基本矩阵为

$$\Phi(t) = e^{-\mu t} \begin{pmatrix} \cos\omega t + \dfrac{\mu}{\omega}\sin\omega t & \dfrac{1}{\omega}\sin\omega t \\ -\left(\omega + \dfrac{\mu^2}{\omega}\right)\sin\omega t & \cos\omega t - \dfrac{\mu}{\omega}\sin\omega t \end{pmatrix}, \tag{3.2.18}$$

其中 $\omega^2 = \omega_0^2 - \mu^2$.

利用 (3.2.15), 并记

$$E = e^{-\mu}, \quad C = \cos\omega, \quad S = \sin\omega,$$

则可得系统 (3.2.16) 所对应的二维迭代关系

$$
\begin{cases}
x_1(n+1) = E\left[\left(C + \dfrac{\mu}{\omega}\right)Sx_1(n) - \dfrac{aS}{\omega}\sin x_1(n) + \dfrac{S}{\omega}x_2(n)\right], \\
x_2(n+1) = E\left[-\left(\omega + \dfrac{\mu^2}{\omega}\right)Sx_1(n) - \left(C - \dfrac{\mu}{\omega}S\right)a\sin x_1(n)\right. \\
\qquad\qquad \left. -\left(C - \dfrac{\omega}{\mu}S\right)x_2(n)\right].
\end{cases}
\tag{3.2.19}
$$

如果略去弹簧, 即 $k = 0$, 此时 $\omega_0^2 = 0$, 故 (3.2.19) 化为

$$
\begin{cases}
x_1(n+1) = x_1(n) - \dfrac{1 - e^{-2\mu}}{2\mu}a\sin x_1(n) + \dfrac{1 - e^{-2\mu}}{2\mu}x_2(n), \\
x_2(n+1) = -e^{-2\mu}a\sin x_1(n) + e^{-2\mu}x_2(n).
\end{cases}
\tag{3.2.20}
$$

利用 (3.2.19) 与 (3.2.20) 可以细致研究系统 (3.2.17) 的动力学性质.

3.3   Poincaré 映射的线性近似与周期解的稳定性

继续讨论方程组 (3.1.1), 为方便起见, 引入向量 $u = (x, y), f = (P, Q)$, (3.1.1) 可记为

$$\frac{du}{dt} = f(u, t), \tag{3.3.1}$$

其中 $f(u, t + T) = f(u, t)$.

设 (3.3.1) 存在周期解 $u = \tilde{u}(t)$, 引入变换

$$u = \tilde{u}(t) + v. \tag{3.3.2}$$

(3.3.1) 可化为

$$\dot{v} = f(\tilde{u}(t) + v, t) - f(\tilde{u}(t), t) \xlongequal{\text{def}} F(v, t), \tag{3.3.3}$$

其中 $F(0, t) = 0, F(v, t + T) = F(v, t)$. 上述方程以线性周期系统

$$\dot{v} = Df(\tilde{u}(t), t) \cdot v \xlongequal{\text{def}} A(t) \cdot v \tag{3.3.4}$$

作为近似系统. Df 表示 f 的 Jacobi 矩阵, 该矩阵沿轨道 $\tilde{u}(t)$ 取值时, 是 2×2 矩阵, 且 $A(l + T) - A(t)$.

设 $\Phi(t)$ 是 (3.3.4) 的满足初始条件 $\Phi(0) = I$(其中 I 为单位矩阵) 的基本解矩阵. 根据周期系统的 Floquet 理论, $C = \Phi(T)$ 是单值矩阵. $\Phi(T)$ 的特征值 λ 称为 Floquet 特征乘子, 而 $\lambda(T) = \exp(\sigma T)$ 所定义的复数 $\sigma = \widetilde{\xi} + i\widetilde{\eta}$ 称 Floquet 特征指数. 方程组 (3.3.4) 满足初始条件 $v(0) = \psi$ 的解为

$$v(t) = \Phi(t) \cdot \psi \tag{3.3.5}$$

且有

$$v(t + T) = e^{\sigma T} v(t). \tag{3.3.6}$$

注意到根本矩阵的定义, 有

$$\Phi(t + T) = \Phi(t)\Phi(T), \quad \Phi(nT) = \Phi^n(T). \tag{3.3.7}$$

从而

$$v(t + nT) = \Phi(t)\Phi(nT) \cdot \psi = \lambda^n \Phi(t) \cdot \psi. \tag{3.3.8}$$

对于 $t \in [nT, (n+1)T]$, 范数 $||\Phi(t) \cdot \psi||$ 有界, 因此, 由 (3.3.8) 两边取模, 并令 $n \to +\infty$ 可以得到以下结论.

命题 3.3.1 若单值矩阵 $\Phi(T)$ 的 Floquet 乘子 $\lambda_l = e^{\sigma_l T}$ $(l = 1, 2)$ 满足关系 $|\lambda_l| = e^{\widetilde{\xi_l}T} < 1$ 或特征值的实部 $\widetilde{\xi_l} = \mathrm{Re}\sigma_l < 0$ $(l = 1, 2)$, 则当 $t \to +\infty$ 时, $v(t) \to 0$, 从而 (3.3.1) 的周期解 $u = \widetilde{u}(t)$ 渐近稳定.

以下我们直接分析 (3.3.1) 的 Poincaré 映射, 可获得更为细致的结果.

设 $u(t) = (x(t; \xi, \eta), y(t; \xi, \eta))$ 为 (3.3.1) 的当 $t = 0$ 时, $u(0) = (x_0, y_0) = (\xi, \eta)$ 的解, 用 $\Delta(t)$ 表示 $u(t)$ 关于 (ξ, η) 的 Jacobi 行列式

$$\Delta(t) = \begin{vmatrix} \dfrac{\partial x}{\partial \xi} & \dfrac{\partial x}{\partial \eta} \\ \dfrac{\partial y}{\partial \xi} & \dfrac{\partial y}{\partial \eta} \end{vmatrix}. \tag{3.3.9}$$

记 $u_n = (x_n, y_n) = (x(nT; \xi, \eta), y(nT; \xi, \eta))$.

命题 3.3.2 (x, y)-相平面上的初始面积元 $d\xi d\eta$ 在 Poincaré 映射 P 下有关系

$$Pd\xi d\eta = J\left(\frac{x_1, y_1}{\xi, \eta}\right) d\xi d\eta, \tag{3.3.10}$$

其中

$$J\left(\frac{x_1, y_1}{\xi, \eta}\right) = \exp\left\{\int_0^T (\mathrm{trace} Df) dt\right\}. \tag{3.3.11}$$

证　由 (3.3.9) 得

$$
\begin{aligned}
\frac{d\Delta(t)}{dt} &= \frac{d}{dt}\left(\frac{\partial x}{\partial \xi}\right)\frac{\partial y}{\partial \eta} + \frac{d}{dt}\left(\frac{\partial y}{\partial \eta}\right)\frac{\partial x}{\partial \xi} - \frac{d}{dt}\left(\frac{\partial x}{\partial \eta}\right)\frac{\partial y}{\partial \xi} - \frac{d}{dt}\left(\frac{\partial y}{\partial \xi}\right)\frac{\partial x}{\partial \eta} \\
&= \frac{\partial}{\partial \xi}\left(\frac{dx}{dt}\right)\frac{\partial y}{\partial \eta} + \frac{\partial}{\partial \eta}\left(\frac{dy}{dt}\right)\frac{\partial x}{\partial \xi} - \frac{\partial}{\partial \eta}\left(\frac{dx}{dt}\right)\frac{\partial y}{\partial \xi} - \frac{\partial}{\partial \xi}\left(\frac{dy}{dt}\right)\frac{\partial x}{\partial \eta} \\
&= \frac{\partial P}{\partial \xi}\frac{\partial y}{\partial \eta} + \frac{\partial Q}{\partial \eta}\frac{\partial x}{\partial \xi} - \frac{\partial P}{\partial \eta}\frac{\partial y}{\partial \xi} - \frac{\partial Q}{\partial \xi}\frac{\partial x}{\partial \eta} \\
&= \left(\frac{\partial P}{\partial x}\frac{\partial x}{\partial \xi} + \frac{\partial P}{\partial y}\frac{\partial y}{\partial \xi}\right)\frac{\partial y}{\partial \eta} + \left(\frac{\partial Q}{\partial x}\frac{\partial x}{\partial \eta} + \frac{\partial Q}{\partial y}\frac{\partial y}{\partial \eta}\right)\frac{\partial x}{\partial \xi} \\
&\quad - \left(\frac{\partial P}{\partial x}\frac{\partial x}{\partial \eta} + \frac{\partial P}{\partial y}\frac{\partial y}{\partial \eta}\right)\frac{\partial y}{\partial \xi} - \left(\frac{\partial Q}{\partial x}\frac{\partial x}{\partial \xi} + \frac{\partial Q}{\partial x}\frac{\partial x}{\partial \xi}\right)\frac{\partial x}{\partial \eta} \\
&= \left(\frac{\partial P}{\partial x} + \frac{\partial Q}{\partial y}\right)\left(\frac{\partial x}{\partial \xi}\frac{\partial y}{\partial \eta} - \frac{\partial x}{\partial \eta}\frac{\partial y}{\partial \xi}\right) \\
&= \left(\frac{\partial P}{\partial x} + \frac{\partial Q}{\partial y}\right)\Delta(t).
\end{aligned}
$$

于是

$$
\frac{d\Delta(t)}{\Delta(t)} = \left(\frac{\partial P}{\partial x} + \frac{\partial Q}{\partial y}\right)dt. \tag{3.3.12}
$$

又因为

$$
\Delta(0) = \begin{vmatrix} \dfrac{\partial x_0}{\partial \xi} & \dfrac{\partial x_0}{\partial \eta} \\[2mm] \dfrac{\partial y_0}{\partial \xi} & \dfrac{\partial y_0}{\partial \eta} \end{vmatrix} = 1, \quad \Delta(t+T) = \begin{vmatrix} \dfrac{\partial x_1}{\partial \xi} & \dfrac{\partial x_1}{\partial \eta} \\[2mm] \dfrac{\partial y_1}{\partial \xi} & \dfrac{\partial y_1}{\partial \eta} \end{vmatrix} = J\left(\frac{x_1, y_1}{\xi, \eta}\right).
$$

利用上面的条件积分 (3.3.12) 即得 (3.3.11).　　　　　　　　　　　　　　　□

由 (3.3.10) 可见, 若发散量 $\dfrac{\partial P}{\partial x}+\dfrac{\partial Q}{\partial y} < 0$, 则变换 P 收缩面积; 若 $\dfrac{\partial P}{\partial x}+\dfrac{\partial Q}{\partial y} = 0$, 则 P 为保面积变换.

以下继续讨论 (3.3.1) 的周期解 $\tilde{u}(t)$, 将变换 (3.3.2) 中的 $v(t)$ 称为小扰动. 记单值矩阵

$$
C = \Phi(T) = \begin{pmatrix} a & b \\ c & d \end{pmatrix}. \tag{3.3.13}
$$

则由公式 (3.3.5) 得到分量形式的关系

$$
\begin{aligned}
v_1(T) &= av_1(0) + bv_2(0), \\
v_2(T) &= cv_1(0) + dv_2(0).
\end{aligned} \tag{3.3.14}
$$

由于 $u(0) = \widetilde{u}(0) + v(0), \widetilde{u}(0) = (\widetilde{x}(0), \widetilde{y}(0))$ 是 Poincaré 映射的不动点, 因此, (3.3.14) 表示变换 P 在不动点邻域的近似性质. 由 (3.3.8), 我们有 $v(nT) = \Phi^n(T) \cdot \psi$, 即

$$\left(\begin{array}{c} v_1(nT) \\ v_2(nT) \end{array} \right) = \left(\begin{array}{cc} a & b \\ c & d \end{array} \right)^n \left(\begin{array}{c} v_1(0) \\ v_2(0) \end{array} \right). \tag{3.3.15}$$

(3.3.15) 是 n 次映射的近似关系.

由 (3.3.15) 可见, 矩阵 $\Phi(t)$ 的性质关系着映射 P 在不动点邻域的渐近特征, 因此, 有必要认真分析二维线性映射的不动点性质.

3.4 二维线性映射

最基本的二维映射是线性映射

$$\begin{cases} x_{n+1} = ax_n + by_n, \\ y_{n+1} = cx_n + dy_n, \end{cases} \qquad n = 0, \pm 1, \pm 2, \cdots, \tag{3.4.1}$$

其中矩阵 $A = \left(\begin{array}{cc} a & b \\ c & d \end{array} \right)$ 是常数矩阵, 原点 $(0, 0)$ 是 (3.4.1) 所定义的映射的不动点. 为使不动点孤立, 设 $\det A \neq 0$, $\det(A \pm I) \neq 0$, I 是单位矩阵.

设 λ_1 和 λ_2 是矩阵 A 的特征值, 若 $\lambda_1 \neq \lambda_2$, 且是实数, 通过变换

$$x = \alpha\xi + \beta\eta, \quad y = p_1\alpha\xi + p_2\beta\eta, \tag{3.4.2}$$

其中 α, β 为任给的常数, 且当 $b \neq 0$ 时,

$$p_{1,2} = (\lambda_{1,2} - a)/b; \quad p_{1,2} = c/(\lambda_{1,2} - d), \quad b = 0. \tag{3.4.3}$$

(3.4.1) 可化为

$$\xi_{n+1} = \lambda_1\xi_n, \quad \eta_{n+1} = \lambda_2\eta_n. \tag{3.4.4}$$

由 (3.4.4) 可得

$$\xi_n = \lambda_1^n\xi_0, \quad \eta_n = \lambda_2^n\eta_0, \quad n = 0, \pm 1, \pm 2, \cdots. \tag{3.4.5}$$

在 (x, y) 平面上, 由 (3.4.5) 可求得 (3.4.1) 的解有一般形式

$$\begin{cases} x_n = \widetilde{A}\lambda_1^n + \widetilde{B}\lambda_2^n, \quad y_n = \dfrac{1}{b}(\lambda_1 - a)\widetilde{A}\lambda_1^n + \dfrac{1}{b}(\lambda_2 - a)\widetilde{B}\lambda_2^n, \quad b \neq 0, \\ x_n = \widetilde{A}a^n, \quad y_n = \widetilde{B}d^n + (a - d)^{-1}\widetilde{A}a^n, \quad \lambda_1 = a, \quad \lambda_2 = d, \quad b = 0, \end{cases} \tag{3.4.6}$$

其中 $\widetilde{A}, \widetilde{B}$ 是任意常数, 由初值给定. (ξ, η) 平面的 ξ 轴和 η 轴分别变为 (x, y) 平面上过原点而斜率为 p_1 与 p_2 的两条直线.

当 $\lambda_1 > 0, \lambda_2 > 0$ 时, 从 (3.4.5) 解出 n, 易得不变曲线方程为

$$\eta = \eta_0 \cdot |\xi/\xi_0|^\nu \cdot \operatorname{sgn}(\xi/\xi_0), \quad \nu = (\log \lambda_2)/(\log \lambda_1). \tag{3.4.7}$$

如果 $\lambda_1 \cdot \lambda_2 < 0$, 或 $\lambda_1 < 0, \lambda_2 < 0$, 上述不变曲线仍然有效, 但对数在主值意义下理解. 并且离散轨道 (ξ_i, η_i), $i = 0, \pm 1, \pm 2, \cdots$, 交替地位于两个不同的不变曲线上.

当 $0 < |\lambda_1|, |\lambda_2| < 1$ 或 $|\lambda_1|, |\lambda_2| > 1$ 时, 因 $\nu > 0$, 故不变曲线 (3.4.7) 是类似抛物线的曲线, 该曲线在原点 $(0, 0)$ 与 $\eta = 0$ 即与 ξ 轴相切, 并对称于 $\xi = 0$, 即 η 轴. 综上所述, 当 $\lambda_1 \neq \lambda_2$ 时,

(1) 若 $\lambda_1 > 1, \lambda_2 > 1$, 原点 $(0, 0)$ 称为不稳定的第一类结点, 从 (ξ_0, η_0) 出发的离散轨道在一条不变曲线上运动, 当 $n \to +\infty$ 时, 远离原点.

(2) 若 $0 < \lambda_1 < 1, 0 < \lambda_2 < 1$, 原点 $(0, 0)$ 是第一类稳定结点, 离散轨道沿一条不变曲线运动, 当 $n \to +\infty$ 时, 趋于原点.

(3) 若 $\lambda_1 \cdot \lambda_2 < 0$ 或 $\lambda_1 < 0, \lambda_2 < 0, |\lambda_i| < 1$ 或 $|\lambda_i| > 1$ $(i = 1, 2)$, 原点 $(0, 0)$ 称为第二类结点. $|\lambda_i| < 1$ 时是稳定的, $|\lambda_i| > 1$ 时是不稳定的. 此时, 离散轨道 $(\xi_i, \eta_i)(i = 0, \pm 1, \pm 2, \cdots)$ 交替地位于两条不同的不变曲线上. 在 (ξ, η) 平面上, 若 $\lambda_1 \cdot \lambda_2 < 0, (\xi_i, \eta_i)$ 与 (ξ_{i+1}, η_{i+1}) 位于两相邻象限内; 若 $\lambda_1 \cdot \lambda_2 > 0, (\xi_i, \eta_i)$ 与 (ξ_{i+1}, η_{i+1}) 位于两相对象限内. 图 3.4.1 给出了两种类型的结点的不变曲线图形, 并指出了离散轨道相邻两点间的关系.

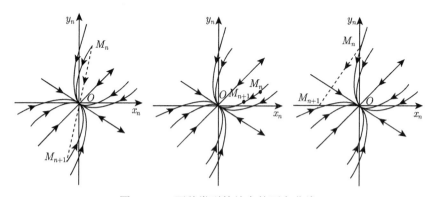

图 3.4.1　两种类型的结点的不变曲线

(4) 若 $0 < \lambda_1 < 1, |\lambda_2| > 1$(或者相反), 此时 (3.4.5) 的不变曲线类似于双曲线, 除 $\xi = 0, \eta = 0$ 两轴外. 如果 $\lambda_1 > 1, 0 < |\lambda_2| < 1$ 或反过来, $0 < \lambda_1 < 1, |\lambda_2| > 1$, 原点 $(0, 0)$ 称为第一类鞍点, 离散轨道保持在与初始点 (ξ_0, η_0) 所在

的同一条不变曲线上. 如果 λ_1 和 λ_2 中至少有一个是负数 (例如, $\lambda_2 < -1$), 原点 $(0,0)$ 称为第二类鞍点, 离散轨道上相继的两点位于两个不同不变曲线上, 不变曲线方程仍由 (3.4.7) 确定, 但此时 $\nu < 0$.

对于两种类型的鞍点, $\xi = 0$ 和 $\eta = 0$ 是两条特殊的不变曲线分枝. 在其上, 离散的半轨道当 $n \to +\infty$ 或 $n \to -\infty$ 时趋于原点 $(0,0)$, 前一种情形, 该轨道称为 $(0,0)$ 的稳定流形, 后一种情形称为不稳定流形. 两类鞍点的图形如图 3.4.2.

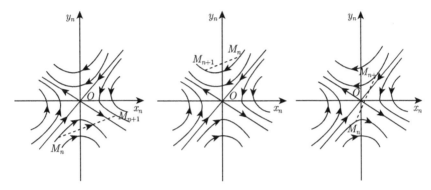

图 3.4.2 两种类型的鞍点的不变曲线

以下假设 λ_1, λ_2 为共轭复数, 设

$$\lambda_{1,2} = \alpha + i\beta = \sigma \cdot e^{\pm i\varphi}. \tag{3.4.8}$$

数 σ 称为增长因子, φ 称为旋转角. 通过线性变换可将 (3.3.1) 化为

$$\xi_{n+1} = \alpha\xi_n - \beta\eta_n, \quad \eta_{n+1} = \beta\xi_n + \alpha\eta_n. \tag{3.4.9}$$

引入极坐标 $\xi = \rho\cos\theta$, $\eta = \rho\sin\theta$, 于是 (3.4.9) 可化为

$$\rho_{n+1} = \sigma\rho_n, \quad \theta_{n+1} = \theta_n + \varphi. \tag{3.4.10}$$

从而与初值相联系的解为

$$\rho_n = \sigma^n\rho_0, \quad \theta_n = n\varphi + \theta_0, \tag{3.4.11}$$

其中 $\rho_0\cos\theta_0 = \xi_0$, $\rho_0\sin\theta_0 = \eta_0$. 因此不变曲线方程为

$$\rho = \sigma^{(\theta-\theta_0)/\varphi} \cdot \rho_0. \tag{3.4.12}$$

还原为直角坐标系, 即

$$\xi^2 + \eta^2 = (\xi_0^2 + \eta_0^2)\sigma^{\tilde{\alpha}}, \quad \theta = \arctan(\xi/\eta), \tag{3.4.13}$$

其中 $\tilde{\alpha} = 2(\theta - \theta_0)/\varphi, \theta_0 = \arctan(\xi_0/\eta_0)$.

(5) 当 $\lambda_{1,2} = \alpha \pm i\beta = \sigma e^{\pm i\varphi}$ 时, 若 $\sigma = 1$, 不变曲线为同心圆弧. 不动点 $(0,0)$ 称为中心, 如果旋转角关于 2π 可通约, 即 $\varphi = 2\pi m/k, m, k$ 为正整数, 则离散轨道仅由 k 个不同的点组成, 这种退化情形称为共振. 若 φ 关于 2π 不可通约, 则当 $n \to +\infty$ 与 $n \to -\infty$ 时, 离散轨道 (ξ_n, η_n)(对应地 (x_n, y_n)) 的点在整条不变曲线 (不变圆) 上不断运动, 具有可数无穷多个点. 中心 $(0,0)$ 是一个孤立点, 它不是任何半轨的极限点.

注意: 若 (3.4.1) 为流所对应的 Poincaré 映射, 则微分同胚的不变圆对应于向量场的不变环面.

(6) 若情况 (5) 中的 $\sigma \neq 1$, 此时不变曲线是对数螺旋线, 不动点 $(0,0)$ 称为焦点. 当 $\sigma < 1$ 时, $(0,0)$ 渐近稳定; 当 $\sigma > 1$ 时, $(0,0)$ 不稳定. 如果 σ 接近于 1, 而 φ 又关于 2π 可通约, 此时, 焦点称弱共振型的. 图 3.4.3 是情况 (5) 和 (6) 的不变曲线图.

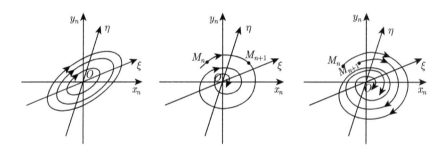

图 3.4.3   中心、两种类型的焦点

最后, 设 $\lambda_1 = \lambda_2 = \lambda$.

(7) 若 $b = c = 0$, 此时 $a = d$, 故 (3.4.1) 本身就是规范形式. 不变曲线方程为

$$y = y_0 \left| \frac{x}{x_0} \right| \cdot \text{sgn}\left(\frac{x}{x_0} \right). \tag{3.4.14}$$

因此, 这是直线方程, 原点 $(0,0)$ 称为临界结点或星形结点, 当 $|\lambda| < 1$ 时稳定, 当 $|\lambda| > 1$ 时不稳定.

(8) 当 $b^2 + c^2 \neq 0$ 时, (3.4.1) 可经线性变换化为

$$\xi_{n+1} = \lambda \xi_n - \eta_n, \quad \eta_{n+1} = \lambda \eta_n. \tag{3.4.15}$$

于是有解

$$\xi_n = \lambda^n \left(\xi_0 - \frac{n\eta_0}{\lambda} \right), \quad \eta_n = \lambda^n \eta_0. \tag{3.4.16}$$

当 $\lambda > 0$ 时, 若 $\eta/\eta_0 > 0$, 则不变曲线为

$$\xi = \eta(\xi_0/\eta_0) - \eta[\log(\eta/\eta_0)]/(\lambda \log \lambda). \tag{3.4.17}$$

若 $\eta/\eta_0 < 0$, 只需将上述曲线作镜面对称变换即可. 在 (x,y) 平面上, 抛物线形的不变曲线在原点切于直线 $y = px$, 其中 $p = (\lambda - a)/b$, 若 $b \neq 0$ 或 $p = c/(\lambda - a)$, $b = 0$. 不动点 $(0,0)$ 称为退化结点, 当 $|\lambda| < 1$ 时, 是渐近稳定的; 当 $|\lambda| > 1$ 时, 是不稳定的.

情形 (7) 与 (8) 的不变曲线图形如图 3.4.4.

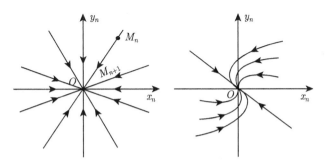

图 3.4.4　临界结点和退化结点附近的不变曲线

总结以上的讨论, 如果只考虑不动点的渐近性质, 那么稳定的结点、焦点、星形和退化结点统称为汇 (sink), 否则称为源 (source), 因此我们有如下命题.

命题 3.4.1　若二维线性映射 (3.4.1) 的系数矩阵 A 的特征值满足关系 $|\lambda_1| < 1 < |\lambda_2|$, 则不动点 $(0,0)$ 为鞍点; 若 $|\lambda_1| < 1, |\lambda_2| < 1$, 则 $(0,0)$ 是汇.

汇往往称为吸引子. 相对地, 源称为排斥子.

在动力系统的复杂性研究中, 鞍点的存在起着本质的作用. 近年来, 考虑到二维迭代与三维流的 Poincaré 映射之间的关系, 文献中常常将 $\lambda_2 < -1$ 时的鞍点称为 "Mobius 轨道". 原因是不动点 (或周期点) 的不稳定流形具有一半扭转, 类似于 Mobius 带, 这将在后面再说明.

如记 $p = \text{trace}A, q = \det A$, 于是 (3.4.1) 的特征方程为

$$\lambda^2 - p\lambda + q = 0. \tag{3.4.18}$$

$$\lambda_{1,2} = \frac{p}{2} \pm \frac{1}{2}\sqrt{p^2 - 4q}. \tag{3.4.19}$$

又 $\det(A \pm I) = 1 \pm p + q$. 图 3.4.5 显示 p,q 参数平面上线性系统 (3.4.1) 的平衡点的分枝图.

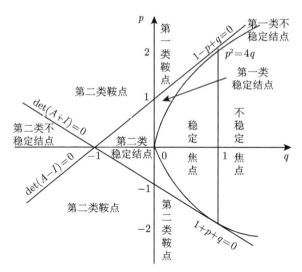

图 3.4.5　二维线性映射的平衡点的分枝图

3.5　二维映射的 Hopf 分枝与 Arnold 舌头

本节考虑一般的二维映射

$$x_{n+1} = f(x_n, y_n), \quad y_{n+1} = g(x_n, y_n). \tag{3.5.1}$$

设原点是 (3.5.1) 的不动点, 其线性化系统的特征乘子为 $\lambda, \bar{\lambda}$, 并紧靠单位圆. 记

$$\lambda = (1 + \mu) \exp i\alpha, \quad 0 < \alpha < \pi,$$

并将 μ 看作是可变参数, α 是常数. 设 $\dfrac{\alpha}{\pi}$ 为有理数, 则

$$\text{Arg}\lambda = \alpha = \frac{2\pi l}{m}, \tag{3.5.2}$$

m 为最小的与 l 互素的整数. 如果 $\mu < 0$, 则 $(0,0)$ 是局部稳定的, 当 μ 增加到正值时, (3.5.1) 可能出现各种各样的分枝现象.

(3.5.1) 的不动点 $(0,0)$ 称为共振的, 倘若 λ 是复平面的单位根, 即 $\lambda^k(0) = 1$, k 为某个正整数. 对于 $\mu = 0$, α 由 (3.5.2) 表示的情形, 若 $m = 1, 2, 3, 4$, 则 (3.5.1) 的不动点称为强共振的; 若 $m \geqslant 5$, 则称为弱共振的.

研究 (3.5.1) 的不动点的分枝的基本方法是规范形法. 为此, 我们先一般地讨

论 $\mathbf{R}^2$ 中的微分同胚

$$\Phi\begin{pmatrix} x \\ y \end{pmatrix} = \begin{pmatrix} ax - by + \dfrac{1}{2}f_{20}x^2 + f_{11}xy + \dfrac{1}{2}f_{02}y^2 + \\[2mm] \dfrac{1}{6}f_{30}x^3 + \dfrac{1}{2}f_{21}x^2y + \dfrac{1}{2}f_{12}xy^2 + \dfrac{1}{6}f_{03}y^3, \\[2mm] bx + ay + \dfrac{1}{2}g_{20}x^2 + g_{11}xy + \dfrac{1}{2}g_{02}y^2 + \\[2mm] \dfrac{1}{6}g_{30}x^3 + \dfrac{1}{2}g_{21}x^2y + \dfrac{1}{2}g_{12}xy^2 + \dfrac{1}{6}g_{03}y^3 \end{pmatrix} + O(r^4), \quad (3.5.3)$$

其中 $r = \sqrt{x^2 + y^2}$. 系统 (3.5.3) 的线性化系统的特征乘子为 $\lambda = a \pm bi$. 令 $x + iy = z$, (3.5.3) 可化为复数形式

$$\Phi(z) = \lambda z + \left(\frac{1}{2}G_{20}z^2 + G_{11}z\bar{z} + \frac{1}{2}G_{02}\bar{z}^2 \right)$$
$$+ \left(\frac{1}{6}G_{30}z^3 + \frac{1}{2}G_{21}z^2\bar{z} + \frac{1}{2}G_{12}z\bar{z}^2 + \frac{1}{6}G_{03}\bar{z}^3 \right) + O(|z|^4), \quad (3.5.4)$$

其中

$$G_{20} = \frac{1}{4}[(f_{20} - f_{02} + 2g_{11}) + i(g_{20} - g_{02} - 2f_{11})],$$
$$G_{11} = \frac{1}{4}[(f_{20} + f_{02}) + i(g_{20} + g_{02})],$$
$$G_{02} = \frac{1}{4}[(f_{20} - f_{02} - 2g_{11}) + i(g_{20} - g_{02} + 2f_{11})], \quad (3.5.5)$$
$$G_{21} = \frac{1}{8}[(f_{30} + f_{12} + g_{21} + g_{03}) + i(g_{30} + g_{12} - f_{21} - f_{03})],$$

$\cdots\cdots$

定理 3.5.1 设 $\lambda = (1 + \mu)e^{i\alpha}$, 且 (3.5.2) 中 $m \neq 1, 2, 3, 4$, 则当 $\mu = 0$ 时存在坐标变换

$$\zeta = z + r_{20}z^2 + r_{11}z\bar{z} + r_{02}\bar{z}^2 + \cdots, \quad (3.5.6)$$

使得 (3.5.4) 化为规范形式

$$\Phi(\zeta) = \lambda\zeta + Q\zeta^2\bar{\zeta} + O(|\zeta|^4), \quad (3.5.7)$$

或极坐标形式

$$\Phi(r, \phi) = (r - f_1(0)r^3, \phi + \alpha(0) + f_3(0)r^2) + O(r^5), \quad (3.5.8)$$

其中

$$f_1(0) = -\text{Re}(\overline{\lambda}Q) = \text{Re}\left[\frac{(1-2\lambda)\overline{\lambda}^2}{2(1-\lambda)}G_{20}G_{11}\right] + \frac{1}{2}|G_{11}|^2$$

$$+ \frac{1}{4}|G_{02}|^2 - \text{Re}\left(\frac{\overline{\lambda}G_{21}}{2}\right)(\lambda = e^{i\alpha}). \tag{3.5.9}$$

证　将 (3.5.6) 代入 (3.5.7) 得

$$z_{n+1} + r_{20}z_{n+1}^2 + r_{11}z_{n+1}\overline{z}_{n+1} + r_{02}\overline{z}_{n+1}^2 + \cdots$$

$$= \lambda(z_n + r_{20}z_n^2 + r_{11}z_n\overline{z}_n + \overline{z}_n^2 + \cdots) + Qz_n^2\overline{z}_n + \cdots.$$

又将 $z_{n+1} = \Phi(z_n)$ 的表达式 (3.5.4) 代入上式左边, 比较 z^2, $z\overline{z}$, $\overline{z}^2$ 的系数得

$$\frac{1}{2}G_{20} + \lambda^2 r_{20} = \lambda r_{20}, \quad G_{11} + \lambda\overline{\lambda}r_{11} = \lambda r_{11}, \quad \frac{1}{2}G_{02} + \overline{\lambda}^2 r_{02} = \lambda r_{02}.$$

因此, 在非强共振情形下, 为让二次项系数消失, 只需设

$$r_{20} = \frac{G_{20}}{2(\lambda - \lambda^2)}, \quad r_{11} = \frac{G_{11}}{\lambda - 1}, \quad r_{02} = \frac{G_{02}}{2(\lambda - \overline{\lambda}^2)}$$

(其中 $\lambda = \exp(i\alpha), \mu = 0$). 又比较 $z^2\overline{z}$ 项系数可得

$$Q = \frac{2\lambda - 1}{2(1-\lambda)\lambda}G_{20}G_{11} + \left(\frac{-\lambda}{1-\lambda}\right)|G_{11}|^2 + \left(\frac{-\lambda}{2(1-\lambda^3)}\right)|G_{02}| + \frac{1}{2}G_{21}.$$

于是我们得到规范形 (3.5.7).

令 $\lambda = e^{i\alpha}$, $\zeta = re^{i\varphi}$, 则由

$$\lambda\zeta + Q\zeta^2\overline{\zeta} + O(|\zeta|^5)$$

$$= \lambda\zeta(1 + \text{Re}(\overline{\lambda}Q)|\zeta|^2 + i\text{Im}(\overline{\lambda}Q)|\zeta|^2) + O(|\zeta|^5)$$

$$= \lambda\zeta(1 + \text{Re}(\overline{\lambda}Q|\zeta|^2)(1 + i\text{Im}(\overline{\lambda}Q)|\zeta|^2) + O(|\zeta|^5)$$

$$= (|\zeta| + \text{Re}(\overline{\lambda}Q)|\zeta|^3)\exp\{i[\alpha + \phi + \text{Im}(\overline{\lambda}Q)|\zeta|^2]\} + O(|\zeta|^5),$$

即得极坐标形式 (3.5.8), 并有 $f_1(0) = -\text{Re}(\overline{\lambda}Q)$ 即 (3.5.9). □

以下考虑不动点的 Hopf 分枝问题. 不考虑强共振情形, 由定理 3.5.1 可知, 若 $\lambda = (1 + \mu)e^{i\alpha}$, 二维映射 (3.5.4) 可约化为规范形

$$z_{n+1} = (1 + \mu)e^{i\alpha}z_n + Qz_n^2\overline{z_n} + \cdots \tag{3.5.10}$$

或极坐标形式

$$r_{n+1} = r_n |(1+\mu)e^{i\alpha}z_n + Qr_n^2| + \cdots, \quad Q = -qe^{i\alpha}. \tag{3.5.11}$$

在低阶近似情形

$$r_{n+1}^2 = (1+2\mu)r_n^2 - 2q\cos(\alpha - r)r_n^4. \tag{3.5.12}$$

(3.5.12) 可看作具有非平凡的不动点 $r = R_H$ 的一维映射, 其中

$$R_H^2 = \frac{\mu}{q\cos(\alpha - r)}. \tag{3.5.13}$$

如果 $\cos(\alpha - r) > 0$, 当 $\mu > 0$ 时, (3.5.13) 定义了一个吸引的不变圆——Hopf 圆. 当然, 在 (x, y) 平面内, 不变圆可能是椭圆. 若 $\cos(\alpha - r) < 0$, 则当 $\mu < 0$ 时有不变圆, 但该圆是排斥的. R_H 称为 Hopf 半径. 由 (3.5.13) 可见

$$\frac{\mu}{R_H^2} = q\cos(\alpha - r) = -\text{Re}(\bar{\lambda}Q) = f_1(0). \tag{3.5.14}$$

如果 $\cos(\alpha - r) \approx 0$, 为描述分枝性质, 需要规范形中更多的项, 这里我们不再详论. 综上所述我们得到下面的结论.

定理 3.5.2 (映射的 Hopf 分枝定理) 设 $\Phi_\mu : \mathbf{R}^2 \to \mathbf{R}^2$ 为单参数映射族, 在不动点 $(x, y) = (x(\mu), y(\mu))$, 其 Jacobi 矩阵 $D\Phi_\mu$ 有特征值 $\lambda(\mu), \bar{\lambda}(\mu)$, 假设

(1°) $|\lambda(0)| = 1$, 但 $\lambda^m(0) \neq 1$, $m = 1, 2, 3, 4$;

(2°) $\left|\dfrac{d}{d\mu}\lambda(\mu)\right|_{\mu=0} = d > 0.$

则对足够小的 $\mu > 0$, $\mu \in (0, \varepsilon)$ ($\mu < 0$, $\mu \in (-\varepsilon, 0)$), 若 $f_1(0) > 0$ ($f_1(0) < 0$), Φ_μ 存在吸引的 (排斥的) 单参数不变圆的连续族.

以下考虑弱共振情形. 此时 $\alpha = \dfrac{2\pi l}{m}$, $m \geqslant 5$. 如果 (3.5.4) 存在 Hopf 圆, 则有两种可能性, 或者 Hopf 圆被非周期轨道稠密地覆盖着, 或者它含有 m 阶的吸引周期轨道. 研究规范形

$$z_{n+1} = \lambda z_n + Qz_n^2\bar{z}_n + \cdots + C\bar{z}_n^{m-1} + \cdots. \tag{3.5.15}$$

兹取

$$\lambda = (1+\mu e^{i\varphi})e^{i\alpha}, \quad \alpha = \frac{2\pi l}{m}, \tag{3.5.16}$$

即通过局部坐标 μ 与 ϕ 来描述 $e^{i\alpha}$ 之邻域. 从 (3.5.16) 得 Hopf 半径

$$qR_H^2\cos(\alpha - r) = -\mu\cos\phi. \tag{3.5.17}$$

这是 (3.5.13) 的少许推广. (3.5.15) 在 Hopf 圆上的作用可通过关系

$$\theta_{n+1} = \theta_n + \alpha + \arg(1 + \mu e^{i\phi} + e^{-i\alpha}QR^2 + \cdots + C_1 R^{m-2}e^{-im\theta_n} + \cdots)$$

来描述, 其中, $\theta = \arg z, C_1$ 为常数. 将 (3.5.17) 代入上式, 并作某些三角运算可得

$$\theta_{n+1} = \theta_n + \alpha + \arg\left(1 + i\mu\frac{\sin(\phi + \alpha - r)}{\cos(\alpha - r)} + \cdots + C_2\mu^{\frac{m-2}{2}}e^{-im\theta_n}\right), \quad (3.5.18)$$

其中 C_2 是常数. 若要映射 (3.5.4) 存在周期 m 解, 其必要条件是存在 θ 值, 使得一次近似满足关系:

$$\mu\frac{\sin(\phi + \alpha - r)}{\cos(\alpha - r)} + \mu^{\frac{m-2}{2}}I_m(C_2 e^{-im\theta_n}) = 0.$$

如果下面的不等式

$$|\sin(\phi + \alpha - r)| \leqslant C_3\mu^{\frac{m-4}{2}} \qquad (3.5.19)$$

成立, 则可找到使前一等式成立的 θ 值. 其中常数 C_3 依赖于规范形 (3.5.15) 中的 $\bar{z}^{m-1}$ 项系数 C. 由 (3.5.19) 所确定的区域是两个喇叭形的对称角域, 但因我们假设 Hopf 分枝发生于参数增加时, 即 μ 在单位圆之外, 因此, 上述两个喇叭形仅在单位圆外面有意义. 图 3.5.1 给出了其示意图. 图 3.5.1(a) 中取 $r = \alpha = \dfrac{\pi}{3}$, 喇叭域的边界曲线由两圆弧组成.

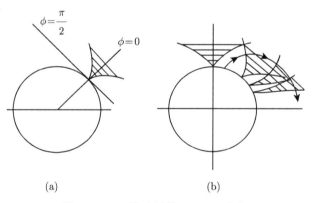

图 3.5.1　二维映射的 Arnold 舌头

在 $\dfrac{\alpha}{\pi}$ 为有理数的每个点, 都可以从它作出这样一个喇叭形区域, 称为 Arnold 舌头或者 Arnold 喇叭. 这些舌头十分靠近单位圆, 且关于线

$$\phi = r - \alpha \pmod{\pi} \qquad (3.5.20)$$

对称. (3.5.20) 称为 Arnold 舌头的对称轴.

当 $\dfrac{\alpha}{\pi}$ 为有理数时, 随着其数值增大, Arnold 舌头日愈变细. 如果 $\cos(\alpha - r) \approx$ 0, 则上面的分析失效, 此时 Arnold 舌头几乎切于单位圆, 其图形像梳子那样.

随着参数的改变, 参数可能会进入不同的 Arnold 舌头, 且 Arnold 舌头边会交叠 (图 3.5.1(b)).

对强共振情形, 由于涉及较多的知识. 本章不作讨论.

以下举一个例子说明定理 3.5.2 的应用. 考虑具有时间滞后的种群增长的 Logistic 方程

$$N_{n+1} = \mu N_n (1 - N_{n-1}). \tag{3.5.21}$$

令 $x_n = N_{n-1}, y_n = N_n$, (3.5.21) 化为二维映射

$$F_\mu : (x, y) \to (y, \mu y(1 - x)). \tag{3.5.22}$$

上述映射有不动点 $(x, y) = (0, 0)$ 和 $(x, y) = \left(\dfrac{\mu - 1}{\mu}, \dfrac{\mu - 1}{\mu} \right)$. 容易证明, 当 $\mu > 1$ 时, $(0, 0)$ 是鞍点, 而在另一个非零不动点

$$DF\left(\frac{\mu - 1}{\mu}, \frac{\mu - 1}{\mu} \right) = \begin{pmatrix} 0 & 1 \\ 1 - \mu & 1 \end{pmatrix}, \tag{3.5.23}$$

其特征值为

$$\lambda_{1,2} = \frac{1}{2}(1 \pm \sqrt{5 - 4\mu}). \tag{3.5.24}$$

当 $\mu > \dfrac{5}{4}$ 时, 特征值为复数. 兹记 $C = \sqrt{4\mu - 5}$, 则

$$\lambda, \overline{\lambda} = \sqrt{\mu - 1} e^{\pm iC}. \tag{3.5.25}$$

当 $\mu = 2$ 时, $\lambda, \overline{\lambda} = e^{\pm \frac{\pi}{3} i}$ 是 1 的六次根, 此时定理 3.5.2 中的假设成立, $\dfrac{d}{d\mu}\lambda(\mu)\Big|_{\mu=2} = 1 > 0$.

为考虑分枝的稳定性, 对 $\mu = 2$ 情形, 作变换 $(\overline{x}, \overline{y}) = \left(x - \dfrac{1}{2}, y - \dfrac{1}{2} \right)$, 得新系统

$$\begin{pmatrix} u \\ v \end{pmatrix} = \begin{pmatrix} -\dfrac{1}{\sqrt{3}} & \dfrac{2}{\sqrt{3}} \\ 1 & 0 \end{pmatrix} \begin{pmatrix} \overline{x} \\ \overline{y} \end{pmatrix}; \quad \begin{pmatrix} \overline{x} \\ \overline{y} \end{pmatrix} = \begin{pmatrix} 0 & 1 \\ \dfrac{\sqrt{3}}{2} & \dfrac{1}{2} \end{pmatrix} \begin{pmatrix} u \\ v \end{pmatrix}. \tag{3.5.26}$$

此时考虑 Hopf 分枝的平衡点变到了原点, 且线性部分有规范形, (3.5.22) 化为

$$\begin{pmatrix} u \\ v \end{pmatrix} = \begin{pmatrix} -\dfrac{1}{\sqrt{2}} & -\dfrac{\sqrt{3}}{2} \\ \dfrac{\sqrt{3}}{2} & \dfrac{1}{2} \end{pmatrix} \begin{pmatrix} u \\ v \end{pmatrix} - \begin{pmatrix} 2uv + 2v^2 \\ 0 \end{pmatrix}, \tag{3.5.27}$$

其中特征值 $\lambda, \overline{\lambda} = \dfrac{1}{2} \pm i\left(\dfrac{\sqrt{3}}{2}\right)$. 非线性项系数为

$$f_{20} = 0, \quad f_{11} = -2, \quad f_{02} = -4, \quad g_{20} = 0, \quad g_{11} = 0, \quad g_{02} = 0.$$

故有

$$\begin{aligned} &G_{20} = \frac{1}{4}(4 + 4i) = 1 + i, \quad G_{11} = \frac{1}{4}(-4 + 0i) = -1, \\ &G_{02} = \frac{1}{4}(4 - 4i) = 1 - i, \quad G_{21} = 0. \end{aligned} \tag{3.5.28}$$

利用上述数字计算得

$$f_1(0) = \frac{7 - \sqrt{3}}{4} > 0. \tag{3.5.29}$$

由定理 3.5.2 可知, 当 $\mu > 2$, $|\mu - 2|$ 充分小时, 围绕系统 (3.5.22) 的不动点 $\left(\dfrac{1}{2}, \dfrac{1}{2}\right)$ 存在吸引的不变闭曲线.

Aronson 等 (1982) 曾经给出如图 3.5.2 所示的数值计算结果. 当 $\mu = 2.2701$ 时, 系统 (3.5.22) 已不存在不变闭曲线, 作者们得到了所谓的 "奇怪吸引子". 因此, 本例是参数 μ 从 2 逐渐增大时, 从光滑的不变圆分枝到奇怪吸引子的一个典型例子.

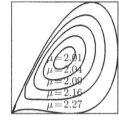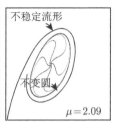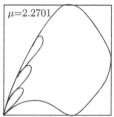

图 3.5.2　从光滑的不变圆分枝到奇怪吸引子的例子

第 4 章　Smale 马蹄与横截同宿环

　　1967 年 Smale 在 *Differentiable dynamical systems* 的综合报告中说: "我试图澄清 N. Levinson 的文章中关于 Van der Pol 方程的解的几何性质, 而构造了一个 '马蹄' 的例子. Levinson 早先曾写信告诉我上述方程存在无穷多个周期解. '马蹄' 是具有无穷多个周期点的结构稳定 (或 Ω 稳定) 的第一个例子." 本章首先介绍这个著名的例子, 接着介绍 Moser 的工作和有关同宿缠结的基本理论, 这些知识对我们理解微分方程解的混沌复杂性起着核心作用.

4.1　Smale 的马蹄映射

　　考虑平面 $\mathbf{R}^2$ 上的正方形

$$P = (-1 - \varepsilon, 1 + \varepsilon) \times (-1 - \varepsilon, 1 + \varepsilon)$$

和

$$Q = [-1, 1] \times [-1, 1].$$

把正方形 P 在竖直方向上拉长 (拉伸比 $\mu > 2$), 在水平方向上压缩 (压缩比 $\lambda < 1/2$), 作成一条竖直的窄长条, 然后弯成马蹄型放回到 P 上, 如图 4.1.1 和图 4.1.2 所示.

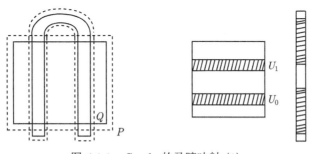

图 4.1.1　Smale 的马蹄映射 (1)

　　用这种方法我们构造了一个映射 $\varphi : P \to \mathbf{R}^2$. 它是从 P 到像集合的微分同胚. 我们将证明, 映射 φ 存在一个不变集合 $\Lambda \subset Q$, $\varphi|_\Lambda$ 拓扑共轭于符号空间 $\Sigma(2)$ 中的双边移位映射.

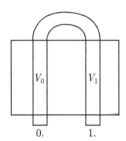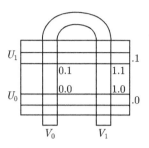

图 4.1.2   Smale 的马蹄映射 (2)

首先, 注意 $V = \varphi(Q) \cap Q$ 由两个不相交的竖条 V_0 和 V_1 组成, $V = V_0 \cup V_1$, 每个竖条宽度小于 Q 的宽度的一半, 用 $\theta(V_i)$ 表示竖条宽度, 有

$$\theta(V_0), \theta(V_1) < 1.$$

其次, $U = \varphi^{-1}(V)$ 由两个不相交的横条

$$U_0 = \varphi^{-1}(V_0), \quad U_1 = \varphi^{-1}(V_1)$$

组成, $U = U_0 \cup U_1$, 每个横条的厚度小于 Q 的厚度的一半, $\theta(U_0), \theta(U_1) < 1$.

以下记

$$U_{ij} = \varphi^{-1}(V_i \cap U_j) = U_i \cap \varphi^{-1}(U_j), \quad i, j = 0, 1; \tag{4.1.1}$$

$$V_{ij} = \varphi(U_j \cap V_i) = V_i \cap \varphi(V_j), \quad i, j = 0, 1. \tag{4.1.2}$$

可以看出: U_{ij} 是包含在 U_j 中的横条, 其厚度小于 U_i 厚度的一半: $\theta(U_{ij}) < \frac{1}{2}\theta(U_i) < \frac{1}{2}$.

V_{ij} 是包含 V_i 中的竖条, 其宽度小于 V_i 的一半: $\theta(U_{ij}) < \frac{1}{2}\theta(V_i) < \frac{1}{2}$ (图 4.1.3).

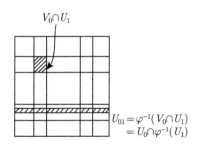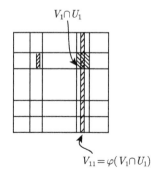

图 4.1.3   马蹄映射的编码

一般地, 对于符号

$$S_{-k}, S_{-(k-1)}, \cdots, S_{-1}; S_0, S_1, \cdots, \quad S_k \in \{0,1\} = S(2),$$

我们定义

$$U_{s_0 s_1 s_2 \cdots s_k} = \varphi^{-1}(V_{s_0} \cap U_{s_1 s_2 \cdots s_k}) = U_{s_0} \cap \varphi^{-1}(U_{s_1 s_2 \cdots s_k})$$
$$= U_{s_0} \cap \varphi^{-1}(U_{s_1}) \cap \varphi^{-2}(U_{s_2}) \cap \cdots \cap \varphi^{-k}(U_{s_k}). \tag{4.1.3}$$

$$V_{s_{-k} \cdots s_{-2} s_{-1}} = \varphi(U_{s_{-1}} \cap V_{s_{-k} \cdots s_{-2}}) = V_{s_{-1}} \cap \varphi(V_{s_{-k} \cdots s_{-2}})$$
$$= V_{s_{-1}} \cap \varphi(V_{s_{-2}}) \cap \varphi^2(V_{s_{-3}}) \cap \cdots \cap \varphi^{k-1}(V_{s_{-k}}). \tag{4.1.4}$$

因此, $U_{s_0 s_1 \cdots s_k}$ 为含于 $U_{s_0 s_1 s_2 \cdots s_{k-1}}$ 中的一横条, 而 $V_{s_{-k} \cdots s_{-2} s_{-1}}$ 是含于 $V_{s_{-k+1} \cdots s_{-2} s_{-1}}$ 中的一竖条. 由上述定义可见

引理 4.1.1　以下关系成立

(i) $\varphi(U_{s_0 s_1 \cdots s_k}) = V_{s_0} \cap U_{s_1 s_2 \cdots s_k}$, $\varphi(V_{s_{-k} \cdots s_{-1}}) \cap V_{s_0} = V_{s_{-k} \cdots s_{-1} s_0}$;

(ii) $\theta(U_{s_0 s_1 \cdots s_k}) < \dfrac{1}{2}\theta(U_{s_1 \cdots s_k}) < \dfrac{1}{2^k}, \theta(V_{s_{-k} \cdots s_{-2} s_{-1}}) < \dfrac{1}{2}\theta(V_{s_{-k} s_{-k+1} \cdots s_{-2}}) < \dfrac{1}{2^{k-1}}.$

证　(i) 由定义式 (4.1.3) 与定义式 (4.1.4) 直接验证即知.

(ii) 由上述定义有

$$U_{s_0 s_1 s_2 \cdots s_k} = \varphi^{-1}(V_{s_0} \cap U_{s_1 \cdots s_k}).$$

因 φ^{-1} 在竖向上压缩, 压缩比小于 $\dfrac{1}{2}$, 故

$$\theta(U_{s_0 s_1 \cdots s_k}) < \frac{1}{2}\theta(U_{s_1 s_2 \cdots s_k}) < \frac{1}{2^k}.$$

类似地有

$$\theta(V_{s_{-k} \cdots s_{-2} s_{-1}}) < \frac{1}{2}\theta(V_{s_{-k} \cdots s_{-2}}) < \frac{1}{2^{k-1}}. \qquad \Box$$

以下对任意 $S = (\cdots, S_{-2}, S_{-1}; S_0, S_1, S_2, \cdots) \in \Sigma(2)$ 我们引入记号

$$U(s) = \bigcap_{j=0}^{\infty} \varphi^{-j}(U_{s_j}) = \bigcap_{k=0}^{\infty} U_{s_0 s_1 \cdots s_k} \left(= \bigcap_{k=1}^{\infty} U_{s_0 s_1 \cdots s_k} \right),$$

$$V(s) = \bigcap_{j=1}^{\infty} \varphi^{j-1}(V_{s_{-j}}) = \bigcap_{k=0}^{\infty} V_{s_{-k} \cdots s_{-1}} \left(= \bigcap_{k=2}^{\infty} V_{s_{-k} s_{-k+1} \cdots s_{-1}} \right).$$

引理 4.1.2　*我们有*

(i) $\varphi(V(s) \cap U(s)) = V(\sigma(s)) \cap U(\sigma(s))$;

(ii) $\mathrm{Card}(V(s) \cap U(s)) = 1$.

证　(i) 由引理 4.1.1 的 (i) 可得

$$\varphi(U(s)) = \bigcap_{k=1}^{\infty} \varphi(U_{s_0 s_1 \cdots s_k}) = V_{s_0} \cap \left(\bigcap_{k=1}^{\infty} U_{s_1 \cdots s_k} \right) = V_{s_0} \cap U(\sigma(s)),$$

$$\varphi(V(s)) \cap V_{s_0} = \bigcap_{k=1}^{\infty} \varphi\left(V_{s_{-k} \cdots s_{-1}}\right) \cap V_{s_0} = \bigcap_{k=1}^{\infty} V_{s_{-k} s_{-k+1} \cdots s_{-1} s_0} = V(\sigma(s)).$$

故

$$\varphi(V(s) \cap U(s)) = \varphi(V(s)) \cap \varphi(U(s)) = \varphi(V(s)) \cap V_{s_0} \cap U(\sigma(s))$$
$$= V(\sigma(s)) \cap U(\sigma(s)).$$

(ii) 对任意的 $K \in \mathbf{N}$, 有

$$V(s) \cap U(s) \subset V_{s_{-k} \cdots s_{-1}} \cap U_{s_0 s_1 \cdots s_k},$$

而

$$\theta(V_{s_{-k} \cdots s_{-1}}) < \frac{1}{2^{k-1}} \theta(U_{s_0 s_1 \cdots s_k}) < \frac{1}{2^k}.$$

因此, $\mathrm{Card}(V(s) \cap U(s)) = 1$.　　　　　　　　　　　　　　　　□

再令

$$\Lambda = \bigcup_{s \in \Sigma(2)} (V(s) \cap U(s)).$$

把单点集与它所含唯一点等同视之, 我们可定义一个映射 $h : \Sigma(2) \to \Lambda$ 如下:

$$h(s) = V(s) \cap U(s), \quad \forall s \in \Sigma(2).$$

定理 4.1.1 (Smale)　Λ 是 φ 的一个紧致不变集, 且 $\varphi|_{\Lambda}$ 拓扑共轭于 (双边) 符号系统 $\sigma : \Sigma(2) \to \Sigma(2)$.

证　首先, $h : \Sigma(2) \to \Lambda$ 是连续映射. 事实上, 若 $s, t \in \Sigma(2)$ 满足 $d(s, t) < \frac{1}{2^k}$, 则 s, t 的标号从 $-k+1$ 到 $k-1$ 之间的一切元素相同, 因此 $h(s)$ 与 $h(t)$ 就落在宽度小于 $\frac{1}{2^{k-1}}$, 厚度小于 $\frac{1}{2^k}$ 的矩形之中,

$$h(s), h(t) \in V_{s_{-k} \cdots s_{-1}} \cap U_{s_0 s_1 \cdots s_k}.$$

换言之, h 是连续的.

其次, 证明 h 为单射. 设 $s, t \in \Sigma(2)$, 如果存在 $k \in \mathbf{Z}, k \geqslant 0$, 使 $s_k \neq t_k$, 那么

$$U_{s_k} \cap U_{t_k} = \varnothing,$$

$$\varphi^k(h(s)) \in U_{s_k}, \quad \varphi^k(h(t)) \in U_{t_k}.$$

故 $h(s) \neq h(t)$. 另一方面, 若存在 $l \in \mathbf{Z}, l > 0$, 使得 $s_{-l} \neq t_{-l}$, 那么 $V_{s_{-l}} \cap V_{t_{-l}} = \varnothing$,

$$\varphi^{-(l-1)}(h(s)) \in V_{s_{-l}}, \quad \varphi^{-(l-1)}(h(t)) \in V_{t_{-l}}.$$

从而, $h(s) \neq h(t)$ 也成立, 故 h 是单一的.

最后证明 h 为满射, 从而 h 为双射. 连续的双射必是同胚 (因为 $\sum(2)$ 为紧致空间, $\Lambda \subset \mathbf{R}^2$ 是 Hausdorff 空间). 事实上, 任给 $x \in \Lambda$ 由引理 4.1.2 必有某个 $s \in \sum(2)$ 使得 $x \in V(s) \cap U(s)$, 从而 h 是满映射. □

定义 4.1.1 设 X 为拓扑空间, $f : X \to X$ 是同胚或连续映射, Λ 是 f 的不变集, 若存在同胚 $h : \sum(N) \to \Lambda$, 其中 $\sum(N)$ 是适当的双边或单边符号空间, 使得 $f \circ h = h \circ \sigma$, 则称 Λ 为系统 f 的移位不变集.

推论 4.1.1 Smale 马蹄映射的不变集 Λ 是 φ 的移位不变集.

定理 4.1.2 Smale 马蹄模型中的 φ 在其移位不变集 Λ 上是结构稳定的.

证 略.

为形象和简单地说明 Smale 马蹄不变集的性质, 张景中等 (1981) 构造了马蹄映射的具体数值例子. 取 $U_0 = [0,1] \times [0.1, 0.2], U_1 = [0,1] \times [0.8, 0.9], V_0 = [0.1, 0.2] \times [0,1], V_1 = [0.8, 0.9] \times [0,1]$. 并取铅直方向的扩张系数 $\mu = 10$, 水平方向的压缩系数 $\lambda = 1/10$, 定义

$$\varphi\begin{pmatrix} x \\ y \end{pmatrix} = \begin{cases} \left(\dfrac{1+x}{10}, 10y - 1 \right), & (x, y) \in U_0, \\[3mm] \left(\dfrac{9-x}{10}, 9 - 10y \right), & (x, y) \in U_1. \end{cases}$$

在上述映射之下, 再设 $(x, y) \in Q/U_0 \cup U_1$, $\varphi^n(x, y) \overline{\in} Q$, 则

(i) 若 $z = (x, y) \in Q$, 而 x, y 可表示为十进制循环小数形式:

$$\begin{cases} x = 0.\dot{a}_{m-1} a_{m-2} \cdots \dot{a}_m, \\ y = 0.\dot{a}_1 a_2 \cdots \dot{a}_m \end{cases} \quad \begin{pmatrix} m \geqslant 1, & a_m = 1 \\ \text{对} i < m, & a_i = 1, 8 \end{pmatrix}.$$

则 $f^m(z) = z$, 即 z 为周期点.

(ii) $Q \cap \Omega(f) = \{(x,y) | (x,y)$ 的十进制无穷小数仅由 1, 8 两数组成$\}$. 显然, $Q \cap \Omega(f)$ 具有二维 Cantor 集的结构, 且 (i), (ii) 两点表达了我们所希望得到的 Smale 马蹄的基本性质.

在上面的线性 Smale 马蹄例子中, 如考虑整个不变集的点集的 Lebesgue 测度, 显然等于零. R. Bowen 曾经举例证明, 如果微分同胚是 C^1 的, 那么存在正 Lebesgue 测度的马蹄.

注意: 由第 2 章关于子系统的定义可知, 定理 4.1.1 也可以说: 映射 φ 以 $\sum(2)$ 上的移位为子系统.

4.2　Moser 定理及其推广

分析 4.1 节映射 φ 产生的移位不变集的关键因素在于: 不相交的横条与竖条间有一定映射关系, 而横条与竖条的宽度和厚度又有一定控制关系. 将这些关键因素概括和推广, 可得到许多更加一般的产生马蹄不变集的条件. 我们首先介绍 Moser (1973) 给出的条件, 接着再介绍一些推广的结果. 兹叙述一些定义与术语.

对给定的 $0 < \mu < 1$, 若 $u : [-1,1] \to [-1,1]$ 满足条件 $|u(x_1) - u(x_2)| \leqslant \mu|x_1 - x_2|, \forall x_1, x_2 \in [-1,1]$, 则称 $y = u(x)$ 为 μ 横曲线.

若两条 μ 横曲线 $y = u_1(x), y = u_2(x)$ 满足关系 $-1 \leqslant u_1(x) < u_2(x) \leqslant 1$, 则称集合

$$U = \{(x,y) | -1 \leqslant x \leqslant 1, u_1(x) \leqslant y \leqslant u_2(x)\}$$

为一个 μ 横条, 横条厚度定义为

$$\theta(U) = \max_{-1 \leqslant x \leqslant 1} \{u_2(x) - u_1(x)\}.$$

类似地, 若函数 $V : [-1,1] \to [-1,1]$ 满足条件

$$|V(y_1) - V(y_2)| \leqslant \mu|y_1 - y_2|, \quad \forall y_1, y_2 \in [-1,1],$$

则称曲线 $x = V(y)$ 为 μ 竖曲线. 同样可定义 μ 竖条 V 及宽度 $\theta(V)$.

引理 4.2.1　设有一串 μ 横条

$$U^{(1)} \supset U^{(2)} \supset \cdots \supset U^{(k)} \supset U^{(k+1)} \supset \cdots$$

满足 $\lim\limits_{k \to +\infty} \theta(U^{(k)}) = 0$, 则这些 μ 横条之交 $\bigcap_{k=1}^{\infty} U^{(k)}$ 是一 μ 横曲线. 类似结果对 μ 竖条亦真.

证 设 $U^{(k)} = \{(x,y)| -1 \leqslant x \leqslant 1 \text{ 且有 } u_1^{(k)} \leqslant y \leqslant u_2^{(k)}\}$. 对固定的 $x \in [-1,1]$, 由闭区间套定理, 存在极限

$$\lim_{k \to +\infty} u_1^{(k)}(x) = \lim_{k \to +\infty} u_2^{(k)}(x) = u(x).$$

当 x 在 $[-1,1]$ 中改变时, 定义了一个函数 $u = u(x)$, $u: [-1,1] \to [-1,1]$ 且满足 $|u(x_1) - u(x_2)| \leqslant \mu|x_1 - x_2|, \forall x_1, x_2 \in [-1,1]$. 曲线 $y = u(x)$ 即为横条 $u^{(k)}(k = 1, 2, \cdots)$ 之交集. $\qquad\square$

引理 4.2.2 每条 μ 横曲线 $y = u(x)$ 与 μ 竖曲线 $x = v(y)$ 相交于唯一点.

证 只需证明函数方程

$$\begin{cases} y = u(x), \\ x = v(y) \end{cases}$$

有唯一解即可, 将第一方程代入第二方程得

$$x = v(u(x)).$$

由于 $|v(u(x_1)) - v(u(x_2))| \leqslant \mu|u(x_1) - u(x_2)| \leqslant \mu^2|x_1 - x_2|, \forall x_1, x_2 \in [-1,1]$ 成立, 故函数 $v \circ u : [-1,1] \to [-1,1]$ 存在唯一的不动点. $\qquad\square$

由引理 4.2.2 可知, 由每对 μ 横条和 μ 竖曲线唯一地确定了一个点 $z = (x,y) \in Q = [-1,1] \times [-1,1]$. 引入范数

$$||u|| = \max_{-1 \leqslant x \leqslant 1} \{|u(x)|\}, \quad ||v|| = \max_{-1 \leqslant y \leqslant 1} \{|v(y)|\}, \quad ||z|| = \max\{|x|, |y|\}.$$

引理 4.2.3 设 $z_j = (x_j, y_j)$ 为 μ 横曲线 u_j 与 μ 竖曲线 v_j 的交点 $(j = 1, 2)$, 则有以下估计式

$$|z_1 - z_2| \leqslant \frac{1}{1 - \mu} \max\{||u_1 - u_2||, ||v_1 - v_2||\}.$$

证 由于

$$\begin{aligned} |x_1 - x_2| &= |v_1(y_1) - v_2(y_2)| \leqslant |v_1(y_1) - v_1(y_2)| + |v_1(y_2) - v_2(y_2)| \\ &\leqslant \mu|y_1 - y_2| + ||v_1 - v_2|| \leqslant \mu|z_1 - z_2| + ||v_1 - v_2||. \end{aligned}$$

同样

$$|y_1 - y_2| \leqslant \mu|z_1 - z_2| + ||u_1 - u_2||.$$

以上两式说明

$$|z_1 - z_2| \leqslant \mu|z_1 - z_2| + \max\{||u_1 - u_2||, ||v_1 - v_2||\},$$

即

$$|z_1 - z_2| \leqslant \frac{1}{1 - \mu} \max\{||u_1 - u_2||, ||v_1 - v_2||\}. \qquad\square$$

推论 4.2.1 若 μ 横曲线 u 与 μ 竖条 V 的两竖边 v_1 和 v_2 分别交于 z_1 与 z_2, 则

$$|z_1 - z_2| \leqslant \frac{1}{1-\mu}\theta(V).$$

类似地, 若 μ 竖曲线 v 与 μ 横条 U 的两横边 u_1 和 u_2 分别交于 z_1, z_2, 则

$$|z_1 - z_2| \leqslant \frac{1}{1-\mu}\theta(U).$$

证 在引理 4.2.3 中分别令 $u_1 = u_2 = u$ 与 $v_1 = v_2 = v$ 即得.   □

以下设 $\psi: Q \to \mathbf{R}^2$ 是从 Q 到 $\psi(Q)$ 的同胚; $U_0, U_1, \cdots, U_{N-1}$ 为 Q 中 N 个两两不交的 μ 横条, $V_0, V_1, \cdots, V_{N-1}$ 为 Q 中 N 个两两不交的 μ 竖条.

Moser 给出以下两个条件.

条件 (I) 对于 $j = 0, \cdots, N-1, \psi(U_j) = V_j$, 且 ψ 把 U_j 的横边变成 V_j 的横边, 把 U_j 的竖边变成 V_j 的竖边.

条件 (II) 对于任意 μ 横条 $U \subset \bigcup\limits_{j=0}^{N-1} U_j, \widetilde{U_k} = \psi^{-1}(V_k \cap U)$ 是包含在 U_k 中的 μ 横条, 满足 $\theta(\widetilde{U_k}) \leqslant \nu\theta(U)$; 对于任意 μ 竖条 $V \subset \bigcup\limits_{j=0}^{N-1} V_j, \quad \widetilde{V_l} = \psi(U_l \cap V)$ 是包含 V_l 中的 μ 竖条, 满足 $\theta(\widetilde{V_l}) \leqslant \nu\theta(V)$, 其中 $0 < \nu < 1$.

定理 4.2.1 (Moser) 在条件 (I) 和 (II) 下, ψ 存在紧致不变集 $\Delta \subset Q$, 使得 $\psi|_\Delta$ 拓扑共轭于双边符号系统 $\sigma: \Sigma(N) \to \Sigma(N)$ (N 个符号的完全移位).

为证明定理 4.2.1, 类似于 4.1 节的作法, 对于

$$S_{-k}, \cdots, S_{-1}; S_0, S_1, \cdots, S_k \in S(N).$$

引入记号

$$U_{s_0 s_1 \cdots s_k} = \psi^{-1}(V_{s_0} \cap U_{s_1 \cdots s_k}) = U_{s_0} \cap \psi^{-1}(U_{s_1 \cdots s_k})$$
$$= U_{s_0} \cap \psi^{-1}(U_{s_1}) \cap \cdots \cap \psi^{-k}(U_{s_k}),$$
$$V_{s_{-k} \cdots s_{-2} s_{-1}} = \psi(U_{s_{-1}} \cap V_{s_{-k} \cdots s_{-2}}) = V_{s_{-1}} \cap \psi(V_{s_{-k} \cdots s_{-2}})$$
$$= V_{s_{-1}} \cap \psi(V_{s_{-2}}) \cap \cdots \cap \psi^{k-1}(V_{s_{-k}}).$$

由条件 (I) 与 (II) 容易证明以下结果.

引理 4.2.4 我们有

(i) $U_{s_0 s_1 \cdots s_k} \subset U_{s_0 s_1 \cdots s_{k-1}}, V_{s_{-k} \cdots s_{-2} s_{-1}} \subset V_{s_{-k+1} \cdots s_{-2} s_{-1}}$;

(ii) $\psi(U_{s_0 s_1 \cdots s_k}) = V_{s_0} \cap U_{s_1 s_2 \cdots s_k}, \psi(V_{s_{-k} \cdots s_{-2} s_{-1}}) \cap V_{s_0} = V_{s_{-k} \cdots s_{-1} s_0}$;

(iii) $\theta(U_{s_0 s_1 \cdots s_k}) \leqslant \nu\theta(U_{s_1 s_2 \cdots s_k}) < \nu^k, \theta(V_{s_{-k} \cdots s_{-2} s_{-1}}) \leqslant \nu\theta(V_{s_{-k} \cdots s_{-2}}) < \nu^{k-1}$.

上述引理只需用定义作归纳法即得.

又对于 $S = (\cdots, S_{-k}, \cdots, S_{-2}, S_{-1}; S_0, S_1, \cdots, S_k, \cdots) \in \sum(N)$, 引入记号

$$U(s) = \bigcap_{j=0}^{\infty} \psi^{-j}(U_{s_j}) = \bigcap_{k=0}^{\infty} U_{s_0 s_1 \cdots s_k} \left(= \bigcap_{k=1}^{\infty} U_{s_0 s_1 \cdots s_k} \right),$$

$$V(s) = \bigcap_{j=1}^{\infty} \psi^{j-1}(V_{s_{-j}}) = \bigcap_{k=1}^{\infty} V_{s_{-k} \cdots s_{-2} s_{-1}} \left(= \bigcap_{k=2}^{\infty} V_{s_{-k} \cdots s_{-2} s_{-1}} \right).$$

引理 4.2.5 *我们有*

(i) $\psi(V(s) \cap U(s)) = V(\sigma(s)) \cap U(\sigma(s))$;

(ii) $\mathrm{Card}(V(s) \cap U(s)) = 1$.

证 (i) 类似于引理 4.1.2.

(ii) 由引理 4.2.2, μ 竖曲线 $V(s)$ 与 μ 横曲线 $U(s)$ 仅交于唯一点. 记

$$\Delta = \bigcup_{s \in \Sigma(N)} (V(s) \cap U(s)),$$

则 Δ 就是 Moser 定理中所述不变集. $\square$

定理 4.2.1 的证明 将单点集等同于它所包含的唯一点, 定义 $h : \Sigma(N) \to \Delta$ 如下:

$$h(s) = V(s) \cap U(s).$$

以下验证 h 的连续性, 至于 h 的双射性类似于 4.1 节的证明. 若 $s, t \in \Sigma(N)$ 满足 $d(s, t) < \dfrac{1}{2^k}$, 则

$$h(s), h(t) \in V_{s_{-k} \cdots s_{-1}} \cap U_{s_0 s_1 \cdots s_k}.$$

故根据引理 4.2.3, 有

$$|h(s) - h(t)| \leqslant \frac{1}{1-\mu} \max\{\theta(V_{s_{-k} \cdots s_{-1}}), \theta(U_{s_0 s_1 \cdots s_k})\} \leqslant \frac{\nu^{k-1}}{1-\mu}.$$

定理 4.2.1 中的条件 (II) 在应用中不便验证, 如果对映射 ψ 附加可微性条件, 那么, 条件 (II) 可以用许多方便讨论的条件来代替.

设 C^1 映射: $P \to \mathbf{R}^2$ 是到其象集 $\psi(P)$ 的微分同胚, 其坐标表示为

$$\varphi : \begin{cases} x_1 = f(x_0, y_0), \\ y_1 = g(x_0, y_0). \end{cases}$$

ψ 的切映射 $d\psi$ 将 (x_0, y_0) 处的切向量 (ξ_0, η_0) 变为 (x_1, y_1) 处的切向量 (ξ_1, η_1).

$$d\psi : \begin{cases} \xi_1 = f'_x \xi_0 + f'_y \eta_0, \\ \eta_1 = g'_x \xi_0 + g'_y \eta_0. \end{cases}$$

Moser 给出了以下涉及微分的条件.

条件 (III)

(III$^+$) 对任意 $P \in \bigcup\limits_{j=0}^{N-1} U_j$, $(d\psi)_P$ 把 P 点切空间中的 μ 竖扇形 $S_P^+ = \{(\xi_0, \eta_0)|\ |\xi_0| \leqslant \mu|\eta_0|\}$ 映入 $\psi(P)$ 点切空间中类似的扇形之中

$$(d\psi)_P(S_P^+) \subset S_{\psi(P)}^+ = \{(\xi_1, \eta_1)|\ |\xi_1| \leqslant \mu|\eta_1|\}.$$

并且 $(\xi_0, \eta_0) \in S_P^+$ 与对应的 $(\xi_1, \eta_1) = (d\psi)_P(\xi_0, \eta_0) \in S_{\psi(P)}^+$ 应满足 $|\eta_1| \geqslant \mu^{-1}|\eta_0|$.

(III$^-$) 对任意 $q \in \bigcup\limits_{j=0}^{N-1} V_j$, $(d\psi^{-1})_q$ 把 q 点切空间中的 μ 横扇形 $S_q^- = \{(\xi_1, \eta_1)|\ |\eta_1| \leqslant \mu|\xi_1|\}$ 映入 $\psi^{-1}(q)$ 点切空间中的相应扇形之中

$$(d\psi^{-1})_q(S_q^-) \subset S_{\psi^{-1}(q)}^- = \{(\xi_0, \eta_0)|\ |\eta_0| \leqslant \mu|\xi_0|\}.$$

并且 $(\xi_1, \eta_1) \in S_q^-$ 与相应的 $(\xi_0, \eta_0) = (d\psi^{-1})_q(\xi_1, \eta_1) \in S_{\psi^{-1}(q)}^+$ 应满足 $|\xi_0| \geqslant \mu^{-1}|\xi_1|$.

兹证条件 (I) 与条件 (III) 满足意味着条件 (II) 成立, 从而在 (I), (III) 条件下, 定理 4.2.1 的结论正确.   □

引理 4.2.6 *存在光滑函数 $\beta : \mathbf{R} \to \mathbf{R}$ 满足*

(i)

$$\beta(t) \begin{cases} > 0, & t| < 1, \\ = 0, & |t| \geqslant 1. \end{cases}$$

(ii) $\beta(-t) = \beta(t), \forall t \in \mathbf{R}$.

(iii) $\displaystyle\int_{\mathbf{R}} \beta(t)dt = 1$.

证   取

$$\alpha(t) = \begin{cases} \exp\left(\dfrac{1}{t^2 - 1}\right), & |t| < 1, \\ 0, & |t| \geqslant 1. \end{cases}$$

再令 $\beta(t) - \alpha(t) \Big/ \left[\displaystyle\int_{\mathbf{R}} \alpha(t)dt\right]$. $\beta(t)$ 满足引理的条件.   □

引理 4.2.7 设 $V : [-1, 1] \to \mathbf{R}$ 满足

$$|V(t_1) - V(t_2)| \leqslant \mu|t_1 - t_2|, \quad \forall t_1, t_2 \in [-1, 1],$$
$$|V(t)| \leqslant 1, \quad \forall t \in [-1, 1].$$

则对任意 $\varepsilon > 0$, 存在光滑函数 $\widetilde{V} : \mathbf{R} \to \mathbf{R}$, 满足

$$|\widetilde{V}(t_1) - \widetilde{V}(t_2)| \leqslant \mu|t_1 - t_2|, \quad \forall t_1, t_2 \in \mathbf{R},$$
$$|\widetilde{V}(t)| \leqslant 1, \quad \forall t \in \mathbf{R},$$
$$|\widetilde{V}(t) - V(t)| < \varepsilon, \quad \forall t \in [-1, 1].$$

证 补充规定

$$V(t) = \begin{cases} V(-1), & t < -1, \\ V(1), & t > 1. \end{cases}$$

我们把 V 的定义域扩充到整个实数轴 $\mathbf{R}$. 显然扩充后的函数满足 $|V(t_1) - V(t_2)| \leqslant \mu|t_1 - t_2|, \forall t_1, t_2 \in \mathbf{R}, |V(t)| \leqslant 1, \forall t \in \mathbf{R}$. 对于 $0 < \lambda < \mu^{-1}\varepsilon$, 令

$$\widetilde{V}(t) = \frac{1}{\lambda} \int_{\mathbf{R}} \beta(t - s)V(s)ds = \int_{\mathbf{R}} \beta(r)V(t + \lambda r)dr.$$

显然, $\widetilde{V} \in C^\infty(\mathbf{R}, \mathbf{R})$ 并且满足

$$|\widetilde{V}(t_1) - \widetilde{V}(t_2)| \leqslant \int_{\mathbf{R}} \beta(r)|V(t_1 + \lambda r) - V(t_2 + \lambda r)|dr$$
$$\leqslant \mu|t_1 - t_2|, \quad \forall t_1, t_2 \in \mathbf{R},$$
$$|\widetilde{V}(t) - V(t)| = \int_{\mathbf{R}} \beta(r)|V(t + \lambda r) - V(t)|dr$$
$$\leqslant \mu\lambda \int_{-1}^{1} \beta(r)|r|dr$$
$$\leqslant \mu\lambda \int_{-1}^{1} \beta(r)dr < \varepsilon, \quad \forall t \in \mathbf{R}. \qquad \square$$

引理 4.2.8 设 $\psi : P \to \mathbf{R}^2$ 是到像集 $\psi(P)$ 的微分同胚, 满足条件 (I) 和 (III); $\gamma \subset \bigcup_{j=0}^{N-1} V_j$ 是一条 μ 竖曲线, $\delta \subset \bigcup_{j=0}^{N-1} U_j$ 是一条 μ 横曲线. 则 ψ 把 $\hat{\gamma} = U_k \cap \gamma$ 映成 V_k 中一条 μ 竖曲线 $\psi(\hat{\gamma})$, ψ^{-1} 把 $\check{\delta} = V_l \cap \delta$ 映成 U_l 中的一条 μ 横曲线 $\psi^{-1}(\check{\delta})$.

证 设 γ 由 $x = V(y)$ 确定, 由条件 (I), V 满足

$$|V(y_1) - V(y_2)| \leqslant \mu|y_1 - y_2|, \quad \forall y_1, y_2 \in [-1, 1].$$

如果 γ 是光滑的, 易见

$$|V'(y)| \leqslant \mu, \quad \forall y \in [-1, 1].$$

对任意不同的点 (x_1, y_1) 和 $(x_2, y_2) \in \hat{\gamma}$, 记

$$(x_3, y_3) = \psi(x_1, y_1), \quad 即 \quad \begin{cases} x_3 = f(x_1, y_1), \\ y_3 = g(x_1, y_1). \end{cases}$$

$$(x_4, y_4) = \psi(x_2, y_2), \quad 即 \quad \begin{cases} x_4 = f(x_2, y_2), \\ y_4 = g(x_2, y_2). \end{cases}$$

利用 Cauchy 中值公式和条件 (III$^+$) 得

$$\begin{aligned}
\left| \frac{x_3 - x_4}{y_3 - y_4} \right| &= \left| \frac{f(v(y_1), y_1) - f(v(y_2), y_2)}{g(v(y_1), y_1) - g(v(y_2), y_2)} \right| \\
&= \left| \frac{f'_x(v(\zeta), \zeta)v'(\zeta) + f'_y(v(\zeta), \zeta)}{g'_x(v(\zeta), \zeta)v'(\zeta) + g'_y(v(\zeta), \zeta)} \right| \leqslant \frac{\mu |\eta_1|}{|\eta_1|} = \mu,
\end{aligned}$$

即 $|x_3 - x_4| \leqslant \mu |y_3 - y_4|$. 由此可以推出 $\psi(\hat{\gamma})$ 是一个函数 $x = \omega(y)$ 的图像, 并且

$$|\omega(y_3) - \omega(y_4)| \leqslant \mu |y_3 - y_4|, \quad \forall y_3, y_4 \in [-1, 1]. \qquad \square$$

对于 γ 不一定光滑的一般情形, 利用引理 4.2.8, 可用一光滑的 μ 竖曲线 $\tilde{\gamma}$ 来一致逼近 γ, 记 $\hat{\tilde{\gamma}} = U_k \cap \tilde{\gamma}$, 则 $\psi(\hat{\tilde{\gamma}})$ 为一条 μ 竖曲线, 而且 $\tilde{\gamma}$ 一致收敛于 γ 时, $\psi(\hat{\tilde{\gamma}})$ 一致收敛于 $\psi(\hat{\gamma})$. 这证明了 $\psi(\hat{\gamma})$ 也是一条 μ 竖曲线. 用类似方法, 可对 ψ^{-1} 证明相对应的结果.

定理 4.2.2 设 C^1 映射 $\psi: P \to \mathbf{R}^2$ 是到象集 $\psi(P)$ 的微分同胚, 如果 ψ 对于 $0 < \mu < \dfrac{1}{2}$ 满足条件 (I) 和 (III), 那么对于 $\nu = \dfrac{\mu}{1 - \mu}$, ψ 满足条件 (II), 从而定理 4.2.1 的结论成立.

证 设 $V \subset \bigcup\limits_{j=0}^{N-1} V_j$ 是一条 μ 竖条, 由引理 4.2.8, ψ 把 $U_k \cap V$ 变成 μ 的竖条: $\widetilde{V_k} = \psi(U_k \cap V) \subset V_k$. 尚需验证关于宽度的要求是否满足. 设 P_0 和 P_1 为 $\widetilde{V_k}$ 的边界竖曲线 $\psi(\hat{\gamma}_0)$ 与 $\psi(\hat{\gamma}_1)$ 上有相同纵坐标的两点. 用平行于横轴的线段 $P = p(t)$ $(t \in [0, 1])$ 连接这两点

$$p(t) = (1 - t)P_0 + tP_1, \quad t \in [0, 1].$$

由条件 (III$^-$), $\dot{p}(t) = P_1 - P_0 \in S^-_{p(t)}$ 且对于曲线

$$z(t) = \psi^{-1}(p(t)), \quad t \in [0, 1], \quad z(t) = (x(t), y(t))$$

满足 $\dot{z}(t) = d\psi^{-1}(\dot{p}(t)) \in S^{-}_{z(t)}$,

$$|\dot{x}| \geqslant \mu^{-1}|\dot{p}(t)| > 0.$$

由于 $\dot{x}(t)$ 对 $t \in [0,1]$ 不变号, 故

$$|P_1 - P_0| = \int_0^1 |\dot{p}(t)|dt \leqslant \mu \int_0^1 |\dot{x}(t)|dt$$
$$= \mu|x(1) - x(0)| \leqslant \mu|z(1) - z(0)|.$$

由于 $z = \psi^{-1}(p(t))$ 是一条 μ 横曲线, $z(0)$ 与 $z(1)$ 分别为该 μ 横曲线与 μ 竖曲线 γ_0 和 γ_1 之交点, 故由推论 4.2.1 可知, $|z(1) - z(0)| \leqslant \dfrac{1}{1-\mu}\theta(v), |P_1 - P_0| \leqslant \dfrac{\mu}{1-\mu}\theta(v)$. 从而对 $\nu = \dfrac{\mu}{1-\mu}, \theta(\widetilde{V_k}) \leqslant \nu\theta(V)$. 类似地, 对横条也可证明相应结果. □

周建莹 (1984) 在可微同胚条件下, 将 Moser 的条件 (III) 作了改进, 给出了具体的估计性条件.

定理 4.2.3 设 θ 为正方形区域, 其中给定了各不相交的水平条与竖直条各 N 个, 分别记为 U_i 与 $V_i(i = 0, 1, \cdots, N-1)$, 设可微同胚

$$\psi : \begin{cases} u = u(x,y), \\ v = v(x,y), \end{cases} \quad (x,y) \in Q,$$

满足 Moser 定理中的条件 (I), 且在 $\bigcup\limits_{i=0}^{N-1} V_i$ 中, ψ 的偏导满足以下条件

$$(\widetilde{\mathrm{II}}) \quad |u_x| \geqslant M, \quad |u_y| \leqslant K, \quad |v_x| \leqslant K|\Delta|, \quad |v_y| \leqslant \alpha|u_y|,$$

其中 M, K, α 为常数, 以下关系成立

$$M - \mu K|\Delta| > \max\left\{K\alpha + \frac{K}{\mu}, 1\right\},$$
$$M - \mu K > \max\left\{K\alpha + \frac{K|\Delta|}{\mu}, |\Delta|\right\},$$

这里 Δ 为映射 ψ 的 Jacobi, μ 为条形定义中的常数. 则在 (I),($\widetilde{\mathrm{II}}$) 条件下, 定理 4.2.1 的结论成立.

文献 (周建莹, 1984) 对二维映射 $\psi : u = f(x,y), v = mx(m \geqslant 1)$ 还给出了更为具体的 ψ 以 σ 为子系统的条件, 并用之于研究 Taylor 映射与广义 Taylor 映射的混沌性质.

Moser 定理的条件 (I), (II) 中, 对 μ 横条和 μ 竖条所加的 μ "尺度" 及在映射下横条与竖条的 "拉细尺度" 都是统一的. 如果对横条和竖条的上述尺度改为 "双尺度" $\mu_1, \mu_2, \nu_1, \nu_2$, Moser 定理的条件可以再减弱, 例如可以证明以下的结果.

定理 4.2.4　设 ψ 为正方形 $Q = [0,1] \times [0,1]$ 到 $\mathbf{R}^2$ 的 C^1-微分同胚. $0 < \mu_1, \mu_2 < 1, K_1, K_2 > 1$, 且

$$\frac{1}{K_1} + \mu_1 \mu_2 < 1, \quad \frac{1}{K_2 + 2} + \mu_1 \mu_2 < 1.$$

在定理 4.2.2 中将条件 (I) 的 μ 横条改为 μ_2 横条, μ 竖条改为 μ_1 竖条, 条件 (III$^+$) 的 μ 竖扇形丛改为 μ_1 扇形丛, (III$^-$) 中 μ 横扇形丛改为 μ_2 扇形丛, 并将相应的 μ^{-1} "拉伸" 条件改为 K_1. K_2 "拉伸" 条件, 则定理 4.2.2 中竖条满足压缩率 $\nu_1 = \dfrac{1}{K_1(1 - \mu_1 \mu_2)}$, 横条满足压缩率 $\nu_2 = \dfrac{1}{K_2(1 - \mu_1 \mu_2)}$, 因而 ψ 拓扑共轭于 $\sigma : \Sigma(N) \to \Sigma(N)$.

利用定理 4.2.4、定理 4.2.3 的条件又可进一步改进.

定理 4.2.5　若定理 4.2.3 中条件 (I) 作类似定理 4.2.4 的改变, 条件 $(\widetilde{\mathrm{II}})$ 改为

$$|u_x| \geqslant M, \quad |u_y| \leqslant K_1, \quad |v_x| \leqslant K_2, \quad |v_y| \leqslant K_3$$

且

(1) $K_2 + K_3 \mu_1 \leqslant \mu_1(M - K_1 \mu_1), K_1 + K_3 \mu_2 \leqslant \mu_2(M - K_2 \mu_2)$;

(2) $\mu_1 \mu_2 + \dfrac{1}{M - K_1 \mu_1} < 1, \mu_1 \mu_2 + \dfrac{|\Delta|}{M - K_2 \mu_2} < 1$,

则定理 4.2.3 的结论成立.

4.3　二维微分同胚的双曲不变集、跟踪引理和 Smale-Birkhoff 定理

为了较直观地理解由映射的横截同宿点产生的混沌动力学, 本节先介绍 1990 年由 Kirchgraber 等所撰写的关于二维映射的综合报告的基本结果. 在 4.4 节再介绍关于 m 维映射一般的结果.

4.3.1　二维微分同胚的双曲不变集

考虑 $\mathbf{R}^2$ 到 $\mathbf{R}^2$ 的微分同胚 f. 设 $z \in \mathbf{R}^2$ 是 f 的一个双曲不动点, 即 $f(z) = z$, 且 $Df(z)$ 的谱 $\sigma = \{\Lambda^+, \Lambda^-\}$ 满足 $0 < \Lambda^+ < 1 < \Lambda^-$. 设 E^+ 与 E^- 表示对应于上述两个特征值的特征向量. 根据一般的稳定流形存在定理, 在 $\mathbf{R}^2$ 中存在 z 的局部稳定与不稳定流形 $W_{\mathrm{loc}}^+, W_{\mathrm{loc}}^-$, 使得以下性质成立.

(i) $z \in W_{\text{loc}}^{\pm}$, $W_{\text{loc}}^{\pm}$ 在 z 点与 $E^{\pm}$ 相切;

(ii) $W_{\text{loc}}^{\pm}$ 是不变的, 即 $f^{\pm 1}(W_{\text{loc}}^{\pm}) \subset W_{\text{loc}}^{\pm}$;

(iii) $W_{\text{loc}}^{\pm}$ 包含在 z 的吸引域中, 即 $x^{\pm} \in W_{\text{loc}}^{\pm}$, 则 $\lim\limits_{n \to \pm \infty} f^n(x^{\pm}) = z$;

(iv) 最大性质: 若对一切 $x_0 \in U$ 都有: 对一切 $i \in \pm N$(正负整数集合), $x_i = f^i(x_0) \in U$, 则 $x_0 \in W_{\text{loc}}^{\pm}$.

我们还要考虑 z 的全局稳定与不稳定流形

$$W^{\pm} = \left\{ x \in \mathbf{R}^2 \middle| \lim_{i \to \pm \infty} f^i(x) = z \right\},$$

并假设它们在某个点 $x_0 \neq z$ 横截地相交.

定义 4.3.1 (双曲不变集) 关于 f 不变的紧集合 $\Lambda \subset \mathbf{R}^2$ 称为 f 的双曲不变集, 倘若在 Λ 上存在两个向量场, 即两个连续映射

$$h^+ : x \in \Lambda \to h^+(x) \in \mathbf{R}^2, \quad h^- : x \in \Lambda \to h^-(x) \in \mathbf{R}^2,$$

$h^+(x)$ 和 $h^-(x)$ 关于一切 $x \in \Lambda$ 线性无关, 并满足以下性质:

(a) 向量场 h^+, h^- 关于 Df 不变, 即存在映射 $\lambda^+ : x \in \Lambda \to \lambda^+(x) \in \mathbf{R}, \lambda^- : x \in \Lambda \to \lambda^-(x) \in \mathbf{R}$, 使得对一切 $x \in \Lambda$ 满足

$$h^+(f(x)) = \frac{1}{\lambda^+(x)} Df(x) h^+(x),$$

$$h^-(f(x)) = \frac{1}{\lambda^-(x)} Df(x) h^-(x).$$

(b) 映射 f 在 h^+ 方向压缩, 在 h^- 方向扩展, 即存在常数 $\theta \in (0,1), \tau > 1$, 使得对一切 $x \in \Lambda$ 有

$$\frac{1}{\tau} \leqslant |\lambda^+(x)| \leqslant \theta < 1, \quad 1 < \frac{1}{\theta} \leqslant |\lambda^-(x)| \leqslant \tau.$$

显然, 对于 f 的双曲不动点, 由于 $Df(z)E^{\pm} = \Lambda^{\pm} E^{\pm}$ 满足上述条件 (a), (b). 因此, 双曲不动点是最简单的双曲不变集, 而更一般的双曲集是双曲不动点的推广.

定义 4.3.2 (横截同宿性) 设 f 有双曲不动点 z, 若 $\mathbf{R}^2$ 中两段弧 $\Gamma^- = \{\gamma_-(s) | s \in I_- = (a_-, b_-)\}$ 和 $\Gamma^+ = \{\gamma_+(s) | s \in I_+ = (a_+, b_+)\}$ 满足

$$W_{\text{loc}}^{\pm}(z) \subset \Gamma^{\pm} \subset W^{\pm}(z),$$

以及

(i) 存在 $\sigma_- \in I_-, \sigma_+ \in I_+$, 使得 $\gamma_{\pm}(\sigma_{\pm}) = z$;

(ii) 存在 $s_- \in I_-, s_+ \in I_+, s_\pm \ne \sigma_\pm$, 使得 $\gamma_-(s_-) = \gamma_+(s_+) = x_0$;
并且 $\gamma'_-(s_-)$ 与 $\gamma'_+(s+)$ 线性无关, 则点 x_0 称为 f 的横截同宿点 (图 4.3.1), 而由 x_0 产生的 f 轨道 $\{x_n\}_{n \in \mathbf{Z}}$, 称为同宿到 z 的横截同宿轨道, 其中 $\mathbf{Z}$ 表示正负整数集合.

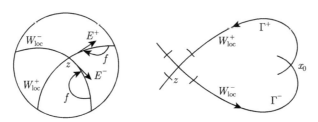

图 4.3.1 f 的稳定流形与不稳定流形的横截同宿点

显然, 横截同宿轨道全由同宿点组成. 因此, 我们说 f 存在一个横截同宿点, 意味着存在无穷多个横截同宿点.

我们恒假设 $\gamma_\pm : I_\pm \to \mathbf{R}^2$ 是单射, 充分的正则且对一切 $s \in I_\pm, \gamma'_\pm(s) \ne 0$.

引理 4.3.1 设映射 f 存在定义 4.3.2 所述的横截同宿轨道 $\{x_n\}$, 则存在两单位向量集合 e_n^+, e_n^-, $n \in \mathbf{Z}$, 实数 t_n^+, t_n^-, $n \in \mathbf{Z}$ 及三个常数 $N \in \mathbf{N}, \theta_1 \in (0,1), \tau_1 > 1$, 使得以下结论成立:

(i) $e_{n+1}^\pm = \dfrac{1}{t_n^\pm} Df(x_n)e_n^\pm, n \in \mathbf{Z}$;

(ii) $\lim\limits_{n \to -\infty} e_n^- = E^-$, $\lim\limits_{n \to \infty} e_n^+ = E^+$;

(iii) $1 < \dfrac{1}{\theta_1} \leqslant |t_n^-| \leqslant \tau_1$, 倘若 $n < -N$, $\dfrac{1}{\tau_1} \leqslant |t_n^+| \leqslant \theta_1 < 1$, 倘若 $n > N$;

(iv) $\lim\limits_{n \to \infty} e_n^- = E^-$, $\lim\limits_{n \to -\infty} e_n^+ = E^+$;

(v) $1 < \dfrac{1}{\theta_1} \leqslant |t_n^-| \leqslant \tau_1$, 倘若 $n > N$, $\dfrac{1}{\tau_1} \leqslant |t_n^+| \leqslant \theta_1 < 1$, 倘若 $n < -N$.

证 分几步证明. 首先构造 $e_n^-(e_n^+$ 可类似构造). 因 $x_n \in \Gamma^-, n \leqslant 0$, 故存在唯一的 $s_n \in I_-$, 使得 $\gamma_-(s_n) = x_n$, 记 $v_n = \gamma'_-(s_n), n \leqslant 0$.

考虑映射

$$F : (s, \varphi) \in I_- \times I_- \to F(s, \varphi) \stackrel{\text{def}}{=\!=} f^{-1}(\gamma_-(s)) - \gamma_-(\varphi) \in \mathbf{R}^2.$$

由 $\gamma_\pm : I_\pm \to \mathbf{R}^2$ 是单射的假设, 对给定的 $s \in I_-$ 存在唯一的 $\varphi \in I_-$, 使得 $F(s, \varphi) = 0$, 令 $\varphi(s)$ 表示上述隐函数方程的解. 由于

$$f^{-1}(\gamma_-(s_n)) = f^{-1}(x_n) = x_{n-1} = \gamma_-(s_{n-1}), \quad n \leqslant 0,$$

$$f^{-1}(\gamma_-(\sigma_-)) = f^{-1}(z) = z = \gamma_-(\sigma_-).$$

因此, $\varphi(s_n) = s_{n-1}$, $\varphi(\sigma_-) = \sigma_-$. 又因 $F_\varphi(s,\varphi) = -\gamma'_-(\varphi) \neq 0$, 根据隐函数定理, $\varphi(s) \in C^1$, 并且

$$Df^{-1}(\gamma_-(s))\gamma'_-(s) = \varphi'(s)\gamma'_-(\varphi(s)). \tag{4.3.1}$$

因 Df^{-1} 非奇异, $\gamma' \neq 0$, 故 $\varphi'(s) \neq 0$, 在 (4.3.1) 式中令 $s = s_{n+1}$, 注意到 $Df(x_n)Df^{-1}(x_{n+1}) = I$. 因此有

$$v_{n+1} = \frac{1}{1/\varphi'(s_{n+1})}Df(x_n)v_n, \quad n < 0. \tag{4.3.2}$$

又在 (4.3.1) 式中令 $s = \sigma_-$, 得到

$$Df(z)\gamma'_-(\sigma_-) = \frac{1}{\varphi'(\sigma_-)}\gamma'_-(\sigma_-).$$

因此, $1/\varphi'(\sigma_-)$ 是 $Df(z)$ 的一个特征值, $\gamma'_-(\sigma_-)$ 是一个特征向量. 可以证明, $|\varphi'(\sigma_-)| \leqslant 1$. 我们先证当 $n \to -\infty$ 时, $s_n \to \sigma_-$. 由于序列 $\{s_n\}$ 是有界的, 故只需证 σ_- 是该序列的唯一极限点. 为此, 设 $\lim_{j\to-\infty} s_{n_j} = s^*, \{s_{n_j}\}$ 为 $\{s_n\}$ 的某收敛子序列. 于是

$$\gamma(s^*) = \lim_{j\to-\infty}\gamma(s_{n_j}) = \lim_{j\to-\infty}x_{n_j} = z = \gamma(\sigma_-).$$

由 $\gamma^\pm(s)$ 的单射性可知, $s^* = \sigma_-$. 既然 $\lim_{n\to-\infty} s_n = \sigma_-$, 故在 σ_- 任何邻域 U, 存在 $N \in \mathbf{N}$, 使得对一切 $n < -N, s_n \in U$. 现用反证法, 假设 $|\varphi'(\sigma_-)| > 1$, 则由映射 φ 在 σ_- 的不稳定性, 存在 σ_- 的邻域 U 使得对给定的 $\tilde{s} \in U - \{\sigma_-\}$, 存在数 $\widetilde{N} \in \mathbf{N}$, 使得 $\varphi^{\widetilde{N}}(\tilde{s}) \notin U$. 特别, 取 $\tilde{s} = s_{n^*}$, 于是 $\varphi^k(s_{n^*}) = s_{n^*-k}$, 当 $k \to \infty$ 时, $s_{n^*-k} \notin U$, 这与上述 $\lim_{n\to-\infty} s_n = \sigma_-$ 矛盾.

综合以上讨论可知, $(1/\varphi'(\sigma_-)) \geqslant 1$ 且 $(1/\varphi'(\sigma_-)) = \Lambda^-$. 因为 $(1/\varphi'(\sigma_-))$ 是 $DF(z)$ 的一个特征值, 并且 $\gamma'_-(\sigma_-)$ 平行于 E_-, 由 $\lim_{n\to-\infty} s_n = \sigma_-$ 可知

$$\lim_{n\to-\infty}v_n = \lim_{n\to-\infty}\gamma'_-(s_n) = \gamma'_-(\sigma_-) = \nu E^-, \tag{4.3.3}$$

其中 ν 为某个适当常数. 对 $n \leqslant 0$, 令 $e_n^- = \mathrm{sign}\nu v_n/|v_n|$, 并定义

$$e_{n+1}^- = \pm\frac{Df(x_n)e_n^-}{|Df(x_n)e_n^-|}, \quad n \geqslant 0. \tag{4.3.4}$$

(4.3.4) 右边的符号后面再确定.

注意到 (4.3.2) 与 (4.3.4), 若取 $t_n^- = |Df(x_n)e_n^-|$, 则引理中结论 (i) 成立. 另一方面, 由 (4.3.3) 可推导引理中结论 (ii). 为证引理中结论 (iii), 应用性质 (i) 和 (ii), 可得

$$\lim_{n \to -\infty} |t_n^-| = \lim_{n \to -\infty} |Df(x_n)e_n^-| = |Df(z)E^-| = \Lambda^-.$$

故 (iii) 成立.

为证明引理 4.3.1 中的结论 (iv) 与 (v), 首先需证明以下的 λ 引理或倾角引理.

对 $n \geqslant 0$ 考虑满足关系 $v_{n+1} = Df(x_n)v_n$ 的向量 v_n 的序列, 其中 v_0 在 x_0 横截于 Γ^+, 即 v_0 与 $\gamma'_+(s_+)$ 线性无关. 由 $\Gamma^\pm$ 关于 $f^{\pm 1}$ 的不变性及 $Df(x_n)$ 的可逆性可知, 对一切 $n \geqslant 0$, v_n 在 x_n 横截于 Γ^+.

引理 4.3.2 (λ 引理) 当 $n \to \infty$ 时, v_n 的方向收敛于 Γ^- 在 z 点的切向. (类似地, 当 $n \to -\infty$ 时, v_n 的方向收敛于 Γ^+ 在 z 点的切向.)

证 不失一般性, 设 $z = 0, \sigma_\pm = 0, \gamma'_-(0) = (1, 0)^{\mathrm{T}}, \gamma'_+(0) = (0, 1)^{\mathrm{T}}$ 并设 $s = (u, v)^{\mathrm{T}}$. 在原点的某充分小邻域考虑 $\Gamma^\pm$, 并用 $\Gamma^\pm_{\mathrm{loc}}$ 表示 $\Gamma^\pm$ 在该邻域的限制. 根据隐函数定理, $\Gamma^\pm_{\mathrm{loc}}$ 有以下的参数表示

$$\Gamma^-_{\mathrm{loc}} = \{(u, s^-(u)) |\ |u| < \delta\}, \quad \Gamma^+_{\mathrm{loc}} = \{(s^+(v), v) |\ |v| < \delta\},$$

其中 δ 为某个小常数, $s^\pm$ 满足 $s^-(0) = \dfrac{ds^-(0)}{du} = 0$ 与 $s^+(0) = \dfrac{ds^+(0)}{dv} = 0$. 作坐标变换

$$\widetilde{x} = U(x) = \begin{pmatrix} u - s^+(v) \\ v - s^-(u) \end{pmatrix},$$

使得 $\Gamma^\pm_{\mathrm{loc}}$ 成为坐标轴, 显然 $U(0) = 0, DU(0) = I$. 从而 U 确实定义了原点邻域的一个坐标变换且 $\Gamma^\pm_{\mathrm{loc}}$ 分别由 $\overline{v} = 0$ 及 $\overline{u} = 0$ 来描述. 为简化记号. 再次用 u, v 表示新坐标. 于是在新坐标下, f 具有以下表达式

$$f(x) = \begin{pmatrix} \Lambda^- u + u\hat{g}(u, v) \\ \Lambda^+ v + v\hat{h}(u, v) \end{pmatrix},$$

其中 $\hat{g}(0, 0) = \hat{h}(0, 0) = 0$. 因此

$$Df(x) = \begin{pmatrix} \Lambda^- + \varepsilon_{11} & \varepsilon_{12} \\ \varepsilon_{21} & \Lambda^+ + \varepsilon_{22} \end{pmatrix},$$

其中

$$\varepsilon_{11} = \hat{g}(u, v) + u\partial_u \hat{g}(u, v), \quad \varepsilon_{12} = u\partial_v \hat{g}(u, v),$$

$$\varepsilon_{21} = v\partial_u \hat{h}(u,v), \quad \varepsilon_{22} = \hat{h}(u,v) + v\partial_v \hat{h}(u,v).$$

显然, $\varepsilon_{12}(0,v) = \varepsilon_{21}(u,0) = 0, \quad \lim_{x\to 0}\varepsilon_{ij}(x) = 0.$

令 $V_r = \{(u,v)| \ |u| < r, |v| < r\}$ 为 $x = 0$ 的一个小邻域, $r > 0$ 充分小, 使得

$$\left|\varepsilon_{ij}(x)\right| < K_1 = \min\left\{\frac{1}{2}[\Lambda^- - 1], \frac{1}{2}[1 - \Lambda^+]\right\}, \quad x \in V_r.$$

于是存在

$$\mu = \min_{x\in V_r}\{\Lambda^- + \varepsilon_{11}\} \geqslant \Lambda^- - \max_{x\in V_r}|\varepsilon_{11}| \geqslant \frac{1}{2}[\Lambda^- + 1] > 1,$$

$$\lambda = \min_{x\in V_r}(\Lambda^+ + \varepsilon_{22}) \leqslant \Lambda^+ - \max_{x\in V_r}|\varepsilon_{22}| \geqslant \frac{1}{2}[\Lambda^+ + 1] < 1.$$

由于 $\lim_{n\to\infty} x_n = 0$, 故存在 m, 使得对一切 $n \geqslant m, x_n \in \Gamma_{\mathrm{loc}}^+$. 考虑满足 $n \geqslant m$ 的 v_n 并引入记号

$$v_n = \begin{pmatrix} v_n^- \\ v_n^+ \end{pmatrix}, \quad \theta_n = \frac{|v_n^+|}{|v_n^-|}, \quad \varepsilon_{ij}^n = \varepsilon_{ij}(x_n).$$

因为 v_n 横截 $u = 0$, 故 $v_n^- \neq 0$. 从 $v_{n+1} = Df(x_n)v_n$ 可得

$$v_{n+1}^- = (\Lambda^- + \varepsilon_{11}^n)v_n^- + \varepsilon_{12}^n v_n^+,$$

$$v_{n+1}^+ = \varepsilon_{21}^n v_n^- + (\Lambda^+ + \varepsilon_{22}^n)v_n^+.$$

注意到 $u_n = 0$, 故 $\varepsilon_{12}^n = 0$, 从而

$$|v_{n+1}^-| \geqslant |\Lambda^- + \varepsilon_{11}^n||v_n^-| - |\varepsilon_{12}^n||v_n^+| \geqslant \mu|v_n^-|,$$

$$|v_{n+1}^+| \leqslant \varepsilon_{21}^n||v_n^-| + \lambda|v_n^+| \leqslant (|\varepsilon_{21}^n| + \lambda\theta_n)|v_n^-|.$$

由 $(1/\mu) < 1$ 及设 $\sigma = (\lambda/\mu) < 1$ 可得

$$\theta_{n+1} \leqslant |\varepsilon_{21}^n| + \sigma\theta_n. \tag{4.3.5}$$

上式对一切 $n > m'$ $(m' > m$ 充分大) 都成立. 因 $\lim_{n\to\infty} x_n = 0$, 故 $\lim_{n\to\infty}|\varepsilon_{21}^n| = 0$, 从而 (4.3.5) 意味着 $\lim_{n\to\infty}\theta_n = 0$, 即 $v_n^+ \to 0$. □

λ 引理说明, 当 f 存在横截同宿点时, f 的双曲不动点的稳定流形与不稳定流形存在着复杂的同宿缠结现象 (homoclinic tangle), 见图 4.3.2.

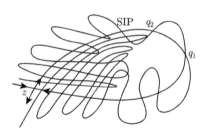

图 4.3.2　稳定流形与不稳定流形复杂的缠结

引理 4.3.1 续证　根据 Γ^+ 与 Γ^- 在 x_0 横截性的假设以及 λ 引理, 当 $n \to \infty$ 时, e_n^- 的方向收敛于 E^- 的方向, 注意 e_n^- 与 E^- 都是单位向量, 因此, (4.3.4) 所定义的 e_n^- 的符号可选择使得 $n > 0$ 时, $\lim\limits_{n \to \infty} e_n^- = E^-$, 即引理 4.3.1 中结论 (iv) 成立.

为证 (v), 由结论 (i) 有

$$\lim_{n \to -\infty} |t_n^-| = \lim_{n \to -\infty} |Df(x_n)e_n^-| = |Df(z)E^-| = \Lambda^-.$$

从而 (v) 正确, 引理 4.3.1 证毕.　　　　　　　　　　　　　　　　　　　□

引理 4.3.3　在引理 4.3.1 的条件下, 存在两向量集合 $h_n^+, h_n^-, n \in \mathbf{Z}, h_n^+$ 与 h_n^- 线性无关, 并存在实数 λ_n^+, λ_n^- 和正常数 $\theta_2 \in (0,1), \tau_2 > 1$, 使得以下结论成立

(a) $h_{n+1}^\pm = \dfrac{1}{\lambda_n^\pm} Df(x_n) h_n^\pm, n \in \mathbf{Z};$

(b) $\lim\limits_{n \to \pm\infty} h_n^- = E^-, \lim\limits_{n \to \infty} h_n^+ = E^+;$

(c) $\dfrac{1}{\tau_2} \leqslant |\lambda_n^+| \leqslant \theta_2 < 1, 1 < \dfrac{1}{\theta_2} \leqslant |\lambda_n^-| \leqslant \tau_2, n \in \mathbf{Z}.$

证　证明的基本思想是对充分大的 $|n|$, 令 $h_n^\pm = e_n^\pm$, 并对有限多个 $e_n^\pm$, 改变其长度. 兹对 e_n^+ 给出这种构造方法. 记 $Q(n) = \prod_{i=-n}^{n} |t_i^+|$. 设 N 为引理 4.3.1 中给定的正整数 N, 则存在 $M \geqslant N$, 使得

$$Q(M) = \prod_{i=-M}^{M} |t_i^+| \leqslant Q(N)\theta_1^{2(M-N)} < 1.$$

设 $\theta^+ = Q(M)^{1/(2M+1)} < 1$. 定义

$$d_n^+ = \begin{cases} 1, & n \leqslant -M \text{ 或 } n > M, \\ \dfrac{t_{n-1}^+ d_{n-1}^+}{\theta^+}, & -M < n \leqslant M. \end{cases}$$

并对一切 $n \in \mathbf{Z}$ 定义 $h_n^+ = d_n^+ e_n^+$. 于是, 取 $\lambda_n^+ = t_n^+ d_n^+ / d_{n+1}^+$, 则显然有

$$h_{n+1}^+ = \frac{1}{\lambda_n^+} Df(x_n) h_n^+.$$

不难看出

$$|\lambda_n^+| = \begin{cases} \theta^+, & |n| \geqslant M, \\ |t_n^+|, & n > M. \end{cases}$$

从而引理证毕. □

定理 4.3.1　在引理 4.3.1 的假设下, 集合

$$\Lambda = \{z\} \cup \{x_n | n \in \mathbf{Z}\}$$

是 f 的双曲不变集, 其中 $\{x_n\}$ 是 f 的横截同宿轨道.

证　Λ 显然有界, 且 z 是唯一的凝聚点, 故 Λ 为闭集, 从而 Λ 紧. Λ 为两条轨道的并集, 故是 f 的不变集. 用引理 4.3.3 定义向量场 h^+, h^-.

$$h^+(x_n) = h_n^+, \quad h^-(x_n) = h_n^-, \quad n \in \mathbf{Z},$$

$$h^+(z) = E^+, \quad h^-(z) = E^-,$$

其中 E^-, E^+ 为双曲不动点 z 的单位特征向量. 向量 h_n^+ 与 h_n^- 线性无关, 同样, E^+, E^- 也线性无关. 兹讨论 h^+, h^- 的连续性. 这只需要考虑在 Λ 的聚点 z 的情况. 但由引理 4.3.3 的性质 (b), 在这点, 连续性保持. 以下定义映射 λ^+, λ^-. 由引理 4.3.3 设

$$\lambda^+(x_n) = \lambda_n^+, \quad \lambda^-(x_n) = \lambda_n^-,$$

$$\lambda^+(z) = \Lambda^+, \quad \lambda^-(z) = \Lambda^-.$$

Λ^+, Λ^- 为 $Df(x)$ 的两特征向量. 再利用引理 4.3.3可知, Λ 是双曲不变集, 定理证毕. □

4.3.2　跟踪引理

设 $f: \mathbf{R}^2 \to \mathbf{R}^2$ 是微分同胚, Λ 为 f 的双曲不变集.

定义 4.3.3　*若双边无穷序列 $q = \{q_n\}_{n \in \mathbf{Z}}$ 的每个元 $q_n \in \Lambda$, 称 q 为 f 的伪轨 (pseudo orbit). 伪轨 q 称为 f 的 ε 伪轨, 倘若对一切 $n \in \mathbf{Z}$, $|q_{n+1} - f(q_n)| \leqslant \varepsilon$.*

显然 ε 伪轨是 f 的近似轨道. 本节主要介绍以下定理.

定理 4.3.2 (跟踪引理)　*设 f 有双曲不变集 Λ, 则存在 $\rho_0 > 0$ 使得对 $\rho \in (0, \rho_0)$, 下述结论正确: 存在 $\varepsilon = \varepsilon(\rho)$, 使得每个 ε 伪轨 $q = \{q_n\}_{n \in \mathbf{Z}}$ 都有唯一的 ρ 跟踪轨道. 换言之, 存在 f 的真正轨道 $p = \{p_n\}_{n=\mathbf{Z}}$, 使得对一切 $n \in \mathbf{Z}$, $|p_n - q_n| \leqslant \rho$.*

为证上述定理, 需要作一些准备工作.

考虑有界的双边无穷序列

$$\{x = \{x_n\}_{n\in\mathbf{Z}} | x_n \in \mathbf{R}^2, \sup_{n\in\mathbf{Z}}|x_n| < \infty\}$$

所构成的空间 X, 用 $|\cdot|$ 表示 $\mathbf{R}^2$ 中最大模, 则在范数 $||x|| = \sup_{n\in\mathbf{Z}}|x_n|$ 下, X 构成 Banach 空间.

对数 $\theta \in (0,1), \tau > 1$, 设已知满足以下条件的实数序列 $\lambda_n^+, \lambda_n^-, n \in \mathbf{Z}$.

$$\frac{1}{\tau} \leqslant |\lambda_n^+| \leqslant \theta < 1, \quad 1 < \frac{1}{\theta} \leqslant |\lambda_n^-| \leqslant \tau.$$

记 $A_n = \mathrm{diag}(\lambda_n^+, \lambda_n^-)$. 兹用

$$(Lx)_n = x_{n+1} - A_n x_n,$$

引入算子 $L: X \to X$.

引理 4.3.4　L 是 X 到自己的线性同胚, 且

$$||L^{-1}x|| \leqslant \frac{1}{1-\theta}||x||.$$

证　显然, L 是有界线性算子, 即它是连续的. 为证 L 为单射, 只需证 $Lx = 0$ 隐含着 $x = 0$ 即可. 设 $x_n = \begin{pmatrix} r_n \\ s_n \end{pmatrix}$, 则 $Lx = 0$, 即

$$r_{n+1} = \lambda_n^+ r_n, \quad s_{n+1} = \lambda_n^- s_n, \quad n \in \mathbf{Z}.$$

于是有

$$r_n = \frac{1}{\lambda_n^+ \lambda_{n+1}^+ \cdots \lambda_{-1}^+} r_0, \quad n < 0,$$

$$s_n = \lambda_{n-1}^- \lambda_{n-2}^- \cdots \lambda_0^- s_0, \quad n > 0.$$

注意到 $\lambda_n^\pm$ 的估计式, 得到

$$|r_n| \geqslant \frac{|r_0|}{\theta^{|n|}}, \quad n < 0, \quad |s_n| \geqslant \frac{|s_0|}{\theta^n}, \quad n > 0.$$

上式说明 $\lim_{n\to-\infty}|r_n| = \infty, \lim_{n\to\infty}|s_n| = \infty$, 除非 $r_0 = s_0 = 0$, 这就证明了 $x = 0$.

兹证 L 为 X 到自己的满射. 设 $f \in X$ 已给定, 考虑方程 $Lx = f$, 即

$$x_{n+1} - A_n x_n = f_n, \quad n \in \mathbf{Z}.$$

记 $x_n = \begin{pmatrix} r_n \\ s_n \end{pmatrix}, f_n = \begin{pmatrix} \alpha_n \\ \beta_n \end{pmatrix}$. 于是级数

$$\begin{cases} r_n = \alpha_{n-1} + \lambda_{n-1}^+ \alpha_{n-2} + \lambda_{n-1}^+ \lambda_{n-2}^+ \alpha_{n-3} + \cdots, \\ s_n = -\dfrac{\beta_n}{\lambda_n^-} - \dfrac{\beta_{n+1}}{\lambda_n^- \lambda_{n+1}^-} - \dfrac{\beta_{n+2}}{\lambda_n^- \lambda_{n+1}^- \lambda_{n+2}^-} - \cdots, \end{cases} \qquad n \in \mathbf{Z}$$

收敛, 因为 $|r_n|, |s_n| \leqslant (1/(1-\theta))\|f\|$, 并满足上述差分方程. 这就证明了 L 是满射. 因此, L^{-1} 有定义, 并由上面的公式明显确定. 由此可见, L^{-1} 是线性的, 并满足引理中所述的有界条件. $\square$

在证跟踪定理前, 我们对双曲集再作一些讨论. 对 f 的双曲不变集 Λ, 应用向量场 h^+, h^-, 定义一个 2×2 矩阵场 T 如下:

$$T : x \in \Lambda \to T(x) = (h^+(x), h^-(x)) \in GL(2).$$

引理 4.3.5   (i) 对一切 $x \in \Lambda, T(x)$ 的逆映射 $T^{-1}(x)$ 存在, 且存在常数 $\tau_3 > 0$, 使得对一切 $x \in \Lambda, |T(x)| < \tau_3, |T^{-1}(x)| < \tau_3$. 对任给的 $\varepsilon > 0$, 记 $\delta(\varepsilon) = \sup\{|T^{-1}(x) - T^{-1}(\widetilde{x})|, (x, \widetilde{x}) \in \Lambda, |x - \widetilde{x}| < \varepsilon\}$, 则 $\lim\limits_{\varepsilon \to 0} \delta(\varepsilon) = 0$.

(ii) 对一切 $x \in \Lambda$, 记 $A(x) = T^{-1}(f(x)) Df(x) T(x)$, 则

$$A(x) = \mathrm{diag}(\lambda^+(x), \lambda^-(x)).$$

证   由于 $h^+(x)$ 与 $h^-(x)$ 线性无关, 故对一切 $x \in \Lambda, \Delta(x) = \det(h^+(x), h^-(x)) \neq 0$. 因此, $T^{-1}(x)$ 必存在. 因 h^+, h^- 连续, 故 $T(x), \Delta(x), T^{-1}(x)$ 亦连续. 又因 Λ 是紧不变集, 故 T 与 T^{-1} 有界. δ 是连续函数 T^{-1} 的连续性模, 再由 Λ 的紧性, 可得 $\lim\limits_{\varepsilon \to 0} \delta(\varepsilon) = 0$.

引理的结论 (ii) 可由引理 4.3.3 中向量场 h^+, h^- 的不变性质 (a) 推出. 引理证毕. $\square$

定理 4.3.2 的证明   我们分四步证明此定理.

(1) 设 $\rho_0 \leqslant 1$. 存在映射

$$\widetilde{f} : (\xi, \eta) \in \Lambda \times \{\eta | \eta \in \mathbf{R}^2, |\eta| \leqslant 1\} \to \widetilde{f}(\xi, \eta) \in \mathbf{R}^2$$

及正常数 c, 使得

$$f(\xi + \eta) = f(\xi) + Df(\xi)\eta + \widetilde{f}(\xi, \eta)$$

并且

$$|Df(\xi)| \leqslant c, \quad |\widetilde{f}(\xi, \eta)| \leqslant c|\eta|^2, \quad |D_\eta \widetilde{f}(\xi, \eta)| \leqslant c|\eta|,$$

这里 D_η 表示关于 η 的导数.

(2) 设 $q = \{q_n\}_{n\in\mathbf{Z}}$ 是 ε 伪轨, 由定义知 $q_n \in \Lambda, n \in \mathbf{Z}$. 引入如下记号

$$\overline{q}_{n+1} = f(q_n), \quad T_n = T(q_n), \quad \overline{T}_{n+1} = T(\overline{q}_{n+1}),$$
$$A_n = \overline{T}_{n+1}^{-1} Df(q_n)T_n = \operatorname{diag}(\lambda_n^+, \lambda_n^-), \quad \lambda_n^\pm = \lambda_n^\pm(q_n).$$

兹证 q 具有 ρ 跟踪轨道, 当且仅当存在序列 $\{x_n\}_{n\in\mathbf{Z}}$ 满足

(a) $|T_n x_n| \leqslant \rho$,

(b) $x_{n+1} - A_n x_n = g_n(T_n x_n)$, 其中 $g_n(x) = T_{n+1}^{-1}(\overline{q}_{n+1} - q_{n+1}) + (T_{n+1}^{-1} - \overline{T}_{n+1}^{-1})Df(q_n)x + T_{n+1}^{-1}\widetilde{f}(q_n, x)$.

先设 p 为 q 的唯一 ρ 跟踪轨道, 用等式 $p_n = q_n + T_n x_n$ 定义 x_n. 显然条件 (a) 成立. 从 $p_{n+1} = f(p_n)$ 得

$$q_{n+1} + T_{n+1}x_{n+1} = f(q_n + T_n x_n)$$
$$= \overline{q}_{n+1} + Df(q_n)T_n x_n + \widetilde{f}(q_n, T_n x_n).$$

上式两边作用 T_{n+1}^{-1} 即得关系 (b).

反之, 若存在 $\{x_n\}_{n\in\mathbf{Z}}$ 满足 (a), (b), 易证 $\{p_n\}_{n\in\mathbf{Z}}, p_n = q_n + T_n x_n$ 是 q 的 ρ 跟踪轨道, 故上述结论正确.

注意, 以下估计式成立: 对一切 $|x| \leqslant \rho$,

$$|g_n(x)| \leqslant \tau_3\varepsilon + \delta(\varepsilon)c\rho + \tau_3 c\rho^2, \tag{4.3.6}$$

$$|Dg_n(x)| \leqslant \delta(\varepsilon)c + \tau_3 c\rho. \tag{4.3.7}$$

(3) 对 (2) 中给定的矩阵 $A_n, n \in \mathbf{Z}$, 定义算子 $L: X \to X, L$ 由引理 4.3.4 确定, 并引入算子 $L: X \to X$ 定义为 $T(x)_n = T_n x_n$, T 仍然是映射 X 到自己的线性同胚, 并且对 $x \in X$ 有

$$\|Tx\| \leqslant \tau_3\|x\|.$$

最后, 再引入一个非线性算子 $G: \mathbf{B}_1 = \{x | x \in X, \|x\| \leqslant 1\} \to X$. 其定义是 $(G(x))_n = g_n(x_n)$.

记 $\alpha = (1-\theta)/2\tau_3$. 先证以下关于 G 的引理.

引理 4.3.6 存在 $\rho_0 \leqslant 1$, 对给定的 $\rho \in (0, \rho_0)$, 存在 $\varepsilon > 0$, 使得当 $v, \overline{v} \in \mathbf{B}_\rho = \{x | x \in X, \|x\| \leqslant \rho\}$ 时, 下述估计式成立:

$$\|G(v) - G(\overline{v})\| \leqslant \alpha\|v - \overline{v}\|, \tag{4.3.8}$$

$$\|G(0)\| \leqslant \alpha\rho. \tag{4.3.9}$$

证　由于 $|v_n|, |\overline{v_n}| \leqslant \rho$, 由 (4.3.7) 式可见,

$$
\begin{aligned}
||(G(v))_n - (G(\overline{v}))_n|| &= |g_n(v_n) - g_n(\overline{v}_n)| \\
&\leqslant \sup_{||x|| \leqslant \rho_0} |Dg_n(x)| \cdot ||v_n - \overline{v}_n|| \\
&\leqslant (\delta(\varepsilon)c + \tau_3 c \rho_0)||v - \overline{v}||.
\end{aligned}
$$

故

$$
||G(v) - G(\overline{v})|| \leqslant (\delta(\varepsilon)c + \tau_3 c \rho_0)||v - \overline{v}||.
$$

选取 $\rho_0 \leqslant 1, \varepsilon_0 > 0$ 小得足以满足 $\tau_3 c \rho_0 < \alpha/2, \delta(\varepsilon_0)c < \alpha/2$. 由于 $\delta(\varepsilon)$ 随 ε 而单减, 故若 $\rho \in (0, \rho_0), \varepsilon \in (0, \varepsilon_0)$, 则 (4.3.8) 成立. 注意到 (4.3.6), 故有 $|g_n(0)| \leqslant \tau_3 \varepsilon$ 即 $||G(0)|| \leqslant \tau_3 \varepsilon$. 从而对给定的 $\rho \in (0, \rho_0)$, 存在 $\varepsilon \in (0, \varepsilon_0)$ 使得 (4.3.9) 成立.　□

现在假设 ρ, ε 已按引理 4.3.6 所选取, 再引入一个算子 $F : \mathbf{B}_\rho \to X$, 定义为

$$
F(v) = TL^{-1}G(v).
$$

我们回到跟踪引理的第四步证明.

(4) 兹证 q 有 ρ 跟踪轨道, 当且仅当 F 有不动点. 事实上, 若 q 存在 ρ 跟踪, 则存在 $x \in X$, 满足第 (2) 步证明中的条件 (a), (b). 令 $v = Tx$, 显然有 $v \in \mathbf{B}_\rho$ 且 $Lx = G(v)$. 这说明 $x = L^{-1}G(v)$, 从而 $v = Tx = TL^{-1}G(v) = F(v)$.

反之, 设 $v \in \mathbf{B}_\rho$ 是 F 的不动点, 令 $x = T^{-1}v$. 显然, $||Tx|| \leqslant \rho$; 此外, $v = TL^{-1}G(v)$ 成立, 即 $x = L^{-1}G(Tx)$ 或 $Lx = G(Tx)$.

最后, 我们证明 F 在 $\mathbf{B}_\rho$ 是压缩的, 事实上, 对于一切 $v, \overline{v} \in \mathbf{B}_\rho$,

$$
\begin{aligned}
||F(v) - F(\overline{v})|| &= ||TL^{-1}G(v) - TL^{-1}G(\overline{v})|| \\
&\leqslant \tau_3 \frac{1}{1 - \theta} \alpha ||v - \overline{v}|| = \frac{1}{2}||v - \overline{v}||
\end{aligned}
$$

并且

$$
||F(v)|| \leqslant ||F(0)|| + ||F(v) - F(0)|| \leqslant \tau_3 \frac{1}{1 - \theta} \alpha \rho + \frac{1}{2}\rho = \rho.
$$

因而 F 的不动点唯一存在.　□

4.3.3　Smale-Birkhoff 定理与混沌运动

继续考虑微分同胚 $f : \mathbf{R}^2 \to \mathbf{R}^2$. 设 $\{x_n\}_{n \in \mathbf{Z}}$ 是 f 的同宿到双曲不动点 z 的横截同宿轨道, 因而存在双曲不变集 $\Lambda = \{z\} \cup \{x_n\}_{n \in \mathbf{Z}}$. 现取 $\rho \in (0, \rho_0)$, 使

得 $\rho < \dfrac{1}{3}|x_0 - z|$, 并按照跟踪引理选择好 ε 的尺度. 我们将要描述一类 ε 伪轨. 由于 $\lim\limits_{n\to\pm\infty} x_n = z$, 我们可找到 $N \in \mathbf{N}$ 使得

$$Q_1 = z, x_{-N}, x_{-N+1}, \cdots, x_{-1}, x_0, x_1, \cdots, x_N, z$$

(总计 $m = 2N + 3$ 个点) 是 f 的 ε 伪轨中的 节. 此外, 设

$$Q_0 = z, z, z, \cdots, z, z, z, \cdots, z, z \ (共 m = 2N + 3 个 z).$$

用 Σ 表示由 0 与 1 两个符号构成的双边无穷序列的空间. 对一个给定的双边无穷序列 $s = (\cdots, s_{-1}s_0, \cdots)$, 相应地考虑一个 ε 伪轨 q_s, 其定义为

$$q_s = (\cdots Q_{s_{-2}} Q_{s_{-1}}; Q_{s_0} Q_{s_1} \cdots).$$

用 $p = \{p_n\}_{n\in\mathbf{Z}}$ 表示 q_s 的唯一的 ρ 跟踪轨道. 定义映射

$$h : s \in \Sigma \to h(s) = p_{N+1} \in \mathbf{R}^2.$$

用 σ 表示 Σ 上的移位映射, 在 Σ 上定义了移位的系统称符号动力系统或 Bernoulli 系统.

下面的定理是非常重要的.

定理 4.3.3 (Smale-Birkhoff 定理) (i) f 的 m 次迭代 f^m 以 Bernoulli 系统作为其子系统, 换言之, 存在 Σ 到集合 $S = h(\Sigma) \subset \mathbf{R}^2$ 的同胚 h, 使得 $f^m \circ h(s) = h \circ \sigma(s), s \in \Sigma$.

(ii) 存在 $\rho > 0$ 使得以下的结论成立

(a) 若 $s_0 = 0$, 则 $|h(s) - z| \leqslant \rho$; 若 $s_0 = 1$, 则 $|h(s) - z| \geqslant 2\rho$;

(b) 若 $s_i = s_{i+1} = 0$, 则对一切 $n \in [im, (i+2)m]$, 有 $|\rho_n - z| \leqslant \rho$.

(iii) f^m 在集合 S 上的限制定义了一个具有以下性质的混沌动力系统.

(a) 周期点是稠的;

(b) f^m 是拓扑传递的;

(c) f^m 在集合 S 上关于初始条件具有敏感依赖性, 即存在 $\Delta > 0$ 使得对任何给定的 $p \in S$ 和 $\varepsilon > 0$, 存在 $p_0 \in S$ 及 $n \in \mathbf{N}$, 使得虽然 $|p - p_0| < \varepsilon$, 但 $|f^{mn}(p) - f^{mn}(p_0)| \geqslant \Delta$.

证 对 Bernoulli 系统 (Σ, σ) 定义距离为

$$d(s, t) = \max\{2^{-|j|} | j \in Z, s_j \neq t_j\}.$$

于是当 $|i| \leqslant n \in N$ 时, $s, t \in \Sigma$ 满足 $s_i = t_i$, 则 $d(s, t) \leqslant 1/2^{n+1}$, 反之亦真. Σ 是紧度量空间, 集合

$$\Sigma_0 = \{s \in \Sigma | s_0 = 0\}, \quad \Sigma_1 = \{s \in \Sigma | s_0 = 1\}$$

是既开又闭的紧的集合, 且 $\Sigma_0 \bigcup \Sigma_1 = \Sigma$.

先证结论 (i). 设 $s' = \sigma(s)$,

$$q_s = (\cdots Q_{s_{-1}}; Q_{s_0} Q_{s_1} \cdots), \quad q_{s'} = (\cdots Q_{s_0}; Q_{s_1} Q_{s_2} \cdots).$$

用 $\{p_n\}_{n \in \mathbf{Z}}$ 表示 q_s 的 ρ 跟踪轨道. 由 Q_0 与 Q_1 的定义可见, $\{p_{(n+m)}\}_{n \in \mathbf{Z}}$ 是 $q_{\sigma(s)}$ 的 ρ 跟踪轨道. 由于 ε 的伪轨的 ρ 跟踪轨道是唯一的. 故若 $h(s) = p_{N+1}$, 则 $h(\sigma(s)) = p_{N+1+m}$. 另一方面 $f^m(p_{N+1}) = p_{N+1+m}$. 因此 $f^m \circ h(s) = h \circ \sigma(s)$ 正确.

以下证 h 是同胚. 为此, 先证 h 是单射. 设 $s \neq \tilde{s}$, 则存在 $k \in \mathbf{Z}$, 使 $s_k \neq \tilde{s}_k$, 从而 ε 伪轨 q_s 与 $q_{\tilde{s}}$ 的节 Q_{s_k} 与 $Q_{\tilde{s}_k}$ 不相同. 设 $s_k = 0$, $\tilde{s}_k = 1$, 于是存在 $j \in \mathbf{Z}$, 使得 $(q_s)_j = z$, $(q_{\tilde{s}})_j = x_0$. 用 p, $\tilde{p}$ 分别表示 q_s, $q_{\tilde{s}}$ 的 ρ 跟踪轨道, 由于 $\rho \leqslant \dfrac{1}{3}|x_0 - z|$, 故 $|p_j - \tilde{p}_j| \geqslant \dfrac{1}{3}|x_0 - z|$, 即 $p_j \neq \tilde{p}_j$. 因此, $p_{N+1} \neq \tilde{p}_{N+1}$. 这说明 h 是单射.

再证 h 的连续性. 令 $\{s^k\}_{k \in \mathbf{N}}$ 是 Σ 中收敛于 s 的元素序列, q^k 与 q 是 s^k 与 s 所对应的伪轨. 设 p^k 与 p 是相应的 ρ 跟踪轨道. 需证 $\lim\limits_{k \to \infty} p_{N+1}^k = p_{N+1}$. 由跟踪轨道定义, $|p_{N+1}^k - q_{N+1}^k| \leqslant \rho, q_{N+1}^k = z$ 或 $q_{N+1}^k = x_0$. 对于一切 $k \in \mathbf{Z}$, 序列 $\{p_{N+1}^k\}$ 有界. 若能证明 p_{N+1} 是 $\{p_{N+1}^k\}_{k \in \mathbf{N}}$ 的唯一极限点, 则上述结论成立. 为此, 用 $\hat{p}_{N+1}$ 表示 $\{p_{N+1}^k\}_{k \in \mathbf{N}}$ 的任意极限点, 即存在序列 $\{p_{N+1}^{k_i}\}_{i \in \mathbf{N}}$ 满足 $\hat{p}_{N+1} = \lim\limits_{i \to \infty} p_{N+1}^{k_i}$. 考虑 $\hat{p}_{N+1+n} = f^n(\hat{p}_{N+1}), n \in \mathbf{N}$. 兹证, 对一切 $n \in \mathbf{N}, |\hat{p}_{N+1+n} - q_{N+1+n}| \leqslant \rho$. 事实上

$$\begin{aligned} |\hat{p}_{N+1+n} - q_{N+1+n}| &\leqslant |\hat{p}_{N+1+n} - q_{N+1+n}^{k_i}| \\ &\quad + |\hat{p}_{N+1+n}^{k_i} - q_{N+1+n}^{k_i}| + |\hat{p}_{N+1+n}^{k_i} - q_{N+1+n}|. \end{aligned}$$

由于

$$\hat{p}_{N+1+n} = f^n\left(\lim\limits_{i \to \infty} p_{N+1}^{k_i}\right) = \lim\limits_{i \to \infty} f^n(p_{N+1}^{k_i}) = \lim\limits_{i \to \infty} p_{N+1+n}^{k_i},$$

故 $\lim\limits_{i \to \infty} |\hat{p}_{N+1+n} - p_{N+1+n}^{k_i}| = 0$. 又因 p^{k_i} 是 ρ 跟踪轨道 q^{k_i} 的, 故

$$|p_{N+1+n}^{k_i} - q_{N+1+n}^{k_i}| \leqslant \rho.$$

设 $N + 1 + n = jm + r$, $r \in (0, \cdots, m-1)$. 于是 q_{N+1+n} 含于 Q_{s_j} 内. 类似地, $q_{N+1+n}^{k_i}$ 含于 $Q_{s_j}^{k_i}$ 内. 由于符号序列 $\lim\limits_{l \to \infty} s^l = s$, 故存在 $L \in \mathbf{N}$, 使得

当 $l > L$ 时, $d(s_j^l, s) \leqslant \frac{1}{2^{|j|+1}}$. 根据度量 d 的定义, 当 $l > L$ 时, $s_j^l = s_j$. 因此, 对于足够大的 $i, s_j^{k_i} = s_j$, 这意味着 $q_{N+1+n}^{k_i} = q_{N+1+n}$. 综合以上, 我们已证明了 $|\hat{p}_{N+1+n} - q_{N+1+n}| \leqslant \rho$, 即 $\{\hat{p}_n\}_{n\in\mathbf{Z}}$ ρ 跟踪 q_s 轨道. 因 q_s 只有唯一的 ρ 跟踪轨道 $\{p_n\}$, 这说明 $\hat{p}_{N+1} = p_{N+1}$, 即 h 连续.

综上所述, 我们已证得:h 是紧度量空间到紧度量空间的单值连续映射. 根据现代分析理论可知, h 是从 Σ 到 $S = h(\Sigma)$ 的同胚. 结论 (i) 证毕.

定理的结论 (ii) 及性质 (a), (b) 由 h 的构造和 ε 伪轨 q 的性质可以推出.

以下证明 (iii), 即 f^m 所产生的动力系统在 S 上的性质. 由于符号动力系统 (Σ, σ) 的周期点稠, 且具有拓扑传递性. 因此根据拓扑共轭性知, f^m 的周期点稠, 并有拓扑传递性. 再根据定理 2.1.1, f^m 必有关于初始条件的敏感依赖性, 定理证毕.   □

Smale-Birkhoff 定理告诉我们, 如果二维微分同胚 f 存在横截同宿点, 则存在某些 $m \in \mathbf{N}$ 和紧集 $S \subset \mathbf{R}^2$ 使得 $F = f^m$ 限制于 S 上, 其动力学性质是混沌的. 因此, 我们说同宿缠结意味着混沌.

Smale-Birkhoff 定理所揭示的性质在几何上可通过 Smale 马蹄映射来解释. 因此, 上述混沌性质, 也称为在 Smale 马蹄意义上的混沌. 这是 f 在其双曲不变集上特有的动力学性质.

4.4 $\mathbf{R}^m$ 上的 C^r-微分同胚的不变集与双曲性

4.1 节和 4.2 节所描述的 Smale 马蹄提供了二维映射具有混沌性质的典型例子. 以 Smale 马蹄为刺激, 在动力系统理论中, 进而一般地研究双曲动力系统, 如像 "公理 A" 系统. 双曲系统是其动态复杂性在数学上有了较好理解的系统. 本节对双曲动力系统的基本概念和理论作一些简要介绍.

设 $F : \mathbf{R}^m \to \mathbf{R}^m$ 为给定的 C^r-微分同胚.

定义 4.4.1 F 的不动点 q 称为双曲的, 如果其 Jacobi 矩阵 $DF(q)$ 没有单位模的特征值. 又若 q 为 F 的 N 周期点, $DF^N(q)$ 的一切特征值的模不为 1, 则周期轨道 $\overline{F} = \{q, F(q), F^2(q), \cdots, F^{N-1}(q)\}$ 称为双曲周期轨道. 当 $m = 2$ 时, 若 $DF^N(q)$ 的特征值满足 $|\lambda_1| < 1 < |\lambda_2|$, 则称 q 为周期鞍点; 若其满足 $|\lambda_1| < 1, |\lambda_2| < 1$, 则称 q 为周期汇; 若其满足 $|\lambda_1| > 1, |\lambda_2| > 1$, 则称 q 为周期源.

定理 4.4.1 (不动点的稳定流形存在定理) 设 $F : \mathbf{R}^m \to \mathbf{R}^m$ 为 C^r-微分同胚. q 为 F 的双曲不动点, 则存在与 F 的光滑性相同的局部稳定与不稳定流形

$$W_{\text{loc}}^s(q) = \{x \in U | F^n(x) \to q, n \to +\infty \text{ 且 } F^n(x) \in U, \forall n \geqslant 0\},$$
$$W_{\text{loc}}^u(q) = \{x \subset U | F^{-n}(x) \to q, n \to +\infty \text{ 且 } F^{-n}(x) \in U, \forall n \geqslant 0\}.$$

W^s_{loc} 和 W^u_{loc} 在点 q 分别与 $DF(q)$ 的特征空间 E^s_q 和 E^u_q 相切, 并有相同维数 (图 4.4.1).

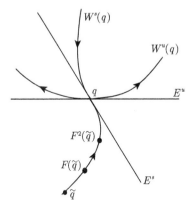

图 4.4.1 双曲不动点的稳定与不稳定流形

定理 4.4.1 可以通过微分方程相应的定理推出. 这里证略.

映射 F 的全局稳定与不稳定流形定义为局部流形的向后与向前迭代, 即

$$W^s(q) = \bigcup_{n \geqslant 0} F^{-n}(W^s_{\text{loc}}(q)),$$
$$W^u(q) = \bigcup_{n \geqslant 0} F^n(W^u_{\text{loc}}(q)).$$

类似地可以定义 F 的 N 周期点 q 的局部与全局的不稳定和稳定流形. 应注意的是, 周期轨道 $\overline{y}$ 的稳定流形是在 F 的 N 次迭代下, 其轨道上每点的稳定流形的并集

$$W^s(\overline{y}, F) = \bigcup_{K=0}^{N-1} W^s(F^K(q), F^N).$$

定义 4.4.2 设 $\overline{y}$ 为 F 的周期 $N(N \geqslant 1)$ 的轨道, 点 $x \in W^s(\overline{y}, F) \cap W^u(\overline{y}, F) - \overline{y} \neq \varnothing$, 称 x 为 $\overline{y}$ 的同宿 (homoclinic) 点, 若 $W^s(\overline{y}, F)$ 与 $W^u(\overline{y}, F)$ 在 x 点横截相交, 称 x 为横截同宿点. 若它们相切地相交, 称 x 为同宿相切.

定义 4.4.3 设 $\overline{y}$ 与 $\overline{y'}$ 为 F 的不同周期轨道, 点 $x \in W^u(\overline{y}, F) \cap W^s(\overline{y'}, F)$, 称 x 为 $\overline{y}$ 到 $\overline{y'}$ 的异宿 (heteroclinic) 点, 类似于定义 4.4.2, 有横截和相切概念.

命题 4.4.1 若 r 为 F 关于不动点 (周期点) q 的同宿点, 则 $F^K(r)(K \in \mathbf{Z})$ 也是 F 的同宿点, 从而 F 存在一个同宿点, 必存在无穷多同宿点.

为研究 F 的不变集的性质, 我们引入如下的定义.

定义 4.4.4　设 Λ 为离散动力系统 $F:\mathbf{R}^m \to \mathbf{R}^m$ 的不变集合, 对于 Λ, 若存在具有以下性质的连续不变的直和分解 $T_\Lambda \mathbf{R}^m = E^u_\Lambda \oplus E^s_\Lambda$, 存在常数 $C > 0, 0 < \lambda < 1$, 使得

(1) 若 $V \in E^u_x$, 则 $|DF^{-n}(x)V| \leqslant C\lambda^n|V|$;

(2) 若 $V \in E^s_x$, 则 $|DF^n(x)V| \leqslant C\lambda^n|V|$.

此时, 称不变集 Λ 有双曲结构.

对于定义 4.4.4, 需作以下的说明.

1° 在定义 4.4.4 中, $T_\Lambda \mathbf{R}^m$ 中一切点由在 $\mathbf{R}^m$ 中的全体切向量组成. 对每个 $x \in \Lambda, T_x\mathbf{R}^n$ 是在 x 点的切空间, 且 $T_x\mathbf{R}^n = E^u_x \oplus E^s_x$ 是向量空间到其不变子空间的直和分解, 其维数为 $u + s = m$.

2° F 的导算子 DF 映射 $T_x\mathbf{R}^n$ 到 $T_x\mathbf{R}^n$, 定义中的不变性要求是 $Df(E^s_x) = E^s_{f(x)}, Df(E^u_x) = E^u_{f(x)}$. 定义中直和分解的连续性是指随着 x 在 Λ 中的连续变化, E^u_x 与 E^s_x 的基也连续变化. 一般分解不是光滑依赖的.

3° 定义中条件 (1), (2) 说明, E^s (E^u) 中无穷多向量向前 (向后) 以比例 λ 指数地收缩, 并且关于比例 λ 对于 Λ 中一切点和不变子空间中一切向量都是一致的.

在具体例子中, 证明不变集的双曲性是十分困难的工作. 但双曲不变集的结构对于混沌性质起着关键性作用.

以下由 Hirsh 与 Pugh 于 1970 年建立的双曲不变集的稳定与不稳定流形存在定理说明, 双曲不变集有类似于鞍点的性质.

定理 4.4.2　设 Λ 为 C^r-微分同胚 $F:\mathbf{R}^n \to \mathbf{R}^n$ 的紧不变集, Λ 有双曲结构: $E^s_\Lambda \oplus E^u_\Lambda$. 则 $\forall x \in \Lambda$, 存在 $\varepsilon > 0$ 和两个 C^r 流形 $W^s_\varepsilon, W^u_\varepsilon$, 有以下性质:

(1) $\forall n \geqslant 0, y \in W^s_\varepsilon(x) \rightleftharpoons d(f^n(x), f^n(y)) \leqslant \varepsilon$; 并且 $\forall n \geqslant 0$, $y \in W^u_\varepsilon(x) \rightleftharpoons d(f^{-n}(x), f^{-n}(y)) \leqslant \varepsilon$.

(2) $W^s_\varepsilon(x)$ 与 $W^u_\varepsilon(x)$ 在点 x 处的切空间分别是 E^s_x 与 E^u_x.

(3) 存在常数 $C > 0, 0 < \lambda < 1$, 使得若 $y \in W^s_\varepsilon(x)$, 则 $d(f^n(x), f^n(y)) \leqslant C\lambda^n, \forall n \geqslant 0$ 且若 $y \in W^u_\varepsilon(x)$, 则 $d(f^{-n}(x), f^{-n}(y)) \leqslant C\lambda^n, \forall n \geqslant 0$.

(4) $W^s_\varepsilon(x)$ 与 $W^u_\varepsilon(x)$ 为 $\mathbf{R}^n$ 中的嵌入圆盘. 对于嵌入圆盘的 C^r 函数空间, 由 $x \to W^s_\varepsilon(x), x \to W^u_\varepsilon(x)$ 给出的从 Λ 到 $\mathbf{R}^n$ 的映射是连续的.

定理 4.4.2 的证明涉及较多的知识, 我们不能给出证明. 注意定理 4.4.2 中结论 (4) 说明, $W^s_\varepsilon(x)$ 与 $W^u_\varepsilon(x)$ 的切空间和半径随 x 而连续地变化.

推论 4.4.1　设 Λ 为微分同胚 $F:\mathbf{R}^n \to \mathbf{R}^n$ 的紧双曲不变集, 则存在 $\delta > 0, \varepsilon > 0$, 使得若 $x, y \in \Lambda$ 且 $d(x, y) < \delta$, 则 $W^s_\varepsilon(x) \cap W^u_\varepsilon(y)$ 恰由一点组成, 记之为 $[x, y]$.

证 当 $x=y$ 时, $W_\varepsilon^s(x)$ 与 $W_\varepsilon^u(x)$ 的切空间为 E_x^s 与 E_x^u, 由于这里有 $E_x^s \oplus E_x^u = T_x\Lambda$, 故 $W_\varepsilon^s(x)$ 与 $W_\varepsilon^u(x)$ 在 x 相互横截. 当 ε 充分小时, $W_\varepsilon^s(x) \cap W_\varepsilon^u(x)$ 仅包含 x 一个点, 用不变流形的连续性与 Λ 的完备性, 可以独立地选取 x 与 $\delta > 0$, 使满足推论之结论. $\qquad\square$

推论 4.4.1 的结论可用图 4.4.2 作解释.

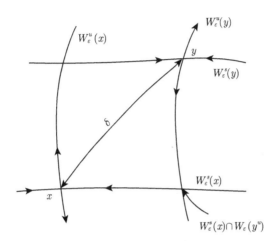

图 4.4.2 推论 4.4.1 的结论的几何解释

定义 4.4.5 如果存在 $\delta > 0$, 使得当 $x, y \in \Lambda, d(x, y) < \delta$ 时, 必有 $[x, y] \in \Lambda$ 称 F 在 Λ 上具有局部乘积结构.

问题: 在什么条件下有 $[x, y] \in \Lambda$? 为回答这个问题, 再引入以下两个定义.

定义 4.4.6 闭不变集 Λ 称为不可分解的, 如果对每个点对 $x, y \in \Lambda$ 及 $\varepsilon > 0$, 存在 $x = x_0, x_1, \cdots, x_{n-1}, x_n = y$ 及时刻 $k_1, k_2, \cdots, k_n \geqslant 1$, 使得从 $F^k(x_{i-1})$ 到 x_i 的距离小于 ε.

定义 4.4.7 同胚 $F: \mathbf{R} \to \mathbf{R}$ 的不变集 Λ 称为局部极大的, 倘若存在 Λ 的邻域 u, 使得对于任何满足关系式 $\Lambda \subset \Lambda' \subset u$ 的不变集 Λ', 都有 $\Lambda = \Lambda'$.

由这个定义可知 $\Lambda = \bigcap\limits_{n \in \mathbf{Z}} f^{-n} u$.

推论 4.4.2 如果 Λ 是不可分解的极大双曲不变集, 则 Λ 具有局部乘积结构.

证 设 $z \in W_\varepsilon^s(x) \cap W_\varepsilon^u(x), \rho > 0$, 取 $n_1, n_2 > 0$, 使得 $d(F^{n_1}(z), F^{n_1}(x)) < \dfrac{\rho}{2}$, $d(F^{-n_2}(z), F^{-n_2}(y)) < \dfrac{\rho}{2}$, 由于 $F^{n_1}(x), F^{-n_2}(y) \in \Lambda$, Λ 不可分解, 因此存在从 $F^{n_1}(x)$ 到 $F^{-n_2}(y)$ 的链回归点 $\{u_1, u_2, \cdots, u_k\}$. 从而 $\{z, \cdots, F^{n_1}(z), u_2, u_3, \cdots, u_{k-1}, F^{-n_2}(z), \cdots, z\}$ 为 z 的 ρ 回归链, 即 z 为同一个最大的不可分解的 x, y 的回归链集中一部分, 即 $z = [x, y] \in \Lambda$. $\qquad\square$

定义 4.4.8　微分同胚 $F: \mathbf{R}^n \to \mathbf{R}^n$ 的双曲不变集 Λ 具有规范坐标系, 倘若存在 $\varepsilon > 0$ 与 $r > 0$, 使得

(1) 若 $x, y \in \Lambda$, 且 $\rho(x, y) \leqslant \varepsilon$, 则 $\varnothing \neq W_r^s(x) \cap W_r^u(y) \in \Lambda$;

(2) 由 $[x, y] = W_r^s(x) \cap W_r^u(y)$ 定义的映射

$$[\cdot, \cdot]: \{(x, y) \in \Lambda \times \Lambda, \rho(x, y) \leqslant \varepsilon\} \to \Lambda$$

是唯一连续的 (即 Λ 有局部乘积结构).

双曲集 Λ 有以下性质.

定理 4.4.3　微分同胚 $F: \mathbf{R}^n \to \mathbf{R}^n$ 的双曲不变集 Λ 的以下性质是等价的.

(1) Λ 是局部最大的;

(2) λ 具有规范坐标系;

(3) 存在 Λ 的邻域 $u \supset \Lambda$, 使得 $\forall n \geqslant 0$ 及任何点 y, 若存在 $F^n(y) \in u(\Lambda)$, 则存在点 $x \in \Lambda$, 有 $y \in W^s(x)$.

倘若定义于某个流形 M 上的微分同胚 $F: M \to M$ 的整个流形是 F 的双曲不变集, 此时称 F 为 Anosov 微分同胚.

又若微分同胚 $F: M \to M$ 定义于紧流形 M 上, 又满足:

(1) $\Omega(F)$ 是双曲集.

(2) 周期点在 $\Omega(F)$ 中稠, 则称 F 为公理 A 微分同胚.

涉及公理 A 微分同胚的结构稳定性问题, 是微分动力系统理论中最引人入胜的问题, 这里不作介绍. 但我们需要用到以下的谱分解定理 (Ω 分解定理).

定理 4.4.4　设 $F: M \to M$ 为紧致微分流形上定义的公理 A 微分同胚, $\Omega(F)$ 为其非游荡集, 则 $\Omega(F)$ 可分解为两两不交的闭不变集之并

$$\Omega(F) = \Omega_1 \cup \Omega_2 \cup \cdots \cup \Omega_s,$$

而 F 限制在每个 Ω_i 上是拓扑传递的.

集 Ω_k 全体 $(k = 1, 2, \cdots, s)$ 称为基本集, 此时, 流形 M 可分解为 F 的不变集, 即 $M = \bigcup\limits_{k=1}^{s} W^s(\Omega_k)$.

最后, 我们再介绍 α-伪轨与 β-跟踪的有关结论.

定义 4.4.9　称序列 $x = \{x_i\}_{i=a}^b$ 为微分同胚 F 的 α-伪轨 (α-Pseudoorbit), 倘若 $d(x_{i+1}, F(x_i)) < \alpha, \forall a < i < b$. 称点 y 为序列 x 的 β-跟踪 (β-Shadows), 倘若 $d(\Gamma^i(y), x_i) < \beta, \forall n \leqslant i \leqslant b$ (图 4.4.3).

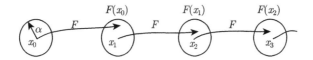

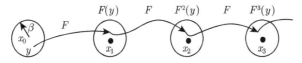

图 4.4.3 α-伪轨与 β-跟踪

推论 4.4.3 ((Bowen) 跟踪引理) 设 Λ 为 F 的双曲不变集, 则对每个 $\beta > 0$, 存在 $\alpha > 0$, 使得 Λ 中的每个 α-伪轨 $\{x_i\}_{i=a}^b$ 都有点 $y \in \Lambda$ 的 β-跟踪.

这个推论说明, 如果我们用计算机计算双曲不变集所希望求的轨道, 即便未能找到真实轨道, 但仍能用足够精确的近似程度而发现它们.

下面我们再介绍 Palis 所证明的一般形式的 λ-引理.

定理 4.4.5 (λ-引理) 设 $F: \mathbf{R}^n \to \mathbf{R}^n$ 为微分同胚, p 为其双曲不动点或周期 N 点, 其稳定与不稳定流形分别为 s 维和 u 维的 $(s + u = m)$. 若 D 为在 $W^u(P)$ 中的 u 维圆盘, 令 Δ 为以 $q \in W^s(P)/P$ 为心, 横截于 $W^s(P)$ 的 u 维圆盘, 则 $\bigcup_{n>0} f^n(\Delta)$ 包含任意地 C^1 接近于 D 的 u 维圆盘.

定理 4.4.6 (Smale-Birkhoff) 设 $F: \mathbf{R}^n \to \mathbf{R}^n$ 为微分同胚, p 是其双曲不动点, 且存在 $q \neq p$ 是 $W^s(p)$ 与 $W^u(p)$ 的横截交点, 则 f 具有双曲不变集 Λ, 在 Λ 上 f 拓扑共轭于有限型子移位. 特别, 存在正数 $N < +\infty, \Lambda$ 的子集 Λ^N, 同胚 $h: \Lambda^N \to \Sigma(2)$, 使得 $f^N \Lambda^N = h^{-1} \circ \sigma \circ h$, 即 f^N 拓扑共轭于两个符号的完全移位.

定理 4.4.6 指出, 要判定微分同胚是否具有 Smale 马蹄或移位自同构, 只需设法判别是否存在横截同宿点, 使问题转化为数学上的细致估计. 不过, 在应用之中, 由于稳定流形定理所给出的稳定与不稳定流形的位置信息很少, 离开不动点 p 愈远, 稳定与不稳定流形的性态就愈不易把握, 因此, 估计工作常常困难很大. 严寅和钱敏 (1985) 所证明的 "横截异宿环蕴含横截同宿点" 的定理可以缓和上述矛盾.

设 M 为充分光滑的微分流形, f 为 M 到 M 的 C^r-微分同胚. p 为 f 的双曲不动点, B^s, B^u 分别为 $W^s(p)$ 与 $W^u(p)$ 中的 p 的半径充分小的拓扑开球, 记 $V = B^s \times B^u$, 又设 $q \in W^s(p), D^u$ 为含 q 的 C^r 拓扑开球 $\dim D^u = \dim W^u(p)$ 且 D^u 横截于 $W^s(p)$.

于是 λ-引理断言: 若 D_n^u 为 $f^n(D^u) \cap V$ 的含有 $f^n(q)$ 的连通分支, 则对于任意的 $\varepsilon > 0$, 存在 $n_0 \in \mathbf{Z}$, 使 $n > n_0$ 时, D_n^u 与 $B^u \varepsilon^1 C^1$ 接近. 对 $f^k(k \in \mathbf{Z}_+$ 充分大) 应用 λ-引理, 可将 λ-引理改善为下述的命题.

命题 4.4.2　设 $\widetilde{B^u}$ 为 $W^u(p)$ 中任意具有紧致闭包的, 与 $W^u(p)$ 有相同维数的 C^r-子流形. 则对任意 $\widetilde{\varepsilon} > 0$, 存在 C^r-子流形 $\widetilde{D_n^u} \subset f^n(D^u)$, 使 $\widetilde{D_n^u}$ 与 $\widetilde{B^u}\varepsilon^1 C^1$ 接近, 且 $\dim \widetilde{D_n^u} = \dim W^u(p)$.

证　略.

定义 4.4.10　设 $p_1, p_2, \cdots, p_n$ 为 f 的互不相同的双曲不动点, 若存在 $q_i \in W^u(p_i) \cap W^s(p_{i+1})$ 使 $W^u(p_i)$ 在 q_i 横截于 $W^s(p_{i+1})(i = 1, \cdots, n$ 且 $p_{n+1} = p_1)$, 则称 f 有一横截 n 环, 记为

$$p_1 \xrightarrow{q_1} p_2 \xrightarrow{q_2} \cdots \xrightarrow{q_{n-1}} p_n \xrightarrow{q_n} p_1$$

(图 4.4.4). 由上述定义显然可见, f 具有横截同宿点 $\Longleftrightarrow f$ 具有横截 1 环.

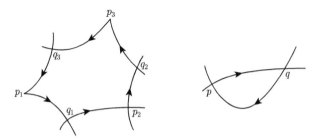

图 4.4.4　横截 1 环和横截 3 环

定理 4.4.7　若 f 具有横截 n 环, 则 f 具有横截同宿点.

证　若能证明 "f 具有横截 n 环 $\Rightarrow f$ 具有横截 $n-1$ 环", 则对 n 进行归纳可知 f 具有横截 1 环, 即 f 具有横截同宿点.

设 f 具有一横截 n 环. 由 $W^u(p_2)$ 在 q_2 横截于 $W^s(p_3)$ 可知, 存在 $W^u(p_2)$ 与 $W^u(p_2)$ 中含 q_2 的小球 B 及充分小的 $\varepsilon_0 > 0$, 使任意 C^r-子流形 S, 若 S 与 B 是 $\varepsilon_0 C^1$ 接近的, 则 S 与 $W^u(p_3)$ 相交于一点 r 且 S 横截于 $W^s(P_3)$(见图 4.4.5).

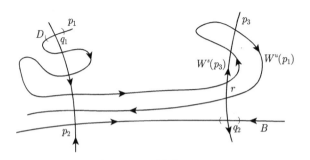

图 4.4.5　横截 n 环

又 $q_1 \in W^s(p_2)$ 且 $W^u(p_1)$ 在 q_1 横截于 $W^s(p_2)$, 故可取 $W^u(p_1)$ 中含 q_1 的小球 D, 则 D 在 q_1 横截于 $W^s(p_2)$. 对 p_2, q_1, D 及 B 应用命题 4.4.2 可

知, 存在 $n > 0$ 及 $D_n \subset f^n(D)$ 使 D_n 与 B 是 $\varepsilon_0 C^1$ 接近的. 由前述事实知, 存在 $r \in D_n \cap W^s(p_3)$ 且 D_n 在 r 横截于 $W^s(P_3)$. 而 $D_n \subset f^n(D) \subset f^n(W^u(p_1)) = W^u(p_1)$, 故有 $W^u(p_1)$ 在 r 横截于 $W^s(p_3)$. 因而

$$p_1 \xrightarrow{r} p_3 \xrightarrow{q_3} p_4 \xrightarrow{q_4} \cdots \xrightarrow{q_{n-1}} p_n \xrightarrow{q_n} p_1$$

为 f 的一横截 $n-1$ 环. $\qquad\qquad\square$

4.5　分枝到无穷多个汇

Newhouse 与 Robinson 先后研究过存在周期鞍点 P_t 的二维微分同胚的单参数族 $\{F_t\}$, 设 $F_t^n(P_t) = P_t, |\det DF_t^n(P_t)| < 1$, 作者们主要讨论同宿相切时产生的结果. 本节对这些结论作简要介绍. 首先介绍若干定义与术语.

设 r_1 与 r_2 为两条定向的可微曲线, 我们说 r_1 与 r_2 在点 P 是正向 (负向) 相交的, 倘若 P 在两曲线上且存在接近 P 点的局部坐标 $(x, y), x(p) = y(p) = 0$, r_j 具有定向参数表示 $\{x_j(s), y_j(s) : |s| < \varepsilon\}$, 满足

(i) $y_2(s) \equiv 0, x_2(0) = 0, x_2'(0) > 0$;

(ii) $y_1(0) = 0 = x_1(0), y_1(s) < 0$, 当 $-\varepsilon < s < 0$ (对应地, $0 < s < \varepsilon$), 又当 $0 < s < \varepsilon (-\varepsilon < s < 0)$ 时, $y_1(s) > 0$.

定义 4.5.1　称 r_1 与 r_2 是 $n+1$ 阶相交 (n 阶相切) 的, 倘若存在上述参数表示, 满足 (i) $y_2(s) \equiv 0$; (ii) $y_1(0) = 0, y_1'(0) = 0, \cdots, y_1^{(n)}(0) = 0, y^{(n+1)}(0) \neq 0$.

在上述定义下, r_1 与 r_2 横截于 P, 当且仅当它们有一阶相交, 零阶相切.

定义 4.5.2　称单参数同胚 $\{F_t\}$ 随 t 之改变在 t_0 值产生 (失去) 周期鞍点 P_t 的同宿相交, 倘若存在 $\varepsilon > 0, \theta_t = F_t^k(P_t)$ 以及当 $t_0 - \varepsilon \leqslant t \leqslant t_0 + \varepsilon$ 时, 子弧 $r_t^s \subset W^s(P_t, F_t), r_t^u \subset W^u(\theta_t, F_t)$ 具有连续的变化, 使得

(i) $r_t^s \cap r_t^u = \varnothing$, 当 $t_0 - \varepsilon \leqslant t \leqslant t_0$ (对应的 $t_0 \leqslant t \leqslant t_0 + \varepsilon$);

(ii) 当 $t_0 \leqslant t \leqslant t_0 + \varepsilon$ (对应的 $t_0 - \varepsilon \leqslant t \leqslant t_0$), r_t^s 与 r_t^u 两个交点, 一个正向相交, 另一个负向相交.

称 $\{F_t\}$ 在 t_0 产生奇阶同宿相交, 若条件 (i) 满足并有

(ii') 当 $t_0 \leqslant t \leqslant t_0 + \varepsilon$ 时, r_t^u 与 r_t^s 至少有一个奇阶正交点, 且至少有一个负的奇阶相交点.

定义 4.5.3　称 $\{F_t\}$ 非退化地在 t_0 产生同宿相交, 倘若 $\{F_t\}$ 产生奇阶同宿相交 (条件 (i) 和 (ii') 成立) 并且

(iii) $r_{t_0}^s$ 与 $r_{t_0}^u$ 有阶数 2 的交点 (一阶相切);

(iv) 若坐标取法使 r_t^s 位于 $y = 0$, 且 $y^*(t) = 0$ 为属于 r_t^u 的极值点, 则 $\left. \dfrac{dy^*}{dt} \right|_{t=t_0} \neq 0$.

　　注意, 当 $\{F_t\}$ 在 t_0 非退化地产生同宿相交时, 当 $t > t_0$ 时, 必然是横截的, 即相交阶数为 1.

　　定理 4.5.1　设 $\{F_t\}$ 为二维实解析微分同胚的单参数族, 并连续依赖于 t. 对于 $\{F_t\}$ 的周期 n 点 P_t, $|\det DF_{t_0}^n(p_{t_0})| < 1$. 若 $\{F_t\}$ 在 $t = t_0$ 时产生 (失去) 同宿相交, 则 $\{F_t\}$ 存在无穷多个汇的分枝序列 (infinite cascade of sinks). 换言之, 存在单调地收敛于 t_0 的参数值 t_j 的序列, 使得 $\{F_{t_j}\}$ 有周期 n_j 的汇. 汇的轨道靠近 $W^s(P_{t_0}, F_{t_0})$ 与 $W^u(P_{t_0}, F_{t_0})$ 相切的点. 汇的周期 n_j 按 $n_{j+1} - n_j = n$ 或 $n_{j+1} - n_j = 2n$ 增加, 依赖于 $\{F_t\}$ 保持 $W^s(P_t, F_t)$ 与 $W^u(P_t, F_t)$ 的定向, 还是反此定向.

　　这个结果可以从以下结果推出.

　　定理 4.5.2　设 $\{F_t\}$ 为 C^j 微分同胚的单参数族, 并设它在 $t = t_0$ 产生 (失去) 奇阶 j 次的同宿相交, 则定理 4.5.1 之结论对 $j \geqslant 1$ 成立.

　　注意, 上面的定理仅指出存在无穷多个汇的分枝序列, 每个汇对应于一个确定的参数值 t_0. 但定理并未断言存在同一个参数值 t_0, 使 F_{t_0} 同时存在无穷多个汇. 为得到后一结论, 需要比定理 4.5.1 和定理 4.5.2 更多的条件.

　　以下设 $G = F_t^n$, Λ 为 G 的双曲基本集.

　　定义 4.5.4　一个双曲基本集 Λ 称为 F 的粗放的双曲集 (wild hyperbolic set), 或称稳定与不稳定流形具有持续相切性, 倘若对任何 C^2 接近 F 的 G, 存在点 q_1 与 $q_2 \in \Lambda(G)$, 使得 $W^s(q_2, G)$ 与 $W^u(q_1, G)$ 有非退化相切性.

　　定理 4.5.3　假如 $\{F_t\}$ 关于周期点 P_t 的曲线在 $t = t_0$ 非退化地产生同宿相交, $|\det DF_{t_0}^n(P_{t_0})| \neq 1$, 且每个 F_t 是 C^3 的, 则对给定的 $\varepsilon > 0$, 存在子区间 $[t_1, t_2] \subset [t_0 - \varepsilon, t_0 + \varepsilon]$, 使得 $\forall t \in [t_1, t_2]$, F_t 存在包含相应的周期 n 点 P_t 的粗放的双曲集.

　　为继续介绍 Newhouse 与 Robison 的结果, 我们指出, 设 Z 为拓扑空间, $X \subset Z$ 为 Z 的子集, 若 X 可表示为可数个稠密开集的交, 称 X 为 Z 的剩余子集, 或 Z 的 Baire 集; 如果拓扑空间 Z 中任一 Baire 集在 Z 中稠密, 称 Z 为 Baire 空间. 一个完备度量空间必为 Baire 空间, 微分流形 M 上定义的一切 C^1 向量场构成的集合 $x(M)$ 也是 Baire 空间. $x(M)$ 中剩余子集所具有的性质称通有性质. 因为用剩余子集可描述拓扑空间中 "大多数" 具有的性质.

　　定理 4.5.4　设 $\{F_t\}$ 有区间参数值 $[t_1, t_2]$, 使得对于 $t \in [t_1, t_2]$, F_t 具有包含周期点 P_t 的粗放的双曲集, 且 $|\det DF_t^n(P_t)| < 1$, 则存在一个剩余子集 $J \subset [t_1, t_2]$, 使得对 $t \in J$, F_t 有无穷多个汇.

　　上述定理说明, 对于同样的某些 t 值, F_t 存在无穷多个汇, 这是 F 都具有的性质之情况, 从而使得在 F_t 映射作用下, 点趋于无穷多的不同的吸引子. 由于本节定理的证明都较长, 我们不再给出证明, 有兴趣的读者, 可参考所附参考文献.

4.6　Hénon 映射的 Smale 马蹄

1976 年, Hénon 用数值方法研究了迭代过程

$$x_{i+1} = y_i + 1 - 1.4x_i^2, \quad y_{i+1} = 0.3x_i. \tag{4.6.1}$$

他发现 (4.6.1) 的渐近行为与初始点 (x_0, y_0) 的选取有关, 或发散到无穷, 或收敛到某个 "奇怪吸引子"-Cantor 集与一维流形的笛卡儿积的拓扑结构, 但人们迄今对 Hénon 经 5×10^6 次迭代所获得的上述信息, 尚缺乏数学上严格的理论解释. 自 1976 年以来, 对一般性的 Hénon 映射

$$H(x, y) = (y + 1 - ax^2, bx), \tag{4.6.2}$$

已经作过许多研究, 本节主要介绍 Smale 马蹄的存在性, 内容取自文献 (张锦炎, 1984).

(4.6.2) 可经变换坐标: $X = \dfrac{x}{a}$, $Y = \dfrac{b}{a}y$ 化为形式

$$F(x, y) = (A + By - x^2, x), \tag{4.6.3}$$

其中, $a = A$, $b = B$. 当 A, B 固定时, $H(x, y)$ 与 $F(x, y)$ 拓扑共轭.

F 具有逆映射

$$F^{-1}(x, y) = \left(y, \frac{1}{B}(x - A + y^2)\right). \tag{4.6.4}$$

由此可见, 对 $B > 1$, 映射 F 未出现新的性质, 因此, 只需考虑 $0 < |B| \leqslant 1$ 的情形即可. 特别当 $B = \pm 1$ 时, F 是保面积映射. 记

$$A_0 = -\frac{1}{4}(1 + |B|)^2, \tag{4.6.5}$$

$$R = \frac{1}{2}[|B| + 1 + \sqrt{(|B| + 1)^2 + 4A}], \tag{4.6.6}$$

其中, 倘若 $A > A_0$, R 为二次代数方程

$$R^2 - (|B| + 1)R - A = 0 \tag{4.6.7}$$

的最大正根.

我们首先证明如下定理.

定理 4.6.1　(i) 若 $A < A_0$, 则 $\Omega(F) = \varnothing$.

(ii) 若 $A > A_0$, 则 $\Omega(F)$ 包含于矩形 $S = \{(x, y)|\ |x| \leqslant R,\ |y| \leqslant R\}$ 之内.

为证上述定理, 我们需要若干引理, 首先记 $(x_1, y_1) = F(x_0, y_0)$ 以及 $(x_{-1}, y_{-1}) = F^{-1}(x_0, y_0)$. 容易证明如下引理.

引理 4.6.1　(1°) 在 F 作用下, 水平条域 $|y_0| \leqslant C$ 被映射为两条抛物线所夹区域:

$$A - |B|C - y_1^2 \leqslant x_1 \leqslant A + |B|C - y_1^2.$$

竖直条域 $|x_0| < C$ 被 F 映为水平条域 $|y_1| < C$.

(2°) 在 F^{-1} 作用下, 竖直条域 $|x_0| \leqslant C$ 被映为

$$-C - A + x_{-1}^2 \leqslant By_{-1} \leqslant C - A + x_{-1}^2.$$

水平条域 $|y_0| \leqslant C$ 被 F^{-1} 映为竖直条域 $|x_{-1}| \leqslant C$.

下面的引理中, 如果 R 为复数, 则我们认定 $\min(a, R)$ 与 $\max(a, R)$ 就等于 a.

引理 4.6.2　(1°) 若 $x_0 \leqslant \min(-|y_0|, R)$, 则 $x_1 \leqslant x_0$, 且等号仅当 $x_0 = -R, y_0 = \pm R$ 成立.

(2°) 若 $x_0 \geqslant -|y_0|$ 并且 $By_0 \geqslant \max(x, |B|R)$, 则 $By_{-1} \geqslant By_0, |y_{-1}| \geqslant |y_0|$, 等号仅当 $x_0 = -R, y_0 = \pm R$ 成立.

证　由迭代关系 (4.6.3) 及引理的假设有

$$
\begin{aligned}
x_1 - x_0 &= A + By_0 - x_0^2 - x_0 \leqslant A + |B|y_0 - x_0^2 - x_0, \\
&\leqslant A - (|B| + 1)x_0 - x_0^2.
\end{aligned}
$$

当 $x_0 = \dfrac{1}{2}(1 + |B|) \pm \dfrac{1}{2}[(1 + |B|)^2 + 4A]^{1/2}$ 时, 上述不等式右边等于零. 若 R 为复数, x_0 也为复数, 对一切 x_0, 不等式 (4.6.5) 右边为负数; 若 R 为实数, 则 (4.6.5) 右边最小根为 $x_0 = -R$. 因此, 当 $x_0 < -R$ 时, (4.6.5) 右边仍为负值. 另一方面, 当 $x_0 = -R$, $|y_0| < R$ 时, 不等式 (4.6.5) 是严格的, 因此, 等号仅当 $x_0 = -|y_0| = -R$ 才成立. 这就证明了结论 (1°). 类似地, 为证 (2°), 考虑

$$B(y_{-1} - y_0) = y_0^2 + x_0 - A - By_0 \geqslant y_0^2 - (1 + |B|)y_0 - A. \tag{4.6.8}$$

倘若 $|y_0| > \max(0, R)$, (4.6.8) 右边为正. 若 $B > 0$, 这意味着 $y_{-1} \geqslant y_0 \geqslant 0$. 反之, 若 $B < 0$, 则有 $y_{-1} < y_0 \leqslant 0$. 等号仅当 $x_0 = -R, y_0 = \pm R$ 才成立. (2°) 证毕.　　　　　　　　□

以下划分 (x, y) 平面区域为三个集合 (图 4.6.1):

$$
\begin{aligned}
M_1 &= \{(x, y) \mid x \leqslant -|y|\}, \\
M_2 &= \{(x, y) \mid x \geqslant -|y|, By \leqslant 0\}, \\
M_3 &= \{(x, y) \mid x \geqslant -|y|, By \geqslant 0\}.
\end{aligned}
$$

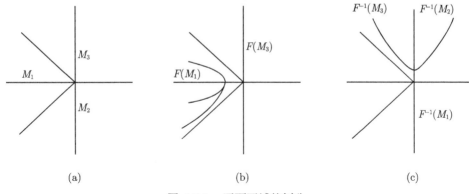

图 4.6.1　平面区域的划分

引理 4.6.3　当 $A < A_0$ 时,

(1°) $F(M_1 \cup M_2) \subset \mathrm{int} M_1$, int 表示内部;

(2°) 沿着 F 在 M_1 中的轨道, x 严格单减;

(3°) $F^{-1}(M_2 \cup M_3) \subset \mathrm{int} M_3$;

(4°) 沿着 F^{-1} 在 M_3 中的轨道, $|y|$ 严格单增.

证　根据引理 4.6.2(1°), 若 $(x_0, y_0) \in M_1$, 则 $y_1 = x_0 > x_1$, 不等号是严格的. 因为 R 为复数且 $x_0 \leqslant 0$, 故必有 $y_1 = -|y_1|$. 这就证明了 $F(M_1) \subset \mathrm{int} M_1$ 且 (2°) 亦成立. 又由引理 4.6.1(1°), x 轴被 F 映到顶点在 $(A, 0)$ 开口向左的抛物线, 且这条抛物线完全位于 M_1 之边界的左侧. 直线 $By = -\varepsilon$ 的像是上述抛物线左边的另一条抛物线 ($x_1 = (A - \varepsilon) - y_1^2$). 因此, $F(M_2)$ 位于 M_1 之边界左侧 (图 4.6.1).

类似地, 可证 (3°) 与 (4°). 若 $(x_0, y_0) \in M_3$, 根据引理 4.6.2(2°), $|y_1| > |y_0| = |x_{-1}|$ 且 $By_{-1} > By_0 \geqslant 0$. 再应用 4.6.1(2°), 即得本引理的结论 (3°). □

引理 4.6.3 实际上指出了映射 F 的具体结构 (filtration). 根据该引理所述的结论, 当 $A < A_0$ 时, 显然有 $\Omega(F) = \varnothing$, 此即定理 4.6.1 的结论 (i).

以下考虑 $A \geqslant A_0$ 的情形, 此时 R 为实数, 定义 (x, y) 平面的新分解

$$N_1 = \{(x, y)| \ x \leqslant \min(-|y|, R)\},$$
$$N_2 = \{(x, y)| \ x \geqslant -R, |y| \leqslant R\},$$
$$N_3 = \{(x, y)| \ x \geqslant -|y|, By \leqslant |B|R\},$$
$$N_4 = \{(x, y)| \ x \geqslant -|y|, By \geqslant |B|R\}.$$

引理 4.6.4　设 $A \geqslant A_0$, 则有

(1°) $F(N_1) \subset N_1$;

(2°) $F(N_2 \cup N_3) \subset N_1 \cup N_2$;

(3°) 沿着 F 在 N_1 中的轨道, x 单减 (除在 $x = -|y| = -R$ 上的两点外, 严格减少);

(4°) $F^{-1}(N_3 \cup N_4) \subset N_4$;

(5°) $F^{-1}(N_2) \subset N_2 \cup N_3 \cup N_4$;

(6°) 沿着 F^{-1} 在 N_4 中的轨道, $|y|$ 增加 (除在点 $(-R, R\,\mathrm{sign}(B))$ 外, 严格地增加).

图 4.6.2 标明了 $A > A_0$ 且 $B > 0$ 时上述情况, 其中 (a) 为平面的分划, (b) 为 F 之象集, (c) 为 F^{-1} 之象集.

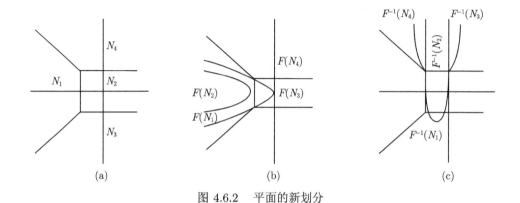

图 4.6.2　平面的新划分

证　本引理的证明与引理 4.6.3 的不同在于 (2°) 与 (5°). 在引理 4.6.1(1°) 中取 $C = R$ 并注意到 $F(N_2)$ 的右边界在 $|y| = R$ 与 $x = -R$ 相交即证得引理 4.6.4(2°).

类似地, 注意 N_1 的边界曲线 $-x_0 = |y_0| > R$ 在 F^{-1} 映射下映为域 N_4 中的曲线, 再引用引理 4.6.2(2°) 我们证得 (4°). 此外, 线段 $x_0 = -R, |y_0| \leqslant R$ 被映为抛物线段

$$By_{-1} = x_{-1}^2 - R - A, \quad |x_{-1}| \leqslant R.$$

该段抛物线与 N_1 不相连, 这就证明了 (5°). 　　　　　　　　□

严格地讲, 引理 4.6.3 并未给出 F 的结构, 因为正方形 S 的左边两个角之一在 F 映射下, 映到 N_1 之边界, 在 F^{-1} 映射下映到 N_4 的边界. 稍稍修改一下 N_1 与 N_2 可作得仔细一些, 但对于定理 4.6.1 的证明, 上述引理已经应用了, 因为由引理 4.6.4 的 (3°), (4°), 在 $N_1 \cup N_4$ 内的一切点都是游荡的. 事实上, 至少在某个方向上, 它们逃逸到无穷远. 这就意味着, $\Omega(F) \subset N_2 \cap F^{-1}(N_2)$. 于是根据引理 4.6.1, 立即有

$$N_2 \cap F^{-1}(N_2) \subset S = \{(x,y) \mid |x| \leqslant R, |y| \leqslant R\}.$$

这就证明了定理 4.6.1 的结论 (ii).

定理 4.6.2　当参数 A, B, R 满足关系

$$0 < |B| \leqslant 1, \quad A - (|B| + 1)R > 4$$

时, 则映射 F 在正方形 S 上以序列空间 σ 的移位自同构 σ 为其子系统. 于是存在 S 中一个集合 Λ, F 的周期点在 Λ 内稠, 且 F 有轨线在 Λ 内稠, Λ 是 F 的不变集, 是闭的二维 Cantor 集.

为证定理 4.6.2, 我们需要证明以下引理, 并引用 Moser 定理.

引理 4.6.5　$F(S) \cap S$ 是 S 中两个横条形区域, 记作 U_a, U_b, 它们由抛物线 $x_1 = A \pm BR - y_1^2$ 与 $x_1 = \pm R$ 所围 (图 4.6.3(b)).

证　由引理 4.6.1, 直线 $y = \pm R$ 之象为抛物线 $x_1 = A \pm BR - y_1^2$, 根据定理 4.6.2 中条件的第二式, 有 $A - |B|R > R$, 故两个抛物线顶点 $(A \pm BR, 0)$ 都在 $x_1 = R$ 右边.

直线 $x = \pm R$ 之象为直线 $y_1 = \pm R$, 上述抛物线中较右一条 $x_1 = A + |B|R - y_1^2$ 与 $y_1 = \pm R$ 交于 $(A + |B|R - R^2, \pm R)$, 由 R 的定义可知, $A + |B|R - R^2 = -R$, 故交点为 $(-R, \pm R)$.　　　　　□

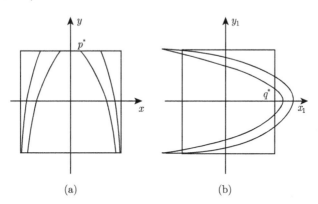

图 4.6.3　横条和竖条

引理 4.6.6　U_a, U_b 的原象为 S 中两竖条区域 V_a, V_b, 它们由抛物线 $A + By_{-1} - x_{-1}^2 = \pm R$ 与直线 $y_{-1} = \pm R$ 所围 (图 4.6.3(a)).

证　由引理 4.6.1 及逆迭代关系 (4.6.4) 可知, U_a, U_b 抛物线之原象显然为直线 $y = \pm R$ 之一段. U_a, U_b 的直线边界之原象为抛物线 $y = \dfrac{1}{B}(x^2 - A \pm R)$ 在 S 中的一段 (在图 4.6.3(a) 中, 设 $B < 0$. 若 $B > 0$, 图形与该图的 x 轴对称).　　　　　□

引理 4.6.7　U_a, U_b 的抛物线边界上一切点处对 x 轴 (V_a, V_b 的抛物线边界上一切点处对 y 轴) 的斜率的绝对值都不超过 $\mu = \dfrac{1}{k} < \dfrac{1}{2}$, 其中 $k = \sqrt{A - (|B|+1)R}$.

证　由图 4.6.3 可见, 点 $q^* = (R, \sqrt{A - (1+|B|)R})$ 处对 x 轴 (点 $p^* = (\sqrt{A - (1+|B|)R}, R)$ 处对 y 轴) 的斜率最大为 $-\dfrac{1}{2k}\left(\dfrac{B}{2k}\right)$, 由于 $|B| \leqslant 1$, 故其绝对值小于 $\mu = \dfrac{1}{k}$, 因 $k > 2$, 故 $\mu < \dfrac{1}{2}$.

综合引理 4.6.5—引理 4.6.7, 我们已证得: F 映 V_a, V_b 为 U_a, U_b, 且将 V_a, V_b 的横边 (竖边) 映为 U_a, U_b 的横边 (竖边). 并且存在一个 $\mu, 0 < \mu < \dfrac{1}{2}$, 使 V_a, V_b 的竖边所对应的函数 $x = v_i(y)$ 与 V_a, V_b 的横边对应的函数 $y = u_i(x)$ 都满足 Lipschitz 条件, Lipschitz 数为 μ.　　□

引理 4.6.8　当 $(x, y) \in V_a, V_b$ 时, dF 映扇形 $S^+ : |\eta| \leqslant \mu|\xi|$ 到 S^+ 内, 且 $\begin{pmatrix} \xi_1 \\ \eta_1 \end{pmatrix} \equiv dF \begin{pmatrix} \xi \\ \eta \end{pmatrix}$, 有 $|\xi_1| \geqslant \mu^{-1}|\xi|$. 当 $(x, y) \in U_a, U_b$ 时, dF^{-1} 映扇形 $S^{-1} : |\xi| \leqslant \mu|\eta|$ 到 S^{-1} 内, 且 $\begin{pmatrix} \xi_0 \\ \eta_0 \end{pmatrix} \equiv dF^{-1} \begin{pmatrix} \xi \\ \eta \end{pmatrix}$, 有 $|\eta_0| \geqslant \mu^{-1}|\eta|$.

证　若 $\begin{pmatrix} \xi \\ \eta \end{pmatrix} \in S^+, |\eta| \leqslant \mu|\xi|$, 则

$$\begin{pmatrix} \xi_1 \\ \eta_1 \end{pmatrix} \equiv dF \begin{pmatrix} \xi \\ \eta \end{pmatrix} = \begin{pmatrix} -2x & B \\ 1 & 0 \end{pmatrix} \begin{pmatrix} \xi \\ \eta \end{pmatrix} = \begin{pmatrix} -2x\xi + B\eta \\ \xi \end{pmatrix}.$$

于是, $|\xi_1| = |-2x\xi + B\eta| \geqslant |2x||\xi| - |B||\eta| \geqslant [|2x| - |B|\mu]|\xi|$. 而 $|\eta_1| = |\xi|$, 故也有 $|\xi_1| \geqslant [|2x| - |B|\mu]|\eta_1|$. 因为当点 $(x, y) \in V_a, V_b$ 时, 有 $|x| \geqslant \sqrt{A - (|B|+1)R} = K$, 故 $|2x|\mu - |B|\mu^2 \geqslant 2k\mu - \mu^2 > 2 - \dfrac{1}{4} > 1$, 即 $|2x| - |B|\mu > \dfrac{1}{\mu}$. 于是, 我们得到 $|\eta| \leqslant \mu|\xi_1|$ 与 $|\xi_1| \geqslant \dfrac{1}{\mu}|\xi|$, 这就是所要证的前一半的结论. 后一半结论可类似证明.　　□

利用引理 4.6.5—引理 4.6.8, 再引用 Moser 定理即得定理 4.6.2 的结论.

注意, Hénon 数值计算发现 "奇异吸引子" 的参数为 $A = 1.4, B = 0.3$, 将此数值代入 (4.6.5) 与 (4.6.6) 得到 $A_0 = -0.4225, R = 2$. 对于固定的 $B = 0.3$, 如令参数 A 从小到大地改变, 由上面所证的定理可见, Hénon 吸引子是 F 的非游荡集从空集逐渐生成 Smale 马蹄过程中出现的分枝现象的一部分, 但对于最吸引人的部分, 正如本节开头所述, 其几何结构迄今仍缺少数学的理解, 有待进一步研究.

有关 Hénon 映射的近年研究, 可见参考文献中曹永罗的文章.

第 5 章　平面 Hamilton 系统和等变系统

对于 n 阶自治非线性常微分方程组所定义的流, 当 $n \geqslant 3$ 时, 系统地、完整地进行定性研究是极为困难的. 但是对周期时间扰动的平面可积系统的所定义的三维流, 近年来获得了某些一般性结果. 其基本思想是通过已知的二维可积系统的全局知识, 去获取未知的扰动系统的全局信息. 为了系统地论述这方面的结果, 本章介绍可积系统的一些性质, 为后面几章作知识准备.

5.1　二维可积系统与作用-角度变量

考虑微分方程

$$\frac{dx}{dt} = f(x_1, x_2), \qquad x = \begin{pmatrix} x_1 \\ x_2 \end{pmatrix}, \qquad f = \begin{pmatrix} f_1 \\ f_2 \end{pmatrix}, \qquad (5.1.1)$$

其中 f 为 C^r 函数, $r \geqslant 1$. 设系统 (5.1.1) 以原点为简单中心, 即在该点 $\dfrac{\partial f_1}{\partial x_1}\dfrac{\partial f_2}{\partial x_2} - \dfrac{\partial f_1}{\partial x_2}\dfrac{\partial f_2}{\partial x_1} > 0$.

定义 5.1.1　平面某区域 D 上所定义的实值函数 $\psi(x_1, x_2) \in C^{r+1}$ 称为系统 (5.1.1) 的积分, 沿着 (5.1.1) 的每条解曲线, $\psi(x_1, x_2)$ 等于常数. 又若 $\psi(x_1, x_2)$ 存在, 称系统 (5.1.1) 在 D 内可积.

Markus 曾证明, 如果域 D 不含充满螺线的区域, 以及没有极限的分界线, 则 (5.1.1) 在 D 内存在全局积分, 从而具有全局的积分因子 $\mu(x_1, x_2)$, 使方程

$$f_1(x_1, x_2)dx_2 - f_2(x_1, x_2)dx_1 = 0 \qquad (5.1.2)$$

在乘以 $\mu(x_1, x_2)$ 后, 化为恰当微分方程. 由于 $(\mu f_1)_{x_1} + (\mu f_2)_{x_2} \equiv 0$, 因此, (5.1.1) 右端若乘以 $\mu(x_1, x_2)$, 即化为全微分方程, 又称 Hamilton 系统.

以下设在包含原点 $(0, 0)$ 的域 D 内, 系统 (5.1.1) 存在一系周期解:

$$L^h : x_1 = x_1^h(t), \quad x_2 = x_2^h(t). \qquad (5.1.3)$$

当 $h \to h_2$ 时, L^h 或延展到无穷远, 或以某些过鞍点的分界线环为极限边界曲线. 1963 年, 陈翔炎在 Markus 的上述结果的基础上证明了如下定理.

定理 5.1.1　方程 (5.1.2) 的积分因子 $\mu(x_1, x_2)$ 沿 (5.1.1) 的任一解 (5.1.3) 取值时, 可表示为

$$\mu(x_1(t), x_2(t)) = \mu(x_1(0), x_2(0))$$
$$\cdot \exp\left\{ - \int_0^t \left[\frac{\partial f_1}{\partial x_1}(x_1(t), x_2(t)) + \frac{\partial f_2}{\partial x_2}(x_1(t), x_2(t)) \right] dt \right\}.$$
$$(5.1.4)$$

证　由于 $\mu(x_1, x_2)$ 是 (5.1.2) 的积分因子, 故

$$\frac{\partial}{\partial x_1}[\mu(x_1, x_2) f_1(x_1, x_2)] + \frac{\partial}{\partial x_2}[\mu(x_1, x_2) f_2(x_1, x_2)] \equiv 0.$$

因此

$$\frac{\partial \mu}{\partial x_1} f_1(x_1, x_2) + \frac{\partial \mu}{\partial x_2} f_2(x_1, x_2) = -\left(\frac{\partial f_1}{\partial x_1}(x_1, x_2) + \frac{\partial f_2}{\partial x_2}(x_1, x_2) \right) \mu(x_1, x_2),$$

即

$$\frac{d\mu(x_1(t), x_2(t))}{dt} = -\left[\frac{\partial f_1}{\partial x_1}(x_1, x_2) + \frac{\partial f_2}{\partial x_2}(x_1, x_2) \right] \mu(x_1, x_2).$$

对上式两边关于 t 积分, 即得 (5.1.4).　　　　　　　　　　□

和陈翔炎几乎同时, 俄国数学家 Melnikov 也证明了积分因子的存在性和公式 (5.1.4), 此外还证明了以下定理.

定理 5.1.2　存在于整个域 D 内双方单值的 C^r 映射 $u = u(x_1, x_2), v = v(x_1, x_2)$ 将可积系统 (5.1.1) 化为 Hamilton 系统

$$\dot{u} = H_v(u, v), \quad \dot{v} = -H_u(u, v), \tag{5.1.5}$$

其中积分 $H = H(u, v)$ 称为 Hamilton 量.

根据上述定理, 我们可以先对 Hamilton 系统进行研究, 然后再将结果应用和推广到较一般的可积系统.

Hamilton 系统又称保守系统, 因为沿着 $H(u, v)$ 的等位线, H 的改变等于零. 二维保守系统有以下的一般性质.

(I) 保守系统的平衡点不可能渐近稳定或完全不稳定, 因此二阶 Hamilton 系统所存在的有限远奇点, 只可能是中心、鞍点或退化鞍点.

(II) 保守系统的指标为 $+1$ 的孤立平衡点邻域内所有轨道必是周期轨道, 平衡点必是中心, 闭轨道填满相平面上某个区域, 以无穷远或过鞍点的分界线环 (同宿或异宿圈) 作为边界.

(III) 保守系统具有保持相面积 ("二维相体积") 的不变性, 即满足众所周知的 Liouville 定理.

事实上, 考虑相空间位于两能量曲线之间的两个小曲边梯形元, 如图 5.1.1, Liouville 定理指出, 两个小面积相等. 考虑系统 (5.1.5), 令 (u_0, v_0) 与 (u_1, v_1) 为在时间 t_0 与 t_1 的两个相点, 对于小的时间增量 $\delta t, t_1 = t_0 + \delta t$,

$$
\begin{aligned}
u_1 &= u(t_0 + \delta t) = u_0 + \delta t \cdot \frac{\partial}{\partial v} H(u_0, v_0) + O(\delta t^2), \\
v_1 &= v(t_0 + \delta t) = v_0 + \delta t \cdot \left(-\frac{\partial}{\partial u} H(u_0, v_0) \right) + O(\delta t^2).
\end{aligned}
\tag{5.1.6}
$$

将 u_1, v_1 看作 (u_0, v_0) 的函数, 而 $t_0, \delta t$ 固定, 则有 Jacobi:

$$
\frac{\partial(u_1, v_1)}{\partial(u_0, v_0)} = \left|
\begin{array}{cc}
1 + \delta t \dfrac{\partial^2 H}{\partial u_0 \partial v_0} & \delta t \dfrac{\partial^2 H}{\partial v_0^2} \\
-\delta t \dfrac{\partial^2 H}{\partial u_0^2} & 1 - \delta t \dfrac{\partial^2 H}{\partial u_0 \partial v_0}
\end{array}
\right| + O(\delta t^2) = 1 + O(\delta t^2). \tag{5.1.7}
$$

(5.1.7) 即说明保面积性.

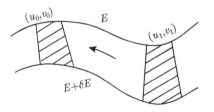

图 5.1.1   两个曲边梯形元

作为例子, 考察最简单的保守系统

$$
\ddot{x} + g(x) = 0 \ (\text{图 } 5.1.2) \tag{5.1.8}
$$

或其等价方程组

$$
\dot{x} = y, \quad \dot{y} = -g(x).
$$

记 $G(x) = \displaystyle\int_0^x g(\zeta) d\zeta$, 则 (5.1.8) 有 Hamilton 积分

$$
H(x, y) = \frac{1}{2} y^2 + G(x) = h. \tag{5.1.9}
$$

在力学上, $\frac{1}{2} y^2$ 表示动能, $G(x)$ 表示作用力做功的负值, 即位能, h 表示能量常数. 由 (5.1.9) 可见, 轨线有以下特点.

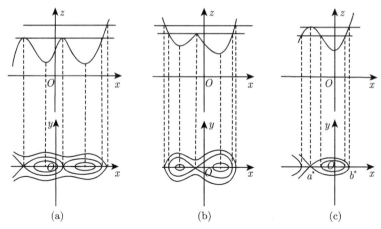

图 5.1.2 $\ddot{x} + g(x) = 0$ 的相图

(i) 相轨线关于 x 轴对称, 因 (5.1.9) 中以 $-y$ 换 y, 方程不变;

(ii) x 轴 $(y = 0)$ 是轨线的铅垂线等倾线 (x 轴上的奇点例外);

(iii) 对于使 $g(x_i) = 0$ 的 x_i, 直线 $x = x_i$ 为轨道的水平等倾线.

如果给定势能 $G(x)$ 的图形, 可用以下方法在相平面上绘出 (5.1.8) 的轨线图形. 其方法如下:

1°) 以 x, z 为直角坐标系, 作出势能 $z = G(x)$ 的图形. 由于

$$y(x, h) = \pm\sqrt{2}\sqrt{h - G(x)}, \tag{5.1.10}$$

显然, 在 x-z 平面上给定总能量 $z = h_i$, 则动能为 $h_i - G(x)$. 故若 $h_i - G(x) < 0$ 就不可能有相对运动 (图 5.1.3).

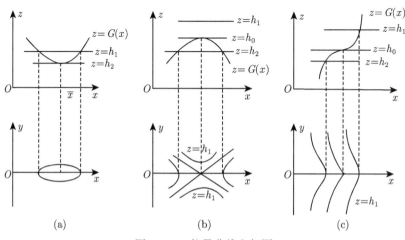

图 5.1.3   能量曲线和相图

2°) 对应于 $z = G(x)$ 的极小值, 相轨线退化为中心型奇点; 对应于 $z = G(x)$ 的极大值, 相轨线退化为鞍点型奇点; 若在 $z = G(x)$ 的曲线上, $G'(x) = g(x) = 0$, 但 $z = G(x)$ 不取极值, 则该点对应于退化鞍点.

3°) 绘出 $z = G(x)$ 曲线后, 在 x-z 平面上连续改变 $z = h_i, i = 1, 2, \cdots$ 之值, 可得一族相轨线.

对于 Hamilton 系统, 坐标变量的选取, 常常导致问题的简化. 下面要介绍的作用–角度变量 (对高维情形, 称辛变量) 的引入, 使得具有周期解族的 Hamilton 系统的研究在理论上可进行简化.

由 (5.1.10) 可见, $y(x, h)$ 具有多值性, 有时给研究带来不便. 我们引入变量 (I, θ), 使其具有性质:

(i) 每条相曲线在域 D 内唯一地由 I 确定, 且沿着每条曲线 $I = $ Constant;
(ii) 相曲线上每个点由 θ 单值地确定. 在这样的 (I, θ) 坐标下, 闭曲线 $H(x, y) = h$ 变成了常数 $I = $Constant 曲线, 而 Hamilton 方程化为形式

$$\dot{I} = -\frac{\partial H}{\partial \theta} = 0, \quad \dot{\theta} = \frac{\partial H}{\partial I}. \tag{5.1.11}$$

这种坐标系称为作用–角度坐标系. (I, θ) 坐标系和 (x, y) 坐标系有何关系呢? 考虑解析系统

$$\dot{x} = \frac{\partial H(x, y)}{\partial y}, \quad \dot{y} = -\frac{\partial H(x, y)}{\partial x}. \tag{5.1.12}$$

设 (5.1.12) 有中心型奇点 $O(0,0)$, 包围 O 的一族闭轨线为 $\{\Gamma^h\}$, 它们填满一个区域 D_0, $M_0(x_0, y_0)$ 为异于 O 的 D_0 中任一点, 用微分方程

$$\frac{d\alpha}{ds} = H_\alpha(\alpha, \beta), \quad \frac{d\beta}{ds} = H_\beta(\alpha, \beta) \tag{5.1.13}$$

来定义过 M_0 的轨线 Γ^{h_0} 的正交直线段 $L = \{x = \alpha(s), y = \beta(s)\}$, 其中 $\alpha(0) = x_0, \beta(0) = y_0$. 容易证明, 存在区间 (s_1, s_2), 当 $s_1 < s < s_2$ 时, (5.1.12) 的闭轨道 Γ^h 与 L 仅相交一次. 兹用 $\Gamma_s^h(s_0(t, s))$ 表示 (5.1.12) 的满足条件 $x_0(0, s) = \alpha(s), y(0, s) = \beta(s)$ $(s_1 < s < s_2)$ 的解.

设 $t = 0$ 时, Γ_s^h 的初始点位于直线 L 上, 用 $\phi(x, y)$ 记 Γ_s^h 从 M 开始运动到 Γ_s^h 上点 (x, y) 的时间, 于是 $\phi = \phi(x, y)$ 与 $s = s(x, y)$ 满足关系

$$x_0(\phi, s) - x = 0, \quad y_0(\phi, s) - y = 0. \tag{5.1.14}$$

(5.1.14) 满足隐函数存在定理的条件, 因此, 由 (5.1.14) 可解出 ϕ, s 作为 x, y 的函数, 解析地依赖于 x, y. 在关系式

$$\begin{aligned}
\phi(x_0(t + \Delta t), y_0(t + \Delta t)) - \phi(x_0(t), y_0(t)) &= \Delta t, \\
S(x_0(t + \Delta t), y_0(t + \Delta t)) - S(x_0(t), y_0(t)) &= 0,
\end{aligned} \tag{5.1.15}$$

两边同除 Δt, 令 $\Delta t \to 0$, 求全导数, 立即推得

$$\frac{d\phi}{dt} = \phi_x(x,y)H_y(x,y) - \phi_y(x,y)H_x(x,y) = 1,$$

$$\frac{dS}{dt} = S_x(x,y)H_y(x,y) - S_y(x,y)H_x(x,y) = 0. \tag{5.1.16}$$

记 (5.1.12) 的首次积分为 $H(x,y) = h$, Γ_s^h 的周期为 $T = T(h)$, 兹令

$$I = I(h) = \frac{1}{2\pi}\int_{h_0}^h T(\zeta)d\zeta, \quad \theta = 2\pi\frac{\phi(x,y)}{T(h)}, \tag{5.1.17}$$

其中 $h_0 = H(0,0)$, 函数 θ 是多值的, 但其偏导数唯一确定. 由 (5.1.16) 得

$$\theta_x(x,y)H_y(x,y) - \theta_y(x,y)H_x(x,y) = \frac{2\pi}{T(h)},$$

$$I_x(x,y)H_y(x,y) - I_y(x,y)H_x(x,y) = 0. \tag{5.1.18}$$

于是在 (I,θ) 变量下, 由 (5.1.18) 得

$$\dot{\theta} = \frac{2\pi}{T(I)} \equiv \Omega(I), \qquad \dot{I} = 0. \tag{5.1.19}$$

注意到 $\oint_{\Gamma_s^h} y(x,h)dx$ 表示 Γ_s^h 内的面积 A. 在 (I,θ) 平面上, 面积为 $A = \int_0^{2\pi} I d\theta = 2\pi I$, 即作用变量 I 正比于 Γ^h 内的面积, 往往用这个性质来定义作用变量

$$I(h) = \frac{1}{2\pi}\oint_{\Gamma^h} y(x,h)dx. \tag{5.1.20}$$

(5.1.20) 反过来定义了 $h = h(I)$. 又因为 $\dot{\theta} = \frac{\partial H}{\partial I} = \left(\frac{dI}{dh}\right)^{-1} = 2\pi\left(\frac{dA}{dh}\right)^{-1}$, 而周期 $T(h) = \frac{2\pi}{\dot{\theta}}$, 故 $T = \frac{dA}{dh}$, 由此可见 (5.1.20) 与 (5.1.17) 的定义是一致的.

例 5.1.1　设 (5.1.9) 中 $G(x) = v\tan^2\alpha x$, 于是

$$I = \frac{1}{\pi}\int_{x_1}^{x_2}[2(h - U\tan^2\alpha x)]^{1/2}dx \quad \left(\tan^2\alpha x_2 = \frac{h}{U}, \quad x_1 = -x_2\right),$$

故 $\alpha I = [2(h+U)]^{1/2} - [2U]^{1/2}$, 当 $h = 0$ 时, $I = 0$, 由上式反解立即得 $h = h(I) = \alpha I[\alpha I + 2\sqrt{2U}]/2$,

$$\omega = \dot{\theta} = \frac{\partial H}{\partial I} = \alpha[\alpha I + \sqrt{2U}].$$

于是 (5.1.19) 此时具体化为

$$\dot{\theta} = 2[\alpha I + \sqrt{2U}], \quad \dot{I} = 0.$$

对于 Hamilton 扰动系统

$$\dot{x} = \frac{\partial H}{\partial y} + \varepsilon f(x, y, t, \varepsilon),$$
$$\dot{y} = -\frac{\partial H}{\partial x} + \varepsilon g(x, y, t, \varepsilon),$$
(5.1.21)

引入作用-角度变量后, 研究系统的稳定性是十分方便的. 此时, 由 (5.1.16) 可见, 系统可化为形式

$$\dot{I} = \varepsilon(I_x f + I_y g) = \varepsilon F(I, \theta, t, \varepsilon),$$
$$\dot{\theta} = \frac{2\pi}{T(I)} + \varepsilon(\theta_x f + \theta_y g) = \Omega(I) + \varepsilon G(I, \theta, t, \varepsilon).$$
(5.1.22)

5.2 等变动力系统的定义和例子

动力系统的分枝与对称性有着密切的联系, 1978 年, Marsdan 说过 "虽然具有对称性的系统不是通有的, 但作为分枝点, 仍起着关键性作用, 这就是为什么在所有的 Hamilton 系统类中, 具有对称性的系统如此重要的原因". 作为自然现象的模型, 具有对称性的动力系统是普遍存在的. 一般的连续动力系统理论, 是研究微分方程解的典型的, 或通有的动力学行为. 具有对称结构的动力系统是全体动力系统空间中的一个小子集合, 并且是高度退化的. 然而, 对称系统作为全体动力系统空间中的分叉点, 具有丰富的动力学行为, 必须认真研究. 系统的对称性通过对称群来描述. 首先我们叙述群论中的某些基本的结果.

定义 5.2.1 非空集合 X 到自身的一个一一映射称为**置换**. X 的一切置换全体 S_X 形成一个群, 称为 X 上的**完全对称群**. S_X 的任意子群称为 X 上的 **变换群**.

定义 5.2.2 设 G 是 X 上的变换群, Y 是 X 的子集, 如果对一切 $g \in G$, 有 $g(Y) = Y$, 则称 Y 为 G **不变的**.

给定一个变换群 G, 我们能求出 X 的所有 G 不变的子集 Y, 群 G 叫作 Y 的不变群或对称群, 类似地, 给出 X 的子集 Y, 我们可以找出一个子群 $K = \{g \in G | g(Y) = Y\}$, 不难证明 K 是一变换群, Y 是 X 的 K 不变子集, 通常称 K 是 Y 的 G 对称性群或对称群.

下面是对称群的例子.

例 5.2.1 对称群 S_n, n 为正整数.

设 n 个元素构成的集合记作 $X = \{1, 2, \cdots, n\}$, S_n 是 X 到 X 的一切置换构成的群, 阶数为 $n!$, 它是 X 的完全对称群.

例 5.2.2 旋转群 (或实特殊正交群) SO_2.

在欧氏平面 $\mathbf{R}^2$ 上引进直角坐标 (x, y), 则 SO(2) 就是所有绕原点 $(0, 0)$ 的旋转变换组成, 它的元素 T_ψ 由连续参数 ψ (旋转角, $\psi \in \mathbf{R}$) 所决定. 其中 ψ 从正 x 轴算起. 注意 $T_\psi = T_{\psi+2\pi}$.

例 5.2.3　平面绕原点旋转 $2\pi/q$ 的变换生成的阶为 q 的群就是循环群 Z_q, 它是 $SO(2)$ 的一个子群.

例 5.2.4　实正交群 (旋转反射群) $O(2)$.

在平面 $\mathbf{R}^2$ 上绕原点的所有旋转变换和关于 x 轴的反射变换生成的群即是 $O(2)$.

例 5.2.5　$O(2)$ 中使正 n 边形不变的所有旋转和反射变换组成的子群即是 D_n. 它是正 n 边形的对称群. 不难验证, D_n 由旋转变换 $T2\pi/n$ 和关于 x 轴的反射变换 h 生成 (这时取坐标原点在正 n 边形的中心, x 轴在过原点的一条对称轴上), 阶数为 $2n$.

以上各个对称群的包含关系可用图 5.2.1 来显示.

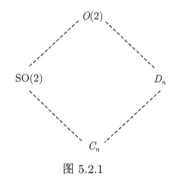

图 5.2.1

群是通过表示论才在自然科学中得到广泛的应用的. 下面我们就来看以上一些群的表示.

设 V 是一实或复的向量空间, 而 V 映射到自身上的所有非奇异线性变换所组成的群, 则记为 GL(V).

定义 5.2.3　群 G 到 GL(V) 的同态 $T : g \to T(g)$, 称为群 G 在 V 上的表示, V 叫作表示空间, V 的维数称为表示的维数.

以上例子中的对称群的生成元都是旋转变换或反射变换. 所以只要找到旋转和反射的表示就可得例子中各对称群的表示.

考虑平面上的旋转群 $O(2)$, 它有无穷多个实的二维表示.

$$R_K(\theta) = \begin{pmatrix} \cos k\theta & \sin k\theta \\ -\sin k\theta & \cos k0 \end{pmatrix} \quad (k = 1, 2, \cdots)$$

和反射表示

$$H = \begin{pmatrix} 1 & 0 \\ 0 & -1 \end{pmatrix}.$$

它们都是关于基 $\underline{e_1} = \begin{pmatrix} 1 \\ 0 \end{pmatrix}, \underline{e_2} = \begin{pmatrix} 0 \\ 1 \end{pmatrix}$ 的矩阵表示.

现在选取复坐标: $\underline{f_1} = \dfrac{e_1 + ie_2}{\sqrt{2}}, \quad \underline{f_2} = \overline{\underline{f_1}} = \dfrac{e_1 - ie_2}{\sqrt{2}}$ 及酉矩阵

$$U = \begin{pmatrix} \dfrac{1}{\sqrt{2}} & \dfrac{i}{\sqrt{2}} \\ \dfrac{1}{\sqrt{2}} & -\dfrac{i}{\sqrt{2}} \end{pmatrix},$$

则对角化 $R_K(\theta)$ 和 H :

$$T_k(\theta) = U R_k(\theta) U^* = \begin{pmatrix} e^{ik\theta} & 0 \\ 0 & e^{-ik\theta} \end{pmatrix},$$

$$K = UHU^* = \begin{pmatrix} 0 & 1 \\ 1 & 0 \end{pmatrix}.$$

如果原来的向量空间是实的, 则向量 $W = z_1\underline{f_1} + z_2\underline{f_2}$ 是实的充要条件是 $z_1 = \overline{z_2}$, 故我们可以利用坐标 z 和 $\overline{z}$. SO(2) 及反射 K 在 z 和 $\overline{z}$ 上的群作用是

$$\begin{aligned} Kz &= \overline{z}, \quad K\overline{z} = z, \\ T_k(\theta)z &= e^{ik\theta}z, \quad T_k(\theta)\overline{z} = e^{-ik\theta}\overline{z}. \end{aligned} \tag{5.2.1}$$

设 $G = \mathrm{GL}(n, \mathbf{R})$ 是元素为实数的一切 $n \times n$ 可逆矩阵的集合, 矩阵的乘法为群运算, 则 $\mathrm{GL}(n, \mathbf{R})$ 也是一个群, 称为一般线性群, 简记为 $\mathrm{GL}(n)$. 倘若群 G 具有 r 维光滑流形结构, 使得群运算和逆元运算是流形之间的光滑映射, 则称 G 为 r 参数 Lie 群.

定义 5.2.4 设 G 是一个作用在 $\mathbf{R}^n$ 上的紧 Lie 变换群. 映射 $\Phi : \mathbf{R}^n \to \mathbf{R}^n$ 称 G-等变的, 倘若对一切 $g \in G$ 和 $x \in \mathbf{R}^n$, 等式 $\Phi(gx) = g\Phi(x)$ 成立. 一个向量场 $\dot{x} = f(x), x \in \mathbf{R}^n$, 称为是 G-等变的或对称的, 倘若映射 f 是一个 G-等变的映射.

定义 5.2.5 映射 $\Phi : \mathbf{R}^n \to \mathbf{R}^n$ 称 G-不变的, 倘若对一切 $g \in G$ 和 $x \in \mathbf{R}^n$, 等式 $\Phi(gx) = \Phi(x)$ 成立.

定义 5.2.6 对 $x_0 \in \mathbf{R}^n$, $G_{x_0} = \{gx_0 | g \in G\}$ 称为 x_0 的群轨道.

考虑下面的实平面系统

$$\frac{dx}{dt} = P(x,y), \quad \frac{dy}{dt} = Q(x,y), \tag{E}$$

其中 P,Q 充分光滑.

令 $z = x + iy, \overline{z} = x - iy$, 则 (E) 变为

$$\begin{cases} \dfrac{dz}{dt} = F(z,\overline{z}), \\ \dfrac{d\overline{z}}{dt} = \overline{F(z,\overline{z})}, \end{cases}$$

其中 $F(z,\overline{z}) = P\left(\dfrac{z+\overline{z}}{2}, \dfrac{z-\overline{z}}{2i}\right) + iQ\left(\dfrac{z+\overline{z}}{2}, \dfrac{z-\overline{z}}{2i}\right).$

注意, 如果由 (E) 定义的向量场 (P,Q) 具有对称性, 则存在某个对称群 G, 使得

$$T_G(P,Q) = (P,Q)T_G,$$

其中 T_G 是 G 在 $\mathbf{R}^2$ 的一个表示. 从而我们有如下引理.

引理 5.2.1 (E) 的对称性对应于 (E) 的右边关于某对称群的等变性.

根据引理 5.2.1, 为求在 Z_q 下不变的平面系统的一般形式, 就是求群 Z_q 的等变映射 $(F,\overline{F})$, 即要求

$$T_{2\pi/q}(F,\overline{F}) = (F,\overline{F})T_{2\pi/q}.$$

由 (5.2.1) 知, 此式等价于

$$e^{i\frac{2\pi}{q}} F(z,\overline{z}) = F(e^{i\frac{2\pi}{q}}z, e^{-\frac{2\pi}{q}i}\overline{z}). \tag{5.2.2}$$

把 F 展成 $z,\overline{z}$ 的幂级数

$$F(z,\overline{z}) = \sum_{r,s} A_{r,s} z^r \overline{z^s}, \quad A_{r,s} \text{ 为复数}. \tag{5.2.3}$$

把 (5.2.3) 代入 (5.2.2) 得

$$e^{i\frac{2\pi}{q}} \sum_{r,s} A_{r,s} z^r \overline{z^s} = \sum_{r,s} A_{r,s} e^{i\frac{r-s}{q}2\pi} z^r \overline{z^s}. \tag{5.2.4}$$

(5.2.4) 成立的充要条件是 $e^{i\frac{2\pi}{q}} = e^{i\frac{r-s}{q}2\pi}$. 因此当且仅当 r,s 满足下面的关系

$$r - s - 1 + kq, \quad k = 0, \pm 1, \pm 2, \cdots, \tag{5.2.5}$$

上式可改写为

$$s = r - (qk + 1), \qquad k = 1, 2, \cdots$$

和

$$r = s + (qk + 1), \qquad k = 0, 1, 2, \cdots, \qquad (5.2.6)$$

从而我们有如下定理.

定理 5.2.1 Z_q 等变的实平面系统 (E) 对应的 $(\widetilde{E})$ 中的 $F(z, \overline{z})$ 必为下面的形式

$$F(z, \overline{z}) = \sum_{k=1} g_k(|z|^2) \overline{z}^{qk-1} + \sum_{k=0} h_k(|z|^2) z^{qk+1}, \qquad (5.2.7)$$

其中 $g_k(r)$ 和 $h_k(r)$ 都是 r 的复值可微函数, $q \geqslant 2$.

注 (1) 如果 F 还在反射变换 K 下是等变的, 即 $KF = FK$, 则 F 的形式 (5.2.7) 不变, 但此时 $g_k(r)$ 和 $h_k(r)$ 都是实函数, 即 F 的展式 (5.2.3) 中系数全为实数. 由前面的例子可知, 此时 F 对二面体群 D_q 是等变的.

(2) 如果 F 还在反射变换 K 作用下满足 $KF = -FK$, 则 (5.2.7) 式不变, 但 (5.2.3) 中系数全为纯虚数. 此时由 F 决定的实系统 (E) 的相图在反射变换下不变, 但时间走向反向.

定义 5.2.7 $F(z, \overline{z}) = \sum_{k=0}^{n} a_k |z|^{2k} z i$ 对应的系统称为平凡系统, 其中 a_k 为实数.

之所以称为平凡系统, 是它的对应实系统的相图是平凡的, 为一族闭轨线, 可能其中还有充满奇点的奇闭轨道.

推论 5.2.1 当 $q \geqslant n + 2$ 时, Z_q 等变的平面 n 次 Hamilton 系统必为平凡系统. 换言之, 对于任何 n 次 Hamilton 系统的相图, 最多只具有旋转 $2\pi/(n+1)$ 非平凡不变性.

证 由于 $q \geqslant n + 2$, 而系统为 n 次系统, 故由定理 5.2.1 可知, 该系统对应的 $F_n(z, \overline{z})$ 必为

$$F_n(z, \overline{z}) = \sum_{k=0}^{m} A_k |z|^{2k} z \quad (2m + 1 \leqslant n),$$

其中 A_k 为复数. 又由于系统为 Hamilton 系统, 故

$$\frac{\partial F_n}{\partial z} + \frac{\partial \overline{F_n}}{\partial z} \equiv 0.$$

从而可知, A_k 为纯虚数 $(k = 0, 1, 2, \cdots, m)$, 记 $A_k = a_k (a_k$ 为实数), 则可得推论的结果. □

考虑 n 次多项式系统

$$\frac{dx}{dt} = P_{n-1}(x,y) + P_n(x,y) = P(x,y),$$
$$\frac{dy}{dt} = Q_{n-1}(x,y) + Q_n(x,y) = Q(x,y),$$

$(5.2.8)$

其中 P_n, Q_n 是 x,y 的实 n 次齐多项式, P_{n-1}, Q_{n-1} 是不含大于 $n-1$ 次的多项式, 原点是 $(5.2.8)$ 的奇点之一.

引理 5.2.2　设 $(5.2.8)$ 的右边满足条件:

(i) $\dfrac{\partial P}{\partial x} + \dfrac{\partial Q}{\partial y} \equiv 0$;

(ii) $xQ_n(x,y) - yP_n(x,y)$ 定正或定负.

则 $(5.2.8)$ 的首次积分 $H(x,y) = h$ 所对应的相轨线族中, 存在一系列包围 $(5.2.8)$ 的全部有限远奇点的大范围闭分支 $\{\Gamma^h\}$, 在 Poincaré 映射圆盘上, 不存在无穷远奇点, 赤道 $z = 0$ 是闭轨线.

以下对 $n = 2$ 和 $n = 3$ 情形作具体的讨论. 对 $n = 2$, 我们有如下定理.

定理 5.2.2　对于平面二次 Hamilton 系统, 非平凡的 Z_q-等变性只可能是 $q = 3$, 此时拓扑相图有两种, 如图 5.2.2 所示.

证　当 $(5.2.8)$ 为二次系统时, 对应的 $F(z, \bar{z})$ 为 $z, \bar{z}$ 的二次多项式. 由定理 5.2.1 知, 当 $q = 2$ 或 > 3 时, $F(z, \bar{z})$ 退化为 $z, \bar{z}$ 的一次式; 当 $q = 3$ 时, 即旋转 $2\pi/3$ 的二次系统对应的 $F(z, \bar{z}) = A_1\bar{z}^2 + A_2z(A_1, A_2$ 为复数). 又系统为 Hamilton 的充要条件是 $\dfrac{\partial F}{\partial z} + \dfrac{\partial \bar{F}}{\partial \bar{z}} \equiv 0$, 从而可知 A_2 为纯虚数, 旋转 $2\pi/3$ 不变的二次 Hamilton 系统对应的 $F(z, \bar{z}) = A_1\bar{z}^2 + azi$, 其中 A_1 为复数 $\neq 0$, a 为实数. 令变换 $z = \lambda z_1, t = \mu\tau$, 则适当选取 λ (复数) 和 μ(实数) 可使 $\dfrac{dF}{dt} = F(z, \bar{z})$ 变为 $\dfrac{dz_1}{d\tau} = \bar{z_1}^2 + bz_1i(b \geqslant 0)$, 故只需考虑系统 $\dfrac{dz}{dt} = \bar{z}^2 + azi(a \geqslant 0)$ 的相图. 写为实系统

$$\begin{cases} \dfrac{dx}{dt} = -ay + x^2 - y^2, \\ \dfrac{dy}{dt} = ax - 2xy, \end{cases} \qquad a \geqslant 0.$$

经过简单的奇点分析不难得出图 5.2.2.　　　　　　　　　　　　　　　　□

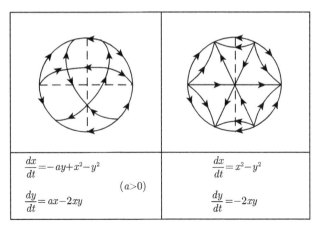

图 5.2.2 Z_3-等变的二次系统

对 $n = 3$ 情形, 一般地我们有

定理 5.2.3 (i) 当 $q > 4$ 时, Z_q 等变的三次 Hamilton 系统必为平凡系统.

(ii) Z_4 等变的三次 Hamilton 系统所对应的 $F(z, \bar{z})$ 为 $F(z, \bar{z}) = (A_1 + A_2|z|^2)z + A_3\bar{z}^3$, 非平凡系统对应的拓扑相图有六种 (图 5.2.3).

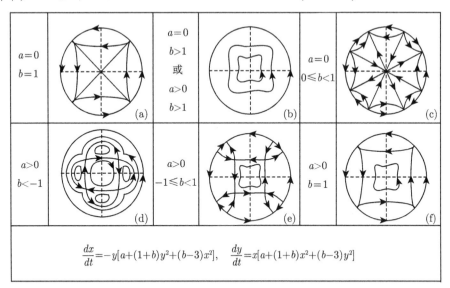

图 5.2.3 Z_4 等变的三次系统

(iii) Z_3 等变的三次 Hamilton 系统对应的 $F(z, \bar{z})$ 为

$$F(z, \bar{z}) = (A_1 + A_2|z|^2)z + A_3\bar{z}^2,$$

非平凡系统的拓扑相图有四种 (图 5.2.4).

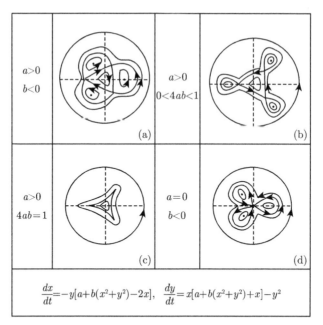

图 5.2.4　Z_3 等变的三次系统

(iv) Z_2 等变的三次 Hamilton 系统对应的 $F(z, \overline{z})$ 为

$$F(z, \overline{z}) = (A_1 + A_2|z|^2)z + (A_3 + A_4|z|^2)\overline{z} + A_5\overline{z^3} - \frac{1}{3}\overline{A_4}z^3,$$

在 (ii)—(iv) 中, A_1, A_2 为纯虚数, 其他 A_j 为复数.

证　(i) 是推论 5.2.1 的直接结果.

(ii)—(iv) 中的 $F(z, \overline{z})$ 的表达式可由定理 5.2.1 及 $\dfrac{\partial F}{\partial z} + \dfrac{\partial \overline{F}}{\partial \overline{z}} \equiv 0$ 得出.　□

Z_4 等变的非平凡系统为

$$\frac{dz}{dt} = (a + b|z|^2)zi + A_3\overline{z^3},$$

其中 a, b 为实数, $A_3 \neq 0$ 为复数.

若 $a = 0$, 则与定理 5.2.3 的证明类似, 经过适当的坐标变换与时间变换, 可直接讨论等价系统:

$$\frac{dz}{dt} = b|z|^2zi + \overline{z^3}i \quad (b \geqslant 0).$$

写为实系统:

$$\begin{cases} \dfrac{dx}{dt} = -y[(1+b)y^2 + (b-3)x^2], \\[2mm] \dfrac{dy}{dt} = x[(1+b)x^2 + (b-3)y^2] \end{cases} \quad (b \geqslant 0).$$

由奇点分析及引理 5.2.2 即可得图 5.2.3 的 (a),(b),(c).

若 $a \neq 0$, 同样可经变换化为讨论系统:

$$\frac{dz}{dt} = (a + b|z|^2)zi + \overline{z^3}i \quad (a > 0).$$

对应的实系统为

$$\begin{cases} \dfrac{dx}{dt} = -y[a + (1+b)y^2 + (b-3)x^2], \\ \dfrac{dy}{dt} = x[a + (1+b)x^2 + (b-3)y^2] \end{cases} \quad (a > 0).$$

由奇点分析及引理 5.2.2 可得图 5.2.3 的 (b), (d), (e), (f).

对 Z_3 等变的三次 Hamilton 系统进行同样的讨论可得图 5.2.4 的相图.

5.3 几类对称系统的周期轨道族与同宿轨道

在第 6 章中, 我们要介绍周期扰动的 Hamilton 系统的周期解分枝和混沌理论. 为研究扰动系统次谐波解的存在和 Smale 马蹄的产生, 需要了解未扰动系统的周期轨道和同宿、异宿轨道的信息. 本节介绍几类特殊的多项式系统的有关知识.

在代数曲线论中我们知道, 紧 Riemann 面的研究与平面代数曲线的研究实际上是一回事. 二维紧 Riemann 面同时也是一个可定向的二维紧光滑曲面. 而任何可定向的二维紧流形都同胚于一个具有若干环柄的球面, 柄的个数 g 是一个拓扑不变量, 称为亏格. 例如: 球面的亏格 $g = 0$、环面的亏格 $g = 1$、双环面的亏格 $g = 2$ 等等.

对于平面代数曲线, 有亏格公式 $g = \dfrac{(n-1)(n-2)}{2}\delta$, 其中 n 为代数曲线的次数,δ 为二重点的个数. 由代数曲线论可知: 亏格 $g = 0$ 的曲线是有理曲线, 在实平面直角坐标下, 曲线的 x, y 坐标可表示为一个参数的有理函数; $g = 1$ 的平面代数曲线的 x, y 坐标线可表示为二参数的有理函数或椭圆函数的有理形式. 亏格等于 1 的平面代数曲线又称椭圆曲线, 它们一般是三次代数曲线; 亏格 $g \geqslant 2$ 的曲线的参数表示问题尚未解决.

首先讨论平面二次 Hamilton 系统, 其一般形式为

$$\begin{cases} \dfrac{dx}{dt} = Bx^2 + 2cxy + Dy^2 + 2Fx + 2Gy + I, \\ \dfrac{dy}{dt} = -(Ax^2 + 2Bxy + cy^2 + 2Ex + 2Fy + H). \end{cases} \tag{5.3.1}$$

其 Hamilton 量是三次代数曲线族

$$Ax^2 + 3Bx^2y + 3Cxy^2 + Dy^3 + 3E^2 + 6Fxy + 3Gy^2 + 3Hx + 3Iy + K = 0. \tag{5.3.2}$$

对系统 (5.3.1) 可证以下命题.

命题 5.3.1　(i) (5.3.1) 的有限远奇点的指标只可能是 $+1, -1, 0, -2$, 且当指标等于 -2 时, (5.3.1) 为齐二次系统, 仅存在唯一的奇点;

(ii) 系统 (5.3.1) 至少存在一个无穷远奇点;

(iii) 系统 (5.3.1) 不存在连接退化鞍点的同宿轨道;

(iv) 系统 (5.3.1) 的异宿轨道中至少有一条是直线;

(v) 系统 (5.3.1) 不可能只有两个中心, 换言之, 若 (5.3.1) 有一个中心点, 则必存在其他有限远奇点.

将两个系统按照以下三条件进行分类: ① 有限远, 无穷远奇点数目不同; ② 奇点数目相同, 但指标分布不同; ③ 指标分布相同, 但轨线结构不同, 对于系统 5.3.1 可得到其不同的拓扑图形 22 类.

特别对于至少具有一个指标为 $+1$ 的系统 (5.3.1), 若其轨线关于 x 轴对称, 我们有如下定理.

定理 5.3.1　若系统 (5.3.1) 至少有一个指标为 $+1$ 的奇点, 且轨线关于 x 轴对称, 则该系统可化为标准形式

$$\begin{cases} \dfrac{dx}{dt} = y(1 - 2lx), \\ \dfrac{dy}{dt} = -x + ly^2 + nx^2. \end{cases} \tag{5.3.3}$$

系统 (5.3.3) 的积分为

$$H(x,y) = y^2(1 - 2lx) + x^2 - \frac{2}{3}nx^3 = h. \tag{5.3.4}$$

在 (n, l)-参数平面上研究 (5.3.3) 的不同图形, 可归结为表 5.3.1 中八类. 其同宿与异宿轨道及周期轨道方程由表 5.3.2 上表和下表确定.

下面的表 1 列出了系统 (5.3.3) 的同宿与异宿轨道方程的参数表示.

为确定系统 (5.3.3) 的闭轨道方程, 对于情形 $1°, 3°$, 当 $h \in \left(0, \dfrac{1}{3n^2}\right)$ 时方程

$$\frac{2n}{3}x^3 - x^2 + h = 0$$

恒有三个不同实根, 记

$$\theta = \theta(h) - \arccos(1 - 6n^2h),$$

表 5.3.1 平面二次对称 Hamilton 系统的相图

$1°\ l=0,\ n>0$	$2°\ 0<l<\dfrac{n}{2}$	$3°\ 0<\dfrac{n}{2}=l$	$4°\ 0<\dfrac{n}{2}<l\leqslant n$
$5°\ l>0,\ n=0$	$6°\ l>-n,\ n<0$	$7°\ l=-n$	$8°\ 0<l<-n$

这三个根可写为

$$x_1=\frac{1+\cos\theta/3}{2n},\quad x_2=\frac{1+\sqrt3\sin\dfrac{\theta}{3}-\cos\dfrac{\theta}{3}}{2n},\quad x_3=\frac{1-\sqrt3\sin\dfrac{\theta}{3}-\cos\dfrac{\theta}{3}}{2n}.$$

显然, 当 $n>0$ 时, $x_1>x_2>x_3$; 而当 $n<0$ 时, $x_1<x_2<x_3$. 与表 5.3.1 中八种情形对应, 利用标准的椭圆积分的计算, 可得表 5.3.2 所示的闭轨道方程及周期公式.

表 5.3.2 闭轨道方程及周期公式

参数	Hamilton 量	轨道方程
$1°$ $l=0$ $n>0$	$H(x,y)=\dfrac{1}{3n^2}$	$x_0(t)=\dfrac{1}{n}\left(1-\dfrac{3}{2}\operatorname{sech}^2\dfrac{t}{2}\right),\ y_0(t)=\dfrac{3}{2n}\operatorname{th}\dfrac{t}{2}\operatorname{sech}^2\dfrac{t}{2}$
$2°$ $0<l<\dfrac{n}{2}$	$H(x,y)=\dfrac{1}{3n^2}$	$x_0(t)=\dfrac{1}{n}\left[1-\dfrac{3(n-2l)}{a\operatorname{coth}\beta t-b}\right],\ y_0(t)=\dfrac{3\beta\operatorname{th}\dfrac{\beta}{2}t}{a\operatorname{coth}\beta t-b}$ 其中 $a=n+l,\ b=5l-n,\ \beta=\left(\dfrac{n-2l}{n}\right)^{\frac12}$, $a^2-b^2=12l(n-2l)>0$
$3°$ $0<\dfrac{n}{2}=l$	$H(x,y)=\dfrac{1}{3n^2}$	$x_0(t)=\dfrac{1}{2l}\left[1-\dfrac{12}{3t^2+8}\right],\ y_0(t)=\dfrac{3t}{l(3t^2+8)}$
$4°$ $0<\dfrac{n}{2}<l$ $\leqslant n$	$H(x,y)$ $=\dfrac{1}{4l^2}\left(1-\dfrac{n}{3l}\right)$	$x_0(t)=\dfrac{1}{2l}\left[1-\dfrac{b(2l-n)}{a\operatorname{coth}\beta t-b}\right],\ y_0(t)=\dfrac{1}{2l}\left(\dfrac{a\beta\operatorname{coth}\beta t}{a\operatorname{coth}\beta t-b}\right)$ $a=[3(3l-n)(l+n)]^{1/2}$, $b=3(n-l),\ \beta=\left(\dfrac{2l-n}{l}\right)^{\frac12}$

续表

参数	Hamilton 量	轨道方程
5° $l > 0$ $n = 0$	$H(x,y) = \dfrac{1}{4l^2}$	$x_0(t) = \dfrac{1}{2l}\left(1 - \mathrm{sech}^2\dfrac{\sqrt{2}}{2}t\right),\, y_0(t) = \dfrac{\sqrt{2}}{2l}\tanh\dfrac{\sqrt{2}}{2}t$
6° $l > -n$ $n < 0$	同4°	方程同4°, 但$a^2 - b^2 < 0$
7° $l = -n$	$H(x,y) = \dfrac{1}{3l^2}$	$x_0(t) = \dfrac{1}{2l}\left[1 - \dfrac{3}{2}\left(1 - \tanh\dfrac{\sqrt{3}}{2}t\right)\right],$ $y_0(t) = \dfrac{\sqrt{3}}{4l}\left(\tanh\dfrac{\sqrt{3}}{2}t + 1\right)$
8° $0 < l < n$	同 2°	方程同2°, 但$a^2 - b^2 < 0$

系数域	闭轨道方程		周期 T 及其范围	参数
1° $l = 0$ $n > 0$	$x(t) = x_3 + (x_2 - x_3)\mathrm{sn}^2\Omega t$ $y(t) = 2(x_2 - x_3)\Omega\,\mathrm{sn}\Omega t\,\mathrm{cn}\Omega t\,\mathrm{dn}\Omega t$ $x \in [x_3, x_2]$		$\dfrac{2K(k)}{\Omega}$ $(2\pi, \infty)$	$k = \sqrt{\dfrac{x_2 - x_3}{x_1 - x_3}}$ $\Omega = \sqrt{\dfrac{n(x_1 - x_3)}{6}}$ $h \in \left(0, \dfrac{1}{3n^2}\right)$
2° $0 < l$ $< \dfrac{n}{2}$	i)$x(t) = \dfrac{S + aA^2\mathrm{sn}^2\Omega t}{1 + A^2\mathrm{sn}^2\Omega t},\, x \in [x_3, x_2]$ $y(t) =$ $\dfrac{2(a - S)A^2\Omega\,\mathrm{sn}\Omega t\,\mathrm{cn}\Omega t\,\mathrm{dn}\Omega t}{1 + A^2\mathrm{sn}^2\Omega t[(1 - 2l\delta) + (1 - 2l\alpha)A^2\mathrm{sn}^2\Omega t]}$		$\dfrac{2K(k)}{\Omega}$	$k = \sqrt{\dfrac{(\alpha - \beta)(\gamma - \delta)}{(\alpha - \gamma)(\beta - \delta)}}$ $\Omega = \sqrt{\dfrac{l(\alpha - \gamma)(\beta - \delta)}{3}}$ $A = \sqrt{\dfrac{\gamma - \delta}{\alpha - \gamma}}$
	当 $0 < l \leqslant \dfrac{n}{3}$时, $h \in \left(0, \dfrac{1}{3n^2}\right)$		$(2\pi, \infty)$	$\alpha = \dfrac{1}{2l}, \beta = x_1$ $\gamma = x_2, \delta = x_3$
	其中 当 $\dfrac{n}{3} < l$ $< \dfrac{n}{2}$时	如 $h \in \left(0, \dfrac{3l - n}{12l^3}\right)$	$\left(2\pi, 2\pi\sqrt{\dfrac{l}{n - 2l}}\right)$	$\alpha = x_1, \beta = \dfrac{1}{2l}$ $\gamma = x_2, \delta = x_3$
		如 $h \in \left(\dfrac{3l - n}{12l^3}, \dfrac{1}{3n^2}\right)$	$\left(2\pi\sqrt{\dfrac{l}{n - 2l}}, \infty\right)$	$\alpha = \dfrac{1}{2l}, \beta = x_1$ $\gamma = x_2, \delta = x_3$
	ii) $x(t) = \dfrac{3(3l - n) - A\cos(\Omega t)}{2l[3(n - l) - A\cos\Omega t]}$ $y(t) = \dfrac{A\Omega\sin\Omega t}{2l[3(n - l) - A\cos\Omega t]}$ $x \in [x_3, x_2]$		$2\pi\sqrt{\dfrac{l}{n - 2l}}$	$\dfrac{n}{3} < l < \dfrac{n}{2}$ 且$h = \dfrac{3l - n}{12l^3}$ $A = $ $\dfrac{}{\sqrt{(3l - n)(3l + 3n)}}$ $\Omega = \sqrt{\dfrac{n - 2l}{l}}$

续表

系数域	闭轨道方程	周期 T 及其范围	参数
$3°$ $l = \dfrac{n}{2}$ > 0	同2°i)	$\dfrac{2K(k)}{\Omega}$ $(2\pi, \infty)$	K, Ω, A 同2°i) $h \in \left(0, \dfrac{1}{12l^2}\right)$ $\alpha = x_1, \beta = \dfrac{1}{2l}$ $\gamma = x_2, \delta = x_3$
$4°$ $0 < \dfrac{n}{2} < 1$	i) 左族 $x \in [x_3, x_2]$ 方程同2°i)	$\dfrac{2K(k)}{\Omega}$ $(2\pi, \infty)$	K, Ω, A 同2°i) $h \in \left(0, \dfrac{3l-n}{12l^3}\right)$ $\alpha = x_1, \beta = \dfrac{1}{2l}$ $\gamma = x_2, \delta = x_3$
	ii) 右族 $x \in [x_2, x_1]$ $x(t) = \dfrac{\beta - \gamma A^2 \mathrm{sn}^2\Omega t}{1 - A^2 \mathrm{sn}^2\Omega t}$ $y(t) =$ $\dfrac{2(\beta-\gamma)A^2 \Omega \mathrm{sn}\Omega t \mathrm{cn}\Omega t \mathrm{dn}\Omega t}{(1-A^2\mathrm{sn}^2\Omega t)[(1-2l\beta)-(1-2l\gamma)A^2\mathrm{sn}^2\Omega t]}$	$\dfrac{2K(k)}{\Omega}$ $\left(2\pi\sqrt{\dfrac{l}{2l-n}}, \infty\right)$	K, Ω 同2°i) $h \in \left(\dfrac{3l-n}{12l^3}, \dfrac{1}{3n^2}\right)$ $A = \sqrt{\dfrac{\alpha - \beta}{\alpha - \gamma}}$ $\alpha = x_1, \beta = x_2$ $\gamma = 1/2l, \delta = x_3$
$5°$ $n = 0$ $l > 0$	$x(t) = \dfrac{k^2}{2l(2-k^2)}(2\mathrm{sn}^2\Omega t - 1),$ $x \in [-\sqrt{h}, \sqrt{h}]$ $y(t) = \dfrac{k^2\Omega\mathrm{sn}\Omega t\mathrm{cn}\Omega t}{l\mathrm{dn}\Omega t}$	$\dfrac{2K(k)}{\Omega}$ $(2\pi, \infty)$	$K = \sqrt{\dfrac{4l\sqrt{h}}{1+2l\sqrt{h}}}$ $\Omega = \dfrac{1}{\sqrt{2(2-k^2)}}$ $h \in \left(0, \dfrac{1}{4l^2}\right), k \in (0,1)$
$6°$ $l > -n > 0$	$x(t) = \dfrac{\gamma - \delta A^2\mathrm{sn}^2\Omega t}{1 - A^2\mathrm{sn}^2\Omega t}$ $x \in [x_3, x_2]$ $y(t) =$ $\dfrac{2(\gamma-\delta)A^2\Omega\mathrm{sn}\Omega t\mathrm{cn}\Omega t\mathrm{dn}\Omega t}{(1-A^2\mathrm{sn}^2\Omega t)[(1-2l\gamma)-(1-2l\delta)A^2\mathrm{sn}^2\Omega t]}$	$\dfrac{2K(k)}{\Omega}$ $(2\pi, \infty)$	$K = \sqrt{\dfrac{(\beta-\gamma)(\alpha-\delta)}{(\alpha-\gamma)(\beta-\delta)}}$ $\Omega = \sqrt{\dfrac{-nl(\alpha-\gamma)(\beta-\delta)}{3}}$ $A = \sqrt{\dfrac{\beta-\gamma}{\beta-\delta}}$ $h \in \left(0, \dfrac{3l-n}{12l^3}\right)$ $\alpha = \dfrac{1}{2l}, \beta = x_1$ $\gamma = x_2, \delta = x_3$
$7°$ $l = -n > 0$	同6°	同6°	同6°, $h \in \left(0, \dfrac{1}{3l^2}\right)$
$8°$ $0 < l < -n$	同6°	同6°	同6°, $h \in \left(0, \dfrac{1}{3n^2}\right)$

注意, 表 5.3.2 的下表中, $\mathrm{sn}u, \mathrm{cn}u, \mathrm{dn}u$ 是 Jacobi 椭圆函数, 而 $K(k)$ 与 $E(k)$ 为第一、二类完全椭圆积分, k 表示椭圆积分之模.

如果系统 5.3.1 至少有一个指标为 $+1$ 的奇点, 且还关于中心对称, 则 5.3.1 可化为方程

$$\begin{cases} \dfrac{dx}{dt} = -cy^2 + \dfrac{1}{4c}, \\ \dfrac{dy}{dt} = ax^2 - \dfrac{1}{4a}. \end{cases} \tag{5.3.5}$$

其 Hamilton 量为

$$H(x,y) = \frac{1}{3}cy^3 + \frac{1}{3}ax^3 - \frac{1}{4c}y - \frac{1}{4a}x = h. \tag{5.3.6}$$

此时 (5.3.5) 的相图如图 5.3.1. 连接鞍点 D 的同宿轨道方程为

$$\begin{cases} x_D(t) = \dfrac{3\cosh\dfrac{t}{2}}{2\left(a\cosh^3\dfrac{t}{2} + c\sinh^3\dfrac{t}{2}\right)} - \dfrac{1}{2a}, \\[4mm] y_D(t) = \dfrac{3\mathrm{sh}\dfrac{t}{2}}{2\left(a\cosh^3\dfrac{t}{2} + c\sinh^3\dfrac{t}{2}\right)} + \dfrac{1}{2c}. \end{cases} \tag{5.3.7}$$

引入变量

$$x = \frac{1}{2a_1}\zeta + \eta, \quad y = \frac{\zeta}{2c_1} - \frac{a_1}{c_1}\eta, \tag{5.3.8}$$

其中 $a_1 = a^{\frac{1}{3}}, c_1 = c^{\frac{1}{3}}$.

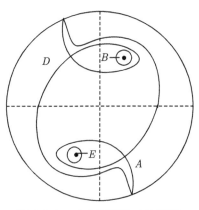

图 5.3.1   中心对称的二次系统

引入记号

$$p_1 = \frac{3(a_1^4 - c_1^4)}{16c_1^8 a_1^4}, \quad p_2 = \frac{3(a_1^4 + c_1^4)}{2a_1^4 c_1^4}, \quad p_3 = \frac{a_1^4 - c_1^4}{4a_1^4 c_1^4},$$

$$F_1(\zeta) = (\alpha - \zeta)(\zeta - \beta)(\zeta - \gamma)(\zeta - \delta) = P_1 + 12h\zeta + p_2\zeta^2 - \zeta^4.$$

对丁 (5.3.5) 的周期轨道, 我们可求得方程

$$\zeta(t) = \delta + \frac{\alpha + \delta}{1 + e^2 \mathrm{sn}^2 \Omega t}, \quad \eta(t) = \frac{1}{2a_1^2 \zeta(t)} \left[\frac{d\zeta(t)}{dt} - \frac{a_1^4 - c_1^4}{4c_1^4 a_1^3} \right], \tag{5.3.9}$$

其中 $\Omega = \dfrac{2a_1 c_1}{\sqrt{3}g}, g = \dfrac{2}{\sqrt{(\alpha - \gamma)(\beta - \delta)}}, k^2 = \dfrac{(\alpha - \beta)(\gamma - \delta)}{(\alpha - \beta)(\beta - \delta)}, e^2 = \dfrac{\alpha - \beta}{\beta - \delta}.$

于是由 (5.3.8) 即得周期轨道 $x(t), y(t)$ 的表达式.

以下讨论对称三次 Hamilton 系统. 设平面三次 Hamilton 系统具有对称于相平面上 x 轴的首次积分:

$$H(x,y) = a_{40}x^4 + a_{22}x^2y^2 + a_{04}y^4 + a_{30}x^3 + a_{12}xy^2 + a_{20}x^2 + a_{02}y^2 = h, \tag{5.3.10}$$

则系统的一般形式为

$$\begin{aligned}
\frac{dx}{dt} &= \frac{\partial H}{\partial y} = 2y(a_{22}x^2 + 2a_{04}y^2 + a_{12}x + a_{02}), \\
\frac{dy}{dt} &= -\frac{\partial H}{\partial y} = -a_{12}y^2 - 2x\left(2a_{40}x^2 + a_{22}y^2 + \frac{3}{2}a_{30}x + a_{20}\right).
\end{aligned} \tag{5.3.11}$$

如再 $a_{30} = a_{12} = 0$, 即 (5.3.10) 关于 x, y 轴都对称. 令 $a_{20}x \to x, \sqrt{|a_{20}a_{02}|}y \to y, 2\sqrt{|a_{20}a_{02}|}t \to t$, 则 (5.3.1) 可化为

$$\begin{cases}
\dfrac{dx}{dt} = y(1 + bx^2 + cy^2), \\
\dfrac{dy}{dt} = -x(\pm 1 + ax^2 + by^2).
\end{cases} \tag{5.3.12}$$

若 $b \neq 0$, 再对 (5.3.12) 作变换 $\sqrt{|b|}x \to x, \sqrt{|b|}y \to y$, (5.3.12) 可以化简为

$$\begin{cases}
\dfrac{dx}{dt} = y(1 \pm x^2 + cy^2), \\
\dfrac{dy}{dt} = -x(\pm 1 + ax^2 \pm by^2).
\end{cases} \tag{5.3.13}$$

由于 (5.3.13) 中 $\dot{x} = y(1 - x^2 + cy^2), \dot{y} = x(1 - ax^2 + y^2)$ 可经过 x 与 y 互换而化为 $\dot{x} = y(1 + x^2 - ay^2), \dot{y} = x(1 + cx^2 - y^2)$, 因此对应于 (5.3.12) 只需研究下述五个系统

$$(A) \begin{cases}
\dot{x} = y(1 + x^2 + cy^2), \\
\dot{y} = -x(1 + ax^2 + by^2).
\end{cases}$$

$$(B) \begin{cases}
\dot{x} = y(1 - x^2 + cy^2), \\
\dot{y} = -x(1 + ax^2 - by^2).
\end{cases}$$

$$\text{(C)} \begin{cases} \dot{x} = y(1 + x^2 + cy^2), \\ \dot{y} = x(1 + ax^2 - by^2). \end{cases}$$

$$\text{(D)} \begin{cases} \dot{x} = y(1 + cy^2), \\ \dot{y} = -x(1 + ax^2). \end{cases}$$

$$\text{(E)} \begin{cases} \dot{x} = y(1 + cy^2), \\ \dot{y} = x(1 - ax^2). \end{cases}$$

对两参数系统 (A)—(E) 在参数平面上作详细分析我们得到如下定理.

定理 5.3.2　具有关于 x, y 轴对称的轨线的平面三次 Hamilton 系统, 如果至少有两个中心, 存在以下 12 类拓扑结构, 如图 5.3.2 所示.

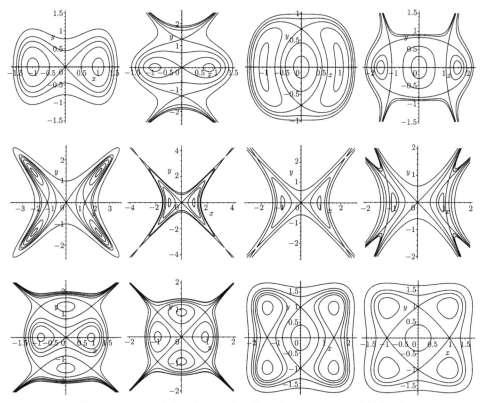

图 5.3.2　具有至少两个对称中心的三次 Hamilton 系统的相图

对于图中所列的大部分同宿与异宿轨线, 我们可计算它们的参数方程, 鉴于篇幅不再列出.

5.4 周期解族周期的单调性

近年来, 关于 Hamilton 系统周期轨道族的周期的单调性问题, 日愈引起人们的注意, 这是因为对于周期受迫的 Hamilton 扰动系统, 未扰动系统周期的单调性是产生次谐波分枝的重要非退化性条件 (见第 6 章). 另一方面, 周期的单调性还与非线性反应扩散方程的静态解分枝和某些边值问题的存在唯一性有关. 与具有单调变换周期的闭轨道族相对照, 若周期轨道族的周期恒不改变, 此时闭轨道族所围的中心型奇点称等时中心, 涉及等时中心的讨论也已经有许多文章研究过, 本书主要关心的是周期的单调性, 对后一问题不准备详论.

首先, 考虑平面二次 Hamilton 系统的周期映射, 我们有如下定理.

定理 5.4.1 平面二次 Hamilton 系统周期解的周期映射必是单调的.

证 根据平面二次系统的叶彦谦分类法, 具有周期解的平面二次 Hamilton 系统恒可化为形式

$$\dot{x} = y(1 + ay - 2lx), \quad \dot{y} = -x + ly^2 + nx^2. \tag{5.4.1}$$

(5.4.1) 有积分

$$H(x,y) = 3(x^2 + y^2) - 2nx^3 - 6lxy^2 + ay^3 = h. \tag{5.4.2}$$

引入极坐标 $x = r\cos\theta, y = r\sin\theta$, 容易证明, 通过相似变换与旋转变换, (5.4.2) 可化为

$$H(x,y) = L(r,\theta) = 3r^2 + r^3 M(\theta) = h \tag{5.4.3}$$

的形式, 其中 $M(\theta)$ 为含两参数的 $\cos\theta$, $\sin\theta$ 的三次多项式, 且可使 $M(\theta) = \min M(\theta) = -2$. 而 (5.4.1) 在极坐标下有方程

$$\frac{dr}{dt} = -r^2 \frac{dM(\theta)}{d\theta}, \quad \frac{d\theta}{dt} = 3(2 + rM(\theta)). \tag{5.4.4}$$

此时, (1,0) 是 (5.4.4) 的奇点. (5.4.3) 中 $h \in (0,1)$. 对于 (5.4.4) 的周期轨道, 我们有

$$T(h) = \int_0^{2\pi} \frac{d\theta}{3(2 + r(\theta,h)M(\theta))}, \quad h \in (0,1), \tag{5.4.5}$$

$$\frac{dT(h)}{dt} = -\frac{1}{9} \int_0^{2\pi} \frac{M(\theta)d\theta}{r(\theta,h)(2 + r(\theta,h)M(\theta))^3}. \tag{5.4.6}$$

记 $I^+ = \{\theta \in (0, 2\pi) | M(\theta) > 0\}$, $I^- = \{\theta \in (0, 2\pi) | M(\theta) < 0\}$. 显然 $I^- = \{\theta \in (0, 2\pi) | (\theta + \pi) \mathrm{mod}(2\pi) \in I^+\}$. 令 $r_1 = r(\theta, h), r_2 = r(\theta + \pi, h), M_1 = M(0) = -M(\theta + \pi) = -M_2, \theta \in I^+$, 则

$$\frac{dT}{dh} = -\frac{1}{9}\left(\int_{I^+} \frac{M_1 d\theta}{r_1(2 + r_1 M_1)^3} - \int_{I^+} \frac{M_1 d\theta}{r_2(2 + r_2 M_2)}\right). \tag{5.4.7}$$

由于 $M_1 = -M_2 > 0, r_1^2(3 + r_1 + M_1) = r_2^2(3 + r_2 M_2)$ 故 $r_1 < r_2$ 及 $r_1^2(2 + r_1 M_1) > r^2(2 + r_2 M_2)$, 由此推出 (5.4.6) 中被积函数恒大于零, 从而 $T'(h) > 0$, 这就证明了 $T(h)$ 的单调性.

现在, 考虑系统 (5.1.8), 设 $g(x)$ 足够光滑. 由 5.1 节的讨论可知, 如果存在 $a < 0 < b$, 使得 $G(a) = G(b) = h$, 而当 $a < x < b$ 时, $G(x) < h$ 且 $g(a)g(b) \neq 0$, 则存在 (5.1.8) 的周期轨道围绕原点 $(0,0)$, 在相平面上有 Hamilton 能量 h, 且轨线交 x 轴于 $(a, 0), (b, 0)$. 用 $p(h)$ 记这条轨道的周期. 则当 h 改变时, 周期函数 $p(h)$ 有公式

$$p(h) = \sqrt{2}\int_a^b \frac{dx}{\sqrt{h - G(x)}}. \tag{5.4.8}$$

显然, 若 $g \in C^r, r \geqslant 1$, 则 $p(h) \in C^r$.

以下介绍 Chow 和 Wang(1986) 获得的有关结果. 设 $g(0) = 0$, 并假设

(H_1) 存在 $-\infty \leqslant a^* < 0 < b^* \leqslant +\infty$, 整数 $N \geqslant 0$ 及正的光滑函数 $h(x)$, 使得

$$g(x) = x^{2n+1}h(x), \quad a^* < x < b^* \tag{5.4.9}$$

以及 $0 < G(a^*) = G(b^*) = h^* \leqslant +\infty$.

在假设 (H_1) 下, 系统 (5.1.8) 的相图如图 5.1.2. $p(h)$ 对于每个 $0 < h < h^*$ 有定义. 为简单起见, 令

$$r(x, h) = 2(h - G(x)). \tag{5.4.10}$$

于是 $\frac{\partial r}{\partial x} = -2g(x)$, $p(h) = 2\int_a^b \frac{dx}{\sqrt{r}}$, 其中 $a^* < a < 0 < b < b^*, r(a, h) = r(b, h) = 0$, 若 $a < x < b, r(x, h) > 0$. □

定理 5.4.2 设 (H_1) 成立, 则对每个 $0 < h < h^*$,

$$hp'(h) = \int_a^b \frac{R(x)}{\sqrt{rg^2(x)}}dx, \tag{5.4.11}$$

其中 $a^* < a < 0 < b < b^*, G(a) = G(b) = h$, 且

$$R(x) = g^2(x) - 2G(x)g'(x). \tag{5.4.12}$$

证 令 $I = \int_a^b \sqrt{r}dx, J = \int_a^b (r - 2h)\sqrt{r}dx$ 则有 $I' = \int_a^b \frac{1}{\sqrt{r}}dx, J' = \int_a^b \frac{r - 2h}{\sqrt{r}}dx$. 从而 $J'' = -I' - 2CI''$. 另一方面, 对 J 右边分部积分得

$$J = \frac{2}{3}\int_a^b \frac{r - 2h}{\left(\frac{\partial r}{\partial x}\right)}dr^{3/2} = -\frac{2}{3}\int_a^b r^{3/2}d\frac{r - 2h}{\left(\frac{\partial r}{\partial x}\right)}$$

$$= -\frac{2}{3}\int_a^b \frac{r^{3/2}(g^2(x) - G(x)g'(x))}{g^2(x)}dx.$$

关于 h 微分上面等式两次, 得

$$J'' = -2\int_a^b \frac{(g^2(x) - G(x)g'(x))}{\sqrt{r}g^2(x)}dx.$$

于是我们有

$$2CI'' = 2\int_a^b \frac{(g^2(x) - G(x)g'(x))}{\sqrt{r}g^2(x)}dx - I' = \int_a^b \frac{R(x)}{\sqrt{r}g^2(x)}dx. \tag{5.4.13}$$

注意到 $p(h) = 2I'$. 因此, 由 (5.4.13) 可推得 (5.4.11) 式. $\qquad\square$

推论 5.4.1 若 (H_1) 成立, 且 $xg''(x) < 0$ (或 >0), $x \neq 0, a^* < x < b^*$, 则 $p'(h) > 0$ (或 < 0), $0 < h < h^*$.

证 由于 $R'(x) = -2G(x)g''(x), R(0) = 0$, 故当 $x \neq 0$ 且 $a^* < x < b^*$, 时 $R(x) > 0(< 0)$. $\qquad\square$

推论 5.4.2 若 (H_1) 成立且

$$\frac{R(x)}{g^3(x)} - \frac{R(A(x))}{g^3(A(x))} < 0(>0), \quad a^* < x < 0,$$

其中, $R(x) = g^2(x) - 2G(x)g'(x), A(x)$ 由 $G(A(x)) = G(x)$ 定义, $a^* < x < 0, 0 < A(x) < b^*$, 则 $p'(h) > 0(<0)$, $0 < h < h^*$.

证 根据隐函数定理, $A(x) \in C^1(a^*, 0)$ 并且

$$A'(x) = \frac{g(x)}{g(A(x))}, \quad a^* < x < 0.$$

对积分

$$\int_a^b \frac{R(x)}{\sqrt{r}g^2(x)}dx,$$

作变量替换 $x = A(y)$ 得

$$\int_0^b \frac{R(x)}{\sqrt{rg^2(x)}} dx = \int_0^a \frac{R(A(x))}{\sqrt{rg^2(A(x))}} A'(x) dx.$$

由定理 5.4.2 及上面的式子得

$$hp'(h) = \int_a^0 \frac{g(r)}{\sqrt{r}} \left[\frac{R(x)}{g^3(x)} - \frac{R(A(x))}{g^3(A(x))} \right] dx.$$

注意到当 $a^* < x < 0$ 时. $g(x) < 0$, 由上式及引理之条件即知, 推论 5.4.2 正确.   □

推论 5.4.3   若 (H_1) 成立, 如果 $g'(0) > 0$ 且当 $x \neq 0, a^* < x < b^*$ 时有

$$H(x) = g^2(x) + \frac{g^n(0)}{3(g'(0))^2} g^3(x) - 2G(x)g'(x) > 0 (< 0),$$

则当 $0 < h < h^*$ 时, $p'(h) > 0 (< 0)$.

证   由 L'Hospital 法则

$$\lim_{x \to 0} \frac{R(x)}{g^3(x)} = -\frac{1}{3} \frac{g''(0)}{(g'(0))^2}.$$

于是 $H(x) > 0 (< 0)$ 意味着:

$$\frac{R(x)}{g^3(x)} < -\frac{1}{3} \frac{g''(0)}{(g'(0))^2} < \frac{R(A(x))}{g^3(A(x))}, \quad a^* < x < 0$$

或

$$\frac{R(x)}{g^3(x)} > -\frac{1}{3} \frac{g''(0)}{(g'(0))^2} > \frac{R(A(x))}{g^3(A(x))}, \quad a^* < x < 0.$$

由于 $A(x) > 0, x \in (a^*, 0)$ 且当 $x \neq 0, x \in (a^*, b^*)$ 时, $xg(x) > 0$, 根据推论 5.4.2 可知, $p'(h) > 0 (< 0), 0 < h < h^*$.   □

推论 5.4.4   若 (H_1) 成立且 $g'(0) > 0$,

$$\nabla = 5(g''(0))^2 - 3g'(0)g'''(0) > 0 (< 0),$$

则存在 $\delta > 0$, 使得

$$p'(h) > 0 (< 0), \quad 0 < h < \delta.$$

证   由 Taylor 展开法, 当 $|x| \to 0$ 时,

$$H(x) = \frac{1}{12} x^4 \nabla + O(|x|^5).$$

于是推论 5.4.3 可推出本推论的结论.   □

命题 5.4.1 设 (H_1) 成立, 又若 $g'(0) > 0, g''(0) \geqslant 0$, 则对于 $x \neq 0, x \in (a_1, b_1)$, 由下面的每个条件都可推出 $H(x) > 0$.

(i) $g''(x) > 0$ 且 $\nabla(x) = x(g''(0)g'(x) - g'(0)g''(x)) \geqslant 0$, $x \in (a, b)$, 其中 $a^* \leqslant a_1 \leqslant b_1 \leqslant b^*$;

(ii) $g''(x) > 0, g'''(x) \leqslant 0, x \in (a_1, b_1), a^* \leqslant a_1 \leqslant b_1 \leqslant b^*$;

(iii) $g''(x) < 0, g'(x) \geqslant 0, 0 \leqslant a_1 < x < b_1 \leqslant b^*$ 及 $H(a_1) \geqslant 0$;

(iv) $g'(x) \leqslant 0, 0 < a_1 < x < b_1 \leqslant b^*$;

(v) $g''(x) < 0, g'''(x) \geqslant 0, a^* \leqslant a_1 < x < b_1 < 0$ 且 $H(a_1) \geqslant 0, H_{b_1} \geqslant 0$.

利用命题 5.4.1 及上面的推论, 可以证明许多系统的周期解周期的单调性, 兹举例如下:

例 5.4.1 设 $g(x) = e^x - 1, -\infty < x < +\infty$, 由于 $g'(x) = g''(x) = e^x > 0, -\infty < x < +\infty, \nabla(x) = x(g''(0)g'(x) - g'(0)g''(x)) \equiv 0$, 根据命题 5.4.1(i) 及推论 5.4.3, 有

$$p'(h) > 0, \quad 0 < h < +\infty.$$

例 5.4.2 设 $g(x) = x(x + 1), -1 < x < +\infty$, 则由于 $g''(x) = 2, g'''(x) \equiv 0$, 根据命题 5.4.1(ii) 及推论 5.4.3, 我们有 $p'(h) > 0, 0 < h < h^* = \dfrac{1}{6}$. 因为 $h^* = \dfrac{1}{6}$ 对应于系统的同宿轨道, 故 $\lim\limits_{h \to h_-^*} p(h) = +\infty$.

例 5.4.3 设 $g(x)$ 为三次多项式. 考虑

(1) $g(x) = -(x + a)x(x - 1), 0 < a \leqslant 1, -a < x < 1$;

(2) $g(x) = (x + a)x(x + 1), 0 < a \leqslant 1, -a < x < +\infty$;

(3) $g(x) = x(x^2 + bx + 1), 0 \leqslant b < 2, -\infty < x < +\infty$;

(4) $g(x) = x^3, -\infty < x < +\infty$.

情形 (1), $g(x) = -x^3 + (1 - a)x^2 + ax$, 故

$$g''(x) = -6x + 2(1 - a), \quad g'''(x) = -6 < 0.$$

根据命题 5.4.1 (ii)—(iv) 及推论 5.4.3, $p'(h) > 0, 0 < h < h^* = G(-a)$.

情形 (2), $g(x) = x^3 + (1 + a)x^2 + ax$.

$g''(x) = 6x + 2(1 + a), g'''(x) = 6 > 0$, 故当且仅当 $x > -\dfrac{1}{3}(1 + a)$ 时, 有 $g''(x) > 0$. 此外,

$$\begin{aligned}
\Delta(x) &= x^2[6(1 + a)x + 4(1 + a)^2 - 6a] \\
&\geqslant x^2 \left[6(1 + a) \left(-\frac{1}{3}(1 + a) \right) + 4(1 + a)^2 - 6a \right]
\end{aligned}$$

$$= x^2[2(1+a)^2 - 6a] \geqslant 0, \quad x > -\frac{1}{3}(1+a).$$

根据命题 5.4.1(i), (v) 及推论 5.4.3, 有 $p'(h) > 0, 0 < h < h^* = G(-a)$.

情形 (3), 若 $b = 0$, 则 $g(x) = x^3 + x, g''(x) = 6x$, 由推论 5.4.3 得 $p'(h) > 0, 0 < h < +\infty$. 如果 $b > \sqrt{\dfrac{a}{10}}$, 则 $\nabla = 5(g''(0))^2 - 3g'(0)g'''(0) = 20b^2 - 18 > 0$. 根据推论 5.4.3, 存在 $\delta > 0$ 使得 $p'(h) > 0, 0 < h < \delta$. 另一方面, 可证 $\lim\limits_{h \to +\infty} p(h) \to 0$, 这说明 $p(h)$ 不单调.

情况 (4), $g''(x) = 6x$ 根据推论 5.4.1, 有

$$p'(h) < 0, \quad 0 < h < +\infty.$$

对于周期不单调的系统, 一些论文研究了周期映射的临界点个数, 鉴于篇幅, 不再赘述.

第 6 章 Melnikov 方法: 扰动可积系统的混沌判据

Melnikov 方法实质上是一种测量技术. 它通过度量 Poincaré 映射的双曲不动点的稳定与不稳定流形之间的距离来确定系统是否存在横截同宿点, 从而导致 Smale 马蹄存在意义下的混沌. 在一定条件下, Melnikov 方法还可以研究系统的次谐波分枝等. 本章介绍与该方法有关的基本理论.

6.1 由更替法导出的 Melnikov 函数

本节和下面两节, 我们先介绍由 Chow 等 (1980) 发展的更替法所导出的 Melnikov 函数. 研究二阶方程

$$\ddot{x} + g(x) = \varepsilon(-\lambda \dot{x} + \mu f(t)), \tag{6.1.1}$$

其中 $0 < \varepsilon \ll 1, f(t+1) = f(t), f, g$ 光滑, $g(0) = 0, g'(0) = -r^2 < 0$. (6.1.1) 对应于微分方程组

$$\dot{x} = y, \quad \dot{y} = -g(x) + \varepsilon(-\lambda \dot{x} + \mu f(t)). \tag{6.1.2}$$

设未扰动系统 $(6.1.1)_{\varepsilon=0}$ 存在同宿到双曲鞍点 $(0,0)$ 的同宿轨道 $\Gamma = \{(p(t), \dot{p}(t)), t \in (-\infty, +\infty)\}$. 记 $\overline{\Gamma}$ 为 Γ 的闭包. U 为 $\mathbf{R}^2$ 中包含 $\overline{\Gamma}$ 的开集. $\overline{\Gamma} \times \mathbf{R}$ 是 $(6.1.2)_{\varepsilon=0}$ 类似于 "柱面" 的不变集 (图 6.1.1). 对于 $t_0 \in \mathbf{R}, (x_0, y_0) \neq (0,0)$, $(x_0, y_0, t_0) \in \overline{\Gamma} \times \mathbf{R}$, 过点 (x_0, y_0, t_0) 的轨道盘旋于相 "柱面" $\overline{\Gamma} \times \mathbf{R}$ 上, 当 $t \to \pm\infty$ 时, 趋于零. 设 $(p(\alpha), \dot{p}(\alpha)) = (x_0, y_0)$, 则过点 (x_0, y_0, t_0) 的轨道方程为

$$(p(t - t_0 + \alpha), \dot{p}(t - t_0 + \alpha), t - t_0).$$

可以证明下面的结论成立.

命题 6.1.1 *存在 $\varepsilon_0 > 0, \eta > 0$, 使得当 $0 < \varepsilon < \varepsilon_0$ 时, $(6.1.3)_\varepsilon$ 存在唯一的有界周期解 $\left(\phi(t, \lambda, \mu), \dfrac{\partial \phi}{\partial t}(t, \lambda, \mu)\right)$, 对于 $t \in \mathbf{R}, 0 < \varepsilon < \varepsilon_0$, 有 $|\phi(t, \lambda, \mu)| < \eta, \phi(t, 0, 0) = 0$, 并且 ϕ 关于参数 λ, μ 光滑.*

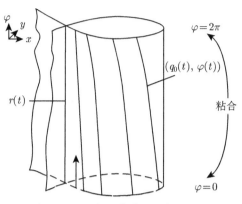

图 6.1.1　在同宿流形上的轨道

记 $\gamma(\lambda,\mu) = \left\{\left(\phi(t,\lambda,\mu), \dfrac{\partial\phi}{\partial t}(t,\lambda,\mu), t \in \mathbf{R}\right)\right\}$, 由第 4 章所述的稳定流形定

理所保证, 存在 $\gamma(\lambda)$ 唯一的稳定流形 $\gamma^s(\lambda,\mu) \subset \mathbf{R}^3$ 及唯一的不稳定流形 $\gamma^u(\lambda,$

$\mu) \subset \mathbf{R}^3$.

问题: 对于已知的 $\overline{\Gamma}$ 的邻域 U 及参数 λ,μ, 在什么条件下有 $[\gamma^s(\lambda,\mu)\bigcap$

$\gamma^u(\lambda,\mu)]\bigcap(U\times\mathbf{R})/\gamma(\lambda,\mu) \neq \varnothing$? 换言之, 在什么条件下有 (6.1.2) 的轨道 $\left\{\left(\psi(t,\lambda,\right.\right.$

$\left.\left.\mu), \dfrac{\partial\psi}{\partial t}(t,\lambda,\mu), t\right), t \in \mathbf{R}\right\} \subset U\times\mathbf{R}$, 使得 $\psi(t,\lambda,\mu) \neq \phi(t,\lambda,u)$, 且当 $t\to\pm\infty$ 时,

$\psi(t,\lambda,\mu) - \phi(t,\lambda,\mu) \to 0$.

记 $\mathbf{B}(\mathbf{R}) = \{F : \mathbf{R} \to \mathbf{R}, F$ 有界, 连续$\}$. 对于 $F \in \mathbf{B}(\mathbf{R})$, 定义范数 $|F| = \sup\limits_{t\in\mathbf{R}}|F(t)|$.

以下将 Fredholm 更替定理 (见 Chow 和 Hale(1982)) 推广为

引理 6.1.1　若 $F \in \mathbf{B}(\mathbf{R})$, 则方程

$$\ddot{z} + g'(p(t))z = F(t) \tag{6.1.3}$$

在 $\mathbf{B}(\mathbf{R})$ 上有解的充分必要条件为

$$\int_{-\infty}^{+\infty} \dot{p}(t)F(t)dt = 0. \tag{6.1.4}$$

若记 $\eta = \displaystyle\int_{-\infty}^{+\infty} \dot{p}^2 dt$, 定义投影算子

$$\mathbf{P}F = \frac{1}{\eta}\dot{p}\int_{-\infty}^{+\infty}\dot{p}Fdt, \tag{6.1.5}$$

P : **B(R)** → **B(R)**. 于是引理 6.1.1 在算子记法下可述为: 当且仅当 **P**$F = 0$ 时, 存在初始值正交于 $(\dot{p}(0), \ddot{p}(0))$ 的唯一解 **K**F. 算子

$$\mathbf{K} : (I - \mathbf{P})\mathbf{B(R)} \to \mathbf{B(R)}$$

是连续和线性的.

证 由于 $p(t)$ 满足方程组 $(6.1.2)_{\varepsilon=0}$, 因此变分方程

$$\ddot{z} + g'(p(t))z = 0 \tag{6.1.6}$$

有解 $\dot{p}(t)$, 设 $q(t)$ 是 (6.1.6) 的另一个与 $\dot{p}(t)$ 线性无关的解, 它使 $(\dot{p}, q)$ 的 Wronski 行列式 $\mathrm{W}(\dot{p}, q) = \dot{p}\dot{q} - \ddot{p}q = 1$, 且 $q(0) = -\dfrac{1}{\ddot{p}(0)}$, $\dot{q}(0) = 0$. 由常数变易公式可以得到 (6.1.3) 的解为

$$\begin{pmatrix} z(t) \\ y(t) \end{pmatrix} = \begin{pmatrix} \dot{p} & q \\ \ddot{p} & \dot{q} \end{pmatrix} \begin{pmatrix} B \\ A \end{pmatrix}$$
$$+ \int_0^t \begin{pmatrix} \dot{p}(t) & q(t) \\ \ddot{p}(t) & \dot{q}(t) \end{pmatrix} \begin{pmatrix} \dot{q}(s) & -q(s) \\ -\ddot{p}(s) & \dot{p}(s) \end{pmatrix} \begin{pmatrix} O \\ F(s) \end{pmatrix} ds,$$

即

$$z(t) = Aq(t) + B\dot{p}(t) + \int_0^t [\dot{p}(s)q(t) - \dot{p}(t)q(s)]F(s)ds, \tag{6.1.7}$$

由于 $(\dot{p}(t), \ddot{p}(t))$ 是 Γ 上的切向量, 当 $t \to \pm\infty$ 时, 它们趋于未扰动系统 $(6.1.2)_{\varepsilon=0}$ 的鞍点 $(0,0)$ 的稳定点与不稳定流形的切向量. 因此, 记 $\gamma = [-g'(0)]^{1/2}$, 则有

$$\lim_{t\to+\infty} (\dot{p}(t), \ddot{p}(t))e^{\gamma t} = 常向量,$$
$$\lim_{t\to-\infty} (\dot{p}(t), \ddot{p}(t))e^{-\gamma t} = 常向量.$$

又由关系 $\dot{p}\dot{q} - \ddot{p}q = 1$ 及上面的极限关系得到

$$(q(t), \dot{q})(t)e^{-\gamma t} \to 常向量, \quad 当 t \to +\infty 时,$$
$$(q(t), \dot{q})(t)e^{\gamma t} \to 常向量, \quad 当 t \to -\infty 时.$$

因此, 存在常数 K 使得

$$|\dot{p}(t)q(s)| \leqslant Ke^{-\gamma(t-s)}, \quad t, s \geqslant 0,$$
$$|\dot{p}(t)q(s)| \leqslant Ke^{\gamma(t-s)}, \quad t, s \leqslant 0.$$

由以上分析可见, 当且仅当满足条件

$$A = -\int_0^{+\infty} \dot{p}(s)F(s)ds \tag{6.1.8}$$

时, (6.1.7) 所确定的 $z(t)$ 在 $(0, +\infty)$ 上有界, 又当且仅当

$$A = -\int_{-\infty}^0 \dot{p}(s)F(s)ds \tag{6.1.9}$$

时, $z(t)$ 在 $(-\infty, 0)$ 上有界. 因此, 若要求 $z(t)$ 在 $\mathbf{R} = (-\infty, +\infty)$ 上有界, 其充分必要条件为 (6.1.8) 与 (6.1.9) 同时成立, 即 (6.1.4) 成立. 从而

$$z(t) = B\dot{p}(t) - \dot{p}(t)\int_0^t q(s)F(s)ds + q(t)\int_{\pm\infty}^t \dot{q}(s)F(s)ds. \tag{6.1.10}$$

(6.1.10) 中最后一个积分下限 $+\infty$ 对应于 $t > 0$, $-\infty$ 对应于 $t < 0$. 注意到 (6.1.10) 中

$$z(0) = Aq(0) + B\dot{p}(0), \quad \dot{z}(0) = B\ddot{p}(0) + \dot{q}(0)\int_\infty^0 \dot{p}(s)F(s)ds. \tag{6.1.11}$$

若要求 $(z(0), \dot{z}(0))$ 与 $(\dot{p}(0), \ddot{p}(0))$ 正交, 只需

$$B[(\dot{p}(0))^2 + (\ddot{p}(0))^2] = -\dot{p}(0)q(0)\int_\infty^0 \dot{p}(s)F(s)ds. \tag{6.1.12}$$

对 $F \in \mathbf{B}(\mathbf{R})$, (6.1.12) 式唯一地确定了常数 B. 显然 B 是 $\mathbf{B}(\mathbf{R})$ 上的连续线性泛函. (6.1.10) 式定义了算子 $\mathbf{K}$, $z = \mathbf{K}F$, 这个解连续, 在 $\mathbf{B}(\mathbf{R})$ 上是线性的.　　　□

以下考虑 $(6.1.2)_\varepsilon$ 的不同于 $\left(\phi(t, \lambda, \mu), \dfrac{\partial}{\partial t}\phi(t, \lambda\mu)\right)$ 的解. 在 Γ 邻域内引入坐标变换

$$x = p(\alpha) + a\ddot{p}(\alpha), \quad y = \dot{p}(\alpha) - a\dot{p}(\alpha).$$

若 $(x(t), y(t))$ 是 $(6.1.2)_\varepsilon$ 的解, 存在唯一的 (α, a) 使得 $x(0) = p(\alpha) + a\ddot{p}(a)$, $y(0) = \dot{x}(0) = \dot{p}(\alpha) - \alpha\dot{p}(\alpha)$, 故可将解 $(x(t), y(t))$ 写为以下形式

$$x(t) = p(t + \alpha) + z(t + \alpha), \quad \dot{x}(t) = y(t). \tag{6.1.13}$$

从而

$$x(t - \alpha) = p(t) + z(t). \tag{6.1.14}$$

将 (6.1.14) 代入 $(6.1.1)_\varepsilon$ 可得

$$\ddot{z}(t) + g'(p(t))z = \varepsilon\lambda\dot{z}(t) - \varepsilon\lambda\dot{p}(t) + \varepsilon\mu f(t - \alpha) + G(t, z)$$

$$\stackrel{\text{def}}{=\!=} F(t, z, \dot{z}, \lambda, \mu, \alpha), \tag{6.1.15}$$

其中

$$G(t, z) = -g(p(t) + z(t)) + g'(p(t))z(t) + g(p(t)) = O(|z|^2). \tag{6.1.16}$$

考虑 (6.1.15) 当 $t \to \pm\infty$ 时有界的解, 由 (6.1.10) 知, 在条件 $\mathbf{P}F = 0$ 之下, 解 $z(t)$ 为

$$z(t) = B\dot{p}(t) - \dot{p}(t) \int_0^t q(s) F(s, z(s), \dot{z}(s), \lambda, \mu, \alpha) ds$$

$$+ q(t) \int_{\pm\infty}^t \dot{p}(s) F(s, z(s), \dot{z}(s), \lambda, \mu, \alpha) ds. \tag{6.1.17}$$

(6.1.17) 右边后一积分下限取 $-\infty$ 时, 表示当 $t \to -\infty$ 时 $(6.1.2)_\varepsilon$ 的一切有界解, 即初值在 $\gamma^u(\lambda, \mu)$ 上的一切解, 类似地积分下限为 $+\infty$ 时, 表示当 $t \to +\infty$ 时 $(6.1.2)_\varepsilon$ 的一切有界解, 即初值在 $\gamma^s(\lambda, \mu)$ 上的一切解.

综上所述, 若要 $(6.1.2)_\varepsilon$ 的过鞍形周期轨道的稳定流形与不稳定流形有交点, 即 $\gamma^s(\lambda, \mu) \cap \gamma^u(\gamma, \mu)/\gamma(\gamma, \mu)$ 不空, 其充分且必要条件为

$$\begin{cases} \mathbf{P}F(\cdot, z, \dot{z}, \lambda, \mu, \alpha) = 0, \\ z = \mathbf{K}(I - \mathbf{P})F(\cdot, z, \dot{z}, \lambda, \mu, \alpha). \end{cases} \tag{6.1.18}$$

应用隐函数定理可以证明, 存在 $\delta > 0$, 使得当 $0 < \varepsilon < \delta, |z| < \delta, |\dot{z}| < \delta, \alpha \in \mathbf{R}$ 时, 存在 (6.1.18) 中第二式的唯一解 $z^*(\lambda, \mu, \alpha), z^*$ 有关于 λ, μ 的足够光滑的导数, 且对于一切 $\alpha \in \mathbf{R}, z^*(0, 0, \alpha) = 0$. 再利用 $\mathbf{P}$ 的定义, 我们得到下面的定理.

定理 6.1.1 设 g, f 满足上述的条件, $z^*(\lambda, \mu, \alpha)$ 为 (6.1.18) 中第二式之解, 则存在 $\varepsilon_0 > 0, \delta > 0$ 使得扰动系统 $(6.1.2)_\varepsilon$ 有唯一的解 $\phi(t, \mu, \alpha), t \in \mathbf{R}, 0 < \varepsilon < \varepsilon_0$, 并满足 $|\phi(t, \mu, \alpha)| < \delta, \phi(t, 0, 0) = 0$. 另一方面, 存在 $(6.1.2)_\varepsilon$ 的异于 $\phi(t, \mu, \alpha)$ 的解 $x(t, \mu, \alpha), t \in \mathbf{R}, 0 < \varepsilon < \varepsilon_0$ 使得

$$d(x(t, \mu, \alpha), \Gamma) < \delta,$$

$$|x(t, \mu, \alpha) - \phi(t, \mu, \alpha)| \to 0, \quad t \to \pm\infty,$$

其充分且必要的条件为 $x(t, \mu, \alpha) = p(t + \alpha) + z^*(t, \mu, \alpha), \quad x(t, 0, 0) = p(t + \alpha)$ 并且 λ, μ, α 满足关系式

$$G(\lambda, \mu, \alpha) \stackrel{\text{def}}{=\!=} \frac{1}{\eta} \int_{-\infty}^{+\infty} \dot{p}(t) F(t, z^*(\lambda, \mu, \alpha)(t), \dot{z}^*(\lambda, \mu, \alpha)(t), \lambda, \mu, \alpha) dt$$

$$= \varepsilon[-\lambda + \widetilde{h}(\alpha)\mu] + O(\varepsilon^2) = 0, \tag{6.1.19}$$

其中 $\eta = \displaystyle\int_{-\infty}^{+\infty}[\dot{p}(t)]^2 dt, \widetilde{h}(\alpha) = \int_{-\infty}^{+\infty}\dot{p}(t)f(t-\alpha)dt.$

注　(6.1.19) 所定义的积分 $G(\lambda,\mu,\alpha)$ 现在普遍称为 Melnikov 积分, 它确定了同宿分枝的参数值. 事实上, 定理 6.1.1 指出, 当且仅当 $G(\lambda_0,\mu_0,\alpha_0) = 0$ 时, 点 $q = p(\alpha_0) + z^*(\lambda_0,\mu_0,\alpha_0)$ 是鞍点 $\phi(0,\lambda_0,\mu_0)$ 的同宿点. 如果还有条件 $\dfrac{\partial}{\partial\alpha}G(\lambda_0,\mu_0,\alpha_0) \neq 0$, 则点 q 必为 $\phi(0,\mu_0,\alpha_0)$ 的横截点同宿点.

兹考虑 (6.1.19) 的解. 为此, 注意 $\widetilde{h}(\alpha)$ 是以 1 为周期的周期函数, 设在 $\alpha \in (0,1)$ 内, $\widetilde{h}(\alpha)$ 在 α_M 有最大值, 在 α_m 取最小值, 并满足

$$\widetilde{h}''(\alpha_M) < 0, \quad \widetilde{h}''(\alpha_m) > 0, \quad \widetilde{h}(\alpha_m) < \widetilde{h}(\alpha_M). \tag{6.1.20}$$

定理 6.1.2　存在 Γ 的邻域 U 及两直线 $C_M : \lambda = \widetilde{h}(\alpha_M)\mu, C_m : \widetilde{h}(\alpha_m)\mu$, 它们将参数平面 (μ,λ) 划分为两对顶角域 S_1 与 S_2 (图 6.1.2), 使得当 $(\mu,\lambda) \in S_1$ 时, $(6.1.1)_\varepsilon$ 的双曲周期解的稳定流形与不稳定流形在 $U \times \mathbf{R}$ 中不存在同宿点, 而当 $(\mu,\lambda) \in S_2$ 时, 至少存在一个横截同宿点.

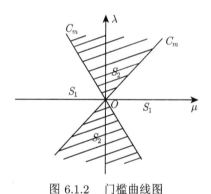

图 6.1.2　门槛曲线图

证　令 $G(\lambda,\mu,\alpha) = -\varepsilon\lambda + \varepsilon\widetilde{h}(\alpha)\mu + O(\varepsilon^2) = 0$, 得到近似门槛曲线 $\dfrac{\lambda}{\mu} = \widetilde{h}(\alpha)$, 当且仅当 $\widetilde{h}(\alpha_m) < \dfrac{\lambda}{\mu} < \widetilde{h}(\alpha_M)$ 时, $G(\lambda,\mu,\alpha) = 0$ 才有简单零点, 由此即可推出定理 6.1.2 的结论.　　　　　　　　　　　　　　　　　　□

推论 6.1.1　由于 $f(t+1) = f(t)$, $\widetilde{h}(\alpha)$ 是周期 1 的函数, 因此, 当 $(\lambda,\mu) \in S_2$ 时, 稳定流形 $\gamma^s(\lambda,u)$ 与不稳定流形 $\gamma^u(\lambda,\mu)$ 在 $U \times \mathbf{R}$ 中有无穷多个横截同宿交点.

6.2 次谐波分枝的存在性及其与同宿分枝的关系

继续考虑 6.1 节中讨论的方程 (6.1.1). 对 f, g 的假设与 6.1 节相同, 设 $(6.1.1)_{\varepsilon=0}$ 的同宿轨道 $\bar{\Gamma}$ 内包含一系闭周期轨道 Γ^h, 其周期从某常数随参数单调地变化增加到无穷大. 因此对于 $k \in \mathbf{Z}^+, (6.1.1)_{\varepsilon=0}$ 有非平凡的 k 周期轨道:

$$\Gamma_k^h = \{p^k(t), \dot{p}^k(t)\}, \quad 0 \leqslant t \leqslant k$$

为简单起见, 以下将忽略 Γ_k^h 的方程中的指标 k.

类似于 6.1 节的处理, 设 x 为 $(6.1.1)_\varepsilon$ 的在 Γ_k^h 近旁的 k 周期解, 可记为

$$x^k(t) = p^k(t + \alpha) + z^k(t + \alpha), \tag{6.2.1}$$

其中初值 $(z(\alpha), \dot{z}(\alpha))$ 正交于 $(\dot{p}(\alpha), \ddot{p}(\alpha))$.

用 t 代替 $t + \alpha$, 将 (6.2.1) 代入 $(6.1.1)_\varepsilon$ 后可得

$$\ddot{z} + g'(p(t))z = -\varepsilon\lambda\dot{z} - \varepsilon\lambda\dot{p}(t) + \varepsilon\mu f(t - \alpha) + G(t, z), \tag{6.2.2}$$

其中 $G(t, z) = -g(p(t) + z(t)) + g'(p(t))z(t) + g(p(t))$.

命题 6.2.1 设周期轨道 Γ^h 的周期 T 依赖于参数 $h, T = T(h)$, 而周期 k 轨道 Γ^k 对应于参数 h_0, 则条件 $T'(h_0) \neq 0$ 等价于变分方程

$$\ddot{z} + g'(p(t))z = 0 \tag{6.2.3}$$

的每个 k 周期解是 $\dot{p}(t)$ 的常数倍.

证 不妨设参数 h 为周期轨道 Γ^h 通过 x 轴时的 x 坐标. 从而 $p(0) = h_0$, 且设 $\dot{p}(0) = 0$. 若 $p(t, h)$ 为 $(6.1.1)_\varepsilon = 0$ 的周期为 $T(h)$ 的周期解, 则有

$$p(t + T(h), h) = p(t, h), \quad p(t, h_0) = p(t). \tag{6.2.4}$$

记

$$q(t) = \frac{\partial}{\partial h}p(t, h)|_{h=h_0}. \tag{6.2.5}$$

于是 $q(t)$ 满足具有初始条件 $q(0) = 1, \dot{q}(0) = 0$ 的变分方程 (6.2.3). 对参数 h 微分 (6.2.4) 中第一式, 并令 $h = h_0$ 得

$$\dot{p}(t)T'(h_0) + q(t + T(h_0)) = q(t). \tag{6.2.6}$$

在 (6.2.6) 中令 $t = 0$ 得 $q(T(h_0)) = q(k) = q(0) = 1$, 即 $q(k) = 1$, 又对 (6.2.6) 两边关于 t 求导后令 $t = 0$ 得 $\dot{q}(k) = -\ddot{p}(0)T'(h_0)$. 由于 $T'(h_0) \neq 0, \ddot{p}(0) =$

$-g(p(0)) \neq 0$, 故 $\dot{q}(k) \neq 0$, 即 $q(t)$ 不满足周期边界条件 $\dot{q}(k) = \dot{q}(0) = 0$. 从而 $q(t)$ 不是 (6.1.5) 的 k 周期解. 由于我们已找到 $\dot{p}(t)$ 与 $q(t)$ 为 (6.1.5) 的两个线性无关解, 因此, (6.1.5) 如存在 k 周期解必为 $\dot{p}(t)$ 之常数倍. 　□

注　设 C_k^r 为具有周期 k 的 r 次连续可微函数在上确界范数下确定的 Banach 空间. 命题 6.2.1 说明, $T'(h_0) \neq 0$ 意味着线性微分算子 $\mathbf{A} : C_K^1 \to C_K^0$:

$$\mathbf{A}y = \ddot{y} + g'(p(t))y \tag{6.2.7}$$

的零空间是一维的.

类似于 (6.1.8), 定义投影算子

$$\mathbf{P}y = \eta\dot{p}\int_0^k \dot{p}ydt, \quad \eta = \left(\int_0^k \dot{p}^2(t)dt\right)^{-1}. \tag{6.2.8}$$

以下命题给出在 $(I - \mathbf{P})C_k^0$ 上定义的算子 A 的右逆.

命题6.2.2　设 $T'(h_0) \neq 0$, 则存在唯一的线性连续算子 $\mathbf{K} : (I-\mathbf{P})C_K^0 \to C_K^2$, 使得若 $\phi \in (I - \mathbf{P})C_K^0$, 则 $z(t) = \mathbf{K}\phi(t)$ 是方程

$$\ddot{z} + g'(p(t))z = \phi(t), \quad \dot{z}(0) = 0 \tag{6.2.9}$$

的唯一 k 周期解.

证　容易看出, $-\dot{p}(t)$ 是 $(6.1.1)_{\varepsilon=0}$ 的变分方程 (6.2.3) 的共轭方程的解. 因此, 根据 Fredholm 更替定理, 方程 (6.2.9) 存在一个 k 周期解的充分必要条件为 $\mathbf{P}\phi = 0$. 若 $\mathbf{P}\phi = 0, \psi(t, \phi)$ 为方程 (6.2.9) 一个 k 周期解, 则由命题 6.2.1 知, (6.2.9) 的 k 周期可表示为

$$z(t) = \beta\dot{p}(t) + \psi(t, \phi) \tag{6.2.10}$$

的形式. 由初值 $(z(0), \dot{z}(0))$ 与 $(\dot{p}(0), \ddot{p}(0))$ 的正交条件可选取

$$\beta|\dot{p}(0)|^2 = -\dot{p}(0)\psi(0, \phi).$$

这个式子唯一地确定了 $\beta = \beta(\phi)$. 因此, 若定义

$$(\mathbf{K}\phi)(t) = \beta(\phi)\dot{p}(t) + \psi(t, \phi), \quad \phi \in (I - \mathbf{P})C_k^0, \tag{6.2.11}$$

则 $\mathbf{K} : (I-\mathbf{P})C_K^0 \to C_K^2$ 是一个连续线性算子. 由上面定义的 $\mathbf{K}$ 可见, 在 $(I-\mathbf{P})C_k^0$ 上有 $\mathbf{AK} = I$. 从而 $z(t) - (\mathbf{K}\phi)(t)$ 是 (6.2.9) 的唯一 k 周期解.　□

由命题 6.2.2 可见, 方程 $(6.1.1)_\varepsilon$ 存在 $(6.2.1)$ 形式的解, 当且仅当以下两式成立

a) $\qquad z = \mathbf{K}(I - \mathbf{P})[-\lambda\varepsilon\dot{z} - \lambda\varepsilon\dot{p} + \varepsilon\mu f(t-\alpha) + G(\cdot, z)],$

b) $\qquad \mathbf{P}[-\lambda\varepsilon\dot{z} - \lambda\varepsilon\dot{p} + \varepsilon\mu f(t-\alpha) + G(\cdot, z)] = 0.$

$$(6.2.12)$$

应用隐函数定理于 $(6.2.12)$ 中式 a), 注意 $G(\cdot, z) = O(|z|^2)$, 可以证明, 存在零的邻域 $U \subset C_k^2$ 及 $\varepsilon_0 > 0$, 使得 $(6.2.12)$ 式 a) 有解 $z(t, \alpha, \lambda, \mu) \in U$, $0 < \varepsilon < \varepsilon_0$, $0 \leqslant a < k$. 因此, 研究 $(6.1.1)_\varepsilon$ 的 k 周期解的存在性更替地归结于寻求 α, λ, μ, 使得满足关系

$$M(\alpha, \lambda, \mu) = \eta \int_0^k \dot{p}[-\varepsilon z(t\alpha, \lambda, \mu) - \lambda\varepsilon\dot{p} + \mu f(t-\alpha) + G(\cdot, z(t, \alpha, \lambda, \mu))]dt$$
$$= -\varepsilon\lambda + \varepsilon\widetilde{h}(\alpha)\mu + O(\varepsilon^2), \tag{6.2.13}$$

其中

$$\widetilde{h}(\alpha) = \eta \int_0^k \dot{p}f(t-\alpha)dt. \tag{6.2.14}$$

$M(\alpha, \lambda, \mu)$ 称为 k 次谐波 Melnikov 函数. 于是, 有

定理 6.2.1 方程 $(6.1.1)_\varepsilon$ 当 $0 < \varepsilon < \varepsilon_0$ 时存在 k 周期解的充分必要条件是次谐波 Melnikov 函数 $M(\alpha, \lambda, \mu) = 0$.

以下讨论由 $(6.1.19)$ 确定的研究同宿分枝的 Melnikov 积分与研究 k 次谐波分枝的积分 $(6.2.13)$ 之间的关系.

设方程 $(6.1.1)_{\varepsilon=0}$ 的同宿轨道对应于参数 $h = 0$, Γ^0 有参数方程 $\Gamma^0 : (p(t),$ $\dot{p}(t))$. 又设 $(p_h(t), \dot{p}_h(0))$ 为满足初始条件 $p_h(0) = (1-h)p(0), \dot{p}_h(0) = 0, 0 \leqslant h < h^*$ 的 $(6.1.1)_{\varepsilon=0}$ 的周期解, $p_h(t)$ 具有周期 $T(h)$, $\lim\limits_{h\to 0} T(h) = +\infty$. 记

$$\widetilde{h}(\alpha, h) = \int_{-\frac{1}{2}T(h)}^{\frac{1}{2}T(h)} \dot{p}_h(t)f(t-\alpha)dt, \tag{6.2.15}$$

$$\widetilde{h}(\alpha, 0) = \int_{-\infty}^{+\infty} \dot{p}(t)f(t-\alpha)dt. \tag{6.2.16}$$

定理 6.2.2 设 $f : \mathbf{R} \to \mathbf{R}$ 连续, 且对一切 t 有 $f(t+1) = f(t)$, 则对任给的 $\varepsilon > 0$, 存在 $h_1 > 0$, 使得当 $0 < h < h_1$ 时

$$|\widetilde{h}(\alpha, h) - \widetilde{h}(\alpha, 0)| \leqslant \varepsilon \sup_{0 \leqslant t \leqslant 1} |f(t)|, \tag{6.2.17}$$

$$\left|\frac{\partial\widetilde{h}(\alpha, h)}{\partial\alpha} - \frac{\partial\widetilde{h}(\alpha, 0)}{\partial\alpha}\right| \leqslant \varepsilon \sup_{0 \leqslant t \leqslant 1} |f(t)|. \tag{6.2.18}$$

证　先证不等式 (6.2.17) 成立. 注意到 $(6.1.1)_{\varepsilon=0}$ 具有水平曲线

$$H(x,y) = \frac{1}{2}y^2 + G(x) = h, \quad G(x) = \int_0^x g(s)ds. \tag{6.2.19}$$

这曲线族关于 x 轴是对称的, 且有 $\dot{p}(0) = \dot{p}_h(0) = 0$. 因此, 只需证

$$\left| \int_{-\infty}^0 \dot{p}(t)f(t-\alpha)dt - \int_{-\frac{1}{2}T(h)}^0 \dot{p}_h f(t-\alpha)dt \right| < \frac{\varepsilon}{2}|f|, \tag{6.2.20}$$

其中 $|f| = \sup\limits_{0 \leqslant t \leqslant 1} |f(t)|$.

首先, 选取 h_1 足够小, 使

$$\left| \int_{-\infty}^{-\frac{1}{2}T(h)} \dot{p}(t)f(t-\alpha)dt \right| < \frac{\varepsilon}{3}|f|, \quad \forall 0 \leqslant h < h_1. \tag{6.2.21}$$

由 (6.2.19) 得

$$\frac{dx}{dt} = \pm[2h - G(x)]^{\frac{1}{2}}. \tag{6.2.22}$$

利用 (6.2.22) 可以确定当 $x > 0$ 时, 函数 $p(t)$ 与 $p_h(t)$ 的反函数 $t(x)$ 及 $t_h(x)$. 固定 $0 < \eta < \dfrac{\varepsilon}{6}$, 并选取 h_1 使得当 $0 \leqslant h < h_1$ 时有 $\eta > p\left(-\dfrac{1}{2}T(h)\right), p_n\left(-\dfrac{1}{2}T(h)\right)$, 于是

$$\left| \int_{-\frac{T(h)}{2}}^0 \dot{p}(t)f(t-\alpha)dt - \int_{-\frac{T(h)}{2}}^0 \dot{p}_h(t)f(t-\alpha)dt \right|$$

$$= \left| \int_{p(-\frac{T}{2})}^0 f(t(x)-\alpha)dx - \int_{p_h(-\frac{T}{2})}^{p_h(0)} f(t_h(x)-\alpha)dx \right|$$

$$\leqslant \left| \int_{p(-\frac{T}{2})}^\eta f(t(x)-\alpha)dx - \int_{p_h(-\frac{T}{2})}^\eta f(t_h(x)-\alpha)dx \right|$$

$$+ \left| \int_{p_h(0)}^{p(0)} f_h(t(x)-\alpha)dx \right| + \left| \int_\eta^{p_h(0)} f(t_h(x)-\alpha)dx - \int_\eta^{p_h(0)} f(t_h(x)-\alpha)dx \right|$$

$$\leqslant 2\eta|f| + h|f| + \left| \int_\eta^{(1-h)p(0)} f(t(x)-\alpha)dx - \int_\eta^{(1-h)p(0)} f(t_h(x)-\alpha)dx \right|.$$

由于 η 固定, 当 $h \to 0$ 时, $t_h(x) \to t(x)$ 关于 $x \geqslant \eta$ 是一致的, 故可以使右边第三项小于 $\dfrac{\varepsilon}{3}|f|$. 这就证明了 (6.2.17). 因为 $p_h(t)$ 至少是 C^3 的, 且 $\dot{p}_h\left(\dfrac{T}{2}\right) =$

$\dot{p}\left(-\dfrac{T}{2}\right) = 0$, 又有

$$\frac{\partial \widetilde{h}}{\partial \alpha}(\alpha, h) = \int_{-\frac{T}{2}-\alpha}^{\frac{T}{2}-\alpha} \ddot{p}_h(t+\alpha) f(t) dt, \quad 0 \leqslant h < h^*. \tag{6.2.23}$$

兹证不等式 (6.2.18) 成立.

由 (6.2.13) 可见, 设 G 为 C^1 类的 1 周期函数, 则用分部积分可证明

$$\frac{\partial}{\partial \alpha} \widetilde{h}(\alpha, 0, G) - \frac{\partial}{\partial \alpha} \widetilde{h}(\alpha, h, G) = \widetilde{h}(\alpha, 0, \dot{G}) - \widetilde{h}(\alpha, h, \dot{G}).$$

因此对任何上述的函数 G, 若 $|f - G|$ 与 h 充分小, 则有

$$\left| \frac{\partial}{\partial \alpha} \widetilde{h}(\alpha, 0, f) - \frac{\partial}{\partial \alpha} \widetilde{h}(\alpha, h, f) \right|$$

$$= |\widetilde{h}(\alpha, 0, \dot{f} - \dot{G}) - \widetilde{h}(\alpha, h, \dot{f} - \dot{G}) + \widetilde{h}(\alpha, 0, \dot{G}) - \widetilde{h}(\alpha, h, \dot{G})|$$

$$\leqslant \left| \frac{\partial}{\partial \alpha} \widetilde{h}(\alpha, 0, f - G) \right| + \left| \frac{\partial}{\partial \alpha} \widetilde{h}(\alpha, h, f - G) \right|$$

$$+ |\widetilde{h}(\alpha, 0, \dot{G}) - \widetilde{h}(\alpha, h, \dot{G})| < \left(\frac{\varepsilon}{3} + \frac{\varepsilon}{3} + \frac{\varepsilon}{3} \right) |f| = \varepsilon |f|. \tag{6.2.24}$$

(6.2.24) 成立用到了积分 $\widetilde{h}(\alpha, h, f)$ 关于 f 之线性及不等式 (6.2.17), 定理 6.2.2 证毕. $\qquad\qquad\qquad\qquad\qquad\qquad\qquad\qquad\qquad\qquad\qquad\qquad\quad\square$

下面假设 $\widetilde{h}(\alpha, h)$ 在 α_M^h 有最大值, 在 α_m^h 有最小值, 并满足

$$\widetilde{h}''(\alpha_M^h) < 0, \quad \widetilde{h}''(\alpha_m^h) > 0, \quad \widetilde{h}(\alpha_m^h) < \widetilde{h}(\alpha_M^h). \tag{6.2.25}$$

另一方面由于 $\lim\limits_{h \to 0} T(h) = +\infty$, 因此, 存在正整数 k_0, 使得当 $k > k_0$ 时, 有 $h_k \to 0, T(h_k) = k \ (k \to +\infty)$, 对每个 h_k 关系 (6.2.25) 也满足.

定理 6.2.3 设方程 $(6.1.1)_\varepsilon$ 中 $f(t+1) = f(t)$, $(6.1.1)_\varepsilon$ 的同宿轨道 Γ^0 内所围的闭轨道 Γ^h 的周期 $T(h)$ 单调改变, $T'(h) \neq 0$, 且 f 使得 (6.2.25) 成立. 则存在 Γ^0 的邻域 U, $0 < \varepsilon < \varepsilon_0$ 及整数 $k_0 \geqslant 0$, 使得对于任何 $k \geqslant k_0$, 在参数 (μ, λ) 平面上有两直线 $C_M^k : \lambda = \widetilde{h}(\alpha_M, h)\mu$, $C_m^k : \lambda = \widetilde{h}(\alpha_m, h)\mu$, 将平面 (μ, λ) 分为两对顶角域 S_1^k, S_2^k, 使得当 $(\mu, k) \in S_1^k$ 时, $(6.1.1)_\varepsilon$ 没有最小周期为 k 的次谐波解, 而在 $(\mu, k) \in S_2^k$, 系统 $(6.1.1)_\varepsilon$ 至少有两个 k 次谐波解. 此外, 当 $k \to +\infty$ 时, C_M^k, C_m^k 分别趋于定理 6.1.2 中所述直线 C_M, C_m. 换言之, 次谐波分枝曲线趋向于同宿分枝曲线.

证明定理 6.2.3 的方法类似于定理 6.1.2, 而定理 6.2.3 的最后一个结论是定理 6.1.2 的推论.

推论 6.2.1 在 (μ, λ) 参数平面上, 当 (μ, λ) 沿适当途径改变时, $(6.1.1)_\varepsilon$ 将通过无穷多个次谐波分枝而过渡到混沌状态.

6.3　次谐波解的稳定性

本节研究方程 $(6.1.1)_\varepsilon$ 的 k 周期次谐波解的稳定性. 为简化记号, 兹将 $\varepsilon\lambda, \mu\lambda$ 统一用 λ, μ 表示, 考虑当 λ, μ 很小时的方程

$$\ddot{x} + g(x) = -\lambda\dot{x} + \mu f(t), \tag{6.3.1}$$

其中函数 f, g 的假设与 6.1 节和 6.2 节相同.

引入算子

$$\mathbf{N}y = -\lambda\dot{y} - \lambda\dot{p}(t) + \mu f(t-\alpha) + G(t, y), \tag{6.3.2}$$

其中 $p(t), G(t, y)$ 由 6.2 节的定义确定. 注意 6.2 节中算子 $\mathbf{P}$ 是投影算子, 因此 $\mathbf{P}(\mathbf{N} - \mathbf{PN}) = 0$ 从而对于 $0 \leqslant \alpha < k$, 初值问题

$$\begin{cases} \ddot{w} + g'(p(t))w = -\lambda\dot{w} - \lambda\dot{p} + \mu f(t-\alpha) + G(t, w) - M(\alpha, \lambda, \mu)\dot{p}, \\ \dot{w}(0) = 0 \end{cases} \tag{6.3.3}$$

存在唯一的 k 周期解 w, (6.3.3) 中 $M(\alpha, \lambda, \mu)$ 为次谐波 Melnikov 积分. (6.3.3) 的解 $w(t, \alpha, \lambda, \mu)$ 关于 α, λ, μ 光滑.

令 $\phi(t, \alpha, \lambda, \mu) = p(t) + w(t, \alpha, \lambda, \mu)$, 则 $\phi(t, \alpha, \lambda, \mu)$ 为

$$\ddot{x} + g(x) = -\lambda\dot{x} + \mu f(t-\alpha) - M(\alpha, \lambda, \mu)\dot{p} \tag{6.3.4}$$

的 k 次谐波解. $\phi(t, \alpha, 0, 0) = p(t)$, (6.3.4) 关于解 ϕ 的变分方程为

$$\ddot{x} + g'(\phi)x + \lambda\dot{x} = 0. \tag{6.3.5}$$

其向量形式为

$$\frac{d}{dt}\begin{pmatrix} x \\ \dot{x} \end{pmatrix} = \begin{pmatrix} 0 & 1 \\ -g'(\phi) & -\lambda \end{pmatrix}\begin{pmatrix} x \\ \dot{x} \end{pmatrix} = \tilde{\boldsymbol{A}}\begin{pmatrix} x \\ \dot{x} \end{pmatrix}. \tag{6.3.6}$$

兹讨论 (6.3.6) 的特征乘子的性质, 从而得到 k 周期 $\phi(t, \alpha, \lambda, \mu)$ 的稳定性信息. 设 (6.3.6) 有基本解矩阵

$$Y(t, \alpha, \lambda, \mu) = \begin{pmatrix} y_1(t, \alpha, \lambda, \mu) & y_2(t, \alpha, \lambda, \mu) \\ \dot{y}_1(t, \alpha, \lambda, \mu) & \dot{y}_2(t, \alpha, \lambda, \mu) \end{pmatrix},$$
$$Y(0, \alpha, \lambda, \mu) = \begin{pmatrix} 1 & 0 \\ 0 & 1 \end{pmatrix}. \tag{6.3.7}$$

注意到有

$$Y(t, \alpha, 0, 0) \begin{pmatrix} q(t) & r(t) \\ \dot{q}(t) & \dot{r}(t) \end{pmatrix},$$

其中 $q(t)$ 由 (6.2.5) 确定, $r(t) = \dot{p}(t)/\ddot{p}(t)$. 线性化系统 (6.3.6) 的特征乘子就是矩阵 $Y(k, \alpha, \lambda, \mu)$ 的特征值. 因此, 特征乘子满足方程

$$\sigma^2 - T(\alpha, \lambda, \mu)\sigma + D(\alpha, \lambda, \mu) = 0, \tag{6.3.8}$$

其中 $T(\alpha, \lambda, \mu) = \mathrm{trace}Y(k, \alpha, \lambda, \mu), D(\alpha, \lambda, \mu) = \det Y(k, \alpha, \lambda, \mu)$.

引理 6.3.1 $D(\alpha, \lambda, \mu) = \exp(-\lambda k)$.

证

$$\begin{aligned}
D(\alpha, \lambda, \mu) &= \det Y(k, \alpha, \lambda, \mu) \\
&= \det Y(0, \alpha, \lambda, \mu) \cdot \exp\left(\int_0^k \mathrm{trace}\widetilde{\boldsymbol{A}}ds\right) \\
&= \exp(-\lambda k). \qquad \square
\end{aligned}$$

引理 6.3.2 若 (6.3.1) 的闭轨线 Γ^h 的周期 $T(h)$ 满足条件 $T'(h) \neq 0$, 则

$$T(\alpha, \lambda, \mu) = a_1(\alpha) + a_2(\alpha)\lambda + a_3(\alpha)\mu + o(|\lambda|^2 + |\mu|^2), \tag{6.3.9}$$

其中 $a_1(\alpha) = 2, a_2(\alpha) = -k, a_3(\alpha) = -\zeta\widetilde{h}'(\alpha), \zeta = \dot{q}(k)/\ddot{p}(0)^2\eta$.

证 由于 y_1 与 y_2 是 (6.3.6) 的解, $\phi(t, \alpha, \lambda, \mu)$ 关于其变元光滑, 故可在 $(\mu, \lambda) = (0, 0)$ 的邻域内关于 λ, μ 作 Taylor 级数展开, 问题化为展式系数的计算. 显然

$$\begin{aligned}
a_1(\alpha) &= T(\alpha, 0, 0) = y_1(k, \alpha, 0, 0) + \dot{y}_2(k, \alpha, 0, 0) \\
&= q(k) + \dot{r}(k) = 1 + 1 = 2.
\end{aligned}$$

记 $b_1(t) = \dfrac{\partial\phi}{\partial\lambda}(t, \alpha, 0, 0)$, 由解关于参数的依赖性, $b_1(t)$ 满足问题

$$\ddot{z} + g'(p)z = 0, \quad \dot{z}(0) = 0. \tag{I}$$

根据命题 6.2.1, $b_1(t)$ 是 $\dot{p}(t)$ 的常数倍, 因为 $b_1'(0) = 0$, 故 $b_1(t) \equiv 0$.

记 $b_2(t) = \dfrac{\partial\phi}{\partial\mu}(t, \alpha, 0, 0), b_2(t)$ 满足问题

$$\ddot{z} + g'(p)z = f(t - \alpha) - \widetilde{h}(\alpha)\dot{p}, \quad \dot{z}(v) = 0. \tag{II}$$

由于 $\mathbf{P}(f(t-\alpha) - \widetilde{h}(\alpha)\dot{p}) = 0$, 因此 $b_2(t)$ 为 (II) 的 k 周期解.

再设 $b_3(t) = \dfrac{\partial y_1}{\partial \lambda}(t, \lambda, 0, 0)$, 则 $b_3(t)$ 是问题

$$\ddot{z} + g'(p)z = -\dot{q}, \quad z(0) = \dot{z}(0) = 0 \tag{III}$$

的解. 对上述方程应用常数变易公式得

$$b_3(t) = q(t)\int_0^t r(s)\dot{q}(s)ds - r(t)\int_0^t q(s)\dot{q}(s)ds. \tag{6.3.10}$$

又令 $b_4(t) = \dfrac{\partial y_2}{\partial \lambda}(t, \lambda, 0, 0)$, $b_4(t)$ 满足初始问题

$$\ddot{z} + g'(p)z = -\dot{r}, \quad z(0) = \dot{z}(0) = 0. \tag{IV}$$

由于 $\displaystyle\int_0^k \dot{p}(-\dot{r})ds = 0$, 因此, $b_4(t)$ 为 (IV) 的 k 周期解. 由常数变易公式得

$$\dot{b}_4(t) = \dot{q}(t)\int_0^t r(s)\dot{r}(s)ds - \dot{r}(t)\int_0^t q(s)\dot{r}(s)ds. \tag{6.3.11}$$

有了上面的准备, 现在可以计算 $a_2(\alpha)$ 了, 由定义

$$a_2(\alpha) = \frac{\partial T}{\partial \lambda}(\alpha, 0, 0) = \frac{\partial y_1}{\partial \lambda}(k, \alpha, 0, 0) + \frac{\partial \dot{y}_2}{\partial \lambda}(k, \alpha, 0, 0) = b_3(k) + b_4'(k)$$

$$= \int_0^k r\dot{q}ds - \int_0^k q\dot{r}ds = -\int_0^k (q\dot{r} - r\dot{q})ds = -k.$$

令 $b_5(t) = \dfrac{\partial y_1}{\partial \mu}(t, \alpha, 0, 0)$. $b_5(t)$ 为初始问题

$$\ddot{z} + g'(p)z = -g''(p)b_2 q, \quad z(0) = \dot{z}(0) = 0 \tag{V}$$

的解. 由常数变易公式得

$$b_5(t) = q(t)\int_0^t rg''(p)b_2 q ds - r(t)\int_0^t qg''(p)b_2 q ds. \tag{6.3.12}$$

又记 $b_6(t) = \dfrac{\partial y_2}{\partial \mu}(t, \alpha, 0, 0)$. $b_6(t)$ 满足

$$\ddot{z} = g'(p)z = -g''(p)b_2 r, \quad z(0) = \dot{z}(0) = 0. \tag{VI}$$

再用常数变易公式得

$$b_6(t) - \dot{q}(t)\int_0^t rg''(p)b_2 r ds - \dot{r}(t)\int_0^t qg''(p)b_2 r ds. \tag{6.3.13}$$

由 (6.3.12) 与 (6.3.13) 可得

$$a_3(\alpha) = \frac{\partial T}{\partial \mu}(\alpha, 0, 0) = \frac{\partial y_1}{\partial \mu}(k, \alpha, 0, 0) + \frac{\partial \dot{y}_2}{\partial \mu}(k, \alpha, 0, 0) = b_5(k) + \dot{b}_6(k)$$

$$= \int_0^k rg''(p)b_2 q \, ds + \dot{q}(k) \int_0^k rg''(p)b_2 r \, ds - \int_0^k qg''(p)b_2 r \, ds$$

$$= \dot{q}(k) \int_0^k rg''(p)b_2 r \, ds + \frac{\dot{q}(k)}{\dot{p}(0)^2} \int_0^k g''(p)\dot{p}^2 b_2 \, ds$$

$$= \zeta \cdot \eta \left[g'(p)\dot{p}b_2 |_0^k - \int_0^k g'(p)\ddot{p}b_2 \, ds - \int_0^k g'(p)\dot{p}^2 b_2 \, ds \right]$$

$$= -\zeta \cdot \eta \left[\int_0^k g'(p)\ddot{p}b_2 \, ds + \int_0^k g'(p)\dot{p}b_2 \, ds \right]$$

$$= -\zeta \cdot \eta \left[\int_0^k g'(p)\ddot{p}b_2 \, ds + g(p)\dot{b}_2 \Big|_0^k - \int_0^k g'(p)\ddot{b}_2 \, ds \right]$$

$$= -\zeta \cdot \eta \left[\int_0^k g'(p)\ddot{p}b_2 \, ds + \int_0^k g(p)[g'(p)b_2 - f(t-\alpha) + \widetilde{h}(\alpha)\dot{p}]ds \right]$$

$$= -\zeta \cdot \eta \left[\int_0^k g'(p)b_2[\ddot{p} + g(p)]ds - \int_0^k g(p)f(t-\alpha)ds + \int_0^k \widetilde{h}(\alpha)g(p)\dot{p}ds \right]$$

$$= -\zeta \cdot \eta \left[\int_0^k \ddot{p}f(t-\alpha)ds - \widetilde{h}(\alpha) \int_0^k p\dot{p}ds \right]$$

$$= -\zeta \cdot \eta \left[\int_0^k \ddot{p}f(t-\alpha)ds \right]$$

$$= -\zeta \widetilde{h}'(\alpha).$$

后一等式成立是因为

$$\widetilde{h}(\alpha) = \eta \int_0^k \dot{p}(t)f(t-\alpha)dt = \eta \int_{-\alpha}^{k-\alpha} \dot{p}(s+\alpha)f(s)ds.$$

故

$$\widetilde{h}'(\alpha) = -\eta \dot{p}(k)f(t-\alpha) + \eta \dot{p}(0)f(-\alpha) + \eta \int_{-\alpha}^{k-\alpha} \ddot{p}(s+\alpha)f(s)ds$$

$$= \eta \int_{-\alpha}^{k-\alpha} \ddot{p}(s+\alpha)f(s)ds = \eta \int_0^k \ddot{p}(t)f(t-\alpha)dt. \qquad \square$$

引理 6.3.3 若 $\widetilde{h}'(\alpha_0) = 0$, $\widetilde{h}''(\alpha_0) \neq 0$, 则对每个小的 λ_0, μ_0, 若次谐波 Mel-nikov 函数 $M(\alpha_0, \lambda_0, \mu_0) = 0$, 则 1 是 $\phi(t, \alpha_0, \lambda_0, \mu_0)$ 的线性化系统 (6.3.5) 的特征乘子.

证　令 $\phi(t, \alpha, \lambda, \mu) = \phi(t, \alpha, \lambda, \mu, x, y)$, $0 \leqslant \alpha < 1$, 其中 (x, y) 为 $\psi(t, \alpha, \lambda, \mu)$ 的初始值.

记 $w_1(t) = \dfrac{\partial \phi}{\partial x}(t, \alpha_0, \lambda_0, \mu_0, x_0, y_0)$. 则 $w_1(t)$ 是 (6.3.5) 具有初始条件 $x(0) = 0, \dot{x}(0) = 0$ 的解. 记 $w_2(t) = \dfrac{\partial \phi}{\partial y}(t, \alpha_0, \lambda_0, \mu_0, x_0, y_0)$, 则 $w_2(t)$ 是 (6.3.5) 具有初始条件 $x(0) = 0, \dot{x}(0) = 1$ 的解. 换言之,

$$W(t) = \begin{pmatrix} w_1(t) & w_2(t) \\ \dot{w}_1(t) & \dot{w}_2(t) \end{pmatrix} \tag{6.3.14}$$

是 (6.3.5) 的基本解矩阵.

假设函数 ϕ 的特征乘子没有一个等于 1, 则矩阵 $W(k) - I$ 是可逆的. 记

$$H(x, y, \alpha, \lambda, \mu) = (\phi(k, \alpha, \lambda, \mu, x, y) - x, \phi(k, \alpha, \lambda, \mu, x, y) - y).$$

由于 $H(x_0, y_0, \alpha_0, \lambda_0, \mu_0) = (0, 0)$ 并且

$$\det\left(\frac{\partial H}{\partial(x, y)}(x_0, y_0, \alpha_0, \lambda_0, \mu_0)\right) = \det(W(k) - I) \neq 0.$$

根据隐函数定理, 存在 $\delta > 0$ 及唯一解 $x^*(\alpha, \lambda, \mu), y^*(\alpha, \lambda, \mu)$, 使得当 $|\alpha - \alpha_0| < \delta$, $|\lambda - \lambda_0| < \delta$, $|\mu - \mu_0| < \delta$ 时, 有 $H(x^*(\alpha, \lambda, \mu), y^*(\alpha, \lambda, \mu), \alpha, \lambda, \mu) = 0$. 因此对于充分接近 $(\alpha_0, \lambda_0, \mu_0)$ 的 (α, λ, μ), 存在 (6.3.1) 的唯一的 k 周期解, 这个结论和定理 6.2.3 矛盾, 因为定理 6.2.3 指出, 在 $(\alpha_0, \lambda_0, \mu_0)$ 近旁, 或者存在至少两个 k 周期解, 或者无 k 周期解. 因此, 1 必是线性化方程的一个特征乘子. □

定理 6.3.1　设 $\zeta > 0$ $(\dot{q}(k) > 0)$, λ, μ 充分小. 若 $\phi(t, \alpha, \lambda, \mu)$ 为 (6.3.1) 的线性化系统的 k 周期解, 又 $|\sigma_1| \leqslant |\sigma_2|$ 为其特征乘子, 则

(I) 若 $\widetilde{h}'(\alpha)\mu > 0$, 那么

(i) 如果 $\lambda > 0$, 或者 $0 < \sigma_1 < \sigma_2 < 1$ (稳定结点), 或者 σ_1, σ_2 是复数 $|\sigma_1| = |\sigma_2| < 1$ (稳定焦点).

(ii) 如果 $\lambda < 0$, 或者 $1 < \sigma_1 < \sigma_2$ (稳定结点), 或者 σ_1, σ_2 是复数 $|\sigma_1| = |\sigma_2| > 1$ (不稳定焦点).

(iii) 如果 $\lambda = 0$, 两特征乘子是复共轭的, 其模等于 1.

(II) 若 $\widetilde{h}'(\alpha)\mu < 0$, 那么 $0 < \sigma_1 < 1 < \sigma_2$ (鞍点).

(III) 若 $\widetilde{h}'(\alpha) = 0, \widetilde{h}''(\alpha) \neq 0$, 特征乘子是 1 与 $e^{-\lambda k}$.

证 设 σ_1, σ_2 为线性化方程的特征乘子, 由上面的引理可知, σ_1, σ_2 是方程

$$\sigma^2 - T(\alpha, \lambda, \mu)\sigma + \exp(-\lambda k) = 0$$

的解

$$\sigma_1, \sigma_2 = \frac{T(\alpha, \lambda, \mu) \pm \sqrt{(T(\alpha, \lambda, \mu))^2 - 4\exp(-\lambda k)}}{2}. \tag{6.3.15}$$

I. 若 $\widetilde{h}'(\alpha_0)\mu > 0$, 则存在 $\delta(\alpha_0) > 0$, 使得若 $|\lambda|, |\mu| < \delta(\alpha_0)$, 则有 $2\exp(-\lambda k/2) < T(\alpha, \lambda, \mu) < 1 + \exp(-\lambda k)$ 或 $T(\alpha, \lambda, \mu) < 2\exp(-\lambda k/2)$ 对 $|\alpha - \alpha_0| < \varepsilon(\alpha_0)$ 成立. 当前一不等式成立时, 若 $\lambda > 0$, 则有 $\sigma_1 < \sigma_2 < 1$; 若 $\lambda < 0$, 则有 $1 < \sigma_1 < \sigma_2$; 当后一不等式成立时, σ_1 与 σ_2 为共轭复数, 其模大于 1 还是小于 1 由 $\lambda < 0$ 或 $\lambda > 0$ 确定.

II. 若 $\widetilde{h}'(\alpha_0)\mu < 0$, 则存在某个 $\delta(\alpha_0) > 0$, 使得如果 $|\lambda|, |\mu| < \delta(\alpha_0)$, 有 $T(\alpha, \lambda, \mu) > 1 + \exp(-\lambda k)$ 对 $|\alpha - \alpha_0| < \varepsilon(\alpha_0)$ 成立. 从而由 (6.3.15) 可知 $\sigma_1 < 1 < \sigma_2$.

III. 若 $\widetilde{h}'(\alpha) = 0, \widetilde{h}''(\alpha) \neq 0$, 由引理 6.3.3 即得所述结论.

注意, 在定理 6.2.3 的条件下, 应用定理 6.3.1 可知, 在参数 (μ, λ) 平面上, 由分枝曲线 C_M^k 与 C_m^k 将平面分为两个区域, 在一个对顶角区域内存在两个 k 次谐波周期解, 与两个 k 周期解相对应的 $\widetilde{h}'(\alpha)$ 有不同的符号, 因此, 其中一个是鞍点, 另一个是稳定 (或不稳定) 结点或焦点. 在分枝曲线 C_M^k 与 C_m^k 上, 却只有一个周期解, 在另一个角域内则无 k 周期解. 这种经过分枝曲线合二为一又消失的分枝现象称为鞍结分枝. □

6.4 周期扰动系统的 Melnikov 积分

本节我们介绍由 Salam(1987) 所叙述的推导方法. 一般地考虑扰动的非自治微分方程

$$\dot{x} = f(x) + \varepsilon g(x, t), \tag{6.4.1}$$

其中 $x \in \mathbf{R}^2, g(x, t) = g(x, t + T), f = (f_1, f_2)^t, g = (g_1, g_2)^t$. 在 $\mathbf{R}^2 \times S^1$ 空间, (6.4.1) 可扭扩为

$$\begin{cases} \dot{x} = f(x) + \varepsilon g(x, \theta), & (x, \varphi) \in \mathbf{R}^2 \times S^1, \\ \dot{\varphi} = 1. \end{cases} \tag{6.4.2}$$

$S^1 = \mathbf{R}/T$ 是周长为 T 的圆. 取横截面

$$\Sigma^{t_0} = \{(x, \varphi) \in \mathbf{R}^2 \times S^1 | \varphi = t_0 \in [0, T]\}.$$

定义如下的 Poincaré 映射 $\mathbf{P}_\varepsilon^{t_0} : \Sigma^{t_0} \to \Sigma^{t_0}$.

$$\mathbf{P}_\varepsilon^{t_0}(x_\varepsilon(t_0, t_0)) = \Pi(x_\varepsilon(T + t_0, t_0), \varphi(T)) = x_\varepsilon(T + t_0, t_0),$$

其中 $x_\varepsilon(t, t_0)$ 是 $(6.4.1)_\varepsilon$ 的解, Π 为投影到第一个因子的映射. 对于 $\varepsilon = 0$, 未扰动系统 $(6.4.1)_\varepsilon = 0$ 的 Poincaré 映射有类似的定义: $\mathbf{P}_0^{t_0}(x_0(0)) = x_0(T)$. 由第 2 章可知, Poincaré 映射是微分同胚, 且 $\mathbf{P}_\varepsilon^{t_0+nT} = (\mathbf{P}_\varepsilon^{t_0})^n$.

对系统 $(6.4.1)_\varepsilon$ 作如下假设.

(H_1) 未扰动系统 $(6.4.1)_{\varepsilon=0}$ 存在同宿到双曲鞍点 p_0 的同宿轨道

$$\overline{\Gamma}_0 = \{\overline{x}_0(t)\} = W^u(p_0) \cap W^s(p_0).$$

(H_2) 向量函数 f, g 是 C^k 函数 $k \geqslant 1$, 并在有界集上有界, g 是 t 的 T 周期函数.

系统 $(6.4.1)_{\varepsilon=0}$ 在 $\mathbf{R}^2 \times \mathbf{R}$ 中的同宿不变流形 $\Gamma_0 \times \mathbf{R}$ 如图 6.1.1. 过 Σ^{t_0} 上初始点 $x_0^{(0)}$ 的轨道螺旋般地围绕图中的柱面形当 $t \to \pm\infty$ 时趋于 p_0.

引理 6.4.1　设条件 $(H_1), (H_2)$ 成立, 则对足够小的 ε, $(6.4.1)_\varepsilon$ 存在唯一的双曲周期解 $r_\varepsilon(t) = p_\varepsilon(t) = p_0 + O(\varepsilon)$, 换言之, $(6.4.1)_\varepsilon$ 诱导的 Poincaré 映射 $\mathbf{R}_\varepsilon^{t_0}$ 存在唯一的双曲鞍点 $p_\varepsilon = p_0 + O(\varepsilon)$.

引理 6.4.1 可以从一般性定理推出, 这里证略.

引理 6.4.2　系统 $(6.4.1)_\varepsilon$ 的双曲周期轨道 $(6.4.1)_\varepsilon$ 的局部稳定与不稳定流形 $W_{\text{loc}}^s(r_\varepsilon(t))$ 与 $W_{\text{loc}}^u(r_\varepsilon(t))$ 是 C^k 接近未扰动系统 $(6.4.1)_\varepsilon$ 的周期轨道 $p_0 \times S^1$ 的不变流形的; 初始点在截面 Σ^{t_0} 上而位于 $W^s(r_\varepsilon(t))$ 及 $W^u(r_\varepsilon(t))$ 上的 $(6.4.1)_\varepsilon$ 的轨道 $x_\varepsilon^s(t, t_0)$ 与 $x_\varepsilon^u(t, t_0)$ 可分别表示为以下一致有效的渐近展开式

$$x_\varepsilon^s(t, t_0) = \overline{x}_0(t - t_0) + \varepsilon x^{1s}(t, t_0) + O(\varepsilon^2), \quad t \in [t_0, +\infty), \tag{6.4.3}$$

$$x_\varepsilon^u(t, t_0) = \overline{x}_0(t - t_0) + \varepsilon x^{1u}(t, t_0) + O(\varepsilon^2), \quad t \in (-\infty, t_0]. \tag{6.4.4}$$

这个引理证明的困难在于无穷时间区间上的一致有效性, 这需要较长篇幅, 可参考文献 (Melnikov, 1963).

下面考察 $W^s(p_\varepsilon(t_0))$ 与 $W^u(p_\varepsilon(t_0))$ 的分离程度的测量技术. 在三维空间 $\mathbf{R}^2 \times \mathbf{R}$ 中截面 Σ^{t_0} 与未扰动的同宿流形 $\overline{\Gamma}_0 \times \mathbf{R}$ 的交线上取一点 $\overline{x}_0(0)$, 用 $f^\perp(\overline{x}_0(0))$ 表示点 $\overline{x}_0(0)$ 的向量场 $(6.4.2)_{\varepsilon=0}$ 的法向, 其分量形式为 $-f_2(\overline{x}_0(0)), f_1(\overline{x}_0(0))^t$, 取 $W^s(p_\varepsilon(t_0))$ 与 $W^u(p_\varepsilon(t_0))$ 在 $f^\perp(\overline{x}_0(0))$ 方向上最接近的两个点 $x_\varepsilon^s(t_0) = x_\varepsilon^s(t_0, t_0), x_\varepsilon^u(t_0) = x_\varepsilon^u(t_0, t_0)$ 定义有方向的 Σ^{t_0} 上稳定流形与不稳定流形间的距离函数

$$d(t_0) = \frac{f(\overline{x}_0(0)) \wedge [x_\varepsilon^u(t_0) - x_\varepsilon^s(t_0)]}{|f(\overline{x}_0(0))|}. \tag{6.4.5}$$

记号 $a \wedge b \stackrel{\text{def}}{=\!=} a_1 b_2 - a_2 b_1$. 因此, (6.4.5) 右边表示 $x_\varepsilon^u - x_\varepsilon^s$ 在 $f^\perp$ 方向上的投影 (图 6.4.1).

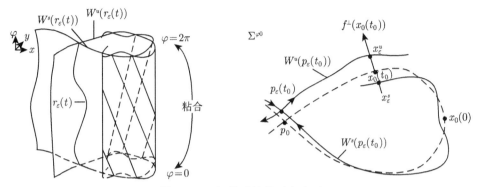

图 6.4.1 扭扩系统的不变流形

根据引理 6.4.2, (6.4.5) 式可简化为

$$d(t_0) = \frac{f(\overline{x}_0(0)) \wedge (x_\varepsilon^{1u}(t_0, t_0) - x_\varepsilon^{1s}(t_0, t_0))}{|f(\overline{x}_0(0))|} \varepsilon + O(\varepsilon^2). \tag{6.4.6}$$

如果 f, g 关于其变元解析, 则 (6.4.3) 与 (6.4.4) 可展为一致收敛的级数, (6.4.6) 可精确化到

$$d(t_0) = \sum_{j=1}^{\infty} \frac{f(\overline{x}_0(0)) \wedge (x_\varepsilon^{ju}(t_0, t_0) - x_\varepsilon^{js}(t_0, t_0))}{|f(\overline{x}_0(0))|} \varepsilon^j \tag{6.4.7}$$

如果将 (6.4.3) 式代入方程 $(6.4.1)_\varepsilon$, 可得

$$\frac{d}{dt}(\overline{x}_0(t - t_0) + \varepsilon x^{1u}(t, t_0) + O(\varepsilon^2))$$

$$= f(\overline{x}_0(t - t_0) + \varepsilon x^{1u}(t, t_0) + O(\varepsilon^2)) + \varepsilon g(\overline{x}_0(t - t_0) + \varepsilon x^{1u}(t, t_0) + O(\varepsilon^2), t)$$

$$= f(\overline{x}_0(t - t_0)) + D_x f(\overline{x}_0(t - t_0)) \cdot \varepsilon x^{1u} + \varepsilon g(\overline{x}_0(t - t_0, t) + O(\varepsilon^2)),$$

比较上式两边 ε 的一次项, 得到第一变分方程

$$\dot{x}^{1u} = D_x f(\overline{x}_0(t - t_0)) x^{1u} + g(\overline{x}_0(t - t_0, t)), \quad t \leqslant t_0. \tag{6.4.8}$$

类似地有

$$\dot{x}^{1s} = D_x f(\overline{x}_0(t - t_0)) x^{1s} + g(\overline{x}_0(t - t_0, t)), \quad t \geqslant t_0. \tag{6.4.9}$$

引入与时间有关的函数

$$\Delta^u(t, t_0) = f(\overline{x}_0(t - t_0)) \wedge x^{1u}(t, t_0),$$

$$\Delta^s(t, t_0) = f(\overline{x}_0(t - t_0)) \wedge x^{1s}(t, t_0),$$
$$\Delta(t, t_0) = \Delta^u(t, t_0) - \Delta^s(t, t_0).$$

用上面的记号, (6.4.6) 可记为

$$d(t_0) = \frac{\varepsilon}{|f(\overline{x}_0(t - t_0))|}[\Delta(t_0, t_0) + O(\varepsilon^2)]. \tag{6.4.10}$$

利用复合函数求导公式得

$$\frac{d}{dt}\Delta^u(t, t_0) = \dot{f} \wedge x^{1u} + f \wedge \dot{x}^{1u}. \tag{6.4.11}$$

将 (6.4.8) 代入 (6.4.11) 并作矩阵运算得到

$$\begin{aligned}
\frac{d\Delta^u}{dt} &= D_\varepsilon f(\overline{x}_0(t - t_0)) \cdot f(\overline{x}_0(t - t_0)) \wedge x^{1u}(t, t_0) \\
&\quad \cdot f(\overline{x}_0(t - t_0)) \wedge [D_\varepsilon f(\overline{x}_0(t - t_0)) \cdot x^{1u}(t, t_0) + g(\overline{x}_0(t - t_0), t)] \\
&= \mathrm{trace} D_x f(\overline{x}_0(t - t_0))\Delta^u(t, t_0) + f(\overline{x}_0(t - t_0)) \wedge g(\overline{x}_0(t - t_0), t). \tag{6.4.12}
\end{aligned}$$

同样对 Δ^s, 有

$$\frac{d\Delta^s}{dt} = \mathrm{trace} D_x f(\overline{x}_0(t - t_0))\Delta^s(t, t_0) + f(\overline{x}_0(t - t_0)) \wedge g(\overline{x}_0(t - t_0), t). \tag{6.4.13}$$

为简单起见, 记

$$a(t - t_0) = \mathrm{trace} D_x f(\overline{x}_0(t - t_0)),$$
$$b(t - t_0) = f(\overline{x}_0(t - t_0)) \wedge g(\overline{x}_0(t - t_0), t).$$

积分关于 Δ^u 的线性微分方程 (6.4.12) 得

$$\begin{aligned}
\Delta^u(t_0, t_0) &= \left\{ \exp\left[\int_t^{t_0} a(s - t_0)ds \right] \right\} \Delta^u(t, t_0) \\
&\quad + \int_t^{t_0} b(\tau - t_0) \exp\left[\int_t^{t_0} a(s - t_0)ds \right] d\tau, \quad t \in (-\infty, t_0]; \tag{6.4.14}
\end{aligned}$$

对应地

$$\begin{aligned}
\Delta^s(t_0, t_0) &= \left\{ \exp\left[-\int_{t_0}^t a(s - t_0)ds \right] \right\} \Delta^s(t, t_0) \\
&\quad - \int_{t_0}^t b(\tau - t_0) \exp\left[-\int_{t_0}^t a(s - t_0)ds \right] d\tau, \quad t \in [t_0, +\infty). \tag{6.4.15}
\end{aligned}$$

为讨论 (6.4.14), (6.4.15) 的有效性, 兹设在未扰动系统的双曲鞍点 p_0, 其线性化系统的系数矩阵为 $A, A = \lim\limits_{t \to \pm\infty} D_x f(\overline{x}_0(t-t_0)) = D_x(f(p_0))$. 设 λ_1, λ_2 为 A 的特征方程的两个根, 因为 $\det A < 0$,

$$\lambda_1, \lambda_2 = \frac{1}{2}(\mathrm{trace}A) \pm \frac{1}{2}[(\mathrm{trace}A)^2 - 4\det A]^{1/2}. \tag{6.4.16}$$

p_0 为双曲鞍点的性质说明

$$\mathrm{trace}A > 0, \quad \lambda_2 < 0 < \mathrm{trace}A < \lambda_1, \tag{6.4.17}$$

$$\mathrm{trace}A < 0, \quad \lambda_2 < \mathrm{trace}A < 0 < \lambda_1. \tag{6.4.18}$$

引理 6.4.3 $\Delta^u(t, t_0), t \in (-\infty, t_0]$ 及 $\Delta^s(t, t_0), t \in [t_0, +\infty)$ 有界, 且当 $t \to -\infty$ 与 $t \to +\infty$ 时, 二者分别按指数衰减率 $\exp \lambda_1 t$ 与 $\exp \lambda_2 t$ 趋于零.

证 兹对 $\Delta^s(t, t_0)$ 作证明. $\Delta^s(t, t_0) = f(\overline{x}_0(t-t_0)) \wedge x^{1s}(t, t_0), t \in [t_0, +\infty)$.

首先, 因 $\lim\limits_{t \to \pm\infty} \overline{x}_0(t-t_0) = p_0$, 故当 $t \to +\infty$ 时, $f(\overline{x}_0(t-t_0)) \to f(p_0) = 0$. 其趋于零之速度由 f 在 p_0 点的线性化矩阵的特征值控制, 即 $\exp \lambda_2 t$. 为证本引理, 还需证 x^{1s} 对一切 $t \in [t_0, +\infty)$ 有界, 注意到 $x^{1s}(t, t_0)$ 满足微分方程 (6.4.9), 其解在有限时间区间上必有界, 应考虑的只是 $t \to +\infty$ 时的情况. 当 $t \to +\infty$ 时, $\|p_\varepsilon(t, t_0) - x_\varepsilon^s(t, t_0)\| \to 0, \overline{x}_0(t, t_0) \to p_0$. 因此, 函数 $x^{1s}(t, t_0)$ 的极限函数是微分方程

$$\dot{x^1} = D_x f(p_0) \cdot x^1 + g(p_0, t) \tag{6.4.19}$$

的周期解, 显然这是有界函数. 这就证明了对一切 $t \in [t_0, +\infty)$, $x^{1s}(t, t_0)$ 有界. 类似地可以证 x^{1u} 在 $t \in [-\infty, t_0)$ 上有界, 因此引理 6.4.3 的结论正确. $\square$

兹假设 $(6.4.1)_\varepsilon = 0$ 中的函数 f 能保证 (6.4.14) 与 (6.4.15) 右边第一式中的函数 $\exp\left[\int_t^{t_0} a(s-t_0)ds\right]$ 存在有界, $t \in (-\infty, +\infty)$. 从而 (6.4.14) 与 (6.4.15) 右边第一项分别在 $t \to \pm\infty$ 时消失. 于是有

$$\Delta(t_0, t_0) = \int_{-\infty}^{+\infty} [f(\overline{x}_0(t-t_0)) \wedge g(\overline{x}_0(t-t_0), t)] e^{-\int_0^{t-t_0} \mathrm{trace} D_x f(\overline{x}_0(s))ds} dt. \tag{6.4.20}$$

积分 (6.4.20) 称为系统 (6.4.1) 的 Melnikov 积分. 它给出了双曲周期轨道 $\gamma_\varepsilon(t)$ 的稳定流形与不稳定流形间距离的与 ε 同阶的近似.

综合以上的讨论, 我们得到如下定理.

定理 6.4.1 对系统 $(6.4.1)_\varepsilon$ 定义如下的 Melnikov 函数

$$M(t_0) = \int_{-\infty}^{+\infty} f(\overline{x}_0(t)) \wedge g(\overline{x}_0(t), t+t_0) \exp\left[-\int_0^t \mathrm{trace} Df(\overline{x}_0(s))ds\right] dt. \tag{6.4.21}$$

则当 $M(t_0)$ 存在简单零点, 且其最大最小值有界时, 对于充分小的 ε, $(6.4.1)_\varepsilon$ 的 $W^s(p_\varepsilon^{t_0})$ 与 $W^u(p_\varepsilon^{t_0})$ 横截相交. 若 $M(t_0)$ 总是与零相差一个有界常数, 则 $W^s(p_\varepsilon^{t_0}) \cap W^u(p_\varepsilon^{t_0}) = \varnothing$.

定理 6.4.1 的注 (1) 如果未扰动的向量场 f 是 Hamilton 系统, 则向量场的散度

$$\mathrm{trace} Df(\bar{x}_0(s)) \equiv 0.$$

因此, Melnikov 函数简化为

$$M(t_0) = \int_{-\infty}^{+\infty} f(\bar{x}_0(t)) \wedge g(\bar{x}_0(t), t + t_0) dt. \tag{6.4.22}$$

(2) 若 $(6.4.1)_\varepsilon$ 中 $f = \left(\dfrac{\partial H}{\partial y}, -\dfrac{\partial H}{\partial x}\right)^t$, $g = \left(\dfrac{\partial G}{\partial y}, -\dfrac{\partial G}{\partial x}\right)^t$, 其中 $H = H(x,y)$ 为未扰动系统的 Hamilton 量, $G(x,y)$ 是依赖于时间的 Hamilton 函数. 此时 Melnikov 函数化为

$$M(t_0) = \int_{-\infty}^{+\infty} \{H(\bar{x}_0(t-t_0)) \wedge G(\bar{x}_0(t-t_0), t)\} dt, \tag{6.4.23}$$

其中 $\{H, G\}$ 为 Poisson 括号, 即

$$\{H, G\} = \frac{\partial H}{\partial x} \cdot \frac{\partial G}{\partial y} - \frac{\partial H}{\partial y} \cdot \frac{\partial G}{\partial x}. \tag{6.4.24}$$

(3) 若 $(6.4.1)_\varepsilon$ 中 f 仍为 Hamilton 向量场, 扰动函数 g 与 t 无关, 则 $(6.4.1)_\varepsilon$ 化为自治系统, 利用 Green 公式可得

$$\int_{-\infty}^{+\infty} f(\bar{x}_0(t-t_0)) \wedge g(\bar{x}_0(t-t_0)) dt = \int_{\mathrm{int}\Gamma^0} \Gamma \mathrm{trace} Dg(x) dx. \tag{6.4.25}$$

定理 6.4.1 是在很一般的情况下证明的. 它对具有较强耗散情形也可以应用. 例如, 设 $(6.4.1)_{\varepsilon=0}$ 中函数 f 满足关系

$$\frac{\partial f_1}{\partial x_1} + \frac{\partial f_2}{\partial x_2} = a(t-t_0) = 常数, \tag{6.4.26}$$

如假设 $f_1(x) = \alpha x_1 + f_1(x_2)$, $f_2(x) = f_2(x_1) + \beta x_2$, 且 $(6.4.1)_{\varepsilon=0}$ 满足条件 (H_1), 则易证

命题 6.4.1 当 $t \to -\infty$ 时, $\left\{\exp\left[\int_{t_0}^t a(s-t_0) ds\right]\right\} \Delta^u(t, t_0)$ 至少以衰减率 $\exp[(\lambda_1 - (\alpha+\beta) + \eta_1)t]$ 指数式地趋于零. 当 $t \to +\infty$ 时,

$$\left\{\exp\left[-\int_{t_0}^t a(s-t_0) ds\right]\right\} \Delta^s(t, t_0)$$

至少以衰减率 $\exp[-((\alpha+\beta) - \lambda_2 + \eta_2)t]$ 指数式地趋于零, 其中 η_1, η_2 任意小.

由命题 6.4.1 可知, 此时 Melnikov 函数 (6.4.21) 有效. 利用该公式可用分析方法或数值方法研究系统 $(6.4.1)_\varepsilon$ 的横截同宿点的存在性.

对系统 $(6.4.1)_\varepsilon$, Melnikov 积分还可以判定系统参数改变时, 是否存在非退化同宿相切的情况. 以下定理给出了应用 Newhouse 等的定理的条件.

定理 6.4.2 设 f 为 Hamilton 向量场, 考虑单参数扰动系统族

$$\dot{x} = f(x) + \varepsilon g(x, t, \mu), \quad x \in \mathbf{R}^2. \tag{6.4.27}$$

如果条件 $(H_1), (H_2)$ 成立, 且 Melnikov 函数 $M(t_0, \mu)$ 存在二阶零点, 即 $M(\tau, \mu_b) = \dfrac{\partial M(\tau, \mu_b)}{\partial t_0} = 0$, 但 $\dfrac{\partial^2 M(\tau, \mu_b)}{\partial t_0^2} \neq 0$, $\dfrac{\partial M(\tau, \mu_b)}{\partial \mu} \neq 0$. 则 $\mu_B = \mu_b + O(\varepsilon)$ 是单参数系统族 (6.4.27) 中出现二阶同宿相切的分枝参数值.

证 在定理假设下, $d(t_0, \mu)$ 可展为以下级数

$$d(t_0, \mu) = \varepsilon\{\alpha(\mu - \mu_0) + \beta(t_0 - \tau)^2\} + O(\varepsilon|\mu - \mu_b|^2) + O(\varepsilon^2). \tag{6.4.28}$$

由 (6.4.28) 可见, $d(t_0, \mu)$ 仅对 μ_b 附近的某个 μ_B 值关于 t_0 有二阶零点. 因此, 在 Σ^{t_0} 截面上当 $t_0 = \tau$ 时, 在 $\bar{x}(0)$ 近旁, $W^u(p_\varepsilon^\tau)$ 与 $W^s(p_\varepsilon^\tau)$ 有二次相切性. $\quad\square$

定理 6.4.1 与定理 6.4.2 的结果可推广而用于未扰动系统 $(6.4.1)_{\varepsilon=0}$ 存在异宿轨道的情形, 用于判断是否存在横截异宿点和横截异宿环等, 将在第 7 章结合应用实例作细致的讨论.

6.5 周期扰动系统的次谐波 Melnikov 函数

本节继续讨论 6.4 节中的系统 $(6.4.1)_\varepsilon$. 但为简单起见, 设 $(6.4.1)_{\varepsilon=0}$ 是 Hamilton 系统, 即

$$f_1(x_1, x_2) = \frac{\partial H}{\partial x_2}, \quad f_2(x_1, x_2) = -\frac{\partial H}{\partial x_1}, \tag{6.5.1}$$

其中, $H \equiv H(x_1, x_2) = h$ 是 $(6.4.1)_{\varepsilon=0}$ 的首次积分.

除 6.4 节的假设 $(H_1), (H_2)$ 外, 本节增加假设:

(H_3) 在 $(6.4.1)_{\varepsilon=0}$ 的同宿轨道 $\overline{\Gamma}_0 = \{x_\alpha(t)\}$, $x_\alpha(t)$ 对应的 Hamilton 量为 $h = h_\alpha$. 用 T_α 表示 Γ_α 的周期, T_α 关于 h_α 可微, 并且在 $\overline{\Gamma}_0$ 内处处有

$$\frac{dT_\alpha}{dh_\alpha} > 0. \tag{6.5.2}$$

不失一般性, 设 $\alpha \in (-1, 0), \alpha = 0$ 对应于同宿轨道 $\overline{\Gamma}_0$.

类似于引理 6.4.2, 我们有如下引理.

引理 6.5.1　设 $x_\alpha(t - t_0)$ 是未扰动系统 $(6.4.1)_{\varepsilon=0}$ 在 Σ^{t_0} 上的具有周期 T_α 的周期轨道, 则存在 $(6.4.1)_\varepsilon$ 的扰动轨道 $x_\varepsilon^\alpha(t, t_0)$, 未必是周期函数, 该轨道的方程可表示为在 $t \in [t_0, t_0 + T_\alpha]$ 内一致有效的渐近展开式

$$x_\varepsilon^\alpha(t, t_0) = x_\alpha(t - t_0) + \varepsilon x_1^\alpha(t, t_0) + o(\varepsilon^2). \tag{6.5.3}$$

以下假设 Γ_α 是具有周期 $T_\alpha = \dfrac{mT}{n}$ 的周期轨道, 其中 m, n 是互素整数, T 是扰动函数的周期. 上述关系称为共振关系, 兹定义次谐波 Melnikov 函数如下

$$M^{m/n}(t_0) = \int_0^{mT} f(x_\alpha(t)) \wedge g(x_\alpha(t), t + t_0) dt. \tag{6.5.4}$$

于是, 类似于 6.2 节, 以下的定理成立.

定理 6.5.1　如果 $M^{m/n}(t_0)$ 有不依赖于 ε 的简单零点, 且 $\dfrac{dT_\alpha}{dh_\alpha} \neq 0$, 则对于 $0 < \varepsilon < \widetilde{\varepsilon}(n)$, 系统 $(6.4.1)_\varepsilon$ 存在周期为 mT 的次谐波轨道. 若 $n = 1$, 则上述结果在 $0 < \varepsilon \leqslant \widetilde{\varepsilon}(1)$ 内是一致有效的.

对 $n > 1$, 上述结果关于 ε 非一致有效, 因为引理 6.5.1 中的展式在此情形下是非一致渐近有效的.

若 $(6.4.1)_{\varepsilon=0}$ 不是 Hamilton 系统, 而是一般的可积系统, 在同宿轨道 $\overline{\Gamma}_0$ 内同样存在一族周期轨道 $\Gamma_\alpha = \{x_\alpha(t)\}$, 则由第 5 章的结果可得以下形式的次谐波 Melnikov 函数

$$M^{m/n}(t_0) = \int_0^{mT} f(x_\alpha(t)) \wedge g(x_\alpha(t), t + t_0) \exp\left[-\int_0^t \mathrm{trace} Df(x_\alpha(s)) ds\right] dt. \tag{6.5.5}$$

于是对于一般的可积系统 $(6.4.1)_\varepsilon$, 当 $M^{m/n}(t_0)$ 存在简单零点时, 定理 6.5.1 的结论成立.

类似于定理 6.4.2, 我们有如下定理.

定理 6.5.2　考虑单参数系统族 (6.4.27), 在 (H_1)—(H_3) 条件下, 若 $M^{m/n}(t_0, \mu)$ 当 $\mu = \mu_b$ 时有二阶零点, 即在

$$\mu = \mu_b, \quad M^{m/n}(t_0, \mu) = \frac{\partial M^{m/n}(t_0, \mu)}{\partial t_0} = 0,$$

$$\frac{\partial^2 M^{m/n}(t_0, \mu)}{\partial t_0^2} \neq 0, \quad \frac{\partial M^{m/n}(t_0, \mu)}{\partial \mu} \neq 0.$$

则参数值 $\mu_{m/n} = \mu_b + O(\varepsilon)$ 是周期轨道出现的鞍结分枝值.

下面的定理指出, 同宿分枝是可数多个次谐波鞍结分枝的极限, 其证明类似于 6.2 节.

定理 6.5.3 设 $M^{m/1}(t_0) = M^m(t_0)$, 则

$$\lim_{m\to\infty} M^m(t_0) = M(t_0). \tag{6.5.6}$$

以下用平均法讨论次谐波解的稳定性, 该方法与 6.3 节所述方法有所不同.

引进角度-作用变换, 即设 $(6.4.1)_\varepsilon$ 中 $x = \begin{pmatrix} u \\ v \end{pmatrix}$, 令

$$I = I(u,v), \quad \theta = \theta(u,v), \tag{6.5.7}$$

其逆为

$$u = U(I,\theta), \quad v = V(I,\theta). \tag{6.5.8}$$

根据第 5 章的结果, 方程 $(6.4.1)_\varepsilon$ 可化为

$$\begin{aligned}
\dot{I} &= \varepsilon\left(\frac{\partial I}{\partial u}g_1 + \frac{\partial I}{\partial v}g_2\right) \stackrel{\text{def}}{=\!=} \varepsilon F(I,\theta,t), \\
\dot{\theta} &= \Omega(I) + \varepsilon\left(\frac{\partial \theta}{\partial u}g_1 + \frac{\partial \theta}{\partial v}g_2\right) \stackrel{\text{def}}{=\!=} \Omega(I) + \varepsilon G(I,\theta,t).
\end{aligned} \tag{6.5.9}$$

此时 Hamilton 量 (6.5.1)H 化为 $H(I)$, $H(I)$ 不依赖于 θ, 并设 $\Omega(I) = \dfrac{\partial H}{\partial I}$ 为具有作用 I 与能量 $H(I)$ 的角频率, $\Omega(I^\alpha) = \dfrac{\partial H}{\partial I} = \dfrac{2\Pi}{T_\alpha}, I^\alpha = I(x_\alpha(t))$.

考虑具有共振周期 $\dfrac{mT}{n}$ 及作用 $I^{m,n}$ 的共振轨道的小扰动. 作变换

$$\begin{aligned}
I &= I^{m,n} + \sqrt{\varepsilon}h, \\
\theta &= \Omega(I^{m,n})t + \phi = \left(\frac{2\pi n}{mT}\right)t + \phi \stackrel{\text{def}}{=\!=} \Omega^{m,n}(t) + \phi,
\end{aligned} \tag{6.5.10}$$

其中 h 与 ϕ 表示从解 $x_{\alpha(m,n)}(t)$ 的扰动. 将 (6.5.10) 代入 (6.5.9) 并展为 ε 的 Taylor 级数可得

$$\begin{aligned}
\dot{h} &= \sqrt{\varepsilon}F(I^{m,n},\Omega^{m,n}t+\phi,t) + \varepsilon F'(I^{m,n},\Omega^{m,n}t+\phi,t)h + O(\varepsilon^{3/2}), \\
\dot{\phi} &= \sqrt{\varepsilon}\Omega'(I^{m,n})h + \varepsilon\left[G(I^{m,n},\Omega^{m,n}t+\phi,t) + \frac{1}{2}\Omega''(I^{m,n})h^2\right] + O(\varepsilon^{3/2}).
\end{aligned} \tag{6.5.11}$$

式中,

$$\Omega'(I^{m,n}) = \frac{d\Omega}{dI}\bigg|_{I=I^{m,n}}, \quad \Omega''(I^{m,n}) = \frac{d^2\Omega}{dI^2}\bigg|_{I=I^{m,n}}.$$

由 $\dfrac{\partial T}{\partial h} \neq 0$ 的假设, 可保证 $\Omega' \neq 0$. 由求导的链式法则得

$$\frac{\partial I}{\partial u} = \frac{\partial I}{\partial H}\frac{\partial H}{\partial u} = \frac{1}{\Omega}\frac{\partial H}{\partial u} = -\frac{1}{\Omega}f_2, \quad \frac{\partial I}{\partial v} = -\frac{1}{\Omega}f_1. \tag{6.5.12}$$

于是, (6.5.11) 中第一式右边的 F 为

$$F = \frac{\sqrt{\varepsilon}}{\Omega^{m,n}}(f_1 g_2 - f_2 g_1) = \frac{\sqrt{\varepsilon}}{\Omega^{m,n}}(f \wedge g). \tag{6.5.13}$$

因此, (6.5.11) 可化为

$$\dot{h} = \sqrt{\varepsilon}\frac{1}{\Omega^{m,n}}f(x_\alpha(t)) \wedge g\left(x_\alpha(t), t + \frac{\phi}{\Omega^{m,n}}\right)$$
$$+ \varepsilon[F'(I^{m,n}, \Omega^{m,n}t + \phi, t)h] + O(\varepsilon^{3/2}),$$
$$\dot{\phi} = \sqrt{\varepsilon}\Omega'(I^{m,n}) + \varepsilon\left[\frac{\Omega''(I^{m,n})h^2}{2} + G(I^{m,n}, \Omega^{m,n}t + \phi, t)\right] + O(\varepsilon^{3/2}). \tag{6.5.14}$$

如果 $\Omega'(I^{m,n})$ 有界, $\sqrt{\varepsilon}$ 充分小, 则平均法中的结果可用于 (6.5.14), 因此可研究平均方程

$$\dot{\overline{h}} = \sqrt{\varepsilon}\frac{1}{2\pi n}M^{m/n}\left(\frac{\overline{\phi}}{\Omega^{m,n}}\right) + \varepsilon\overline{F'_m(\overline{\phi})\overline{h}} + O(\varepsilon^{3/2}),$$
$$\dot{\overline{\phi}} = \sqrt{\varepsilon}\Omega'(I^{m,n}) + \varepsilon\left(\frac{1}{2}\Omega''(I^{m,n})\overline{h^2} + \overline{G_m(\overline{\phi})}\right) + O(\varepsilon^{3/2}), \tag{6.5.15}$$

其中

$$M^{m/n}\left(\frac{\overline{\phi}}{\Omega^{m,n}}\right) = \int_0^{mT} f(x_\alpha(t)) \wedge g(x_\alpha(t), t + (\overline{\phi}/\Omega^{m,n}))dt$$

是次谐波 Melnikov 函数的形式, 而

$$\overline{F'_m(\overline{\phi})} = \frac{1}{mT}\int_0^{mT} F'(I^{m,n}, \Omega^{m,n}t + \phi, t)dt, \tag{6.5.16}$$

$$\overline{G_m(\overline{\phi})} = \frac{1}{mT}\int_0^{mT} G(I^{m,n}, \Omega^{m,n}t + \phi, t)dt, \tag{6.5.17}$$

这里 $F'(I, \theta, t) = \dfrac{\partial}{\partial I}F(I, \theta, t)$.

如果在 (6.5.15) 中不考虑 ε 项, 精确到 $\sqrt{\varepsilon}$, (6.5.15) 可化简为

$$\dot{\overline{h}} = \frac{\sqrt{\varepsilon}}{2\pi n}M^{m/n}\left(\frac{\overline{\phi}}{\Omega^{m,n}}\right), \quad \dot{\overline{\phi}} = \sqrt{\varepsilon}\Omega'(I^{m,n})\overline{h}. \tag{6.5.18}$$

显然, (6.5.18) 为 Hamilton 系统, 其首次积分为

$$\overline{H}(\overline{h},\overline{\phi}) = \sqrt{\varepsilon}\left\{\frac{1}{2\pi n}\int M^{m/n}\left(\frac{\overline{\phi}}{\Omega^{m,n}}\right)d\overline{\phi} - \frac{1}{2}\Omega'(I^{m,n})h^2\right\}. \qquad (6.5.19)$$

由 (6.5.18) 可直接看出, 当 $\overline{h}=0, M^{m/n}\left(\dfrac{\overline{\phi}}{\Omega^{m,n}}\right)=0$ 时, 系统有平衡点. 由假设 $\dfrac{\partial T}{\partial h},\dfrac{\partial T}{\partial I}>0,\Omega'<0$, 若 $\dfrac{\partial}{\partial\phi}(M^{m/n})<0$, 则平衡点是鞍点; 若 $\dfrac{\partial}{\partial\phi}(M^{m/n})>0$, 则平衡点是中心.

根据平均定理, (6.5.18) 的双曲或椭圆的不动点对应于 (6.5.15) 的小周期运动, 即 m/n 阶次谐波, 且接近于 (6.5.18) 的鞍点, 存在原系统的鞍型轨道. 这里用平均法再次得到定理 6.5.1 给出的结论. 但随着闭轨逼近于同宿轨道, $\Omega'(I^\alpha)$ 无限增加, 平均定理的结果是非一致有效的. 由于 Hamilton 系统不是结构稳定系统, 因此, 为确定扰动系统接近 (6.5.18) 的中心型轨道的稳定性质, 必须考虑整个系统 (6.5.15), 对该系统进行二阶平均, 以确定次谐波的稳定性.

定理 6.5.4 若 $\text{trace}Dg<0(>0)$, 则系统 (6.5.15) 若存在周期轨道, 必为鞍型的及汇 (源), 且该系统的 Poincaré 映射 P_ε 为不可能存在任何不变曲线.

证 由于未扰动系统 $(6.4.1)_{\varepsilon=0}$ 假设是 Hamilton 系统, 因此其 Poincaré 映射保面积, 从而 $\det|DP|=1$. 若扰动系统具有 "正阻尼", 即 $\text{trace}Dg<0$, 于是扰动的三维流收缩体积, 收缩率类似 $e^{(\text{trace}Dg)t}$. 因此扰动的 Poincaré 映射收缩面积 $(\det(DP_\varepsilon)<1$ 几乎处处成立). 由于特征乘子之积 $\lambda_1\lambda_2=\det(DP_\varepsilon)<1$, 故映射 P 的周期点或为鞍型的或为汇. 由于 P_ε 处处收缩面积, 故不可能存在简单的闭不变曲线. 类似地可证 $\text{trace}Dg>0$ 情形. $\qquad\square$

6.6 慢变振子的周期轨道

本节和 6.7 节讨论 Melnikov 方法向三维的推广, 以便提供对动力学和其他领域中某些系统的应用. 由于该方法比前几节的结果有明显的可计算性, 因此, 显示了这种推广的应用价值. 本节和 6.7 节的结果取材于 Wiggins 和 Holmes(1987). 对于三维扰动广义的 Hamilton 系统, 经过简化, 可化为本节研究的形式 (李继彬等, 2007).

考虑以下形式的慢变振子:

$$\begin{cases} \dot{x} = f_1(x,y,z) + \varepsilon g_1(x,y,z,t;\mu), \\ \dot{y} = f_2(x,y,z) + \varepsilon g_2(x,y,z,t;\mu), \\ \dot{z} = \varepsilon g_3(x,y,z,t;\mu) \end{cases} \qquad (6.6.1)$$

或

$$\dot{q} = f(q) + \varepsilon g_\mu(q, t), \tag{6.6.2}$$

其中 g_i $(i = 1, 2, 3)$ 是关于 t 的 T 周期函数, 依赖于参数 $\mu \in \mathbf{R}^K$, $f = (f_1, f_2, 0)^\mathrm{T}$, $q = (x, y, z)^\mathrm{T}, 0 < \varepsilon \ll 1$.

设 f 与 g 充分光滑 (是 C^r 的, $r \geqslant 4$). 对未扰动系统 $(6.6.1)_{\varepsilon=0}$ 作如下假设:

(A_1) 当 $\varepsilon = 0$ 时, $(6.6.1)_{\varepsilon=0}$ 约化为具有 Hamilton 量 $H(x, y, z)$ 的平面 Hamilton 系统的单参数族

$$\begin{cases} \dot{x} = f_1(x, y, z) = \dfrac{\partial H}{\partial y}, \\[2mm] \dot{y} = f_2(x, y, z) = -\dfrac{\partial H}{\partial x}, \\[2mm] \dot{z} = 0. \end{cases}$$

(A_2) 对于某个开区间 $J \subset \mathbf{R}$ 内的 z 之值, "平面" 系统 $(6.6.1)_{\varepsilon=0}$ 存在周期为 $T(\alpha, z)$ 的周期轨道族 $q^{\alpha,z}(t - \theta)$, 其中 $\alpha \in L(Z), L(Z)$ 为 $\mathbf{R}$ 中某开区间, θ 表示 "相" 或轨道的初始点. 设 $T(\alpha, z)$ 为 α 与 z 的可微函数, 在这里的假设下, 在三维相空间中, 系统 $(6.6.1)_{\varepsilon=0}$ 存在不变相柱面的光滑族 (图 6.6.1).

图 6.6.1   未扰动系统 $(6.6.1)_{\varepsilon=0}$ 的相柱面图

有时将 $(6.6.1)_\varepsilon$ 看作自治系统是方便的, 为此定义 $\phi(t) = t(\mathrm{mod}\, T)$, 利用 g_i 之 T 周期性, 有扭扩系统

$$\begin{cases} \dot{x} = f_1(x, y, z) + \varepsilon g_1(x, y, z, t; \phi), \\[1mm] \dot{y} = f_2(x, y, z) + \varepsilon g_2(x, y, z, t; \phi), \\[1mm] \dot{z} = \varepsilon g_3(x, y, z, t; \phi), \quad (x, y, z, \phi) \in \mathbf{R}^3 \times S^1, \\[1mm] \dot{\phi} = 1. \end{cases} \tag{6.6.3}$$

用 $\widetilde{L}(Z) \subset L(Z)$ 表示这样的 α 集合, 若 $\alpha \in \widetilde{L}(Z)$, 则在固定的 z 平面: $z =$ Constant 上, 周期轨道的周期 $T(\alpha, z)$ 一致有界, 其上界为 K, 类似于 6.5 节的结果, 我们有如下命题.

命题 6.6.1 设 $q_0^{\alpha, z}(t - \theta_0)$ 是未扰动系统具有周期 $T(\alpha, z) < K$ 的周期轨道, 则存在扰动轨道 $q_\varepsilon^{\alpha, z}(t - \theta_0)$ 未必为周期函数, 对充分小的 ε 与 $\alpha \in \widetilde{L}(Z)$, 在 $t \in [t_0, t_0 + T(\alpha, z)]$ 内可表示为一致有效的渐近展开式

$$q_\varepsilon^{\alpha, z}(t, \theta) = q_0^{\alpha, z}(t, \theta) + \varepsilon q_1^{\alpha, z}(t, \theta) + O(\varepsilon^2). \tag{6.6.4}$$

注 对 $\widetilde{L}(Z)$ 的限制是为避免周期变为无界. 此外, $q_1^{\alpha, z}(t, \theta)$ 必满足第一变分方程

$$\dot{q}_1^{\alpha, z} = Df(q_0^{\alpha, z})q_1^{\alpha, z} + g(q_0^{\alpha, z}, t). \tag{6.6.5}$$

问题在于, 对未扰动系统的任何周期轨道的两参数族, 扰动系统仍保持此性质吗? 为回答这个问题, 需要将四维问题 (6.6.3) 转化为三维的 Poincaré 映射. 定义横截于向量场 (6.6.3) 的大范围横截面

$$\Sigma^0 = \{(x, y, z, \phi)|\ \phi = 0\}.$$

并在 Σ^0 上定义映射 P: 从 Σ^0 某点出发的轨道经时间 T 后再次返回 Σ^0, 于是映射 P 的不动点对应于向量场的周期轨道.

对系统 (6.6.3) 作辛变换

$$(x(I, \theta), y(I, \theta), z) \to (I(x, y, z), \theta(x, y, z), z),$$

(6.6.3) 化为

$$\begin{cases} \dot{I} = \varepsilon \left(\dfrac{\partial I}{\partial x}g_1 + \dfrac{\partial I}{\partial y}g_2 + \dfrac{\partial I}{\partial z}g_3 \right) \equiv \varepsilon F(I, \theta, z, \phi), \\ \dot{\theta} = \Omega(I, z) + \varepsilon \left(\dfrac{\partial \theta}{\partial x}g_1 + \dfrac{\partial \theta}{\partial y}g_2 + \dfrac{\partial \theta}{\partial z}g_3 \right) \equiv \Omega(I, z) + \varepsilon G(I, \theta, z), \\ \dot{z} = \varepsilon g_3, \\ \dot{\phi} = 1, \end{cases} \tag{6.6.6}$$

其中 F, G, g_3 为 ϕ 的 T 周期函数, $\Omega(I, z) = \dfrac{\partial H}{\partial I}$ 是未扰动系统在 $z = $ Constant 平面上具有作用 I 及能量 $H(I < z)$ 的闭轨之角频率. 因此, 在作用-角度坐标系中, 作用 I 起着参数 α 的作用. 积分未扰动系统 $(6.6.6)_{\varepsilon=0}$ 可得

$$\begin{cases} I = I_0, \\ \theta = \Omega(I_0, z_0)(t - t_0) + \theta_0, \\ z = z_0. \end{cases} \tag{6.6.7}$$

对于系统 $(6.6.6)_\varepsilon$, 流的横截面是

$$\Sigma^0 = \{(I, \theta, z, \phi)|\ \phi = 0\}.$$

而 Poincaré 映射的 m 次迭代 P_ε^m 是

$$P_\varepsilon^m:\ (I_\varepsilon(0, 0, I_0, \theta_0, z_0), \theta_\varepsilon(0, 0, I_0, \theta_0, z_0), z_\varepsilon(0, 0, I_0, \theta_0, z_0))$$
$$\to (I_\varepsilon(mT, 0, I_0, \theta_0, z_0), \theta_\varepsilon(mT, 0, I_0, \theta_0, z_0), z_\varepsilon(mT, 0, I_0, \theta_0, z_0)),$$

其中初值的选择使得

$$\begin{cases} I_\varepsilon(0, 0, I_0, \theta_0, z_0) = I_0, \\ \theta_\varepsilon(0, 0, I_0, \theta_0, z_0) = \theta_0, \\ z_\varepsilon(0, 0, I_0, \theta_0, z_0) = z_0. \end{cases} \tag{6.6.8}$$

兹应用命题 6.6.1及由 (6.6.7) 确定的未扰动系统的解, 并用正则摄动法近似地确定 Poincaré 映射. $(6.6.6)_\varepsilon$ 的解可写为

$$P_\varepsilon^m:\ (I_0, \theta_0, z_0) \to (I_0, \theta_0, z_0) + (0, mT\Omega(I_0, z_0), 0)$$
$$+ \varepsilon(I_1(mT, 0, I_0, \theta_0, z_0), \theta_1(mT, 0, I_0, \theta_0, z_0), Z_1(mT, 0, I_0, \theta_0, z_0))$$
$$+ O(\varepsilon^2).$$
$$\tag{6.6.9}$$

上述近似表示对未扰动轨道的周期 $T(I, z) = mT$ 是一致渐近有效的. 但对于超次谐情形 $(T(I, z) = mT/n, n \geqslant 2, m, n$ 互素), 由于随着 n 增加, ε 必须收缩到 0, 故近似非一致渐近有效.

以下通过解第一变分方程以确定 I_1, θ_1, z_1. 由 (6.6.7) 得

$$\begin{pmatrix} \dot{I}_1 \\ \dot{\theta}_1 \\ \dot{z}_1 \end{pmatrix} = \begin{pmatrix} 0 & 0 & 0 \\ \partial\Omega/\partial I_0|_{I_0, z_0} & 0 & \partial\Omega/\partial z_0|_{I_0, z_0} \\ 0 & 0 & 0 \end{pmatrix} \begin{pmatrix} I_1 \\ \theta_1 \\ z_1 \end{pmatrix}$$
$$+ \begin{pmatrix} F(I_0, \Omega(I_0, z_0)t + \theta_0, z_0, t) \\ G(I_0, \Omega(I_0, z_0)t + \theta_0, z_0, t) \\ g_3(I_0, \Omega(I_0, z_0)t + \theta_0, z_0, t) \end{pmatrix}. \tag{6.6.10}$$

于是

$$
\begin{cases}
I_1(mT, 0, I_0, \theta, z_0) = \displaystyle\int_0^{mT} F(I_0, \Omega(I_0, z_0)t, \theta_0, z_0, t)dt \overset{\text{def}}{=\!=} \overline{M_1}^{m/n}(I_0, \theta_0, z_0), \\[2mm]
\theta_1(mT, 0, I_0, \theta, z_0) = \dfrac{\partial \Omega}{\partial I_0}\bigg|_{I_0, z_0} \displaystyle\int_0^{mT} \int_0^t F(I_0, \Omega(I_0, z_0)\xi + \theta_0, z_0, \xi)d\xi dt \\[4mm]
\qquad\qquad\qquad + \displaystyle\int_0^{mT} G(I_0, \Omega(I_0, z_0)t + \theta_0, z_0, t)dt \\[4mm]
\qquad\qquad\qquad + \dfrac{\partial \Omega}{\partial z_0}\bigg|_{I_0, z_0} \displaystyle\int_0^{mT} \int_0^t g_3(I_0, \Omega(I_0, z_0)\xi + \theta_0, z_0, \xi)d\xi dt \\[4mm]
\qquad\qquad\qquad \overset{\text{def}}{=\!=} \overline{M_2}^{m/n}(I_0, \theta_0, z_0), \\[2mm]
z_1(mT, 0, I_0, \theta, z_0) = \displaystyle\int_0^{mT} g_3(I_0, \Omega(I_0, z_0)t + \theta_0, z_0, t)dt \overset{\text{def}}{=\!=} \overline{M_3}^{m/n}(I_0, \theta_0, z_0).
\end{cases}
\tag{6.6.11}
$$

由 (6.6.11) 可知, Poincaré 映射 P_ε^m 具有形式

$$
\begin{aligned}
P_\varepsilon^m : (I_0, \theta_0, z_0) & \\
\to (I_0, \theta_0, z_0) & + (0, \Omega(I_0, z_0)mT, 0) \\
& + \varepsilon(\overline{M_1}^{m/n}(I_0, \theta_0, z_0), \overline{M_2}^{m/n}(I_0, \theta_0, z_0), \overline{M_3}^{m/n}(I_0, \theta_0, z_0)) + O(\varepsilon^2).
\end{aligned}
\tag{6.6.12}
$$

兹定义向量 $\overline{M}^{m/n}$ 为

$$
\overline{M}^{m/n}(I_0, \theta_0, z_0) = (\overline{M_1}^{m/n}(I_0, \theta_0, z_0), \overline{M_2}^{m/n}(I_0, \theta_0, z_0), \overline{M_3}^{m/n}(I_0, \theta_0, z_0)),
$$

上标 m/n 表示研究满足共振条件 $T(I, z) = mT/n$ (m, n 互素) 的周期轨道.

定理 6.6.1 设 $(I_0^*, \theta_0^*, z_0^*)$ 是使 $T(I_0^*, z_0^*) = mT/n$ 且满足以下条件的点.

$$
\dfrac{\partial \Omega}{\partial I_0}\bigg|_{(I_0^*, z_0^*)} \neq 0 \quad \text{或} \quad \dfrac{\partial \Omega}{\partial z_0}\bigg|_{I_0^*, z_0^*} \neq 0,
$$

$$
\left[\dfrac{\partial \Omega}{\partial I_0}\left(\dfrac{\partial \overline{M_1}}{\partial \theta_0}\dfrac{\partial \overline{M_3}}{\partial z_0} - \dfrac{\partial \overline{M_1}}{\partial z_0}\dfrac{\partial \overline{M_3}}{\partial \theta_0} \right) + \dfrac{\partial \Omega}{\partial z_0}\left(\dfrac{\partial \overline{M_1}}{\partial I_0}\dfrac{\partial \overline{M_3}}{\partial \theta_0} - \dfrac{\partial \overline{M_1}}{\partial \theta_0}\dfrac{\partial \overline{M_3}}{\partial I_0} \right) \right]\bigg|_{(I_0^*, \theta_0^*, z_0^*)} \neq 0.
$$

又设

$$
\overline{M_1}^{m/n}(I_0^*, \theta_0^8, z_0^*) = \overline{M_3}^{m/n}(I_0^*, \theta_0^*, z_0^*) = 0.
$$

则对 $0 < \varepsilon \leqslant \varepsilon(n)$, Poincaré 映射 P_ε^m 存在周期 m 的不动点. 若 $n = 1$, 则这个结果在 $0 < \varepsilon \leqslant \varepsilon(1)$ 上是一致有效的.

证　由共振条件 $T(I_0^*, z_0^*) = mT/n$ 可知, $mT\Omega(I_0^*, z_0^*) = 2\pi n$, 因为 $mT\Omega$ 是角变量. 为确定起见, 设 $\left.\dfrac{\partial\Omega}{\partial z_0}\right|_{(I_0^*, z_0^*)} \neq 0$ $\left(\text{情况 } \left.\dfrac{\partial\Omega}{\partial z_0}\right|_{I_0^*, z_0^*} \neq 0 \text{ 的证明是类似的}\right)$. 兹扰动点 $(I_0^*, \theta_0^*, z_0^*)$ 到 $(I_0^*, \theta_0^*, z_0^* + \Delta z)$ 在后一个点, Poincaré 映射有以下形式

$$P_\varepsilon^m(I_0^*, \theta_0^*, z_0^* + \Delta z) - (I_0^*, \theta_0^*, z_0^* + \Delta z)$$

$$= \left(0, mT\left.\frac{\partial\Omega}{\partial z_0}\right|_{(I_0^*, z_0^*)}\Delta z + \varepsilon\overline{M}_2(I_0^*, \theta_0^*, z_0^*) + O(\Delta z^2) + O(\varepsilon\Delta z), 0\right) + O(\varepsilon^2).$$

若选择

$$\Delta z = -\varepsilon\frac{\overline{M}_2(I_0^*, \theta_0^*, z_0^*)}{mT\left.\dfrac{\partial\Omega}{\partial z_0}\right|_{(I_0^*, z_0^*)}},$$

则由定理之假设, 有

$$P_\varepsilon^m(I_0^*, \theta_0^*, z_0^* + \Delta z) - (I_0^*, \theta_0^*, z_0^* + \Delta z) = O(\varepsilon^2),$$

$$\det|DP_\varepsilon^m - \mathrm{id}|_{(I_0^*, \theta_0^*, z_0^* + \Delta z)}$$

$$= \varepsilon^2\left[\frac{\partial\Omega}{\partial I_0}\left(\frac{\partial\overline{M}_1}{\partial\theta_0}\frac{\partial\overline{M}_3}{\partial z_0} - \frac{\partial\overline{M}_1}{\partial z_0}\frac{\partial\overline{M}_3}{\partial\theta_0}\right)\right.$$

$$\left. + \frac{\partial\Omega}{\partial z_0}\left(\frac{\partial\overline{M}_1}{\partial I_0}\frac{\partial\overline{M}_3}{\partial\theta_0} - \frac{\partial\overline{M}_1}{\partial\theta_0}\frac{\partial\overline{M}_3}{\partial I_0}\right)\right] + O(\varepsilon^3).$$

于是由于

$$\|DP_\varepsilon^m - \mathrm{id}\| = O(1),$$

根据隐函数定理, Poincaré 映射在 $(I_0^*, \theta_0^*, z_0^* + \Delta z)$ 近旁存在不动点, 从而微分方程在上述点近旁存在周期 mT/n 的孤立周期轨道.　　　　　　□

注　(i) 由定理 6.6.1可见, 不需要用到 $\overline{M}_2^{m/n}$ 的知识, 因此, 不必计算 (6.6.11) 中的二重积分.

(ii) 虽然 P_ε^m 是 $\mathbf{R}^3$ 中的微分同胚, 为确定是否存在不动点, 我们只需检查映射的第一个和第三个分量即可. 这是因为非零扭转条件 $\left(\dfrac{\partial\Omega}{\partial I_0} \text{ 或 } \dfrac{\partial\Omega}{\partial z_0} \neq 0\right)$ 局部地保证了经过 mT 时间后, 轨道再次返回适当的截面.

定理 6.6.1 不能用于自治向量场情形, 在自治情形通过固定 $\theta = \theta_0$, 其研究可以简化到 $\mathbf{R}^2$ 中的微分同胚.

以下略去 I, θ 与 z 中的小标 "0". 类似于定理 6.6.1 的证明, 在自治情形我们有如下定理.

定理 6.6.2 若存在点 (I^*, z^*) 使得

(a) $\overline{M}_1(I^*, z^*) = \overline{M}_3(I^*, z^*) = 0,$ (b) $\left. \dfrac{\partial(\overline{M}_1, \overline{M}_3)}{\partial(I, z)} \right|_{(I^*, z^*)} \neq 0.$

则 $(I^*, z^*) + O(\varepsilon)$ 是 Poincaré 映射的孤立不动点, 它对应于三维流的孤立周期轨道.

在定理 6.6.2 中, $\overline{M}_i$ 中的 m/n 被略去了, 积分限为 0 到 $T(I, z)$.

上面的两定理是在作用-角度坐标下得出的, 为了回到轨道坐标, 我们先对定理中的 $M^{m/n}$ 的第一、第三分量作某些直观的几何解释, 以便理解推广的 Melnikov 函数的意义.

由于未扰动系统是自治的, 在每个横截面 Σ^0 上, 我们有未扰动系统的相空间的相同的断面. 此外, 系统具有两种定常运动: $H(x, y, z)$ 与 z 本身. 这两个定常运动可以用于在 Σ^0 上沿着未扰动系统的轨道构造运动的 "轨道坐标系". 取定常运动的梯度, 可得两个向量 $\left(\dfrac{\partial H}{\partial x}, \dfrac{\partial H}{\partial y}, 0 \right)$ 与 $(0, 0, 1)$. 这两个向量张成平面 π, 而两向量是在横截面 Σ^0 中的未扰动轨道上点 $q_0^{\alpha, z}(-\theta)$ 取值的. 于是, 随着 θ 的改变, 平面 π 在 Σ^0 中沿未扰动轨道作平移 (图 6.6.2).

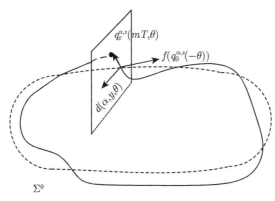

图 6.6.2 Σ^0 上的轨道坐标系

引入两分量向量值函数

$d(\alpha, \theta, z)$

$$= \dfrac{\left([q_\varepsilon^{\alpha, z}(mT, \theta) - q_\varepsilon^{\alpha, z}(0, \theta)] \cdot \left(\dfrac{\partial H}{\partial x}, \dfrac{\partial H}{\partial y}, 0 \right), \ [q_\varepsilon^{\alpha, z}(mT, \theta) - q_\varepsilon^{\alpha, z}(0, \theta)] \cdot (0, 0, 1) \right)}{\| f(q_0^{\alpha, z}(-\theta)) \|}$$

$$= \dfrac{\varepsilon \left([q_1^{\alpha, z}(mT, \theta) - q_1^{\alpha, z}(0, \theta)] \cdot \left(\dfrac{\partial H}{\partial x}, \dfrac{\partial H}{\partial y}, 0 \right), \ [q_1^{\alpha, z}(mT, \theta) - q_1^{\alpha, z}(0, \theta)] \cdot (0, 0, 1) \right)}{\| f(q_0^{\alpha, z}(-\theta)) \|}$$

$$+ O(\varepsilon^2)$$

$$\stackrel{\text{def}}{=\!=\!=} \varepsilon M^{m/n}(\alpha, \theta, z) + O(\varepsilon^2), \tag{6.6.13}$$

其中, $M^{m/n}(\alpha, \theta, z) = (M_1^{m/n}(\alpha, \theta, z), M_3^{m/n}(\alpha, \theta, z))$ 称为次谐波 Melnikov 函数. "$\| \cdot \|$" 表示 Euclid 范数, "$\cdot$" 表示向量的数量积, $mT = nT(\alpha, z)$ 为共振关系, 而 $T(\alpha, z)$ 为未扰动系统的周期轨道 $q_0^{\alpha, z}(t - \theta)$ 的周期.

从几何直观上可以看出, 在横截面 Σ^0 上, 有在点 $q_0^{\alpha, z}(-\theta)$ 正交于向量 $f(q_0^{\alpha, z})$ 的平面 π, 如果扰动系统的轨道之初值在平面 π 上, 并经过时间 mT 后以误差 $O(\varepsilon)$ 再次返回该平面, 则 $M^{m/n}$ 量度了在横截于未扰动轨道经 mT 时间的 "错位" (shear). 如果这种 "错位" 之值为零, 我们就有希望得到扰动系统的 mT/n 周期轨道. $M^{m/n}$ 的明显的计算公式为

$$M^{m/n}(\alpha, \theta, z)$$

$$= \frac{1}{\|f(q_0^{\alpha, z}(-\theta))\|} \left[\int_0^{mT} \left(\frac{\partial H}{\partial x} g_1 + \frac{\partial H}{\partial y} g_2 + \frac{\partial H}{\partial z} g_3 \right) (q_0^{\alpha, z}(t), t + \theta) dt \right.$$

$$\left. - \frac{\partial H}{\partial z} \left(q_0^{\alpha, z} \left(\frac{mT}{2} \right) \right) \int_0^{mT} g_3(q_0^{\alpha, z}(t), t + \theta) dt, \int_0^{mT} g_3(q_0^{\alpha, z}(t), t + \theta) dt \right], \tag{6.6.14}$$

其中 $q_0^{\alpha, z}(t - \theta)$ 为未扰动系统的周期为 $T(\alpha, z) = \dfrac{mT}{n}$ 的周期轨道.

以下我们指出, 定理 6.6.1中通过作用-角度变量导出的 $\overline{M}^{m/n}$ 与 (6.6.14) 的结果是一致的.

首先, 比较 (6.6.11) 与 (6.6.14) 的 $M_3^{m/n}$ 与 $\overline{M}_3^{m/n}$ 可见, 积分号下的函数相图, 且两个积分都沿着未扰动系统的周期轨道进行计算. 不论用 (I, θ, z) 还是 (x, y, z) 坐标, 由于两坐系之间的 Jacobi 等于 1, 因此两个积分完全一致, 即 $M_3^{m/n} \equiv \overline{M}_3^{m/n}$.

其次, 研究

$$\overline{M}_1^{m/n}(I, \theta, z) = \int_0^{mT} \left(\frac{\partial I}{\partial x} g_1 + \frac{\partial I}{\partial y} g_2 + \frac{\partial I}{\partial z} g_3 \right) dt, \tag{6.6.15}$$

这里被积函数沿着表示为作用-角度变量形式的未扰动周期轨道进行计算. $\Big($注意: $\dfrac{\partial I}{\partial x}$ 指当 y, z 固定时, I 关于 x 的偏导数, 可记为 $\dfrac{\partial I}{\partial x}\Big|_{(y,z)}$, 偏导数 $\dfrac{\partial I}{\partial y}$ 与 $\dfrac{\partial I}{\partial z}$ 有类似的记法$\Big)$.

在作用-角度变换下, Hamilton 量可以记为

$$H = H(I, z). \tag{6.6.16}$$

由于我们假设在所讨论区域内, $\left.\dfrac{\partial H}{\partial I}\right|_z$ 非零, 故由 (6.6.16) 可反解出

$$I = I(H, z). \tag{6.6.17}$$

对上式两边求导得

$$\begin{cases} \left.\dfrac{\partial I}{\partial x}\right|_{(y,z)} = \left.\dfrac{\partial I}{\partial H}\right|_z \cdot \left.\dfrac{\partial H}{\partial x}\right|_{(y,z)}, \\[2mm] \left.\dfrac{\partial I}{\partial y}\right|_{(x,z)} = \left.\dfrac{\partial I}{\partial H}\right|_z \cdot \left.\dfrac{\partial H}{\partial y}\right|_{(x,z)}, \\[2mm] \left.\dfrac{\partial I}{\partial z}\right|_{(x,y)} = \left.\dfrac{\partial I}{\partial H}\right|_z \cdot \left.\dfrac{\partial H}{\partial z}\right|_{(x,y)} + \left.\dfrac{\partial I}{\partial z}\right|_H. \end{cases} \tag{6.6.18}$$

由于 $\left.\dfrac{\partial H}{\partial I}\right|_z = \Omega(I, z)$, 故将 (6.6.18) 代入 (6.6.15) 得

$$\overline{M}_1^{m/n} = \frac{1}{\Omega(I, z)} \int_0^{mT} \left(\frac{\partial H}{\partial x} g_1 + \frac{\partial H}{\partial y} g_2 + \frac{\partial H}{\partial z} g_3 \right) dt + \left.\frac{\partial I}{\partial z}\right|_H \int_0^{mT} g_3 dt. \tag{6.6.19}$$

(6.6.19) 右边第二项中 $\left.\dfrac{\partial I}{\partial z}\right|_H$ 可提到积分号外, 原因是在未扰动系统之轨道上, 它是常数. 又由于在未扰动轨道上, 恒有

$$I = I(H, z) = \text{Constant}.$$

沿着轨道微分上式得

$$0 = \left.\frac{\partial I}{\partial H}\right|_z \cdot \left.\frac{\partial H}{\partial z}\right|_H + \left.\frac{\partial I}{\partial z}\right|_H. \tag{6.6.20}$$

由 (6.6.20), (6.6.19) 可化为

$$\begin{aligned} \overline{M}_1^{m/n}(I, \theta, z) = \frac{1}{\Omega(I, z)} \Bigg[& \int_0^{mT} \left(\frac{\partial H}{\partial x} g_1 + \frac{\partial H}{\partial y} g_2 + \frac{\partial H}{\partial z} g_3 \right) dt \\ & - \left.\frac{\partial H}{\partial z}\right|_I \int_0^{mT} g_3 dt \Bigg], \end{aligned} \tag{6.6.21}$$

其中被积函数沿着未扰动系统的周期轨道进行计算. 类似于对 $M_3^{m/n}$ 所述, 积分不论用 (I, θ, z) 还是 (x, y, z) 都是相同的, 又因 $\|f(q_0^{\alpha, z}(-\theta))\| = \Omega(I, z)$, 故由 (6.6.21) 可见, $\overline{M}_1^{m/n} = M_1^{m/n}$. 因此, 今后我们可以略去 $\overline{M}^{m/n}$ 中的记号 "$-$".

现在, 我们讨论周期解的稳定性问题.

如前所述, 系统 $(6.6.1)_\varepsilon$ 可约化为三维 Poincaré 映射:

$$P_\varepsilon^m(q) = q + (0, mT\Omega(I, z), 0) + \varepsilon(M_1^{m/n}(q), \overline{M}_2^{m/n}(q), \overline{M}_3^{m/n}(q)) + O(\varepsilon^2),$$
$$q = (I, \theta, z).$$

$$(6.6.22)$$

特别, 对于自治情形, $(6.6.1)_\varepsilon$ 可化为二维映射

$$P_\varepsilon^m(q) = q + \varepsilon(M_1(q), M_3(q)) + O(\varepsilon^2), \quad q = (I, z). \tag{6.6.23}$$

上述两映射的非退化的不动点, 对应于微分方程的孤立周期轨道, 通过 Poincaré 映射特征乘子的研究, 可以讨论周期解的稳定性. 记

$$\begin{cases} \Delta_1 = \dfrac{\partial M_1}{\partial I} + \dfrac{\partial \overline{M}_2}{\partial \theta} + \dfrac{\partial M_3}{\partial z} \overset{\text{def}}{=\!=} \text{trace}[DM], \\[2mm] \Delta_2 = mT\dfrac{\partial\Omega}{\partial I}\dfrac{\partial M_1}{\partial\theta} + mT\dfrac{\partial\Omega}{\partial z}\dfrac{\partial M_3}{\partial\theta}, \\[2mm] \Delta_3 = \dfrac{\partial(M_1, \overline{M}_2)}{\partial(I, \theta)} + \dfrac{\partial(M_1, M_3)}{\partial(I, z)} + \dfrac{\partial(\overline{M}_2, M_3)}{\partial(\theta, z)}, \\[2mm] \Delta_4 = mT\dfrac{\partial\Omega}{\partial I}\dfrac{\partial(M_1, M_3)}{\partial(\theta, z)} + mT\dfrac{\partial\Omega}{\partial I}\dfrac{\partial(M_1, M_3)}{\partial(I, \theta)}, \\[2mm] \Delta_5 = \dfrac{\partial\overline{M}_2}{\partial I}\dfrac{\partial\Omega}{\partial I}\dfrac{\partial(M_1, M_3)}{\partial(\theta, z)} + \dfrac{\partial\overline{M}_2}{\partial\theta}\dfrac{\partial(M_1, M_3)}{\partial(z, I)} + \dfrac{\partial\overline{M}_2}{\partial z}\dfrac{\partial(M_1, M_3)}{\partial(I, \theta)} \\[2mm] \qquad \overset{\text{def}}{=\!=} -\text{det}[DM]. \end{cases} \tag{6.6.24}$$

上述式子中, 所有偏导数均在 M_1, M_3 的零点进行计算, 且 $\dfrac{\partial(M_1, \overline{M}_2)}{\partial(I, \theta)} = \dfrac{\partial M_1}{\partial I} \cdot \dfrac{\partial\overline{M}_2}{\partial\theta} - \dfrac{\partial M_1}{\partial\theta}\dfrac{\partial\overline{M}_2}{\partial I}$ 等是 Jacobi 行列式.

经过详细计算, 在非自治情形可求得 (6.6.22) 的特征值如下:

情况 1 $\Delta_2 \neq 0, \Delta_4 \neq 0$.

$$\begin{cases} \lambda_{1,2} = 1 \pm \varepsilon^{1/2}\sqrt{\Delta_2} + \varepsilon/2\left(\Delta_1 - \dfrac{\Delta_4}{\Delta_2}\right) + O(\varepsilon^{3/2}), \\[2mm] \lambda_3 = 1 + \varepsilon\dfrac{\Delta_4}{\Delta_2} + O(\varepsilon^2). \end{cases} \tag{6.6.25}$$

情况 2 $\Delta_2 = 0, \Delta_4 \neq 0$.

$$
\begin{cases}
\lambda_1 = 1 + \varepsilon^{2/3}(-\Delta_4)^{1/3} + \varepsilon\dfrac{\Delta_1}{3} + \dfrac{\varepsilon^{4/3}}{(-\Delta_4)^{1/3}}\left(\dfrac{5}{9}\Delta_1^2 - \Delta_3\right) + O(\varepsilon^{5/3}), \\[2mm]
\lambda_2 = 1 + \varepsilon^{2/3}e^{\frac{4\pi i}{3}}(-\Delta_4)^{1/3} + \varepsilon\dfrac{\Delta_1}{3} + \dfrac{\varepsilon^{4/3}e^{\frac{4\pi i}{3}}}{(-\Delta_4)^{1/3}}\left(\dfrac{5}{9}\Delta_1^2 - \Delta_3\right) + O(\varepsilon^{5/3}), \\[2mm]
\lambda_3 = 1 + \varepsilon^{2/3}e^{\frac{8\pi i}{3}}(-\Delta_4)^{1/3} + \varepsilon\dfrac{\Delta_1}{3} + \dfrac{\varepsilon^{4/3}e^{\frac{8\pi i}{3}}}{(-\Delta_4)^{1/3}}\left(\dfrac{5}{9}\Delta_1^2 - \Delta_3\right) + O(\varepsilon^{5/3}).
\end{cases}
\tag{6.6.26}
$$

上述两种情况已经给出了在条件 $\dfrac{\partial\Omega}{\partial I} \neq 0$ 或 $\dfrac{\partial\Omega}{\partial z} \neq 0$ 之下, Poincaré 映射的特征值的所有可能的形式. 如果 $\Delta_1 = 0$, 特征值仍有上述形式. 但若 $\Delta_4 = 0$, 存在定理 6.6.1 已不能应用.

由 (6.6.25) 与 (6.6.26) 可见, 对于 ε 的低阶项, 特征值完全由 M_1 与 M_3 所确定 (这是非零扭转条件的推论).

在自治情形, (6.6.23) 的特征值为

$$
\lambda_{1,2} = 1 + \frac{\varepsilon}{2}\text{trace}DM \pm \frac{\varepsilon}{2}\sqrt{(\text{trace}DM)^2 - 4\det DM} + o(\varepsilon^2),
\tag{6.6.27}
$$

其中 $\text{trace}DM = \dfrac{\partial M_1}{\partial I} + \dfrac{\partial M_2}{\partial z}, \det DM = \dfrac{\partial M_1}{\partial I}\dfrac{\partial M_3}{\partial z} - \dfrac{\partial M_1}{\partial z}\dfrac{\partial M_3}{\partial I}$, 各偏导数沿着 (M_1, M_3) 的零点进行计算.

利用标准的线性化理论, 由特征值的大小即可确定周期轨道的稳定性.

下面, 我们考虑余维一的分枝问题.

定理 6.6.3 考虑含参数 $\mu \in \mathbf{R}$ 的 Poincaré 映射. 若存在点 $(I^*, \theta^*, z^*, \mu^*) = q^*$, 使得 $mT\Omega(I^*, z^*) = 2\pi n$, 且

$$
M_1^{m/n}(q^*) = M_3^{m/n}(q^*) = 0, \quad \left[\frac{\partial\Omega}{\partial I}\frac{\partial(M_1, M_3)}{\partial(\theta, I)} + \frac{\partial\Omega}{\partial z}\frac{\partial(M_1, M_3)}{\partial(\theta, I)}\right]\Bigg|_{q^*} = 0
$$

以及下述条件之一成立

(a) $\dfrac{\partial\Omega}{\partial z}\dfrac{\partial(M_1, M_3)}{\partial(\theta, \mu)}\bigg|_{q^*} \neq 0, \quad \dfrac{d}{dI}\left[\dfrac{\partial\Omega}{\partial I}\dfrac{\partial(M_1, M_3)}{\partial(z, \theta)} + \dfrac{\partial\Omega}{\partial z}\dfrac{\partial(M_1, M_3)}{\partial(\theta, I)}\right]\bigg|_{q^*} \neq 0,$

(b) $\left[\dfrac{\partial\Omega}{\partial I}\dfrac{\partial(M_1, M_3)}{\partial(\mu, z)} + \dfrac{\partial\Omega}{\partial z}\dfrac{\partial(M_1, M_3)}{\partial(I, \mu)}\right]\bigg|_{q^*} \neq 0,$

$\dfrac{d}{d\theta}\left[\dfrac{\partial\Omega}{\partial I}\dfrac{\partial(M_1, M_3)}{\partial(z, \theta)} + \dfrac{\partial\Omega}{\partial z}\dfrac{\partial(M_1, M_3)}{\partial(\theta, I)}\right]\bigg|_{q^*} \neq 0,$

(c) $\dfrac{\partial\Omega}{\partial z}\dfrac{\partial(M_1, M_3)}{\partial(\mu, \theta)}\bigg|_{q^*} \neq 0, \quad \dfrac{d}{dz}\left[\dfrac{\partial\Omega}{\partial I}\dfrac{\partial(M_1, M_3)}{\partial(z, \theta)} + \dfrac{\partial\Omega}{\partial z}\dfrac{\partial(M_1, M_3)}{\partial(\theta, I)}\right]\bigg|_{q^*} \neq 0.$

则在 q^* 近旁, 存在周期轨道出现的鞍结分枝点.

证　方程组

$$
\begin{cases}
M_1(I,\theta,z,\mu) + O(\varepsilon) = 0, \\
mT\Omega(I,z) - 2\pi n + \varepsilon \overline{M}_2(I,\theta,z,\mu) + O(\varepsilon^2) = 0, \\
M_3(I,\theta,z\mu) + O(\varepsilon) = 0
\end{cases}
\tag{6.6.28}
$$

在 (I,θ,z,μ) 空间内, 表示对应于 Poincaré 映射 P_ε^m 的不动点的某曲线, 该曲线的切向量为

$$
T = \left(\frac{\partial\Omega}{\partial I}\frac{\partial(M_1,M_2)}{\partial(\theta,\mu)} + O(\varepsilon), \frac{\partial\Omega}{\partial z}\frac{\partial(M_1,M_3)}{\partial(I,\mu)} + \frac{\partial\Omega}{\partial I}\frac{\partial(M_1,M_3)}{\partial(\mu,z)} + O(\varepsilon), \right.
$$
$$
\left. \frac{\partial\Omega}{\partial I}\frac{\partial(M_1,M_3)}{\partial(\mu,\theta)} + O(\varepsilon), \frac{\partial\Omega}{\partial I}\frac{\partial(M_1,M_3)}{\partial(z,\theta)} + \frac{\partial\Omega}{\partial z}\frac{\partial(M_1,M_3)}{\partial(\theta,I)} + O(\varepsilon) \right)^{\mathrm{T}}.
$$

我们需证, 在 $q^* = (I^*,\theta^*,z^*,\mu^*)$ 近旁, 存在这样的点, 使得在该点

$$
\frac{\partial\Omega}{\partial I}\frac{\partial(M_1,M_3)}{\partial(z,\theta)} + \frac{\partial\Omega}{\partial z}\frac{\partial(M_1,M_3)}{\partial(\theta,I)} + O(\varepsilon) = 0,
\tag{6.6.29}
$$

并且在该点曲线的切向量的 μ 分量的变化率不等于零, 这意味着不动点的曲线在 μ 方向上在该点附近是局部的抛物线, 且必为图 6.6.3 所示的非退化鞍结分枝的两种可能形式之一.

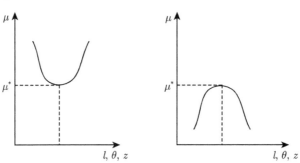

图 6.6.3　局部类似抛物线的分枝曲线

设定理 6.6.3中的假设 (a) 成立. 于是由 (a) 中第一式在点 q^* 不等于零可知, 曲线的切向量的 I 分量在该点不为零. 根据隐函数定理, 可将曲线关于 I 在平衡点局部参数化, 为证在 q^* 近旁存在点使得 (6.6.29) 成立, 只需证明

$$
\frac{d}{dI}\left(\frac{\partial\Omega}{\partial I}\frac{\partial(M_1,M_3)}{\partial(z,\theta)} + \frac{\partial\Omega}{\partial z}\frac{\partial(M_1,M_3)}{\partial(\theta,I)} \right)\Bigg|_{q^*} \neq 0.
$$

这正是假设 (a) 中的第二个条件, 同时这个条件也蕴含着在这个点, 不动点的曲线的切向量之 μ 分量的变化率不为零, 这就在条件 (a) 下证明了定理. 在条件 (b), (c) 下证明类似.　　　　　　　　　　　　　　□

在自治系统情形, 相应于定理 6.6.3, 有以下结果.

定理 6.6.4 考虑 (6.6.3) 含参数 $\mu \in \mathbf{R}$ 的 Poincaré 映射. 若存在点 $(I^*, z^*, \mu^*) = q^*$, 使得

$$M(q^*) = 0, \quad \det DM|_{q^*} = \frac{\partial(M_1, M_2)}{\partial(I, z)}\bigg|_{q^*} = 0, \quad \operatorname{trace} DM|_{q^*} \neq 0,$$

并且至少满足下述条件之一:

(1) $\dfrac{\partial(M_1, M_3)}{\partial(I, \mu)}\bigg|_{q^*} \neq 0, \dfrac{d}{dz}(\det DM)\bigg|_{q^*} \neq 0;$

(2) $\dfrac{\partial(M_1, M_3)}{\partial(z, \mu)}\bigg|_{q^*} \neq 0, \dfrac{d}{dI}(\det DM)\bigg|_{q^*} \neq 0.$

则 $q = q^* + O(\varepsilon)$ 是周期轨道出现的鞍结分枝点.

上述定理的证明类似于定理 6.6.3. 下面叙述两个 Poincaré 映射的 Hopf 分枝定理. 定理中记号见 (6.6.24) 式.

定理 6.6.5 设 $q(\mu)$ 为 Poincaré 映射的不动点的光滑曲线, $\mu \in K$, 其中 K 为 $\mathbf{R}$ 内某开区间. 若存在 $\mu_0 \in K$, 使得

$$\frac{\partial \Omega}{\partial I}\bigg|_{q(\mu_0)} \neq 0 \quad \text{或} \quad \frac{\partial \Omega}{\partial z}\bigg|_{q(\mu_0)} \neq 0$$

且

(1) $\Delta_2(q(\mu_0)) < 0,$ (2) $\Delta - \dfrac{\Delta_4}{\Delta_2} - \Delta_2\bigg|_{q(\mu_0)} = 0,$

(3) $\dfrac{d}{d\mu}\left(\Delta - \dfrac{\Delta_4}{\Delta_2} - \Delta_2\right)\bigg|_{q(\mu_0)} \neq 0,$ (4) $\Delta_4(q(\mu_0)) \neq 0.$

则在 μ_0 近旁存在 Poincaré 映射 (6.6.23) 出现不变圆的分枝值.

证 定理 6.6.5 的条件满足时, 蕴含着微分同胚 Hopf 分枝存在的条件, 故定理 6.6.5 成立. □

定理 6.6.6 设 $q(\mu)$ 为 M 的零点的光滑曲线, $\mu \in I, I$ 为 $\mathbf{R}$ 中某开区间. 若存在 $\mu_0 \in I$, 使得

(1) $\operatorname{trace} DM|_{q(\mu_0)} = 0,$ (2) $\dfrac{d}{d\mu}(\operatorname{trace} DM|_{q(\mu_0)}) \neq 0,$ (3) $\det DM|_{q(\mu_0)} > 0,$

(设上述三个量是 $O(1)$ 的). 则对于足够小的 ε (不等于 0), $\widetilde{\mu} = \mu_0 + O(\varepsilon)$ 是 Poincaré 映射 (6.6.23) 出现不变圆的 Hopf 分枝值.

证 利用公式 (6.6.27) 验证二维映射的 Hopf 分枝定理条件满足, 即证得本定理. □

不变圆的稳定性 (及分枝方向) 通过计算下面的量可以确定.

$$a = -\frac{\varepsilon}{32\sqrt{\det DM}}\{(\overline{f}_{uv} + \overline{f}_{uv}(g_{uu} - g_{vv} + 2\overline{f}_{uv}) + g_{uu} - g_{vv})$$
$$\cdot(\overline{f}_{uu} - \overline{f}_{vv} - 2g_{vu})\} + \frac{\varepsilon}{16}\{g_{uuu} + g_{uvv} + \overline{f}_{uuv} + \overline{f}_{vvv}\},$$

其中 $\overline{f} = \dfrac{1}{\sqrt{\det DM}}\left[\dfrac{\partial M_1}{\partial I}g - \dfrac{\partial M_3}{\partial I}f\right]$, 而 f 为

$$f(h,k) = \frac{1}{2}\left[\frac{\partial^2 M_1}{\partial I^2}h^2 + 2\frac{\partial^2}{\partial I\partial z}hk + \frac{\partial^2 M_1}{\partial z^2}k^2\right] + \frac{1}{6}\left[\frac{\partial^3 M_1}{\partial I^3}h^3 + 3\frac{\partial^3 M_1}{\partial I^2\partial z}h^2k\right.$$
$$\left. + 3\frac{\partial^3 M}{\partial I\partial z^2}hk^2 + \frac{\partial^3 M_1}{\partial z^3}k^3\right] + O((\sqrt{k^2+h^2})^4), \tag{6.6.30}$$

$g(h,k)$ 与 $f(h,k)$ 有类似公式, 只是将 M_1 换为 M_3. 所有的偏导数均在 $q(\mu_0)$ 取值, h, k 与 u, v 有如下关系

$$\begin{pmatrix} h \\ k \end{pmatrix} = \begin{pmatrix} \dfrac{\partial M_1/\partial I}{\partial M_3/\partial I} & \dfrac{-\sqrt{\det DM}}{\partial M_3/\partial I} \\ 1 & 0 \end{pmatrix}\begin{pmatrix} u \\ v \end{pmatrix}.$$

如果 $a > 0$ $(a < 0)$ 分枝出的不变圆不稳定 (稳定).

6.7   慢变振子的同宿轨道

本节继续研究方程组 $(6.6.1)_\varepsilon$, 考虑该系统的同宿轨道的存在性, 以及它们与周期轨道的关系.

除 6.6 节的假设 $(A_1), (A_2)$ 外, 对 $(6.6.1)_\varepsilon$ 增加如下假设:

(A_3) 对某个开区间 $J \subset \mathbf{R}$ 中的每个 z 值, "平面"系统 $(6.6.1)_{\varepsilon=0}$ 存在连接双曲鞍点的同宿轨道. 从而, 当观察整个三维相空间时, 系统 $(6.6.1)_{\varepsilon=0}$ 存在由平面系统的单参数族的鞍点之并集构成的法向的双曲不变一维流形 $\mathbf{N}$, $\mathbf{N}$ 有二维稳定流形与不稳定流形 (记为 $W^s(\mathbf{N})$ 与 $W^u(\mathbf{N})$), 使得其交集 $W^s(\mathbf{N}) \cap W^s(\mathbf{N}) \stackrel{\text{def}}{=\!=} \Gamma$, 由平面系统的单参数族的同宿轨道之并集所组成. 假设 $\mathbf{N}$ 是连通的, 否则以下的理论可用于 $\mathbf{N}$ 的每个连通分量.

(A_4) $(6.6.1)_{\varepsilon=0}$ 的周期为 $T(\alpha, z)$ 的周期轨道族 $q_0^{\alpha,z}(t-\theta)$ 位于 Γ 内, 用 $(\alpha(z), \alpha_0(z))$ 表示区间 $L(z)$. 设 $\lim\limits_{\alpha\to\alpha_0}T(\alpha, z) = \infty$, 周期 $T(\alpha, z)$ 可微, 且当 $(\alpha, z) \in (L(z), J)$ 时, $\dfrac{dT(\alpha, z)}{d\alpha} \neq 0$.

类似于 6.6 节, 可将 $(6.6.1)_\varepsilon$ 扭扩为系统 $(6.6.3)_\varepsilon$, 这种扭扩即便 g_i 不依赖于 ϕ 也是有意义的. 当 $\varepsilon = 0$ 时, 对于 $(6.6.3)_{\varepsilon=0}$ 用 $\Xi \equiv (\mathbf{N}, \phi) = \mathbf{N} \times S^1$ 表示法向的双曲不变集 (图 6.7.1).

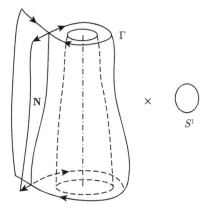

图 6.7.1　未扰动系统 $(6.6.1)_{\varepsilon=0}$ 的相空间

在 (A_3) 假设下, 由于 $\mathbf{N}$ 上的每个点是 $z = \mathrm{Constant}$ 平面上的鞍点, 因此, 必有 $\dfrac{\partial(f_1, f_2)}{\partial(x, y)} < 0$. 根据隐函数定理, Ξ 可表示为 z 变量的图:

$$\Xi = \Big\{ (r(z), \phi) | r(z) = (x(z), y(z), z), f_1(x, y, z) = f_2(x, y, z) = 0, \\ \frac{\partial(f_1, f_2)}{\partial(x, y)}\Big|_{r(z)} < 0, \phi \in S^1, z \in J \Big\}. \tag{6.7.1}$$

下面的结果给出了扰动之相空间的信息.

命题 6.7.1　存在 $\varepsilon_0 > 0$, 使得当 $0 < \varepsilon < \varepsilon_0 \ll 1$ 时, $(6.6.3)_\varepsilon$ 存在法向的双曲不变一维流形

$$\Xi_\varepsilon = \{ r(z, \phi, \varepsilon) = r(z) + O(\varepsilon) | \phi \in S^1, z \in J \}, \tag{6.7.2}$$

其中 $r(z, \phi, \varepsilon)$ 是 z 与 ε 的 C^r 函数, 是 ϕ 的周期为 T 的周期函数. Ξ_ε 具有局部稳定的和不稳定的 $W_{\mathrm{loc}}^s(\Xi_\varepsilon)$ 及 $W_{\mathrm{loc}}^u(\Xi_\varepsilon)$, 它们是分别 C^r 接近 Ξ 的局部稳定与不稳定流形 $W_{\mathrm{loc}}^s(\Xi)$ 与 $W_{\mathrm{loc}}^u(\Xi)$ 的.

注意, 在 Ξ 上的一切点都是 $(6.6.3)_{\varepsilon=0}$ 的不动点, 但在 Ξ_ε 上的点未必具有如下性质, 以下结果说明 Ξ_ε 上流的信息.

命题 6.7.2　设 $\overline{g_3(r(z))} = 1/T \displaystyle\int_0^T g_3(r(z), \phi) d\phi$, 并设存在 $z_0 \in J$, 使得

$\overline{g_3(r(z_0))} = 0, \dfrac{d}{dz}(\overline{g_3(r(z_0))}) \neq 0.$ 则 $\gamma(z_0, \phi, \varepsilon) = r(z_0) + O(\varepsilon)$ 是 Ξ_ε 上的具有周期 T 的双曲周期轨道.

证 这是平均定理的直接推论.

以下对 $(6.6.3)_\varepsilon$ 所诱导的流, 取如下的横截面

$$\Sigma^{t_0} = \{(x, y, z, \phi) \in \mathbf{R}^3 \times S^1 | \phi = t_0 \in [0, T)\}. \tag{6.7.3}$$

如果在 Ξ_ε 上存在双曲周期轨道, 具有图 6.7.2 所示两种情况.

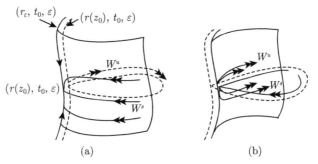

图 6.7.2　扰动系统 $(6.6.3)_\varepsilon$ 的不变流形

在图 6.7.2 中, 实线可看作是扰动方程的解的初始条件, 而虚线是未扰动系统的实际的解. 在情形 (a), $r(z_0) + O(\varepsilon)$ 有一维不稳定流形, 二维稳定流形, 在情形 (b) 正好相反.

下面的结果说明, 在任意长时间内, 在 $(r(z_0) + O(\varepsilon), \phi)$ 的稳定与不稳定流形上的解, 与未扰动解的近似程度.　　　　　　　　　　　　　　　　□

命题 6.7.3　如果存在 $z_0 \in J$ 使得 $(r(z_0, \phi; \varepsilon), \phi) = (r(z_0) + O(\varepsilon), \phi)$ 是 Ξ_ε 上的双曲周期轨道, 则对每个足够小的 ε, 存在 $C > 0, K = \{z : z_0 - C\varepsilon < z < z_0 + C\varepsilon\}$ 及位于 $(r(z_0, \phi, \varepsilon), \phi)$ 的稳定与不稳定流形上的解 $q_\varepsilon^s(t, \theta)$, 该解具有在所指出的时间区间上有效的表达式.

情形 (a)　$\dim W^s[(r(z_0, \phi; \varepsilon), \phi)] = 3, \dim W^u[(r(z_0, \phi; \varepsilon), \phi)] = 2$,

$$q_\varepsilon^s(t, \theta) = q_0(t - \theta) + \varepsilon q_1^s(t, \theta) + O(\varepsilon^2), \quad z_\varepsilon^s(t_0, \theta) \in K, \quad t \in [t_0, \infty),$$
$$q_\varepsilon^u(t, \theta) = q_0(t - \theta) + \varepsilon q_1^s(t, \theta) + O(\varepsilon^2), \quad t \in (\infty, t_0].$$

情形 (b)　$\dim W^s[(r(z_0, \phi; \varepsilon), \phi)] = 2, \quad \dim W^u[(r(z_0, \phi; \varepsilon), \phi)] = 3$,

$$q_\varepsilon^s(t, \theta) = q_0(t - \theta) + \varepsilon q_1^s(t, \theta) + O(\varepsilon^2), \quad t \in [t_0, \infty),$$
$$q_\varepsilon^u(t, \theta) = q_0(t - \theta) + \varepsilon q_1^u(t, \theta) + O(\varepsilon^2), \quad z_\varepsilon^u(t_0, \theta) \in K, \quad t \in (\infty, t_0],$$

其中 $q_0(t-\theta)$ 是未扰动系统的在 Ξ 上与 $r(z_0)$ 相连的解, 即在 $z=z_0$ 平面上的同宿轨道.

注　(1) $q_1^s(t,\theta)$ 与 $q_1^u(t,\theta)$ 通过解第一变分方程

$$\dot{q}_1^s = Df(q_0)q_1^s + g(q_0,t), \quad t \in [t_0, +\infty),$$

$$\dot{q}_1^u = Df(q_0)q_1^u + g(q_0,t), \quad t \in (-\infty, t_0],$$

可以求得其解.

(2) 在扭扩的未扰动系统中, $\dim W^s[(r(z_0),\phi)] = \dim W^u[(r(z_0),\phi)] = 2$. 但是, 在扰动系统中, $W^s[(r(z_0)+O(\varepsilon),\phi)]$ 或 $W^u[(r(z_0)+O(\varepsilon),\phi)]$ 的维数可能增加一维 (情形 (a) 和情形 (b)), 因此, 为了在任意长时间区间内用未扰动流形上的解一致地逼近扰动流形上的解, 这些解的初始位置必须非常靠近, 这就是在情形 (a) 和情形 (b) 中要求 $z_\varepsilon^{s,u}(t_0,\theta) \in K$ 的原因.

(3) 对于情形 (a) 的稳定流形及情形 (b) 的不稳定流形, 命题 6.7.3 并未明显地告诉我们在流形上的所有解, 仅告诉我们 z 之初值在 K 内, 由未扰动系统之轨道所一致逼近的解. 因此我们不可能在这些流形上, 随着时间之发展, 跟踪个别的解.

命题 6.7.4　设 $(r(z_0)+O(\varepsilon),\phi)$ 为在 Ξ_ε 上的双曲周期轨道, 并设 $q^{\alpha,z_0}(t-\theta)$ 是未扰动系统具有周期 $T(\alpha,z_0)$ 的周期轨道, 则存在扰动轨道 $q_\varepsilon^{\alpha,z_0}(t,\theta)$ 未必是周期的, 该轨道有在 $t \in [t_0, t_0+T(\alpha,z_0)]$ 上一致成立的渐近公式

$$q_\varepsilon^{\alpha,z_0}(t,\theta) = q_0^{\alpha,z_0}(t,\theta) + \varepsilon q_1^{\alpha,z_0}(t,\theta) + O(\varepsilon^2),$$

其中 ε 足够小, $\alpha \in L(z_0)$.

注意, 命题 6.7.4 所述未扰动轨道逼近扰动系统轨道, 仅仅在 Ξ_ε 邻域的有限的时间区间内.

现在我们考虑同宿流形 Γ. 由命题 6.7.3, 为要用未扰动系统在 Ξ 上的稳定与不稳定流形上的轨道以 $O(\varepsilon)$ 误差逼近扰动系统在 Ξ_ε 上的稳定与不稳定流形上的轨道, 有必要存在点 $z_0 \in J$, 使得 $(r(z_0,\phi;\varepsilon),\phi)$ 是 Ξ_ε 上的双曲周期轨道. 在 Ξ_ε 上的双曲周期轨道或有三维稳定流形, 二维不稳定流形, 或者情况相反. 因此, 在四维相空间中, 一般地这些流形如有交必是一维的. 在相空间中为量度解流形间的距离, 只需考虑横截于流形的方向. 因此, 为确定流形是否相交, 所需量度的个数必等于流形的最小余维数. 在本节讨论的情况, 余维数为 1. 因此, 我们找到一个纯量的测量数就足够了.

在横截面 Σ^0 上, 流的双曲周期轨道 $(r(z_0,\phi;\varepsilon),\phi)$ 对应于 Poincaré 映射的双曲不动点 $r(z_0)+O(\varepsilon)$, 它或者有二维稳定流形及一维不稳定流形 (情形 (a)), 或

者有一维稳定流形、二维不稳定流形 (情形 (b)). 为确定起见, 以下假设情形 (a) 成立, 而情形 (b) 可类似地讨论.

现在, 我们考虑如何在横截面 Σ^0 上测量稳定流形 $W^s(r(z_0) + O(\varepsilon))$ 与稳定流形 $W^s(r(z_0) + O(\varepsilon))$ 之间的距离. 设 $\alpha_0 = \alpha(z_0)$ 表示在 $z = z_0$ 水平上与未扰动系统的同宿轨道 $q_0^{\alpha, z_0}(t - \theta)$ 相对应的 α 值. 下面, 我们省略 $q_0^{\alpha, z}(t - \theta)$ 的上标 α, z.

在 Σ_0 上的点 $q_0(-\theta)$ 考虑正交于向量 $f(q_0(-\theta))$ 的平面 π. 在 $W^u(r(z_0) + O(\varepsilon)) \cap \pi$ 上存在唯一的最靠近 $r(z_0) + O(\varepsilon)$ 的点 $q_\varepsilon^u(0, \theta)$. 类似地, 在 π 上存在最靠近 $r(z_0) + O(\varepsilon)$ 的由 $W^s(r(z_0) + O(\varepsilon)) \cap \pi$ 的交集组成的曲线. 在该曲线上选取唯一的点 $q_\varepsilon^s(0, \theta)$, 使得 $q_\varepsilon^u(0, \theta) - q_\varepsilon^s(0, \theta)$ 平行于向量 $(-f_2(q_0(-\theta)), f_1(q_0(-\theta)), 0)$. 同时我们要求 $z_1^s(0, \theta) = z_1^u(0, \theta)$. 根据命题 6.7.3, 对每个 θ, 这种条件是可保证实现的, 因为命题 6.7.3 断言在 $(r(z_0) + O(\varepsilon), \phi)$ 的邻域内, 局部扰动流形是 $C^r \varepsilon$ 接近于局部的未扰动流形的. 因而其切空间是 ε-接近的. 在上述邻域之外, 有限时间段内, 解仍保持 ε-接近于未扰动的解, 其最大位移在 z-方向是 $O(\varepsilon)$ (图 6.7.3).

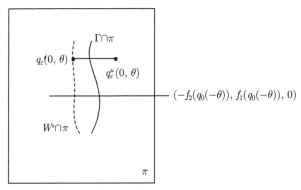

图 6.7.3   稳定和不稳定流形与 π 的交

显然, $|q_\varepsilon^u(0, \theta) - q_\varepsilon^s(0, \theta)|$ 是 $W^s(r(z_0) + O(\varepsilon))$ 与 $W^u(r(z_0) + O(\varepsilon))$ 之间距离的量度, 但为方便计算, 并考虑到 $W^s(r(z_0) + O(\varepsilon))$ 与 $W^u(r(z_0) + O(\varepsilon))$ 之间的定向关系, 我们宁愿用以下的距离测度:

$$
\begin{aligned}
&d(\alpha_0, \theta, z_0) \\
&= \frac{(\partial H / \partial x(q_0(-\theta)), (\partial H / \partial y(q_0(-\theta)), \theta) \cdot (q_\varepsilon^u(0, \theta) - q_\varepsilon^s(0, \theta)))}{\|f(q_0(-\theta))\|} \\
&= \frac{\varepsilon(\partial H / \partial x(q_0(-\theta)), (\partial H / \partial y(q_0(-\theta)), \theta) \cdot (q_1^u(0, \theta) - q_1^s(0, \theta)))}{\|f(q_0(-\theta))\|} + O(\varepsilon^2) \\
&\stackrel{\text{def}}{=} \varepsilon \frac{M(\theta)}{\|f(q_0(-\theta))\|} + O(\varepsilon^2),
\end{aligned}
\tag{6.7.4}
$$

其中 "·" 表示向量之数量积, $||\cdot||$ 表示 Euclid 范数, 而 $M(\theta)$ 表示同宿 Melnikov 函数.

下面讨论 $M(\theta)$ 的计算方法. 在几何上, $M(\theta)$ 是 Poincaré 映射的双曲不动点的稳定与不稳定流形之间距离的渐近展式中的最低阶项. 我们将通过解微分方程来导出 (6.7.4) 的一般表达式.

记

$$\Delta(t,\theta) = f_1(q_0(-\theta))(y_1^u(t,\theta) - y_1^s(t,\theta)) - f_2(q_0(-\theta))(x_1^u(t,\theta) - x_1^s(t,\theta))$$

$$\overset{\text{def}}{=\!=} \Delta^u(t,\theta) - \Delta^s(t,\theta). \tag{6.7.5}$$

对于 $\Delta^u(t,\theta)$, 有

$$\dot{\Delta}^u(t,\theta) = \left(\frac{\partial f_1}{\partial x}(q_0(t-\theta)) + \frac{\partial f_2}{\partial y}(q_0(t-\theta))\right)\Delta^u(t,\theta)$$

$$+ f_1(q_0(t-\theta))g_2(q_0(t-\theta),t) - f_2(q_0(t-\theta)) \cdot g_1(q_0(t-\theta),t)$$

$$+ \left[f_1(q_0(t-\theta))\frac{\partial f_2}{\partial z}(q_0(t-\theta)) - f_2(q_0(t-\theta))\frac{\partial f_1}{\partial z}(q_0(t-\theta))\right]z_1^u(t-\theta).$$

由于假设未扰动系统为 Hamilton 的, 故向量的散度恒为零, 从而

$$\dot{\Delta}^u(t,\theta) = f_1g_2 - f_2g_1 + \left(f_1\frac{\partial f_2}{\partial z} - f_2\frac{\partial f_1}{\partial z}\right)z_1^u(t,\theta), \tag{6.7.6}$$

其中 $z_1^u(t,\theta)$ 可通过在第一变分方程

$$\dot{z}_1^u(t,\theta) = g_3(q_0(t-\theta),t), \quad t \in (-\infty, 0] \tag{6.7.7}$$

中解 z 分量而得到. 对 (6.7.6) 积分得

$$\Delta^u(0,\theta) - \Delta^u(-\infty,\theta) = \int_{-\infty}^0 \left[(f_1g_2 - f_2g_1) + \left(f_1\frac{\partial f_2}{\partial z} - f_2\frac{\partial f_1}{\partial z}\right)z_1^u(t,\theta)\right]dt. \tag{6.7.8}$$

类似地有

$$\Delta^s(\infty,\theta) - \Delta^s(0,\theta) = \int_0^{+\infty} \left[(f_1g_2 - f_2g_1) + \left(f_1\frac{\partial f_2}{\partial z} - f_2\frac{\partial f_1}{\partial z}\right)z_1^s(t,\theta)\right]dt. \tag{6.7.9}$$

根据命题 6.7.3, 由于 $q_1^{u,s}(t,\theta)$ 对一切 t 有界, 又当逼近 $r(z_0)$ 时, 其未扰动向量场指数地趋于零, 故 $\Delta^s(\infty,\theta)$ 与 $\Delta^u(-\infty,\theta)$ 等于零. 类似地可证广义积分收敛, 从而

$$M(\theta) = \int_{-\infty}^{+\infty} (f_1g_2 - f_2g_1)dt + \int_{-\infty}^0 \left(f_1\frac{\partial f_2}{\partial z} - f_2\frac{\partial f_1}{\partial z}\right)z_1^u(t,\theta)dt$$

$$+ \int_0^{+\infty} \left(f_1 \frac{\partial f_2}{\partial z} - f_2 \frac{\partial f_1}{\partial z} \right) z_1^s(t, \theta) dt. \tag{6.7.10}$$

由未扰动系统的 Hamilton 性质易证

$$f_1 \frac{\partial f_2}{\partial z} - f_2 \frac{\partial f_1}{\partial z} = \frac{\partial H}{\partial y} \frac{\partial^2 H}{\partial x \partial z} + \frac{\partial H}{\partial x} \frac{\partial^2 H}{\partial y \partial z} = -\frac{d}{dt} \left(\frac{\partial H}{\partial z} \right) + \frac{\partial^2 H}{\partial z^2} \dot{z}.$$

又因在未扰动轨道上 $z = \mathrm{Constant}$, 故

$$\left(f_1 \frac{\partial f_2}{\partial z} - f_2 \frac{\partial f_1}{\partial z} \right)(q_0(t - \theta)) = -\frac{d}{dt} \left(\frac{\partial H}{\partial z}(q_0(t - \theta)) \right). \tag{6.7.11}$$

利用上述结果, 并经过分部积分得到

$$\int_{-\infty}^0 \left(f_1 \frac{\partial f_2}{\partial z} - f_2 \frac{\partial f_1}{\partial z} \right)(q_0(t - \theta)) z_1^u(t, \theta) dt$$

$$= \frac{\partial H}{\partial z}(q_0(-\infty)) z_1^u(-\infty, \theta)$$

$$- \frac{\partial H}{\partial z}(q_0(-\theta)) z_1^u(0, \theta) + \int_{-\infty}^0 \frac{\partial H}{\partial z}(q_0(t - \theta)) g_3(q_0(t - \theta), t) dt.$$

类似地

$$\int_0^{+\infty} \left(f_1 \frac{\partial f_2}{\partial z} - f_2 \frac{\partial f_1}{\partial z} \right)(q_0(t - \theta)) z_1^s(t, \theta) dt$$

$$= \frac{\partial H}{\partial z}(q_0(-\theta)) z_1^s(0, \theta)$$

$$- \frac{\partial H}{\partial z}(q_0(+\theta)) z_1^s(+\infty, \theta) + \int_0^{+\infty} \frac{\partial H}{\partial z}(q_0(t - \theta)) g_3(q_0(t - \theta), t) dt.$$

因此

$$M(\theta) = \int_{-\infty}^{+\infty} \left(f_1 g_2 - f_2 g_1 + \frac{\partial H}{\partial z} g_3 \right) dt$$

$$+ \frac{\partial H}{\partial z}(q_0(-\infty)) z_1^u(-\infty, \theta) - \frac{\partial H}{\partial z}(q_0(+\infty)) z_1^s(+\infty, \theta)$$

$$+ \frac{\partial H}{\partial z}(q_0(-\theta))(z_1^s(0, \theta) - z_1^u(0, \theta)).$$

注意到 $\dfrac{\partial H}{\partial z}(q_0(-\infty)) = \dfrac{\partial H}{\partial z}(q_0(+\infty))$, 因为当 $t \to \pm\infty$ 时, 未扰动轨道趋于 $r(z_0)$ 而 $z_1^u(-\infty, \theta)$ 与 $z_1^s(-\infty, \theta)$ 在 Σ^0 上收敛到鞍点. 于是可证

$$\frac{\partial H}{\partial z}(q(-\infty)) z_1^u(-\infty, \theta) - \frac{\partial H}{\partial z}(q(+\infty)) z_1^s(+\infty, \theta) = 0,$$

并由原来的选择: $z_1^s(0, \theta) - z_1^u(0, \theta) = 0$, 这样我们最终得到 Melnikov 函数

$$M(\theta) = \int_{-\infty}^{+\infty} \left[f_1 g_2 - f_2 g_1 + \frac{\partial H}{\partial z} g_3 \right] (q_0(t - \theta), t) dt$$
$$- \frac{\partial H}{\partial z} (\gamma(z_0)) \int_{-\infty}^{\infty} g_3(q_0(t - \theta), t) dt. \tag{6.7.12}$$

最后, 利用 $\dfrac{\partial H}{\partial y} = f_1, -\dfrac{\partial H}{\partial x} = f_2$ 及变换 $t \to t + \theta$, (6.7.12) 可记为简单的形式

$$M(\theta) = \int_{-\infty}^{+\infty} (\nabla H \cdot g)(q_0(t), t + \theta) dt - \frac{\partial H}{\partial z} (\gamma(z_0)) \int_{-\infty}^{\infty} g_3(q_0(t), t + \theta) dt. \tag{6.7.13}$$

于是, 在 Σ^0 上, $r(z_0) + O(\varepsilon)$ 的稳定与不稳定流形之间的距离用 $d(\theta) = \varepsilon(M(\theta)) / \|f(q_0(-\theta))\| + O(\varepsilon^2)$ 来量度. 因此, 若 $M(\theta)$ 在 $\theta = \widetilde{\theta}$ 有简单零点 $(M(\widetilde{\theta})) = 0, \dfrac{dM(\widetilde{\theta})}{d\theta} \neq 0$, 根据隐函数定理, 在 $\widetilde{\theta}$ 近旁, $d(\theta)$ 亦有简单零点. 从而我们有以下与混沌研究有关的重要结果.

定理 6.7.1 设 $M(\theta)$ 至少存在一个简单零点, 则对于足够小的 ε, 在该点近旁, $W^s(r(z_0)) + O(\varepsilon)$ 与 $W^u(r(z_0)) + O(\varepsilon)$ 横截相交. 另一方面, 若 $M(\theta)$ 有界且关于一切 θ 都不等于零, 则上述两流形无交点.

注 在公式 (6.7.12) 中, 积分号下函数 $f_1 g_2 - f_2 g_1 \overset{\text{def}}{=\!=} (f \wedge g)$ 是通常平面 Melnikov 函数的被积式, 而 $\dfrac{\partial H}{\partial z} g_3$ 才是由慢变的 z 导致的加项. 如果 g 不依赖于时间, 由公式 (6.7.13) 可见, $M = \displaystyle\int_{-\infty}^{+\infty} (\nabla H \cdot g)(q_0(t)) dt$ 与 θ 无关. 因此, 不存在 $M(\theta)$ 的简单零点, 横截同宿点不可能被发现. 这并不奇怪, 因为此时, 我们的系统是三维自治向量场, 且 $r(z_0) + O(\varepsilon)$ 是具有一维不稳定流形和二维稳定流形的不动点. 若这些流形相交, 它们必沿着解曲线相交, 故不可能横截. 但是, 若 g 依赖于参数, 则这种 "自治" 的同宿轨道将随参数的改变而自然地出现.

为讨论系统随参数 $\mu \in \mathbf{R}$ 变化的分枝性质, 我们有如下定理.

定理 6.7.2 (非自治情形) 研究依赖于纯量参数 $\mu \in K$ 的系统 $(6.6.1)_\varepsilon$, 其中 K 为 $\mathbf{R}$ 中某开区间. 若存在点 (θ_0, μ_0) 使得

(a) $M(\theta_0, \mu_0) = 0$,　　　　　　　　(b) $\left. \dfrac{\partial M}{\partial \theta} \right|_{\theta_0, \mu_0} = 0$,

(c) $\left. \dfrac{\partial^2 M}{\partial \theta^2} \right|_{\theta_0, \mu_0} \neq 0, \left. \dfrac{\partial M}{\partial \mu} \right|_{\theta_0, \mu_0} \neq 0.$

则对 $\varepsilon \neq 0$ 足够小, 在 μ 近旁, 存在分枝值 $\widetilde{\mu}_0$, 使得系统出现二次同宿相切.

定理 6.7.3 (自治情形)　设系统 $(6.6.1)_\varepsilon$ 中 $g(q,\mu)$ 不依赖于时间 t, 但依赖于纯量参数 $\mu \in K \subset \mathbf{R}$. 如果存在点 $\mu_0 \in K$, 使得

(a) $M(\mu_0) = 0,$ 　　　　　　　　　　(b) $\left.\dfrac{\partial M}{\partial \mu}\right|_{\mu=\mu_0} \neq 0,$

则对足够小的 $\varepsilon \neq 0$, 在 μ_0 近旁存在分枝参数值 μ, 使得 $(6.6.1)_\varepsilon$ 存在 (非横截的) 同宿轨道.

对于自治情形, 不能从同宿轨道存在立即推出系统的 Poincaré 映射存在 Smale 马蹄. 但若增加对鞍点的特征值的某些假设, 可以得到 Sil'nikov 等导出的某些结论.

现在, 我们讨论 $(6.6.1)_\varepsilon$ 的周期解与同宿轨道之间的关系. 注意到 §5 中确定的次谐波 Melnikov 函数有公式

$$
\begin{aligned}
M^{m/n}(I, \theta, z) &= \left(\frac{1}{\Omega(I,z)} \left[\int_0^{mT} (\nabla H \cdot g) dt - \left.\frac{\partial H}{\partial z}\right|_I \int_0^{mT} g_3 dt \right], \int_0^{mT} g_3 dt \right) \\
&\stackrel{\text{def}}{=\!=} (M_1^{m/n}, M_3^{m/n}).
\end{aligned}
\tag{6.7.14}
$$

我们将指出, 在同宿流形上, $M^{m/1}$ 的极限存在. 一般而言, 由于在任意长的时间区间内, 并非扰动流形上的一切解都能被未扰动流形上的解所一致逼近. 根据命题 6.7.3 与命题 6.7.4, 仅当扰动解的初始值 z 在点 $z_0 \in J$ 的 $O(\varepsilon)$ 内, 使得 $(r(z_0) + O(\varepsilon), \phi)$ 是 μ_ε 上的双曲周期轨道. 在自治情形下是不动点时, 上述逼近才有可能. 因此, 同宿流形不可能以任意方式逼近. 不过, 我们有以下的命题.

命题 6.7.5　如果存在点 $z_0 \in J$, 使得 $(r(z_0)+O(\varepsilon), \phi)$ 是 μ_ε 上的双曲周期解, 则

$$
\begin{aligned}
\lim_{\substack{m \to \infty \\ z \to z_0}} M_1^{m/1} &= \frac{\displaystyle \int_{-\infty}^{+\infty} (\nabla H \cdot g)(q_0(t), t+\theta) dt - \frac{\partial H}{\partial z}(\gamma(z_0)) \int_{-\infty}^{\infty} g_3(q_0(t), t+\theta) dt}{\|f(q_0(-\theta))\|} \\
&= M(\theta),
\end{aligned}
$$

这里, 被积函数沿着在 $z = z_0$ 平面的未扰动的同宿轨道进行计算.

命题 6.7.5 说明, 在同宿流形上, 周期的 Melnikov 函数具有意义, 虽然其动力学解释与平面情形大不相同. 在同宿流形内部, $(M_1^{m/1}, M_3^{m/1})$ 的简单零点意味着存在周期为 mT 的孤立周期轨道, 而在同宿流形上, M_3 的简单零点意味着在 μ_ε 上存在双曲周期轨道 $(r(z_0)+O(\varepsilon), \phi)$. 而 M_1 的简单零点蕴含着 $(r(z_0)+O(\varepsilon), \phi)$ 的稳定与不稳定流形横截相交. 命题 6.7.5 使得我们可将 M_1 与 M_3 看作 (α, z, θ) 的函数, 其中 $\theta \in \mathbf{R}, z \in J, \alpha \in L(z) = [\alpha(z), \alpha_0(z)], \alpha_0(z)$ 是对每个特定的 z 值, 确定同宿流形的 α 值.

以下用 $M^{m/1}(I, z, \mu)$ 与 $M^{m/1}(I, \theta, z, \mu)$ 分别表示自治与非自治的次谐波 Melnikov 向量. 有时还略去上标 $m/1$. 下面的定理说明同宿分枝定理 6.7.2 与定理 6.7.3 的假设还蕴含着当 $\mu \to \tilde{\mu}$ 时收敛于同宿轨道的近旁周期轨道族的存在性.

定理 6.7.4 (自治情形) 考虑含参数 $\mu \in \mathbf{R}$ 的 Melnikov 函数 $M(I, z, \mu)$, 若存在 $z_0 = z_0(\mu) \in J$, 使得 $r(z_0(\mu), \mu) + O(\varepsilon)$ 是 μ_ε 上的双曲不动点, 其中 μ 属于包含 μ_0 值的某个开区间 K, 又设 $I = I_0$ 为在 $z = z_0(\mu)$ 水平对应于同宿轨道的作用变量值, 且满足

(a) $M_1(I_0, z_0, \mu_0) = 0$,

(b) $\dfrac{\partial M_1}{\partial \mu}(I_0, z_0, \mu_0) \neq 0$,

(c) $\dfrac{\partial g_1}{\partial x}(r(z_0, \mu_0)) + \dfrac{\partial g_2}{\partial y}(r(z_0, \mu_0)) \neq 0$,

(d) $\dfrac{\partial g_3}{\partial z}(r(z_0, \mu_0)) \neq 0$.

则对于 $\varepsilon \neq 0$ 充分小, $(6.6.1)_\varepsilon$ 的解包含一周期轨道族 $\Lambda(\mu)(\mu \in K)$, 当 $\mu \to \tilde{\mu} = \mu_0 + O(\varepsilon)$ 时, $\Lambda(\mu)$ 的周期趋于无穷大而收敛到同宿轨道, $\tilde{\mu}$ 是同宿分枝参数值.

定理 6.7.5 (非自治情形) 考虑含参数 $\mu \in \mathbf{R}$ 的 Melnikov 函数 $M(I, \theta, z, \mu)$, 若存在 $z_0 = z_0(\mu) \in J$, 使得 $(r(z_0(\mu), \mu) + O(\varepsilon) + \phi$ 是 μ_ε 上的双曲周期轨道, 其中 μ 位于包含 μ_0 值的开区间 K 内, 又若 $I = I_0$ 为在 $z = z_0(\mu)$ 水平上, 对应于同宿轨道的作用变量值, 使得在点 $(I_0, \theta_0, z_0(\mu_0), \mu_0)$ 满足

(a) $M_1(I_0, \theta_0, z_0(\mu_0), \mu_0) = 0$,

(b) $\dfrac{\partial M_1}{\partial \theta}(I_0, \theta_0, z_0(\mu_0), \mu_0) = 0$,

(c) $\dfrac{\partial^2 M_1}{\partial \theta^2}(I_0, \theta_0, z_0(\mu_0), \mu_0) \neq 0$,

(d) $\dfrac{\partial M_1}{\partial \mu}(I_0, \theta_0, z_0(\mu_0), \mu_0) \neq 0$,

(e) $\dfrac{\partial \overline{g_3}}{\partial z}(r(z_0, \mu_0)) \neq 0$.

则对于 $\varepsilon \neq 0$ 充分小, 同宿分枝是周期日愈增大的次谐波鞍结分枝可数列的极限.

第 7 章　Melnikov 方法：应用

经典的微分方程定性理论和分枝理论主要涉及平面动力系统分枝出周期解 (极限环) 或同宿、异宿轨道的问题. 自从 Smale 的马蹄映射发现之后, 分枝理论中提出的又一个基本问题是: 如何理解马蹄的产生? 换言之, 系统是通过什么样的途径而通向混沌的? 第 6 章所介绍的 Melnikov 方法, 对于自治可积系统的弱受迫周期激励及弱参数激励系统, 研究如何通过次谐波分枝通向混沌, 判定是否有 Poincaré 映射的横截同宿点 (横截异宿环), 确定 Smale 马蹄存在的参数区域, 是一个很精确的数学分析方法.

本章将通过一系列具体的非线性振动系统及二维流形 (柱面和环面上) 的系统等, 来具体地介绍 Melnikov 方法的应用.

7.1　软弹簧 Duffing 系统的次谐与马蹄

本节和 7.2 节由刘曾荣教授协助完成初稿的撰写.

众所周知, 质点在软弹簧作用下运动方程为

$$M\frac{d^2X}{dT^2} + D\frac{dX}{dT} + CX - NX^3 = 0, \tag{7.1.1}$$

其中 $M, D, C, N > 0$, M 为质点的质量, D 为阻尼系数, C 与 N 分别为弹簧线性与非线性刚性系数.

(7.1.1) 的线性化系统具有固有频率 $\Omega_0 = \sqrt{M/C}$.

引入如下无量纲参数

$$X = x\sqrt{C/N}, \qquad T = \Omega_0 t. \tag{7.1.2}$$

可以把 (7.1.1) 改写为

$$\ddot{x} + x - x^3 = -\varepsilon\delta\dot{x}, \tag{7.1.3}$$

其中 $\varepsilon\delta = D/\sqrt{MC}, 0 < \varepsilon \ll 1$.

如果系统 (7.1.3) 还受弱周期强迫力作用, 则 (7.1.3) 化为

$$\ddot{x} + x - x^3 = -\varepsilon\delta\dot{x} + \varepsilon f\cos(\omega t). \tag{7.1.4}$$

又若引进弱周期参数激励作用, (7.1.3) 化为

$$\ddot{x} + (1 + \varepsilon f \cos(\omega t))x - x^3 = -\varepsilon \delta \dot{x}. \tag{7.1.5}$$

(7.1.5) 是加了非线性项和弱阻尼的 Mathieu 方程. (7.1.4) 和 (7.1.3) 中参数 f 和 ω 可以通过原变换回到 (X, T) 坐标下激励的振幅和频率.

模型方程 (7.1.3)—(7.1.5) 在力学、电学以及物理学中都有着广泛的应用, 因此长期以来科学工作者对这些系统进行过许多研究. 当 N 为小量时摄动理论的分析可参见 Mook 和 Nayfeh (1979). 本节将利用第 6 章所述的 Melnikov 方法, 在 N 为 $O(1)$ 条件下, 详细讨论 (7.1.4) 和 (7.1.5) 的次谐波分枝和马蹄的产生, 揭示这些系统的各种有趣的性质.

7.1.1 次谐分枝到马蹄的途径

考虑软弹簧 Duffing 振子

$$\ddot{x} + x - x^3 = -\varepsilon \delta \dot{x} + \varepsilon f \cos \omega t. \tag{7.1.6}$$

(7.1.6) 的等价系统为

$$\begin{cases} \dot{x} = y, \\ \dot{y} = -x + x^3 - \varepsilon(\delta y - f \cos \omega t). \end{cases} \tag{7.1.7}$$

$(7.1.6)_{\varepsilon=0}$ 的未扰动系统

$$\ddot{x} + x - x^3 = 0 \tag{7.1.8}$$

是 Hamilton 系统, 其 Hamilton 量为

$$H(x, y) = \frac{1}{2}y^2 + \frac{1}{2}x^2 - \frac{1}{4}x^4 = h. \tag{7.1.9}$$

通过简单的定性分析可知, $(0, 0)$ 为 (7.1.8) 的中心, $(1, 0)$ 和 $(-1, 0)$ 为 (7.1.8) 的鞍点; 当 $h = \dfrac{1}{4}$ 时, 存在两条连接 $(\pm 1, 0)$ 的异宿轨道, 形成一个异宿环. 当 $0 < h < \dfrac{1}{4}$ 时, 系统 (7.1.8) 在异宿圈内存在一族包围 $(0, 0)$ 的闭轨 (图 7.1.1).

(7.1.8) 的两条异宿轨道的参数方程为

$$\begin{cases} x_{\pm}^0(t) = \pm \tanh\left(\dfrac{\sqrt{2}}{2}t\right), \\ y_{\pm}^0(t) = \pm \dfrac{\sqrt{2}}{2}\text{sech}^2\left(\dfrac{\sqrt{2}}{2}t\right), \end{cases} \tag{7.1.10}$$

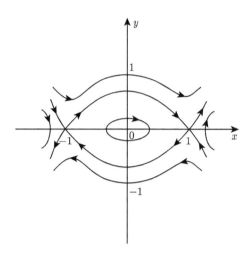

图 7.1.1   系统 (7.1.8) 的相图

以 $h = h(k)$ 为参数的周期轨道为

$$
\begin{cases}
x_k = \dfrac{\sqrt{2}k}{\sqrt{1+k^2}}\operatorname{sn}\left(\dfrac{t}{\sqrt{1+k^2}}, k\right), \\[3mm]
y_k = \dfrac{\sqrt{2}k}{1+k^2}\operatorname{cn}\left(\dfrac{t}{\sqrt{1+k^2}}, k\right)\operatorname{dn}\left(\dfrac{t}{\sqrt{1+k^2}}, k\right).
\end{cases}
\tag{7.1.11}
$$

其中 $\operatorname{sn}(u,k), \operatorname{cn}(u,k), \operatorname{dn}(u,k)$ 为 Jacobi 椭圆函数, k 为椭圆函数的模, $0 < k < 1$. 参数 $h = h(k) = \dfrac{k^2}{(1+k^2)^2}$ 定义的轨道的周期为 $T_k = 4\sqrt{1+k^2}K(k)$, $K(k)$ 是第一类完全椭圆积分. 容易验证, $dT_k/dk > 0$.

计算 $(7.1.7)_\varepsilon$ 沿异宿轨道的 Melnikov 函数, 得到

$$
M_\pm(t_0, \delta, f) = \int_{-\infty}^{+\infty}[-\delta y_\pm^0(t) + f\cos\omega(t + l_0)]y_\pm^0(t)dt = \delta I_1 + f I_2\cos(\omega t_0),
\tag{7.1.12}
$$

其中 $I_1 = \dfrac{2\sqrt{2}}{3}, I_2 = \sqrt{2}\pi\omega\operatorname{csch}\left(\dfrac{\sqrt{2}}{2}\pi\omega\right)$.

由 (7.1.12) 可知, 当参数 f, δ 满足

$$
\frac{f}{\delta} > \frac{I_1}{I_2} = \frac{2}{3\pi\omega}\sinh\left(\frac{\sqrt{2}}{2}\pi\omega\right) \xlongequal{\text{def}} R_\infty^{(1)}
\tag{7.1.13}
$$

时, $(7.1.7)_\varepsilon$ 的 Poincaré 映射存在横截 2 环, 换言之, $R_\infty^{(1)}$ 为系统出现马蹄的门槛值.

对于任给一对互素的正整数 (m, n), 存在唯一的 k, 满足 $T_k = 4\sqrt{1 + k^2}K(k) = \dfrac{2\pi m}{\omega n}$, 沿周期为 T_k 的轨道计算次谐波 Melnikov 函数得

$$M^{m/n}(t_0, \delta, f) = \int_0^{mT} [-\delta y_k(t) + f\cos\omega(t + t_0)]y_k(t)dt$$

$$= -\delta J_1(m, n) + f J_2(m, n)\cos(\omega t_0), \qquad (7.1.14)$$

其中

$$J_1(m, n) = \frac{8n}{3(1 + k^2)^{3/2}}[(k^2 - 1)K(k) + (1 + k^2)E(k)].$$

$$J_2(m, n) = \begin{cases} 0, & n \neq 1 \text{ 或 } m \text{为偶数}, \\ 2\sqrt{2}\pi\omega\operatorname{csch}\left(\dfrac{\pi m K'(k)}{2K(k)}\right), & n = 1 \text{ 且 } m \text{为奇数}, \end{cases}$$

$K'(k) = K(k') = K(\sqrt{1 - k^2})$, $E(k)$ 为第二类完全椭圆积分. 因此, 当参数 f/δ 满足

$$\frac{f}{\delta} > \frac{J_1(m, 1)}{J_2(m, 1)} = \frac{2\sqrt{2}[(1 + k^2)E(k) - (1 - k^2)K(k)]}{3\pi\omega(1 + k^2)^{3/2}}\sinh\frac{\pi m K'(k)}{2K(k)} \overset{\text{def}}{=\!=} R_m^{(1)}(\omega) \qquad (7.1.15)$$

时, 系统 $(7.1.7)_\varepsilon$ 将存在奇数阶次谐周期解.

如果考虑系统为参数激励形式

$$\ddot{x} + (1 + \varepsilon f\cos\omega t)x - x^3 = -\varepsilon\delta\dot{x}, \qquad (7.1.16)$$

它的等价系统为

$$\begin{cases} \dot{x} = y, \\ \dot{y} = -x + x^3 - \varepsilon(\delta y + fx\cos(\omega t)). \end{cases} \qquad (7.1.17)$$

此时沿异宿轨道计算的 Melnikov 函数为

$$M_{\pm}(t_0) = \int_{-\infty}^{+\infty}[-\delta y_{\pm}^0(t) + f\cos(t + t_0)x_{\pm}^0(t)]y_{\pm}^0(t)dt = -\delta I_1 + f I_3\sin(\omega t_0), \qquad (7.1.18)$$

其中 $I_3 = \pi\omega^2\operatorname{csch}\left(\dfrac{\sqrt{2}}{2}\pi\omega\right)$.

故存在横截 2 环的门槛值为

$$R_\infty^{(2)}(\omega) = \frac{I_1}{I_3} = \frac{2\sqrt{2}}{3\pi\omega^2}\sinh\left(\frac{\sqrt{2}}{2}\pi\omega\right). \qquad (7.1.19)$$

同样, 对于满足共振条件 $T_k = 4\sqrt{1+k^2}K(k) = \dfrac{2\pi m}{\omega n}$ 的无扰动系统的轨道, 计算次谐波 Melnikov 函数, 得到

$$M^{m/n}(t_0) = \int_0^{mT} [-\delta y_k(t) + f\cos\omega(t+t_0)x_k(t)]y_k(t)dt$$
$$= -\delta J_1(m,n) + fJ_3(m,n)\sin(\omega t_0), \tag{7.1.20}$$

其中

$$J_3(m,n) = \begin{cases} 0, & n \neq 1\text{或}m\text{为奇数}, \\ \dfrac{\pi^3 m^2}{2(1+k^2)K^2(k)}\mathrm{csch}\left(\dfrac{\pi m K'(k)}{2K(k)}\right), & n=1\text{且}m\text{为偶数}, \end{cases}$$

故存在偶数阶次谐的门槛值为

$$R_m^{(2)}(\omega) = \frac{J_1(m,1)}{J_3(m,1)} = \frac{16[1+k^2E(k) - (1-k^2)K(k)]}{3\pi^3 m^2(1+k^2)^{1/2}}\sinh\left(\frac{\pi m K'(K)}{2K(k)}\right). \tag{7.1.21}$$

利用关系 $4\sqrt{1+k^2}K(k) = \dfrac{2\pi m}{\omega}$, (7.1.15) 和 (7.1.21) 可改写为

$$R_m^{(1)}(\omega) = \frac{2\sqrt{2}[(1+k^2)E(k) - (1-k^2)K(k)]}{3\pi\omega(1+k^2)^{3/2}}\sinh(\omega\sqrt{1+k^2}K'(k)) \tag{7.1.22}$$

和

$$R_m^{(2)}(\omega) = \frac{4[(1+k^2)E(k) - (1-k^2)K(k)]}{3\pi\omega(1+k^2)^{3/2}}\sinh(\omega\sqrt{1+k^2}K'(k)). \tag{7.1.23}$$

利用上述结果, 我们可作如下讨论.

(1) 对于任意固定的 $\omega, m \to \infty$, 即 $k \to 1$, (7.1.22) 和 (7.1.23) 有极限

$$\lim_{m\to\infty} R_m^{(1)}(\omega) = \frac{2}{3\pi\omega}\sinh\left(\frac{\sqrt{2}}{2}\pi\omega\right) = R_\infty^{(1)}(\omega), \tag{7.1.24}$$

$$\lim_{m\to\infty} R_m^{(2)}(\omega) = \frac{2\sqrt{2}}{3\pi\omega^2}\sinh\left(\frac{\sqrt{2}}{2}\pi\omega\right) = R_\infty^{(2)}(\omega). \tag{7.1.25}$$

同时利用 $E(k)$ 和 $K(k)$ 在 $k \to 1$ 的级数展开式

$$\begin{cases} K(k) = \ln\dfrac{4}{k'} + \dfrac{1}{2}\left(\ln\dfrac{4}{k'} - \dfrac{2}{1\cdot 2}\right)k'^2 + \left(\dfrac{1\cdot 3}{2\cdot 4}\right)^2\left(\ln\dfrac{4}{k'} - \dfrac{2}{1\cdot 2} - \dfrac{2}{3\cdot 4}\right)k'^4 + \cdots, \\ E(k) = 1 + \dfrac{1}{2}\left(\ln\dfrac{4}{k'} - \dfrac{2}{1\cdot 2}\right)k'^2 + \dfrac{1\cdot 3}{2\cdot 4}\left(\ln\dfrac{4}{k'} - \dfrac{2}{1\cdot 2} - \dfrac{2}{3\cdot 4}\right)k'^4 + \cdots. \end{cases} \tag{7.1.26}$$

可以证明, 对任意给定 ω 与足够接近 1 的 k(即充分大的 m), 有

$$R_m^{(1)}(\omega) < R_\infty^{(1)}(\omega); \quad R_m^{(2)}(\omega) < R_\infty^{(2)}(\omega). \tag{7.1.27}$$

这样对任意固定的 ω, 参数 f/δ 逐渐增大时, 受迫激励及参数激励两种情况, 系统的可列个次谐分枝的门槛值将凝聚于产生马蹄的门槛值.

(2) 显然, 对于具有弱线性阻尼和受迫周期激励的情况, 当 f/δ 增加时, 系统经历无限次奇阶次谐分枝而进入马蹄; 但对于具有弱线性阻尼和周期参数激励的情况, 随着参数 f/δ 的增加, 系统经过无限次偶阶次谐分枝而进入马蹄.

(3) 固定 ω, 逐渐增大 f/δ, 为了讨论进入马蹄前系统会出现哪些次谐波以及排列情况, 就得比较 $R_m^{(i)}(\omega)$ 和 $R_\infty^{(i)}(\omega)(i=1,2)$; m 为所允许的正整数的相对大小.

作 $R_m^{(1)} - R_\infty^{(1)} \sim \omega$ 的关系图 (图 7.1.2).

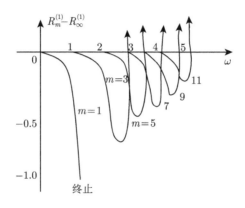

图 7.1.2 $R(\omega)$-ω 曲线

由图 7.1.2 可见, $R_m^{(1)}(\omega) - R_\infty^{(1)}(\omega)$ 曲线终止于 $\omega = 1$, $R_m^{(1)}(\omega)$ $(m = 3, 5, \cdots)$ 在 $\omega \to m$ 时趋于 ∞, 而 $R_\infty^{(1)}(\omega)$ 却为有限. 设 $R_3^{(1)}, R_5^{(1)}, \cdots$ 与 $R_\infty^{(1)}$ 交点的 ω 值为 $\omega_3, \omega_5, \cdots$. 又设 $R_3^{(1)}$ 与 $R_5^{(1)}$ 交于 $\omega_{3,5}$. $R_3^{(1)}$ 与 $R_7^{(1)}$ 交于 $\omega_{3,7}$. $R_5^{(1)}$ 与 $R_7^{(1)}$ 交于 $\omega_{5,7}$ 等等. 于是, 当 f/δ 逐渐增大时, 系统 $(7.1.7)_\varepsilon$ 进入马蹄的途径如下 $\left(1, 3, 5, \cdots \text{ 分别表示主振及 } \dfrac{1}{3}, \dfrac{1}{5}, \cdots \text{ 的次谐波振动}, \infty \text{ 表示马蹄}\right)$:

$$0 < \omega < 1, \quad 1 \to 3 \to 5 \to \cdots \to \infty,$$

$$0 < \omega < \omega_{3,5}(\approx 2.682), \quad 3 \to 5 \to 7 \to \cdots \to \infty,$$

$$\omega_{3,5} < \omega < \omega_{3,7}, \quad 5 \to 3 \to 7 \to 9 \to \cdots \to \infty,$$

$$\omega_{3,7} < \omega < \omega_{3,9}, \quad 5 \to 7 \to 3 \to 9 \to \cdots \to \infty,$$

$$\cdots\cdots$$

$$\omega_3(\approx 2.698) < \omega < \omega_{5,7}, \qquad 5 \to 7 \to 9 \to 11 \to \cdots \to \infty,$$

$$\omega_{5,7} < \omega < \omega_{5,9}, \qquad 7 \to 5 \to 9 \to 11 \to \cdots \to \infty,$$

$$\cdots\cdots$$

$$\omega_5(\approx 3.4) < \omega < \omega_{7,9}, \qquad 7 \to 9 \to 11 \to \cdots \to \infty,$$

$$\omega_{7,9} < \omega < \omega_{7,11}, \qquad 9 \to 7 \to 11 \to \cdots \to \infty,$$

$$\cdots\cdots$$

对于系统 $(7.1.17)_\varepsilon$ 可作类似讨论. 设 $R_4^{(2)}, R_6^{(2)}, \cdots$ 与 $R_\infty^{(2)}$ 交点的 ω 值为 ω_4, $\omega_6, \cdots$, 又设 $R_4^{(2)}$ 与 $R_6^{(2)}$ 交于 $\omega_{4,6}$, $R_4^{(2)}$ 与 $R_8^{(2)}$ 交于 $\omega_{4,8}$, $R_6^{(2)}$ 与 $R_8^{(2)}$ 交于 $\omega_{6,8}$ 等等. 于是, 当 f/δ 逐渐增大时, 系统 $(7.1.17)_\varepsilon$ 进入马蹄途径如下 $\Big(2,4,6,\cdots$ 分别代表 $\dfrac{1}{2}, \dfrac{1}{4}, \dfrac{1}{6}, \cdots$ 次谐波振动, ∞ 代表马蹄$\Big)$:

$$0 < \omega < 2, \qquad 2 \to 4 \to 6 \to \cdots \to \infty,$$

$$2 < \omega < \omega_{4,6}, \qquad 4 \to 6 \to 8 \to \cdots \to \infty,$$

$$\omega_{4,6} < \omega < \omega_{4,8}, \qquad 6 \to 4 \to 8 \to 10 \to \cdots \to \infty,$$

$$\omega_{4,8} < \omega < \omega_{4,10}, \qquad 6 \to 8 \to 4 \to 10 \to \cdots \to \infty,$$

$$\cdots\cdots$$

$$\omega_4 < \omega < \omega_{6,8}, \qquad 6 \to 8 \to 10 \to \cdots \to \infty,$$

$$\omega_{6,8} < \omega < \omega_{6,10}, \qquad 8 \to 6 \to 10 \to \cdots \to \infty,$$

$$\cdots\cdots$$

$$\omega_6 < \omega < \omega_{8,10}, \qquad 8 \to 10 \to 12 \to \cdots \to \infty,$$

$$\cdots\cdots$$

可见对于不同 ω, 当参数 f/δ 逐渐增加时, 系统 $(7.1.7)_\varepsilon$ 和 $(7.1.17)_\varepsilon$ 可以经过不同次谐波分枝序列而进入马蹄.

7.1.2   混沌带的存在

考虑具有弱非线性阻尼与受迫周期激励的 Duffing 振子

$$\ddot{x} + x - x^3 = \varepsilon(-\delta\dot{x}^2 + f(a + \cos\omega t)), \tag{7.1.28}$$

其等价系统为

$$\dot{x} = y,$$
$$\dot{y} = -x + x^3 + \varepsilon(-\delta y^2 + f(a + \cos\omega t)). \tag{7.1.29}$$

注意到 $(7.1.29)_{\varepsilon=0}$ 与 $(7.1.7)_{\varepsilon=0}$ 是同一系统, 故也可用 Melnikov 方法研究该扰动系统. 在扰动项作用下, 异宿轨道的 Melnikov 函数为

$$M_\pm(t_0) = \int_{-\infty}^{+\infty} [f(a + \cos\omega(t + t_0)) - \delta y_\pm^{0^2}(t)]y_\pm^0(t)dt$$

$$= -\delta I_4 \pm af \pm fI_2\cos\omega t_0, \tag{7.1.30}$$

其中 $I_4 = \pm\dfrac{8}{15}$ 满足共振条件的次谐 Melnikov 函数为

$$M^{m/n}(t_0) = \int_0^{mT} [f(a + \cos\omega(t + t_0)) - \delta y_k^2(t)]y_k(t)dt$$

$$= -\delta J_4(m, n) + fJ_2(m, n)\cos\omega t_0, \tag{7.1.31}$$

其中 $J_4(m, n) = \dfrac{16\sqrt{2}nk^2(5 - k^2)}{15(1 + k^2)^{5/2}}$.

引理 7.1.1 设 γ, μ 分别是给定的正常数, 则对于函数

$$g(x) = \gamma\frac{\sinh(x)}{x} - \mu, \tag{7.1.32}$$

我们有 (1°) 如果 $\gamma \geqslant \mu$, 则 $g(x) \geqslant 0$;

(2°) 如果 $\gamma \geqslant \mu + 1$, 则 $g(x) \geqslant 1$;

(3°) 如果 $\gamma < \mu$, 则存在 $\xi < \eta$, 满足 $g(\xi) = 0, g(\eta) = 1$ 使得

$$g(x) \leqslant 0, \quad 0 \leqslant x \leqslant \xi,$$

$$0 < g(x) < 1, \quad \xi \leqslant x \leqslant \eta,$$

$$g(x) > 1, \quad x > \eta.$$

利用上面的计算结果及引理, 我们可以对混沌带作出讨论.

(1°) $a > 1$ 时, 由引理 7.1.1 的 (1°) 可知, $a - I_2 > 0$, 于是由 (7.1.30) 得到系统 $(7.1.29)_\varepsilon$ 产生马蹄的门槛值为

$$\begin{cases} R'_\infty(\omega) = \dfrac{4}{15\left(a + \dfrac{1}{2}I_2\right)}, \\ R''_\infty(\omega) = \dfrac{4}{15\left(a - \dfrac{1}{2}I_2\right)}. \end{cases} \tag{7.1.33}$$

当参数 f/δ 满足不等式

$$R'_\infty \leqslant f/\delta \leqslant R''_\infty(\omega)$$

时, 系统 $(7.1.29)_\varepsilon$ 存在马蹄.

(2°) $0 < a \leqslant 1$ 时, 由引理 7.1.1 的 (3°) 知, 存在唯一的 ω_0, 满足 $\dfrac{\sqrt{2}}{2}\omega_0\pi \cdot$ $\operatorname{csch}\left(\dfrac{\sqrt{2}}{2}\pi\omega_0\right) = 0$, 使得

$$a - I_2 < 0, \quad 0 \leqslant \omega < \omega_0,$$

$$a - I_2 > 0, \quad \omega > \omega_0.$$

因而, 当 $0 \leqslant \omega < \omega_0$ 时, 产生马蹄的门槛值为

$$R'_\infty = \frac{4}{15\left(a + \dfrac{1}{2}I_2\right)}. \tag{7.1.34}$$

当 f/δ 满足不等式

$$f/\delta > R'_\infty(\omega), \tag{7.1.35}$$

$(7.1.29)_\varepsilon$ 存在马蹄. 当 $\omega > \omega_0$ 时, 同时存在上、下门槛值, 即当参数 f/δ 满足

$$R'_\infty < f/\delta < R''_\infty \tag{7.1.36}$$

时, 系统 $(7.1.29)_\varepsilon$ 存在马蹄.

对于 $(7.1.28)_\varepsilon$ 的推广系统

$$\ddot{x} + x - x^3 = -\delta h(x, \dot{x}) + \varepsilon g(\omega t), \tag{7.1.37}$$

其中 $h(x, \dot{x}) = h(-x, -\dot{x})$, 并且 $g(\omega t)$ 的 Fourier 展式中含有常数项, 同样可以证明存在上述的混沌带现象.

从以上分析可见, 在一定条件下, 参数 (δ, f) 平面存在一有界带状区域, 当 (δ, f) 在该区域内取值时, 系统的解出现马蹄. 我们称这种带域为混沌带.

混沌带的存在是具有异宿轨道的自治系统经周期扰动后所特有现象, 对于含有同宿轨道的系统经周期扰动后未发现这种现象.

7.1.3   有限次次谐分枝导致混沌的可能性

继续讨论 $(7.1.29)_\varepsilon$, 由 $(7.1.31)$ 知产生 $m(m$ 为奇数$)$ 阶次谐的门槛值为

$$R'_\infty(\omega) = \frac{8k^3(5 - k^2)}{15\pi\omega(1 + k^2)^{5/2}}\sinh\left(\frac{m\pi K'(k)}{2K(k)}\right). \tag{7.1.38}$$

(1°) $a > 2$, 对任意固定 ω, 有

$$\lim_{m \to \infty} R'_\infty(\omega) = R^0(\omega) = \frac{4\sqrt{2}}{15\pi\omega}\sinh\left(\frac{\sqrt{2}}{2}\pi\omega\right). \tag{7.1.39}$$

利用引理 7.1.1 的 (2°), 仔细比较 (7.1.33) 和 (7.1.39), 有

$$R^0(\omega) > R'_\infty(\omega). \tag{7.1.40}$$

又对固定 m, 有

$$\begin{cases} \lim_{\omega \to 0} R^0(\omega) = \lim_{\omega \to 0} R'_m(\omega) = \dfrac{4}{15}, \\ \lim_{\omega \to \infty} R'_\infty(\omega) = \dfrac{4}{15(a+1)}, \\ \lim_{\omega \to \infty} R''_\infty(\omega) = \dfrac{4}{15(a-1)}. \end{cases} \tag{7.1.41}$$

由 (7.1.41) 可以看出, 所有次谐分枝曲线 $R'_m(\omega)$, 当 ω 从零增加时, 都从高于 $R'_\infty(\omega)$ 和 $R''(\omega)$ 的某值出发.

此外对于任意固定的 m, 令 $k \to 0$, 即 $\omega \to m$, 利用展开式 (7.1.26), 可以证明

$$\begin{cases} \lim_{k \to 0} R'_m(\omega) = 0, & m = 1, \\ \lim_{k \to 0} R'_m(\omega) = \dfrac{4^{m+1}}{3\pi m}, & m = 3, \\ \lim_{k \to 0} R'_m(\omega) = +\infty, & m = 5, 7, 9, \cdots. \end{cases} \tag{7.1.42}$$

综合以上讨论, 我们可以看出, 至少有一条次谐分枝曲线, 由 $R'_m(0) = \dfrac{4}{15}$ 出发, 随 ω 增加, 将落到 $R'_\infty(\omega)$ 曲线下面. 因而对于固定 ω (如 $0 < \omega \leqslant 1$), 逐渐增加参数 f/δ, 系统 $(7.1.29)_\varepsilon$ 至多有限次次谐分枝进入马蹄.

(2°) $1 < a \leqslant 2$, 此时仍有

$$R^0(\omega) > R'_\infty(\omega). \tag{7.1.43}$$

利用引理 7.1.1 中 (3°) 可以找到一个 ω_1 满足

$$\sqrt{2}\pi\omega_1 \operatorname{csch}\left(\dfrac{\sqrt{2}}{2}\pi\omega_1\right) = a, \tag{7.1.44}$$

使得

$$\begin{cases} R^0(\omega) > R''_\infty(\omega) & (\omega > \omega_1), \\ R^0(\omega) < R''_\infty(\omega) & (0 < \omega < \omega_1). \end{cases} \tag{7.1.45}$$

显然, 在 $\omega > \omega_1$ 时, 情况同 (1°), 在 $0 < \omega < \omega_1$ 时, 逐渐增加 f/δ, $(7.1.29)_\varepsilon$ 经过有限次次谐分枝, 进入产生马蹄的下门槛值 $R'_\infty(\omega)$, 然后在混沌带内完成无限次次谐分叉, 最后通过上门槛值, 马蹄消失.

(3°) $0 < a \leqslant 1$, 在 $0 < \omega \leqslant \omega_0$ 时, 混沌带消失, 此时仍有

$$R^0(\omega) > R'_\infty(\omega). \tag{7.1.46}$$

因而逐渐增加 f/δ, 至多经过有限次次谐分叉而导致马蹄.

当 $\omega > \omega_0$ 时, 由引理 7.1.1 中 (3°) 可以找到一个 ω_2, 满足

$$\sqrt{2}\omega_2 \pi \operatorname{csch}\left(\frac{\sqrt{2}}{2}\pi\omega_2\right) = a, \tag{7.1.47}$$

使得

$$\begin{cases} R^0(\omega) < R''_\infty(\omega) & (\omega_0 < \omega < \omega_2), \\ R^0(\omega) > R''_\infty(\omega) & (\omega > \omega_2). \end{cases} \tag{7.1.48}$$

而 $\omega > \omega_0$, 仍满足

$$R^0(\omega) > R''_\infty(\omega). \tag{7.1.49}$$

结果完全类似 (2°) 中讨论.

关于 7.1.2 节和 7.1.3 节中讨论的一些结果见图 7.1.3.

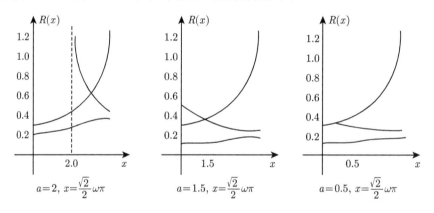

图 7.1.3　不同 a 值时的 $R(x)$-x 曲线

7.1.4　超次谐分枝的存在性

我们讨论如下的 Duffing 振子

$$\ddot{x} + x - x^3 = -\varepsilon\delta\dot{x} + \varepsilon f(\sin(\omega t) + \sin(2\omega t)), \tag{7.1.50}$$

其等价方程组为

$$\begin{cases} \dot{x} = y, \\ \dot{y} = -x + x^3 + \varepsilon(-\delta y + f(\sin(\omega t) + \sin(2\omega t))). \end{cases} \tag{7.1.51}$$

$(7.1.51)_\varepsilon$ 为 $(7.1.8)$, 计算沿其异宿轨道的 Melnikov 函数得到

$$M_\pm(t_0) = \int_{-\infty}^{+\infty} [f(\sin(\omega(t+t_0)) + \sin(2\omega(t+t_0))) - \delta y_\pm^0(t)]y_\pm^0(t)dt$$

$$= -\delta I_1 \pm f(I_2 \sin(\omega t_0) + I_5 \sin(2\omega t_0)), \tag{7.1.52}$$

其中 $I_5 = 2\sqrt{2}\pi\omega\mathrm{csch}(\sqrt{2}\pi\omega)$.

对于满足共振条件的周期轨道, 计算其次谐 Melnikov 函数可得

$$M^{m/n}(t_0) = \int_0^{mT} [f\sin(\omega(t+t_0)) + \sin(2\omega(t+t_0)) - \delta y_k(t)]y_k(t)dt$$

$$= -\delta J_1(m,n) + f(J_2(m,n)\sin\omega t_0 + J_4(m,n)\sin(2\omega t_0)), \tag{7.1.53}$$

其中

$$J_4(m,n) = \begin{cases} 0, & n \neq 2\text{且}m\text{为奇数}, \\ 8\sqrt{2}\pi\omega\mathrm{csch}\left(\dfrac{m\pi K'(k)}{2K(k)}\right), & n = 2\text{且}m\text{为奇数}. \end{cases}$$

由 $J_2(m,n)$ 和 $J_4(m,n)$ 表达式可见在参数 f/δ 增大过程中, 会遇到如下的两列次谐和超次谐分枝序列:

$$\begin{cases} \dfrac{m}{1} = 1, 3, 5, \cdots, \\ \dfrac{m}{2} = \dfrac{1}{2}, \dfrac{3}{2}, \dfrac{5}{2}, \cdots. \end{cases} \tag{7.1.54}$$

把上述分析推广到更一般 Duffing 系统

$$\ddot{x} + (1 + \varepsilon f h(\omega t))x - x^3 = -\varepsilon\delta\dot{x} + \varepsilon f g(\omega t), \tag{7.1.55}$$

其中 $h(\omega t)$ 和 $g(\omega t)$ 的 Fourier 展开式为

$$\begin{cases} h(\omega t) = \sum\limits_{n=1}^{\infty} (a_n \cos(n\omega t) + b_n \sin(n\omega t)), \\ g(\omega t) = \sum\limits_{n=1}^{\infty} (c_n \cos(n\omega t) + d_n \sin(n\omega t)). \end{cases} \tag{7.1.56}$$

如果 $h(\omega t)$ 展开式中 $a_n^2 + b_n^2 \neq 0$, 系统 $(7.1.55)_\varepsilon$ 将出现下列次谐分枝序列

$$\frac{2}{n}, \frac{4}{n}, \frac{6}{n}, \cdots.$$

如果 $g(\omega t)$ 展开式中 $c_n^2 + d_n^2 \neq 0$, 系统 $(7.1.55)_\varepsilon$ 将出现下列次谐分枝序列

$$\frac{1}{n}, \frac{3}{n}, \frac{5}{n}, \cdots.$$

由此可见, 各类次谐和超次谐分枝序列的出现取决于参数激励和外激励的存在以及它们的 Fourier 频谱.

7.2   Josephson 结的 I-V 特性曲线

超导理论的一个重要方面是对弱连接导体的研究. 把两块超导体用另一个物体 (可以是超导体也可以是包括绝缘介质在内的非超导体) 连接起来, 如果它能而且只能让很小的超流电流从一个超导体流向另一个超导体, 就形成了弱连接超导体. 最典型的弱连接超导体称为 Josephson 结. 多年来, 许多学者已经在理论上和实验上对 Josephson 结做过大量工作. 特别是最近几年, 人们发现了 Josephson 结的 I-V 特性曲线具有混沌性质以后, 这方面的实验和数值研究得到了进一步发展.

研究 Josephson 结的方法是讨论其 I-V 特性曲线. 在恒流源的情况下, Josephson 结的等效电路见图 7.2.1.

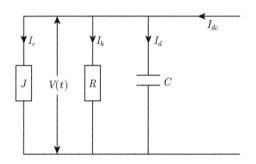

图 7.2.1   Josephson 结的等效电路图

由图 7.2.1 可见, 此时结中间同时流过超流电流和正常电流, 因而必须考虑结的电阻效应和电流效应:

$$I_{dc} = I_s + I_n + I_d, \tag{7.2.1}$$

其中 I_s 为流过理想结的电流, I_n 为正常电流, I_d 为位移电流. $I_s = I_c \sin\phi$, I_c 为超导体的临界电流; 考虑到电阻的隧道效应 $I_n = (1 + \varepsilon \cos\phi)\dfrac{V}{\mathrm{R}}$; $I_d = c\dfrac{dV}{dt}$, 因而 (7.2.1) 可写为

$$I_{dc} = I_c \sin\phi + (1 + \varepsilon \cos\phi)\frac{V}{R} + c\frac{dV}{dt}. \tag{7.2.2}$$

注意到波函数的位相差 ϕ 与电压 V 关系

$$\frac{d\phi}{dt} = \frac{2e}{h}V(t), \tag{7.2.3}$$

其中 h 为普朗克常数, 可由 (7.2.2) 得到

$$I_{dc} = \left(\frac{hc}{2e}\right)\frac{d^2\phi}{dt^2} + \left(\frac{h}{2ek}\right)(1+\varepsilon\cos\phi)\frac{d\phi}{dt} + I_c\sin\phi. \tag{7.2.4}$$

如果电流部分既有直流又有交流, 那么描述 Josephson 结行为的动力学方程

$$I_{dc} + I_{ac}\sin\Omega t = \left(\frac{hc}{2e}\right)\frac{d^2\phi}{dt^2} + \left(\frac{h}{2ek}\right)(1+\varepsilon\cos\phi)\frac{d\phi}{dt} + I_c\sin\phi. \tag{7.2.5}$$

以下利用 Melnikov 方法, 在某些参数条件下, 对 (7.2.5) 作出分析, 并用所得结果对 Josephson 结的 I-V 特性曲线上混沌、台阶、滞后等现象作出相应的讨论, 理论分析所得结果与实验研究结果较好地吻合.

取无量纲参数

$$\rho = I_{dc}/I_c, \quad \alpha = I_{ac}/I_c, \quad \beta = 2eI_ccR^2/h. \tag{7.2.6}$$

再令

$$\omega = \Omega\sqrt{hc/2eI_c}, \qquad \tau = t\sqrt{2eI_c/hc}. \tag{7.2.7}$$

(7.2.5) 的无量纲方程化为

$$\frac{d^2\phi}{d\tau^2} + \frac{1}{\sqrt{\beta}}(1+\varepsilon\cos\phi)\frac{d\phi}{d\tau} + \sin\phi = \rho + \alpha\sin(\omega\tau). \tag{7.2.8}$$

我们处理 (7.2.8). 假定 β 为大量, ρ, α 为小量, 因而可以引入小参数 $0 < \varepsilon \ll 1$, 使得

$$\rho = \varepsilon\delta b, \quad (\sqrt{\beta})^{-1} = \varepsilon\delta, \quad \alpha = \varepsilon a, \tag{7.2.9}$$

其中 $\delta, b, a \geqslant 0$, 且为 $O(1)$, 那么 (7.2.8) 可化为

$$\frac{d^2\phi}{d\tau^2} + \varepsilon\delta(1+\varepsilon\cos\phi)\frac{d\phi}{d\tau} + \sin\phi = \varepsilon[\delta b + a\sin(\omega\tau)]. \tag{7.2.10}$$

令 $\phi = x, \dfrac{d\phi}{d\tau} = y$, (7.2.10) 的等价系统为

$$\begin{cases} \dot{x} = y, \\ \dot{y} = -\sin x + \varepsilon[\delta b - \delta(1+\varepsilon\cos x)y + a\sin(\omega\tau)]. \end{cases} \tag{7.2.11}$$

$(7.2.11)_{\varepsilon=0}$ 为一 Hamilton 系统, 其 Hamilton 量为

$$H(x,y) = \frac{1}{2}y^2 - \cos x = h. \tag{7.2.12}$$

对应的 $(7.2.11)_{\varepsilon=0}$ 系统为

$$\begin{cases} \dot{x} = y, \\ \dot{y} = -\sin x. \end{cases} \tag{7.2.13}$$

(7.2.13) 定义在 $S^1 \times \mathbf{R}$ 的柱面上, $(0,0)$ 为其中心, 并有 $(-\pi,0)$ 和 $(\pi,0)$ 粘合而成的双曲鞍点. 在 $h=1$ 时, 存在两条通向双曲鞍点的同宿轨道 $\Gamma^0_\pm$, 当 $h<1$ 时, 存在一族包围 $(0,0)$ 且位于 $\Gamma^0_\pm$ 内的振动型 (O) 型周期轨道 $\Gamma^i(k)$. 当 $h>1$ 时, 存在两族包围柱面的旋转型 (R) 周期轨道 $\Gamma^l_\pm(k)$. 上述各类轨道的参数方程分别为:

同宿轨道 $\Gamma^0_\pm$

$$\begin{cases} x^0_\pm(\tau) = \pm 2\arcsin(\tanh\tau), \\ y^0_\pm(\tau) = \pm 2\,\mathrm{sech}\,\tau. \end{cases} \tag{7.2.14}$$

振动型 (O 型) 周期轨道 $\Gamma^i(k)$

$$\begin{cases} x^i(\tau,k) = 2\arcsin(k\,\mathrm{sn}(\tau,k)), \\ y^i(\tau,k) = 2k\,\mathrm{cn}(\tau,k), \end{cases} \tag{7.2.15}$$

其中 $h^i(k) = H(\Gamma^i(k)) = 2k^2 - 1$, 对应的周期为 $T^i(k) = 4K(k)$.

R 型周期轨道 $\Gamma^l_\pm(k)$

$$\begin{cases} x^l_\pm(\tau,k) = \pm 2\arcsin\left(\mathrm{sn}\left(\dfrac{1}{k}\tau, k\right)\right), \\ y^l_\pm(\tau,k) = \pm\dfrac{2}{k}\mathrm{dn}\left(\dfrac{1}{k}\tau, k\right). \end{cases} \tag{7.2.16}$$

此时 $h^l_\perp(k) = H(\Gamma^l_\pm(k)) = \dfrac{2}{k^2} - 1 > 1$, 对应的周期为 $T^l_\perp(k) = 2kK(k) \xlongequal{\mathrm{def}} T^l(k)$.

现在用 Melnikov 方法讨论如下.

7.2.1 马蹄的产生

对 Γ^0_+, 其 Melnikov 函数为

$$M^0_+(\tau) = \int_{-\infty}^{+\infty} y^0_+(\tau)[\delta b - \delta y^0_+(\tau) - \delta\varepsilon\cos x^0_+(\tau)\cdot y^0_+(\tau) - a\sin\omega(\tau+\tau_0)]d\tau$$

$$= \frac{2a\pi}{\cosh\left(\dfrac{\pi}{2}\omega\right)}[\delta/\delta^0_+(b) + \sin\omega\tau_0], \tag{7.2.17}$$

其中 $\delta_+^0(b) = c_0/(b-b_0), b_0 = (12+4\varepsilon)/3\pi, c_0 = a/\cosh\left(\dfrac{\pi}{2}\omega\right)$. 显然在参数 (b, δ) 平面上, 若满足

$$S_+^0: \quad 0 \leqslant \delta \leqslant |\delta_+^0(b)|, \tag{7.2.18}$$

则当 ε 充分小时, $(7.2.11)_\varepsilon$ 的 Poincaré 映射 $P_\varepsilon^{\tau_0}$ 在不动点 P_1 处的不稳定流形与在不动点 P_2 处的稳定流形将横截相交. 区域 S_+^0 的边界曲线为

$$l_0^r: \quad \delta(b-\delta_0) = c_0, \qquad l_0^l: \quad \delta(b_0-b) = c_0.$$

l_0^l 与 δ 轴相交于 $(0, \delta_0), \delta_0 = c_0/b_0$(图 7.2.2).

对 Γ_-^0, 其 Melnikov 函数为

$$\begin{aligned}
M_-^0(\tau_0) &= \int_{-\infty}^{+\infty} y_-^0(\tau)[\delta b - \delta y_-^0(\tau) - \delta\varepsilon\cos(x_-^0(\tau) \cdot y_-^0(\tau)) + a\sin(\omega(\tau+\tau_0))]dt \\
&= -\frac{2a\pi}{\cosh\dfrac{\pi}{2}\omega}[\delta/\delta_-^0(b) + \sin(\omega\tau_0)],
\end{aligned} \tag{7.2.19}$$

其中 $\delta_-^0(b) = c_0/(b+b_0)$. 这样, 若 (b, δ) 满足

$$S_-^0: \quad 0 \leqslant \delta \leqslant |\delta_-^0(b)|. \tag{7.2.20}$$

则当 ε 充分小时, $(7.2.11)_\varepsilon$ 的 Poincaré 映射 $P_\varepsilon^{\tau_0}$ 在不动点 P_1 处的稳定流形与在不动点 P_2 处的不稳定流形将横截相交. 区域 S_-^0 的边界曲线为

$$l_0: \quad \delta(b+b_0) = c_0.$$

l_0 交 δ 轴于 $(0, \delta_0)$ (图 7.2.2).

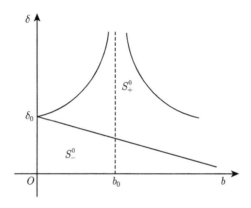

图 7.2.2 S_+^0 与 S_-^0 的分布图

由图 7.2.2 可见, $S_-^0 \subset S_+^0$, 因而有如下结论.

结论 1　若 (b,δ) 满足 $0 \leqslant \delta \leqslant |\delta_-^0(b)|$, 则当 ε 充分小时, $(7.2.11)_\varepsilon$ 的 Poincaré 映射 $P_\varepsilon^{\tau_0}$ 在 (x,y) 平面上将出现横截同宿点, 即系统存在马蹄.

7.2.2　次谐的存在性

(i) O 型轨道 $\Gamma^i(k)$.

对任何互素正整数 m, n, 存在唯一的一个 $k_{m/n}^i \in (0,1)$, 使得 $T^i(k_{m/n}^i) = 4K(k_{m/n}^i) = \dfrac{m}{n}T = \dfrac{2\pi m}{n\omega}$, 计算此次谐的 Melnikov 函数

$$M_i^{m/n}(\tau_0) = \int_0^{mT} y^i(\tau,k)[\delta b - \delta y^i(\tau,k) - \delta\varepsilon y^i(\tau,k)\cos x^i(\tau,k) + a\sin\omega(\tau+\tau_0)]d\tau$$

$$= \begin{cases} \text{与}\tau_0\text{无关常数}, & n \neq 1\text{或 } m \text{ 偶}, \\ -\dfrac{4a\pi}{\cosh(\omega K'(k))}[\delta/\delta_m^i - \sin(\omega\tau_0)], & n = 1\text{且 } m \text{ 奇}, \end{cases}$$

$$(7.2.21)$$

其中 $\delta_m^i = a(\cosh\omega K'(k))^{-1} \Big/ \left\{ \dfrac{4}{\pi}(E - k'^2 K) + \dfrac{4\varepsilon}{3\pi}[(2k^2 - 1)E - k'K] \right\}, k'^2 = 1 - k^2, k = k_m^i$. 这样可以得到如下结论.

结论 2　若 (b,δ) 满足

$$S_m^i: \quad 0 \leqslant \delta \leqslant |\delta_m^i|, \tag{7.2.22}$$

则对充分小的 ε, 在 $(7.2.11)_{\varepsilon=0}$ 的周期为 mT 的 O 型周期解附近存在 $(7.2.11)_\varepsilon$ 的周期为 mT 的 O 型周期解. 反之, 若 $(b,\delta) \overline{\in S_m^i}$, 则不存在周期为 mT 的 O 型次谐周期解.

(ii) R 型周期轨道 $\Gamma_+^l(k)$.

同样对于任何互素正整数 m, n, 存在唯一的一个 $k_{m/n}^l \in (0,1)$, 使得 $T^l(k_{\frac{l}{n}}) = 2k_{m/n}^l K(k_{m/n}^l) = \dfrac{m}{n}T$, 计算此次谐的 Melnikov 函数, 得到

$$M_l^{m/n}(\tau_0) = \int_0^{mT} y_+^l(\tau,k)[\delta b - \delta y_+^i(\tau,k) - \delta\varepsilon y_+^i(\tau,k)\cos(x^i(\tau,k))$$

$$+ a\sin(\omega(\tau+\tau_0))]d\tau$$

$$= \begin{cases} \text{与}\tau_0\text{无关常数}, & n \neq 1\text{或}m\text{偶}, \\ -\dfrac{2a\pi}{\cosh(\omega K'(k))}[\delta/\delta_m(b) + \sin(\omega\tau_0)], & n = 1, \end{cases} \tag{7.2.23}$$

其中

$$\delta_m(b) = c_m/(b - b_m), \quad c_m = a(\cosh(k\omega)K^1(k))^{-1},$$
$$b_m = \frac{4}{\pi} + \frac{4\varepsilon}{3\pi}\frac{1}{k^3}[(2 - k^2)E - 2(1 - k^2)K],$$
$$k = k_m^l.$$

同样可以得到如下结论.

结论 3 若 (b, δ) 满足

$$S_m: \quad 0 \leqslant \delta \leqslant |\delta_m(b)|, \tag{7.2.24}$$

则当 ε 充分小时, 在 $(7.2.11)_{\varepsilon=0}$ 的周期为 mT 的 R 型周期轨道附近存在 $(7.2.11)_\varepsilon$ 的周期为 mT 的 R 型周期解, 反之, 若 $(b, \delta) \in \overline{S_m}$, 则 $(7.2.11)_\varepsilon$ 不存在这种周期为 mT 的 R 型周期解.

区域 S_m 的边界曲线为

$$l_m^l: \quad \delta(b_m - b) = c_m, \qquad l_m^r: \quad \delta(b - b_m) = c_m,$$

l_m^l 与 δ 轴的交点为 $(0, \delta_m), \delta_m = c_m/b_m$.

S_m^i 与 S_m 的图形见图 7.2.3.

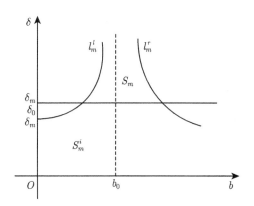

图 7.2.3 S_m^i 与 S_m 的分布图

利用有限覆盖定理, 可将结论 2 和结论 3 改写为如下结论.

结论 4 设 Δ 为 S_m(或 S_m^l) 中的一有界闭区域, 则存在 ε_0, 使得当 $\varepsilon \in (0, \varepsilon_0)$ 时, 对 $\forall (b, \delta) \in \Delta$, $(7.2.11)_{\varepsilon=0}$ 存在周期为 mT 的周期解 $\Gamma'(k_m')$(或 $\Gamma^i(k_m^i)$), 即有周期 mT 的 R 型 (或 O 型) 的次谐解.

7.2.3 次谐分枝轨道的稳定性

考虑系统

$$\begin{cases} \dot{x} = f_1(x,y) + \varepsilon g_1(x,y,t,\mu) \\ \dot{y} = f_2(x,y) + \varepsilon g_2(x,y,t,\mu) \end{cases} \overset{\text{def}}{=\!=\!=} f(x,y) + \varepsilon g(x,y,t,\mu). \qquad (7.2.25)$$

设 $(7.2.25)_{\varepsilon=0}$ 为 Hamilton 系统, $f \in C^r(\mathbf{R}^2), r \leqslant 2, f(x+2\pi,y) = f(x,y)$; 并且对 $(7.2.25)_\varepsilon$ 作如下假定

(H_1) 存在两条曲线 l_1 和 l_2, 它们可以表示为 $l_i = \{(x,z_i(x))|x \in \mathbf{R}, z_i(x) \in C(\mathbf{R})\}, i = 1,2, z_1(x) < z_2(x), \forall x \in \mathbf{R}$, 使得 l_1 和 l_2 所夹区域 B 是 $(7.2.25)_{\varepsilon=0}$ 的不变区域, 且在其中 $f_1(x,y) \neq 0$;

(H_2) B 中充满了一族 $(7.2.25)_{\varepsilon=0}$ 的轨线 $\Gamma_\alpha, \alpha \in \Lambda$, 其中 Λ 为 R 中一个区间. 设 Γ_α 可表示为 $\Gamma_\alpha = \{x, y_\alpha(x)|x \in \mathbf{R}, y_\alpha(x) \in C(\mathbf{R}), y_\alpha(-\pi) = y_\alpha(\pi)\}$, 且 Γ_α 随着 $\alpha \in \Lambda$ 连续变化;

(H_3) 令 $h_\alpha = H(\Gamma_\alpha), h_\alpha$ 是 $\alpha \in \Lambda$ 的严格单调连续函数;

(H_4) 记轨线 Γ_α 上一点从 $(-\pi, y_\alpha(-\pi))$ 到 $(\pi, y_\alpha(\pi))$ 所花时间为 T_α, 且有 $dT_\alpha/dh_\alpha \neq 0, \alpha \in \Lambda$;

(H_5) $g \in C^r(\mathbf{R}^2 \times \mathbf{R} \times \Delta)(r \geqslant 2), \mu \in \Delta \subset \mathbf{R}^K, \Delta$ 为 $\mathbf{R}^K$ 中以有界闭区域; $g(x,y,t+T,\mu) = g(x,y,t,\mu), \forall (x,y) \in \mathbf{R}^2, t \in \mathbf{R}, \mu \in \Delta; g(x+2\pi,y,t,\mu) = g(x,y,t,\mu), \forall (x,y,t,\mu) \in \mathbf{R}^2 \times \mathbf{R} \times \Delta$.

对 $(7.2.25)_{\varepsilon=0}$ 下述定理成立.

定理 7.2.1   如果 $\text{trace} Dg < 0$, 则

i) $(7.2.25)_\varepsilon$ 的所有周期解为鞍型或汇型;

ii) 若 $M^{m/n}(\tau,\mu_0)$ 以 t_0 为简单零点, 则当 $\dfrac{dT_\alpha}{dh_\alpha}|_{h_\alpha(0)} < 0$ 时, 由 $\dfrac{d}{d\tau} M^{m/n}(t_0, \mu_0) > 0$, 可知周期解为鞍型, 由 $\dfrac{d}{d\tau} M^{m/n}(t_0,\mu_0) < 0$, 可知为汇型. 如果 $\dfrac{dT_\alpha}{dh_\alpha}|_{h_\alpha(0)} > 0$ 时, 则结论相反, 其中 $h_{\alpha 0}$ 为周期为 $\dfrac{m}{n}T$ 次谐的 Hamilton 量.

我们讨论的 (7.2.11) 属于 $(7.2.25)_\varepsilon$ 型. 如果 $|\varepsilon| < 1$, 注意到 $M_l^m(\tau_0)$ 的 T 周期函数, 其零点方程为

$$\delta/\delta_m(b) + \sin(\omega\tau_0) = 0. \qquad (7.2.26)$$

当 $(b,\delta) \in S_m$ 时, 在 $\tau_0 \in [0,T]$ 上有两个不同简单零点, 从而在 $\tau_0 \in [0,T]$ 上总有 $M_l^m(\tau,\mu_0)$ 的简单零点使 $M_l^m(\tau,\mu_0)$ 在该点的导数为负, 又 $T_r(Dg) = -\varepsilon\delta(1 + \varepsilon\cos x) < 0$. 由定理 7.2.1 可得如下结论.

结论 5   若 $(b,\delta) \in S_m$, 则 $(7.2.11)_\varepsilon$ 总存在稳定的周期为 mT 的 R 型周期解.

同样, 对 $M_l^m(\tau, \mu_0)$ 也有类似结论.

结论 6 若 $(b, \delta) \in S_m^i$, 则 $(7.2.11)_\varepsilon$ 总存在稳定的周期为 mT 的 O 型周期解.

7.2.4 平均值 $\langle y^l(\tau, k_m^l) \rangle$, $\langle y^i(\tau, k_m^i) \rangle$ 的性质

记号 $\langle\ \rangle$ 表示解在一个周期上的平均值.

对 $(7.2.25)_\varepsilon$ 作变换

$$
\begin{cases}
\varphi = x, \\
h = H(x, y).
\end{cases} \tag{7.2.27}
$$

该变换在 $(x, y) \in B$ 内可逆. 记逆变换为 $x = \varphi, y = \widetilde{H}(\varphi, h)$. 在此变换下 $(7.2.25)_\varepsilon$ 化为

$$
\begin{cases}
\dot{\varphi} = \dot{x} = \theta(\varphi, h) + \varepsilon g_1(\varphi, \widetilde{H}(\varphi, h), t, \mu), \\
\dot{h} = \varepsilon f(\varphi, \widetilde{H}(\varphi, h)) \wedge g(\varphi, \widetilde{H}(\varphi, h), t, \mu).
\end{cases} \tag{7.2.28}
$$

为方便起见, 记

$$
f(\varphi, \widetilde{H}(\varphi, h)) = f(\varphi, h),
$$

$$
g(\varphi, \widetilde{H}(\varphi, h), t, \mu) = g(\varphi, h, t, \mu).
$$

(7.2.28) 可化为

$$
\begin{cases}
\dot{\varphi} = \theta(\varphi, h) + \varepsilon g_1(\varphi, h, t, \mu), \\
\dot{h} = \varepsilon f(\varphi, h) \wedge g(\varphi, h, t, \mu).
\end{cases} \tag{7.2.29}
$$

考虑 B 中次谐轨道, 即存在 $\alpha_0 \in \Lambda^\circ$ (Λ 的内部), 使得 $T_{\alpha_0} = \dfrac{m}{n}T, m, n \in \mathbf{N}$, 且 $(m, n) = 1, H(\Gamma_{\alpha_0}) = h_{\alpha_0}$, 取一闭区域 B_1, 使得 $B_0 \cap \Gamma_{\alpha_0} \in B_1 \subset B_0$. 任取 $r \in [0, T]$ 作为初始时刻, 可设 $(7.2.29)_{\varepsilon=0}$ 的 Γ_{α_0} 的参数方程为

$$
\begin{cases}
\varphi = \varphi_{\alpha_0}(t - \tau), \\
h = h_{\alpha_0}(t - \tau),
\end{cases} \tag{7.2.30}
$$

使得 $(\varphi_{\alpha_0}(0), h_{\alpha_0}(0)) \in B_1$. 设 $(\varphi_\varepsilon(t, \varphi, h, \tau, \mu), h_\varepsilon(t, \varphi, h, \tau, \mu))$ 和 $(\varphi_0(t, \varphi, h, \tau, \mu),$ $h_0(t, \varphi, h, \tau, \mu))$ 分别表示初始时刻取在 $t = \tau$, 初始位置为 (φ, h) 的方程 $(7.2.29)_\varepsilon$ 和 $(7.2.25)_{\varepsilon=0}$ 的解. 定义映射

$$
P_\varepsilon^\tau: \quad (\varphi, h) \to (\varphi_\varepsilon(\tau + T, \varphi, h, \tau, \mu), h_\varepsilon(\tau + T, \varphi, h, \tau, \mu)),
$$

这是定义在 B_1 上时间 T 的 Poincaré 映射.

定理 7.2.2　系统 $(7.2.25)_{\varepsilon=0}$ 有如下性质. 设 $\mu_0 \in \Lambda, M^{m/n}(\tau, \mu_0)$ 以 t_0 为简单零点, 则存在 $\varepsilon_0 > 0, \sigma_0 > 0$, 使得当 $0 \leqslant \varepsilon \leqslant \varepsilon_0, |\mu - \mu_0| \leqslant \sigma_0$ 时, 在 $(\varphi^*(\varepsilon, \mu), h^*(\varepsilon, \mu))$ 有

$$(P_\varepsilon^{t_0})^m \left(\begin{array}{c} \varphi^*(\varepsilon, \mu) \\ h^*(\varepsilon, \mu) \end{array} \right) = \left(\begin{array}{c} \varphi^*(\varepsilon, \mu) + 2n\pi \\ h^*(\varepsilon, \mu) \end{array} \right). \tag{7.2.31}$$

若 $\forall \tau \in [0, T], M^{m/n}(\tau, \mu_0) \neq 0$, 则满足上式的点不存在.

把定理 7.2.2 用到 $(7.2.11)_\varepsilon$, 可得到如下结论.

结论 7　(a) 设 $\Delta \subset S_m$ 为一有界闭区域, 则当 ε 充分小时, $\forall (b, \delta) \in \Delta$, 用 (x_m^l, y_m^l) 记上述 $(7.2.11)_\varepsilon$ 存在的周期为 mT 的稳定 R 型次谐波解, 则有

$$\langle y_m^l \rangle = \langle y^l(\tau, k_n^l) \rangle = \frac{2\pi}{mT} = \frac{\omega}{m}. \tag{7.2.32}$$

(b) 类似地, 对于 $(7.2.11)_\varepsilon$ 式的周期为 mT 的稳定的 O 型次谐波解, 有

$$\langle y_m^i \rangle = \langle y^i(\tau, k_n^i) \rangle = 0. \tag{7.2.33}$$

证　由定理 7.2.2 可知,

$$x_m^l(mT) - x_m^l(0) = 2\pi = x^l(mT, k_m^l) - x^l(0, k_m^l).$$

于是

$$\begin{aligned} \langle y_m^l \rangle &= \frac{1}{mT} \int_0^{mT} y_m^l d\tau = \frac{1}{mT}[x_m^l(mT) - x_m^l(0)] \\ &= \frac{2\pi}{mT} = \frac{\omega}{m} = \langle y^l(\tau, k_m^l) \rangle. \end{aligned}$$

类似可证得

$$\langle y_m^i \rangle = \langle y^i(\tau, k_n^i) \rangle = 0. \qquad \square$$

在讨论 Josephson 结的 I-V 特性曲线前, 我们再给出一个引理.

引理 7.2.1　当 $|\varepsilon| < 1$ 时,

(a) b_m 严格单调下降, 且当 $m \to \infty$ 时, 趋于 b_0;

(b) c_m 严格单调下降, 且当 $m \to \infty$ 时, 趋于 c_0;

(c) 存在 $m_1 > 0$, 当 $m \geqslant m_1$ 时, δ_m^i 严格单调下降, 且当 $m \to \infty$ 时, 趋于 δ_0;

(d) 存在 $m_2 > 0$, 当 $m \geqslant m_2$ 时, δ_m 严格单调下降, 且当 $m \to \infty$ 时, 趋于 δ_0.

证 (a) 令 $f(k) = \dfrac{4}{\pi}\dfrac{E}{k} + \dfrac{4\varepsilon}{3\pi}\dfrac{1}{k^3}[(2-k^2)E - 2(1-k^2)K], k \in (0,1)$, 则 $b_m = f(k_m^l)$, 经计算

$$f'(k) = -\left[\frac{4}{\pi}(1-\varepsilon)\frac{K}{k^2} + \frac{8\varepsilon}{\pi}\frac{E - k'^2 K}{k^2}\right] < 0. \tag{7.2.34}$$

故当 $|\varepsilon| < 1$ 时, $k \in (0,1)$, $f(k)$ 单调下降. 又由于 $kK(k)$ 是 $k \in (0,1)$ 的单调上升函数, 从而 k_m^l 是 $m \in N$ 的单调上升序列, 故 b_m 单调下降, 且当 $m \to \infty$ 时, $b_m \to b_0$.

结论 (b)—(c) 可类似 (a) 证明. □

利用引理 7.2.1 和上面计算结果, 对任意固定的 ω, ε, a 以及给定的 ε, 在 (b, δ) 平面上可得到图 7.2.4. 图 7.2.5 是利用 (ρ, β) 和 (b, δ) 的关系式 (7.2.9) 由图 7.2.4 复制而成的. 图 7.2.4 和图 7.2.5 等价, 故我们可以通过对图 7.2.4 的讨论来了解原系统 $(7.2.11)_\varepsilon$ 的参数对 Josephson 结的 I-V 特性曲线的影响.

1. 混沌性质

我们知道, 马蹄的出现可能意味着混沌存在. 由结论 1 与图 7.2.4 知, 当 $\delta < \delta_0$ 时, I-V 曲线可能处于混沌状态.

(i) 固定 δ, 只要 $b < \dfrac{c_0}{\delta} - b_0$, 混沌可能出现, 即对一定的结 ($c, k$ 固定), 变化交直流, 使其满足关系 $b < \dfrac{c_0}{\delta} - b_0$, 就可能在 I-V 曲线上呈现混沌区域.

(ii) 固定 b, 只要 $\delta < c_0/(b + b_0)$, 有可能出现混沌, 即当直流固定时, 可通过改变结性质以及交流, 使 I-V 曲线出现混沌区域.

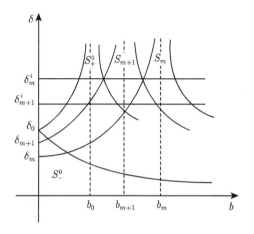

图 7.2.4 (b, δ) 平面上各曲线间的关系

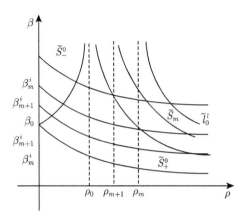

图 7.2.5 (ρ, β) 平面上各曲线间的关系

(iii) 另外, 对于 $\delta > \delta_0$, 且 δ 充分大, 在 $b \to b_0 + 0$ 区域内, 共存的次谐越来越多, 而每个次谐波解的稳定区域缩小, 即系统对初值及参数值非常敏感. 因而在这个区域, 系统也可能处于混沌状态, 即当结的 $k^2 c$ 值比较小时, 对于给定系统, 直流接近于由 $\cos\varphi$ 项系数决定的某一值时, 系统也可能出现混沌状态.

2. 台阶性质

Josephson 结的 I-V 曲线中的台阶相当于上面讨论中的稳定 R 型次谐轨道. 这样我们可以得到如下结果.

(i) 由结论 7, 对一切 $(b, \delta) \in S_m$, $\langle y_m^l \rangle = \dfrac{\omega}{m}$, 则直流电压

$$V = (\bar{h}/2e) \left\langle \frac{d\varphi}{dt} \right\rangle = \left(\frac{\bar{h}}{2e} \right) \sqrt{2e I_0 / \bar{h}_c} \left\langle \frac{d\varphi}{d\tau} \right\rangle$$

$$= (\bar{h}/2e) \sqrt{2e I_0 / \bar{h}_c} \cdot \frac{\omega}{m} = \left(\frac{\bar{h}}{2e} \right) \frac{\Omega}{m}. \tag{7.2.35}$$

即 I-V 曲线中的台阶位置, 仅与外加交流频率有关, 与结的性质, 直流大小, 交流的幅值都无关, 这与实验结果一致.

(ii) 由结论 4 和结论 5 知, 当 $(b, \delta) \in S_m$ 时, 存在稳定的周期为 mT 的 R 型次谐解. 对于一定的 δ, 此解的存在范围为 $\left(b_m - \dfrac{C_m}{8}, b_m + \dfrac{C_m}{8} \right)$, 即在直流的一定范围内, I-V 曲线将出现 m 阶次谐台阶, 它的宽度取决于交流与结的性质.

(iii) 由结论 2 和结论 6 知, 当 $(b, \delta) \in S_m^i$ 时, 存在稳定的周期为 mT 的 O 型次谐解. 从结论 7 知, O 型次谐解在 I-V 曲线上反映为零电压. 因而对一定的结, 只要 k 与 c 满足 $\delta < \delta_m^i$ (其中 m 为奇整数), 在 I-V 曲线上将出现零电压解. 对于直流比较小的情况, $R_0^2 c$ 充分大, 则零电压总是存在.

3. 滞后效应

由图 7.2.4 可清楚看出, 同一个 (b, δ) 有可能属于若干个 S_{mj}^i $(j = 1, 2, \cdots, n_i)$ 和若干 S_{mj} $(j = 1, 2, \cdots, n_i)$, 即在 $I\text{-}V$ 曲线上对同一 I, 就有几个 V 值对应, 这就导致滞后效应产生. 有关参数的影响, 可以利用上面解析表达式进行详细分析.

总起来说, Josephson 结在外加稳恒电流比较小的条件下, 由于交流小扰动存在, 其 $I\text{-}V$ 曲线将出现混沌、次谐台阶、滞后等一系列复杂现象. 这些现象在 I-V 曲线上分布将依赖于系统的各种参数, 它们之间的复杂解析表达式已经在上面详细导出, 这样我们可以给出 I-V 曲线的大致分布情况. 图 7.2.6 是这种分布的示意图, 它反映 I-V 特性曲线的定性性质.

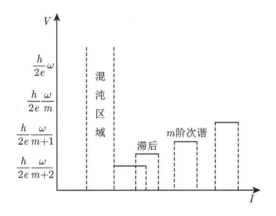

图 7.2.6　Josephson 结的 $I\text{-}V$ 曲线示意图

7.3　两分量 Bose-Einstein 凝聚态系统的混沌与分枝

本节讨论两个弱耦合 Bose-Einstein 凝聚态的相干振荡原子流问题, 考虑到类-Josephson 隧穿现象, 模型方程为

$$\dot{z} = -\sqrt{1 - z^2} \sin \phi, \quad \dot{\phi} = \Lambda z + \Delta E + \frac{z}{\sqrt{1 - z^2}} \cos \phi, \qquad (7.3.1)$$

其中 z 表示部分密度不平衡, ϕ 为相对相位差, Λ 和 ΔE 为两个常参数.

有文献用数值方法考虑了如下系统

$$\dot{z} = -2K(t)\sqrt{1 - z^2} \sin \phi, \quad \dot{\phi} = \Lambda z + \Delta E(t) + \frac{2K(t)z}{\sqrt{1 - z^2}} \cos \phi \qquad (7.3.2)$$

的混沌行为, 其中

$$\Delta E(t) = \Delta E_0 + \Delta E_1 \sin(\omega t), \quad K(t) = K_0 + K_1 \sin(\omega t),$$

ΔE_0, K_0 为常数且 $|K_1| \ll 1$, $|\Delta E_1| \ll 1$.

我们考虑下列系统

$$\frac{d\eta}{dt} = -\alpha\sqrt{1-\eta^2}\sin\phi, \quad \frac{d\phi}{dt} = \gamma + \beta\eta + \alpha\eta(1-\eta^2)^{-\frac{1}{2}}\cos\phi \qquad (7.3.3)$$

和 (7.3.3) 的扰动系统

$$\begin{cases} \dfrac{d\eta}{dt} = -\alpha_0\sqrt{1-\eta^2}\sin\phi - \varepsilon\alpha_1\sqrt{1-\eta^2}\sin\phi\sin\omega t, \\[2mm] \dfrac{d\phi}{dt} = \beta_0\eta + \alpha_0\eta(1-\eta^2)^{-\frac{1}{2}}\cos\phi \\[2mm] \qquad\quad + \varepsilon[\gamma_0 + \beta_1\eta + (\gamma_1 + \alpha_1\eta(1-\eta^2)^{-\frac{1}{2}}\cos\phi)\sin(\omega t)]. \end{cases} \qquad (7.3.4)$$

这里假设系统 (7.3.3) 中的参数 $\alpha = \alpha_0 + \varepsilon\alpha_1\sin\omega t$, $\beta = \beta_0 + \varepsilon\beta_1$.

注意到系统 (7.3.3) 在 (ϕ, η)-相平面上有两条直线解, 并且在这两条直线上, $\dfrac{d\phi}{dt}$ 没有定义. 由于 (7.3.3) 关于 ϕ 是周期的. 因此, 可在有界柱面 $S^1 \times (-1, 1)$ 上考虑状态的运动, 其中 $S^1 = [-\pi, \pi]$, 并将 $\phi = -\pi$ 和 $\phi = \pi$ 粘合.

系统 (7.3.3) 的首次积分为

$$H(\phi, \eta) = \gamma\eta + \frac{\beta}{2}\eta^2 - \alpha\sqrt{1-\eta^2}\cos\phi = h. \qquad (7.3.5)$$

7.3.1 系统 (7.3.3) 的分枝集和相图

以下讨论当参数 α, β 和 γ 变化时, 系统 (7.3.3) 的分枝集和相图. 我们可以设 $\alpha > 0$, $\beta > 0$, $\gamma \geqslant 0$.

I. $\gamma > 0$ 情形

由 (7.3.3) 可见, 其平衡点 (ϕ_e, η_e) 分别位于两直线 $\phi = 0$ 和 $\phi = \pi$ 上, 并满足 $-1 < \eta_e < 1$, 其中 η_e 为两曲线 $u = \beta\eta + \gamma$ 和 $u = \mp\dfrac{\alpha\eta}{\sqrt{1-\eta^2}}$ 的交点. 在 $\phi = 0$ 上, 只有一个平衡点 $O(0, \eta_{e1})$. 当 $\alpha < \beta$ 时, 记 $\eta_c = \sqrt{1 - \left(\dfrac{\alpha}{\beta}\right)^{\frac{2}{3}}}$, $\gamma_c = \eta_c\left(\dfrac{\alpha}{\sqrt{1-\eta_c^2}} - \beta\right)$. 对于固定的数对 (α, β), 下面的结论成立.

(1) 当 $\gamma < \gamma_c$ 时, 存在三个平衡点 $P_\pi^a(\pi, \eta_{e2})$, $P_\pi^b(\pi, \eta_{e3})$, $P_\pi^c(\pi, \eta_{e4})$, 并有 $\eta_{e2} < \eta_{e3} < 0 < \eta_{e4}$.

(2) 当 $\gamma = \gamma_c$ 时, 存在两个平衡点 $P_\pi^{ab}(\pi, \eta_c)$, $P_\pi^c(\pi, \eta_{e4})$, 并有 $\eta_c < 0 < \eta_{e4}$.

(3) 当 $\gamma > \gamma_c$ 时, 只有一个平衡点 $P_\pi^c(\pi, \eta_{e4})$, $0 < \eta_{e4} < 1$.

用 $M(\phi_e, \eta_e)$ 表示 (7.3.3) 在平衡点 (ϕ_e, η_e) 的线性化系统的系数矩阵, 用 $J(\phi_e, \eta_e)$ 表示该矩阵的行列式. 于是, $\mathrm{trace}(M(v_e, \eta_e)) = 0$,

$$J(0, \eta_{e1}) = \alpha\sqrt{1 - \eta_{e1}^2}\left(\beta + \frac{\alpha}{\sqrt{(1 - \eta_{e1}^2)^3}}\right),$$

$$J(\pi, \eta_{ej}) = -\alpha\sqrt{1 - \eta_{ej}^2}\left(\beta - \frac{\alpha}{\sqrt{(1 - \eta_{ej}^2)^3}}\right), \quad j = 2, 3, 4.$$

注意, $J(\pi, \eta_c) = 0$ 意味着当 $\alpha < \beta$ 时, $J(\pi, \eta_{e2}) > 0$, $J(\pi, \eta_{e3}) < 0$, $J(\pi, \eta_{e4}) > 0$. 我们可用 J 的符号判定平衡点的类型.

记

$$h_O = H(0, \eta_{e1}) = -\left[\alpha\sqrt{1 - \eta_{e1}^2} + \eta_{e1}^2\left(\frac{\alpha}{\sqrt{1 - \eta_{e1}^2}} + \frac{\beta}{2}\right)\right] < 0,$$

$$h_j^\pi = H(\pi, \eta_{ej}) = \alpha\sqrt{1 - \eta_{ej}^2} + \eta_{ej}^2\left(\frac{\alpha}{\sqrt{1 - \eta_{ej}^2}} - \frac{\beta}{2}\right), \quad j = 2, 3, 4,$$

$$h_5 = H(\phi, -1) = -\gamma + \frac{\beta}{2}, \quad h_6 = H(\phi, 1) = \gamma + \frac{\beta}{2}.$$

当 $\beta > 2\alpha$ 时, 随着 γ 从 $0 < \gamma < \gamma_c$ 增加到 $\gamma > \gamma_c$, 我们得到图 7.3.1 所示的相图.

从图 7.3.1(a) 可以看出, 在相柱面上系统 (7.3.3) 存在如下五族周期轨道:

(i) 围绕平衡点 $O(0, \eta_{e1})$ 的振荡周期轨道族 $\{\Gamma_1^h\}$, 其轨道由 $H(\phi, \eta) = h$, $h \in (h_O, h_2^\pi)$ 确定.

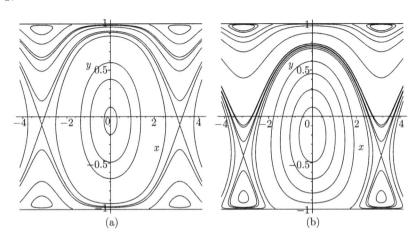

(a)   (b)

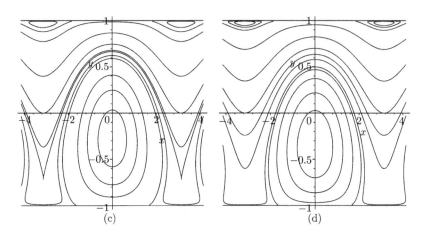

图 7.3.1　当 $\beta > 2\alpha$ 时, 系统 (7.3.3) 的相图的变化

(a) $h_O < h_2^\pi < h_5 < h_1^\pi < h_6 < h_3^\pi$, $\gamma < \gamma_c$. (b) $h_O < h_5 < h_2^\pi < h_1^\pi < h_6 < h_3^\pi$, $\gamma < \gamma_c$.

(c) $h_O < h_5 < h_2^\pi = h_1^\pi < h_6 < h_3^\pi$, $\gamma = \gamma_c$. (d) $h_O < h_5 < h_6 < h_3^\pi$, $\gamma > \gamma_c$

(ii) 两族旋转周期轨道 $\{\Gamma_{r\pm}^h\}$, 其轨道分别由 $H(\phi, \eta) = h, h \in (h_3^\pi, h_5)$ 和 $h \in (h_3^\pi, h_6)$ 确定.

(iii) 围绕平衡点 $P_\pi^a(\pi, \eta_{e2})$ 和 $P_\pi^c(\pi, \eta_{e4})$ 的两族振荡周期轨道族 $\{\Gamma_{2\pm}^h\}$, 其轨道分别由 $H(\phi, \eta) = h$, $h \in (h_5, h_2^\pi)$ 和 $h \in (h_6, h_4^\pi)$ 确定.

同样, 从图 7.3.1 的 (b)—(d) 可知, 系统 (7.3.3) 存在不同的周期解族.

当 $\alpha < \beta < 2\alpha$ 时, 随着 γ 从 $0 < \gamma < \gamma_c$ 递增到 $\gamma > \gamma_c 0$, 系统 (7.3.3) 不同的相图如图 7.3.2所示.

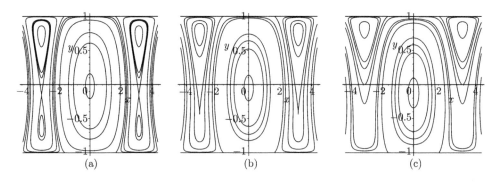

图 7.3.2　当 $\alpha < \beta < 2\alpha$ 时, 系统 (7.3.3) 的相图的变化

(a) $h_O < h_5 < h_6 < h_2^\pi < h_1^\pi < h_6 < h_3^\pi$, $\gamma < \gamma_c$. (b) $h_O < h_5 < h_6 < h_2^\pi = h_1^\pi < h_3^\pi$, $\gamma = \gamma_c$.

(c) $h_O < h_5 < h_6 < h_3^\pi$, $\gamma > \gamma_c$

当 $0 < \beta < \alpha, \gamma > 0$ 时, 系统 (7.3.3) 的相图如下.

应用首次积分得

$$\frac{d\eta}{dt} = -\sqrt{(\alpha^2 - h^2) + 2h\gamma\eta + (h\beta - \alpha_2 - \gamma^2)\eta^2 - \beta\gamma\eta^3 - \frac{1}{4}\beta^2\eta^4}.$$

因此, 利用上式, 在 (α, β, γ) 三参数空间中, 我们可以得到系统 (7.3.3) 所有周期轨道和同宿轨道的参数表示 (图 7.3.3).

II. $\gamma = 0$ 情形

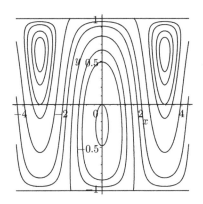

图 7.3.3 当 $\alpha > \beta > 0$ 时, 系统 (7.3.3) 的相图

$h_O < h_5 < h_6 < h_3^\pi, \ \gamma > 0$

如果 $\alpha \geqslant \beta$, 此时 (7.3.3) 存在两个平衡点 $O(0,0)$ 和 $P(\pm\pi, 0)$(它们粘合在柱面上). 如果 $\alpha < \beta$, 则存在四个平衡点 O, P 和 $P_\pi^\pm(\pm\pi, \pm\eta_1)$, 其中, $\eta_1 = \sqrt{1 - \dfrac{\alpha^2}{\beta^2}}$. 此时

$$J(0,0) = \alpha(\alpha + \beta), \quad J(\pi, 0) = -\alpha(\beta - \alpha), \quad J(\pi, \eta_1) = \beta^2 - \alpha^2.$$

$$h_0 = H(0,0) = -\alpha, \quad h_\pi = H(\pi, 0) = \alpha, \quad h_1 = H(\pi, \eta_1) = \frac{\alpha^2 + \beta^2}{2\beta},$$

且 $y = \pm 1$, $h = h_2 = \dfrac{\beta}{2}$.

基于以上事实, 系统 (7.3.3) 的相图的改变如图 7.3.4 所示.

以下我们考虑在不同的参数条件下系统 (7.3.3) 的轨道的参数表示. 当 $\gamma = 0$ 时, 有

$$\frac{d\eta}{dt} = -\sqrt{(\alpha^2 - h^2) + (h\beta - \alpha_2)\eta^2 - \frac{1}{4}\beta^2\eta^4} = -\frac{\beta}{2}\sqrt{(a^2 - \eta^2)(\eta^2 - b^2)}, \quad (7.3.6)$$

其中

$$a^2 = \frac{2}{\beta^2}\left[(h\beta - \alpha^2) + \sqrt{\Delta}\right], \quad b^2 = \frac{2}{\beta^2}\left[(h\beta - \alpha^2) - \sqrt{\Delta}\right]$$

并且 $\Delta = \alpha^2(\alpha^2 + \beta^2 - 2h\beta)$.

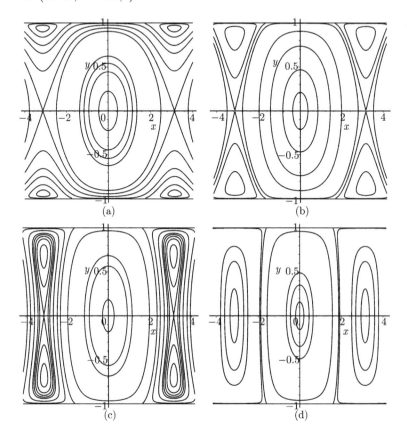

图 7.3.4　当 $\alpha > 0$, $\beta > 0$ 时, 系统 (7.3.3) 的相图的改变

(a) $\beta > 2\alpha$, $h_0 < h_\pi < \dfrac{\beta}{2} < h_1$. (b) $\beta = 2\alpha$, $h_0 < \dfrac{\beta}{2} = h_\pi < h_1$.

(c) $\alpha < \beta < 2\alpha$, $h_0 < \dfrac{\beta}{2} < h_\pi < h_1$. (d) $\beta \leqslant \alpha$, $h_0 < \dfrac{\beta}{2} < h_1$

应用上述关系, 我们得到下述的结果.

1. $\beta > 2\alpha$ 情形

此时, $h_0 = -\alpha < 0 < h_\pi = \alpha < h_2 = \dfrac{\beta}{2} < h_1$. 在有界相柱面 $S^1 \times (-1,1)$ 上有三族振荡周期轨道 $\{\Gamma_1^h\}$, $\{\Gamma_{2\pm}^h\}$ 和两族旋转周期轨道 $\{\Gamma_{r\pm}^h\}$. 对应于 $H(\phi, \eta) = h$, $h \in (-\alpha, \alpha)$, 振荡周期轨道 Γ_1^h 的参数表示为

$$\eta(t) = a\,\mathrm{cn}(\Delta^{\frac{1}{4}}t, k_1), \tag{7.3.7}$$

其中 $k_1 = \dfrac{a}{\sqrt{a^2 - b^2}}, b^2 < 0.$ Γ_1^h 的周期是 $T_1(k_1) = \dfrac{4K(k_1)}{\Delta^{\frac{1}{4}}}$. 显然, 当 k_1 从 0 变到 1 时, $T_1(k_1)$ 是单调的函数.

(1) 对应于 $H(\phi, \eta) = \alpha$, 存在两条同宿于鞍点 (这两个点粘合) 的同宿轨道 $\Gamma_{H\pm}^{\alpha}$. 参数表示为

$$\eta(t) = \pm \frac{2\Omega}{\beta} \mathrm{sech}\,(\Omega t). \tag{7.3.8}$$

其中 $\Omega = \sqrt{\alpha(\beta - \alpha)}$.

(2) 对应于 $H(\phi, \eta) = h,\ h \in \left(\alpha, \dfrac{\beta}{2} \right)$, 旋转周期轨道 $\Gamma_{r\pm}^h$ 的参数表示为

$$\eta(t) = \pm a\mathrm{dn}\left(\frac{\beta}{2} at, k_r \right), \tag{7.3.9}$$

其中 $k_r = \sqrt{\dfrac{a^2 - b^2}{a^2}} = \dfrac{1}{k_1},\ b^2 > 0.$ $\Gamma_{r\pm}^h$ 的周期是 $T_r(k_r) = \dfrac{4K(k_r)}{\beta a}$, 当 k_r 增加时, 该周期函数是单调增加的.

(3) 对应于 $H(\phi, \eta) = \dfrac{\beta}{2}$, 存在两轨线连接两条直线 $y = \pm 1$.

(4) 对应于 $H(\phi, \eta) = h,\ h \in \left(\dfrac{\beta}{2}, \dfrac{\alpha^2 + \beta^2}{2\beta} \right)$, 两振荡周期轨道 $\Gamma_{2\pm}^h$ 有参数表示式 (7.3.9).

2. $\beta = 2\alpha$ 情形

此时, 除了没有两族旋转轨道 $\{\Gamma_{r\pm}^h\}$ 外, 其他的轨道与情形 1 相同.

3. $\alpha < \beta < 2\alpha$ 情形

(1) 对应于 $H(\phi, \eta) = h,\ h \in \left(-\alpha, \dfrac{\beta}{2} \right)$, 存在围绕平衡点 (0,0) 的一族振荡周期轨道 $\{\Gamma_1^h\}$, 其参数表示式同 (7.3.7).

(2) 对应于 $H(\phi, \eta) = h,\ h \in \left(\dfrac{\beta}{2}, \alpha \right)$, 存在围绕三个平衡点 $P_\pi(\pm\pi, 0)$ 和 $P_\pi^\pm(\pm\pi, \pm\eta_1)$ 的一族振荡周期轨道 $\{\Gamma_2^h\}$, 其参数表示式同 (7.3.7).

(3) 对应于 $H(\phi, \eta) = \alpha$, 存在两条呈 "8" 字形的同宿轨道 $\Gamma_{2H\pm}^\alpha$, 它们同宿到鞍点 $P_\pi(\pm\pi, 0)$(粘合为同一点), 并分别包围平衡点 $P_\pi^+(\pm\pi, \eta_1)$ 和 $P_\pi^-(\pm\pi, -\eta_1)$. 这两个同宿轨道的参数表示式同 (7.3.8).

(4) 对应于 $H(\phi, \eta) = h,\ h \in \left(\alpha, \dfrac{1}{2\beta}(\alpha^2 + \beta^2) \right)$, 存在两族振荡周期轨道 $\{\Gamma_{3\pm}^h\}$, 它们围绕平衡点 $P_\pi^\pm(\pm\pi, \pm\eta_1)$, 其参数表示式同 (7.3.9).

4. $0 < \beta \leqslant \alpha$ 情形

这时平衡点 $P_\pi(\pi, 0)$ 是中心. 对应于 $H(\phi, \eta) = h$, $h \in \left(-\alpha, \dfrac{\beta}{2}\right)$ 与 $h \in \left(\dfrac{\beta}{2}, \alpha\right)$, 存在两族周期轨道, 它们的参数表示式都与 (7.3.7) 式相同.

7.3.2   扰动系统 (7.3.4) 的 Melnikov 分析及数值结果

本节我们讨论系统 (7.3.4). 假设 (7.3.4) 中的参数满足 $\beta_0 > 2\alpha_0$ 或 $\alpha_0 < \beta_0 < 2\alpha_0$. 这时在相柱面上存在两呈 "8" 字形的同宿轨道.

对系统 (7.3.4), 沿着 (7.3.3) 的未扰动同宿轨道 $\Gamma_{H\pm}^\alpha$ 计算, 得到同宿分枝的 Melnikov 函数为

$$
\begin{aligned}
M(t_0) &= \int_{-\infty}^{\infty} \{ [-\alpha_0 \sqrt{1-\eta^2} \sin\phi][\gamma_0 + \beta_1 \eta + (\gamma_1 + \alpha_1 \eta(1-\eta^2)^{-\frac{1}{2}} \cos\phi) \\
&\quad \cdot \sin(\omega(t+t_0))] + [\beta_0 \eta + \alpha_0 \eta (1-\eta^2)^{-\frac{1}{2}} \cos\phi] \\
&\quad \cdot [\alpha_1 \sqrt{1-\eta^2} \sin\phi \sin(\omega(t+t_0))] \} dt \\
&= \left(\int_{-\infty}^{\infty} \left(\frac{\alpha_1 \beta_0}{\alpha_0} \eta^2 - \gamma_1 \eta \right) \sqrt{\Omega^2 - \frac{\beta_0^2}{4} \eta^2} \sin(\omega t) dt \right) \cos(\omega t_0) \\
&= \frac{2\pi\omega\Omega}{\beta_0} \left[\frac{\alpha_1 \omega}{\alpha_0 \sinh \dfrac{\pi\omega}{2\Omega}} - \frac{\gamma_1}{\cosh \dfrac{\pi\omega}{2\Omega}} \right] \cos(\omega t_0) \equiv J \cos(\omega t_0). \qquad (7.3.10)
\end{aligned}
$$

只考虑 $\alpha_0 > 0, \beta_0 > 0$ 的情形. 此时, 系统 (7.3.3) 有不同的周期轨道 (图 7.3.4). 其参数表示式分别由 (7.3.7) 和 (7.3.9) 确定. 例如, 对于图 7.3.4(1) 中的五族周期轨道 $\{\Gamma_1^h\}$, $\{\Gamma_{2\pm}^h\}$ 和 $\{\Gamma_{r\pm}^h\}$, 考虑共振条件

$$
T_i(k_i) = \frac{2m\pi}{\omega n} = \frac{mT}{n}, \quad i = 1, 2, r. \qquad (7.3.11)
$$

这些关系当 $n = 1$ 时定义了 $k_i = k_i(m)$. 沿着当 $h = h(k_i(m))$ 时对应的未扰动轨道 Γ_i^h 计算次调和 Melnikov 函数, 得到

$$
\begin{aligned}
M_i^m(t_0) &= \int_0^{mT} (\alpha_1 \beta_0 \eta_i - \alpha_0 \gamma_1) \sqrt{1 - \eta_i^2} \sin\phi \sin(\omega(t+t_0)) dt \\
&= \left[\int_0^{mT} \left(\frac{\alpha_1 \beta_0}{2\alpha_0} \eta_i^2 - \gamma_1 \eta_i \right) \cos(\omega t) dt \right] \cos(\omega t_0).
\end{aligned}
$$

应用 $\{\Gamma_1^h\}$ 和 $\{\Gamma_{r\pm}^h\}$, 即 $\{\Gamma_{2\pm}^h\}$ 的参数表示, 可得

$$
M_1^m(t_0) = I_1^m \cos(\omega t_0), \qquad (7.3.12)
$$

其中 $I_1^m = \dfrac{\alpha_1\beta_0 a_0^2 m\pi}{2k_1^2\alpha_0 K(k_1)}\text{csch}\left(\dfrac{m\pi K'(k_1)}{K(k_1)}\right) - \dfrac{2\gamma_1\pi}{k_1}\text{sech}\left(\dfrac{(2m+1)\pi K'(k_1)}{2K(k_1)}\right).$

$$M_r^m(t_0) = M_2^m(t_0) = I_r^m\cos(\omega t_0), \qquad (7.3.13)$$

其中 $I_r^m = \dfrac{\alpha_1\beta_0 a_0^2 m\pi^2}{2\alpha_0 K(k_1)}\text{csch}\left(\dfrac{m\pi K'(k_1)}{K(k_1)}\right) - 2\gamma_1\pi\text{sech}\left(\dfrac{m\pi K'(k_1)}{K(k_1)}\right).$

因此, 我们得到下面的结论.

定理 7.3.1 (i) 假设 (7.3.4) 中 $\beta_0 > 2\alpha_0$ 或 $\alpha_0 < \beta_0 < 2\alpha_0$. 恰当选取参数 α_1, γ_1 和 ω, 使得 J 不等于零. 则由 (7.3.10) 式定义的 $M(t_0)$ 有简单零点, 因此, 系统 (7.3.4)(6) 的解在 Smale 马蹄存在意义下是混沌的.

(ii) 假设 (7.3.4) 中 $\alpha_0 > 0, \beta_0 > 0$, 选取参数 α_1, γ_1, 使得 $I_1^m \neq 0$ 与 $I_r^m \neq 0$. 则由 (7.3.12) 和 (7.3.13) 式定义的 $M_1^m(t_0)$ 和 $M_2^m(t_0)$ 有简单零点, 因此, 系统 (7.3.4) 分别从周期轨道 $\{\Gamma_1^h\}$, $\{\Gamma_{2\pm}^h\}$ 和 $\{\Gamma_{r\pm}^h\}$ 分枝出 m 阶次调和周期解.

考虑系统 (7.3.3) 的两同宿轨道 $\Gamma_{H\pm}^{\alpha_0}$ 附近扰动系统某些轨道的动力学行为. 图 7.3.5(a) 给出了系统 (7.3.4) 在初值 $\phi(0) = 0$, $\eta(0) = 0.88$ 和参数 $\alpha_0 = 1, \beta_0 = 3, \varepsilon = 0.1, \gamma_1 = 1.2, \omega = 1.25, \beta_1 = 1, \alpha_1 = \gamma_0 = 0$ 下的相轨线. 图 7.3.5(b) 给出了相应的 Poincaré 映射 (画出 4000 个点); 图 7.3.5(c) 给出了系统 (7.3.4) 在初值 $\phi(0) = 0$, $\eta(0) = 0.87$, 参数 $\alpha_0 = 1, \beta_0 = 3, \varepsilon = 0.1, \gamma_1 = 1.15, \omega = 1.25, \beta_1 = 0.88$, $\alpha_1 = \gamma_0 = 0$ 下的相轨线. 图 7.3.5(d) 为相应的 Poincaré 映射 (画出 6000 个点).

最后, 我们考虑当 $\varepsilon = 0$ 时, 系统 (7.3.3) 的两条呈 "8" 字形的同宿轨道附近 (7.3.4) 的轨道的动力学性质. 图 7.3.6(a) 给出了系统 (7.3.4) 在初值 $\phi(0) = \pi$, $\eta(0) = 0.2$ 和参数 $\alpha_0 = 5, \beta_0 = 5.25, \varepsilon = 0.1, \gamma_1 = 1.2, \omega = 1.25, \beta_1 = 1, \alpha_1 = \gamma_0 = 0$ 下的相轨线. 图 7.3.6(b) 给出了系统 (7.3.4) 在初值 $\phi(0) = \pi$, $\eta(0) = 0.2$ 和参数 $\alpha_0 = 5, \beta_0 = 5.5, \varepsilon = 0.1, \gamma_1 = 1.2, \omega = 1.25, \beta_1 = 1, \alpha_1 = \gamma_0 = 0$ 下的相轨线.

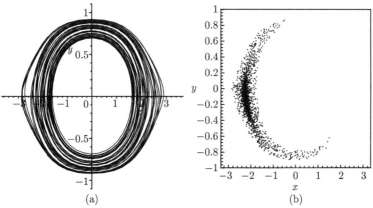

(a)   (b)

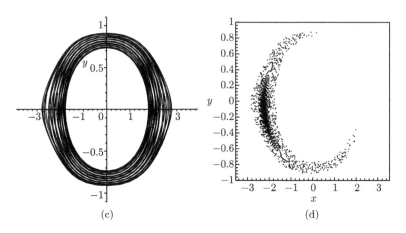

(c)   (d)

图 7.3.5　系统 (7.3.4) 的两条轨道的相图和其 Poincaré 映射

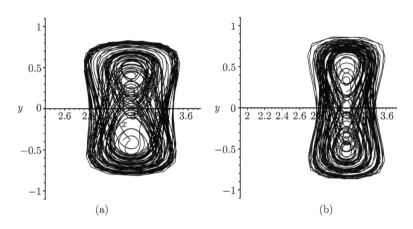

(a)   (b)

图 7.3.6　系统 (7.3.4) 的两轨道的相图

7.4　大 Rayleigh 数 Lorenz 方程的周期解和同宿分枝

众所周知, 1963 年, 美国气象学家 Lorenz 在《大气科学》发表"确定性的非周期流"文章, 他指出, 描述大气环流中的对流运动的方程 (Lorenz 方程)

$$\frac{dx}{dt} = \sigma(y - x), \quad \frac{dy}{dt} = \gamma x - y - xz, \quad \frac{dz}{dt} = xy - bz \tag{7.4.1}$$

存在敏感地依赖于初始条件的解, 产生"蝴蝶效应". 某些单极直流发电机的数学模型, 例如 Moffatt 的模型

$$\begin{cases} \dfrac{dx}{dt} = \gamma(y - x), \\[2mm] \dfrac{dy}{dt} = mx - (1 + m)y + xz, \\[2mm] \dfrac{dz}{dt} = g[1 + mx^2 - (1 + m)xy] \end{cases} \tag{7.4.2}$$

也可化为 Lorenz 方程的形式. 关于 Lorenz 方程的动力学性质研究涉及对湍流的理解这一困难问题, 非常引人注目.

若参数 $r \gg \sigma$, 即 Rayleigh 数足够大, 1979 年, Robbins(1979) 曾研究过系统 (7.4.1) 的周期解存在性, 作变换

$$w = \gamma - z, \quad x = y, \quad y = z,$$

并取 $b = 1$, (7.4.1) 可化为以下形式

$$\dot{w} = \gamma - zy - w, \quad \dot{z} = wy - z, \quad \dot{y} = \sigma(z - y), \tag{7.4.3}$$

再引入尺度变换

$$t \to \varepsilon t, \quad w \to \frac{w}{\varepsilon^2 \sigma}, \quad z \to \frac{z}{\varepsilon^2 \sigma}, \quad y \to \frac{y}{\varepsilon}, \quad \varepsilon = \frac{1}{\sqrt{\gamma \sigma}},$$

则 (7.4.1) 变为以下的 Robbins 模型

$$\begin{cases} \dfrac{dw}{dt} = -zy + \varepsilon(1 - w), \\[2mm] \dfrac{dz}{dt} = wy - \varepsilon z, \\[2mm] \dfrac{dy}{dt} = z - \varepsilon \sigma y. \end{cases} \tag{7.4.4}$$

上面的小参数 ε 依赖于 σ, $\tau = \varepsilon t$ 也与 σ 有关. 与上述变换不同, Sparrow 采用另一个变换

$$x = \frac{\xi}{\varepsilon}, \quad y = \frac{\eta}{\varepsilon^2 \sigma}, \quad z = \frac{1}{\varepsilon^2}\left(\frac{\tilde{z}}{\sigma} + 1\right), \quad \tau = \varepsilon t, \quad \varepsilon = \frac{1}{\sqrt{\gamma}},$$

将 (7.4.1) 化为以下更一般的形式 (省略了新变量中的 $\sim$)

$$\begin{cases} \dfrac{d\xi}{dt} = -\eta - \varepsilon \sigma \xi, \\[2mm] \dfrac{d\eta}{d\tau} = -\xi y - \varepsilon \eta, \\[2mm] \dfrac{dz}{d\tau} = \xi \eta - \varepsilon b(z + \sigma). \end{cases} \tag{7.4.5}$$

用平均法, Sparrow 研究过系统 (7.4.5) 的周期解问题, 并写在他的著名著作 (Sparrow,1982) 之中. Robbins 与 Sparrow 的工作被后来出版的许多著作所引用, 例如, 李炳熙 (1984), Sachdev(1991) 等. 实际上, 他们的结论是很不完善的. 用第 6 章慢变系统理论, 可以对上述两个模型的研究获得完整的结果, 以下介绍李继彬和张建铭 (1993) 的工作. 这是有关 Lorenz 方程的动力学性质的少有的严格的和精确证明了的数学结果.

首先, 我们注意到, 当 $\varepsilon = 0$ 时, 未扰动系统 $(7.4.4)_0$ 和 $(7.4.5)_0$ 的平衡点分别填满了 w 轴和 z 轴或 η 轴. 但当 $\varepsilon \neq 0$ 时, 扰动系统 (7.4.4) 和 (7.4.5) 分别仅有三个平衡点, 其坐标分别为：$(w, z, y) = (1, 0, 0)$, $(\varepsilon^2 \sigma, \varepsilon \sigma \alpha)$, $(\varepsilon^2 \sigma, -\varepsilon \sigma \alpha, -\alpha)$ 以及 $(\xi, \eta, z) = (-\sigma, 0, 0)$, $(\xi_+^0, \varepsilon \sigma \xi_+^0, -\varepsilon^2 \sigma)$, $(\xi_-^0, \varepsilon \sigma \xi_-^0, -\varepsilon^2 \sigma)$, 其中在 $\alpha = [(1 - \varepsilon^2 \sigma)/\sigma]^{1/2}$, $\xi_{\pm}^0 = [(1 - \varepsilon^2)b]^{1/2}$. 平衡点 $(1, 0, 0)$ 与 $(-\sigma, 0, 0)$ 是鞍点.

当 $\varepsilon = 0$ 时, 系统 $(7.4.4)_\varepsilon$ 可化为三维 Hamilton 系统

$$\frac{d}{dt} \begin{bmatrix} w \\ z \\ y \end{bmatrix} = \begin{bmatrix} 0 & 0 & -z \\ 0 & 0 & w \\ z & -w & 0 \end{bmatrix} \begin{bmatrix} 1 \\ 0 \\ y \end{bmatrix} = J \begin{bmatrix} \partial H/\partial w \\ \partial H/\partial z \\ \partial H/\partial y \end{bmatrix}, \tag{7.4.6}$$

其中 Hamilton 函数为

$$H(w, z, y) = w + \frac{1}{2}y^2 = A. \tag{7.4.7}$$

此外, 系统 (7.4.6) 还存在 Casimir 函数

$$C(w, z, y) = w^2 + z^2 = B^2. \tag{7.4.8}$$

按照广义 Hamilton 系统的理论, 三维系统 (7.4.4) 与 (7.4.5) 可在辛叶 (7.4.8) 上约化为二维的 Hamilton 系统. 事实上, 对于固定的 $B > 0$, 变量代换

$$\begin{cases} w = (B + \rho)\cos(\theta - \pi), \\ z = (B + \rho)\sin(\theta - \pi), \\ y = y, \end{cases} \tag{7.4.9}$$

使 (7.4.4) 变为辛叶 (7.4.8) 上的如下系统

$$\begin{cases} \dfrac{d\rho}{dt} = -\varepsilon(B + \rho + \cos\theta), \\ \dfrac{d\theta}{dt} = y + \varepsilon \dfrac{\sin\theta}{B + \rho}, \\ \dfrac{dy}{dt} = -B\sin\theta - \varepsilon \sigma y, \end{cases} \tag{7.4.10}$$

其中 $|\rho/B| \ll 1$. 类似地, 对于系统 (7.4.5), 按照变量代换

$$z = (B + \rho) \cos\theta, \quad \eta = (B + \rho) \sin\theta, \quad \xi = -y, \tag{7.4.11}$$

该系统可化为

$$
\begin{cases}
\dfrac{d\rho}{dt} = -\varepsilon[b\sigma\cos\theta + (B + \rho)(b - 1)\cos^2\theta + B + \rho], \\[2mm]
\dfrac{d\theta}{dt} = y + \dfrac{\varepsilon}{B + \rho}[(b - 1)(B + \rho)\cos\theta + b\sigma]\sin\theta, \\[2mm]
\dfrac{dy}{dt} = -B\sin\theta - \varepsilon\sigma y.
\end{cases}
\tag{7.4.12}
$$

显然, 系统 $(7.4.10)_\varepsilon$ 和 $(7.4.12)_\varepsilon$ 都是具有一个慢变量 ρ 的扰动摆系统. 到这里, 我们已经建立了大 Rayleigh 数 Lorenz 模型和扰动摆方程之间的联系. 这是我们可得到精确的数学结论的关键思想.

当 $\varepsilon = 0$ 时, 系统 $(7.4.10)_0$ 与 $(7.4.12)_0$ 是具有如下 Hamilton 函数的 Hamilton 系统

$$H(\theta, y) = \frac{1}{2}y^2 - B\cos\theta = A. \tag{7.4.13}$$

容易看出, 当 $-B < A < B$ 时, $(7.4.10)_0$ 有振动型周期轨道 $\{\Gamma_0^k\}$:

$$
\begin{cases}
\theta_0(t, k) = 2\arcsin[k\,\mathrm{sn}(\sqrt{B}t, k)], \\[2mm]
y_0(t, k) = 2k\sqrt{B}\,\mathrm{cn}(\sqrt{B}t, k),
\end{cases}
\tag{7.4.14}
$$

其中 $k^2 = \dfrac{A + B}{2B}$, $\mathrm{sn}(u, k)$, $\mathrm{cn}(u, k)$ 和 $\mathrm{dn}(u, k)$ 是模为 k 的 Jacobi 椭圆函数.

当 $A = B$ 时, 存在 $(7.4.10)_0$ 的连接点 $(\rho, \theta, y) = (0, \pi, 0)$ 的两条同宿轨道 $\{\Gamma_{k\pm}^1\}$, 其参数表示为

$$
\begin{cases}
\theta_h(t) = \pm 2\arctan(\sinh\sqrt{B}t), \\[2mm]
y_h(t) = \pm 2\sqrt{B}\,\mathrm{sech}\sqrt{B}t,
\end{cases}
\tag{7.4.15}
$$

当 $B < A < +\infty$ 时, $(7.4.10)_0$ 存在旋转型周期轨道 $\{\Gamma_{r\pm}^{k_1}\}$, 其中参数表示为

$$
\begin{cases}
\theta_{r\pm}(t, k_1) = \pm 2\arcsin\left[\mathrm{sn}\left(\dfrac{\sqrt{B}}{k_1}t, k_1\right)\right], \\[4mm]
y_{r\pm}(t, k_1) = \pm\dfrac{\sqrt{B}}{k_1}\mathrm{dn}\left(\dfrac{\sqrt{B}}{k_1}t, k_1\right),
\end{cases}
\tag{7.4.16}
$$

其中 $k_1 = k^{-1} = \left(\dfrac{2B}{A+B}\right)^{1/2}$. $\{\Gamma_0^k\}$ 和 $\{\Gamma_{r\pm}^{k_1}\}$ 的周期分别是 $T_0(k) = \dfrac{4K(k)}{\sqrt{B}}$ 和 $T_r(k_1) = \dfrac{k_1 K(k_1)}{\sqrt{B}}$，我们用 $K(k)$ 与 $E(k)$ 分别表示第一类与第二类完全椭圆积分. 注意到 $A/B = 2k^2 - 1 = \dfrac{2-k_1^2}{k_1^2}$. 若用作用-角度变量 (I, θ)，经过计算我们知道 $(7.4.10)_0$ 的作用变量是

$$I = \frac{8B}{\pi} \cdot \begin{cases} E(k) - (1-k^2)K(k), & 0 < k < 1, \\ \dfrac{1}{2k_1}E(k_1), & 0 < k_1 < 1. \end{cases} \tag{7.4.17}$$

现考虑 Robbins 的模型 $(7.4.10)_\varepsilon$. 为研究该系统周期解的存在性，根据第 6 章的讨论，只需计算如下的 Melnikov 函数

$$\begin{aligned} M_1(B,\sigma,k) &= \int_{-T/2}^{T/2} \left[\frac{B}{B+\rho}\sin^2\theta(t) - \sigma y^2(t)\right]dt \\ &= -\left[\sigma + \frac{A}{B(B+\rho)}\right]\int_{-T/2}^{T/2} y^2(t)dt \\ &\quad + \frac{1}{2B(B+\rho)}\int_{-T/2}^{T/2} y^4(t)dt, \end{aligned} \tag{7.4.18}$$

$$\begin{aligned} M_3(B,\sigma,k) &= \int_{-T/2}^{T/2}(B+\rho+\cos\theta(t))dt \\ &= \left(B+\rho-\frac{A}{B}\right)T + \frac{1}{2B}\int_{-T/2}^{T/2} y^2(t)dt. \end{aligned} \tag{7.4.19}$$

将 (7.4.14) 和 (7.4.16) 代入以上两式，得到对应于两类未扰动周期轨道的 Melnikov 函数

$$\begin{aligned} M_1^0(B,\sigma,k) &= -16\sqrt{B}[\sigma(E(k)-(1-k^2)K(k))] \\ &\quad - \frac{1}{3(B+\rho)}[(2k^2-1)E(k)+(1-k^2)K(k)], \end{aligned} \tag{7.4.20}$$

$$M_3^0(B,\sigma,k) = \frac{4}{\sqrt{B}}[B+\rho-(2K^2-1)E(k)+2(E(k)-(1-k^2)K(k))], \tag{7.4.21}$$

$$M_1^r(B,\sigma,k_1) = -\frac{8\sqrt{B}}{k_1}\left[\sigma k_1^2 E(k_1) - \frac{(2-k_1^2)E(k_1)-2(1-k_1^2)K(k_1)}{3(B+\rho)}\right], \tag{7.4.22}$$

$$M_3^r(B,\sigma,k_1) = \frac{2k_1}{\sqrt{B}}\left[\left(B+\rho-\frac{2-k_1^2}{k_1^2}\right)K(k_1)+\frac{2E(k_1)}{k_1^2}\right]. \tag{7.4.23}$$

对 (7.4.4) 的唯一鞍点, 对应于系统 (7.4.10)$_0$ 的相柱面 $w^2+z^2=1$ 上的两条同宿轨道, 同宿分枝的 Melnikov 函数如下

$$M_0(1,\sigma,1) = \int_{-\infty}^{+\infty}\left[\frac{1}{1+\rho}\sin^2\theta_h(t)-\sigma y_h(t)\right]dt = 8\left(\frac{1}{3(1+\rho)}-\sigma\right). \tag{7.4.24}$$

令 $M_3^0(B,\sigma,k)=0$, $M_3^r(B,\sigma,k_1)=0$, 则有

$$\rho_0 = 1-B-\frac{2E(k)}{K(k)}, \tag{7.4.25}$$

$$\rho_r = \frac{2-k_1^2}{k_1^2}-B-\frac{2E(k_1)}{k_1^2K(k_1)}. \tag{7.4.26}$$

在条件 (7.4.25) 和 (7.4.26) 之下, 取 $\rho_0=\rho_r=0$, 并令 $M_1^0(B,\sigma,k)=0$, $M_1^r(B,\sigma,k_1)=0$, 则有

$$\sigma = \sigma_0(k) = \frac{1}{3}\frac{K(k)}{K(k)-2E(k)}\frac{(2k^2-1)E(k)+(1-k^2K(k))}{E(k)-(1-k^2)K(k)}, \tag{7.4.27}$$

$$B = B_0(k) = 1-\frac{2E(k)}{K(k)}, \quad A = A_0 = (2k^2-1)B, \tag{7.4.28}$$

$$\sigma = \sigma_r(k_1) = \frac{1}{3}\frac{K(k_1)}{E(k_1)}\frac{(2-k_1^2)K(k_1)-2(1-k_1^2)K(k_1)}{(2-k_1^2)K(k_1)-2E(k_1)}, \tag{7.4.29}$$

$$B = B_r(k_1) = \frac{(2-k_1^2)K(k_1)-2E(k_1)}{k_1^2K(k_1)}, \quad A = A_r = \frac{2-k_1^2}{k_1^2}B_r. \tag{7.4.30}$$

由条件 $B_0>0$ 得估计 $k>k_0\approx 0.91$, 其中 k_0 满足 $K(k_0)=2E(k_0)$. 因为 $(2-k^2)K(k)-2E(k)=\frac{1}{4}\int_0^{4K}\mathrm{sn}^2u\mathrm{cn}^2udu>0$, 所以, 对 $k_1\in(0,1)$, $B_r>0$, 经过计算可得

$$\lim_{k\to 1}\sigma_0(k)=\frac{1}{3}, \quad \lim_{k\to k_0}\sigma_0(k)=\infty,$$
$$\lim_{k\to 1}B_0(k)=\frac{1}{3}, \quad \lim_{k\to k_0}B_0(k)=0, \tag{7.4.31}$$

$$\lim_{k_1\to 1}\sigma_r(k_1)=\frac{1}{3}, \quad \lim_{k_1\to 0}\sigma_r(k_1)=1,$$
$$\lim_{k_1\to 1}B_r(k_1)=1, \quad \lim_{k_1\to 0}B_r(k_1)=0, \tag{7.4.32}$$

于是可以画出函数 $\sigma_0=\sigma_0(k)$ 和 $\sigma_r=\sigma_r(k)$ 的图形 (图 7.4.1).

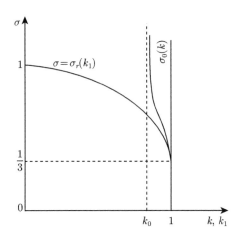

图 7.4.1 $\sigma_0(k)$ 和 $\sigma_r(k_1)$ 的图, $0 < k < 1$

根据第 6 章的定理以及图 7.4.1, 我们得到如下结果.

定理 7.4.1   (i) 对于任何实数 $k \in (k_0, 1)$, 如果参数 $\sigma = \sigma_0(k)$ 由 (7.4.27) 确定, 则在相柱面 $w^2 + z^2 = B_0(k)$ 上的摆方程 $(7.4.10)_0$ 的振动周期轨道 Γ_0^k 近旁, 存在 $(7.4.10)_\varepsilon$ 的一条稳定周期轨道 L_0^k.

(ii) 对于任何实数 $k_1 \in (0, 1)$, 如果参数 $\sigma = \sigma_r(k_1)$ 由 (7.4.29) 确定, 则在相柱面 $w^2 + z^2 = B_r^2(k_1)$ 上, 系统 $(7.4.10)_0$ 的两条对称旋转型轨道 $\Gamma_\pm^{k_1}$ 近旁, 存在 $(7.4.10)_\varepsilon$ 的两条不稳定周期轨道 $L_{r+}^{k_1}$ 和 $L_{r-}^{k_1}$.

(iii) 如果 $\sigma = 1/3$, 则在相柱面 $w^2 + z^2 = 1$ 上, 系统 $(7.4.10)_0$ 的两条同宿轨道 $\Gamma_{h\pm}^1$ 近旁, 存在连接 $(7.4.10)_\varepsilon$ 的鞍点 $(1, 0, 0)$ 的两条同宿轨道 $L_{h\pm}^1$.

(iv) 下面的极限关系成立

当 $k \to 1$ 时, $\sigma_0(k) \to \dfrac{1}{3}$, $L_0^k \to L_{h\pm}^1$;

当 $k_1 \to 1$ 时, $\sigma_1(k_1) \to \dfrac{1}{3}$, $L_{r+}^{k_1} \to L_{h+}^1$, $L_{r-}^{k_1} \to L_{h-}^1$.

(v) 参看图 7.4.1, 如果 $\sigma \in \left(\dfrac{1}{3}, 1\right)$, 则两种类型的周期轨道 L_0^k 与 $L_{r\pm}^{k_1}$ 可能共存; 如果 $\sigma > 1$, 则仅存在振动型周期轨道 $L_0^k, k \in (k_0, 1)$.

注   由 (7.4.31) 和 (7.4.32) 可看出 $\max\limits_{k, k_1}(B_0(k), B_r(k_1)) = 1$, $(7.4.10)_\varepsilon$ 的所有分枝周期轨道都位于三维相空间的一个有限区域内. 当 $k_1 \to 1, k \to 1$ 时, 这些周期轨道都进入柱面 $w^2 + z^2 = 1$ 的邻域内并且最终趋于两条同宿轨道.

定理 7.4.1 的证明   用作用-角度变量形式来改写 $M_i^0(B, \sigma, k)$ 和 $M_i^r(B, \sigma, k_1)$ $(i = 1, 3)$, 得到

$$M_1^0(I,\rho) = -\frac{2\pi}{\sqrt{B}}\left(\sigma + \frac{1}{3(B+\rho)}\right)I + \frac{32k^2\sqrt{B}}{3(B+\rho)}E(k),$$

$$M_3^0(I,\rho) = \frac{1}{\sqrt{B}}\left[\frac{\pi}{B}I + 4(B+\rho - (2k^2-1))K(k)\right],$$

$$M_1^r(I,\rho) = -\frac{2\pi}{\sqrt{B}}\left(\sigma - \frac{2-k_1^2}{3(B+\rho)k_1^2}\right)I - \frac{16\sqrt{B}(1-k_1^2)}{3(B+\rho)k_1^3}K(k_1),$$

$$M_3^r(I,\rho) = \frac{1}{\sqrt{B}}\left[\frac{\pi}{B}I + 2k_1\left(B+\rho - \frac{2-K_1^2}{k_1^2}\right)K(k_1)\right].$$

考虑到 $\dfrac{dI_k}{dk} = \dfrac{8Bk}{\pi}K(k), \dfrac{dI_r(k_1)}{dk_1} = -\dfrac{4BK(k_1)}{\pi k_1^2}$, 则有

$$\frac{\partial M_1^0}{\partial I} = -\frac{2\pi}{\sqrt{B}}\left[\sigma + \frac{1}{B+\rho} - \frac{2E(k)}{(B+\rho)K(k)}\right],$$

$$\frac{\partial M_1^0}{\partial \rho} = \frac{2\pi}{\sqrt{B}}\left[\frac{1}{3(B+\rho)^2} + \frac{32k^2\sqrt{B}}{3(B+\rho)^2}E(k)\right],$$

$$\frac{\partial M_3^0}{\partial I} = \frac{\pi}{B\sqrt{B}}\left[-1 + \frac{B+\rho - (2k^2-1)\pi}{16Bk^2(1-k^2)K(k)}I\right],$$

$$\frac{\partial M_3^0}{\partial \rho} = \frac{4}{\sqrt{B}}K(k).$$

用以上四个公式细致地计算可以证明, 当 $\sigma = \sigma_0(k), \rho = 0$ 时, Jacobi 行列式

$$\left.\frac{\partial(M_1^0(I,\rho), M_3^0(I,\rho))}{\partial(I,\rho)}\right|_{(\sigma_r(k_1),\rho_0=0)} \neq 0.$$

类似地,

$$\left.\frac{\partial(M_1^r(I,\rho), M_3^r(I,\rho))}{\partial(I,\rho)}\right|_{(\sigma_r(k_1),\rho_r=0)} \neq 0.$$

另一方面, 对 Melnikov 函数 $M_0(1,\sigma,1) = M_0(\sigma)$,

$$\frac{\partial(M_0(\sigma))}{\partial \sigma} = -1 \neq 0.$$

因此根据第 6 章的定理, 定理 7.4.1 的存在性结论正确, 周期轨道的稳定性证明类似于 Robbins (1979).

注 一般而言, 不必取 $\rho_0 = \rho_r = 0$. 只要求 $\rho_0 \ll 1, |\rho_r| \ll 1$. 利用本节的讨论, 可得到更一般的扰动系统的周期解和同宿轨道的存在性. 实际上, 定理 7.4.1 严格证明了在相柱面 (辛叶) 上的周期解和同宿轨道的存在性.

现在讨论 $b \neq 1$ 的情形, 即研究 Sparrow 模型 (7.4.4) 的约化系统 $(7.4.12)_\varepsilon$, 此时, Melnikov 函数具有以下形式

$$M_1(B,\sigma,b,k) = \int_{-T/2}^{T/2} \left[-\sigma y^2(t) + \frac{B}{B+\rho}((b-1)(B+\rho)\cos\theta(t) + b\sigma)\sin^2\theta(t) \right] dt,$$

$$M_3(B,\sigma,b,k) = \int_{-T/2}^{T/2} \left[(B+\rho) + b\sigma\cos\theta(t) + (B+\rho)(b-1)\cos^2\theta(t) \right] dt.$$

应用未扰动周期轨道的参数表示 (7.4.14) 和 (7.4.16), 计算上述积分得到以下公式

$$M_1^0(B,\sigma,b,k) = \frac{8}{\sqrt{B}} \left[(b-1)Bg_1^0(k) + \frac{b\sigma B}{B+\rho}g_2^0(k) - B\sigma g_3^0(k) \right]; \qquad (7.4.33)$$

$$M_3^0(B,\sigma,b,k) = \frac{4}{3\sqrt{B}} \left[(B+\rho)f_1^0(k) + b(B+\rho)f_2^0(k) - b\sigma f_3^0(k) \right]; \qquad (7.4.34)$$

$$M_1^r(B,\sigma,b,k_1) = \frac{4}{k_1\sqrt{B}} \left[(b-1)Bg_1^r(k_1) + \frac{b\sigma B}{B+\rho}g_2^r(k_1) - B\sigma g_3^r(k_1) \right]; \quad (7.4.35)$$

$$M_3^r(B,\sigma,b,k_1) = \frac{2}{3k_1^3\sqrt{B}} \left[(B+\rho)f_1^r(k_1) + b(B+\rho)f_2^r(k_1) - b\sigma f_3^3(k_1) \right],$$
$$(7.4.36)$$

其中

$$\begin{cases} g_1^0(k) = -\dfrac{2}{15}[(16k^4 - 16k^2 + 1)E(k) + (8k^2-1)(1-k^2)K(k)], \\ g_2^0(k) = \dfrac{2}{3}[(2k^2-1)E(k) + (1-k^2)K(k)], \\ g_3^0(k) = 2[E(k) - (1-k^2)K(k)]; \end{cases}$$

$$\begin{cases} g_1^r(k_1) = -\dfrac{2}{15}[(k_1^4 - 16k_1^2 + 16)E(k_1) - 8(1-k_1^2)(2-k_1)K(k_1)], \\ g_2^r(k_1) = \dfrac{2}{3}k_1^2[(2-k_1^2)E(k_1) - 2(1-k_1^2)K(k_1)], \\ g_3^r(k_1) = 2k_1^4 E(k_1); \end{cases}$$

$$\begin{cases} f_1^0(k) = 6g_2^0(k), \\ f_2^0(k) = -4(2k^2-1)E(k) + (4k^2-1)K(k), \\ f_3^0(k) = 3[K(k) - 2E(k)]; \end{cases}$$

$$\begin{cases} f_1^r(k_1) = 6k_1^{-2}g_2^r(k_1), \\ f_2^r(k_1) = -4(2-k_1^2)E(k_1) + (3k_1^4 - 8K_1^2 + 8)K(k_1), \\ f_3^r(k_1) = 3k_1^2[(2 - k_1^2)E(k_1) - 2E(k_1)]. \end{cases}$$

在 (7.4.33)—(7.4.36) 中取 $\rho = 0$ 并令 $M_1^0 = M_3^0 = 0$, $M_1^r = M_3^r = 0$, 略去 f_i 和 g_i 中的上标, 可得

$$b = \frac{Bf_1}{\sigma f_3 - Bf_2} = \frac{B(g_1 + \sigma g_3)}{Bg_1 + \sigma g_2}. \tag{7.4.37}$$

这说明参数 σ 满足以下代数方程

$$\sigma^2(f_3 g_3) - \sigma(f_1 g_2 + f_3 g_2 + f_2 g_3 B) - B g_1(f_1 + f_2) = 0. \tag{7.4.38}$$

为了研究这个方程的解, 注意 f_i 和 g_i 具有下述性质:

对于 $k \in (k_0, 1)$,

$$g_1^0(k) < 0, \quad g_2^0(k) > 0, \quad g_3^0(k) > 0, \quad f_2^0(k) > 0, \quad f_3^0(k) > 0;$$

对于 $k_1 \in (0, 1)$,

$$g_1^r(k_1) < 0, \quad g_2^r(k_1) > 0, \quad g_3^r(k_1) > 0, \quad f_2^r(k_1) > 0, \quad f_3^r(k_1) > 0,$$

其中 $k \approx 0.91, \arcsin k_0 \approx 65.5°$, k_0 满足 $K(k_0) = 2E(k_0)$. 因此, 由前面的关系可知, 对于 $k \in (k_0, 1)$ 和 $k_1 \in (0, 1)$, (7.4.38) 的判别式

$$\begin{aligned}
\Delta(k, B) &= (f_1 g_2 - f_3 g_2 + f_2 g_3 B)^2 + 4 B g_1 g_3 f_3 (f_1 + f_2) \\
&= (f_1 g_2 - f_3 g_2 - f_2 g_3 B)^2 + 4 B f_2 g_3 (f_2 g_2 + g_1 f_3) > 0.
\end{aligned}$$

又因 $f_2 g_2 + f_3 g_1 > 0$, 故方程 (7.4.37) 有两个实解

$$\sigma = \sigma_\pm(k, B) = \frac{(f_1 g_2 - f_3 g_2 + B f_2 g_3) \pm \sqrt{\Delta(k, B)}}{2 f_3 g_3}. \tag{7.4.39}$$

当 $k \in (k_0, 1)$ 和 $k_1 \in (0, 1)$ 时, 易证

$$\begin{cases}
\displaystyle \lim_{k \to 1} \frac{f_1^0(k)}{f_3^0(k)} = \lim_{k_1 \to 1} \frac{f_1^r(k_1)}{f_3^r(k_1)} = 0, \\[2mm]
\displaystyle \lim_{k \to 1} \frac{f_2^0(k)}{f_3^0(k)} = \lim_{k_1 \to 1} \frac{f_2^r(k_1)}{f_3^r(k_1)} = 1, \\[2mm]
\displaystyle \lim_{k \to 1} g_1^0(k) = \lim_{k_1 \to 1} g_1^r(k_1) = -\frac{2}{15}, \\[2mm]
\displaystyle \lim_{k \to 1} g_2^0(k) = \lim_{k_1 \to 1} g_2^r(k_1) = \frac{2}{3}, \\[2mm]
\displaystyle \lim_{k \to 1} g_3^0(k) = \lim_{k_1 \to 1} g_3^r(k_1) = 2.
\end{cases}$$

$$
\begin{cases}
g_1^0(k_0) = -\dfrac{2}{15}(2k_0^2-1)E(k_0), \quad g_2^0(k_0) = \dfrac{2}{3}E(k_0), \\[2mm]
g_3^0(k_0) = 2(2k_0^2-1)E(k_0), \quad f_1^0(k_0) = 4E(k_0), \\[2mm]
f_2^0(k_0) = 2E(k_0), \quad f_3^0(k_0) = 0, \\[2mm]
f_1^0 + f_2^0 = 3K(k), \quad f_1^r + f_2^r = 3k_1^4 K(k).
\end{cases}
$$

当 $0 < k < 1$ 时, 根据 $K(k)$ 和 $E(k)$ 的幂级数展开式, 函数 g_i^r 和 f_i^r 可以表示为

$$
\begin{cases}
g_1^r(k_1) = -\pi\left(\dfrac{61}{128}k_1^8 + \cdots\right), \quad g_2^r(k_1) = \pi\left(\dfrac{1}{8}k_1^6 + \cdots\right), \\[2mm]
g_3^r(k_1) = \pi k_1^4\left(1 - \dfrac{1}{4}k_1^2 + \cdots\right), \quad f_1^r(k_1) = \pi\left(\dfrac{3}{4}k_1^6 + \cdots\right), \\[2mm]
f_2^r(k_1) = \pi\left(\dfrac{3}{4}k_1^4 + \cdots\right), \quad f_3^r(k_1) = \pi\left(\dfrac{3}{16}k_1^6 + \cdots\right).
\end{cases}
$$

注意到 $f_3 > 0$, 由以上表达式得

$$
\sigma^{0,r}(1,B) = \lim_{k,k_1\to 1}\sigma(k,B) \overset{\text{def}}{=\!=} \sigma_\pm^{0,r}(1,B)
$$
$$
= \frac{1}{2}\left[\left(B+\frac{1}{15}\right) \pm \left|B-\frac{1}{15}\right|\right],
$$

即当 $B > \dfrac{1}{15}$ 时,

$$
\lim_{k,k_1\to 1}\sigma_+^{0,r}(k,B) = B, \quad \lim_{k,k_1\to 1}\sigma_-^{0,r}(k,B) = \frac{1}{15}.
$$

而当 $B \leqslant \dfrac{1}{15}$ 时,

$$
\lim_{k,k_1\to 1}\sigma_+^{0,r}(k,B) = \frac{1}{15}, \quad \lim_{k,k_1\to 1}\sigma_-^{0,r}(k,B) = B.
$$

另一方面,

$$
\lim_{k\to k_0}\sigma_+^0(k,B) = +\infty,
$$
$$
\lim_{k\to k_0}\sigma_-^0(k,B) = \frac{3B(2k_0^2-1)}{10+15B(2k_0^2-1)},
$$
$$
\lim_{k_1\to 0}\sigma_+^r(k_1,B) = +\infty,
$$
$$
\lim_{k_1\to 0}\sigma_-^r(k_1,B) = 0.
$$

下面研究参数 b, 因为 b 是一个正实数且 $Bf_1 > 0$, (7.4.37) 表明当且仅当 $\sigma > (f_2/f_3)B$ 时 $b > 0$, 由 (7.4.39) 可知 $\sigma_-^{0,r} < (f_2, f_1)B$, 因此不能取 $\sigma_-^{0,r}$ 之值. 换言之,

$$b = b_+^{0,r}(k, B) = \frac{Bf_1^{0,r}}{\sigma_+^{0,r} f_3^{0,r} - Bf_2^{0,r}}. \tag{7.4.40}$$

注意到

$$\sigma_+^0{}_{k_1 \to 0}(k_1, B)f_3^0 = \frac{2[2 + 3(2k_0^2 - 1)B]E(k_0)}{3(2k_0^2 - 1)},$$

由上面的计算可知, 当 $B > \dfrac{1}{15}$ 时,

$$\lim_{k \to k_0} b_+^0(k, B) = 3B(2k_0 - 1),$$

$$\lim_{k \to k_0} b_-^0(k, B) = \frac{1}{4(15B - 1)}.$$

当 $B \leqslant \dfrac{1}{15}$ 时, $\displaystyle\lim_{k,k_1 \to 1} b_+^{0,r}(k, B) = 0$, 并且 $\displaystyle\lim_{k_1 \to 0} b_+^r(k_1, B) = +\infty$.

容易证明: 如果 $B > \dfrac{1}{3(2k_0^2 - 1)} \approx 0.508$, 则有

$$B < 3B(2k_0^2 - 1) < \frac{1}{4(15B - 1)},$$

即 $B < b_+^0(k_0, B) < b_+^0(1, B)$, 以及 $b_+^{0,r} > 1$.

综合上述讨论, 对于固定的 B, 通过计算 f_i, g_i 与 k 和 k_1 有关的 σ 和 b 的参数表示可完全确定. 例如, 利用计算机的帮助, 对于 $B > \dfrac{1}{15}$ 和 $B < \dfrac{1}{15}$ 两种情况, 可以画出图 7.4.2 的参数曲线图.

最后考虑相柱面 $\eta^2 + z^2 = B^2 = \sigma^2$ 上同宿分枝问题. 对应于未扰动系统 $(7.4.10)_0$ 的同宿轨道, Melnikov 函数为

$$M_0(B, \sigma, b, 1)$$

$$= \int_{-\infty}^{+\infty} \left[-\sigma y_h^2(t) + \frac{B}{B + \rho}((b-1)(B + \rho)\cos\theta_h(t) + b\sigma)\sin^2\theta_h(t) \right] dt$$

$$= \frac{8}{\sqrt{B}} \left[-\frac{2}{15}(b-1)B + \frac{2b\sigma B}{3(B + \rho)} - 2B\sigma \right]. \tag{7.4.41}$$

在上式中, 取 $\rho = 0$ 和 $B = \sigma$ 并令 $M_0 = 0$, 得到

$$\sigma = (4b + 1)/15. \tag{7.4.42}$$

因为 $\partial M_0/\partial b \neq 0$, 由第 6 章的定理可知, (7.4.42) 确定了同宿轨道分枝的参数值.

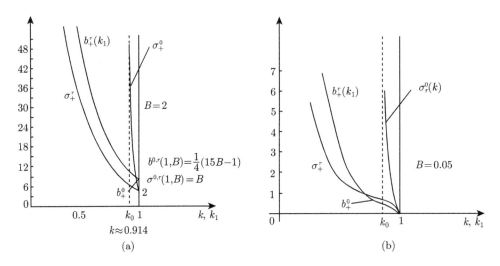

图 7.4.2   参数曲线图

总结以上的讨论并应用图 7.4.2 的结果, 我们得到如下结论, 其证明与定理 7.4.1 的证明类似.

定理 7.4.2   (i) 对于固定的 $B > 0$ 以及任何实数 $k \in (k_0, 1)$, 如果参数 $\sigma = \sigma^0_+(k, B)$ 和 $b = b^0_+(k, B)$ 由 (7.4.39) 和 (7.4.40) 确定, 则在相柱面 $\eta^2 + z^2 = B^2$ 上的摆方程 $(7.4.12)_0$ 的振动型轨道 Γ^k_0 近旁, 存在系统 (7.4.5) 的一条稳定周期轨道 L^k_0.

(ii) 对于固定的 $B > 0$ 以及任何实数 $k_1 \in (0, 1)$, 如果参数 $\sigma = \sigma^r_+(k, B)$ 和 $b = b^r_+(k, B)$ 由 (7.4.39) 和 (7.4.40) 确定, 则在相柱面 $\eta^2 + z^2 = B^2$ 上系统 $(7.4.12)_0$ 的两条对称旋转轨道 $\Gamma^{k_1}_{r\pm}$ 近旁, 存在 (7.4.5) 的两条不稳定周期轨道 $L^{k_1}_{r+}$ 和 $L^{k_1}_{r-}$.

(iii) 若 $\sigma = \dfrac{4}{15}b + \dfrac{1}{15}$, 则在相柱面 $\eta^2 + z^2 = \sigma^2$ 上系统 $(7.4.12)_0$ 的两条同宿轨道 $\Gamma^1_{h\pm}$ 近旁, 存在 (7.4.5) 的两条同宿轨道 $L^1_\pm$, 该轨道连接 (7.4.5) 的鞍点 $(-\sigma, 0, 0)$.

(iv) 以下极限关系正确:

当 $k \to 1$ 与 $k_1 \to 1$ 时,

$$\sigma^{0,r}_+(k, B) \to \begin{cases} B, & B > \dfrac{1}{15}, \\[2mm] \dfrac{1}{15}, & B \leqslant \dfrac{1}{15}; \end{cases}$$

$$b_+^{0,r}(k,B) \to \begin{cases} \dfrac{1}{4}(15B-1), & B > \dfrac{1}{15}, \\[3mm] 0, & B \leqslant \dfrac{1}{15}; \end{cases}$$

$$L_0^k \to L_{h\pm}^1, \quad L_{r+}^{k_1} \to L_{h+}^1 \quad L_{r-}^{k_1} \to L_{h-}^1.$$

(v) 仅当 $b \in \left(3B(2k_0^2-1), \dfrac{1}{4}(15B-1)\right), B > \dfrac{1}{15}$ 或 $b \in (0, 3B(2k_0^2-1)), B \leqslant \dfrac{1}{15}$ 时, 系统 (7.4.5) 有扰动的振动型周期轨道; 仅当 $b > \dfrac{1}{4}(15b-1), B > \dfrac{1}{15}$ 或 $b > 0, B \leqslant \dfrac{1}{15}$ 时, 系统 (7.4.5) 存在两条扰动的旋转周期轨道. 因此对同样的参数对 (b,σ), 若 $b(1,B) > b(k_0,B)$, 即 $B > (27-24k_0^2)^{-1} \approx 0.14$, 两种类型的周期轨道不可能共存.

注　(i) 定理 7.4.2 的结论 (iii) 表明 Sparrow(1982) 所给出的参数平面 (b,σ) 划分是不精确的. 直线 $\sigma = \dfrac{4}{15}b + \dfrac{1}{15}$ 在周期轨道存在区域之外, 但在这条直线近旁, 存在 (7.4.5) 的周期轨道.

(ii) 定理 7.4.2 的结论 (v) 不同于 Sparrow 的结果.

(iii) 注意到 (7.4.5) 的奇点 $(-\sigma, 0, 0)$ 在相柱面 $\eta^2 + z^2 = \sigma^2$ 上, 并且对 (7.4.5) 的两类周期轨道, 参数 $\sigma > B$, 这意味着 (7.4.5) 的所有周期轨道都位于相柱面 $\eta^2 + z^2 = \sigma^2$ 之内, 若 B 增加, 则 σ 也增加.

为方便读者计算 Melnikov 积分, 作为本章的附录, 我们引用万世栋和李继彬 (1986) 的文章供参考.

附录　Jacobi 椭圆函数有理式的 Fourier 级数

1. 引言和记号

非线性动力系统的混沌与奇怪吸引子的研究, "在我们这个令人瞠目的抽象化时代里, 吹进了清新的具体化之风". 除了计算机实验之外, Melnikov 方法对于自治可积系统周期扰动的混沌性质研究, 是少有的精确分析方法之一. 由于无扰动可积系统的闭轨线族常常需用 Jacobi 椭圆函数有理式表示, 例如, 一切三次及部分四次代数闭曲线族, 其参数方程必用椭圆函数确定. 因此, 计算 Melnikov 函数时, 常常涉及 Jacobi 椭圆函数 $\mathrm{sn}(u,k)$, $\mathrm{cn}(u,k)$, $\mathrm{dn}(u,k)$ 的有理函数与 $\sin(n\omega t), \cos(n\omega t)$ 之乘积的积分, 即上述有理函数的 Fourier 级数的系数计算. 在 Byrd 等 (1954) 熟知的手册中未有这方面结果. Langebartel(1980) 针对地球卫星轨道, 地-月轨道理论与双星系统研究需要, 曾给出一组计算公式, 但因

该文对参数 (α^2 和 β) 限制过窄, 满足不了应用要求. 考虑到这类积分计算技巧较高, 工作量大, 为避免重复性劳动, 现将作者们在研究中计算积累的上述文献中未有的结果整理发表, 以供应用数学与力学研究工作者参考.

以下对记号作一些说明. 关于第一、二、三类完全椭圆积分, Jacobi 椭圆函数的记号与 Byrd 等 (1954) 的书中相同. 为简化起见, 记

$$W_0 = \frac{\pi K'}{2K}, \quad W = \frac{\pi(K' - u_0)}{2K}, \quad W_1 = \frac{\pi(K' - u_0/2)}{2K}, \tag{7.5.1}$$

u_0 的意义见后面公式中的定义.

$$A(z, n) = \exp(nz) + (-1)^n \exp(-nz),$$
$$B(z, n) = \exp(nz) + (-1)^{n+1} \exp(-nz). \tag{7.5.2}$$

2. Fourier 级数展开式

兹按五种类型录出作者们计算所得 Fourier 展式如下.

I. 有关 $\mathrm{sn}(u, k), \mathrm{cn}(u, k), \mathrm{dn}(u, k)$ 的幂函数.

I.1.1 $\quad \mathrm{sn}^2 u = \dfrac{K - E}{k^2 K} - \dfrac{\pi^2}{k^2 K^2} \displaystyle\sum_{n=1}^{\infty} n\mathrm{csch}(2nW_0) \cos \dfrac{n\pi u}{K}.$

I.1.2 $\quad \mathrm{sn}^3 u = \dfrac{\pi}{8k^3 K^3} \displaystyle\sum_{n=1}^{\infty} [4K^2(1 + k^2) - (2n + 1)^2\pi^2]\mathrm{csch}((2n + 1)W_0)$

$\qquad\qquad\qquad \cdot \sin \dfrac{(2n + 1)\pi u}{2K}.$

I.1.3 $\quad \mathrm{sn}^4 u = \dfrac{(2 + k^2)K - 2(1 + k^2)E}{3k^4 K} + \dfrac{\pi^2}{3k^4 K^4} \displaystyle\sum_{n=1}^{\infty} \left[\left(\dfrac{n\pi}{K}\right)^2 + 6n + (4 - 2k^2)\right]$

$\qquad\qquad\qquad \cdot \mathrm{csch}2nW_0 \cdot \cos \dfrac{n\pi u}{K}.$

I.2.1 $\quad \mathrm{cn}^2 u = \dfrac{E - k'^2 K}{k^2 K} + \dfrac{\pi}{k^2 K^2} \displaystyle\sum_{n=1}^{\infty} n\mathrm{csch}(2nW_0) \cos \dfrac{n\pi u}{K}.$

I.2.2 $\quad \mathrm{cn}^3 u = \dfrac{\pi}{8k^3 K^3} \displaystyle\sum_{n=1}^{\infty} [(2n + 1)^2\pi^2 - 4K^2(1 - 2k^2)]\mathrm{sech}((2n + 1)W_0)$

$\qquad\qquad\qquad \cdot \cos \dfrac{(2n + 1)\pi u}{2K}.$

I.2.3 $\quad \mathrm{cn}^4 u = \dfrac{(2 - 3k^2)k'^2 K + 2(2k^2 - 1)E}{3k^4 K} + \dfrac{\pi^2}{3k^4 K^2} \displaystyle\sum_{n=1}^{\infty} \left[\left(\dfrac{n\pi}{K}\right)^2 + 4(2 - k^2)\right]$

$\qquad\qquad\qquad \cdot \mathrm{csch}(2nW_0) \cos \dfrac{n\pi u}{K}.$

I.3.1 $\quad \mathrm{dn}^2 u = \dfrac{E}{K} + \dfrac{\pi^2}{K^2} \displaystyle\sum_{n=1}^{\infty} n\mathrm{csch}(2nW_0) \cos \dfrac{n\pi u}{K}.$

I.3.2 $\quad \mathrm{dn}^3 u = \dfrac{\pi(2-k^2)}{4K} + \dfrac{\pi}{2K}\sum_{n=1}^{\infty}\left(\left(\dfrac{n\pi}{K}\right)^2 + 2 - k^2\right)\mathrm{sech}(2nW_0)\cos\dfrac{n\pi u}{K}.$

I.3.3 $\quad \mathrm{dn}^4 \quad = \dfrac{2(2-k^2)E - (1-k^2)K}{3K} + \dfrac{\pi^2}{6K^2}\sum_{n=1}^{\infty}n\left[\left(\dfrac{n\pi}{K}\right)^2 + 4(2-k^2)\right]$

$\qquad\qquad \cdot \mathrm{csch}(2nW_0)\cos\dfrac{n\pi u}{K}.$

I.3.4 $\quad \dfrac{1}{\mathrm{dn}^2 u} = \dfrac{E}{k'^2 K} + \dfrac{\pi^2}{k'^2 K^2}\sum_{n=1}^{\infty}(-1)^n n\,\mathrm{csch}(2nW_0)\cos\dfrac{n\pi u}{K}.$

I.3.5 $\quad \dfrac{1}{\mathrm{dn}^3 u} = \dfrac{(2-k^2)\pi}{4k'^3 K} + \dfrac{\pi}{2k'^3 K}\sum_{n=1}^{\infty}(-1)^n\left[\left(\dfrac{n\pi}{K}\right)^2 + 2 - k^2\right]$

$\qquad\qquad \cdot \mathrm{sech}(2nW_0)\cos\dfrac{n\pi u}{K}.$

I.3.6 $\quad \dfrac{1}{\mathrm{dn}^4 u} \quad = \dfrac{2(2-k^2)E-(1-k^2)K}{3k'^4 K} + \dfrac{\pi^2}{6k'^4 K^2}\sum_{n=1}^{\infty}(-1)^n n\left[\left(\dfrac{n\pi}{K}\right)^2 + 4(2-k^2)\right]$

$\qquad\qquad \cdot \mathrm{csch}(2nW_0)\cos\dfrac{n\pi u}{K}.$

II. 有关 $\dfrac{1}{(1\pm\beta\mathrm{sn}u)^l}$ 的函数 $(l=1,2)$.

情况 1 $\quad 0 < \beta < k, u_0$ 满足方程 $\mathrm{dn}(u_0,k) = \dfrac{k'}{\sqrt{1-\beta^2}}, 0 < u_0 < K.$

II.1.1 $\quad \dfrac{1}{1\pm\beta\mathrm{sn}u} = \dfrac{\Pi(\beta^2,k)}{K} + \dfrac{\beta\pi}{K\sqrt{(1-\beta^2)(k^2-\beta^2)}}\sum_{n=1}^{\infty}\sin\dfrac{n\pi u_0}{2K}\cdot\mathrm{csch}(nW_0)$

$\qquad\qquad \cdot\left(\cos\dfrac{n\pi}{2}\cos\dfrac{n\pi u}{2K}\mp\sin\dfrac{n\pi}{2}\sin\dfrac{n\pi u}{2K}\right).$

II.2.1 $\quad \dfrac{1}{(1\pm\beta\mathrm{sn}u)^2} = \dfrac{c_0}{4K} - \dfrac{\beta^2\pi}{K(1-\beta^2)(k^2-\beta^2)}\sum_{n=1}^{\infty}\mathrm{csch}(nW_0)\left[\dfrac{n\pi}{2K}\cos\dfrac{n\pi u_0}{2K}\right.$

$\qquad\qquad \left. - \dfrac{(2k^2-\beta^2-k^2\beta^2)}{\beta\sqrt{(1-\beta^2)(k^2-\beta^2)}}\sin\dfrac{n\pi u_0}{2K}\right]$

$\qquad\qquad \cdot\left(\cos\dfrac{n\pi}{2}\cos\dfrac{n\pi u}{2K}\mp\sin\dfrac{n\pi}{2}\sin\dfrac{n\pi u}{2K}\right),$

其中 $c_0 = \dfrac{4}{(1-\beta^2)(k^2-\beta^2)}[(1-\beta^2)(2k^2-\beta^2-k^2\beta^2)\Pi(\beta^2,k) - \beta^2 E + (\beta^2-k^2)E].$

II.3.1 $\quad \dfrac{\mathrm{cn}u}{1\pm\beta\mathrm{sn}u} = \dfrac{\pi}{K\sqrt{k^2-\beta^2}}\sum_{n=1}^{\infty}\sin\dfrac{n\pi u_0}{2K}\mathrm{sech}(nW_0)\left(\sin\dfrac{n\pi}{2}\cos\dfrac{n\pi u}{2K}\right.$

$\qquad\qquad \left. \pm\cos\dfrac{n\pi}{2}\sin\dfrac{n\pi u}{2K}\right).$

II.4.1
$$\frac{\text{cn}u}{(1\pm\beta\text{sn}u)^2} = -\frac{\beta\pi}{K\sqrt{1-\beta^2}}(k^3-\beta^2)\sum_{n=1}^{\infty}\text{sech}(nW_0)\left(\frac{n\pi}{2K}\cos\frac{n\pi u_0}{2K}\right.$$
$$\left.-\frac{k^2\sqrt{1-\beta^2}}{\beta\sqrt{k^2-\beta^2}}\sin\frac{n\pi u_0}{2K}\right)\left(\sin\frac{n\pi}{2}\cos\frac{n\pi u}{2K}\pm\cos\frac{n\pi}{2}\sin\frac{n\pi u}{2K}\right).$$

II.5.1
$$\frac{\text{dn}u}{1\pm\beta\text{sn}u} = \frac{\pi}{K\sqrt{1-\beta^2}}\sum_{n=1}^{\infty}\cos\frac{n\pi u_0}{2K}\text{sech}(nW_0)\left(\cos\frac{n\pi}{2}\cdot\cos\frac{n\pi u}{2K}\right.$$
$$\left.\mp\sin\frac{n\pi}{u}\sin\frac{n\pi u}{2K}\right).$$

II.6.1
$$\frac{\text{dn}u}{(1\pm\beta\text{sn}u)^2} = \frac{\beta\pi}{K(1-\beta^2)\sqrt{k^2-\beta^2}}\sum_{n=1}^{\infty}\text{sech}(nW_0)\left(\frac{n\pi}{2K}\sin\frac{n\pi u_0}{2K}\right.$$
$$\left.+\frac{\sqrt{k^2-\beta^2}}{\beta\sqrt{1-\beta^2}}\cos\frac{n\pi u_0}{2K}\right)\left(\cos\frac{n\pi}{2}\cos\frac{n\pi u}{2K}\mp\sin\frac{n\pi}{2}\sin\frac{n\pi u}{2K}\right).$$

II.7.1
$$\frac{\text{cn}u\text{dn}u}{1\pm\beta\text{sn}u} = \frac{\pi}{2\beta K}\sum_{n=1}^{\infty}\text{csch}(nW_0)\left\{2\cos\frac{n\pi u_0}{2K}\sin\frac{n\pi}{2}\cos\frac{n\pi u}{2K}\right.$$
$$\left.\mp\left[1+(-1)^n-2\cos\frac{n\pi u_0}{2K}\cos\frac{n\pi}{2}\right]\sin\frac{n\pi u}{2K}\right\}.$$

II.8.1
$$\frac{\text{cn}u\text{dn}u}{(1\pm\beta\text{sn}u)^2} = \frac{\pi}{K\sqrt{(1-\beta^2)(k^2-\beta^2)}}\sum_{n=1}^{\infty}\sin\frac{n\pi u_0}{2K}\text{csch}(nW_0)$$
$$\cdot\left(\pm\cos\frac{n\pi}{2}\cos\frac{n\pi u}{2K}-\sin\frac{n\pi}{2}\sin\frac{n\pi u}{2K}\right).$$

情况 2　$k<\beta<1, u_0$ 满足方程 $\text{dn}(u_0,k')=\dfrac{k}{\beta}, 0<u_0<K'$.

II.1.2
$$\frac{1}{1\pm\beta\text{sn}u} = \frac{\Pi(\beta^2,k)}{K}+\frac{\beta\pi}{K\sqrt{(1-\beta^2)(\beta^2-k^2)}}\sum_{n=1}^{\infty}\sinh\frac{n\pi u_0}{2K}$$
$$\cdot\text{csch}(nW_0)\left(\cos\frac{n\pi}{2}\cos\frac{n\pi u}{2K}\mp\sin\frac{n\pi}{2}\sin\frac{n\pi u}{2K}\right).$$

II.2.2
$$\frac{1}{(1\pm\beta\text{sn}u)^2} = \frac{c_0}{4K}+\frac{\beta^2\pi}{K(1-\beta^2)(k^2-\beta^2)}\sum_{n=1}^{\infty}\cosh\frac{n\pi u_0}{2K}\text{csch}(nW_0)$$
$$\cdot\left[\frac{n\pi}{2K}+\frac{\beta^2-2k^2+k^2\beta^2}{\beta\sqrt{(1-\beta^2)(\beta^2-k^2)}}\right]\left(\cos\frac{n\pi}{2}\cos\frac{n\pi u}{2K}\right.$$
$$\left.\mp\sin\frac{n\pi}{2}\sin\frac{n\pi u}{2K}\right),$$

其中c_0 与 II.2.1 相同.

II.3.2
$$\frac{\text{cn}u}{1\pm\beta\text{sn}u} = \frac{\pi}{K\sqrt{\beta^2-k^2}}\sum_{n=1}^{\infty}\sinh\frac{n\pi u_0}{2K}\text{sech}(nW_0)\left(\sin\frac{n\pi}{2}\cos\frac{n\pi u}{2K}\right.$$

$$\pm \sin \frac{n\pi}{2} \sin \frac{n\pi u}{2K} \Big).$$

II.4.2　$\dfrac{\mathrm{cn}u}{(1 \pm \beta \mathrm{sn}u)^2} = \dfrac{\pi}{K\sqrt{\beta^2 - k^2}\sqrt{1 - \beta^2}} \displaystyle\sum_{n=1}^{\infty} \mathrm{sech}(nW_0) \Big[\dfrac{n\pi}{2K} \cosh\dfrac{n\pi u_0}{2K}$

$$- \frac{k\sqrt{1-\beta^2}}{\beta\sqrt{\beta^2-k^2}} \sinh\frac{n\pi u_0}{2K} \Big] \Big(\sin\frac{n\pi}{2}\cos\frac{n\pi u}{2K} \pm \cos\frac{n\pi}{2}\sin\frac{n\pi u}{2K}\Big).$$

II.5.2　$\dfrac{\mathrm{dn}u}{1 \pm \beta \mathrm{sn}u} = \dfrac{\pi}{K\sqrt{1-\beta^2}} \displaystyle\sum_{n=0}^{\infty} \cosh\dfrac{n\pi u_0}{2K} \mathrm{sech}(nW_0) \Big(\cos\dfrac{n\pi}{2}\cos\dfrac{n\pi u}{2K}$

$$\mp \sin\frac{n\pi}{2}\sin\frac{n\pi u}{2K}\Big).$$

II.6.2　$\dfrac{\mathrm{dn}u}{(1 \pm \beta \mathrm{sn}u)^2} = \dfrac{\beta\pi}{K(1-\beta^2)\sqrt{\beta^2-k^2}} \displaystyle\sum_{n=0}^{\infty} \mathrm{sech}(nW_0) \Big(\dfrac{n\pi}{2K}\sinh\dfrac{n\pi u_0}{2K}$

$$+ \frac{\sqrt{\beta^2-k^2}}{\beta\sqrt{1-\beta^2}} \cosh\frac{n\pi u_0}{2K}\Big) \Big(\cos\frac{n\pi}{2}\cos\frac{n\pi u}{2K} \mp \sin\frac{n\pi}{2}\sin\frac{n\pi u}{2K}\Big).$$

II.7.2　$\dfrac{\mathrm{cn}u\,\mathrm{dn}u}{1 \pm \beta \mathrm{sn}u} = \dfrac{\pi}{2\beta K} \displaystyle\sum_{n=0}^{\infty} \mathrm{csch}(nW_0) \Big\{ 2\cosh\dfrac{n\pi u_0}{2K}\sin\dfrac{n\pi}{2}\cos\dfrac{n\pi u}{2K}$

$$\mp \Big[1 + (-1)^n - 2\cosh\frac{n\pi u_0}{2K}\cos\frac{n\pi}{2}\Big] \sin\frac{n\pi u}{2K} \Big\}.$$

II.8.2　$\dfrac{\mathrm{cn}u\,\mathrm{dn}u}{(1 \pm \beta \mathrm{sn}u)^2} = \dfrac{\pi}{K\sqrt{(1-\beta^2)(\beta^2-k^2)}} \displaystyle\sum_{n=1}^{\infty} \mathrm{csch}(nW_0)\sinh\dfrac{n\pi u_0}{2K}$

$$\cdot \Big(\pm\cos\frac{n\pi}{2K}\cos\frac{n\pi u}{2K} - \sin\frac{n\pi}{2}\sin\frac{n\pi u}{2K}\Big).$$

情况 3　$1 < \beta < +\infty$, u_0 满足方程 $\mathrm{cn}(u_0, k) = \dfrac{k'}{\sqrt{\beta^2 - k^2}}$, $0 < u_0 < K$.

II.1.3　$\dfrac{1}{1 \pm \beta \mathrm{cn}u} = \dfrac{\Pi(\beta^2, k)}{K} - \dfrac{\beta\pi}{K\sqrt{(\beta^2-1)(\beta^2-k^2)}} \displaystyle\sum_{n=0}^{\infty} \sin\dfrac{n\pi u_0}{2K}$

$$\cdot \mathrm{ctnh}(nW_0) \Big(\cos\frac{n\pi}{2}\cos\frac{n\pi u}{2K} \mp \sin\frac{n\pi}{2}\sin\frac{n\pi u}{2K}\Big).$$

II.3.3　$\dfrac{\mathrm{cn}u}{1 \pm \beta \mathrm{sn}u} = \dfrac{\pi}{K\sqrt{\beta^2-k^2}} \displaystyle\sum_{n=1}^{\infty} \cos\dfrac{n\pi u_0}{2K}\tanh(nW_0) \Big(\sin\dfrac{n\pi}{2}\cos\dfrac{n\pi u}{2K}$

$$\pm \cos\frac{n\pi}{2}\sin\frac{n\pi u}{2K}\Big).$$

II.5.3　$\dfrac{\mathrm{dn}u}{1 \pm \beta \mathrm{sn}u} = -\dfrac{\pi}{K\sqrt{\beta^2-1}} \displaystyle\sum_{n=1}^{\infty} \sin\dfrac{n\pi u_0}{2K}\tanh(nW_0) \Big(\cos\dfrac{n\pi}{2}\cos\dfrac{n\pi u}{2K}$

$$\mp \sin\frac{n\pi}{2}\sin\frac{n\pi u}{2K}\Big).$$

II.7.3　$\dfrac{\mathrm{cn}u\mathrm{dn}u}{1\pm\beta\mathrm{sn}u}=\dfrac{\pi}{2\beta K}\displaystyle\sum_{n=1}^{\infty}\mathrm{csch}(nW_0)\Big\{2\cos\dfrac{n\pi u_0}{2K}\cosh(nW_0)\sin\dfrac{n\pi}{2}\cos\dfrac{n\pi u}{2K}$

$$\mp\Big[(-1)^n+1-2\cos\frac{n\pi u_0}{2K}\cosh(nW_0)\cos\frac{n\pi}{2}\Big]\sin\frac{n\pi u}{2K}\Big\}.$$

III. 有关 $\dfrac{1}{(1\pm\beta\mathrm{cn}u)^l}$ 的函数 ($l=1,2$).

情况 1　$0<\beta<1,u_0$ 满足方程 $\mathrm{cn}(u_0,k')=\beta,0<u_0<K'$.

关于 $\dfrac{1}{(1\pm\beta\mathrm{cn}u)},\dfrac{1}{(1\pm\beta\mathrm{cn}u)^2},\dfrac{\mathrm{sn}u}{(1\pm\beta\mathrm{cn}u)},\dfrac{\mathrm{dn}u}{(1\pm\beta\mathrm{cn}u)},\dfrac{\mathrm{cn}u\mathrm{dn}u}{(1\pm\beta\mathrm{cn}u)}$ 的公式见文献 (Langebartel, 1980).

III.4.1　$\dfrac{\mathrm{sn}u}{(1\pm\beta\mathrm{cn}u)^2}=\dfrac{\mp\pi}{K(1-\beta^2)(k^2+k'^2\beta^2)}\displaystyle\sum_{n=1}^{\infty}\dfrac{1}{A(W_0,n)}\Bigg[\dfrac{n\pi\beta\sqrt{1-\beta^2}}{2K}$

$$\cdot A(W;\mp n)-\dfrac{k^2(1-\beta^2)^2}{\sqrt{k^2+k'^2\beta^2}}B(W;\mp n)\Bigg]\sin\frac{n\pi u}{2K}.$$

III.6.1　$\dfrac{\mathrm{dn}u}{(1\pm\beta\mathrm{cn}u)^2}=\dfrac{\pi}{2K(1-\beta^2)^{\frac{3}{2}}(k^2+k'^2\beta^2)^{\frac{1}{2}}}\mp\dfrac{\pi}{K(1-\beta^2)(k^2+k'^2\beta)}$

$$\cdot\sum_{n=1}^{\infty}\Bigg[\dfrac{n\pi\beta\sqrt{k^2+k'^2\beta^2}}{2K}B(W;\mp n)$$

$$\mp\dfrac{k^2+k'^2\beta^2}{1-\beta^2}A(W;\mp n)\Bigg]\dfrac{\cos(n\pi u/2K)}{A(W_0,n)}.$$

III.8.1　$\dfrac{\mathrm{sn}u\mathrm{dn}u}{(1\pm\beta\mathrm{cn}u)^2}=\dfrac{\pi^2}{2K^2\sqrt{(1-\beta^2)(k^2+k'^2\beta^2)}}\displaystyle\sum_{n=1}^{\infty}\dfrac{nB(W,\mp n)}{A(W_0,n)}\sin\dfrac{n\pi u}{2K}.$

情况 2　$1<\beta<\infty,u_0$ 满足方程 $\mathrm{cn}(u_0,k)=\dfrac{1}{\beta},0<u_0<K$.

III.1.2　$\dfrac{1}{1\pm\beta\mathrm{cn}u}=\dfrac{\pi}{(1-\beta^2)K}-\dfrac{\beta\pi}{K\sqrt{(\beta^2-1)(k^2+k'^2\beta^2)}}\displaystyle\sum_{n=1}^{\infty}\dfrac{A(W_0,\mp n)}{B(W_0,n)}$

$$\cdot\sin\frac{n\pi u_0}{2K}\cos\frac{n\pi u}{2K}.$$

III.3.2　$\dfrac{\mathrm{sn}u}{1\pm\beta\mathrm{cn}u}=\pm\dfrac{\pi}{K\sqrt{k^2+k'^2\beta^2}}\displaystyle\sum_{n=1}^{\infty}\dfrac{B(W,\mp n)}{A(W_0,n)}\cos\dfrac{n\pi u_0}{2K}\sin\dfrac{n\pi u}{2K}.$

III.5.2　$\dfrac{\mathrm{dn}u}{1\pm\beta\mathrm{cn}u}=\pm\dfrac{\pi}{K\sqrt{\beta^2-1}}\displaystyle\sum_{n=1}^{\infty}\dfrac{B(W,\mp n)}{A(W_0,n)}\cos\dfrac{n\pi u_0}{2K}\sin\dfrac{n\pi u}{2K}.$

III.7.2　$\dfrac{\mathrm{sn}u\mathrm{dn}u}{1\pm\beta\mathrm{cn}u}=\pm\dfrac{\pi}{K\beta}\displaystyle\sum_{n=1}^{\infty}\dfrac{1+(-1)^n-A(W,\mp n)}{B(W_0,n)}\cos\dfrac{n\pi u_0}{2K}\sin\dfrac{n\pi u}{2K}.$

IV. 有关 $\dfrac{1}{(1\pm\beta\mathrm{dn}u)^l}$ 的函数 $(l=1,2)$.

情况 1　$0<\beta<1, u_0$ 满足方程 $\mathrm{dn}(u_0,k')=\dfrac{k}{\sqrt{1-k'^2\beta^2}}, 0<u_0<K'$.

IV.1.1　$\dfrac{1}{1\pm\beta\mathrm{dn}u}=\dfrac{c_0}{2K}+\dfrac{2\beta\pi}{K\sqrt{(1-\beta^2)(1-k'^2\beta^2)}}\sum_{n=1}^{\infty}\sinh\dfrac{n\pi u_0}{K}$

$$\cdot\operatorname{csch}(4nW_0)\cos\dfrac{n\pi u}{K},$$

其中 $c_0=\dfrac{2}{1-\beta^2}\Pi\left(\dfrac{\beta^2k^2}{\beta^2-1},k\right)-\dfrac{\beta\pi}{\sqrt{(1-\beta^2)(1-k'^2\beta^2)}}$.

IV.2.1　$\dfrac{1}{(1+\mathrm{dn}u)^2}=\dfrac{c_0}{2K}+\dfrac{2\beta\pi}{K(1-\beta^2)(1-k'^2\beta^2)}\sum_{n=1}^{\infty}\left(\dfrac{n\beta\pi}{K}\cosh\dfrac{n\pi u_0}{K}\right.$

$$\left.-\dfrac{2-\beta^2-k'^2\beta^2}{\sqrt{(1-\beta^2)(1-k'^2\beta^2)}}\dfrac{n\pi u_0}{K}\right)\operatorname{csch}(4nW_0)\cos\dfrac{n\pi u}{K},$$

其中 $c_0=\dfrac{2(\beta^2E-K)}{(1-\beta^2)(1-k'^2\beta^2)}+\dfrac{2(2-2\beta^2+k^2\beta^2)}{(1-\beta^2)^2(1-k'^2\beta^2)}\Pi\left(\dfrac{\beta^2k^2}{\beta^2-1},k\right)$

$$+\dfrac{\beta\pi(2-2\beta^2+\beta^2k^2)}{[(1-\beta^2)(1-k'^2\beta^2)]^{\frac{3}{2}}}-\dfrac{2k\beta^2}{(1-\beta^2)^{\frac{3}{2}}(1-k'^2\beta^2)}\arctan\dfrac{\beta k}{\sqrt{1-\beta^2}}.$$

IV.3.1　$\dfrac{1}{1-\beta\mathrm{dn}u}=\dfrac{c_0}{2K}+\dfrac{2\beta\pi}{K\sqrt{(1-\beta^2)(1-k'^2\beta^2)}}$

$$\cdot\sum_{n=1}^{\infty}\sinh(4nW_1)\operatorname{csch}(4nW_0)\cos\dfrac{n\pi u}{K},$$

其中 $c_0=\dfrac{2}{1-\beta^2}\Pi\left(\dfrac{\beta^2k^2}{\beta^2-1},k\right)+\dfrac{\beta\pi}{\sqrt{(1-\beta^2)(1-k'^2\beta^2)}}$.

IV.4.1　$\dfrac{1}{(1-\beta\mathrm{d}u)^2}=\dfrac{c_0}{2K}+\dfrac{2\beta\pi}{K\sqrt{(1-\beta^2)(1-k'^2\beta^2)}}\sum_{n=1}^{\infty}\left\{\dfrac{n\beta\pi}{K}\cosh(4nW_1)\right.$

$$\left.+\dfrac{2-\beta^2-k'^2\beta^2}{\sqrt{(1-\beta^2)(1-k'^2\beta^2)}}\sinh(4nW_1)\right\}\operatorname{csch}(4nW_0)\cos\dfrac{n\pi u}{K},$$

其中 $c_0=\dfrac{2(\beta^2E-K)}{(1-\beta^2)(1-k'^2\beta^2)}+\dfrac{2(2-2\beta^2+\beta^2k^2)}{(1-\beta^2)^2(1-k'^2\beta^2)}\Pi\left(\dfrac{\beta^2k^2}{\beta^2-1},k\right)$

$$-\dfrac{\beta\pi(2-2\beta^2+\beta^2k^2)}{[(1-\beta^2)(1-k'^2\beta^2)]^{\frac{3}{2}}}+\dfrac{2k\beta^2}{(1-\beta^2)^{\frac{3}{2}}(1-k'^2\beta^2)}\arctan\dfrac{\beta k}{\sqrt{1-\beta^2}}.$$

IV.5.1　$\dfrac{\mathrm{sn}u}{1+\beta\mathrm{dn}u}=\dfrac{2\pi}{kK\sqrt{1-k'^2\beta^2}}\sum_{n=1}^{\infty}\cosh\dfrac{(2n-1)\pi u_0}{2K}$

$$\cdot \operatorname{csch}(2(2n-1)W_0) \sin \frac{(2n-1)\pi u}{2K}.$$

IV.6.1
$$\frac{\operatorname{sn}u}{(1+\beta\operatorname{dn}u)^2} = \frac{\pi}{kK(1-k'^2\beta^2)} \sum_{n=1}^{\infty} \left\{ \frac{[(-1)^n-1]n\beta\pi}{2K\sqrt{1-\beta^2}} \sinh\frac{n\pi u_0}{2K} \right.$$
$$\left. + \frac{[(-1)^n+1]}{\sqrt{1-k'^2\beta^2}} \cosh\frac{n\pi u_0}{2K} \right\} \operatorname{csch}(2nW_0) \sin\frac{n\pi u}{2K}.$$

IV.7.1
$$\frac{\operatorname{sn}u}{1-\beta\operatorname{dn}u} = \frac{2\pi}{kK\sqrt{1-k'^2\beta^2}} \sum_{n=1}^{\infty} \cosh(2(2n-1)W_1)\operatorname{csch}(2(2n-1)W_0)$$
$$\cdot \sin\frac{(2n-1)\pi u}{2K}.$$

IV.8.1
$$\frac{\operatorname{sn}u}{(1-\beta\operatorname{dn}u)^2} = \frac{\pi}{kK(1-k'^2\beta^2)} \sum_{n=1}^{\infty} \left\{ \frac{[1-(-1)^n]n\beta\pi}{2K\sqrt{1-\beta^2}} \sinh(2nW_1) \right.$$
$$\left. + \frac{1+(-1)^n}{\sqrt{1-k'^2\beta^2}} \cosh(2nW_1) \right\} \operatorname{csch}(2nW_0) \sin\frac{n\pi u}{2K}.$$

IV.9.1
$$\frac{\operatorname{cn}u}{1+\beta\operatorname{dn}u} = \frac{2\pi}{kK\sqrt{1-\beta^2}} \sum_{n=1}^{\infty} \sinh\frac{(2n-1)\pi u_0}{2K}$$
$$\cdot \operatorname{csch}(2(2n-1)W_0) \cos\frac{(2n-1)\pi u}{2K}.$$

IV.10.1
$$\frac{\operatorname{cn}u}{(1+\beta\operatorname{dn}u)^2} = -\frac{2\pi}{kK(1-\beta^2)} \sum_{n=1}^{\infty} \left\{ \frac{(2n-1)\beta\pi}{2K\sqrt{1-k'^2\beta^2}} \cosh\frac{(2n-1)\pi u_0}{2K} \right.$$
$$\left. + \frac{1}{\sqrt{1-\beta^2}} \sinh\frac{(2n-1)\pi u_0}{2K} \right\} \operatorname{csch}(2(2n-1)W_0) \cos\frac{(2n-1)\pi u}{2K}.$$

IV.11.1
$$\frac{\operatorname{cn}u}{1-\beta\operatorname{dn}u} = \frac{2\pi}{kK\sqrt{1-\beta^2}} \sum_{n=1}^{\infty} \sinh(2(2n-1)W_1)\operatorname{csch}(2(2n-1)W_0)$$
$$\cdot \cos\frac{(2n-1)\pi u}{2K}.$$

IV.12.1
$$\frac{\operatorname{cn}u}{(1-\beta\operatorname{dn}u)^2} = \frac{2\pi}{kK\sqrt{1-\beta^2}} \sum_{n=1}^{\infty} \left\{ \frac{(2n-1)\beta\pi}{2K\sqrt{1-k'^2\beta^2}} \cosh(2(2n-1)W_1) \right.$$
$$\left. - \frac{1}{\sqrt{1-\beta^2}} \sinh(2(2n-1)W_1) \right\}$$
$$\cdot \operatorname{csch}(2(2n-1)W_0) \cos\frac{(2n-1)\pi u}{2K}.$$

IV.13.1
$$\frac{\operatorname{sn}u\operatorname{cn}u}{1+\beta\operatorname{dn}u} = \frac{2\pi}{\beta k^2 K} \sum_{n=1}^{\infty} \left[\sinh(2nW_0) - \cosh\frac{n\pi u_0}{K} \right] \operatorname{csch}(4nW_0) \sin\frac{n\pi u}{K}.$$

IV.14.1 $\quad \dfrac{\mathrm{sn}u\mathrm{cn}u}{(1+\beta\mathrm{dn}u)^2} = \dfrac{2\pi^2}{k^2K\sqrt{(1-\beta^2)(1-k'^2\beta^2)}}\sum\limits_{n=1}^{\infty}n\mathrm{sinh}\dfrac{n\pi u_0}{K}$

$$\cdot \mathrm{csch}(4nW_0)\sin\dfrac{n\pi u}{K}.$$

IV.15.1 $\quad \dfrac{\mathrm{sn}u\mathrm{cn}u}{1-\beta\mathrm{dn}u} = \dfrac{2\pi}{\beta k^2K}\sum\limits_{n=1}^{\infty}[\cosh(2nW_1)-\sinh(2nW_0)]\mathrm{csch}(4nW_0)\sin\dfrac{n\pi u}{K}.$

IV.16.1 $\quad \dfrac{\mathrm{sn}u\mathrm{cn}u}{(1-\beta\mathrm{dn}u)^2} = \dfrac{2\pi^2}{k^2K\sqrt{(1-\beta^2)(1-k'^2\beta^2)}}\sum\limits_{n=1}^{\infty}n\mathrm{sinh}(4nW_1)$

$$\cdot \mathrm{csch}(4nW_0)\sin\dfrac{n\pi u}{K}.$$

情况 2 $\quad 1 < \beta < \dfrac{1}{k'}, u_0$ 满足方程 $\mathrm{dn}(u_0,k) = \dfrac{1}{\beta}, 0 < u_0 < K.$

IV.1.2 $\quad \dfrac{1}{1+\beta\mathrm{dn}u} = \dfrac{c_0}{2K} - \dfrac{2\beta\pi}{K\sqrt{(\beta^2-1)(1-k'^2\gamma^2)}}\sum\limits_{n=1}^{\infty}\sin\dfrac{n\pi u_0}{K}$

$$\cdot \mathrm{csch}(4nW_0)\cos\dfrac{n\pi u}{K},$$

其中 $c_0 = \dfrac{2}{1-\beta^2}\Pi\left(\dfrac{\beta^2k^2}{\beta^2-1},k\right).$

IV.2.2 $\quad \dfrac{1}{(1+\beta\mathrm{dn}u)^2} = \dfrac{c_0}{2K} - \dfrac{2\beta\pi}{K(\beta^2-1)(1-k'^2\beta^2)}\sum\limits_{n=1}^{\infty}\left\{\dfrac{n\beta\pi}{K}\cos\dfrac{n\pi u_0}{K}\right.$

$$\left. - \dfrac{2-\beta^2-k'^2\beta^2}{\sqrt{(\beta^2-1)(1-k'^2\beta^2)}}\sin\dfrac{n\pi u_0}{K}\right\}$$

$$\cdot \mathrm{csch}(4nW_0)\cos\dfrac{n\pi u}{K},$$

其中

$$c_0 = \dfrac{2(\beta^2E-K)}{(1-\beta^2)(1-k'^2\beta^2)} + \dfrac{2(2-2\beta^2+\beta^2k^2)}{(1-\beta^2)^2(1-k'^2\beta^2)}\Pi\left(\dfrac{\beta^2k^2}{\beta^2-1},k\right)$$

$$- \dfrac{k\beta^2}{(\beta^2-1)^{\frac{3}{2}}(1-k'^2\beta^2)}\ln\dfrac{\beta k+\sqrt{\beta^2-1}}{\beta k+\sqrt{\beta^2-1}}.$$

IV.3.2 $\quad \dfrac{1}{1-\beta\mathrm{dn}u} = \dfrac{c_0}{2K} - \dfrac{2\pi}{K}\sum\limits_{n=1}^{\infty}\sin\dfrac{n\pi u_0}{K}\mathrm{ctnh}(4nW_0)\cos\dfrac{n\pi u}{K}.$

其中 $c_0 = \dfrac{2}{1-\beta^2}\Pi\left(\dfrac{\beta^2k^2}{\beta^2-1},k\right).$

IV.5.2 $\quad \dfrac{\mathrm{sn}u}{1+\beta\mathrm{dn}u} = \dfrac{2\pi}{kK\sqrt{1-k'^2\beta^2}}\sum\limits_{n=1}^{\infty}\cos\dfrac{(2n-1)\pi u_0}{2K}$

$$\cdot \mathrm{csch}(2(2n-1)W_0)\sin\dfrac{(2n-1)\pi u}{2K}.$$

IV.6.2　$\dfrac{\mathrm{sn}u}{(1+\beta\mathrm{dn}u)^2} = -\dfrac{2\pi}{kK(1-k'^2\beta^2)}\sum\limits_{n=1}^{\infty}\left\{\dfrac{(2n-1)\beta\pi}{2K\sqrt{\beta^2-1}}\sin\dfrac{(2n-1)\pi u_0}{2K}\right.$

$$\left. -\dfrac{1}{\sqrt{1-k'^2\beta^2}}\cos\dfrac{(2n-1)\pi u_0}{2K}\right\}$$

$$\cdot\,\mathrm{csch}(2(2n-1)W_0)\sin\dfrac{(2n-1)\pi u}{2K}.$$

IV.7.2　$\dfrac{\mathrm{sn}u}{1-\beta\mathrm{dn}u} = \dfrac{2\pi}{kK\sqrt{1-k'^2\beta^2}}\sum\limits_{n=1}^{\infty}\cos\dfrac{(2n-1)\pi u_0}{2K}$

$$\cdot\,\mathrm{ctnh}(2(2n-1)W_0)\sin\dfrac{(2n-1)\pi u}{2K}.$$

IV.9.2　$\dfrac{\mathrm{cn}u}{1+\beta\mathrm{dn}u} = \dfrac{2\pi}{kK\sqrt{\beta^2-1}}\sum\limits_{n=1}^{\infty}\sin\dfrac{(2n-1)\pi u_0}{2K}$

$$\cdot\,\mathrm{csch}(2(2n-1)W_0)\cos\dfrac{(2n-1)\pi u}{2K}.$$

IV.10.2　$\dfrac{\mathrm{cn}u}{(1+\beta\mathrm{dn}u)^2} = \dfrac{2\pi}{kK(\beta^2-1)^2}\sum\limits_{n=1}^{\infty}\left\{\dfrac{(2n-1)\beta\pi}{2K\sqrt{1-k'^2\beta^2}}\cos\dfrac{(2n-1)\pi u_0}{2K}\right.$

$$\left. -\dfrac{1}{\sqrt{\beta^2-1}}\sin\dfrac{(2n-1)\pi u_0}{2K}\right\}$$

$$\cdot\,\mathrm{csch}(2(2n-1)W_0)\cos\dfrac{(2n-1)\pi u}{2K}.$$

IV.11.2　$\dfrac{\mathrm{cn}u}{1-\beta\mathrm{dn}u} = -\dfrac{2\pi}{kK\sqrt{\beta^2-1}}\sum\limits_{n=1}^{\infty}\sin\dfrac{(2n-1)\pi u_0}{2K}\cdot\mathrm{ctnh}(2(2n-1)W_0)$

$$\cdot\cos\dfrac{(2n-1)\pi u}{2K}.$$

IV.13.2　$\dfrac{\mathrm{sn}u\mathrm{cn}u}{1+\beta\mathrm{dn}u} = \dfrac{2\pi}{\beta k^2 K}\sum\limits_{n=1}^{\infty}\left\{\sinh(2nW_0)-\cos\dfrac{n\pi u_0}{K}\right\}\mathrm{csch}(4nW_0)\sin\dfrac{n\pi u}{K}.$

IV.14.2　$\dfrac{\mathrm{sn}u\mathrm{cn}u}{(1+\beta\mathrm{dn}u)^2} = \dfrac{2\pi^2}{k^2 K\sqrt{(\beta^2-1)(1-k'^2\beta^2)}}\sum\limits_{n=1}^{\infty}n\sin\dfrac{n\pi u_0}{K}$

$$\cdot\,\mathrm{csch}(4nW_0)\sin\dfrac{n\pi u}{K}.$$

IV.15.2　$\dfrac{\mathrm{sn}u\mathrm{cn}u}{1-\beta\mathrm{dn}u} = \dfrac{2\pi}{\beta k^2 K}\sum\limits_{n=1}^{\infty}\left\{\cos\dfrac{n\pi u_0}{K}\cosh(2nW_0)-\sinh(2nW_0)\right\}$

$$\cdot\,\mathrm{csch}(4nW_0)\sin\dfrac{n\pi u}{2K}.$$

情况 3　$\dfrac{1}{k'} < \beta < \infty, u_0$ 满足方程 $\mathrm{dn}(u_0, k') = \dfrac{k\beta}{\sqrt{\beta^2 - 1}}, 0 < u_0 < K'$.

IV.1.3　$\dfrac{1}{1 + \beta\mathrm{dn}u} = \dfrac{c_0}{2K} + \dfrac{2\beta\pi}{K\sqrt{(\beta^2 - 1)(k'^2\beta^2 - 1)}} \sum\limits_{n=1}^{\infty} \sinh\dfrac{n\pi u_0}{K}$

$$\cdot \operatorname{csch}(4nW_0)\cos\dfrac{n\pi u}{K},$$

其中 $c_0 = \dfrac{2}{1 - \beta^2}\Pi\left(\dfrac{\beta^2 k^2}{\beta^2 - 1}, k\right) + \dfrac{\beta\pi}{\sqrt{(\beta^2 - 1)(k'^2\beta^2 - 1)}}$.

IV.2.3　$\dfrac{1}{(1 + \beta\mathrm{dn}u)^2} = \dfrac{c_0}{2K} + \dfrac{2\beta\pi}{K(\beta^2 - 1)(k'^2\beta^2 - 1)} \sum\limits_{n=1}^{\infty}(-1)^n\left\{\dfrac{n\beta\pi}{K}\cosh\dfrac{n\pi u_0}{K}\right.$

$$\left. + \dfrac{2 - \beta^2 - k'^2\beta^2}{\sqrt{(\beta^2 - 1)(k'^2\beta^2 - 1)}}\sinh\dfrac{n\pi u_0}{K}\right\}\operatorname{csch}(4nW_0)\cos\dfrac{n\pi u}{K},$$

其中 $c_0 = \dfrac{2(\beta^2 E - K)}{(1 - \beta^2)(1 - k'\beta^2)} + \dfrac{2(2 - 2\beta^2 + \beta^2 k^2)}{(1 - \beta^2)^2(1 - k'\beta^2)}\Pi\left(\dfrac{\beta^2 k^2}{\beta^2 - 1}, k\right)$

$$\cdot \dfrac{\beta(2\beta k + \sqrt{\beta^2 - 1})}{(\beta^2 - 1)^{\frac{3}{2}}(k'\beta^2 - 1)} - \dfrac{1}{2k(\beta^2 - 1)^{\frac{3}{2}}}\ln\dfrac{\sqrt{\beta^2 - 1} - \beta k}{\sqrt{\beta^2 - 1} + \beta k}$$

$$+ \dfrac{\beta\pi(4 - 4\beta^2 + 3\beta^2 k^2)}{2[(\beta^2 - 1)(k'\beta^2 - 1)]^{\frac{3}{2}}} - \dfrac{2\beta^3 k^2}{[(\beta^2 - 1)(k'^2\beta^2 - 1)]^{\frac{3}{2}}}\arctan\dfrac{\beta k}{\sqrt{\beta^2 - 1}}.$$

IV.3.3　$\dfrac{1}{1 - \beta\mathrm{dn}u} = \dfrac{c_0}{2K} + \dfrac{2\beta\pi}{K\sqrt{(\beta^2 - 1)(k'^2\beta^2 - 1)}} \sum\limits_{n=1}^{\infty}(-1)^{n+1}\sinh(4nW_1)$

$$\cdot \operatorname{csch}(4nW_0)\cos\dfrac{n\pi u}{K}$$

其中 $c_0 = \dfrac{2}{1 - \beta^2}\Pi\left(\dfrac{\beta^2 k^2}{\beta^2 - 1}, k\right) - \dfrac{\beta\pi}{\sqrt{(\beta^2 - 1)(k'^2\beta^2 - 1)}}$.

IV.4.3　$\dfrac{1}{(1 - \beta\mathrm{dn}u)^2} = \dfrac{c_0}{2K} + \dfrac{2\beta\pi}{K(\beta^2 - 1)(k'^2\beta^2 - 1)} \sum\limits_{n=1}^{\infty}(-1)^n\left\{\dfrac{n\beta\pi}{K}\cosh(4nW_1)\right.$

$$\left. - \dfrac{2 - \beta^2 - k'^2\beta^2}{\sqrt{(\beta^2 - 1)(k'^2\beta^2 - 1)}\sinh(4nW_1)}\right\}\operatorname{csch}(4nW_0)\cos\dfrac{n\pi u}{K},$$

其中 $c_0 = \dfrac{2(\beta^2 E - K)}{(1 - \beta^2)(1 - k'^2\beta^2)} + \dfrac{2(2 - 2\beta^2 + \beta^2 k^2)}{(1 - \beta^2)^2(1 - k'^2\beta^2)}\Pi\left(\dfrac{\beta^2 k^2}{\beta^2 - 1}, k\right)$

$$\cdot \dfrac{\beta(2\beta k + \sqrt{\beta^2 - 1})}{(\beta^2 - 1)^{\frac{3}{2}}(k'^2\beta^2 - 1)} + \dfrac{1}{2k(\beta^2 - 1)^{\frac{3}{2}}}\ln\dfrac{\sqrt{\beta^2 - 1} - \beta k}{\sqrt{\beta^2 - 1} + \beta k}$$

$$- \dfrac{\beta\pi(4 - 4\beta^2 + 3\beta^2 k^2)}{2[(\beta^2 - 1)(k'^2\beta^2 - 1)]^{\frac{3}{2}}} + \dfrac{2\beta^3 k^2}{[(\beta^2 - 1)(k'^2\beta^2 - 1)]^{\frac{3}{2}}}\arctan\dfrac{\beta k}{\sqrt{\beta^2 - 1}}.$$

IV.5.3　$\dfrac{\mathrm{sn}u}{1+\beta\mathrm{dn}u}=\dfrac{2\pi}{kK\sqrt{K'^2\beta^2-1}}\displaystyle\sum_{n=1}^{\infty}\sin\dfrac{n\pi}{2}\sinh\dfrac{n\pi u_0}{2K}\mathrm{csch}(2nW_0)\sin\dfrac{n\pi u}{2K}.$

IV.6.3　$\dfrac{\mathrm{sn}u}{(1+\beta\mathrm{dn}u)^2}=\dfrac{2\pi}{kK(k'^2\beta^2-1)}\displaystyle\sum_{n=1}^{\infty}\left\{\dfrac{n\beta\pi}{2K\sqrt{\beta^2-1}}\cosh\dfrac{n\pi u_0}{2K}\right.$

$\left.-\dfrac{1}{\sqrt{K'^2\beta^2-1}}\sinh\dfrac{n\pi u_0}{2K}\right\}\sin\dfrac{n\pi}{2}\mathrm{csch}(2nW_0)\sin\dfrac{n\pi u}{2K}.$

IV.7.3　$\dfrac{\mathrm{sn}u}{1-\beta\mathrm{dn}u}=-\dfrac{2\pi}{kK\sqrt{K'^2\beta^2-1}}\displaystyle\sum_{n=1}^{\infty}\sin\dfrac{n\pi}{2}\sinh(2nW_1)\mathrm{csch}(2nW_0)\sin\dfrac{n\pi u}{2K}.$

IV.8.3　$\dfrac{\mathrm{sn}u}{(1-\beta\mathrm{dn}u)^2}=\dfrac{2\pi}{kK(k'^2\beta^2-1)}\displaystyle\sum_{n=1}^{\infty}\left\{\dfrac{n\beta\pi}{2K\sqrt{\beta^2-1}}\cosh(2nW_1)\right.$

$\left.+\dfrac{1}{\sqrt{k'^2\beta^2-1}}\sinh(2nW_1)\right\}\sin\dfrac{n\pi}{2}\mathrm{csch}(2nW_0)\sin\dfrac{n\pi u}{2K}.$

IV.9.3　$\dfrac{\mathrm{cn}u}{1+\beta\mathrm{dn}u}=\dfrac{2\pi}{kK\sqrt{\beta^2-1}}\displaystyle\sum_{n=1}^{\infty}\sin\dfrac{n\pi}{2}\sinh\dfrac{n\pi u_0}{2K}\mathrm{csch}(2nW_0)\cos\dfrac{n\pi u}{2K}.$

IV.10.3　$\dfrac{\mathrm{cn}u}{(1+\beta\mathrm{dn}u)^2}=\dfrac{2\pi}{kK(\beta^2-1)}\displaystyle\sum_{n=1}^{\infty}\left\{\dfrac{n\beta\pi}{2K\sqrt{K'^2\beta^2-1}}\sinh\dfrac{n\pi u_0}{2K}\right.$

$\left.-\dfrac{1}{\sqrt{\beta^2-1}}\cosh\dfrac{n\pi u_0}{2K}\right\}\sin\dfrac{n\pi}{2}\mathrm{csch}(2nW_0)\cos\dfrac{n\pi u}{2K}.$

IV.11.3　$\dfrac{\mathrm{cn}u}{1-\beta\mathrm{dn}u}=-\dfrac{2\pi}{kK\sqrt{\beta^2-1}}\displaystyle\sum_{n=1}^{\infty}\sin\dfrac{n\pi}{2}\cosh(2nW_1)\mathrm{csch}(2nW_0)\cos\dfrac{n\pi u}{2K}$

IV.12.3　$\dfrac{\mathrm{cn}u}{(1-\beta\mathrm{dn}u)^2}=\dfrac{2\pi}{kK(\beta^2-1)}\displaystyle\sum_{n=1}^{\infty}\left\{\dfrac{n\beta\pi}{2K\sqrt{k'^2\beta^2-1}}\sinh(2nW_1)\right.$

$\left.+\dfrac{1}{\sqrt{\beta^2-1}}\cosh(2nW_1)\right\}\sin\dfrac{n\pi}{2}\mathrm{csch}(2nW_0)\cos\dfrac{n\pi u}{2K}.$

IV.13.3　$\dfrac{\mathrm{sn}u\mathrm{cn}u}{1+\beta\mathrm{dn}u}=\dfrac{2\pi}{\beta k^2K}\displaystyle\sum_{n=1}^{\infty}\left[\sinh(2nW_0)-(-1)^n\cosh\dfrac{n\pi u_0}{K}\right]$

$\cdot\mathrm{csch}(4nW_0)\sin\dfrac{n\pi u}{K}.$

IV.14.3　$\dfrac{\mathrm{sn}u\mathrm{cn}u}{(1+\beta\mathrm{dn}u)^2}=\dfrac{2\pi^2}{k^2K\sqrt{(\beta^2-1)(k'^2\beta^2-1)}}\displaystyle\sum_{n=1}^{\infty}(-1)^{n+1}n\sinh\dfrac{n\pi u_0}{K}$

$\cdot\mathrm{csch}(4nW_0)\sin\dfrac{n\pi u}{K}.$

IV.15.3　$\dfrac{\text{sn}u\text{cn}u}{1-\beta\text{dn}u} = -\dfrac{2\pi}{\beta k^2 K}\displaystyle\sum_{n=1}^{\infty}[\sinh(2nW_0)-(-1)^n\cosh(4nW_1)]$

$$\cdot\text{csch}(4nW_0)\sin\dfrac{n\pi u}{2K}.$$

IV.16.3　$\dfrac{\text{sn}u\text{cn}u}{(1-\beta\text{dn}u)^2} = \dfrac{2\pi^2}{k^2 K\sqrt{(\beta^2-1)(K'^2\beta^2-1)}}\displaystyle\sum_{n=1}^{\infty}(-1)^{n+1}n\sinh(4nW_1)$

$$\cdot\text{csch}(4nW_0)\sin\dfrac{n\pi u}{K}.$$

V. 关于 $\dfrac{1}{(1\pm\beta^2\text{sn}^2u)^l}$ 的函数 $(l=1,2)$.

对于 $\beta>0$ 的情形, 文献 Langebartel(1980) 中曾给出 $\dfrac{1}{(1+\beta^2\sinh^2u)^l}(l=1,2)$

及其他几个函数的展开式, 本节将进一步给出该文中未有的一些结论. 注意椭圆函数之间有关系

$$1+\beta^2\text{cn}^2u = (1+\beta^2)\left(1-\dfrac{\beta^2}{1+\beta^2}\text{sn}^2u\right),$$

$$1+\beta^2\text{dn}^2u = (1+\beta^2)\left(1-\dfrac{\beta^2}{1-\beta^2k^2}\text{sn}^2u\right).$$

并且

$$\dfrac{1}{1-\beta^2\text{sn}^2u} = \dfrac{1}{2}\left[\dfrac{1}{1-\beta\text{sn}u}+\dfrac{1}{1+\beta\text{sn}u}\right].$$

因此, 利用文献 Langebartel(1980) 的公式, 本文 II—IV 的公式以及以下的结果, 我们容易得到涉及 $(1\pm\beta^2\text{cn}^2u)^{-1}, (1\pm\beta^2\text{dn}^2u)^{-1}(l=1,2)$ 形式的 Fourier 展式.

以下假设 $\beta>0, u_0$, 满足 $\text{cn}(u_0,k')=\beta/\sqrt{1+\beta^2}$, $0<u_0<K'$.

V.1　$\dfrac{\text{sn}u}{1+\beta^2\text{sn}^2u} = \dfrac{\pi}{K\sqrt{(1+\beta^2)(k^2+\beta^2)}}\displaystyle\sum_{n=1}^{\infty}\sinh((2n-1)W)$

$$\cdot\text{csch}((2n-1)W_0)\sin\dfrac{(2n-1)\pi u}{2K}.$$

V.2　$\dfrac{\text{sn}u}{(1+\beta^2\text{sn}^2u)^2} = \dfrac{\pi}{2K(1+\beta^2)(k^2+\beta^2)}\displaystyle\sum_{n=0}^{\infty}\left[\dfrac{2k^2+(1+k^2)\beta^2}{\sqrt{(1+\beta^2)(k^2+\beta^2)}}\right.$

$$\left.\cdot\cosh((2n-1)W)-\dfrac{(2n-1)\beta\pi}{2K}\sinh((2n-1)W)\right]$$

$$\cdot\text{csch}((2n-1)W_0)\sin\dfrac{(2n-1)\pi u}{2K}.$$

V.3 $\quad \dfrac{\mathrm{cn}u}{(1+\beta^2\mathrm{sn}^2u)^2} = \dfrac{\pi}{K(1+\beta^2)(k^2+\beta^2)}\displaystyle\sum_{n=1}^{\infty}\left\{\dfrac{(2n-1)\pi\beta\sqrt{1+\beta^2}}{2K}\sinh((2n-1)W)\right.$

$$+ \left.\dfrac{\beta^4+(1+2k^2\beta^2+2k^2)}{\sqrt{k^2+\beta^2}}\cosh((2n-1)W)\right\}$$

$$\cdot\,\mathrm{sech}((2n-1)W_0)\cos\dfrac{(2n-1)\pi u}{2K}.$$

V.4 $\quad \dfrac{\mathrm{dn}u}{1+\beta^2\mathrm{sn}^2u} = \dfrac{\pi}{2K\sqrt{1+\beta^2}} + \dfrac{\pi}{K\sqrt{1+\beta^2}}\displaystyle\sum_{n=1}^{\infty}\cosh(2nW)\mathrm{sech}(2nW_0)\cos\dfrac{n\pi u}{K}.$

V.6 $\quad \dfrac{\mathrm{dn}u}{(1+\beta^2\mathrm{sn}^2u)^2} = \dfrac{\pi[\beta^4+(2+k^2)\beta^2+2k^2]}{4K(k^2+\beta^2)\sqrt{(1+\beta^2)^3}} + \dfrac{\pi}{2K(1+\beta^2)(K^2+\beta^2)}$

$$\cdot\displaystyle\sum_{n=1}^{\infty}\left\{\dfrac{n\beta\pi\sqrt{k^2+\beta^2}}{K}\sinh(2nW)\right.$$

$$+ \left.\dfrac{\beta^4+(2+k^2)\beta^2+2k^2}{\sqrt{1+\beta^2}}\cosh(2nW)\right\}\cos\dfrac{n\pi u}{K}.$$

V.7 $\quad \dfrac{\mathrm{sn}u\mathrm{cn}u}{1+\beta^2\mathrm{sn}^2u} = \dfrac{\pi}{K\beta\sqrt{k^2+\beta^2}}\displaystyle\sum_{n=1}^{\infty}\mathrm{sech}(2nW_0)\sinh(2nW)\sin\dfrac{n\pi u}{K}.$

V.8 $\quad \dfrac{\mathrm{sn}u\mathrm{cn}u}{(1+\beta^2\mathrm{sn}^2u)^2} = \dfrac{\pi}{2K\beta\sqrt{k^2+\beta^2}}\displaystyle\sum_{n=1}^{\infty}\mathrm{sech}(2nW_0)\left[\dfrac{\beta n\pi}{K\sqrt{1+\beta^2}}\cosh(2nW)\right.$

$$+ \left.\dfrac{k^2}{\sqrt{k^2+\beta^2}}\sinh(2nW)\right]\sin\dfrac{n\pi u}{K}.$$

V.9 $\quad \dfrac{\mathrm{sn}u\mathrm{cn}u}{(1+\beta^2\mathrm{sn}^2u)^2} = \dfrac{\pi}{2K\beta\sqrt{1+\beta^2}}\displaystyle\sum_{n=1}^{\infty}\mathrm{sech}((2n-1)W_0)\left[\dfrac{\beta n\pi}{2K\sqrt{1+\beta^2}}\right.$

$$\cdot\cosh((2n-1)W)+\left.\dfrac{k^2}{\sqrt{1+\beta^2}}\sinh((2n-1)W)\right]\sin\dfrac{(2n-1)\pi u}{2K}.$$

V.10 $\quad \dfrac{\mathrm{cn}u\mathrm{dn}u}{1+\beta^2\mathrm{sn}^2u} = \dfrac{\pi}{\beta K}\displaystyle\sum_{n=1}^{\infty}\mathrm{csch}((2n-1)W_0)\sinh((2n-1)W)\cos\dfrac{(2n-1)\pi u}{2K}.$

V.11 $\quad \dfrac{\mathrm{cn}u\mathrm{dn}u}{1+\beta^2\mathrm{sn}^2u} = \dfrac{\pi}{2\beta K}\displaystyle\sum_{n=1}^{\infty}\mathrm{csch}((2n-1)W_0)\left[\dfrac{n\beta\pi\cosh((2n-1)W)}{2K\sqrt{(1+\beta^2)(k^2+\beta^2)}}\right.$

$$+ \left.\sinh((2n-1)W)\right]\cos\dfrac{(2n-1)\pi u}{2K}.$$

第 8 章　非自治受迫激励的微分方程的混沌性质

8.1　引　　言

许多应用问题涉及非自治受迫激励的系统. 受迫项关于时间可能是周期的、拟周期的、概周期的；也有可能是由随机过程控制的随机受迫的样本轨道形式，不存在任何时间周期性. 本章研究在不假设受迫项有时间周期性的情况下，一般的非自治受迫激励的微分方程的混沌性质，特别是对有界随机受迫激励系统的应用. 主要致力于研究 $\mathbf{R}^2$ 中的非自治常微分方程. 本章的内容取自 Lu Kening 和 Wang Qiudong (2010) 的近年发表的工作.

结果的描述　设 $(x,y) \in \mathbf{R}^2$ 是相变量, t 是时间. 首先考虑无受迫系统

$$\frac{dx}{dt} = -\alpha x + f(x,y), \qquad \frac{dy}{dt} = \beta y + g(x,y), \tag{8.1.1}$$

其中 $\alpha > \beta$ 是正常数, $f(x,y)$ 与 $g(x,y)$ 是高阶项. 兹设方程 (8.1.1) 有一条到耗散鞍点 $(x,y) = (0,0)$ 的同宿轨道. 精确的条件在下节讨论. 设 $U \subset \mathbf{R}^2$ 是方程 (8.1.1) 的未扰动同宿轨道的开邻域. 在方程 (8.1.1) 的右边增加时间依赖的受迫项形成非自治系统

$$\frac{dx}{dt} = -\alpha x + f(x,y) + \mu P(x,y,t), \qquad \frac{dy}{dt} = \beta y + g(x,y) + \mu Q(x,y,t), \tag{8.1.2}$$

其中 μ 是表示受迫尺度的小参数, $P(x,y,t)$ 与 $Q(x,y,t)$ 是在 $(x,y) = (0.0)$ 邻域的高阶项. 假设在 $U \times \mathbf{R}$ 内, $P(x,y,t)$ 与 $Q(x,y,t)$ 一致有界, 关于 (x,y) 光滑, 关于 t 连续. 在应用中, 非自治受迫可能是以下形式的随机受迫的样本轨道:

$$P(x,y,t) = F(x,y,\xi_t(\omega)), \quad Q(x,y,t) = G(x,y,\xi_t(\omega)),$$

其中 $\xi_t(\omega)$ 是在概率空间 $(\Omega, \mathcal{F}, \mathbb{P})$ 上的一个 $\mathbf{R}^n$-值随机过程, F 与 G 是 $U \times \mathbf{R}^n$ 上的一致有界的非线性函数.

我们将在延展的相空间内, 在未扰动的同宿解附近考虑由方程 (8.1.2) 导致的 Poincaré 返回映射, 以便研究方程 (8.1.2) 的动力学性质. 我们引入由 (8.2.4) 给定的一个特征函数 $\mathcal{W}(t)$. 该函数是经典的 Melnikov 函数的自然推广, 是时间的函数, 用来测量 $(0,0)$ 的稳定流形 W^s 与不稳定流形 W^u 之间分开距离的尺度. 我

们还推广 Smale 的水平条和竖直条的几何方法, 用以描述方程 (8.1.2) 的混沌动力学 (见 8.1 节 D). 记

$$m^{\pm} = \liminf_{t \to \pm\infty} \mathcal{W}(t), \quad M^{\pm} = \limsup_{t \to \pm\infty} \mathcal{W}(t).$$

在 α 与 β 的非共振假设和受迫函数一致有界的假设下 (在 8.1 节详细介绍), 我们证明如下定理.

定理 A 设 $m^{\pm} < 0 < M^{\pm}$. 则存在 $\mu_0 > 0$ 使得对所有 $0 < \mu < \mu_0$, 在返回映射 $\mathcal{R}$ 有无穷多分叉的完全马蹄的意义下, 方程 (8.1.2) 的解有混沌性质.

有无穷多分叉的完全马蹄意味着对每个正整数 $k > 1$, 存在解的不变集上的动力学半共轭于 k 个符号的完全移位.

我们将定理 A 用到随机受迫的 Duffing 方程. 记 $(\Omega, \mathcal{F}, \mathbb{P})$ 为经典的 Wiener 概率空间, 其中

$$\Omega = C_0(\mathbb{R}, \mathbb{R}) = \big\{ \omega(t) : \omega(\cdot) : \mathbb{R} \to \mathbb{R} \text{ 是连续的并且 } \omega(0) = 0 \big\}$$

有开的紧拓扑使得 Ω 是 Polish 空间, $\mathcal{F}$ 是它的 Borel σ-代数, 并且 $\mathbb{P}$ 是 Wiener 测度. Brown 运动有形式 $B_t(\omega) = \omega(t)$. 我们考虑在概率空间 $(\Omega, \mathcal{F}, \mathbb{P})$ 中的 Wiener 移位 θ_t, 定义为

$$\theta_t \omega(\cdot) = \omega(t + \cdot) - \omega(t). \tag{8.1.3}$$

众所周知 $\mathbb{P}$ 关于 θ_t 是一个遍历的不变测度. 对小的 $\Delta > 0$, 设 $G(\theta_t \omega)$ 表示

$$G(\theta_t \omega) = \frac{1}{\Delta}(\omega(t + \Delta) - \omega(t)).$$

它是有正态分布的静态随机过程. 我们也可将 $G(\theta_t \omega)$ 看作白噪声的离散版. 注意, $G(\theta_t \omega)$ 几乎确定是无界的. 为用定理 A 于 Duffing 方程, 通过给定 $M_0 \gg \Delta^{-2}$, 我们截断 $|G(\theta_t \omega)|$ 的值. 所得到的随机过程记为 $\mathcal{G}(\theta_t \omega)$, 是白噪声的截断离散版. 现在我们研究由有界静态随机过程 $\mathcal{G}(\theta_t \omega)$ 控制的 Duffing 方程

$$\frac{d^2 q}{dt^2} + (\lambda - \gamma q^2)\frac{dq}{dt} - q + q^3 = \mu q^2 \mathcal{G}(\theta_t \omega). \tag{8.1.4}$$

在 $\mu = 0$ 的无扰动情况, 我们知道对每个小的 $\lambda > 0$ 存在一个关于 γ 的 γ_λ 使得无扰动方程有一条同宿轨道, 记之为 ℓ_λ. 在方程 (8.1.4) 中令 $\gamma = \gamma_\lambda$. 我们有如下定理.

定理 B 存在充分小的 $\mu_0 > 0$ 与有完全 Wiener 测度的一个 θ_t-不变子集 $\tilde{\Omega} \subset \Omega$, 使得对所有 $0 < \mu < \mu_0$ 与所有 $\omega \in \tilde{\Omega}$, 围绕同宿圈 ℓ_λ, 由方程 (8.1.4) 导致的随机 Poincaré 映射 $\mathcal{R}$ 有无穷多分叉的马蹄.

这里的混沌性质是样本类的性质. 简言之, 定理 B 告诉我们: 有界静态随机过程控制的方程 (8.1.4) 几乎当然地存在马蹄. Wiener 移位的遍历性与 Birkhoff 遍历定理保证了几乎当然的性质.

此外, 通过研究受迫方程 (8.1.2) 导致的 Poincaré 返回映射, 我们得到比定理 A 更丰富的结果. 量 m^- 与 M^- 是 Melnikov 函数 $\mathcal{W}(t)$ 在负 t-方向的两个内蕴极限值, m^+ 与 M^+ 是它们在正 t-方向的对应. 再记

$$m = \inf_{t \in \mathbf{R}} \mathcal{W}(t), \qquad M = \sup_{t \in \mathbf{R}} \mathcal{W}(t).$$

原则上, 任何想要的有关 $m^\pm, M^\pm, m$ 与 M 满足 $m \leqslant m^- \leqslant M^- \leqslant M$ 与 $m \leqslant m^+ \leqslant M^+ \leqslant M$ 的组合都是可能的; 见 8.2 节中的例子. 另一方面, 如果方程 (8.1.2) 的受迫项是时间周期的或概周期的, 则 $m^\pm = m$, $M^\pm = M$. 因此, 讨论非周期受迫, 就要考虑 $m, m^\pm, M$ 与 $M^\pm$ 的不同组合的自由. 和这种新选择自由相关的是新动力学行为的出现, 这是时间周期或概周期的受迫系统不可能产生的现象.

我们将看到, 对于一般的非自治受迫系统, 不同于周期或概周期的受迫情况, 关于混沌动力学行为的存在性, 稳定与不稳定流形的横截相交既不是充分的也不是必要的条件. 在某些情况, 稳定与不稳定流形相交, 但不存在复杂的动力学行为. 在某些其他情况, 即便稳定与不稳定流形被非周期扰动完全地拉开了, 马蹄仍然存在. 还存在仅有半个马蹄的情况.

本章的结果综合在下面的定理中, 作为比较, 定理 A 的结果放在 (i) 条.

定理 C 对以下 (i)—(v) 条中的每个条目, 分别存在 $\mu_0 > 0$ 使得对所有的 $0 < \mu < \mu_0$ 有

(i) (**完全的马蹄相交**) 如果 $m^\pm < 0 < M^\pm$, 则 $\mathcal{R}$ 有无穷多分叉的完全马蹄.

(ii) (**半马蹄相交**) 如果 $M^\pm, m^- > 0$ 与 $m^+ < 0$ (或 $M^\pm, m^+ > 0$ 与 $m^- < 0$), 则 $\mathcal{R}$ 有无穷多分叉的半马蹄.

(iii) (**平凡动力学**) 如果 $M^+ < 0$ 或 $M^- < 0$, 则 $\mathcal{R}$ 有平凡的动力学.

(iv) (**不相交与半马蹄**) 如果 $m^\pm, M^\pm > 0$ 并存在 L^+ 及对所有的 $n \geqslant 0$, 序列 $a_n, b_n \to \infty$ 满足 $0 < a_{n+1} - a_n, b_{n+1} - b_n < L^+$ 使得

$$\lim_{n \to \infty} \mathcal{W}(a_n) = m^+, \quad \lim_{n \to \infty} \mathcal{W}(b_n) = M^+,$$

并且对所有的整数 $k > 1$ 有

$$M^+ > 2m^+ e^{3\beta k L^+},$$

则 $\mathcal{R}$ 有 k-分叉的半马蹄.

(v) **(不相交与完全马蹄)** 如果对 m^-, M^-, (iv) 中的条件也满足, 则 $\mathcal{R}$ 有 k-分叉的完全马蹄.

(vi) **(应用)** 在受迫 Duffing 方程中, 上面的现象全出现.

条目 (i) 是定理 A. 其中假设 $(0,0)$ 的不稳定流形 W^u 与稳定流形 W^s 在时间的两个方向持续地相交. 条目 (ii) 假设 $(0,0)$ 的不稳定流形 W^u 与稳定流形 W^s 只在时间的一个方向持续地相交. 条目 (iii) 意味着对复杂动力学而言, W^u 与 W^s 的相交是不充分的.

对混沌动力学的出现, 不仅 W^u 与 W^s 的非空相交不是充分的, 而且也不是必要的. 这在 (iv) 中叙述. (iv) 中的条件 $M^+ > 2m^+ e^{3\beta k L^+}$ 可用两种方法实现. 第一种是让 m^+ 小. 这意味着当 $t \to +\infty$ 时, 虽然 W^u 与 W^s 是最终分离的, 它们仍持续地紧靠在一起, 这将产生足够的扩张力以产生复杂的动力学. 第二种方法是让 L^+ 小, 即当 $t \to +\infty$ 时, Melnikov 函数在 m^+ 与 M^+ 之间作高频振动.

本章具体安排如下. 在 8.2 节我们详细介绍假设, 定义与动力学对象并精确地叙述定理 A 与定理 C. 在 8.3 节用定理 A 来研究随机受迫激励的方程. 在 8.4 节应用 8.1 节中的所有定理于非周期受迫激励的 Duffing 方程. 8.5 节计算 Poincaré 返回映射 $\mathcal{R}$ 并得到其余项. 8.6 节证明叙述在 8.2 节的定理. 在 8.3 节中用的两个技术性命题在附录 8.7 中证明.

8.2　定理的叙述

A. 研究的方程　设 $(x,y) \in \mathbf{R}^2$ 是相变量, t 是时间. 先研究自治系统

$$\frac{dx}{dt} = -\alpha x + f(x,y), \qquad \frac{dy}{dt} = \beta y + g(x,y), \tag{8.2.1}$$

其中 $f(x,y)$ 与 $g(x,y)$ 是 C^N 函数, N 充分大, $f(0,0) = g(0,0) = \partial_x f(0,0) = \partial_y f(0,0) = \partial_x g(0,0) = \partial_y g(0,0) = 0$. 首先, 设

(H_1) α 与 β 满足

(i) 到 N 阶的非共振条件: 存在非负整数 m 与 n, $2 \leqslant m + n \leqslant N$ 使得

$$-\alpha = -m\alpha + n\beta \quad \text{或} \quad \beta = -m\alpha + n\beta;$$

(ii) $0 < \beta < \alpha$.

(H_1)(i) 是 α 与 β 有理地独立的充分条件. (H_1)(ii) 设鞍点 $(0,0)$ 是耗散的. 我们还假设 $(0,0)$ 的局部稳定流形的正 x-轴一边与局部不稳定流形的正 y-轴一边包含于同宿解的一部分, 同宿轨道记为

$$\ell = \{\ell(t) = (a(t), b(t)) \in \mathbf{R}^2, t \in \mathbf{R}\}.$$

在方程 (8.2.1) 的右边增加时间依赖的受迫项形成非自治方程

$$\frac{dx}{dt} = -\alpha x + f(x,y) + \mu P(x,y,t), \qquad \frac{dy}{dt} = \beta y + g(x,y) + \mu Q(x,y,t), \quad (8.2.2)$$

其中 μ 为表示受迫尺度的小参数. 用 U 记 (x,y)-平面上包含 ℓ 的闭包的小邻域并且 $\mathcal{U} = U \times \mathbf{R}$.

我们还假设 (H_2) 非自治受迫项满足

(i) 受迫项 $P(x,y,t), Q(x,y,t)$ 关于相变量 (x,y) 是 C^N 的, 并且在 (x,y) 平面 P, Q 的 C^N-范数一致有界, 关于所有 t 在 $\mathcal{U}$ 内界定于一个不依赖于 μ 的常数.

(ii) 在 $(x,y) = (0,0)$ 近旁 $P(x,y,t)$ 与 $Q(x,y,t)$ 关于所有 t 是高阶项. P, Q 关于 t 是 C^0 的.

B. 在延展相空间内的返回映射 我们在延展相空间 (x,y,t) 的区域 $\mathcal{U} = U \times \mathbf{R}$ 中, 通过我们要介绍的返回映射的迭代来研究方程 (8.2.2). 我们在 (x,y) 空间中构造一个小邻域 U: $(0,0)$ 的小邻域 B_ε (以 $(0,0)$ 为中心半径为 ε 的小球) 和围绕 ℓ 在 $B_{\frac{1}{4}\varepsilon}$ 之外的小邻域 D 的并集. 见图 8.2.1.

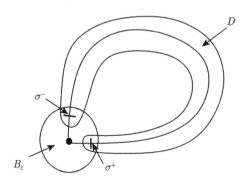

图 8.2.1 B_ε, D 与 $\sigma^\pm$

在延展相空间 (x,y,t), 记

$$\mathcal{B}_\varepsilon = B_\varepsilon \times \mathbf{R}, \quad \mathcal{D} = D \times \mathbf{R},$$

并表示

$$\Sigma^\pm = \sigma^\pm \times \mathbf{R},$$

其中 $\sigma^\pm \in B_\varepsilon \cap D$ 是图 8.2.1 中垂直于同宿解 ℓ 的两线段. 记 $\mathcal{N} : \Sigma^+ \to \Sigma^-$ 是由在 $\mathcal{B}_\varepsilon$ 上的解诱导的映射, 并且 $\mathcal{M} : \Sigma^- \to \Sigma^+$ 是由在 $\mathcal{D}$ 上的解诱导的映射. 返回映射 $\mathcal{R} : \Sigma^- \to \Sigma^-$ 由组合 $\mathcal{N}$ 与 $\mathcal{M}$ 而得到. 故有 $\mathcal{R} = \mathcal{N} \circ \mathcal{M}$.

C. 研究的对象　下面引入一个特征函数, 称方程 (8.2.2) 的 Melnikov 函数: 设 $(u(t), v(t))$ 是 ℓ 在 $\ell(t)$ 的单位切向量, 记

$$E(t) = v^2(t)(-\alpha + \partial_x f(a(t), b(t))) + u^2(t)(\beta + \partial_y g(a(t), b(t)))$$
$$- u(t)v(t)(\partial_y f(a(t), b(t)) + \partial_x g(a(t), b(t))). \tag{8.2.3}$$

量 $E(t)$ 测量在 $\ell(t)$, 方程 (8.2.1) 的解在 ℓ 的法向的扩张率. 对方程 (8.2.2), Melnikov 函数 $\mathcal{W}(t)$ 定义为

$$\mathcal{W}(t) = \int_{-\infty}^{\infty} (v(s)P(a(s), b(s), s+t) - u(s)Q(a(s), b(s), s+t))e^{-\int_0^s E(\tau)d\tau} ds. \tag{8.2.4}$$

显然, 当 $t \to +\infty$ 时, $E(t) \to \beta$, 而当 $t \to -\infty$ 时, $E(t) \to -\alpha$. 在假设 P 与 Q 在 $\mathcal{U}$ 上一致有界的条件下, 对所有的 t, $\mathcal{W}(t)$ 是一致有界的. 此外, 作为法向双曲集, 在延展相空间, 直线 $(x, y) = (0, 0)$ 有二维不稳定流形 W^u 与二维稳定流形 W^s. 记

$$m = \inf_{t \in \mathbb{R}} \mathcal{W}(t), \qquad M = \sup_{t \in \mathbb{R}} \mathcal{W}(t).$$

我们开始研究同宿相交.

定理 8.2.1　(a) 假设 $m < 0 < M$. 则存在充分小的 $\mu_0 > 0$, 使得对所有的 $0 < \mu < \mu_0$, $W^s \cap W^u \neq \varnothing$.

(b) 假设 $m > 0$. 则存在充分小的 $\mu_0 > 0$, 使得对所有的 $0 < \mu < \mu_0$, $W^s \cap W^u = \varnothing$.

(c) 假设 $M < 0$. 则存在充分小的 $\mu_0 > 0$, 使得对所有的 $0 < \mu < \mu_0$, $W^s \cap W^u = \varnothing$.

对于情况 (a), 返回映射 $\mathcal{R} : \Sigma^- \to \Sigma^-$ 仅部分地定义在 Σ^- 上 (图 8.2.2(a)); 对于情况 (b), $\mathcal{R}$ 是很好地定义在 Σ^- 上 (图 8.2.2(b)); 并且对于情况 (c), 所有从 Σ^- 出发的解全离开了, 不存在直接返回到 Σ^- 的解 (图 8.2.2(c)).

我们在相空间 (x, y) 中对所有时间 t 研究在 U 内的解的几何与动力学结构. 在定理 8.2.1 中所述的三种情况中, 我们明显地对 (c) 无兴趣. 故我们只考虑情况 (a) 与 (b). 设 W 是 Σ^- 的子集, 在该子集上定义了返回映射 $\mathcal{R}$(在情况 (b), $W = \Sigma^-$). 记

$$\Omega = \{p \in W : \mathcal{R}^n(p) \in W, \text{对所有的 } n \geqslant 1\}; \quad \Lambda = \bigcap_{n \geqslant 1} \mathcal{R}^n(\Omega).$$

初始值位于 Ω 的解是随着时间向前的发展永远留在 U 中的所有解, 而初始值位于 Λ 的解是随着时间向前与向后的发展永远留在 U 中的所有解. 我们的主要目标是对由方程 (8.2.2) 控制的返回映射 $\mathcal{R}$, 理解 Λ 的几何与动力学结构.

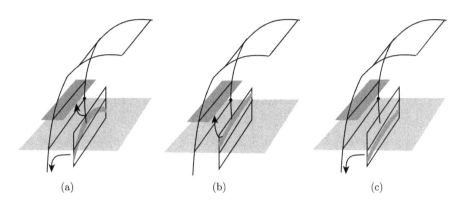

图 8.2.2 返回映射 $\mathcal{R}$ 的三种情况

D. 混沌性质的描述 为研究由非自治受迫控制的方程的混沌动力学, 我们先考虑周期扰动情况, 此时返回映射 $\mathcal{R}$ 可约化为类似于 Hénon 映射与耗散的标准映射那样的环域映射, 可用许多已建立的理论. 对于对应的方程, Λ 可视为有从马蹄到有 SRB 测度的奇怪吸引子的各种各样的复杂结构. 但是, 如果受迫函数不是时间周期的, 则返回映射 $\mathcal{R}$ 没有类似的约化并且在标准的动力系统理论中尚未研究过: 这些返回映射被定义在非紧的曲面上, 其轨道完全是游荡的. 我们从定义这些映射的马蹄开始.

首先介绍某些几何术语. 兹称在 Σ^- 上, t 的方向为水平方向; 在 σ^-(在原来的相空间横截于同宿解 ℓ) 上, t 的方向为竖直方向. 在 Σ^- 上, 一条竖直曲线是连接 Σ^- 的两水平边界, 自身不相交的连续曲线. 称两条不交的竖直曲线之间所围区域为竖直条, 记为 V. 对一条给定的竖直条 V, 两确定的竖直曲线是 V 的竖直边界. 称一条连接 V 的两竖直边界的不自交的连续曲线为 V 中充分延展的水平曲线. 设 V_1, V_2 是两不相交的竖直条. 称 $\mathcal{R}(V_1)$ 水平地穿过 V_2, 如果对 V_1 中每条充分延展的水平曲线 h, 存在 h 的一段 $\tilde{h}$, 使得 $\mathcal{R}(\tilde{h})$ 是 V_2 中的一条充分延展的水平曲线.

定义 8.2.1 (拓扑马蹄) 设 $\mathcal{R} : W \to \Sigma^-$, $W \subset \Sigma^-$ 是连续的. 称 $\mathcal{R}$ 有一个 k-分叉的拓扑马蹄, $k \leqslant \infty$, 如果存在一个不相交的竖直条的双边无穷序列 $\{V_n\}_{n=-\infty}^{\infty}$, 在 Σ^- 中单调地从 $t = -\infty$ 到 $t = +\infty$ 排列, 并对所有的 n, $V_n \subset W$, 使得

(1) 对每个 n, 存在 $\hat{n}_1 > n$, 使得 $\mathcal{R}(V_n)$ 水平地穿过 $V_{\hat{n}_1}, V_{\hat{n}_1+1}, \cdots, V_{\hat{n}_2+k}$;

(2) 对每个 n, 存在 $\hat{n}_2 < n$, 使得 $\mathcal{R}(V_{\hat{n}_2-k}), \cdots, \mathcal{R}(V_{\hat{n}_2})$ 水平地穿过 V_n.

这个定义是 Moser 等前辈所引入的拓扑马蹄的自然推广 (见 (Moser, 1973) 等). 对整数 $k > 1$, 定义 8.2.1 中所述 k-分叉的拓扑马蹄的存在, 意味着有下述性质的解的不变集的存在: 该不变集具有半拓扑共轭于 k 个符号的完全移位的动力

学性质. 为理解起见, 我们证明以下两个断言. 首先, 我们循环地用 1 到 k 来给所有的竖直条编码. 令

$$s = \cdots, s_{-1}, s_0; s_1, \cdots$$

是一个任意的符号序列, 其中对所有的 $i \in \mathbb{Z}$, $s_i \in \{1, \cdots, k\}$. 我们有如下断言.

断言 1: 对任何给定的 k 个符号的序列 s 与编码地址为 s_0 的任何竖直条 V, 存在一个点 $p \in V$, 使得对所有的 $n \in \mathbb{Z}$, p 的轨道由使 $\mathcal{R}^n(p)$ 位于编码地址为 s_n 的竖直条内的点构成.

证 对一个给定的符号序列 $s : \cdots, s_{-1}, s_0; s_1, \cdots$, 设 V 是有地址 s_0 的竖直条. 记 $\Lambda^+(s)$ 为 V 中的所有点, 使得当 $p \in \Lambda^+(s)$ 时, 对所有的 $n \geqslant 0$, $\mathcal{R}^n(p)$ 位于编码地址为 s_n 的竖直条内. $\Lambda^+(s)$ 是非空集合. 事实上, 对任何 V 中给定的水平穿过的曲线 ℓ_h, $\ell \cap \Lambda^+(s)$ 非空. 这个结论可由定义 8.2.1(1) 直接推出.

对于时间的负方向, 我们归纳地取出 $V_{s_{-1}}$ 使得 $\mathcal{R}(V_{s_{-1}})$ 水平地穿过 V_{s_n}, 用来定义竖直条 V_{s_n} 的系列. 对所有的 $n < 0$, $V_{s_{-1}}$ 的存在性由定义 8.2.1(2) 所保证. 现对任何给定的 $n < 0$, 取一条水平地穿过 V_{s_n} 的曲线. 由定义, 存在一子线段 ℓ_n, 使得对所有的 $0 < i \leqslant -n$, $\mathcal{R}^i(\ell_n) \in V_{s_{n+i}}$. 此外, 我们可让 $\mathcal{R}^{-n}(\ell_n)$ 水平地穿过 V_{s_0}. 记 $\mathcal{R}^{-n}(\ell_n)$ 与 $\Lambda^+(s)$ 的交点为 p_n, 又设 p 是 $\{p_n\}, n < 0$ 的凝聚点. 于是, p 是 V 中满足断言 1 的点. □

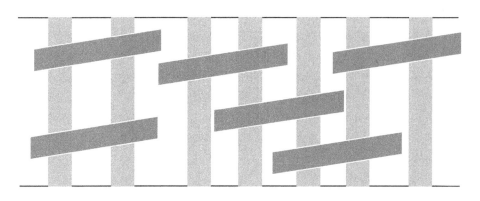

图 8.2.3　在延展相空间的拓扑马蹄

设 S 是 k 个符号的空间并且 $s \in S$. 兹取 k 个连续不断的竖直条的集合, 按照它们每个的地址码记为 $V_1, \cdots, V_k$. 对任何给定的 $s \in S$, 我们得到在 $V = \bigcup_{1 \leqslant i \leqslant k} V_i$ 中的一个点, 记为 $p(s)$. 令

$$\Omega(k) = \bigcup_{s \in S} p(s), \quad \Omega = \bigcup_{n \in \mathbf{Z}} \mathcal{R}^n \Omega(k).$$

兹定义 $h : \Omega \to S$ 为

$$h(\mathcal{R}^n p(\boldsymbol{s})) = \sigma^n \boldsymbol{s},$$

其中 $\sigma : S \to S$ 是移位算子.

断言 2: h 是定义在 Ω 上的 $\mathcal{R}$ 到在 S 上的移位算子 σ 的半共轭.

证 由于 $\mathcal{R}$ 是连续的, 故 h 连续. 由断言 1, h 是满射. 对 $q \in \Omega$, 设 $m \in \mathbb{Z}, \boldsymbol{s} \in S, p \in V$ 使得 $q = \mathcal{R}^m(p(\boldsymbol{s}))$. 我们有

$$\sigma h(q) = \sigma h(\mathcal{R}^m(p(\boldsymbol{s}))) = \sigma^{m+1} \boldsymbol{s} = h(\mathcal{R}^{m+1} p(\boldsymbol{s})) = h(\mathcal{R}q).$$

这就证明了 h 是 $\mathcal{R}$ 与 σ 半共轭. □

注 下面对定义 8.2.1 中所述拓扑马蹄的动力学, 再叙述某些增加的注记.

(i) (时间周期的扰动) 设 $P(x,y,t), Q(x,y,t)$ 关于时间 t 是周期 T 的函数. 则由于在 t 方向与 $\{nT\}$ 的商关系, Σ^- 化为一个环域, 记为 $\mathcal{A}$. 对于 $\mathcal{R}$, 在 $\mathcal{A}$ 中若存在两个竖直条, 使得在 $\mathcal{R}$ 作用下, 它们各自的像水平地穿过两个竖直条, 则在 $\mathcal{A}$ 内, Smale 马蹄被适时地定义. 经典的 Birkhoff-Melnikov-Smale 定理保证, 在条件 $m < 0 < M$ 成立时, $\mathcal{R}$ 在 $\mathcal{A}$ 有 Smale 马蹄, 这导致存在 $\mathcal{A}$ 的一个子集, 其上的动力学被满射地投影到两个符号的完全移位.

为了从原来的物理变量, 特别, 从延展相空间的时间方向观察经典的马蹄, 我们考虑 t 方向的商的反向过程. 则 $\mathcal{A}$ 返回去变成 Σ^-, 并且在 $\mathcal{A}$ 中的两竖直条变为在 Σ^- 中的无穷多的竖直条. 这些竖直条周期地间隔安排在 t-方向, 而且 Smale 马蹄存在的几何条件精确的是定义 8.2.1的 (1) 与 (2). 为证明符号动力学, 我们更替地用符号 1 或 2 为所有竖直条编码. 在下一次返回到 Σ^- 时, 解可从给定的地址跳到两个地址中的任何一个.

当 $P(x,y,t), Q(x,y,t)$ 不是时间周期的时候, 在 t 方向的商不再存在, 故我们要考虑上面 (i) 中所述的几何结构. 换言之, 我们要研究在 Σ^- 中竖直条的无穷序列. 这时仅有的不同是竖直条不必周期地间隔安排在 t 方向.

注意, 定义 8.2.1中所述拓扑马蹄及相伴的几何和动力学结构在周期与非周期情况都是一样的. 仅有的不同是在周期情况有同样地址的所有竖直条被恒同地映射到 t 方向彼此的商. 当我们着手研究非周期激励的方程时, 就其对应的解几何与动力学而言, 这不是本质的特征.

(ii) (解的混沌性质) 经典的 Smale 马蹄与定义 8.2.1 中所述的拓扑马蹄的几何结构, 及其伴随的符号动力学是描述给定的微分方程的解的某些混沌性质的技术性方法. 对 $k = \infty$, 在 8.1 节定理 A 后面, 我们已经描述了反映这些结构的实际的动力学行为. 对 $k < \infty$, 由 k-分叉的马蹄所描述的混沌行为是类似的, 但少一些戏剧性. 围绕同宿圈, 代替时间长度的无穷多独立的选择, 在此我们给出

k 个独立的选择. 这种混沌行为的实质性的动力学描述, 结果已清楚, 原来是同于
Birkhoff-Melnikov-Smale 的经典马蹄的解与定义 8.2.1 描述的解.

我们已准备好用精确的术语描述定理 A. 设 $\mathcal{W}(t)$ 是在 (8.2.3) 定义的 Mel-
nikov 函数. 记

$$m^{\pm} = \liminf_{t \to \pm\infty} \mathcal{W}(t); \qquad M^{\pm} = \limsup_{t \to \pm\infty} \mathcal{W}(t).$$

定理 8.2.2　设

$$m^-, m^+ < 0 < M^-, M^+.$$

则存在一个充分小的 $\mu_0 > 0$, 使得对所有 $0 < \mu < \mu_0$, 方程 (8.2.2) 的返回映射 $\mathcal{R}$
有无穷多分叉的拓扑马蹄, 即对每个整数 $k > 1$, 存在一个解的集合, 其上的动力
学半共轭于 k 个符号的完全移位.

由于我们的目标是对随机过程控制的样本轨道的受迫方程作应用研究, 对这
种方程, 受迫项通常关于时间是不可微的, 当没有假设 Melnikov 函数是可微的时,
我们的所有定理 (包括定理 8.2.2) 需要更新. 定理 8.2.2的条件意味着稳定流形
与不稳定流形的无穷多次的拓扑横截地相交, 在对周期扰动方程的经典 Birkhoff-
Melnikov-Smale 定理作传统推广的假设下, 这种横截地相交是可保持的. 如果我
们假设受迫函数关于 t 可微, 则代替定理 8.2.2的拓扑横截性假设, 可设 $\mathcal{W}(t)$ 有无
穷多零点, 在这些零点, 导数的大小是一致地有下有界的, 由常数 c_0 控制. 该假设
将要用给定的若干方程的分析来验证 (见 8.2 节的例子). 我们可定义不变锥并以
完全平行于经典的 Birkhoff-Melnikov-Smale 理论的方式建立相应的符号动力学.

注意, 为要定理 8.2.2成立, 不需要在 t 方向增加有关 $\mathcal{W}(t)$ 零点的间隔的限
制. 因为 $\mathcal{R}$ 在稳定与不稳定流形的交点是奇的, 在 t-方向产生的无穷扩张将使得
水平曲线的像穿过任意长的缝隙 (见定理 8.2.2的证明). 但是, 当稳定与不稳定流
形不相交时, 零点的间隔的限制是需要的. 见定义 8.2.4与定理 8.2.5.

最后, 注意到本章的定理用于周期扰动的方程时, 必须排除在时间方向的商
导致只有一个竖直条的情况. 这是容易排除的, 因为 $\mathcal{R}$ 的值域在 Σ^- 内, 在一个
周期必须有两竖直边界 (见定理 8.2.2 的证明).

E. **其他的动力学行为**　本节用精确的语言介绍了定理 C 中所述的各种场景.
以下假设 $m, M, m^{\pm}, M^{\pm} \neq 0$. 若受迫函数是概周期的, 则 Melnikov 函数 $\mathcal{W}(t)$
亦如此; 这意味着 $M = M^{\pm}, m = m^{\pm}$. 因此, 对于概周期方程, W^s 与 W^u 的
非空相交意味着在 Λ 中复杂动力学结构的存在性. 一般而言不是这种情况. 如果
$\mathcal{W}(t)$ 是使得

$$M^+, M^- < 0 < M.$$

则根据定理 8.2.1(a), $W^u \cap W^s$ 非空. 但是在此情况, 返回映射 $\mathcal{R}$ 仅定义在 Σ^- 的子集上, 在其上 $|t|$ 有界, Λ 是空集. 事实上, 当 $M^- < 0$ 或 $M^+ < 0$ 时, 导致 Λ 是空集. 为得到非平凡的动力学, 现假设

$$M^-, M^+ > 0. \tag{8.2.5}$$

与定理 8.2.2 中的条件相反, 排除情况 $m^-, m^+ < 0$, 存在三种遗留情况:

(i) $m^- > 0$, $m^+ < 0$;

(ii) $m^- < 0$, $m^+ > 0$;

(iii) $m^-, m^+ > 0$.

以下分别考虑这些情况.

情况 (i) $m^- > 0$, $m^+ < 0$: 此时, $\mathcal{R}$ 存在满足以下定义的半马蹄.

定义 8.2.2(I 型半马蹄) 设 $\{V_n\}$ 与定义 8.2.1 中的相同. 称 $\mathcal{R}$ 有 k-分叉的半马蹄, 倘若

(1) 对每个 $m > 0$, 存在一个 $n > m$, 使得 $\mathcal{R}(V_m)$ 水平地穿过 $V_n, \cdots, V_{n+k}$;

(2) 对所有的 m, 存在 $\hat{n} < m$, 使得 $\mathcal{R}(V_{\hat{n}})$ 水平地穿过 V_m.

定理 8.2.3 设

$$m^+ < 0 < m^-, M^{\pm}.$$

则存在一个充分小的 $\mu_0 > 0$ 使得对所有的 $0 < \mu < \mu_0$, 在延展相空间, 返回映射 $\mathcal{R}$ 有定义 8.2.2 所述无穷多分叉的半马蹄.

情况 (ii) $m^- < 0$, $m^+ > 0$: 此时, 我们也有半马蹄, 但我们需要稍稍不同于前面的定义. 在上面的定义中, 代替竖直条 $\{V_n\}$, n 从 $-\infty$ 到 $+\infty$, 现设 n 从 $-\infty$ 到 0, 并且 $V_0 = \{(t, z) \in \Sigma^- : t \in [t_0, +\infty)\}$. 特别, $\mathcal{R}$ 在 V_0 有定义. 新定义如下.

定义 8.2.3 (II 型半马蹄) 设 $\{V_n\}_{n=-\infty}^0$ 如上. 称 $\mathcal{R}$ 有 k-分叉的半马蹄, 如果

(1) 对每个 $n < 0$, 存在一个 $m < n - k$, 使得 $\mathcal{R}(V_m), \cdots, \mathcal{R}(V_{m+k})$ 水平地穿过 V_n;

(2) 存在一个 $n < 0$, 使得 $\mathcal{R}(V_n) \subset V_0$.

我们有如下定理.

定理 8.2.4 设

$$m^- < 0 < m^+, M^{\pm}.$$

则存在一个充分小的 $\mu_0 > 0$ 使得对所有的 $0 < \mu < \mu_0$, 返回映射 $\mathcal{R}$ 有定义 8.2.3 所述无穷多分叉的半马蹄.

情况 (iii) $m^+, m^- > 0$: 在原理上, 在延展的相空间, 复杂的动力学结构是由方程 (8.2.2) 的解的扩张而导致的. 如上所述, 由 W^u 与 W^s 的持续相交而产生的混沌是可靠的扩张. 现在, 这种性质由于 $m^+, m^- > 0$ 而被排除了. 此时 Λ 的结构仍可能是复杂的. 在精确地叙述下面的定理之前, 我们需要一个技术性的术语. 我们知道存在一个序列 $a_n \to +\infty$ 使得 $\mathcal{W}(a_n) \to M^+$.

定义 8.2.4 设 $L^+ > 0$ 是一个常数. 称 M^+ 是**由一个 L^+-序列稠密地逼近**, 如果对所有的 n, 存在满足 $a_{n+1} - a_n < L^+$ 的单调序列 $a_n \to +\infty$, 使得 $\mathcal{W}(a_n) \to M^+$.

对于 m^+, M^- 与 m^- 对应的定义是类似的.

定理 8.2.5 设 $M^\pm, m^\pm > 0$. 如果 M^+ 与 m^+ 都是由 L^+-序列稠密地逼近的并且 m^+, M^+ 与 L^+ 满足

$$M^+ > 2m^+ e^{3\beta k L^+}, \tag{8.2.6}$$

则存在 $\mu_0 > 0$ 使得对所有的 $0 < \mu < \mu_0$, $\mathcal{R}$ 有在 Λ 中的, 定义 8.2.2所述的 k-分叉的半马蹄.

为要不等式 (8.2.6) 成立必须有 $M^+ > 2m^+$, 故 Melnikov 函数必须是振动的并在 $t \to +\infty$ 时有非平凡的振幅. 该不等式通过两种方法来实现. 第一种是让 m^+ 小. 这意味着当 $t \to +\infty$ 时虽然 W^u 与 W^s 是最终分离的, 但它们仍坚持紧靠一起产生足够的扩张使得 Λ 有复杂的结构. 第二种使不等式 (8.2.6) 成立的方法是让 L^+ 小. 目的是使 Melnikov 函数在 $t \to +\infty$ 时在 m^+ 与 M^+ 之间作高频振动.

按照当 $t \to \pm\infty$ 时 $\mathcal{W}(t)$ 的各种可能性, 我们有定理 8.2.5的稍微不同的版本. 如果我们假设 m^- 与 M^- 也是由 L^--序列稠密地逼近的并且

$$M^- > 2m^- e^{3\beta k L^-},$$

则 $\mathcal{R}$ 有定义 8.2.3 所述的半马蹄. 若类似的假设加在 $\mathcal{W}(t)$ 的两时间方向上, 则 $\mathcal{R}$ 将有 k-分叉的完全马蹄. 如果我们在定理 8.2.5中假设 $m^- < 0 < M^-$ 而不是 $m^- > 0$, 则仍存在完全的马蹄, 如此等等.

8.3   随机受迫激励系统的混沌性质

本节应用定理 8.2.2 来研究受静态随机过程激励的微分方程的混沌动力学.

8.3.1   受静态随机过程扰动的方程的混沌性质

设 (8.2.1) 同上. 记 θ_t 为概率空间 $(\Omega, \mathcal{F}, \mathbf{P})$ 上的一个可测的 $\mathbb{P}$-保测流:

$$\theta_t \circ \theta_\tau = \theta_{t+\tau} \quad \text{对} t, \tau \subset \mathbf{R}, \qquad \theta_0 = \text{id}_\Omega.$$

设概率测度 $\mathbb{P}$ 是遍历的, 关于流 θ_t 是不变的. 一个典型的例子是模拟白噪声发展的 Wiener 移位.

在方程 (8.2.1) 的右边增加随机受迫得

$$\frac{dx}{dt} = -\alpha x + f(x,y) + \mu P(x,y,\theta_t\omega), \qquad \frac{dy}{dt} = \beta y + g(x,y) + \mu Q(x,y,\theta_t\omega), \quad (8.3.1)$$

其中 μ 表示受迫大小的小参数. 兹设

随机受迫函数的假设: 函数 $P(x,y,\omega), Q(x,y,\omega)$ 在 $(x,y) \in U$ 是 C^N 的, 在 $\omega \in \Omega$ 是可测的并且满足

(i) 对所有的 $\omega \in \Omega$, $P(0,0,\omega) = Q(0,0,\omega) = \partial_x P(0,0,\omega) = \partial_x Q(0,0,\omega) = \partial_y P(0,0,\omega) = \partial_y Q(0,0,\omega) = 0$;

(ii) 对每个 $(x,y) \in U$ 与几乎每个 $\omega \in \Omega$, $P(x,y,\theta_t\omega)$, $Q(x,y,\theta_t\omega)$ 作为 t 的函数是连续的, 并且存在不依赖于 μ 与 ω 的 $M_0 < \infty$, 使得

$$|P(x,y,\theta_t\omega)|_{C^N(x,y), \; C^0(x,y,t)}, \qquad |Q(x,y,\theta_t\omega)|_{C^N(x,y), \; C^0(x,y,t)} < M_0.$$

这里我们所述的随机受迫是静态随机过程, 称为实噪声并在 $(x,y) = (0,0)$ 是退化的.

对 $\omega \in \Omega$, 我们定义随机 Melnikov 变量 $\mathcal{W}(\omega)$ 如下

$$\mathcal{W}(\omega) = \int_{-\infty}^{\infty} (v(s)P(a(s),b(s),\theta_s\omega) - u(s)Q(a(s),b(s),\theta_s\omega))e^{-\int_0^s E(\tau)d\tau}ds. \tag{8.3.2}$$

由于当 $t \to +\infty$ 时, $E(t) \to \beta$, 当 $t \to -\infty$ 时, $E(t) \to -\alpha$, 故 $\mathcal{W}(\omega)$ 是有定义的. 我们有如下定理.

定理 8.3.1 如果存在两个有正测度的子集 Ω_1, $\Omega_2 \subset \Omega$, 使得在 Ω_1, $\mathcal{W}(\omega) > 0$ 并且在 Ω_2, $\mathcal{W}(\omega) < 0$. 则存在 $\mu_0 > 0$ 使得对几乎所有的 $\omega \in \Omega$ 与所有的 $0 < \mu < \mu_0$, 由方程 (8.3.1) 诱导的返回映射 $\mathcal{R}$ 有无穷多分叉的马蹄.

证 根据定理 8.2.2, 只需验证存在一个 $\mu_0 > 0$, 使得对所有的 $0 < \mu < \mu_0$ 与几乎所有的 $\omega \in \Omega$,

$$m^{\pm} < 0 < M^{\pm}, \tag{8.3.3}$$

其中

$$M^{\pm} = \limsup_{t \to \pm\infty} \mathcal{W}(\theta_t\omega), \qquad m^{\pm} = \liminf_{t \to \pm\infty} \mathcal{W}(\theta_t\omega).$$

设 Ω_1 与 Ω_2 是 Ω 的有正测度的两个子集, 使得在 Ω_1, $\mathcal{W}(\omega) > 0$ 并且在 Ω_2, $\mathcal{W}(\omega) < 0$. 不失一般性, 我们设 $\inf_{\omega \in \Omega_1} \mathcal{W}(\omega) = M_0 > 0$ 与 $\sup_{\omega \in \Omega_2} \mathcal{W}(\omega) = m_0 < 0$. 记 $\Xi_{\Omega_1}(\omega), \Xi_{\Omega_2}(\omega)$ 分别是 Ω_1 与 Ω_2 的特征函数. 换言之, 如果 $\omega \in \Omega_1$,

$\Xi_{\Omega_1}(\omega) = 1$, 否则 $\Xi_{\Omega_1}(\omega) = 0$; $\Xi_{\Omega_2}(\omega)$ 是类似的. 又 θ_t 是遍历的. 这意味着对几乎所有的 $\omega \in \Omega$, $i = 1, 2$, 有

$$\lim_{T \to \pm\infty} \frac{1}{T} \int_0^T \Xi_{\Omega_i}(\theta_t \omega) dt = \mathbb{P}(\Omega_i) > 0. \tag{8.3.4}$$

设 $\tilde{\Omega}$ 是在 Ω 中满足 (8.3.4) 的完全可测集, 并设 $\omega \in \tilde{\Omega}$. 由 (8.3.4) 可推出存在一个序列 $t_n \to +\infty$ 使得

$$\Xi_{\Omega_1}(\theta_{t_n} \omega) \neq 0,$$

这意味着

$$\mathcal{W}(\theta_{t_n} \omega) > M_0.$$

因此得到

$$\limsup_{t \to +\infty} \mathcal{W}(\theta_t \omega) > M_0 > 0.$$

类似地可得

$$M^- > M_0, \quad m^-, \ m^+ < m_0.$$

这就验证了 (8.3.3). □

这里得到的混沌行为是样本类的性质. 该定理说明随机受迫方程 (8.3.1) 几乎当然地存在马蹄. 记

$$\mathbb{E}(\mathcal{W}) = \int_{\omega \in \Omega} \mathcal{W}(\omega) d\mathbb{P}, \quad \mathbb{V}(\mathcal{W}) = \int_{\omega \in \Omega} (\mathcal{W}(\omega) - \mathbb{E}(\mathcal{W}))^2 d\mathbb{P}$$

为随机变量 $\mathcal{W}(\omega)$ 的期望与方差. 以下的命题提供了一个验证定理 8.3.1 的条件的方法, 其证明是直接的.

命题 8.3.1 存在两个有正测度的子集 Ω_1, $\Omega_2 \subset \Omega$, 使得在 Ω_1 上 $\mathcal{W}(\omega) > 0$, 在 Ω_2 上 $\mathcal{W}(\omega) < 0$, 倘若

$$\mathbb{E}(\mathcal{W}) = 0, \quad \mathbb{V}(\mathcal{W}) \neq 0.$$

8.3.2　两个例子

在这小节我们首先用定理 8.3.1 于拟周期受迫激励的 Duffing 方程, 接着应用于由 Brown 运动增长确定的有界静态随机过程所激励的 Duffing 方程. 先考虑自治 Duffing 方程

$$\frac{d^2 q}{dt^2} + (\lambda - \gamma q^2)\frac{dq}{dt} - q + q^3 = 0, \tag{8.3.5}$$

其中 $\lambda > 0$ 与 γ 是参数. 令 $p = \dfrac{dq}{dt}$, 可将方程 (8.3.5) 化为变量 p 与 q 的一阶微分方程. 首先对方程 (8.3.5) 引用在文献 (Holmes, Rand, 1980) 中的结果.

命题 8.3.2(耗散的同宿鞍点) 存在充分小的 $\lambda_0 > 0$, 使得对 $\lambda \in [0, \lambda_0)$, 存在一个 $\gamma_\lambda, |\gamma_\lambda| < 10\lambda$ 使得对 $\gamma = \gamma_\lambda$.

(i) 方程 (8.3.5) 有同宿到 $(q, p) = (0, 0)$ 的解, 记为

$$\ell_\lambda = \{\ell_\lambda(t) = (q_\lambda(t), p_\lambda(t)), \ t \in \mathbb{R}\};$$

(ii) 对任何给定的 $L > 0$, 存在不依赖于 λ 的 $K(L)$, 使得对所有的 $t \in [-L, L]$,

$$|\ell_\lambda(t) - \ell_0(t)| < K(L)\lambda,$$

其中 $\ell_0(t) = (q_0(t), p_0(t))$,

$$q_0(t) = \sqrt{2}\,\text{sech}(t), \quad p_0(t) = -\sqrt{2}\,\text{sech}(t)\tanh(t)$$

是方程 (8.3.5) 当 $\lambda = \gamma = 0$ 时的同宿解.

记

$$\alpha = \frac{1}{2}(\sqrt{\lambda^2 + 4} + \lambda), \quad \beta = \frac{1}{2}(\sqrt{\lambda^2 + 4} - \lambda). \tag{8.3.6}$$

则 $-\alpha, \beta$ 是在 $(0, 0)$ 点方程的线性化系统的两个特征值. 由于 $-\alpha + \beta = -\lambda < 0$, 倘若 $\lambda > 0$, $(0, 0)$ 是一个耗散的鞍点. 在本节中始终固定 λ 并设它使得 α 与 β 是有理不相关的. 设 γ_λ 是命题 8.3.2 中定义的.

设 $(\Omega, \mathcal{F}, \mathbb{P}, \theta_t)$ 是 8.3.1节中介绍过的度量动力系统. 并设 $\mathcal{G} : \Omega \to \mathbb{R}$ 是一个可测函数. 假设对几乎每个 $\omega \in \Omega$, 作为 t 的函数, $\mathcal{G}(\theta_t\omega)$ 是连续的, 并且存在 $K_0 < \infty$, 使得 $|\mathcal{G}(\theta_t\omega)| < K_0$ 几乎当然成立. 我们将 $\mu q^2 \mathcal{G}(\theta_t\omega)$ 加到方程 (8.3.5) 右边得到一个随机受迫的 Duffing 方程

$$\frac{d^2 q}{dt^2} + (\lambda - \gamma_\lambda q^2)\frac{dq}{dt} - q + q^3 = \mu q^2 \mathcal{G}(\theta_t\omega). \tag{8.3.7}$$

首先将方程 (8.3.7) 化为系统

$$\begin{aligned} \frac{dq}{dt} &= p, \\ \frac{dp}{dt} &= -(\lambda - \gamma_\lambda q^2)p + q - q^3 + \mu q^2 \mathcal{G}(\theta_t). \end{aligned} \tag{8.3.8}$$

为要方程 (8.3.8) 的线性部分化为正则形式, 兹引入新变量 (x, y) 使得

$$q = x + \alpha y, \quad p = -\alpha x + y, \tag{8.3.9}$$

其中 $\alpha = \frac{1}{2}(\lambda + \sqrt{\lambda^2 + 4})$ 在 (8.3.6) 定义. 其逆变换为

$$x = \frac{1}{1 + \alpha^2}(q - \alpha p), \quad y = \frac{1}{1 + \alpha^2}(\alpha q + p). \tag{8.3.10}$$

以 (x, y) 为新变量的方程为

$$
\begin{aligned}
\frac{dx}{dt} &= -\alpha x + f(x, y) + \mu C(x, y)\mathcal{G}(\theta_t \omega), \\
\frac{dy}{dt} &= \beta y + g(x, y) + \mu D(x, y)\mathcal{G}(\theta_t \omega),
\end{aligned}
\tag{8.3.11}
$$

其中 $\beta = \alpha^{-1}$ 仍在 (8.3.6) 中定义, 并且

$$
\begin{aligned}
f(x, y) &= \frac{\alpha}{1 + \alpha^2}\left(\gamma_\lambda(x + \alpha y)^2(y - \alpha x) + (x + \alpha y)^3\right), \\
g(x, y) &= \frac{-1}{1 + \alpha^2}\left(\gamma_\lambda(x + \alpha y)^2(y - \alpha x) + (x + \alpha y)^3\right); \\
C(x, y) &= \frac{\alpha}{1 + \alpha^2}(x + \alpha y)^2, \quad D(x, y) = \frac{-1}{1 + \alpha^2}(x + \alpha y)^2.
\end{aligned}
\tag{8.3.12}
$$

记 ℓ_λ 为命题 8.3.1 中所述方程 (8.3.5) 的同宿解. 用 (x, y) 坐标, 则 $\ell_\lambda(t) = (a_\lambda(t), b_\lambda(t))$. 设 $(u_\lambda(t), v_\lambda(t))$ 是 ℓ_λ 在 $\ell_\lambda(t)$ 的切向量, 并且

$$
\begin{aligned}
E_\lambda(t) = {}&v_\lambda^2(t)(-\alpha + \partial_x f(a_\lambda(t), b_\lambda(t))) + u_\lambda^2(t)(\beta + \partial_y g(a_\lambda(t), b_\lambda(t))) \\
&- u_\lambda(t)v_\lambda(t)(\partial_y f(a_\lambda(t), b_\lambda(t)) + \partial_x g(a_\lambda(t), b_\lambda(t))).
\end{aligned}
\tag{8.3.13}
$$

则方程 (8.3.8) 的随机 Melnikov 函数是

$$
\mathcal{W}(\omega) = \int_{-\infty}^{+\infty} (v_\lambda(s)C_\lambda(s) - u_\lambda(s)D_\lambda(s))\mathcal{G}(\Theta_s\omega)e^{-\int_0^s E_\lambda(\tau)d\tau}ds,
\tag{8.3.14}
$$

其中 $C_\lambda(t) = C(a_\lambda(t), b_\lambda(t))$ 并且 $D_\lambda(t)$ 是类似的.

记

$$
F(s) = (v_\lambda(s)C_\lambda(s) - u_\lambda(s)D_\lambda(s))e^{-\int_0^s E_\lambda(\tau)d\tau}.
$$

从而 $\mathcal{W}(\omega)$ 可简记为

$$
\mathcal{W}(\omega) = \int_{-\infty}^{\infty} F(s)\mathcal{G}(\Theta_s\omega)ds.
$$

我们研究两个例子.

例 8.3.1　拟周期受迫　记 $\mathbb{T}^n = \mathbf{R}^n/\mathbf{Z}^n$ 为 n 环面, $\mathcal{F}$ 是在 $\mathbb{T}^n$ 上的 Borel 的 σ-代数, 并且 $\mathbb{P}$ 是 Haar 测度. 于是, $(\mathbb{T}^n, \mathcal{F}, \mathbb{P})$ 是概率空间. 兹固定 $\lambda = (\lambda_1, \cdots, \lambda_n) \in \mathbb{R}^n$ 并假设 $\lambda_1, \cdots, \lambda_n$ 是有理不相关的. 考虑可测流 $\theta_t : \mathbb{T}^n \times \mathbb{R} \to \mathbb{T}^n$ 定义为

$$
\theta_t\omega = \omega + \lambda t = (\omega_1 + \lambda_1 t, \cdots, \omega_n + \lambda_n t).
\tag{8.3.15}
$$

对 θ_t 而言, Haar 测度 $\mathbb{P}$ 是遍历不变的测度.

对 $X = (x_1, \cdots, x_n) \in \mathbb{R}^n$, 设 $G(X) = G(x_1, \cdots, x_n) : \mathbb{R}^n \to \mathbb{R}$ 是一个连续函数并设 $G(x_1, \cdots, x_n)$ 关于 x_i, $i = 1, \cdots, n$ 是周期 1 的周期函数. 则 G 诱导了一个在 $\mathbb{T}^n$ 连续的函数, 表示为 $\mathcal{G} : \mathbb{T}^n \to \mathbb{R}$. 此外, 我们设 $\mathcal{G}$ 的平均值是零, 即

$$\int_{[0,1]^n} G(x_1, \cdots, x_n) dx_1 \cdots dx_n = 0. \tag{8.3.16}$$

对 $m = (m_1, \cdots, m_n) \in \mathbf{Z}^n$, 记

$$f_m = \int_{-\infty}^{\infty} F(s) e^{-(m \cdot \lambda s)i} ds, \qquad g_m = \int_{\omega \in [0,1]^n} G(\omega) e^{-(m \cdot \omega)i} d\omega.$$

注意当 $t \to \pm\infty$ 时, $F(s)$ 指数式衰减. f_m 的 Fourier 系数有定义. 显然, 由于 G 是连续函数, g_m 也有定义.

命题 8.3.3 设 $(\mathbb{T}^n, \mathcal{F}, \mathbb{P}, \theta_t)$ 与 $\mathcal{G} : \mathbb{T}^n \to \mathbf{R}$ 如上. 如果存在一个 $m = (m_1, \cdots, m_n) \in \mathbf{Z}^n$, 使得 $f_m \cdot g_m \neq 0$, 存在一个常数 $\mu_0 > 0$, 使得的所有的 $\omega \in \mathbb{T}^n$ 与所有的 $0 < \mu < \mu_0$, 方程 (8.3.7) 围绕同宿圈 ℓ_λ 所诱导的返回映射 $\mathcal{R}$ 有无穷多分叉的拓扑马蹄.

证 首先我们验证 8.2 节中的假设 (H): $(H)(ii)$ 由 (8.3.6) 推出. $(H)(i)$ 由假设 λ 使得 $-\alpha$ 与 β 是有理不相关的这结论推出. 我们再验证在 8.3.1节中关于受迫函数的假设 (i) 与 (ii): (i) 直接从 (8.3.15) 推出, (ii) 成立是由于 $G(X)$ 的周期性和连续性. 为应用定理 8.3.1, 注意到

$$\mathcal{W}(\omega) = \int_{-\infty}^{+\infty} F(s) G(\omega + \lambda s) ds.$$

我们用命题 8.3.1来验证定理 8.3.1的假设. 对于期望 $\mathbb{E}(\mathcal{W}(\omega))$ 有

$$\mathbb{E}(\mathcal{W}(\omega)) = \int_{[0,1]^n} \int_{-\infty}^{+\infty} F(s) G(\omega + \theta s) ds d\omega = \int_{-\infty}^{+\infty} F(s) ds \cdot \int_{[0,1]^n} G(\omega) d\omega = 0.$$

这里我们用 (8.3.16) 来得到后一等式. 为计算方差 $\mathbb{V}(\mathcal{W}(\omega))$, 首先有

$$\mathbb{V}(\mathcal{W}(\omega)) = \int_{\omega \in [0,1]^n} \int_{-\infty}^{+\infty} \int_{-\infty}^{+\infty} F(s) F(t) G(\omega + \theta s) G(\omega + \theta t) ds dt d\omega.$$

然后展开 $G(\omega)$ 为 Fourier 级数, 再应用三角函数系的正交性可得

$$\mathbb{V}(\mathcal{W}(\omega)) = \frac{1}{2} \sum_{m \in \mathbb{Z}^n} |f_m|^2 |g_m|^2.$$

在假设存在一个 $m \in \mathbb{Z}^n$ 使得 $f_m \cdot g_m \neq 0$ 之下, 有

$$\mathbb{V}(\mathcal{W}(\omega)) > 0.$$

因此, 根据命题 8.3.1, 定理 8.3.1 的假设成立. 注意, 我们的断言是 对所有的 $\omega \in \mathbb{T}^n$ 而不是对 几乎所有的 $\omega \in \mathbb{T}^n$. 这是由于就 θ_t 所有的遍历性而言, θ_t 的所有轨道是典型的. □

注 对一个 $m \in \mathbb{Z}^n$, 条件 $f_m \cdot g_m \neq 0$ 是较弱的. 这要求周期受迫函数 $G(X)$ 不失去 $F(s)$ 的所有的 Fourier 谱. 对一个给定的 $G(X)$, 该条件是明显地可验证的. 我们可先计算 $\lambda = 0$ 时的积分, 再应用积分关于 λ 的连续性过渡到 $\lambda > 0$ 的结论.

例 8.3.2 随机受迫 Duffing 方程

记 $(\Omega, \mathcal{F}, \mathbb{P})$ 为经典的 Wiener 概率空间, 其中

$$\Omega = C_0(\mathbb{R}, \mathbb{R}) = \{\omega(t) : \omega(\cdot) : \mathbb{R} \to \mathbb{R} \text{ 是连续的并且 } \omega(0) = 0\}$$

有开紧的拓扑使得 Ω 是 Polish 空间, $\mathcal{F}$ 是其 Borel 的 σ-代数, 并且 $\mathbb{P}$ 是 Wiener 测度. Brown 运动有形式 $B_t(\omega) = \omega(t)$. 考虑在概率空间 $(\Omega, \mathcal{F}, \mathbb{P})$ 里的 Wiener 移位 θ_t

$$\theta_t \omega(\cdot) = \omega(t + \cdot) - \omega(t). \tag{8.3.17}$$

众所周知, 对于 θ_t, $\mathbb{P}$ 是遍历的不变测度.

设 $M_0 > 0$ 充分大, $\Delta > 0$ 是小的. M_0 与 Δ 在下面固定. 设 $G : \mathbf{R} \to \mathbf{R}$ 是连续函数, 定义为

$$G(x) = \begin{cases} \dfrac{M_0}{\Delta}, & x > M_0, \\[2mm] \dfrac{x}{\Delta}, & |x| \leqslant M_0, \\[2mm] -\dfrac{M_0}{\Delta}, & x < -M_0. \end{cases}$$

用 $\phi(\theta_t \omega)$ 表示由 Brown 运动的增长得到的静态随机过程

$$\phi(\theta_t \omega) = \omega(t + \Delta) - \omega(t).$$

兹研究以下定义的静态随机过程

$$\mathcal{G}(\theta_t \omega) = G(\phi(\theta_t \omega)).$$

我们有

$$\mathcal{G}(\theta_t \omega) = \begin{cases} \dfrac{1}{\Delta} M_0, & \omega(t + \Delta) - \omega(t) > M_0, \\[2mm] \dfrac{1}{\Delta}(\omega(t + \Delta) - \omega(t)), & |\omega(t + \Delta) - \omega(t)| \leqslant M_0, \\[2mm] -\dfrac{1}{\Delta} M_0, & \omega(t + \Delta) - \omega(t) < -M_0. \end{cases} \tag{8.3.18}$$

我们可视 $\mathcal{G}(\theta_t\omega)$ 为白噪声的切断离散版.

命题 8.3.4 设 $\Delta > 0$ 是小的, 而 $M_0 \gg \Delta^{-2}$ 是大的. 并设 $(\Omega, \mathcal{F}, \mathbb{P}, \theta_t)$, $\mathcal{G}(\omega)$ 定义如上. 则存在一个 $\mu_0 > 0$, 使得对几乎所有的 $\omega \in \Omega$ 与所有的 $0 < \mu < \mu_0$, 方程 (8.3.7) 围绕同宿圈 ℓ_λ 所诱导的返回映射 $\mathcal{R}$ 有无穷多分叉的拓扑马蹄.

证 我们再次通过命题 8.3.1 验证定理 8.3.1 的假设. 对 $\mathbb{E}(\mathcal{W})$ 有

$$\mathbb{E}(\mathcal{W}) = \int_\Omega \int_{-\infty}^{+\infty} F(s)\mathcal{G}(\theta_s\omega)dsd\mathbb{P} = \int_{-\infty}^{+\infty} F(s) \left\{ \int_\Omega \mathcal{G}(\theta_s\omega)d\mathbb{P} \right\} ds$$

$$= \frac{1}{\Delta} \int_{-\infty}^{+\infty} F(s)ds \cdot \frac{1}{\sqrt{2\pi\Delta}} \left\{ \int_{-M_0}^{M_0} y e^{-\frac{y^2}{2\Delta}} dy \right.$$

$$\left. + \int_{M_0}^{\infty} M_0 e^{-\frac{y^2}{2\Delta}} dy - \int_{-\infty}^{-M_0} M_0 e^{-\frac{y^2}{2\Delta}} dy \right\} = 0.$$

现计算 $\mathbb{V}(\mathcal{W})$. 设 $(s,t) \in \mathbb{R}^2$ 固定并记

$$X_1 = \omega(s + \Delta) - \omega(s), \qquad X_2 = \omega(t + \Delta) - \omega(t),$$

$$\Omega(s,t) = \{\omega \in \Omega, \ |X_1| < M_0, \ \ |X_2| < M_0\},$$

有

$$\mathbb{V}(\mathcal{W}) = \int_\Omega \iint_{(s,t)\in\mathbb{R}^2} F(s)F(t)\mathcal{G}(\theta_t\omega)\mathcal{G}(\theta_s\omega)dsdtd\mathbb{P}$$

$$= \iint_{(s,t)\in\mathbb{R}^2} F(s)F(t) \left\{ \int_\Omega \mathcal{G}(\theta_t\omega)\mathcal{G}(\theta_s\omega)d\mathbb{P} \right\} dsdt$$

$$= \mathbb{V}_1(\mathcal{W}) + \mathbb{V}_2(\mathcal{W}),$$

其中

$$\mathbb{V}_1(\mathcal{W}) = \frac{1}{\Delta^2} \iint_{(s,t)\in\mathbb{R}^2} F(s)F(t) \left\{ \int_\Omega X_1 X_2 d\mathbb{P} \right\} dsdt,$$

$$\mathbb{V}_2(\mathcal{W}) = \iint_{(s,t)\in\mathbb{R}^2} F(s)F(t) \left\{ \iint_{\Omega \setminus \Omega(s,t)} (\mathcal{G}(\theta_t\omega)\mathcal{G}(\theta_s\omega) - \frac{1}{\Delta^2}X_1 X_2)d\mathbb{P} \right\} dsdt.$$

再记

$$\omega(s)\omega(t) = -\frac{1}{2}(\omega(s) - \omega(t))^2 + \frac{1}{2}\omega^2(s) + \frac{1}{2}\omega^2(t),$$

并对 $\omega(s+\Delta)\omega(t+\Delta)$, $\omega(s)\omega(t+\Delta)$ 与 $\omega(t)\omega(s+\Delta)$ 作同样工作. 我们有

$$\mathbb{V}_1(\mathcal{W}) = -\frac{1}{2\Delta^2} \iint_{(s,t)\in\mathbf{R}^2} F(s)F(t) \left\{ \int_\Omega (\omega(s+\Delta) - \omega(t+\Delta)^2)d\mathbb{P} \right\} dsdt$$

$$-\frac{1}{2\Delta^2}\int_{(s,t)\in\mathbf{R}^2}F(s)F(t)\left\{\int_\Omega(\omega(s)-\omega(t))^2d\mathbb{P}\right\}dsdt$$

$$+\frac{1}{2\Delta^2}\int_{(s,t)\in\mathbf{R}^2}F(s)F(t)\left\{\int_\Omega(\omega(t+\Delta)-\omega(s))^2d\mathbb{P}\right\}dsdt$$

$$+\frac{1}{2\Delta^2}\int_{(s,t)\in\mathbf{R}^2}F(s)F(t)\left\{\int_\Omega(\omega(t)-\omega(s+\Delta))^2d\mathbb{P}\right\}dsdt$$

$$=(\mathrm{I})+(\mathrm{II})+(\mathrm{III})+(\mathrm{IV}).$$

此外, 在定义了 Wiener 测度后, 有

$$(\mathrm{I})=-\frac{1}{2\Delta^2}\int_{t>s}F(s)F(t)\left\{\int_0^{+\infty}(2\pi(t-s))^{-\frac{1}{2}}y^2e^{-\frac{y^2}{2(t-s)}}dy\right\}dsdt$$

$$-\frac{1}{2\Delta^2}\int_{t<s}F(s)F(t)\left\{\int_0^{+\infty}(2\pi(t-s))^{-\frac{1}{2}}y^2e^{-\frac{y^2}{2(t-s)}}dy\right\}dsdt$$

$$=-\frac{1}{2\Delta^2}\int_{(t,s)\in\mathbf{R}^2}|t-s|F(s)F(t)dsdt.$$

类似地, $(\mathrm{II})=(\mathrm{I})$, 并且

$$(\mathrm{III})=\frac{1}{2\Delta^2}\int_{(t,s)\in\mathbf{R}^2}|t-s+\Delta|F(s)F(t)dsdt,$$

$$(\mathrm{IV})=\frac{1}{2\Delta^2}\int_{(t,s)\in\mathbf{R}^2}|t-s-\Delta|F(s)F(t)dsdt,$$

记

$$\mathbb{D}=\{(s,t)\in\mathbf{R}^2:s-\Delta<t<s+\Delta\}.$$

我们有

$$\mathbb{V}_1(\mathcal{W})=\frac{1}{\Delta^2}\int_{\mathbb{D}}(\Delta-|t-s|)F(s)F(t)dsdt$$

$$=\frac{1}{\Delta^2}\int_{-\infty}^{+\infty}F(s)\left\{\int_{s-\Delta}^{s+\Delta}(\Delta-|t-s|)F(t)dt\right\}ds$$

$$=\int_{-\infty}^{+\infty}F^2(s)ds+\mathcal{O}(\Delta).$$

现估计 $\mathbb{V}_2(\mathcal{W})$. 由定义

$$\mathbb{V}_2(\mathcal{W})=(A)+(B),$$

其中

$$(A)=\int_{(s,t)\in\mathbf{R}^2}F(s)F(t)\left\{\int_{\Omega\backslash\Omega(s,t)}\mathcal{G}(\theta_t\omega)\mathcal{G}(\theta_s\omega)d\mathbb{P}\right\}dsdt,$$

$$(B) = -\frac{1}{\Delta^2} \int_{(s,t)\in\mathbf{R}^2} F(s)F(t) \left\{ \int_{\Omega\backslash\Omega(s,t)} X_1 X_2 d\mathbb{P} \right\} ds dt.$$

对于 (A),

$$|(A)| \leqslant \int_{(s,t)\in\mathbf{R}^2} |F(s)||F(t)| \left\{ \int_{\Omega\backslash\Omega(s,t)} |\mathcal{G}(\theta_t\omega)\mathcal{G}(\theta_s\omega)| d\mathbb{P} \right\} ds dt$$

$$= \frac{1}{\Delta^2} \int_{(s,t)\in\mathbf{R}^2} |F(s)||F(t)| \left\{ \int_{|X_1|>M_0, |X_2|>M_0} M_0^2 d\mathbb{P} \right.$$

$$+ \int_{|X_1|>M_0, |X_2|<M_0} M_0|X_2| d\mathbb{P} + \int_{|X_1|<M_0, |X_2|>M_0} M_0|X_1| d\mathbb{P} \bigg\} ds dt$$

$$\leqslant \frac{M_0^2}{\Delta^2} \int_{(s,t)\in\mathbf{R}^2} |F(s)||F(t)| \left\{ 2\int_{|X_1|>M_0} d\mathbb{P} + \int_{|X_2|>M_0} d\mathbb{P} \right\} ds dt$$

$$= \frac{3M_0^2}{\Delta^2} \int_{M_0}^{\infty} \frac{1}{\sqrt{2\pi\Delta}} e^{-\frac{y^2}{2\Delta}} dy \cdot \left\{ \int_{-\infty}^{\infty} |F(s)| ds \right\}^2.$$

这意味着当 $M_0 \to \infty$ 时, $|(A)| \to 0$. 对 (B), 也有

$$|(B)| \leqslant \frac{1}{\Delta^2} \int_{(s,t)\in\mathbf{R}^2} |F(s)||F(t)| \left\{ \int_{\Omega\backslash\Omega(s,t)} |X_1 X_2| d\mathbb{P} \right\} ds dt$$

$$\leqslant \frac{1}{\Delta^2} \int_{(s,t)\in\mathbf{R}^2} |F(s)||F(t)| \left\{ \int_{|X_1|>M_0, |X_2|>M_0} |X_1||X_2| d\mathbb{P} \right.$$

$$+ \int_{|X_1|>M_0, |X_2|<M_0} M_0|X_1| d\mathbb{P} + \int_{|X_1|<M_0, |X_2|>M_0} M_0|X_2| d\mathbb{P} \bigg\} ds dt$$

于是

$$|(B)| \leqslant \frac{1}{\Delta^2} \int_{(s,t)\in\mathbf{R}^2} |F(s)||F(t)| \left\{ \int_{|X_1|>M_0, |X_2|>M_0, |X_1|>|X_2|} |X_1||X_2| d\mathbb{P} \right.$$

$$+ \int_{|X_1|>M_0, |X_2|>M_0, |X_2|>|X_1|} |X_1||X_2| d\mathbb{P}$$

$$+ \int_{|X_1|>M_0} M_0|X_1| d\mathbb{P} + \int_{|X_2|>M_0} M_0|X_2| d\mathbb{P} \bigg\} ds dt.$$

$$\leqslant \frac{1}{\Delta^2} \int_{(s,t)\in\mathbf{R}^2} |F(s)||F(t)| \left\{ \int_{|X_1|>M_0, |X_2|>M_0, |X_1|>|X_2|} |X_1|^2 d\mathbb{P} \right.$$

$$+ \int_{|X_1|>M_0, |X_2|>M_0, |X_2|>|X_1|} |X_2|^2 d\mathbb{P}$$

$$+ \int_{|X_1|>M_0} M_0|X_1| d\mathbb{P} + \int_{|X_2|>M_0} M_0|X_2| d\mathbb{P} \bigg\} ds dt$$

$$\leqslant \frac{1}{\Delta^2} \int_{(s,t)\in\mathbb{R}^2} |F(s)||F(t)| \left\{ \int_{|X_1|>M_0} |X_1|^2 d\mathbb{P} + \int_{|X_2|>M_0} |X_2|^2 d\mathbb{P} \right.$$

$$\left. + \int_{|X_1|>M_0} M_0|X_1| d\mathbb{P} + \int_{|X_2|>M_0} M_0|X_2| d\mathbb{P} \right\} ds dt$$

$$\leqslant \frac{1}{\Delta^2} \left\{ 2\int_{M_0}^\infty \frac{1}{\sqrt{2\pi\Delta}} y^2 e^{-\frac{y^2}{2\Delta}} dy + \int_{M_0}^\infty \frac{1}{\sqrt{2\pi\Delta}} M_0 y e^{-\frac{y^2}{2\Delta}} dy \right\} \cdot \left\{ \int_{-\infty}^\infty |F(s)| ds \right\}^2.$$

又, 当 $M_0 \to \infty$ 时, $|B| \to 0$. 我们已证, 当 M_0 充分大时 $\mathbb{V}(\mathcal{W}) > 0$. $\qquad\Box$

命题 8.3.4是 8.1中的定理 B.

8.4　对 Duffing 方程的应用

在本节中, 我们应用定理 8.2.1—定理 8.2.5 于无任何时间周期性的非自治受迫激励的 Duffing 方程. 考虑一类 C^N 函数

$$\Phi_{c_1,c_2} : \mathbf{R} \to [\min\{c_1,c_2\}, \max\{c_1,c_2\}],$$

使得

$$\lim_{t\to-\infty} \Phi_{c_1,c_2}(t) = c_1, \qquad \lim_{t\to+\infty} \Phi_{c_1,c_2}(t) = c_2, \tag{8.4.1}$$

其中 c_1, c_2 是两个实数. 兹设 Φ_{c_1,c_2} 的 C^N-范数是一致有界于一个常数, 记为 $\|\Phi_{c_1,c_2}\|$. 我们加上一个外部受迫 $\mu q^2 \Phi_{\eta^-,\eta^+}(t)\sin\omega t$ 于方程 (8.3.5) 并扰动其阻尼项, 加一个因子 $\mu\Phi_{\tau^-,\tau^+}(t)q^2$ 以得到非周期方程

$$\frac{d^2q}{dt^2} + (\lambda - (\gamma_\lambda + \mu\Phi_{\tau^-,\tau^+}(t))q^2)\frac{dq}{dt} - q + q^3 = \mu q^2 \Phi_{\eta^-,\eta^+}(t)\sin(\omega t), \tag{8.4.2}$$

其中 $\tau^\pm, \eta^\pm, \mu, \omega$ 是受迫参数. 加四个任意常数 $\tau^\pm, \eta^\pm$ 的目的是让对应方程的 Melnikov 函数产生 $m^\pm, M^\pm$ 的任意组合. 用正弦函数的目的是保证 $m^\pm, M^\pm$ 是由 L-序列稠密地逼近的, 这里 $L = 4\pi\omega^{-1}$.

将方程 (8.4.2) 化为二维系统

$$\frac{dq}{dt} = p,$$
$$\frac{dp}{dt} = -(\lambda - \gamma_\lambda q^2)p + q - q^3 + \mu(\Phi_{\tau^-,\tau^+}(t)q^2 p + q^2\Phi_{\eta^-,\eta^+}(t)\sin\omega t). \tag{8.4.3}$$

为让方程 (8.4.3) 的线性部分化为规范形式, 再用 (8.3.9) 与 (8.3.10) 引入新变量 (x,y). 关于 (x,y) 的新方程是

$$\frac{dx}{dt} = -\alpha x + f(x,y) + \mu(A(x,y)\Phi_{\tau^-,\tau^+}(t) + C(x,y)\Phi_{\eta^-,\eta^+}(t)\sin\omega t),$$
$$\frac{dy}{dt} = \beta y + y(x,y) + \mu(B(x,y)\Phi_{\tau^-,\tau^+}(t) + D(x,y)\Phi_{\eta^-,\eta^+}(t)\sin\omega t), \tag{8.4.4}$$

其中 $\beta = \alpha^{-1}$ 与 (8.3.6) 中相同, $f(x,y), g(x,y), C(x,y), D(x,y)$ 与 (8.3.12) 中相同并且

$$A(x,y) = \frac{\alpha}{1+\alpha^2}(x+\alpha y)^2 (y - \alpha x), \quad B(x,y) = \frac{-1}{1+\alpha^2}(x+\alpha y)^2 (y - \alpha x).$$

易见, 函数 f, g, A, B, C, D 在 $(x,y) = (0,0)$ 至少是二次的. 又记 $(a_\lambda(t), b_\lambda(t))$ 是同宿解, $E_\lambda(t)$ 与 (8.3.13) 的相同. 则方程 (8.4.4) 的 Melnikov 函数是

$$\mathcal{W}(t) = \mathcal{W}_1(t) + \mathcal{W}_2(t), \tag{8.4.5}$$

这里

$$\mathcal{W}_1(t) = \int_{-\infty}^{+\infty} (v_\lambda(s) A_\lambda(s) - u_\lambda(s) B_\lambda(s)) \Phi_{\tau^-, \tau^+}(s+t) e^{-\int_0^s E_\lambda(\tau) d\tau} ds,$$

$$\mathcal{W}_2(t) = \int_{-\infty}^{+\infty} (v_\lambda(s) C_\lambda(s) - u_\lambda(s) D_\lambda(s)) \Phi_{\eta^-, \eta^+}(s+t) \sin \omega(s+t) e^{-\int_0^s E_\lambda(\tau) d\tau} ds,$$

$$\tag{8.4.6}$$

其中 $A_\lambda(t) = A(a_\lambda(t), b_\lambda(t))$. 量 $B_\lambda(t), C_\lambda(t), D_\lambda(t)$ 是类似的.

记

$$J = \int_{-\infty}^{+\infty} (v_\lambda(s) A_\lambda(s) - u_\lambda(s) B_\lambda(s)) e^{-\int_0^s E_\lambda(\tau) d\tau} ds,$$

$$J_s = \int_{-\infty}^{+\infty} (v_\lambda(s) C_\lambda(s) - u_\lambda(s) D_\lambda(s)) \sin(\omega s) e^{-\int_0^s E_\lambda(\tau) d\tau} ds, \tag{8.4.7}$$

$$J_c = \int_{-\infty}^{+\infty} (v_\lambda(s) C_\lambda(s) - u_\lambda(s) D_\lambda(s)) \cos(\omega s) e^{-\int_0^s E_\lambda(\tau) d\tau} ds.$$

再回顾一下, $m^\pm = \liminf_{t \to \pm\infty} \mathcal{W}(t)$, $M^\pm = \limsup_{t \to \pm\infty} \mathcal{W}(t)$. 我们有如下命题.

命题 8.4.1 设 $R > 0$ 固定且设 $\omega \in (0, R)$. 则存在充分小的依赖于 R 的 λ_0, 使得对所有的 $\lambda \in (0, \lambda_0)$,

(a) $J > 0$, $J_s^2 + J_c^2 \neq 0$;

(b) $m^\pm = J\tau^\pm - \sqrt{J_s^2 + J_c^2}\, \eta^\pm$, $M^\pm = J\tau^\pm + \sqrt{J_s^2 + J_c^2}\, \eta^\pm$;

(c) $m^\pm, M^\pm$ 都是由 L-序列稠密逼近的, 其中 $L = 4\pi \omega^{-1}$.

证 结论 (a) 直接由在 $\lambda = 0$ 的计算与 J, J_c, J_s 关于 λ 连续的事实推出. 对于结论 (b) 与 (c), 我们从 $\lim_{t \to +\infty} \Phi_{\tau^-, \tau^+}(t) = \tau^+$ 出发. 对给定的 $\varepsilon > 0$, 存在充分大的 t_0, 使得对所有的 $t \geqslant t_0$

$$|\Phi_{\tau^-, \tau^+}(t) - \tau^+| < \varepsilon.$$

记

$$\mathcal{W}_1(t) = \int_{-\infty}^{-t+t_0} (v(s)A_\lambda(s) - u(s)B_\lambda(s))\Phi_{\tau^-,\tau^+}(s+t)e^{-\int_0^s E_\lambda(\tau)d\tau}ds$$

$$+ \int_{-t+t_0}^{+\infty} (v(s)A_\lambda(s) - u(s)B_\lambda(s))\Phi_{\tau^-,\tau^+}(s+t)e^{-\int_0^s E_\lambda(\tau)d\tau}ds.$$

当 $t \to +\infty$, $-t + t_0 \to -\infty$, 第一个积分趋于零. 对于第二个积分, 由于对所有的 $s \geqslant -t + t_0$, 有 $|\Phi_{\tau^-,\tau^+}(t+s) - \tau^+| < \varepsilon$. 故第二个积分的值是 $K\varepsilon$-紧靠以下的积分值: 用 τ^+ 代替积分中的函数 $\Phi_{\tau^-,\tau^+}(s+t)$ 所得结果. 由于 $\varepsilon > 0$ 是任意的, 因此

$$\lim_{t \to +\infty} \mathcal{W}_1(t) = \tau^+ J.$$

类似地有

$$\lim_{t \to -\infty} \mathcal{W}_1(t) = \tau^- J. \tag{8.4.8}$$

记 $\mathcal{W}_2(t)$ 为

$$\mathcal{W}_2(t) = \cos(\omega t)J_s(t) + \sin(\omega t)J_c(t), \tag{8.4.9}$$

其中

$$J_s(t) = \int_{-\infty}^{+\infty} (v(s)C_\lambda(s) - u(s)D_\lambda(s))\Phi_{\eta^-,\eta^+}(s+t)\sin(\omega s)e^{-\int_0^s E_\lambda(\tau)d\tau}ds,$$

$$J_c(t) = \int_{-\infty}^{+\infty} (v(s)C_\lambda(s) - u(s)D_\lambda(s))\Phi_{\eta^-,\eta^+}(s+t)\cos(\omega s)e^{-\int_0^s E_\lambda(\tau)d\tau}ds.$$

类似地

$$\lim_{t \to \pm\infty} J_s(t) = \eta^\pm J_s, \qquad \lim_{t \to \pm\infty} J_c(t) = \eta^\pm J_c. \tag{8.4.10}$$

组合 (8.4.9) 与 (8.4.10) 得

$$\liminf_{t \to \pm\infty} \mathcal{W}_2(t) = -\eta^\pm \sqrt{J_s^2 + J_c^2}; \quad \limsup_{t \to \pm\infty} \mathcal{W}_2(t) = \eta^\pm \sqrt{J_s^2 + J_c^2}. \tag{8.4.11}$$

结论 (b) 与 (c) 直接地由 (8.4.8), (8.4.9) 与 (8.4.11) 推出.　　　　　　□

关于 $m = \inf_{t \in \mathbf{R}} \mathcal{W}(t)$ 与 $M = \sup_{t \in \mathbf{R}} \mathcal{W}(t)$ 有下面的估计.

命题 8.4.2　对在 (8.4.5) 给定的 $\mathcal{W}(t)$, 有

$$m \geqslant \frac{1}{2}\left((\tau^+ + \tau^-)J - (\eta^+ + \eta^-)\sqrt{J_s^2 + J_c^2}\right) - K(|\tau^+ - \tau^-| + |\eta^+ - \eta^-|),$$

$$M \leqslant \frac{1}{2}\left((\tau^+ + \tau^-)J + (\eta^+ + \eta^-)\sqrt{J_s^2 + J_c^2}\right) + K(|\tau^+ - \tau^-| + |\eta^+ - \eta^-|),$$

其中

$$K = \int_{-\infty}^{+\infty} (|v(s)A_\lambda(s) - u(s)B_\lambda(s)| + |v(s)C_\lambda(s) - u(s)D_\lambda(s)|)e^{-\int_0^s E_\lambda(\tau)d\tau}ds. \tag{8.4.12}$$

证 由定义

$$|\mathcal{W}(t) - \tau^{\pm}J - \eta^{\pm}(J_s\cos\omega t + J_c\sin\omega t)| \leqslant K(|\tau^+ - \tau^-| + |\eta^+ - \eta^-|),$$

这就可直接推出关于 m 和 M 的估计式. $\qquad\square$

定理 8.2.1 的应用 为应用定理 8.2.1(a), 其充分条件是

$$\min(m^+, m^-) < 0 < \max(M^+, M^-).$$

根据命题 8.4.1(b), 即

$$\begin{aligned} \min(J\tau^- - \sqrt{J_s^2 + J_c^2}\eta^-, J\tau^+ - \sqrt{J_s^2 + J_c^2}\eta^+) &< 0, \\ \max(J\tau^- + \sqrt{J_s^2 + J_c^2}\eta^-, J\tau^+ + \sqrt{J_s^2 + J_c^2}\eta^+) &> 0. \end{aligned} \tag{8.4.13}$$

我们由 (8.4.13) 导出情况 (a) 在三种特殊情形的充分条件. 注意若 $c = c_1 = c_2$, 则 $\Phi_{c_1,c_2}(t) = c$ 是一个常数.

情形 (i) $\eta^+ = \eta^- = 0$. 此时方程 (8.4.2) 变为

$$\frac{d^2q}{dt^2} + (\lambda - (\gamma_\lambda + \mu\Phi_{\tau^-,\tau^+}(t))q^2)\frac{dq}{dt} - q + q^3 = 0. \tag{8.4.14}$$

从 (8.4.13) 可知, 该方程有同宿解的充分条件是

$$\tau^+ \cdot \tau^- < 0.$$

但对方程 (8.4.14), $\mathcal{W}_2(t) = 0$. 故 $m^- = M^- = \tau^-J$, $m^+ = M^+ = \tau^+J$. 当 $t \to \pm\infty$ 时, Melnikov 函数并不振动. 系统无复杂的动力学行为.

情形 (ii) $\tau^+ = \tau^- = 0$. 此时由 (8.4.13) 导出的定理 8.2.1(a) 的充分条件是 $\eta^{\pm} \neq 0$. 方程 (8.4.2) 变为

$$\frac{d^2q}{dt^2} + (\lambda - \gamma_\lambda q^2)\frac{dq}{dt} - q + q^3 = \mu q^2\Phi_{\eta^-,\eta^+}(t)\sin(\omega t). \tag{8.4.15}$$

如果 $\eta^- \neq \eta^+$, 方程 (8.4.15) 不是时间周期的.

情形 (iii) $\tau^- = \tau^+ := \rho$, 并设 $\eta^- = \eta^+ = 1$. 此时方程 (8.4.2) 变为

$$\frac{d^2q}{dt^2} + (\lambda - (\gamma_\lambda + \mu\rho)q^2)\frac{dq}{dt} - q + q^3 = \mu q^2\sin(\omega t), \tag{8.4.16}$$

由 (8.4.13) 导出的定理 8.2.1(a) 的充分条件为

$$|\rho| < \frac{\sqrt{J_s^2 + J_c^2}}{J}.$$

对定理 8.2.1(b) 与 (c) 的假设, 我们用命题 8.4.2中的估计. 得到定理 8.2.1(b) 的充分条件为

$$(\tau^+ + \tau^-)J > (\eta^+ + \eta^-)\sqrt{J_s^2 + J_c^2} + 2K(|\tau^+ - \tau^-| + |\eta^+ - \eta^-|)$$

及定理 8.2.1(c) 的充分条件为

$$(\tau^+ + \tau^-)J < -(\eta^+ + \eta^-)\sqrt{J_s^2 + J_c^2} - 2K(|\tau^+ - \tau^-| + |\eta^+ - \eta^-|).$$

由这些一般的不等式, 对方程 (8.4.14)—(8.4.16) 各种各样的充分条件都可相应地推导出来, 不再详细介绍.

定理 8.2.2 的应用　定理 8.2.2的条件是 $\max(m^+, m^-) < 0 < \min(M^+, M^-)$. 根据命题 8.4.1(b), 该条件可变为

$$\begin{aligned}
\max(J\tau^+ - \sqrt{J_s^2 + J_c^2}\eta^+, J\tau^- - \sqrt{J_s^2 + J_c^2}\eta^-) < 0, \\
\min(J\tau^+ + \sqrt{J_s^2 + J_c^2}\eta^+, J\tau^- + \sqrt{J_s^2 + J_c^2}\eta^-) > 0.
\end{aligned} \tag{8.4.17}$$

从 (8.4.17) 可知 (i) 定理 8.2.2不能用于方程 (8.4.14), 如果 $\eta^+ = \eta^- = 0$, (8.4.17) 中的不等式是自相矛盾的, 并且 (ii) 定理 8.2.2 总是可用于方程 (8.4.15), 若 $\tau^+ = \tau^- = 0$, (8.4.17) 的成立是平凡的. 应用于方程 (8.4.16), 定理 8.2.2 成立的必要条件是: 记 $\tau^+ = \tau^- := \rho$,

$$|\rho| < \frac{\sqrt{J_s^2 + J_c^2}}{J}.$$

定理 8.2.3 与定理 8.2.4 的应用　定理 8.2.3 的第一个条件是 $m^+ < 0 < m^-$. 由命题 8.4.1(b), 这要求

$$\tau^+ < \frac{\sqrt{J_s^2 + J_c^2}}{J}\eta^+; \quad \tau^- > \frac{\sqrt{J_s^2 + J_c^2}}{J}\eta^-.$$

还需要 $M^+ > 0$, 这要求

$$\tau^+ > -\frac{\sqrt{J_s^2 + J_c^2}}{J}\eta^+.$$

合起来得

$$|\tau^+| < \frac{\sqrt{J_s^2 + J_c^2}}{J}\eta^+; \quad \tau^- > \frac{\sqrt{J_s^2 + J_c^2}}{J}\eta^-.$$

这些是定理 8.2.3 应用于方程 (8.4.2) 的条件. 如果 $\tau^- = \tau^+$, $\eta^+ = \eta^-$, 注意这些不等式自相矛盾. 这与我们在上面的观察是一致的, 定理 8.2.3 仅用于无周期性的方程. 定理 8.2.4 的应用是类似的.

定理 8.2.5的应用   为应用定理 8.2.5, 首先要求 $m^{\pm} > 0$, 这意味着

$$\tau^+ > \frac{\sqrt{J_s^2 + J_c^2}}{J} \eta^+; \quad \tau^- > \frac{\sqrt{J_s^2 + J_c^2}}{J} \eta^-. \tag{8.4.18}$$

我们还需要

$$M^+ > 2m^+ e^{3k\beta L}.$$

应用 m^+ 与 M^+ 的数值, 从 $L = 4\pi\omega^{-1}$ 的命题 8.4.1(b) 以及命题 8.4.1(c), 可得

$$\frac{\tau^+ + \frac{\sqrt{J_s^2 + J_c^2}}{J} \eta^+}{\tau^+ - \frac{\sqrt{J_s^2 + J_c^2}}{J} \eta^+} > 2e^{12\pi\beta\omega^{-1}k}.$$

于是得到

$$\omega^{-1} < \frac{1}{12\pi\beta} \left(\ln \frac{\tau^+ + \frac{\sqrt{J_s^2 + J_c^2}}{J} \eta^+}{\tau^+ - \frac{\sqrt{J_s^2 + J_c^2}}{J} \eta^+} - \ln 2 \right). \tag{8.4.19}$$

(8.4.18) 与 (8.4.19) 合在一起是定理 8.2.5 应用于方程 (8.4.2) 的充分条件.

8.5   在延展的相平面上的 Poincaré 返回映射

在本节中, 我们在延展的相空间估计 Poincaré 返回映射并给出它的带头项. 在 8.5.1 节我们介绍线性化方程 (8.2.2) 在 B_ε 中的坐标改变. 在 8.5.2 节, 在 $B_{\frac{1}{4}\varepsilon^2}$ 之外, 围绕整个同宿圈 ℓ, 我们推导出方程 (8.2.2) 的规范形. 在 8.5.3 节, 我们用精确的术语引入 Poincaré 截面 $\Sigma^{\pm}$. 接着在 8.5.1 节与 8.5.2 节导出的方程的基础上, 我们计算返回映射 $\mathcal{R}: \Sigma^- \to \Sigma^-$.

8.5.1   局部线性化

考虑时间依赖的变换

$$\begin{aligned} x &= X + \mathbb{P}(X, Y) + \mu\tilde{\mathbb{P}}(X, Y, t), \\ y &= Y + \mathbb{Q}(X, Y) + \mu\tilde{\mathbb{Q}}(X, Y, t), \end{aligned} \tag{8.5.1}$$

其中关于所有的 $t \in \mathbb{R}$, 在 $|(X, Y)| < 2\varepsilon$, $\mathbb{P}, \mathbb{Q}, \tilde{\mathbb{P}}, \tilde{\mathbb{Q}}$ 作为 X 与 Y 的函数是 C^r 的, $r \geqslant 2$, 并且这些函数的值及它们关于 X 与 Y 的一阶导数在 $(X, Y) = (0, 0)$ 点全

为零. 函数 $\mathbb{P}$ 与 $\mathbb{Q}$ 不依赖于 t 与 μ. 函数 $\tilde{\mathbb{P}}(X,Y,t)$ 与 $\tilde{\mathbb{Q}}(X,Y,t)$ 是 t 的连续函数.

命题 8.5.1　对每个整数 $r > 0$, 存在一个整数 $N_0 = N_0 > r$, 使得如果函数 f,g,P,Q 是 C^N 的, $N \geqslant N_0$, 并具有一致有界的导数, 并且 $-\alpha, \beta$ 满足直到 N_0 阶的非共振条件, 则存在定义在 $B_\varepsilon \times \mathbb{R} \times [-\mu_0, \mu_0]$ 上的形如 (8.5.1) 的时间依赖的变换, 变换方程 (8.2.2) 为

$$\frac{dX}{dt} = -\alpha X, \qquad \frac{dY}{dt} = \beta Y,$$

其中 B_ε 是 $(X,Y) = (0,0)$ 的小邻域, μ_0 是一个正常数. 此外, $\mathbb{P}, \mathbb{Q}, \tilde{\mathbb{P}}, \tilde{\mathbb{Q}}$ 的 C^r-范数作为 X, Y 的函数一致有界于一个常数 K, 并且对所有的 $t \in \mathbb{R}$, K 在 $(X,Y) \in B_\varepsilon$ 内不依赖于 ε 与 μ.

命题 8.5.1 在附录 8.7 中证明.

8.5.2　围绕同宿圈的标准型

在本节, 围绕方程 (8.2.1) 的同宿圈, $B_{\frac{1}{4}\varepsilon^2}$ 之外, 我们导出方程 (8.2.2) 的标准型.

两个小尺度　两个小量 $\mu \ll \varepsilon \ll 1$ 表示不同大小的两个小尺度. 设 ε 是 $(x,y) = (0,0)$ 的小邻域的尺度, 使得 8.5.1 节的线性化系统有效. 与 ε 相伴的是小邻域

$$B_\varepsilon = \{(x,y): x^2 + y^2 < 4\varepsilon^2\}, \qquad \mathcal{B}_\varepsilon = B_\varepsilon \times \mathbf{R},$$

并且 L^+ 与 $-L^-$ 表示在正的和负的时间方向, 同宿解 $\ell(t)$ 进入 $B_{\frac{1}{2}\varepsilon}$ 各自的时间. 量 L^+ 与 L^- 是相对的, 二者由 ε 与 $\ell(t)$ 完全确定. 参数 $\mu(\ll \varepsilon)$ 控制非自治扰动的大小.

记号　字母 K 始终用于表示与 μ 无关的常数. K 的精确值在不同场合可改变. 间或、专门的常数被用于不同的地方. 有时在同一场合我们需要区别两个 K. 我们将用下标区别表示它们作为 $K_0, K_1, \cdots$. 我们也要区别依赖于 ε 或不明显依赖于 ε 的常数. 依赖于 ε 的记为 $K(\varepsilon)$, 否则记为 K.

对同宿解 $\ell(t) = (a(t), b(t))$ 而言, 我们不将 t 看作时间, 而是看作在 (x,y)-平面上, 参数化曲线 ℓ 的参数. 用 s 代替 t 后表示同宿圈为 $\ell(s) = (a(s), b(s))$. 我们有

$$\frac{da(s)}{ds} = -\alpha a(s) + f(a(s), b(s)), \qquad \frac{db(s)}{ds} = \beta b(s) + g(a(s), b(s)). \qquad (8.5.2)$$

由定义

$$u(s) = \frac{-\alpha a(s) + f(a(s), b(s))}{\sqrt{(-\alpha a(s) + f(a(s), b(s)))^2 + (\beta b(s) + g(a(s), b(s)))^2}},$$

$$v(s) = \frac{\beta b(s) + g(a(s), b(s))}{\sqrt{(-\alpha a(s) + f(a(s), b(s)))^2 + (\beta b(s) + g(a(s), b(s)))^2}}. \tag{8.5.3}$$

令

$$\boldsymbol{e}(s) = (v(s), -u(s)).$$

引入新变量 (s, z) 使得

$$(x, y) = \ell(s) + z\boldsymbol{e}(s),$$

即

$$x = x(s, z) := a(s) + v(s)z, \quad y = y(s, z) := b(s) - u(s)z. \tag{8.5.4}$$

对 (8.2.2), 通过 (8.5.4) 我们导出在新变量 (s, z) 下的方程. 微分 (8.5.4) 可得

$$\frac{dx}{dt} = (-\alpha a(s) + f(a(s), b(s))) + v'(s)z\frac{ds}{dt} + v(s)\frac{dz}{dt},$$

$$\frac{dy}{dt} = (\beta b(s) + g(a(s), b(s))) - u'(s)z\frac{ds}{dt} - u(s)\frac{dz}{dt}, \tag{8.5.5}$$

其中 $u'(s) = \dfrac{du(s)}{ds}$, $v'(s) = \dfrac{dv(s)}{ds}$. 现表示

$$F(s, z) = -\alpha(a(s) + zv(s)) + f(a(s) + zv(s), b(s) - zu(s)),$$

$$G(s, z) = \beta(b(s) - zu(s)) + g(a(s) + zv(s), b(s) - zu(s)),$$

$$P(s, z, t) = P(a(s) + zv(s), b(s) - zu(s), t),$$

$$Q(s, z, t) = Q(a(s) + zv(s), b(s) - zu(s), t).$$

应用方程 (8.2.2), 由方程 (8.5.5), 对 s, z 得到以下新方程

$$\frac{ds}{dt} = \frac{u(s)F(s, z) + v(s)G(s, z) + \mu(u(s)P(s, z, t) + v(s)Q(s, z, t))}{\sqrt{F(s, 0)^2 + G(s, 0)^2} + z(u(s)v'(s) - v(s)u'(s))},$$

$$\frac{dz}{dt} = v(s)F(s, z) - u(s)G(s, z) + \mu(v(s)P(s, z, t) - u(s)Q(s, z, t)).$$

兹重记这些方程为

$$\frac{ds}{dt} = 1 + zw_1(s, z, t) + \frac{\mu(u(s)P(s, z, t) + v(s)Q(s, z, t))}{\sqrt{F(s, 0)^2 + G(s, 0)^2}},$$

$$\frac{dz}{dt} = E(s)z + z^2 w_2(s, z) + \mu(v(s)P(s, z, t) - u(s)Q(s, z, t)), \tag{8.5.6}$$

其中

$$E(s) = v^2(s)(-\alpha + \partial_x f(a(s), b(s))) + u^2(s)(\beta + \partial_y g(a(s), b(s))),$$
$$- u(s)v(s)(\partial_y f(a(s), b(s)) + \partial_x g(a(s), b(s))).$$

以下设 $K_0(\varepsilon)$ 是一个不依赖于 μ 的给定常数并将方程 (8.5.6) 看作定义在

$$\{s \in [-2L^-, 2L^+],\ t \in \mathbf{R}, |z| < K_0(\varepsilon)\mu\}.$$

$w_1(s, z, t)$ 与 $w_2(s, z)$ 关于 s, z 的 C^N-范数以及 $w_1(s, z, t)$ 关于 t 的 C^0-范数是有界的, 由常数 $K(\varepsilon)$ 界定.

最后, 对变量 z 作尺度变换

$$Z = \mu^{-1}z. \tag{8.5.7}$$

我们得到以下方程

$$\frac{ds}{dt} = 1 + \mu\tilde{w}_1(s, Z, t),$$
$$\frac{dZ}{dt} = E(s)Z + \mu\tilde{w}_2(s, Z, t) + (v(s)P(s, 0, t) - u(s)Q(s, 0, t)), \tag{8.5.8}$$

其中 (s, Z, t) 定义在

$$\mathbf{D} = \{(s, Z, t):\ s \in [-2L^-, 2L^+],\ |Z| \leqslant K_0(\varepsilon),\ t \in \mathbf{R}\}.$$

这里设 μ 充分小使得

$$\mu \ll \min_{s \in [-2L^-, 2L^+]} (F(s, 0)^2 + G(s, 0)^2).$$

同样, $w_1(s, z, t)$ 与 $w_2(s, z)$ 关于 s, z 的 C^N-范数以及 $w_1(s, z, t)$ 关于 t 的 C^0-范数是一致有界的, 由在 $\mathbf{D}$ 中的常数 $K(\varepsilon)$ 界定. 方程 (8.5.8) 正是我们所要的. 注意

$$P(s, 0, t) = P(a(s), b(s), t), \quad Q(s, 0, t) = Q(a(s), b(s), t).$$

8.5.3　Poincaré 截面 $\Sigma^\pm$

我们在 $\mathcal{B}_\varepsilon \cap \mathbf{D}$ 内定义 $\Sigma^\pm$ 为

$$\Sigma^- = \{(X, Y, t):\ Y = \varepsilon,\ |X| < \mu,\ t \in \mathbb{R}\}$$

与

$$\Sigma^+ = \{(X, Y, t):\ X = \varepsilon,\ |Y| < K_1(\varepsilon)\mu,\ t \in \mathbb{R}\}.$$

$K_1(\varepsilon)$ 将在需要时精确地定义.

设 $q \in \Sigma^+$ 与 Σ^-. 我们也可以用 (s, Z, t)-坐标表示 q, 但对 $\Sigma^\pm$ 定义的方程关于 q 不是直接的. 为计算返回映射, 首先需要做技术上自然的两件事. 第一, 对 (s, Z, t), 我们要导出在 $\Sigma^\pm$ 上定义的方程. 第二, 我们需要在 $\Sigma^\pm$ 上作可能的坐标改变, 从 (X, Y, t) 到 (s, Z, t) 或反过来.

下面先做记号的准备.

记号 对于返回映射所期待的公式, 将不可避免地包含明显的与不明显的项. 不明显的项通常是 "误差" 项, 并且导出的公式的有用性将完全取决于怎样很好地控制误差项. 我们的目标是对所有关于相变量的误差项作 C^r-控制, 关于时间 t 作 C^0-控制. 返回映射的导数包含映射的复合与多重坐标改变. 为简化我们的叙述, 要用专门的术语指出控制的大小. 对给定的常数, 记 $\mathcal{O}(1), \mathcal{O}(\varepsilon)$ 或 $\mathcal{O}(\mu)$ 以便指出常数的大小是由 $K, K\varepsilon$ 或 $K(\varepsilon)\mu$ 分别界定的. 对在一个特殊区域中的变量集合 V 的函数, 记 $\mathcal{O}_V(1), \mathcal{O}_V(\varepsilon)$ 或 $\mathcal{O}_V(\mu)$ 以便指出关于在 V 中的相变量在特殊区域中函数的 C^r-范数, 以及关于 t 的 C^0-范数 (若 t 在 V 中) 是由 $K, K\varepsilon$ 或 $K(\varepsilon)\mu$ 分别界定的. 我们选择指明所用的区域明显地包含在记号中. 例如, $\mathcal{O}_{Z,t}(\mu)$ 表示一个关于 Z, t 的函数, 它的关于 Z 的 C^r-范数以及关于 t 的 C^0-范数是被 $K(\varepsilon)\mu$ 界定的.

下面设

$$\mathbb{X} = \mu^{-1} X, \qquad \mathbb{Y} = \mu^{-1} Y.$$

命题 8.5.2 在 $\Sigma^\pm$ 上的坐标变换如下:

(a) 在 Σ^+ 上, (i) $s = L^+ + \mathcal{O}_{Z,t}(\mu)$, (ii) $\mathbb{Y} = (1 + \mathcal{O}(\varepsilon))Z + \mathcal{O}_t(1) + \mathcal{O}_{Z,t}(\mu)$.

(b) 在 Σ^- 上, (i) $s = -L^- + \mathcal{O}_{Z,t}(\mu)$, (ii) $Z = (1 + \mathcal{O}(\varepsilon))\mathbb{X} + \mathcal{O}_t(1) + \mathcal{O}_{\mathbb{X},t}(\mu)$.

命题 8.5.2 的证明在附录 B 中给出.

8.5.4 映射 $\mathcal{M} : \Sigma^- \to \Sigma^+$

记

$$\mathcal{W}_L(t) = \int_{-L^-}^{L^+} (v(s)P(a(s), b(s), s+t) - u(s)Q(a(s), b(s), s+t))e^{-\int_0^s E(\tau)d\tau} ds.$$

$$(8.5.9)$$

并记

$$P_L = e^{\int_{-L^-}^{L^+} E(s)ds}, \qquad P_L^+ = e^{\int_0^{L^+} E(s)ds}. \tag{8.5.10}$$

注意, P_L 的积分限是从 $s = -L^-$ 到 $s = L^+$, 而 P_L^+ 的积分限是从 $s = 0$ 开始的. 首先有如下引理.

引理 8.5.1

$$P_L \sim \varepsilon^{\frac{\alpha}{\beta} - \frac{\beta}{\alpha}} \ll 1, \qquad P_L^+ \sim \varepsilon^{-\frac{\beta}{\alpha}} \gg 1.$$

证　根据 $L^\pm$ 的定义, 有

$$\varepsilon \sim e^{-\alpha L^+} \sim e^{-\beta L^-}.$$

又

$$P_L \sim e^{\beta L^+ - \alpha L^-}, \qquad P_L^+ \sim e^{\beta L^+}.$$

引理 8.5.1的结论直接从这些估计得到.　　　　　　　　　　　　　　　□

对于 $q = (s^-, Z, t_0) \in \Sigma^-$, s^- 的值是由 (Z, t_0) 通过命题 8.5.2(b)(i) 唯一确定的. 故对 q 我们能用 (Z, t_0). 设 $(s(t), Z(t))$ 是方程 (8.5.8) 在 $t = t_0$ 取初值 (s^-, Z) 的解, 并且 $\hat{t}$ 是 $(s(\hat{t}), Z(\hat{t}))$ 碰到 Σ^+ 的时间. 以下记

$$s^+ = s(\hat{t}), \quad \hat{Z} = Z(\hat{t}).$$

命题 8.5.3　记 $(\hat{Z}, \hat{t}) = \mathcal{M}(Z, t_0)$. 我们有

$$\begin{aligned}
\hat{Z} &= P_L^+ \mathcal{W}_L(t_0 + L^-) + P_L Z + \mathcal{O}_{Z,t_0}(\mu),\\
\hat{t} &= t_0 + L^+ + L^- + \mathcal{O}_{Z,t_0}(\mu).
\end{aligned} \tag{8.5.11}$$

证　兹记定义于 $\mathbf{D}$ 上的方程 (8.5.8) 为

$$\begin{aligned}
\frac{dZ}{ds} &= E(s)Z + (v(s)P(a(s), b(s), \theta_t\omega) - u(s)Q(a(s), b(s), \theta_t\omega)) + \mathcal{O}_{s,Z,t}(\mu),\\
\frac{dt}{ds} &= 1 + \mathcal{O}_{s,Z,t}(\mu),
\end{aligned} \tag{8.5.12}$$

其中

$$\mathbf{D} = \{(s, Z, t) : s \in [-2L^-, 2L^+], \ |Z| < K_1(\varepsilon), \ t \in \mathbb{R}\}.$$

由 (8.5.12) 的第二个方程得

$$t = t_0 + s - s^- + \int_{s^-}^s \mathcal{O}_{s,Z,t}(\mu)ds,$$

这就得到关于 $\hat{t}$ 的结论. 代入 (8.5.12) 的第一个方程得

$$\begin{aligned}
\frac{dZ}{ds} = E(s)Z + &\left\{ v(s)P\left(a(s), b(s), t_0 + s - s^- + \int_{s^-}^s \mathcal{O}_{s,Z,t}(\mu)ds\right)\right.\\
&\left. -u(s)Q\left(a(s), b(s), t_0 + s - s^- + \int_{s^-}^s \mathcal{O}_{s,Z,t}(\mu)ds\right)\right\} + \mathcal{O}_{s,Z,t_0}(\mu),
\end{aligned}$$

由此可知

$$\hat{Z} = P_L(Z + \Phi_L(t_0)) + \mathcal{O}_{Z,t_0}(\mu),$$

其中 P_L 在 (8.5.10) 定义并且

$$
\begin{aligned}
\Phi_L(t) = \int_{s^-}^{s(\hat{t})} &\left\{ v(s)P\left(a(s), b(s), t+s-s^- + \int_{s^-}^{s} \mathcal{O}_{s,Z,t}(\mu)ds\right) \right. \\
&\left. -u(s)Q\left(a(s), b(s), t+s-s^- + \int_{s^-}^{s} \mathcal{O}_{s,Z,t}(\mu)ds\right) \right\} \cdot e^{-\int_{s^-}^{s} E(\tau)d\tau} ds.
\end{aligned}
$$

$$(8.5.13)$$

要谨慎的是, 由于 $P(x,y,t), Q(x,y,t)$ 关于 t 只是连续的, 在这里需要在关于 t 的讨论中论证允许我们删除 $\mathcal{O}(\mu)$ 项及所得误差项是 $\mathcal{O}(\mu)$ 的原因. 为此设

$$
T = t + s - s^- + \int_{s^-}^{s} \mathcal{O}_{s,Z,t}(\mu)ds,
$$

并记积分为

$$
\begin{aligned}
\Phi_L(t) = \int_{t}^{t+L^++L^-} &\left\{ v(T-t-L^-)P\left(a(T-t-L^-), b(T-t-L^-), T\right) \right. \\
&\left. -u(T-t-L^-)Q\left(a(T-t-L^-), b(T-t-L^-), T\right) \right\} \\
&\cdot e^{-\int_{-L^-}^{T-t-L^-} E(\tau)d\tau} dT + \mathcal{O}_{Z,t}(\mu).
\end{aligned}
$$

这里我们应用了 P, Q 关于 (x,y) 是 C^N 的事实, 在 (x,y) 论述过程从积分中排除了 $\mathcal{O}(\mu)$ 项. 现设

$$
s = T - t - L^-,
$$

将这个积分记为

$$
\begin{aligned}
\Phi_L(t) = \int_{-L^-}^{L^+} &\left\{ v(s)P\left(a(s), b(s), s+t+L^-\right) \right. \\
&\left. -u(s)Q\left(a(s), b(s), s+t+L^-\right) \right\} \cdot e^{-\int_{-L^-}^{s} E(\tau)d\tau} ds + \mathcal{O}_{Z,t}(\mu).
\end{aligned}
$$

再由命题 8.5.2, 用 $-L^-$ 代替 s^- 并用 L^+ 代替 $s(\hat{t})$. 注意到

$$
P_L\Phi_L(t) = P_L^+ \cdot \mathcal{W}_L(t+L^-) + \mathcal{O}_{Z,t}(\mu).
$$

这就证明了命题中第一行关于 $\hat{Z}$ 的结论.

  记

$$
K_1(\varepsilon) = \max_{t \in \mathbb{R}, \, s \in [-2L^-, 2L^+]} P_s(2 + |\Phi_s(t)|), \tag{8.5.14}
$$

其中 P_s 与 Φ_s 是通过对 P_L 与 Φ_L 作代换 L^+ 与 s 而得到的. $K_1(\varepsilon)$ 是用于 $\mathbf{D}$ 与 Σ^+ 的. 在碰到 Σ^+ 之前, (8.5.12) 的初值在 Σ^- 的解保持在 $\mathbf{D}$ 内.   □

8.5.5　返回映射 $\mathcal{R}$

首先计算 $\mathcal{N} : \Sigma^+ \to \Sigma^-$. 对 $(\mathbb{X}, \mathbb{Y}, t) \in \Sigma^+$ 我们有 $\mathbb{X} = \varepsilon \mu^{-1}$. 类似地, 对 $(\mathbb{X}, \mathbb{Y}, t) \in \Sigma^-$ 有 $\mathbb{Y} = \varepsilon \mu^{-1}$. 用 $(\mathbb{Y}, t)$ 表示在 Σ^+ 上的点, 并用 $(\mathbb{X}, t)$ 表示在 Σ^- 上的点. 对 $(\mathbb{Y}, t) \in \Sigma^+$, 令

$$(\tilde{\mathbb{X}}, \tilde{t}) = \mathcal{N}(\mathbb{Y}, t).$$

命题 8.5.4　对于 $(\mathbb{Y}, t) \in \Sigma^+$, 有

$$\tilde{\mathbb{X}} = (\mu \varepsilon^{-1})^{\frac{\alpha}{\beta}-1} \mathbb{Y}^{\frac{\alpha}{\beta}},$$
$$\tilde{t} = t + \frac{1}{\beta} \ln(\varepsilon \mu^{-1}) - \frac{1}{\beta} \ln \mathbb{Y}. \tag{8.5.15}$$

证　记 T 为命题 8.5.1 中线性方程的解从 $(\varepsilon, Y, t) \in \Sigma^+$ 到达 $(\tilde{X}, \varepsilon, \tilde{t}) \in \Sigma^-$ 所需时间. 我们有

$$\tilde{X} = \varepsilon e^{-\alpha T}, \quad \varepsilon = Y e^{\beta T}, \quad \tilde{t} = t + T.$$

由此可知 (8.5.15) 正确.　　　　　　　　　　　　　　　　　　　　　□

现已准备好计算返回映射 $\mathcal{R} = \mathcal{N} \circ \mathcal{M} : \Sigma^- \to \Sigma^-$ 了. 用 $(\mathbb{X}, t)$ 表示在 Σ^- 中的点, 并记 $(\tilde{\mathbb{X}}, \tilde{t}) = \mathcal{R}(\mathbb{X}, t)$.

命题 8.5.5　映射 $\mathcal{R} = \mathcal{N} \circ \mathcal{M} : \Sigma^- \to \Sigma^-$ 由下式确定

$$\tilde{\mathbb{X}} = (\mu \varepsilon^{-1})^{\frac{\alpha}{\beta}-1} [(1 + \mathcal{O}(\varepsilon)) P_L^+ \mathbb{F}(\mathbb{X}, t)]^{\frac{\alpha}{\beta}},$$
$$\tilde{t} = t + (L^+ + L^-) + \frac{1}{\beta} \ln \mu^{-1} \varepsilon (1 + \mathcal{O}(\varepsilon)) P_L^+ + \mathcal{O}_{\mathbb{X},t}(\mu) - \frac{1}{\beta} \ln \mathbb{F}(\mathbb{X}, t), \tag{8.5.16}$$

其中

$$\mathbb{F}(\mathbb{X}, t) = \mathcal{W}_L(t + L^-) + P_L(P_L^+)^{-1}(1 + \mathcal{O}(\varepsilon)) \mathbb{X} + (P_L^+)^{-1}(1 + P_L) \mathcal{O}_t(1) + \mathcal{O}_{\mathbb{X},t}(\mu), \tag{8.5.17}$$

并且 $\mathcal{W}_L(t)$ 和 P_L, P_L^+ 与在 (8.5.9) 及 (8.5.10) 中相同.

证　由命题 8.5.4 与命题 8.5.2(b)(ii) 得

$$\hat{Z} = P_L(1 + \mathcal{O}(\varepsilon)) \mathbb{X} + P_L^+ \mathcal{W}_L(t + L^-) + P_L \mathcal{O}_t(1) + \mathcal{O}_{\mathbb{X},t}(\mu),$$
$$\hat{t} = t + (L^+ + L^-) + \mathcal{O}_{\mathbb{X},t}(\mu).$$

设 $\hat{\mathbb{Y}}$ 是关于 $(\hat{Z}, \hat{t})$ 的 $\mathbb{Y}$-坐标, 由命题 8.5.2(a)(ii),

$$\hat{\mathbb{Y}} = (1 + \mathcal{O}(\varepsilon)) P_L^+ \mathbb{F}(\mathbb{X}, t), \tag{8.5.18}$$

其中 $\mathbb{F}(\mathbb{X}, t)$ 由 (8.5.17) 定义. 于是, 由 (8.5.15) 可得 (8.5.16).　　　□

8.6 相关定理证明

在 8.5 节我们计算了 Poincaré 返回映射 $\mathcal{R} : \Sigma^- \to \Sigma^-$ 并在命题 8.5.5 中明显地导出了其余项. 证明定理 8.2.1—定理 8.2.5 的唯一基础是该命题导出的返回映射的形式. 在着手证明这些定理之前, 我们希望让返回映射的出现更加清晰. 设 $(t, \mathbb{X}) \in \Sigma^-$, $(t_1, \mathbb{X}_1) = \mathcal{R}(t, \mathbb{X})$. 由命题 8.5.5 得

$$t_1 = t + \boldsymbol{a} - \frac{1}{\beta} \ln \mathbb{F}(t, \mathbb{X}, \mu) + \mathcal{O}_{\mathbb{X},t}(\mu),$$
$$\mathbb{X}_1 = \boldsymbol{b}[\mathbb{F}(t, \mathbb{X}, \mu)]^{\frac{\alpha}{\beta}}, \tag{8.6.1}$$

其中

$$\boldsymbol{a} = \frac{1}{\beta} \ln \mu^{-1} + (L^+ + L^-) + \frac{1}{\beta} \ln(\varepsilon(1 + \mathcal{O}(\varepsilon))P_L^+),$$
$$\boldsymbol{b} = (\mu \varepsilon^{-1})^{\frac{\alpha}{\beta} - 1}[(1 + \mathcal{O}(\varepsilon))P_L^+]^{\frac{\alpha}{\beta}}, \tag{8.6.2}$$

并且

$$\mathbb{F}(t, \mathbb{X}, \mu) = \mathcal{W}(t) + \boldsymbol{k}\mathbb{X} + \mathbb{E}(t, \mu) + \mathcal{O}_{t, \mathbb{x}}(\mu), \tag{8.6.3}$$

这里 $\mathcal{W}(t)$ 在 (8.2.4) 中定义,

$$\boldsymbol{k} = P_L(P_L^+)^{-1}(1 + \mathcal{O}(\varepsilon)), \tag{8.6.4}$$

以及

$$\mathbb{E}(t, \mu) = (P_L^+)^{-1}(1 + P_L)\mathcal{O}_t(1) + \mathcal{W}_L(t) - \mathcal{W}(t). \tag{8.6.5}$$

注意, 在 (8.6.3) 与 (8.6.5) 中, 我们用 $\mathcal{W}(t)$ 而不是 $\mathcal{W}(t + L^-)$. 只要作简单的变量代换由 $t \to t - L^-$ 即可实现, 不受影响. 我们有

(i) $\boldsymbol{a} \approx \frac{1}{\beta} \ln \mu^{-1}$. 当 $\mu \to 0$, $\boldsymbol{a} \to +\infty$ 时.

(ii) $\boldsymbol{b} \sim \mu^{\frac{\alpha}{\beta} - 1}$. 由 $(H)(\mathrm{ii})$, 当 $\mu \to 0$, $\boldsymbol{b} \to 0$.

(iii) $\boldsymbol{k} \sim \varepsilon^{\frac{\alpha}{\beta}}$.

(iv) $\mathbb{E}(t, \mu) \sim \varepsilon^{\frac{\beta}{\alpha}} \mathcal{O}_t(1)$.

我们可想象 $\mathcal{R}$ 作为一个二维映射族, 是以下一维映射的开折

$$f(t) = t + \boldsymbol{a} - \frac{1}{\beta} \ln(\mathcal{W}(t) + \mathbb{E}(t, 0)). \tag{8.6.6}$$

由于 $\boldsymbol{k} \gg \mu$, $\mathbb{F}(t, \mathbb{X}, \mu)$ 关于 $\mathbb{X}$ 的一阶导数近似于 $\boldsymbol{k}$ 并且在 $\mathbb{X}$-方向, 从 $f(t)$ 到 $\mathcal{R}$ 的开折主要由 $\boldsymbol{k}\mathbb{X}$ 的线性项确定. 注意当 ε 充分小时, $\mathbb{E}(t, \mu)$ 是对 $\mathcal{W}(t)$ 的一个 C^r-小扰动.

今后我们也记 $\mathbb{F}(t, \mathbb{X}, \mu)$ 作为 $\mathbb{F}(t, \mathbb{X})$, 记 $\mathbb{E}(t, \mu)$ 作为 $\mathbb{E}(t)$.

8.6.1　定理 8.2.1 的证明

(a) 设 $m < 0 < M$. 取充分小的 ε 使得

$$\sup_{t\in\mathbf{R}} |\mathbb{E}(t,\mu)| \ll \min\{|m|,\, M\}.$$

这意味着存在 t 的值使得

$$\mathbb{F}(t,0,\mu) = \mathcal{W}(t) + \mathbb{E}(t,\mu) + \mathcal{O}_t(\mu) = 0, \tag{8.6.7}$$

其中 $\mathbb{F}(t,\mathbb{X},\mu)$ 由 (8.6.3) 定义. 注意到 $(X,Y) = (0,0)$ 的局部不稳定流形由 $\mathbb{X} = 0$ 定义, 局部稳定流形由 $\mathbb{Y} = 0$ 定义. 记 $(\hat{t}(t,\mathbb{X}), \hat{\mathbb{Y}}(t,\mathbb{X})) = \mathcal{M}(t,\mathbb{X})$. 对满足 (8.6.7) 的 t, 有

$$\hat{\mathbb{Y}}(t,0) = 0.$$

这就证明了 $W^u \cap W^s \neq \varnothing$.

(b) 设 $m > 0$. 再次取充分小的 ε 使得

$$\sup_{t\in\mathbf{R}} |\mathbb{E}(t)| \ll m.$$

记

$$\Sigma^- = \{(t,\mathbb{X}) : t \in \mathbf{R}, \quad \mathbb{X} \in [0,1]\}.$$

于是对任何给定的 $(t,0) \in \Sigma^-$, $\mathcal{R}^n(t,0)$ 的 $\mathbb{Y}$-坐标关于所有的 $n \geqslant 1$ 是正的, 这里 $\mathcal{R}$ 由 (8.6.1) 确定. 这就排除了这样的轨道是 W^s 的一部分的可能性.

(c) 如果 $M < 0$, 则在 Σ^- 上从线 $\mathbb{X} = 0$ 出发的所有解将以负的 $\mathbb{Y}$-坐标值达到 Σ^+. 这些解将到达 $\mathbb{Y} = -\varepsilon$, 然后离开 $\mathcal{U}_\varepsilon$. 这些解连同由 $\mathbb{Y} = -\varepsilon$ 与 $\mathbb{X} = 0$ 定义的曲面形成在延展相空间中的一个二维曲面, 这阻止了这些解将来与 W^s 相交.

$\square$

8.6.2　定理 8.2.2 的证明

设 ε 充分小使得

$$\sup_{t\in\mathbf{R}} |\mathbb{E}(t,\mu)| \ll \min\{|m^\pm|,\, M^\pm\}.$$

设 $\{a_k\}_{k=-\infty}^{+\infty}$ 是一个单调的双边无穷序列. 当 $k \to \pm\infty$ 时, $a_k \to \pm\infty$ 使得 $\lim\limits_{k\to\pm\infty} \mathcal{W}(a_k) = M^\pm$. 类似地, 设 $\{b_k\}_{k=-\infty}^{\infty}$, 当 $k \to \pm\infty$ 时, $b_k \to \pm\infty$ 使得 $\lim\limits_{k\to\pm\infty} \mathcal{W}(b_k) = m^\pm$. 不失一般性, 设对所有 $k \geqslant 0$,

$$\mathcal{W}(a_k) > \frac{99}{100}M^+, \quad \mathcal{W}(b_k) < \frac{99}{100}m^+.$$

并且对所有的 $k < 0$,

$$\mathcal{W}(a_k) > \frac{99}{100}M^-, \quad \mathcal{W}(b_k) < \frac{99}{100}m^-.$$

再设对所有的 $k \in \mathbf{Z}$,

$$b_{k-1} < a_k < b_k.$$

兹记 $\Sigma^- = \{(t, \mathbb{X}) : 0 \leqslant \mathbb{X} \leqslant 1\}$ 以及

$$D_k = \{(t, \mathbb{X}) \in \Sigma^-, a_k \leqslant t \leqslant b_k\}.$$

首先我们证明在 D_k 内存在一条不自身相交的曲线 ξ_k, 连接 $\mathbb{X} = 0$ 与 $\mathbb{X} = 1$ 并满足

$$\mathbb{F}(t, \mathbb{X}) = 0.$$

该结论成立, 因为

(a) 在 D_k 内满足 $\mathbb{F} = 0$ 的点集是 D_k 与在 Σ^+ 内稳定流形 $\mathbb{Y} = 0$ 的 $\mathcal{M}$ 前像之交集, 因此由至多有限多的不自交的连续曲线组成.

(b) 这些曲线段的终点仅可能在 $\mathbb{X} = 0$ 或 $\mathbb{X} = 1$, 因为对 $0 \leqslant \mathbb{X} \leqslant 1$, $\mathbb{F}(a_k, \mathbb{X}) > 0, \mathbb{F}(b_k, \mathbb{X}) < 0$.

(c) 如果不存在连接 $\mathbb{X} = 1$ 与 $\mathbb{X} = 0$ 的连续线段, 则在 D_k 中可找到连接 $t = a_k$ 与 $t = b_k$ 的连续道路, 在其上 $\mathbb{F} \neq 0$, 但这是不可能的, 因为 $\mathbb{F}$ 之值在该道路的端点有相反的符号.

我们继续证明, 像上述一样, 必存在一个 ξ_k 使得 $\mathbb{F}$ 在 ξ_k 两侧有相反的符号. 这由于若对于上节构造的 ξ_k 假设 $\mathbb{F}$ 在两侧同号, 则它可被用于作为一个竖直边界连同 $t_k = a_k$ 或 $t_k = b_k$ 以定义一个新的 D_k. 于是一个新的 ξ_k 被构造了. 这个过程必然结束.

我们定义 V_k 作为用 ξ_k 作边界的竖直条并将 ξ_k 稍稍移位到 $\mathbb{F}$ 的正侧. 于是, 竖直条 $\{V_k\}_{k=-\infty}^{+\infty}$ 可作为定义 8.2.1 中的竖直条双边无穷序列. 对于定义 8.2.1 的实现, 观察可见, 对所有的 k 有关系

$$t_1(\xi_k) = +\infty$$

就足够了. □

8.6.3 定理 8.2.3 与定理 8.2.4 的证明

首先证明定理 8.2.3. 在条件 $m^+ < 0 < M^+$ 下, 兹设在定理 8.2.2 证明中同样的序列 $a_k, b_k \to +\infty$, 但仅取 $k > 0$. 竖直条 V_k 的定义也和定理 8.2.2 证明中

相同但 $k > 0$. 为构造在定义 8.2.2 中对 $k < 0$ 的 V_k, 我们先归纳地定义两个单调递减序列 $b_k, a_k \to -\infty$, 当 $k \to -\infty$ 时归纳地使得

$$b_{k-1} < a_k < b_k.$$

并设

$$t_1(b_{k-1}, 0) > b_k, \quad t_1(a_{k-1}, 0) < a_k.$$

注意, 我们开始可设 b_0 充分负, 使得对所有的 $t \in (-\infty, b_0)$, $0 \leqslant \mathbb{X} \leqslant 1$,

$$\mathbb{F}(t, \mathbb{X}) > 0,$$

并且我们让 μ 足够小, 从而使在 $\mathcal{R}$ 作用下, $t = b_0$ 的像位于 V_1 的右边. 接着取 a_0 比 b_0 充分负, 使得 $t = a_0$ 的像在 V_1 的左边. 最后, 对 $k < 0$, 令

$$V_k = \{(t, \mathbb{X}) \in \Sigma^-, a_k < t < b_k\}.$$

现在竖直条 $\{V_k\}_{k=-\infty}^{+\infty}$ 可作为定义 8.2.2 中的竖直条的双边无穷序列.

为证定理 8.2.4 我们用定理 8.2.2 的证明中所构造的同样的 V_k, 但 $k < 0$. 兹取 $V_0 = \{t, \mathbb{X} \in \Sigma^-, t > a_0\}$, 其中 a_0 使得在 V_0 中 $\mathbb{F}(t, \mathbb{X}) > 0$. 　□

8.6.4　定理 8.2.5 的证明

再次, 设 ε 充分小使得

$$\sup_{t \in \mathbf{R}} |\mathbb{E}(t)| \ll \min\{m^{\pm}, M\}.$$

设 $\{a_n\}_{n \geqslant 0}, \{b_n\}_{n \geqslant 0}, a_n, b_n \to +\infty$ 是单调序列使得

$$\lim_{n \to +\infty} \mathcal{W}(a_n) = M^+, \quad \lim_{n \to +\infty} \mathcal{W}(b_n) = m^+.$$

不失一般性, 可设对所有的 $n > 0$

$$b_n < a_n < b_{n+1},$$

进而对某个固定的 $L^+ > 0$, $a_{n+1} - a_n$, $b_{n+1} - b_n < L^+$ 因为有假设 m^+ 与 M^+ 都是由 L^+-序列稠密逼近的. 记

$$\tilde{M} = \max\left\{M^+ - \frac{1}{10}(M^+ - m^+), \; \frac{99}{100}M^+\right\}$$

与

$$\tilde{m} = \min\left\{m^+ + \frac{1}{10}(M^+ - m^+), \; \frac{101}{100}m^+\right\}.$$

我们还可设对所有的 $n \geqslant 0$

$$\mathcal{W}(a_n) > \tilde{M}, \quad \mathcal{W}(b_n) < \tilde{m}.$$

为对 $n > 0$ 构造 V_n, 首先记

$$D_n = \{(t, \mathbb{X}) \in \Sigma^-, b_n < t < a_n\},$$

并确认在 D_n 中存在一条不自交的连续曲线 ξ_n, 连接 $\mathbb{X} = 0$ 与 $\mathbb{X} = 1$, 使得在 ξ_k

$$\mathbb{F}(t, \mathbb{X}) = \frac{3}{2}\tilde{m}. \tag{8.6.8}$$

为证明上述事实正确, 我们沿用证明定理 8.2.2 的同样论述, 再次用下述事实: (8.6.8) 的解是在 Σ^+ 中水平曲线 $\mathbb{Y} = (1 + \mathcal{O}(\varepsilon))P_L^+\tilde{m}$ 的 $\mathcal{M}$ 前像. 记由 ξ_n 与 $t = a_n$ 定义的竖直条为 V_n.

对定义 8.2.2(i), 我们有: 当 $n < 0$ 时,

$$t_1(\xi_n, \delta) - t_1(a_n, \delta) > 2kL^+,$$

其中 (ξ_n, δ) 是在 ξ_n 中的点. 由 (8.6.1) 得

$$t_1(\xi_n, \delta) - t_1(a_n, \delta) = \xi_n - a_n + \beta^{-1}\left(\ln\tilde{M} - \ln\frac{3}{2}\tilde{m}\right) + \mathcal{O}(\mu).$$

这足以证明

$$\frac{\tilde{M}}{\tilde{m}} > \frac{3}{2}e^{3k\beta L^+}.$$

由于 $\tilde{M} > \frac{99}{100}M^+, \tilde{m} < \frac{101}{100}m^+$, 从而

$$M^+ > 2m^- e^{3\beta kL^+}.$$

对 $n \leqslant 0$, 竖直条 V_n 的构造与定理 8.2.3的证明相同. 再次让 μ 充分小, 我们可让 $\boldsymbol{a}$ 在 (8.6.1) 足够大使得 $\mathcal{R}(V_0)$ 水平地穿过某个 V_n, $n > 0$. $\quad\square$

附录　命题 8.5.1 和命题 8.5.2 的证明

1. 命题 8.5.1 的证明

在本附录中, 对在平衡点邻域非自治微分方程的光滑线性化, 我们介绍一些结果. 考虑 $\mathbb{R}^d$ 中的非自治微分方程

$$\frac{dx}{dt} = Ax + f(x, t, \mu), \tag{8.7.1}$$

其中 A 是一个 $d \times d$ 实矩阵, f 是 x 的高阶非线性函数, μ 是参数.

关于矩阵 A 假设如下.

假设 (A)　A 是双曲的, 即 A 无特征值在虚轴上.

该条件意味着存在相空间的不变分解 $\mathbb{R}^d = E_u \oplus E_s$ 及与之相伴的投影 Π_u 与 Π_s, 正常数 α, β, 和 K 使得

$$\|e^{At}\Pi_s\| \leqslant K e^{-\beta t}, \quad t \geqslant 0,$$
$$\|e^{At}\Pi_u\| \leqslant K e^{\beta t}, \quad t \leqslant 0, \qquad (8.7.2)$$
$$\|e^{At}\| \leqslant K e^{\alpha|t|}, \qquad t \in \mathbb{R}.$$

对非线性项 $f(t, x, \mu)$ 作如下假设.

假设 (B)　存在 $\mathbf{R}^d$ 中原点 0 的一个开邻域 U 与 $\mu_0 > 0$ 使得

(i) $f: U \times \mathbf{R} \times [-\mu_0, \mu_0] \to \mathbf{R}^d$ 关于 x 是 C^N 的, $N \geqslant 2$ 是某个整数, 并且关于 (t, μ) 连续, 有一致有界的导数

$$\sup_{(x,t,\mu) \in U \times \mathbf{R} \times [-\mu_0, \mu_0]} \|D_x^k f(x, t, \mu)\| \leqslant K_1,$$

其中 K_1 是一个正常数;

(ii) $f(0, t, \mu) = 0$ 与 $D_x f(0, t, \mu) = 0$.

为了构造变换到 (8.7.1) 的线性化方程, 我们用标准的磨光函数来修正 $f(t, x, \mu)$ 的非线性.

设 $\sigma(s)$ 是从 $(-\infty, \infty)$ 到 $[0, 1]$ 的 C^∞ 函数, 满足

$$\sigma(s) = 1, \quad |s| \leqslant 1, \quad \sigma(s) = 0, \quad |s| \geqslant 2,$$
$$\sup_{s \in \mathbf{R}} |\sigma'(s)| \leqslant 2.$$

设 ρ 是一个正常数, 使得球 $B(0, \rho) \subset U$. 兹考虑 $f(t, x, \mu)$ 的修正. 设

$$\tilde{f}(x, t, \mu) = \sigma_\rho(|x|) f(x, t, \mu), \quad \text{其中} \quad \sigma_\rho(|x|) = \sigma\left(\frac{|x|}{\rho}\right).$$

作初等计算可得:

(i) $\tilde{f}(x, t, \mu) = f(x, t, \mu)$, $|x| \leqslant \rho$;

(ii) 存在一个正常数, 使得

$$\|D_x \tilde{f}(x, t, \mu)\| \leqslant 10 K_1 \rho, \qquad \text{对所有的} (x, t, \mu) \in \mathbf{R}^d \times \mathbf{R} \times [-\mu_0, \mu_0],$$
$$\sup_{(x,t,\mu) \in \mathbf{R}^d \times \mathbf{R} \times [-\mu_0, \mu_0]} \|D_x^k \tilde{f}(x, t, \mu)\| \leqslant \tilde{K}_2, \quad 2 \leqslant k \leqslant N.$$

设 $x(t, x_0, \omega_1, \mu)$ 是下述方程的解

$$\frac{dx}{dt} - Ax + \tilde{f}(x, t + \omega_1, \mu), \quad x(0) = x_0.$$

显然, 对所有的 $t \in \mathbf{R}$, $\omega_1 \in \mathbf{R}$, $x_0 \in \mathbb{R}^d$, $\mu \in [-\mu_0, \mu_0]$, $x(t, x_0, \omega_1, \mu)$ 存在并满足

$$x(t, x_0, \omega_1, \mu) = e^{At}x_0 + \int_0^t e^{A(t-s)} f(x(s, x_0, \omega_1, \mu), s + \omega_1, \mu)ds.$$

注意, $x(t, x_0, \omega_1, \mu)$ 构成一个非自治动力系统. 它本身连同度量动力系统 $\theta^t\omega = (t + \omega_1, \omega_2)$ 形成一个余环 (cocycle), 这里用 ω_2 表示 μ. 我们首先考虑对应的时间离散的非自治动力系统 $\phi(n, \omega, x) = x(n, x, \omega_1, \mu)$. 其时间 1 映射为

$$\varphi(\omega, x) := \Phi x + F(\omega, x),$$

其中 $\Phi = e^A$ 与 $F(\omega, x) = \int_0^1 e^{A(1-s)} f(x(s, \omega_1, x_0, \mu), s + \omega_1, \mu)ds$. 注意对某个正常数 K_3,

$$F(\omega, 0) = 0, \quad D_x F(\omega, 0) = 0,$$
$$\sup_{(\omega, x) \in (\mathbf{R} \times [-\mu_0, \mu_0]) \times \mathbf{R}^d} ||D_x^k F(\omega, x)|| \leqslant \tilde{K}_3, \quad 2 \leqslant k \leqslant N. \tag{8.7.3}$$

兹选择 $\rho > 0$ 使得

$$\rho \leqslant \min\left\{\frac{\beta}{60K^2 K_3}, \quad \frac{1}{20Ke^\alpha K_3}\right\}. \tag{8.7.4}$$

这意味着 $\psi(\omega)x := \Phi x + F(\omega, x)$ 是在 $\mathbf{R}^d$ 上的 C^N 微分同胚. $\psi(\omega)$ 产生一个 C^N 非自治系统 $\phi(n, \omega, x)$. 注意到每个序列 x_n 满足 $x_n = \phi(n, \omega, x_0)$ 当且仅当 x_n 满足

$$x_{n+1} = \Phi x_n + F(n + \omega, x_n). \tag{8.7.5}$$

对由 $\varphi(\omega, x)$ 产生的时间离散非自治动力系统, 应用文章 (Li, Lu, 2005) 中的定理 4.12 并作一点点修正, 可得以下线性化定理.

定理 8.7.1　设假设 (A) 与 (B) 成立. 对每个整数 $k > 0$, 存在一个整数 $N_0 = N_0(k, \alpha, \beta)$, 使得如果 φ 是 C^N 的, $N \geqslant N_0$, 并且 A 的特征值的实部 $\lambda_1, \cdots, \lambda_p$, 满足直到 N_0 阶的非共振条件,

$$\lambda_i \neq (\tau, \lambda), \quad \text{对所有的 } 1 \leqslant i \leqslant p, \quad 2 \leqslant |m| \leqslant N_0.$$

则存在一个 C^k-局部微分同胚 $x = h(\omega, y) = y + \tilde{h}(\omega, y)$, 使得

$$h(\theta\omega, \cdot) \circ \varphi(\omega, x) = \Phi h(\omega, x),$$

其中 $\tilde{h} : \mathbf{R} \times [-\mu_0, \mu_0] \times V \to \mathbf{R}^d$ 是一个 x 的 C^k 函数, 该函数有有界的导数并关于 ω 连续, $\tilde{h}(\omega, 0) = 0$ 与 $D_x \tilde{h}(\omega, 0) = 0$, V 是 0 的一个开邻域.

对所有的 ω 成立而不是几乎当然成立之说的原因是矩阵 A 是常数矩阵. 关于 ω 的连续性而不是可测性是因为稳定与不稳定流形以及不变的叶层关于 ω 是连续的.

记

$$H(x,\omega) = \int_0^1 e^{-As} h(\theta^s \omega, \phi(s,\omega,x))\, ds.$$

以下结论成立.

推论 8.7.1　设假设 (A) 与 (B) 成立. 对每个整数 $k > 0$, 存在一个整数 $N_0 = N_0(k,\alpha,\beta)$, 使得若 f 是 C^N 的, $N \geqslant N_0$, 并且 A 的特征值的实部 $\lambda_1, \cdots, \lambda_p$, 满足直到 N_0 阶的非共振条件

$$\lambda_i \neq (\tau,\lambda), \quad \text{对所有的 } 1 \leqslant i \leqslant p, \quad 2 \leqslant |m| \leqslant N_0,$$

其中 $(\tau,\lambda) = \sum_{j=1}^p \tau_j \lambda_i$, $(\tau_1, \cdots, \tau_p) \in \mathbf{N}^p$, $\lambda = (\lambda_1, \cdots, \lambda_p)$, $|m| = \sum_{j=1}^p m_j$. 则存在一个可逆变换 $y = H(x,t,\mu) = x + \tilde{H}(x,t,\mu)$, 该变换将方程 (8.7.1) 变为线性方程

$$\frac{dy}{dt} = Ay,$$

其中 $\tilde{H} : V \times \mathbf{R} \times [-\mu_0, \mu_0] \to \mathbf{R}^d$ 关于 y 是 C^k 的并关于 (t,μ) 连续, 而且有所有有界的导数, $\tilde{H}(0,t,\mu) = 0$, $D_x\tilde{H}(0,t,\mu) = 0$, V 是 0 的一个开邻域.

命题 8.5.1 的结论由这个推论得到.

2. 命题 8.5.2 的证明

兹证命题 8.5.2. 我们由对 (s,Z,t) 关于 Σ^+ 定义的方程出发.

引理 8.7.1　对 $(s,Z,t) \in \Sigma^+$ 有

$$s = L^+ + \mathcal{O}_{Z,t}(\mu).$$

证　在 Σ^+ 上有

$$
\begin{aligned}
a(s) + v(s)z &= \varepsilon + \mathbb{P}(\varepsilon, Y) + \mu\tilde{\mathbb{P}}(\varepsilon, Y, t), \\
b(s) - u(s)z &= Y + \mathbb{Q}(\varepsilon, Y) + \mu\tilde{\mathbb{Q}}(\varepsilon, Y, t).
\end{aligned}
\tag{8.7.6}
$$

由定义

$$
\begin{aligned}
a(L^+) &= \varepsilon + \mathbb{P}(\varepsilon, 0), \\
b(L^+) &= \mathbb{Q}(\varepsilon, 0).
\end{aligned}
\tag{8.7.7}
$$

设

$$
\begin{aligned}
W_1 &= a(s) - a(L^+) + v(s)z - \mu\tilde{\mathbb{P}}(\varepsilon, 0, t), \\
W_2 &= b(s) - b(L^+) - u(s)z - \mu\tilde{\mathbb{Q}}(c, 0, t).
\end{aligned}
\tag{8.7.8}
$$

由 (8.7.6) 与 (8.7.7) 得

$$W_1 = \mathbb{P}(\varepsilon, Y) - \mathbb{P}(\varepsilon, 0) + \mu(\tilde{\mathbb{P}}(\varepsilon, Y, t) - \tilde{\mathbb{P}}(\varepsilon, 0, t)),$$
$$W_2 = Y + \mathbb{Q}(\varepsilon, Y) - \mathbb{Q}(\varepsilon, 0) + \mu(\tilde{\mathbb{Q}}(\varepsilon, Y, t) - \tilde{\mathbb{Q}}(\varepsilon, 0, t)),$$

这可重新记为

$$W_1 = (\mathcal{O}(\varepsilon) + \mu\mathcal{O}_t(1))Y + \mathcal{O}_{Y,t}(1)Y^2,$$
$$W_2 = (1 + \mathcal{O}(\varepsilon) + \mu\mathcal{O}_t(1))Y + \mathcal{O}_{Y,t}(1)Y^2. \tag{8.7.9}$$

由 (8.7.9) 中第二行反解出 Y 得

$$Y = (1 + \mathcal{O}(\varepsilon) + \mu\mathcal{O}_t(1))W_2 + \mathcal{O}_{W_2,t}(1)W_2^2. \tag{8.7.10}$$

将上式代入 (8.7.9) 的第一行得

$$\begin{aligned}
W_1 &= (\mathcal{O}(\varepsilon) + \mu\mathcal{O}_t(1))((1 + \mathcal{O}(\varepsilon) + \mu\mathcal{O}_t(1))W_2 + \mathcal{O}_{W_2,t}(1)W_2^2) \\
&\quad + \mathcal{O}_{Y,t}(1)((1 + \mathcal{O}(\varepsilon) + \mu\mathcal{O}_t(1))W_2 + \mathcal{O}_{W_2,t}(1)W_2^2)^2 \\
&= (\mathcal{O}(\varepsilon) + \mu\mathcal{O}_t(1))W_2 + \mathcal{O}_{W_2,t}(1)W_2^2.
\end{aligned}$$

因此

$$F(s, Z, t) := W_1 - (\mathcal{O}(\varepsilon) + \mu\mathcal{O}_t(1))W_2 + \mathcal{O}_{W_2,t}(1)W_2^2 = 0, \tag{8.7.11}$$

其中 W_1, W_2 作为 s, Z, t 的函数由 (8.7.8) 定义. 为再表示 W_1 与 W_2, 令

$$\xi = s - L^+ \tag{8.7.12}$$

并展开 $a(s)$ 为 ξ 的项为

$$a(s) = a(L^+) + a'(L^+)\xi + \sum_{i=2}^{\infty} a_i(L^+)\xi^i.$$

关于 $b(s), u(s)$ 与 $v(s)$ 的展式是类似的. 我们有

$$\begin{aligned}
W_1 &= a'(L^+)\xi + \sum_{i=2}^{\infty} a_i(L^+)\xi^i + v(L^+)z + \left(v'(L^+)\xi + \sum_{i=2}^{\infty} v_i(L^+)\xi^i\right)z \\
&\quad - \mu\tilde{\mathbb{P}}(\varepsilon, 0, t), \\
W_2 &= b'(L^+)\xi + \sum_{i=2}^{\infty} b_i(L^+)\xi^i - u(L^+)z - \left(u'(L^+)\xi + \sum_{i=2}^{\infty} u_i(L^+)\xi^i\right)z \\
&\quad - \mu\tilde{\mathbb{Q}}(\varepsilon, 0, t).
\end{aligned} \tag{8.7.13}$$

现将关于 W_1 与 W_2 的公式 (8.7.13) 反代入方程 (8.7.11) 并用 μZ 代替 z 得

$$(a'(L^+) - \mathcal{O}(\varepsilon)b'(L^+) + h(t,\xi)\xi)\xi = \mathcal{O}_{Z,t}(\mu),$$

其中 $h(t,\xi)$ 的 C^r-范数有界于 $K(\varepsilon)$. 注意到 $a'(L^+) \approx -\alpha\varepsilon$, $b'(L^+) = \mathcal{O}(\varepsilon^2)$. 最后通过解出 ξ 得

$$s = L^+ + \mathcal{O}_{Z,t}(\mu).$$

这就完成了引理 8.7.1 的证明. □

引理 8.7.1 尚不够精确. 我们需要以下更细致的结果.

引理 8.7.2　在 Σ^+ 上有

$$s - L^+ = -\frac{v(L^+) + \mathcal{O}(\varepsilon)u(L^+)}{a'(L^+) - \mathcal{O}(\varepsilon)b'(L^+)}z + \frac{\mu}{a'(L^+) - \mathcal{O}(\varepsilon)b'(L^+)}\mathcal{O}_t(1) + \mathcal{O}_{Z,t}(\mu^2).$$

证　只要在 (8.7.11) 中删除所有 $\mathcal{O}_{Z,t}(\mu^2)$ 的项并解出 ξ 即可. 由引理 8.7.1 可知, 所有次数大于 1 的关于 ξ, z 的项是 $\mathcal{O}_{Z,t}(\mu^2)$. 当这些项被删除, (8.7.11) 变为

$$(a'(L^+) - \mathcal{O}(\varepsilon)b'(L^+))\xi + (v(L^+) + \mathcal{O}(\varepsilon)u(L^+))z = \mu\mathcal{O}_t(1), \tag{8.7.14}$$

由此可知, 在 Σ^+ 上, 即得引理 8.7.2 的估计. □

记住 $\mathbb{X} = \mu^{-1}X, \mathbb{Y} = \mu^{-1}Y$.

引理 8.7.3　在 Σ^+ 上有

$$\mathbb{Y} = (1 + \mathcal{O}(\varepsilon))Z + \mathcal{O}_t(1) + \mathcal{O}_{Z,t}(\mu).$$

证　我们有

$$
\begin{aligned}
Y &= (1 + \mathcal{O}(\varepsilon))(b'(L^+)\xi - u(L^+)z - \mu\tilde{\mathbb{Q}}(\varepsilon,0,t)) + \mathcal{O}_{Z,t}(\mu^2) \\
&= (1 + \mathcal{O}(\varepsilon))\left(-\left(u(L^+) + b'(L^+)\frac{v(L^+) + \mathcal{O}(\varepsilon)u(L^+)}{a'(L^+) - \mathcal{O}(\varepsilon)b'(L^+)}\right)z \right. \\
&\quad \left. + \frac{\mu b'(L^+)}{a'(L^+) - \mathcal{O}(\varepsilon)b'(L^+)}\mathcal{O}_t(1) - \mu\tilde{\mathbb{Q}}(\varepsilon,0,t)\right) + \mathcal{O}_{Z,t}(\mu^2) \\
&= (1 + \mathcal{O}(\varepsilon))z + \mu\mathcal{O}_t(1) + \mathcal{O}_{Z,t}(\mu^2), \tag{8.7.15}
\end{aligned}
$$

其中第一个等式由 (8.7.10), (8.7.13) 与引理 8.7.1 推出; 第二个等式由引理 8.7.2 推出. 为得到第三个等式可用 $u(L^+) = -1 + \mathcal{O}(\varepsilon)$, $a'(L^+) \approx -\alpha\varepsilon$, $b'(L^+) = \mathcal{O}(\varepsilon^2)$. □

引理 8.7.1 是命题 8.5.2(a)(i) 并且引理 8.7.3 是命题 8.5.2(a)(ii). 命题 8.5.2(b) 由平行的计算可推出.

第 9 章　高阶 Melnikov 积分

第 6 章介绍了周期扰动微分方程的 Melnikov 积分. 当 Melnikov 积分退化时如何判定稳定流形与不稳定流形的横截相交? 本章研究高阶 Melnikov 积分, 并讨论一阶 Melnikov 积分退化时相应的判定方法.

9.1　基 本 方 程

考虑微分方程

$$\frac{dx}{dt} = y, \quad \frac{dy}{dt} = x + g(x), \tag{9.1.1}$$

其中 $g(x)$ 满足 $g(0) = g'(0) = 0$, 即 $g(x)$ 至少从 x 的二次项开始. 假设原点 $(0,0)$ 是方程 (9.1.1) 的鞍点, $\ell = (a(t), b(t))$ 是满足 $b(0) = 0$ 的同宿到 $(0,0)$ 的同宿轨道,

$$a(-t) = a(t), \quad b(-t) = -b(t).$$

如图 9.1.1. 记 D_ℓ 为在 (x,y) 平面上 $\ell \cup (0,0)$ 的 ε 小邻域.

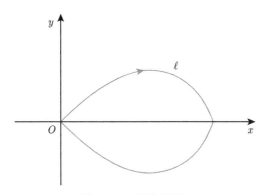

图 9.1.1　同宿轨道 ℓ

我们要研究方程 (9.1.1) 的扰动系统

$$\frac{dx}{dt} = y, \qquad \frac{dy}{dt} = x + g(x) + \varepsilon P(t, x, y). \tag{9.1.2}$$

兹作以下假设:

(A1) 满足 $g(0) = g'(0) = 0$ 的函数 $g(x)$ 在 x 的覆盖 $[0, a(0)]$ 的一个开区间内是实解析的.

(A2) 函数 $P(t, x, y)$ 是满足 $P(t, 0, 0) = 0$ $(\forall t \in \mathbf{R})$ 的 t 的周期函数, 即对所有的 $(x, y) \in D(l)$, 存在常数 $T > 0$ 使得 $P(t + T, x, y) = P(t, x, y)$.

(A3) 函数 $P(t, x, y)$ 关于 t 是 C^1 的, 对所有的 $t \in [0, T]$ 关于 (x, y) 在 D_ℓ 中是实解析的函数.

对扰动方程 (9.1.2), 原点 O 仍是它的鞍点. 令 $W_\varepsilon^s(O)$ 是 O 的稳定流形, $W_\varepsilon^u(O)$ 是 O 的不稳定流形. 如图 9.1.2. 对任意的 $t_0 \in [0, T)$, 稳定流形 $W_\varepsilon^s(O)$ 上存在唯一的解 $(x^s(t), y^s(t))$ 使得 $y^s(t_0) = 0$. 同理, 不稳定流形 $W_\varepsilon^u(O)$ 上也存在唯一的解 $(x^u(t), y^u(t))$ 使得 $y^u(t_0) = 0$. 记 $p^+ = (x^s(t_0), 0)$, $p^- = (x^u(t_0), 0)$.

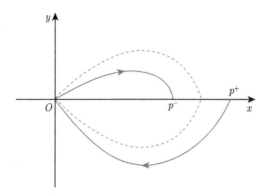

图 9.1.2　方程 (9.1.2) 的稳定流形和不稳定流形

对 $p = (x, y) \in D_\ell$, 方程 (9.1.1) 在点 (x, y) 的 Hamilton 量为

$$E(x, y) = \frac{1}{2}y^2 - \frac{1}{2}x^2 - G(x),$$

其中

$$G(x) = \int_0^x g(u)du.$$

定义 9.1.1　稳定流形 $W_\varepsilon^s(O)$ 与不稳定流形 $W_\varepsilon^u(O)$ 之间的分离距离定义为

$$D(t_0, \varepsilon) = \varepsilon^{-1}\left(E(p^+) - E(p^-)\right).$$

把 $D(t_0, \varepsilon)$ 展开为 ε 的幂级数, 得到

$$D(t_0, \varepsilon) = E_0(t_0) + \varepsilon E_1(t_0) + \cdots + \varepsilon^n E_n(t_0) + \cdots.$$

9.2 主 要 结 果

令 $k = \dfrac{m+1}{2}$, 其中 m 是满足 $g^{(m)}(0) \neq 0$ 的最小整数. 简记 $a = a(t)$, $b = b(t)$, $a' = a'(t)$, $b' = b'(t)$, $b'' = b''(t)$, 并记

$$R(t) = kb^2 - ab', \quad A(t) = \frac{a^2 b''}{a'} - kab' - k(k-1)b^2. \tag{9.2.1}$$

$$h(t) = -R(t) \int_0^t A(\tau) R^{-2}(\tau) d\tau, \quad H(t) = a + bh(t). \tag{9.2.2}$$

$$\mathcal{P}(t, t_0) = P(t + t_0, a, b), \quad \mathcal{P}_x(t, t_0) = P_x(t + t_0, a, b), \quad \mathcal{P}_y(t, t_0) = P_y(t + t_0, a, b). \tag{9.2.3}$$

对 $D(t_0, \varepsilon)$ 中的 $E_0(t_0)$ 和 $E_1(t_0)$, 得到如下定理.

定理 9.2.1 (i)

$$E_0(t_0) = -\int_{-\infty}^{+\infty} b(\tau) P(\tau, t_0) d\tau;$$

(ii)

$$\begin{aligned}
E_1(t_0) = {} & \frac{H(0)\mathcal{P}(0, t_0)}{R(0)} E_0(t_0) + \int_{-\infty}^{+\infty} \int_0^{\tau_2} b(\tau_2) \mathcal{P}(\tau_2, t_0) \mathcal{P}_y(\tau_1, t_0) d\tau_1 d\tau_2 \\
& - \int_{-\infty}^{+\infty} \int_0^{\tau_2} \frac{b(\tau_2) H(\tau_1)}{R(\tau_1)} [\mathcal{P}_t(\tau_2, t_0) \mathcal{P}(\tau_1, t_0) \\
& + \mathcal{P}_t(\tau_1, t_0) \mathcal{P}(\tau_2, t_0)] d\tau_1 d\tau_2.
\end{aligned}$$

当 $E_0(t_0)$ 退化时, 得到下列稳定流形与不稳定流形的横截相交判定命题.

命题 9.2.1 如果存在常数 $K > 0$, 使得 (i) $E_0(t_0) \equiv 0$, $\forall t_0 \in [0, T]$; (ii) 存在 $t_0 \in [0, T]$, 使得 $E_1(t_0) = 0$, 但是 $E_1'(t_0) \neq 0$. 则对任意的 $0 < |\varepsilon| < K^{-1} E_1'(t_0)$, 方程 (9.1.2) 存在横截相交的同宿轨道.

9.3 具 体 例 子

兹应用定理 9.2.1 于下列方程

$$\frac{dx}{dt} = y, \qquad \frac{dy}{dt} = x - x^3 + \varepsilon \cos \omega t \cdot (x^2 + \gamma x^3), \tag{9.3.1}$$

其中 $\omega, \gamma \in \mathbf{R}$. 当 $\varepsilon = 0$ 时, 未扰动方程有鞍点 $(0, 0)$ 和同宿轨道 $(a(t), b(t))$:

$$a(t) = \sqrt{2}\operatorname{sech} t, \qquad b(t) = -\sqrt{2}\operatorname{sech} t \tanh t.$$

经过计算

$$E_0(t_0) = \frac{\pi\omega e^{-\omega\pi/2}}{3}\left(\frac{2\sqrt{2}(\omega^2+1)}{(1+e^{-\omega\pi})} + \gamma\cdot\frac{\omega(\omega^2+4)}{(1-e^{-\omega\pi})}\right)\sin\omega t_0.$$

当

$$\gamma = \gamma^*(\omega) := -\frac{2\sqrt{2}(\omega^2+1)}{\omega(\omega^2+4)}\cdot\tanh\left(\frac{1}{2}\omega\pi\right) \tag{9.3.2}$$

时, $E_0(t_0) \equiv 0$, 即 $E_0(t_0)$ 退化. 此时, 我们再计算 $E_1(t_0)$ 得到如下定理.

定理 9.3.1

$$E_1(t_0) = F(\omega)\sin(2\omega t_0),$$

其中

$$F(\omega) = -\frac{16}{3}\pi e^{-\pi\omega}\omega^2(1+O(\omega^{-1})).$$

推论 9.3.1 (i) 除有限个 ω 外, $F(\omega) \neq 0$, 即存在有限集 Ω, 使得 $F(\omega) \neq 0$, $\forall\omega \in \mathbb{R}\backslash\Omega$;

(ii) 对任意的 $\omega \in \mathbb{R}\backslash\Omega$, 方程 (9.3.1) 存在横截相交的同宿轨道.

9.4 高阶 Melnikov 积分推导

为了推导分离距离 $D(t_0,\varepsilon)$ 中各项 $E_n(t_0)$ ($n \geqslant 0$) 的表达式, 我们首先分析方程 (9.1.1) 的一阶变分方程.

9.4.1 一阶变分方程

再简记 $R = R(t)$, $R' = R'(t)$, $A = A(t)$, $h = h(t)$, $H = H(t)$, 并令

$$\tilde{H}(t) = kb + b'h.$$

引理 9.4.1 方程 (9.1.1) 在同宿轨道 $\ell = (a(t),b(t))$ 邻域内的一阶变分方程是

$$\frac{d\xi}{dt} = -\frac{R'}{2R}\xi, \quad \frac{d\eta}{dt} = \frac{R'}{2R}\eta. \tag{9.4.1}$$

证 在同宿轨道 $\ell = (a(t),b(t))$ 上, 方程 (9.1.1) 的一阶变分方程是

$$\frac{d\tilde{\xi}}{dt} = \tilde{\eta}, \quad \frac{d\tilde{\eta}}{dt} = (1+g_x(a))\tilde{\xi}. \tag{9.4.2}$$

作变换

$$\xi = \frac{b'\tilde{\xi} - a'\tilde{\eta}}{\sqrt{R}}, \quad \eta = \frac{\tilde{H}\tilde{\xi} - H\tilde{\eta}}{\sqrt{R}}, \tag{9.4.3}$$

或者

$$\tilde{\xi} = \frac{a'\eta - H\xi}{\sqrt{R}}, \quad \tilde{\eta} = \frac{b'\eta - \tilde{H}\xi}{\sqrt{R}}. \tag{9.4.4}$$

等式 (9.4.3) 两边关于 t 求导得到

$$\frac{d\xi}{dt} = \frac{1}{\sqrt{R}}(b''\tilde{\xi} + b'\tilde{\xi}' - a''\tilde{\eta} - a'\tilde{\eta}') - \frac{R'}{2R}\xi, \tag{9.4.5}$$

$$\frac{d\eta}{dt} = \frac{1}{\sqrt{R}}\left(\tilde{H}'\tilde{\xi} + \tilde{H}\tilde{\xi}' - H'\tilde{\eta} - H\tilde{\eta}'\right) - \frac{R'}{2R}\eta. \tag{9.4.6}$$

因为

$$a' = b, \quad b' = a + g(a), \quad b'' = a'[1 + g_x(a)].$$

所以

$$b''\tilde{\xi} + b'\tilde{\xi}' - a''\tilde{\eta} - a'\tilde{\eta}' = b''\tilde{\xi} - a'\tilde{\eta}' = 0.$$

(9.4.5) 式简化为

$$\frac{d\xi}{dt} = -\frac{R'}{2R}\xi.$$

又因为 $H' = a' + b'h + bh'$, $\tilde{H}' = kb' + b''h + b'h'$, 所以

$$\tilde{H}'\tilde{\xi} + \tilde{H}\tilde{\xi}' - H'\tilde{\eta} - H\tilde{\eta}' = \frac{H^2[1 + g_x(a)] - \tilde{H}(\tilde{H} - H') - H\tilde{H}'}{\sqrt{R}}\xi$$

$$+ \frac{\tilde{H}'a' + b'(\tilde{H} - H') - a'H[1 + g_x(a)]}{\sqrt{R}}\eta.$$

根据 (9.2.2) 式的 $h(t)$, 知道

$$h' - \frac{R'}{R}h + \frac{A}{R} = 0,$$

其中 R, A 见 (9.2.1) 式. 化简整理得

$$H^2[1 + g_x(a)] - \tilde{H}(\tilde{H} - H') - H\tilde{H}' = 0.$$

$$\tilde{H}'a' + b'(\tilde{H} - H') - a'H[1 + g_x(a)] = R'.$$

因此, (9.4.6) 式简化为

$$\frac{d\eta}{dt} = \frac{R'}{R}\eta - \frac{R'}{2R}\eta = \frac{R'}{2R}\eta.$$

最后, (9.4.5)—(9.4.6) 式化简为 (9.4.1) 式. 引理得证.

9.4.2 稳定解的微分方程与积分方程

如图 9.1.2, 令 $(x^s(t), y^s(t))$ 是稳定流形 $W^s_\varepsilon(O)$ 上过初值 p^+ 的解. 平移时间 t_0 得 $(x(t), y(t)) = (x^s(t+t_0), y^s(t+t_0))$. 则 $(x(t), y(t))$ 是下列方程的解

$$\frac{dx}{dt} = y, \qquad \frac{dy}{dt} = x + g(x) + \varepsilon P(t+t_0, x, y). \qquad (9.4.7)$$

该解定义在 $[0, +\infty)$ 上, 且 $y(0) = 0$.

为了求出 (9.4.7) 的积分方程, 作变换

$$X = x - a, \qquad Y = y - b. \qquad (9.4.8)$$

在此变换下, 方程 (9.4.7) 变为

$$\frac{dX}{dt} = Y, \qquad \frac{dY}{dt} = (1 + g_x(a))X + Q(t, X) + \varepsilon P(t+t_0, X+a, Y+b), \quad (9.4.9)$$

其中

$$Q(t, X) = g(X+a) - g(a) - g_x(a)X.$$

引理 9.4.2 令

$$X = \varepsilon \frac{a'W - HM}{\sqrt{R}}, \qquad Y = \varepsilon \frac{b'W - \tilde{H}M}{\sqrt{R}}. \qquad (9.4.10)$$

则在新变量 (M, W) 下, 方程 (9.4.9) 表示为

$$\begin{aligned}
\frac{dM}{dt} &= -\frac{R'}{2R}M - \varepsilon\frac{a'}{\sqrt{R}}\mathbb{Q}(t, \varepsilon, \mathbb{X}) - \frac{a'}{\sqrt{R}}P(t+t_0, \varepsilon\mathbb{X}+a, \varepsilon\mathbb{Y}+b), \\
\frac{dW}{dt} &= \frac{R'}{2R}W - \varepsilon\frac{H}{\sqrt{R}}\mathbb{Q}(t, \varepsilon, \mathbb{X}) - \frac{H}{\sqrt{R}}P(t+t_0, \varepsilon\mathbb{X}+a, \varepsilon\mathbb{Y}+b)
\end{aligned} \qquad (9.4.11)$$

其中

$$\mathbb{Q}(t, \varepsilon, \mathbb{X}) = \varepsilon^{-2}\left(g(\varepsilon\mathbb{X}+a) - g(a) - \varepsilon g_x(a)\mathbb{X}\right),$$

$$\mathbb{X} = \frac{a'W - HM}{\sqrt{R}}, \qquad \mathbb{Y} = \frac{b'W - \tilde{H}M}{\sqrt{R}}.$$

证 (X, Y) 是同宿轨道邻域 D_ℓ 中基于同宿轨道 ℓ 的向量, 它在方向 $(b', -a')$ 和 $(kb, -a)$ 上的投影记为

$$z_1 = \frac{b'X - a'Y}{\sqrt{R}}, \qquad z_2 = \frac{kbX - aY}{\sqrt{R}}. \qquad (9.4.12)$$

上式两边关于 t 求导得到

$$\frac{dz_1}{dt} = \frac{1}{\sqrt{R}}[b''X + b'X' - a''Y - a'Y'] - \frac{R'}{2R}z_1$$

$$= -\frac{R'}{2R}z_1 - \frac{a'}{\sqrt{R}}Q(t,X) - \varepsilon\frac{a'}{\sqrt{R}}P(t+t_0, X+a, Y+b),$$

$$\frac{dz_2}{dt} = \frac{1}{\sqrt{R}}[kb'X + kbX' - a'Y - aY'] - \frac{R'}{2R}z_2$$

$$= \frac{A}{R}z_1 + \frac{R'}{2R}z_2 - \frac{a}{\sqrt{R}}Q(t,X) - \varepsilon\frac{a}{\sqrt{R}}P(t+t_0, X+a, Y+b),$$

其中

$$R' = b[(2k-1)(a+g(a)) - a(1+g_x(a))],$$

$$A = \frac{a^2 b''}{a'} - kab' - k(k-1)b^2.$$

为了消去方程 $\frac{dz_2}{dt}$ 的第一项 $\frac{A}{R}z_1$, 引进新变量

$$w = hz_1 + z_2.$$

对 w 求导得

$$\frac{dw}{dt} = h'z_1 + h\left\{-\frac{R'}{2R}z_1 - \frac{a'}{\sqrt{R}}Q(t,X) - \varepsilon\frac{a'}{\sqrt{R}}P(t+t_0, X+a, Y+b)\right\}$$

$$+ \left\{\frac{A}{R}z_1 + \frac{R'}{2R}(w - hz_1) - \frac{a}{\sqrt{R}}Q(t,X) - \varepsilon\frac{a}{\sqrt{R}}P(t+t_0, X+a, Y+b)\right\}.$$

由于

$$h' - \frac{R'}{R}h + \frac{A}{R} = 0, \qquad H = a + a'h,$$

因此

$$\frac{dw}{dt} = \frac{R'}{2R}w - \frac{H}{\sqrt{R}}Q(t,X) - \varepsilon\frac{H}{\sqrt{R}}P(t+t_0, X+a, Y+b).$$

从而得到 z_1, w 关于时间 t 的微分方程

$$\frac{dz_1}{dt} = -\frac{R'}{2R}z_1 - \frac{a'}{\sqrt{R}}Q(t,X) - \varepsilon\frac{a'}{\sqrt{R}}P(t+t_0, X+a, Y+b),$$

$$\frac{dw}{dt} = \frac{R'}{2R}w - \frac{H}{\sqrt{R}}Q(t,X) - \varepsilon\frac{H}{\sqrt{R}}P(t+t_0, X+a, Y+b).$$

下面对变量 z_1, w 尺度化

$$M = \varepsilon^{-1} z_1, \quad W = \varepsilon^{-1} w. \qquad (9.4.13)$$

方程相应为

$$\frac{dM}{dt} = -\frac{R'}{2R}M - \varepsilon\frac{a'}{\sqrt{R}}\mathbb{Q}(t, \varepsilon, \mathbb{X}) - \frac{a'}{\sqrt{R}}P(t + t_0, \varepsilon\mathbb{X} + a, \varepsilon\mathbb{Y} + b),$$

$$\frac{dW}{dt} = \frac{R'}{2R}W - \varepsilon\frac{H}{\sqrt{R}}\mathbb{Q}(t, \varepsilon, \mathbb{X}) - \frac{H}{\sqrt{R}}P(t + t_0, \varepsilon\mathbb{X} + a, \varepsilon\mathbb{Y} + b),$$

其中高阶项 $Q(t, X)$ 也尺度化为

$$\mathbb{Q}(t, \varepsilon, \mathbb{X}) = \varepsilon^{-2}\left(g(\varepsilon\mathbb{X} + a) - g(a) - \varepsilon g_x(a)\mathbb{X}\right),$$

把 (9.4.12) 中的 z_1, z_2 代入 (9.4.13), 再注意 $H = a + a'h$, $\tilde{H} = kb + b'h$, 得到

$$M = \varepsilon^{-1} \cdot \frac{b'X - a'Y}{\sqrt{R}}, \quad W = \varepsilon^{-1} \cdot \frac{\tilde{H}X - HY}{\sqrt{R}},$$

此即引理中的变换 (9.4.10). 至此, 引理 9.4.2 证明完毕.　　　　　　　□

下面给出方程 (9.4.11) 的积分形式解.

引理 9.4.3 *方程 (9.4.11) 的积分形式解是*

$$M(t) = \frac{\varepsilon}{\sqrt{R}}\int_t^{+\infty} a'\mathbb{Q}(\tau, \varepsilon, \mathbb{X})d\tau + \frac{1}{\sqrt{R}}\int_t^{+\infty} a'P(\tau + t_0, \varepsilon\mathbb{X} + a, \varepsilon\mathbb{Y} + b)d\tau;$$

$$W(t) = -\varepsilon\sqrt{R}\int_0^t \frac{H}{R}\mathbb{Q}(\tau, \varepsilon, \mathbb{X})d\tau - \sqrt{R}\int_0^t \frac{H}{R}P(\tau + t_0, \varepsilon\mathbb{X} + a, \varepsilon\mathbb{Y} + b)d\tau.$$

$$(9.4.14)$$

证 观察方程 (9.4.11) 的特征, 通过积分得到

$$M(t) = \frac{1}{\sqrt{R}}\left\{C_M - \varepsilon\int_0^t a'\mathbb{Q}(\tau, \varepsilon, \mathbb{X})d\tau - \int_0^t a'P(\tau + t_0, \varepsilon\mathbb{X} + a, \varepsilon\mathbb{Y} + b)d\tau\right\},$$

$$W(t) = \sqrt{R}\left\{C_W - \varepsilon\int_0^t \frac{H}{R}\mathbb{Q}(\tau, \varepsilon, \mathbb{X})d\tau - \int_0^t \frac{H}{R}P(\tau + t_0, \varepsilon\mathbb{X} + a, \varepsilon\mathbb{Y} + b)d\tau\right\},$$

$$(9.4.15)$$

其中 C_M, C_W 为积分初值, 且

$$C_M = \sqrt{R(0)}M(0), \quad C_W = \frac{1}{\sqrt{R(0)}}W(0).$$

下面具体分析初值 C_M, C_W. 由 (9.4.10) 式反解得到

$$M(t) = \frac{b'(t)X(t) - a'(t)Y(t)}{\varepsilon\sqrt{R(t)}}.$$

对 $(x,y) \in D_\ell$, 因为 $(X,Y) = (x,y) - (a,b)$. 所以

$$\lim_{t \to +\infty} (X(t), Y(t)) = (0,0).$$

从而

$$\lim_{t \to +\infty} M(t) = \varepsilon^{-1} \lim_{t \to +\infty} \left[\frac{b'(t)}{\sqrt{R(t)}} X(t) - \frac{a'(t)}{\sqrt{R(t)}} Y(t) \right] = 0.$$

又

$$R(t) = kb^2(t) - a(t)b'(t) \to 0, \quad t \to +\infty.$$

根据 (9.4.15) 式, $M(t)$ 的分子当 $t \to +\infty$ 时必趋于 0. 因此 C_M 的积分形式表达式为

$$C_M = \varepsilon \int_0^{+\infty} a'\mathbb{Q}(\tau, \varepsilon, \mathbb{X}) d\tau + \int_0^{+\infty} a' P(\tau + t_0, \varepsilon\mathbb{X} + a, \varepsilon\mathbb{Y} + b) d\tau. \quad (9.4.16)$$

另一方面, 因为 $b(0) = 0$, $Y(0) = 0$, $R(0) \neq 0$. 所以

$$z_2(0) = \frac{1}{\sqrt{R(0)}}[kb(0)X(0) - a(0)Y(0)] = 0,$$

$$C_W = \frac{1}{\sqrt{R(0)}} W(0) = \varepsilon^{-1} \frac{1}{\sqrt{R(0)}} (h(0)z_1(0) + z_2(0)) = 0. \quad (9.4.17)$$

把 (9.4.16)—(9.4.17) 式代入 (9.4.15) 得到 (9.4.14) 式.

观察 (9.4.14) 式, $M(t), W(t)$ 可表示为 ε 的级数形式. 设

$$M(t) = M_0(t,t_0) + \varepsilon M_1(t,t_0) + \varepsilon^2 M_2(t,t_0) + \cdots + \varepsilon^n M_n(t,t_0) + \cdots,$$

$$W(t) = W_0(t,t_0) + \varepsilon W_1(t,t_0) + \varepsilon^2 W_2(t,t_0) + \cdots + \varepsilon^n W_n(t,t_0) + \cdots.$$

当 $\varepsilon = 0$ 时, 首项 $M_0(t,t_0)$, $W_0(t,t_0)$ 可表示为

$$M_0(t,t_0) = \frac{1}{\sqrt{R(t)}} \int_t^{+\infty} a'(\tau) P(\tau + t_0, a(\tau), b(\tau)) d\tau,$$

$$W_0(t,t_0) = -\sqrt{R(t)} \int_0^t \frac{H(\tau)}{R(\tau)} P(\tau + t_0, a(\tau), b(\tau)) d\tau. \quad (9.4.18)$$

当 $n \geq 1$ 时, 后面的项 $M_n(t,t_0)$, $W_n(t,t_0)$ 可由前面的项 $M_k(t,t_0)$, $W_k(t,t_0)$, $0 \leq k \leq n-1$ 确定.

9.4.3　定理 9.2.1 的证明

为了求出定理 9.2.1 中的公式 $E_0(t_0)$ 和 $E_1(t_0)$, 我们首先求出稳定流形上的能量解. 对 Hamilton 量 $E(x, y)$ 放大 ε^{-1} 倍

$$\mathcal{E} = \varepsilon^{-1}\left(\frac{1}{2}y^2 - \frac{1}{2}x^2 - G(x)\right).$$

求导得

$$\frac{d\mathcal{E}}{dt} = (\varepsilon\mathbb{Y} + b) \cdot P(t + t_0, \varepsilon\mathbb{X} + a, \varepsilon\mathbb{Y} + b), \tag{9.4.19}$$

其中

$$\mathbb{X} = \frac{a'W - HM}{\sqrt{R}}; \quad \mathbb{Y} = \frac{b'W - \tilde{H}M}{\sqrt{R}}.$$

对 (9.4.19) 式积分得

$$\mathcal{E}(t) = C_E + \int_0^t (\varepsilon\mathbb{Y} + b) \cdot P(\tau + t_0, \varepsilon\mathbb{X} + a, \varepsilon\mathbb{Y} + b)d\tau. \tag{9.4.20}$$

下面分析积分常数 C_E. 对 $(x(t), y(t)) \in D_\ell$, $\lim\limits_{t\to+\infty}(x(t), y(t)) = 0$. 因此 $\lim\limits_{t\to+\infty}\mathcal{E}(t) = 0$. 从而

$$C_E = -\int_0^{+\infty} (\varepsilon\mathbb{Y} + b) \cdot P(\tau + t_0, \varepsilon\mathbb{X} + a, \varepsilon\mathbb{Y} + b)d\tau.$$

代入 (9.4.20) 式得能量解的积分表达式

$$\mathcal{E}(t) = -\int_t^{+\infty} (\varepsilon\mathbb{Y} + b) \cdot P(\tau + t_0, \varepsilon\mathbb{X} + a, \varepsilon\mathbb{Y} + b)d\tau. \tag{9.4.21}$$

注　当 $t = 0$ 时, 由 (9.4.21) 式得到的 $\mathcal{E}(0)$ 即为图 9.1.2 中 p^+ 点的能量 $\varepsilon^{-1} \cdot E(p^+)$. 类似可得 p^- 点的能量 $\varepsilon^{-1} \cdot E(p^-)$ 的积分表达式.

为了得到分离距离 $D(t_0, \varepsilon)$ 中的各项 $E_n(t_0)$, 首先展开 $\mathcal{E}(t)$ 为 ε 的幂级数. 设

$$\mathcal{E}(t) = E_0(t, t_0) + \varepsilon E_1(t, t_0) + \varepsilon^2 E_2(t, t_0) + \cdots + \varepsilon^n E_n(t, t_0) + \cdots.$$

易知

$$E_0(t, t_0) = -\int_t^{+\infty} bP(\tau + t_0, a, b)d\tau. \tag{9.4.22}$$

$$E_1(t, t_0) = -\int_t^{+\infty} b\mathcal{P}_x(\tau, t_0)\mathbb{X}_0 d\tau - \int_t^{+\infty} [b\mathcal{P}_y(\tau, t_0) + \mathcal{P}(\tau, t_0)]\mathbb{Y}_0 d\tau. \tag{9.4.23}$$

进一步, 可得 $E_2(t, t_0)$, $E_3(t, t_0)$, $E_4(t, t_0)$, $\cdots$.

当 $t = 0$ 时, 由 (9.4.22) 知 $E_0(0, t_0) = -\int_0^{+\infty} bP(\tau + t_0, a, b)d\tau$. 它是稳定流形上能量初值首项. 记 $E_0^+(t_0) = E_0(0, t_0)$, 类似地, 不稳定流形上能量初值首项记为 $E_0^-(t_0) = -\int_0^{-\infty} bP(\tau + t_0, a, b)d\tau$. 则定理 9.2.1 中的公式 $E_0(t_0)$ 是

$$E_0(t_0) = E_0^+(t_0) - E_0^-(t_0) = -\int_{-\infty}^{+\infty} bP(\tau + t_0, a, b)d\tau,$$

它就是经典的 Melnikov 积分.

为了得到公式 $E_1(t_0)$, 我们分析含变量 t 的函数 $E_1(t, t_0)$. 在 (9.4.23) 式中代入

$$\mathbb{X}_0 = \frac{a'W_0 - HM_0}{\sqrt{R}}, \quad \mathbb{Y}_0 = \frac{b'W_0 - \tilde{H}M_0}{\sqrt{R}},$$

得到

$$E_1(t, t_0) = I_1(t, t_0) + I_2(t, t_0),$$

其中

$$
\begin{aligned}
I_1(t, t_0) &= \int_t^{+\infty} f_1(\tau_2, t_0) \left(\int_0^{\tau_2} \frac{H(\tau_1)}{R(\tau_1)} \mathcal{P}(\tau_1, t_0)d\tau_1 \right) d\tau_2, \\
I_2(t, t_0) &= \int_t^{+\infty} f_2(\tau_2, t_0) \left(\int_{\tau_2}^{+\infty} a'(\tau_1)\mathcal{P}(\tau_1, t_0)d\tau_1 \right) d\tau_2,
\end{aligned}
\tag{9.4.24}
$$

$$
\begin{aligned}
f_1(t, t_0) &= b^2(t)\mathcal{P}_x(t, t_0) + b'(t)b(t)\mathcal{P}_y(t, t_0) + b'(t)\mathcal{P}(t, t_0), \\
f_2(t, t_0) &= \frac{1}{R(t)} \left(b(t)H(t)\mathcal{P}_x(t, t_0) + b(t)\tilde{H}(t)\mathcal{P}_y(t, t_0) + \tilde{H}(t)\mathcal{P}(t, t_0) \right).
\end{aligned}
\tag{9.4.25}
$$

下面给出如下引理.

引理 9.4.4

$$\left(\frac{H}{R} \right)' = \frac{\tilde{H}}{R}. \tag{9.4.26}$$

证 因为 $H(t) = a + bh(t)$, $h(t) = -R(t) \int_0^t A(\tau)R^{-2}(\tau)d\tau$. 所以

$$
\begin{aligned}
\left(\frac{H}{R} \right)' &= \left(\frac{a}{R} \right)' + \left(\frac{bh}{R} \right)' \\
&= \frac{b}{R} - \frac{a}{R^2}R' - \left(b \int_0^t A(\tau)R^{-2}(\tau)d\tau \right)' \\
&= \frac{b}{R} - \frac{a}{R^2}R' + b'\frac{h}{R} - b\frac{A}{R^2}
\end{aligned}
$$

代入

$$R' = (2k-1)a'b' - ab'', \quad A = \frac{a^2 b''}{a'} - kab' - k(k-1)b^2$$

得

$$\left(\frac{H}{R}\right)' = \frac{kb + b'h}{R} = \frac{\tilde{H}}{R}. \qquad \square$$

记

$$E_1^+(t, t_0) = I_1^+(t, t_0) + I_2^+(t, t_0), \quad E_1^-(t, t_0) = I_1^-(t, t_0) + I_2^-(t, t_0).$$

则

$$E_1(t_0) = E_1^+(0, t_0) - E_1^-(0, t_0) = I_1^+(t_0) - I_1^-(t_0) + I_2^+(t_0) - I_2^-(t_0),$$

其中

$$I_1^\pm(t_0) = \int_0^{\pm\infty} f_1(\tau_2, t_0) \left(\int_0^{\tau_2} \frac{H(\tau_1)}{R(\tau_1)} \mathcal{P}(\tau_1, t_0) d\tau_1 \right) d\tau_2,$$

$$I_2^\pm(t_0) = \int_0^{\pm\infty} f_2(\tau_2, t_0) \left(\int_{\tau_2}^{\pm\infty} a'(\tau_1) \mathcal{P}(\tau_1, t_0) d\tau_1 \right) d\tau_2.$$

对 $I_1^\pm(t_0)$, 因为

$$f_1(t, t_0) = b^2(t)\mathcal{P}_x(t, t_0) + b'(t)b(t)\mathcal{P}_y(t, t_0) + b'(t)\mathcal{P}(t, t_0)$$
$$= [b(t)\mathcal{P}(t, t_0)]' - b(t)\mathcal{P}_t(t, t_0).$$

运用分部积分法得到

$$I_1^\pm(t_0) = \int_0^{\pm\infty} [b(\tau_2)\mathcal{P}(\tau_2, t_0)]' \left(\int_0^{\tau_2} \frac{H(\tau_1)}{R(\tau_1)} \mathcal{P}(\tau_1, t_0) d\tau_1 \right) d\tau_2$$
$$\quad - \int_0^{\pm\infty} b(\tau_2)\mathcal{P}_t(\tau_2, t_0) \left(\int_0^{\tau_2} \frac{H(\tau_1)}{R(\tau_1)} \mathcal{P}(\tau_1, t_0) d\tau_1 \right) d\tau_2$$
$$= - \int_0^{\pm\infty} b(\tau_2)\mathcal{P}(\tau_2, t_0) \frac{H(\tau_2)}{R(\tau_2)} \mathcal{P}(\tau_2, t_0) d\tau_2$$
$$\quad - \int_0^{\pm\infty} b(\tau_2)\mathcal{P}_t(\tau_2, t_0) \left(\int_0^{\tau_2} \frac{H(\tau_1)}{R(\tau_1)} \mathcal{P}(\tau_1, t_0) d\tau_1 \right) d\tau_2,$$

因此

$$I_1^+(t_0) - I_1^-(t_0) = - \int_{-\infty}^{+\infty} \frac{b(\tau_2)H(\tau_2)}{R(\tau_2)} \mathcal{P}^2(\tau_2, t_0) d\tau_2$$
$$\quad - \int_{-\infty}^{+\infty} b(\tau_2)\mathcal{P}_t(\tau_2, t_0) \left(\int_0^{\tau_2} \frac{H(\tau_1)}{R(\tau_1)} \mathcal{P}(\tau_1, t_0) d\tau_1 \right) d\tau_2. \quad (9.4.27)$$

对 $I_2^{\pm}(t_0)$, 因为

$$
\begin{aligned}
f_2(t, t_0) &= \frac{1}{R(t)}\left(b(t)H(t)\mathcal{P}_x(t, t_0) + b(t)\tilde{H}(t)\mathcal{P}_y(t, t_0) + \tilde{H}(t)\mathcal{P}(t, t_0)\right) \\
&= \left(\frac{H(t)}{R(t)}\mathcal{P}(t, t_0)\right)' + \frac{1}{R(t)}(b(t)\tilde{H}(t) - b'(t)H(t))\mathcal{P}_y(t, t_0) - \frac{H(t)}{R(t)}\mathcal{P}_t(t, t_0) \\
&= \left(\frac{H(t)}{R(t)}\mathcal{P}(t, t_0)\right)' + \mathcal{P}_y(t, t_0) - \frac{H(t)}{R(t)}\mathcal{P}_t(t, t_0).
\end{aligned}
$$

运用分部积分法, 以及交换积分次序得到

$$
\begin{aligned}
I_2^{\pm}(t_0) &= \int_0^{\pm\infty} \left(\frac{H(\tau_2)}{R(\tau_2)}\mathcal{P}(\tau_2, t_0)\right)' \left(\int_{\tau_2}^{\pm\infty} b(\tau_1)\mathcal{P}(\tau_1, t_0)d\tau_1\right) d\tau_2 \\
&\quad + \int_0^{\pm\infty} \mathcal{P}_y(\tau_2, t_0)\left(\int_{\tau_2}^{\pm\infty} b(\tau_1)\mathcal{P}(\tau_1, t_0)d\tau_1\right) d\tau_2 \\
&\quad - \int_0^{\pm\infty} \frac{H(\tau_2)}{R(\tau_2)}\mathcal{P}_t(\tau_2, t_0)\left(\int_{\tau_2}^{\pm\infty} b(\tau_1)\mathcal{P}(\tau_1, t_0)d\tau_1\right) d\tau_2 \\
&= -\frac{H(0)}{R(0)}\mathcal{P}(0, t_0)\int_0^{\pm\infty} b(\tau_1)\mathcal{P}(\tau_1, t_0)d\tau_1 + \int_0^{\pm\infty} \frac{b(\tau_2)H(\tau_2)}{R(\tau_2)}\mathcal{P}^2(\tau_2, t_0)d\tau_2 \\
&\quad + \int_0^{\pm\infty} b(\tau_1)\mathcal{P}(\tau_1, t_0)\left(\int_0^{\tau_1} \mathcal{P}_y(\tau_2, t_0)d\tau_2\right) d\tau_1 \\
&\quad - \int_0^{\pm\infty} b(\tau_1)\mathcal{P}(\tau_1, t_0)\left(\int_0^{\tau_1} \frac{H(\tau_2)}{R(\tau_2)}\mathcal{P}_t(\tau_2, t_0)d\tau_2\right) d\tau_1,
\end{aligned}
$$

因此

$$
\begin{aligned}
&I_2^+(t_0) - I_2^-(t_0) \\
&= -\frac{H(0)}{R(0)}\mathcal{P}(0, t_0)\int_{-\infty}^{+\infty} b(\tau_1)\mathcal{P}(\tau_1, t_0)d\tau_1 + \int_{-\infty}^{+\infty} \frac{b(\tau_2)H(\tau_2)}{R(\tau_2)}\mathcal{P}^2(\tau_2, t_0)d\tau_2 \\
&\quad + \int_{-\infty}^{+\infty} b(\tau_1)\mathcal{P}(\tau_1, t_0)\left(\int_0^{\tau_1} \mathcal{P}_y(\tau_2, t_0)d\tau_2\right) d\tau_1 \\
&\quad - \int_{-\infty}^{+\infty} b(\tau_1)\mathcal{P}(\tau_1, t_0)\left(\int_0^{\tau_1} \frac{H(\tau_2)}{R(\tau_2)}\mathcal{P}_t(\tau_2, t_0)d\tau_2\right) d\tau_1.
\end{aligned}
$$

最后两式交换积分变量 $\tau_1 \leftrightarrow \tau_2$ 得

$$
\begin{aligned}
&I_2^+(t_0) - I_2^-(t_0) \\
&= -\frac{H(0)}{R(0)}\mathcal{P}(0, t_0)\int_{-\infty}^{+\infty} b(\tau_1)\mathcal{P}(\tau_1, t_0)d\tau_1 + \int_{-\infty}^{+\infty} \frac{b(\tau_2)H(\tau_2)}{R(\tau_2)}\mathcal{P}^2(\tau_2, t_0)d\tau_2
\end{aligned}
$$

$$+ \int_{-\infty}^{+\infty} b(\tau_2) \mathcal{P}(\tau_2, t_0) \left(\int_0^{\tau_2} \mathcal{P}_y(\tau_1, t_0) d\tau_1 \right) d\tau_2$$

$$- \int_{-\infty}^{+\infty} b(\tau_2) \mathcal{P}(\tau_2, t_0) \left(\int_0^{\tau_2} \frac{H(\tau_1)}{R(\tau_1)} \mathcal{P}_t(\tau_1, t_0) d\tau_1 \right) d\tau_2.$$

最后得到

$$E_1(t_0) = I_1^+(t_0) - I_1^-(t_0) + I_2^+(t_0) - I_2^-(t_0)$$

$$= \frac{H(0)}{R(0)} \mathcal{P}(0, t_0) E_0(t_0) + \int_{-\infty}^{+\infty} b(\tau_2) \mathcal{P}(\tau_2, t_0) \left(\int_0^{\tau_2} \mathcal{P}_y(\tau_1, t_0) d\tau_1 \right) d\tau_2$$

$$- \int_{-\infty}^{+\infty} \int_0^{\tau_2} \frac{b(\tau_2) H(\tau_1)}{R(\tau_1)} [\mathcal{P}_t(\tau_2, t_0) \mathcal{P}(\tau_1, t_0)$$

$$+ \mathcal{P}_t(\tau_1, t_0) \mathcal{P}(\tau_2, t_0)] d\tau_1 d\tau_2. \tag{9.4.28}$$

这就是定理 9.2.1 中的公式 $E_1(t_0)$.

9.4.4　定理 9.3.1 中 $E_1(t_0)$ 的计算

对方程 (9.3.1), 代入 $\gamma = \gamma^* = -\dfrac{2\sqrt{2}(\omega^2 + 1)}{\omega(\omega^2 + 4)} \cdot \dfrac{(1 - e^{-\omega\pi})}{(1 + e^{-\omega\pi})}$ 得

$$\frac{d^2 x}{dt^2} = x - x^3 + \varepsilon(x^2 + \gamma^* x^3) \cos(\omega t). \tag{9.4.29}$$

具体信息如下:

$$a(t) = \frac{2\sqrt{2}}{e^t + e^{-t}}, \qquad b(t) = \frac{2\sqrt{2}(e^{-t} - e^t)}{(e^t + e^{-t})^2},$$

$$R(t) = a^2(t), \quad A(t) = -3a^2(t), \quad h(t) = 3a^2(t) \int_0^t a^{-2}(\tau) d\tau = \frac{3(e^{2t} - e^{-2t} + 4t)}{2(e^t + e^{-t})^2},$$

$$H(t) = a(t) + b(t)h(t), \qquad \tilde{H}(t) = 2b(t) + b'(t)h(t),$$

$$\mathcal{P}(t, t_0) = P(t + t_0, a(t), b(t)) = (a^2(t) + \gamma^* a^3(t)) \cos \omega(t + t_0),$$

$$\mathcal{P}_t(t, t_0) = -\omega(a^2(t) + \gamma^* a^3(t)) \sin \omega(t + t_0).$$

由 (9.3.2) 知, 当 $\gamma = \gamma^* = -2\sqrt{2}\omega^{-1} + O(\omega^{-2})$ 时, $\forall t_0$,

$$E_0(t_0) = - \int_{-\infty}^{+\infty} b(\tau)(a^2(\tau) + \gamma^* a^3(\tau)) \cos \omega(\tau + t_0) d\tau$$

$$= \sin \omega t_0 \int_{-\infty}^{+\infty} b(\tau)(a^2(\tau) + \gamma^* a^3(\tau)) \sin \omega \tau d\tau$$

$$= 0.$$

根据 $a(t)$ 是偶函数, $b(t)$ 是奇函数, 又可得

$$\int_{-\infty}^{+\infty} b(\tau)(a^2(\tau) + \gamma^* a^3(\tau))e^{i\omega\tau}d\tau = 0. \tag{9.4.30}$$

此时 $\mathcal{P}(t, t_0)$ 与 y 无关, 因此 $\mathcal{P}_y(t, t_0) = 0$. 这样公式 $E_1(t_0)$ 简化为

$$E_1(t_0) = -\int_{-\infty}^{+\infty} \int_0^{\tau_2} \frac{b(\tau_2)H(\tau_1)}{R(\tau_1)}\left[\mathcal{P}_t(\tau_2, t_0)\mathcal{P}(\tau_1, t_0) + \mathcal{P}_t(\tau_1, t_0)\mathcal{P}(\tau_2, t_0)\right]d\tau_1 d\tau_2. \tag{9.4.31}$$

下面分三步简化公式 $E_1(t_0)$.

初始简化

引理 9.4.5 (1) 假设 $f(\tau_1, \tau_2)$ 满足

$$f(\tau_1, \tau_2) = f(-\tau_1, -\tau_2).$$

则

$$\int_0^{+\infty} \int_0^{\tau_1} f(\tau_1, \tau_2)d\tau_2 d\tau_1 = \int_0^{-\infty} \int_0^{\tau_1} f(\tau_1, \tau_2)d\tau_2 d\tau_1.$$

(2) 如果 $f(\tau_1, \tau_2)$ 满足

$$f(\tau_1, \tau_2) = -f(-\tau_1, -\tau_2).$$

则成立

$$\int_0^{+\infty} \int_0^{\tau_1} f(\tau_1, \tau_2)d\tau_2 d\tau_1 = -\int_0^{-\infty} \int_0^{\tau_1} f(\tau_1, \tau_2)d\tau_2 d\tau_1.$$

证 积分变量 (τ_1, τ_2) 用 $(-\tau_1, -\tau_2)$ 代入即得. □

对方程 (9.4.29) 有如下命题.

命题 9.4.1

$$E_1(t_0) = 2\omega \sin(2\omega t_0) \int_0^{+\infty} \int_0^{\tau_2} b(\tau_2)Q(\tau_2)\frac{H(\tau_1)}{a^2(\tau_1)}Q(\tau_1)\cos(\omega(\tau_1 + \tau_2))d\tau_1 d\tau_2, \tag{9.4.32}$$

其中

$$Q(t) = a^2(t) + \gamma^* a^3(t).$$

证 被积函数中

$$\mathcal{P}_t(\tau_1, t_0)\mathcal{P}(\tau_2, t_0) + \mathcal{P}_t(\tau_2, t_0)\mathcal{P}(\tau_1, t_0)$$
$$= -\omega Q(\tau_1)Q(\tau_2)\left(\sin\omega(\tau_1 + t_0)\cos\omega(\tau_2 + t_0) + \cos\omega(\tau_1 + t_0)\sin\omega(\tau_2 + t_0)\right)$$
$$= -\omega Q(\tau_1)Q(\tau_2)\sin\omega(\tau_1 + \tau_2 + 2t_0)$$

$$= -\omega Q(\tau_1)Q(\tau_2)\cos\omega(\tau_1+\tau_2)\sin(2\omega t_0) - \omega Q(\tau_1)Q(\tau_2)\sin\omega(\tau_1+\tau_2)\cos(2\omega t_0),$$

且 $a(t), H(t)$ 是偶函数, $b(t)$ 是奇函数. 根据引理 9.4.5, $E_1(t_0)$ 即可简化为

$$E_1(t_0) = 2\omega\sin 2\omega t_0 \int_0^{+\infty}\int_0^{\tau_2} b(\tau_2)Q(\tau_2)\frac{H(\tau_1)}{a^2(\tau_1)}Q(\tau_1)\cos\omega(\tau_1+\tau_2)d\tau_1 d\tau_2.$$

进一步简化: 调整积分限.

记

$$
\begin{aligned}
A &= \int_0^{-\infty} e^{i\omega\tau_2}\left(\int_{-\infty}^{+\infty} e^{2i\omega\tau_1}H(\tau_1)b(\tau_2+\tau_1)a^2(\tau_2+\tau_1)d\tau_1\right)d\tau_2,\\
B &= \int_0^{-\infty} e^{i\omega\tau_2}\left(\int_{-\infty}^{+\infty} e^{2i\omega\tau_1}H(\tau_1)b(\tau_2+\tau_1)a^3(\tau_2+\tau_1)d\tau_1\right)d\tau_2,\\
C &= \int_0^{-\infty} e^{i\omega\tau_2}\left(\int_{-\infty}^{+\infty} e^{2i\omega\tau_1}H(\tau_1)a(\tau_1)b(\tau_2+\tau_1)a^2(\tau_2+\tau_1)d\tau_1\right)d\tau_2,\\
D &= \int_0^{-\infty} e^{i\omega\tau_2}\left(\int_{-\infty}^{+\infty} e^{2i\omega\tau_1}H(\tau_1)a(\tau_1)b(\tau_2+\tau_1)a^3(\tau_2+\tau_1)d\tau_1\right)d\tau_2.
\end{aligned}
\tag{9.4.33}
$$

引理 9.4.6

$$E_1(t_0) = \omega\sin 2\omega t_0\left[A + \gamma^*(B+C) + (\gamma^*)^2 D\right].$$

证　对 (9.4.32) 式, 交换积分次序 $d\tau_1 d\tau_2 \to d\tau_2 d\tau_1$ 得

$$E_1(t_0) = 2\omega\sin 2\omega t_0 \int_0^{+\infty}\int_{\tau_1}^{+\infty} b(\tau_2)Q(\tau_2)\frac{H(\tau_1)}{a^2(\tau_1)}Q(\tau_1)\cos\omega(\tau_1+\tau_2)d\tau_2 d\tau_1.$$

再运用关系

$$\cos\omega(\tau_1+\tau_2) = \frac{1}{2}\left(e^{i\omega(\tau_1+\tau_2)} + e^{-i\omega(\tau_1+\tau_2)}\right)$$

得到

$$E_1(t_0) = \omega\sin 2\omega t_0 (I^+ + I^-), \tag{9.4.34}$$

其中

$$
\begin{aligned}
I^+ &= \int_0^{+\infty}\int_{\tau_1}^{+\infty} b(\tau_2)Q(\tau_2)e^{i\omega\tau_2}\frac{H(\tau_1)}{a^2(\tau_1)}Q(\tau_1)e^{i\omega\tau_1}d\tau_2 d\tau_1,\\
I^- &= \int_0^{+\infty}\int_{\tau_1}^{+\infty} b(\tau_2)Q(\tau_2)e^{-i\omega\tau_2}\frac{H(\tau_1)}{a^2(\tau_1)}Q(\tau_1)e^{-i\omega\tau_1}d\tau_2 d\tau_1.
\end{aligned}
$$

对于积分 I^+, I^-, 先把内层积分限 τ_1 至 $+\infty$ 变为 0 至 $+\infty$. 用变量 $\tilde{\tau}_2 + \tau_1$ 代替 τ_2, 再把 $\tilde{\tau}_2$ 改为 τ_2, 得到

$$I^+ = \int_0^{+\infty} e^{2i\omega\tau_1} \frac{H(\tau_1)}{a^2(\tau_1)} Q(\tau_1) \left(\int_0^{+\infty} e^{i\omega\tau_2} b(\tau_2 + \tau_1) Q(\tau_2 + \tau_1) d\tau_2 \right) d\tau_1,$$

$$I^- = \int_0^{+\infty} e^{-2i\omega\tau_1} \frac{H(\tau_1)}{a^2(\tau_1)} Q(\tau_1) \left(\int_0^{+\infty} e^{-i\omega\tau_2} b(\tau_2 + \tau_1) Q(\tau_2 + \tau_1) d\tau_2 \right) d\tau_1.$$

$$(9.4.35)$$

进一步,

$$\begin{aligned}
I^+ &= \int_0^{+\infty} e^{2i\omega\tau_1} \frac{H(\tau_1)}{a^2(\tau_1)} Q(\tau_1) \left(\int_0^{+\infty} e^{i\omega\tau_2} b(\tau_2 + \tau_1) Q(\tau_2 + \tau_1) d\tau_2 \right) d\tau_1 \\
&= \int_0^{+\infty} e^{2i\omega\tau_1} \frac{H(\tau_1)}{a^2(\tau_1)} Q(\tau_1) \left(\int_{-\infty}^{+\infty} e^{i\omega\tau_2} b(\tau_2 + \tau_1) Q(\tau_2 + \tau_1) d\tau_2 \right) d\tau_1 \\
&\quad + \int_0^{+\infty} e^{2i\omega\tau_1} \frac{H(\tau_1)}{a^2(\tau_1)} Q(\tau_1) \left(\int_0^{-\infty} e^{i\omega\tau_2} b(\tau_2 + \tau_1) Q(\tau_2 + \tau_1) d\tau_2 \right) d\tau_1 \\
&= \int_0^{+\infty} e^{2i\omega\tau_1} \frac{H(\tau_1)}{a^2(\tau_1)} Q(\tau_1) \left(\int_{-\infty}^{+\infty} e^{i\omega\tau_2} b(\tau_2 + \tau_1) Q(\tau_2 + \tau_1) d\tau_2 \right) d\tau_1 \\
&\quad + \int_{-\infty}^{+\infty} e^{2i\omega\tau_1} \frac{H(\tau_1)}{a^2(\tau_1)} Q(\tau_1) \left(\int_0^{-\infty} e^{i\omega\tau_2} b(\tau_2 + \tau_1) Q(\tau_2 + \tau_1) d\tau_2 \right) d\tau_1 \\
&\quad + \int_0^{-\infty} e^{2i\omega\tau_1} \frac{H(\tau_1)}{a^2(\tau_1)} Q(\tau_1) \left(\int_0^{-\infty} e^{i\omega\tau_2} b(\tau_2 + \tau_1) Q(\tau_2 + \tau_1) d\tau_2 \right) d\tau_1.
\end{aligned}$$

上式最后一个积分是 $-I^-$ (积分变量用 $(-\tau_1, -\tau_2)$ 代入即得). 而第一个积分值为 0. 因为

$$\begin{aligned}
&\int_0^{+\infty} e^{2i\omega\tau_1} \frac{H(\tau_1)}{a^2(\tau_1)} Q(\tau_1) \left(\int_{-\infty}^{+\infty} e^{i\omega\tau_2} b(\tau_2 + \tau_1) Q(\tau_2 + \tau_1) d\tau_2 \right) d\tau_1 \\
&= \int_0^{+\infty} e^{i\omega\tau_1} \frac{H(\tau_1)}{a^2(\tau_1)} Q(\tau_1) \left(\int_{-\infty}^{+\infty} e^{i\omega\tau_2} b(\tau_2) Q(\tau_2) d\tau_2 \right) d\tau_1 \\
&= \left(\int_0^{+\infty} e^{i\omega\tau_1} \frac{H(\tau_1)}{a^2(\tau_1)} Q(\tau_1) d\tau_1 \right) \left(\int_{-\infty}^{+\infty} e^{i\omega\tau_2} b(\tau_2) Q(\tau_2) d\tau_2 \right) \\
&= 0.
\end{aligned}$$

最后的等号运用了 (9.4.30) 的结论. 于是

$$\begin{aligned}
I^+ + I^- &= \int_{-\infty}^{+\infty} e^{2i\omega\tau_1} \frac{H(\tau_1)}{a^2(\tau_1)} Q(\tau_1) \left(\int_0^{-\infty} e^{i\omega\tau_2} b(\tau_2 + \tau_1) Q(\tau_2 + \tau_1) d\tau_2 \right) d\tau_1 \\
&= A + \gamma^*(B + C) + (\gamma^*)^2 D. \qquad \square
\end{aligned}$$

最后化简

引理 9.4.6 已经得到

$$E_1(t_0) = \omega \sin 2\omega t_0 \left[A + \gamma^*(B + C) + (\gamma^*)^2 D \right].$$

下面记

$$G(t) = b(t) \frac{3(e^{2t} - e^{-2t} + 4(t - i\pi/2))}{2(e^t + e^{-t})^2} + a(t), \tag{9.4.36}$$

$$\tilde{A} = \int_0^{-\infty} e^{i\omega\tau_2} \left(\int_{-\infty}^{+\infty} e^{2i\omega\tau_1} G(\tau_1)b(\tau_2 + \tau_1)a^2(\tau_2 + \tau_1)d\tau_1 \right) d\tau_2,$$

$$\tilde{B} = \int_0^{-\infty} e^{i\omega\tau_2} \left(\int_{-\infty}^{+\infty} e^{2i\omega\tau_1} G(\tau_1)b(\tau_2 + \tau_1)a^3(\tau_2 + \tau_1)d\tau_1 \right) d\tau_2,$$

$$\tilde{C} = \int_0^{-\infty} e^{i\omega\tau_2} \left(\int_{-\infty}^{+\infty} e^{2i\omega\tau_1} G(\tau_1)a(\tau_1)b(\tau_2 + \tau_1)a^2(\tau_2 + \tau_1)d\tau_1 \right) d\tau_2, \tag{9.4.37}$$

$$\tilde{D} = \int_0^{-\infty} e^{i\omega\tau_2} \left(\int_{-\infty}^{+\infty} e^{2i\omega\tau_1} G(\tau_1)a(\tau_1)b(\tau_2 + \tau_1)a^3(\tau_2 + \tau_1)d\tau_1 \right) d\tau_2.$$

有下列引理.

引理 9.4.7

$$E_1(t_0) = \omega \sin 2\omega t_0 \left[\tilde{A} + \gamma^*(\tilde{B} + \tilde{C}) + (\gamma^*)^2\tilde{D} \right]. \tag{9.4.38}$$

证　令

$$\mathcal{I}_2 = \int_{-\infty}^{+\infty} e^{i\omega t}b(t)a^2(t)dt, \quad \mathcal{I}_3 = \int_{-\infty}^{+\infty} e^{i\omega t}b(t)a^3(t)dt. \tag{9.4.39}$$

则 $\forall t_0, E_0(t_0) = 0$ 等价于

$$\mathcal{I}_2 + \gamma^*\mathcal{I}_3 = 0. \tag{9.4.40}$$

分解 h 得

$$h(\tau_1) = \frac{3(e^{2\tau_1} - e^{-2\tau_1} + 4\tau_1)}{2(e^{\tau_1} + e^{-\tau_1})^2} = \frac{3(e^{2\tau_1} - e^{-2\tau_1} + 4(\tau_1 - i\pi/2))}{2(e^{\tau_1} + e^{-\tau_1})^2} + \frac{3\pi i}{(e^{\tau_1} + e^{-\tau_1})^2}$$

$$= \frac{3(e^{2\tau_1} - e^{-2\tau_1} + 4(\tau_1 - i\pi/2))}{2(e^{\tau_1} + e^{-\tau_1})^2} + \frac{3}{8}\pi i a^2(\tau_1),$$

这样

$$H = a + bh = G + \frac{3}{8}\pi i a^2 b.$$

代入 (9.4.33) 中的 A 得到

$$A = \int_0^{-\infty} e^{i\omega\tau_2} \left(\int_{-\infty}^{+\infty} e^{2i\omega\tau_1} H(\tau_1)b(\tau_2 + \tau_1)a^2(\tau_2 + \tau_1)d\tau_1 \right) d\tau_2$$

$$= \int_0^{-\infty} e^{i\omega\tau_2} \left(\int_{-\infty}^{+\infty} e^{2i\omega\tau_1} G(\tau_1) b(\tau_2 + \tau_1) a^2(\tau_2 + \tau_1) d\tau_1 \right) d\tau_2$$

$$+ \frac{3}{8}\pi i \int_0^{-\infty} e^{i\omega\tau_2} \left(\int_{-\infty}^{+\infty} e^{2i\omega\tau_1} b(\tau_1) a^2(\tau_1) b(\tau_2 + \tau_1) a^2(\tau_2 + \tau_1) d\tau_1 \right) d\tau_2$$

$$\triangleq \tilde{A} + A_1, \tag{9.4.41}$$

其中

$$\tilde{A} = \int_0^{-\infty} e^{i\omega\tau_2} \left(\int_{-\infty}^{+\infty} e^{2i\omega\tau_1} G(\tau_1) b(\tau_2 + \tau_1) a^2(\tau_2 + \tau_1) d\tau_1 \right) d\tau_2,$$

$$A_1 = \frac{3}{8}\pi i \int_0^{-\infty} e^{i\omega\tau_2} \left(\int_{-\infty}^{+\infty} e^{2i\omega\tau_1} b(\tau_1) a^2(\tau_1) b(\tau_2 + \tau_1) a^2(\tau_2 + \tau_1) d\tau_1 \right) d\tau_2.$$

下证

$$A_1 = -\frac{3\pi i}{16} \mathcal{I}_2^2.$$

令 $t_1 = \tau_1 + \tau_2$, 那么

$$A_1 = \frac{3}{8}\pi i \int_0^{-\infty} e^{-i\omega\tau_2} \left(\int_{-\infty}^{+\infty} e^{2i\omega t_1} b(t_1 - \tau_2) a^2(t_1 - \tau_2) b(t_1) a^2(t_1) dt_1 \right) d\tau_2.$$

再令 $t_2 = -\tau_2$, 得到

$$A_1 = -\frac{3}{8}\pi i \int_0^{+\infty} e^{i\omega t_2} \left(\int_{-\infty}^{+\infty} e^{2i\omega t_1} b(t_1 + t_2) a^2(t_1 + t_2) b(t_1) a^2(t_1) dt_1 \right) dt_2.$$

因此

$$A_1 = -\frac{3}{16}\pi i \int_{-\infty}^{+\infty} e^{i\omega\tau_2} \left(\int_{-\infty}^{+\infty} e^{2i\omega\tau_1} b(\tau_1) a^2(\tau_1) b(\tau_2 + \tau_1) a^2(\tau_2 + \tau_1) d\tau_1 \right) d\tau_2$$

$$= -\frac{3}{16}\pi i \int_{-\infty}^{+\infty} e^{i\omega\tau_1} b(\tau_1) a^2(\tau_1) \left(\int_{-\infty}^{+\infty} e^{i\omega(\tau_2 + \tau_1)} b(\tau_2 + \tau_1) a^2(\tau_2 + \tau_1) d\tau_2 \right) d\tau_1$$

$$= -\frac{3}{16}\pi i \left(\int_{-\infty}^{+\infty} e^{i\omega t} b(t) a^2(t) dt \right)^2$$

$$= -\frac{3\pi i}{16} \mathcal{I}_2^2.$$

同理, 简化 B, C, D 可得

$$B + C = B_1 + C_1 + \tilde{B} + \tilde{C}, \qquad D = D_1 + \tilde{D},$$

其中

$$B_1 + C_1 = -\frac{3}{16}\pi i \cdot (2\mathcal{I}_2\mathcal{I}_3),$$
$$D_1 = -\frac{3\pi i}{16}\mathcal{I}_3^2.$$

(9.4.42)

由于

$$A_1 + \gamma^*(B_1 + C_1) + (\gamma^*)^2 D_1 = -\frac{3}{16}\pi i \left(\mathcal{I}_2 + \gamma^*\mathcal{I}_3\right)^2 = 0.$$

因此

$$E_1(t_0) = \omega \sin 2\omega t_0 \left[\tilde{A} + \gamma^*(\tilde{B} + \tilde{C}) + (\gamma^*)^2 \tilde{D}\right].$$

引理得证. □

留数计算

上面已经把 $E_1(t_0)$ 简化到 (9.4.38). 为了进一步计算 $\tilde{A}, \tilde{B}, \tilde{C}$ 和 $\tilde{D}$, 记

$$g(t) = G(t + i\pi/2), \quad \tilde{g}(t) = a(t + i\pi/2)G(t + i\pi/2),$$
$$f(t) = t^4 b(t + i\pi/2)a^2(t + i\pi/2), \quad \tilde{f}(t) = t^5 b(t + i\pi/2)a^3(t + i\pi/2).$$

(9.4.43)

引理 9.4.8　$g(t)$ 和 $\tilde{g}(t)$ 分别是 **R** 上的实解析函数, 而且

(i) $g(t)$ 是奇函数, $\tilde{g}(t)$ 是偶函数;

(ii) $g(0) = 0$, $g'(0) = \frac{\sqrt{2}}{5}i$, $\tilde{g}(0) = -\sqrt{2}ig'(0)$;

(iii) $f(0) = -2\sqrt{2}i$, $\tilde{f}(0) = -4$.

证　(i) 因为

$$a(t) = \frac{2\sqrt{2}}{e^t + e^{-t}}, \quad b(t) = \frac{2\sqrt{2}(e^{-t} - e^t)}{(e^t + e^{-t})^2}.$$

它们分别是 t 的偶函数和奇函数. 把它们沿虚轴方向平移 $\pi/2$ 单位后得到

$$a(t + i\pi/2) = -\frac{2\sqrt{2}i}{(e^t - e^{-t})}, \quad b(t + i\pi/2) = \frac{2\sqrt{2}i(e^{-t} + e^t)}{(e^t - e^{-t})^2}.$$

这样它们的奇偶性发生变化. $a(t + i\pi/2)$ 是 t 的奇函数, $b(t + i\pi/2)$ 是 t 的偶函数. 因此

$$g(t) = \frac{2\sqrt{2}i(e^{-t} + e^t)}{(e^t - e^{-t})^2}\left(\frac{3(e^{2t} - e^{-2t} - 4t)}{2(e^t - e^{-t})^2}\right) - \frac{2\sqrt{2}i}{(e^t - e^{-t})}$$

是 t 的奇函数. 同时, $\tilde{g}(t) = a(t + i\pi/2)g(t)$ 是 t 的偶函数.

虽然 $t = 0$ 是 $g(t)$ 和 $\tilde{g}(t)$ 的奇点, 但均为可去奇点.

$$g(t) = \frac{2\sqrt{2}i(e^{-t} + e^t)}{(e^t - e^{-t})^2}\left(\frac{3(e^{2t} - e^{-2t} - 4t)}{2(e^t - e^{-t})^2}\right) - \frac{2\sqrt{2}i}{(e^t - e^{-t})}$$

$$= \frac{\sqrt{2}}{5}it + O(t^3),$$

$$\tilde{g}(t) = \frac{2}{5} + O(t^2).$$

因此, $g(t)$ 和 $\tilde{g}(t)$ 是 **R** 上的实解析函数.

(ii) 和 (iii) 直接计算可得. 引理 9.4.8 证毕.   □

记

$$F(z,t) = e^{2i\omega z}G(z)b(t + z)a^2(t + z),$$

$$I_\ell = \int_\ell F(z,t)dz.$$

固定 $t \in (-\infty, 0)$. 由引理 9.4.8 知道 $G(z)$ 解析. $F(z,t)$ 的极点是 $z = -t + \left(\frac{\pi}{2} + k\pi\right)i$ $(k \in \mathbf{Z})$, 阶数是四. 作直线

$$\ell_1 = \{z = t_1 + is_1, t_1 \in (-\infty, +\infty), s_1 = 0\},$$
$$\ell_2 = \{z = t_1 + is_1, t_1 \in (-\infty, +\infty), s_1 = \left(3\pi/2 - \omega^{-1}\right)i\}.$$
$$\tag{9.4.44}$$

如图 9.4.1. 根据留数定理

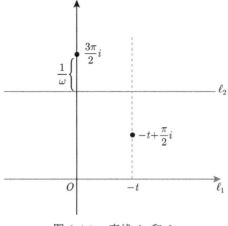

图 9.4.1 直线 ℓ_1 和 ℓ_2

$$I_{\ell_1} = I_{\ell_2} + 2\pi i \operatorname{Res}(F(z,t))|_{z=-t+\pi i/2}.$$

而

$$\mathrm{Res}(F(z,t)) = \frac{1}{3!}\frac{\partial^3}{\partial z^3}[F(z,t)(z+t-\pi i/2)^4]|_{z=-t+\pi i/2}.$$

因为

$$F(z,t)(z+t-\pi i/2)^4 = e^{2i\omega z}G(z)\cdot b(t+z)a^2(t+z)(z+t-\pi i/2)^4 \stackrel{\triangle}{=} u(z)\cdot v(z+t),$$

其中

$$u(z) = e^{2i\omega z}G(z), \quad v(z+t) = b(t+z)a^2(t+z)(z+t-\pi i/2)^4.$$

根据乘积求导法则

$$\frac{\partial^3}{\partial z^3}(u(z)v(z+t))$$
$$= u^{(3)}(z)v(z+t) + 3u^{(2)}(z)v'(z+t) + 3u'(z)v^{(2)}(z+t) + u(z)v^{(3)}(z+t).$$

因为

$$u^{(3)}(z) = [(2i\omega)^3 G(z) + 3(2i\omega)^2 G'(z) + 6i\omega G''(z) + G'''(z)]e^{2i\omega z},$$
$$u^{(2)}(z) = [(2i\omega)^2 G(z) + 2(2i\omega)^2 G'(z) + G''(z)]e^{2i\omega z}.$$

令 $z = -t + \frac{\pi}{2}i$，则

$$u^{(3)}\left(-t+\frac{\pi}{2}i\right) = [(2i\omega)^3 g(-t) + 3(2i\omega)^2 g'(-t) + O(\omega)]e^{-\pi\omega}e^{-2i\omega t}.$$

令 $s = t + z - \frac{\pi}{2}i$，则

$$v(z+t) = b\left(s+\frac{\pi}{2}i\right)a^2\left(s+\frac{\pi}{2}i\right)s^4 = f(s),$$

且当 $z = -t + \frac{\pi}{2}i$ 时，即求 $v\left(\frac{\pi}{2}i\right)$，也就是求 $f(0)$. 而引理 9.4.8 已知 $f(0)$.

总之

$$\frac{\partial^3}{\partial z^3}(u(z)v(z+t))|_{z=-t+\frac{\pi}{2}i}$$
$$= \left[\left((2i\omega)^3 g(-t) + 3(2i\omega)^2 g'(-t)\right)e^{-2i\omega t}f(0)\right.$$
$$\left. + 3(2i\omega)^2 g(-t)e^{-2i\omega t}f'(0) + O(\omega)\right]e^{-\pi\omega}.$$

对积分 I_{ℓ_2}，有下列引理.

引理 9.4.9　*存在与 ω 无关的常数 K，使得*

$$|I_{\ell_2}| < K\omega^8 e^{-3\pi\omega}e^{-|t|}.$$

证 令

$$\rho = 3\pi/2 - \omega^{-1}.$$

根据 $G(t)$ 和 $a^2(t)b(t)$ 的极点分别为四阶, 当 $|t| \to \infty$ 时, 有

$$|G(t+i\rho)| \leqslant K\omega^4 e^{-|t|}, \quad |b(t+i\rho)a^2(t+i\rho)| \leqslant K\omega^4 e^{-3|t|}, \tag{9.4.45}$$

因此

$$I_{\ell_2} = e^{-3\pi\omega+2} \int_{-\infty}^{+\infty} e^{2i\omega t_1} G(t_1+i\rho)b(t+t_1+i\rho)a^2(t+t_1+i\rho)dt_1$$

$$= e^{-3\pi\omega+2}e^{-2i\omega t} \int_{-\infty}^{+\infty} e^{2i\omega t_1} G(t_1-t+i\rho)b(t_1+i\rho)a^2(t_1+i\rho)dt_1.$$

估计模得到

$$|I_{\ell_2}| \leqslant e^{-3\pi\omega+2} \int_{-\infty}^{+\infty} \left| G(t_1-t+i\rho)b(t_1+i\rho)a^2(t_1+i\rho) \right| dt_1$$

$$\leqslant K\omega^8 e^{-3\pi\omega} \int_{-\infty}^{+\infty} e^{-|t_1-t|}e^{-3|t_1|}dt_1$$

$$\leqslant K\omega^8 e^{-3\pi\omega} \int_{-\infty}^{+\infty} e^{-(|t|-|t_1|)}e^{-3|t_1|}dt_1$$

$$\leqslant K\omega^8 e^{-3\pi\omega}e^{-|t|}.$$

对充分大的 ω, $e^{-\pi\omega} \gg e^{-3\pi\omega}$. 所以 I_{ℓ_1} 的主项为留数. 因此

$$\tilde{A} = \int_0^{-\infty} e^{i\omega t}I_{\ell_1}dt = 2\pi i \int_0^{-\infty} e^{i\omega t}\mathrm{Res}(F(z,t))|_{z=-t+\pi i/2}dt$$

$$= \frac{2\pi i}{3!}e^{-\pi\omega}f(0)\left[(2i\omega)^3 \int_0^{-\infty} g(-t)e^{-i\omega t}dt + 3(2i\omega)^2 \int_0^{-\infty} g'(-t)e^{-i\omega t}dt \right]$$

$$+ \frac{2\pi i}{3!}e^{-\pi\omega}f'(0)[3(2i\omega)^2 \int_0^{-\infty} g(-t)e^{-i\omega t}dt] + O(1)e^{-\pi\omega}. \tag{9.4.46}$$

经过计算

$$\int_0^{-\infty} g(-t)e^{-i\omega t}dt = -\int_0^{+\infty} g(t)e^{i\omega t}dt = -\frac{1}{i\omega}\int_0^{+\infty} g(t)de^{i\omega t}$$

$$= \frac{1}{i\omega}g(0) + \frac{1}{(i\omega)^2}\int_0^{+\infty} g'(t)de^{i\omega t}$$

$$= \frac{1}{i\omega}g(0) - \frac{1}{(i\omega)^2}g'(0) + O(\omega^{-3}),$$

$$\int_0^{-\infty} g'(-t)e^{-i\omega t}dt = \frac{1}{i\omega}g'(0) - \frac{1}{(i\omega)^2}g''(0) + O(\omega^{-3}).$$

所以

$$\tilde{A} = \frac{2\pi i}{3!} e^{-\pi\omega} f(0) \left[(2i\omega)^3 \left(\frac{g(0)}{i\omega} - \frac{g'(0)}{(i\omega)^2} \right) + 3(2i\omega)^2 \left(\frac{g'(0)}{i\omega} - \frac{g''(0)}{(i\omega)^2} \right) \right]$$

$$+ \frac{2\pi i}{3!} e^{-\pi\omega} f'(0) \left[3(2i\omega)^2 (\frac{g(0)}{i\omega} - \frac{g'(0)}{(i\omega)^2}) \right] + O(1) e^{-\pi\omega}. \tag{9.4.47}$$

根据引理 9.4.8, $g(0) = 0$, $f(0) = -2\sqrt{2}i$. 最后得到

$$\tilde{A} = 2\pi i e^{-\pi\omega} \cdot \frac{4\sqrt{2}\omega}{3} g'(0) + O(1) e^{-\pi\omega}.$$

经过同样计算得到

$$\tilde{B} = 2\pi i e^{-\pi\omega} \cdot \frac{16\omega^2}{3} g'(0) + O(\omega) e^{-\pi\omega},$$

$$\tilde{C} = 2\pi i e^{-\pi\omega} \cdot \frac{8\omega^2}{3} g'(0) + O(\omega) e^{-\pi\omega}, \tag{9.4.48}$$

$$\tilde{D} = 2\pi i e^{-\pi\omega} \cdot \frac{8\sqrt{2}\omega^3}{3} g'(0) + O(\omega^2) e^{-\pi\omega}.$$

代入

$$\gamma^* = -2\sqrt{2}\omega^{-1} + O(\omega^{-2}).$$

得

$$\tilde{A} + \gamma^* (\tilde{B} + \tilde{C}) + (\gamma^*)^2 \tilde{D} = \left(-\frac{16\pi\omega}{3} + O(1) \right) e^{-\pi\omega},$$

所以

$$E_1(t_0) = \omega \sin(2\omega t_0) [\tilde{A} + \gamma^* (\tilde{B} + \tilde{C}) + (\gamma^*)^2 \tilde{D}] = F(\omega) \sin(2\omega t_0),$$

其中

$$F(\omega) = -\frac{16}{3} \pi e^{-\pi\omega} \omega^2 (1 + O(\omega^{-1})).$$

至此, 定理 9.3.1 的证明已经完成.   □

推论 9.3.1 的证明　因为 $F(\omega)$ 是 ω 的解析函数, 所以除了有限个 ω 外都不为零. 根据命题 9.2.1, 方程 (9.3.1) 存在横截同宿轨道.

第 10 章 秩一吸引子的概念和混沌动力学

秩一吸引子的概念起源于 Benedicks 和 Carleson (1991) 关于 Hénon 映射的研究以及 Benedicks 和 Young (1993, 1994) 对这些研究工作的发展. Wang 和 Young (2001, 2008, 2010) 系统地把该理论发展成了秩一吸引子理论. 研究秩一吸引子的主要目的在于通过建立非一致双曲映射的理论来研究和分析微分方程的动力学行为. 这个目标分两步实现: 首先, 根据给定的微分方程, 引入非一致双曲映射的概念和模型, 发展 Hénon 映射的动力学, 建立更广泛的混沌理论. 其次, 应用新的理论去分析具体的微分方程解的性质.

在秩一理论发展之前, Mora 和 Viana (1993) 曾应用 Newhouse (1974) 的理论把 Hénon 映射理论应用于横截同宿相切映射, 具体内容见文献 (Diaz et al., 1996).

10.1 秩一吸引子的概念和混沌动力学理论

10.1.1 可允秩一映射族

对 $m \geqslant 2$, 记 $\mathcal{A} = S \times D^{m-1}$, 其中 S 是单位圆周, D^{m-1} 是 $m-1$ 维单位圆盘. 对微分同胚 $T_{a,b} : \mathcal{A} \to \mathcal{A}$, 考虑二参数映射族 $\{T_{a,b}, (a,b) \in (a_0, a_1) \times (0, b_0)\}$. 设 $(x_1, y_1) = T_{a,b}(x, y)$, 于是 $T_{a,b}$ 定义为

$$
\begin{aligned}
x_1 &= F(x, y, a) + bu(x, y, a, b), \\
y_1 &= bv(x, y, a, b),
\end{aligned}
\tag{10.1.1}
$$

其中 $x \in S$, $y \in D^{m-1}$. 假设 $F(x, y, a), u(x, y, a, b), v(x, y, a, b)$ 是 (x, y, a, b) 的 C^3 函数, 且它们的 C^3-范数一致有界于 K_0. 此处 K_0 是与 a, b 无关的常数.

记 $f_a(x) = F(x, 0, a)$, 称 $f_a : S \to S$ 为 $T_{a,b}$ 的一维奇异极限映射. 在 (10.1.1) 中, 取 $b = 0$, 即得 $\{f_a\}$. 对充分小的 b, m-维映射 $T_{a,b}$ 可以看作一维奇异极限 f_a 的开折. 用 $C(a) = \{x : f_a'(x) = 0\}$ 表示 f_a 的临界点集. 假设对所有的 $x \in C(a)$, $|\partial_y F(x, 0, a)| \neq 0$, 这意味着在 $C(a)$ 上, 从 f_a 到 $T_{a,b}$ 的开折在 y 方向非退化. 再假设对所有的 $z, z' \in \mathcal{A}$,

$$
\frac{\det(DT_{a,b}(z))}{\det(DT_{a,b}(z'))} < K,
$$

其中 K 是与 b 无关的常数. 这个条件说明切映射在相空间的作用是正则的.

下面对奇异极限映射 $\{f_a\}$ 作一些假设. 首先假设存在 $a_* \in (a_0, a_1)$, 使得 f_{a_*} 是 Misiurewicz 映射. 这个映射是最简单的一维非一致扩张映射 (Misiurewicz, 1981), 它的所有临界点轨道都与临界点集保持一定的距离. 此外, 还要在点 $a = a_*$ 对 f_a 增加参数横截性条件, 即当 a 在 a_* 附近变化时, f_a 的动力学有本质的改变. 这两个条件的精确描述比较烦琐, 有兴趣的读者可参考 Wang 和 Young (2008) 的相关文献. 但重要的是这两个条件都可验证. 例如, 对映射

$$f_a(\theta) = \theta + a + L\Phi(\theta), \tag{10.1.2}$$

假设 $\Phi(\theta)$ 的所有临界点都是非退化的, 则 Wang 和 Young (2002) 已经证明, 对充分大的 L, 存在 a_* 使得 f_{a_*} 是 Misiurewicz 映射, 且在 $a = a_*$ 处满足参数的横截性条件.

满足上面这些条件并有形式 (10.1.1) 的二参数映射族 $T_{a,b}$ 称为**可允秩一映射族**.

10.1.2　秩一吸引子的存在性

如果一维奇异极限映射 f_a 是一致扩张的, 则 $T_{a,b}$ 就是公理 A 螺线管映射 (Smale, 1967). 此时, $T_{a,b}$ 在 x-方向拉伸、y-方向压缩, 它的像在 x-方向绕几圈后再放回到 $\mathcal{A}$ 中. 如此所得不变集的切空间一定存在两个方向: 一个稳定方向和一个不稳定方向. 这样的吸引子为**一致双曲吸引子**, 见图 10.1.1(a).

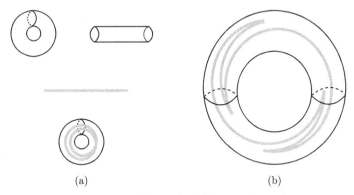

图 10.1.1　(a) 公理 A 螺线管, (b) 秩一吸引子

如果 $T_{a,b}$ 是可允秩一映射, 则它的一维奇异极限 f_a 非一致扩张, 见图 10.1.1(b). 它在 x-方向绕圈时只要遇到 f_a 的临界点就反方向绕圈. 这样的吸引子不存在切空间的全局稳定和不稳定方向.

正是由于切空间不存在全局的稳定和不稳定方向, 图 10.1.1(b) 的可允秩一映射动力学与图 10.1.1(a) 的公理 A 螺线管动力学截然不同. 在秩一吸引子中, 渐

近稳定的周期轨道可以与 Smale 马蹄共存. 从测度论的观点来看, 因为渐近稳定的周期轨道有一个正测度的吸引域, 而马蹄的吸引域为零测度集, 故渐近稳定的周期轨道在数值模拟中**直接可观测到**, 而马蹄则难于观测. 对图 10.1.1(b) 的可允秩一映射, 是否存在可观测的混沌现象呢? 是否存在这样的秩一映射, 它在某个正测度集上具有正的 Lyapunov 指数? 回答这些问题仅有 Smale 马蹄的知识是不够的.

历史上, 人们首先对 Hénon 映射提出了这样的问题, 但一直到 Benedicks 和 Carleson 对 Hénon 映射的分析出现后, 这些问题才得到了解决. Wang 和 Young (2001) 对可允秩一映射推广了 Benedicks 和 Carleson 的分析, 并得到如下秩一吸引子混沌理论的主要定理.

定理 10.1.1　设 $\{T_{a,b} : (a,b) \in (a_1, a_2) \times (0, b_0)\}$ 是可允秩一映射族, 则存在正测度参数集 $\Delta \subset (a_1, a_2) \times (0, b_0)$, 使得对所有的 $(a,b) \in \Delta$, $T_{a,b}$ 在 $\mathcal{A}$ 中 (在 Lebesgue 测度意义下) 几乎处处的点都有正的 Lyapunov 指数.

秩一吸引子混沌理论的内容包括两部分: 第一部分是去构造满足定理的正测度参数集; 第二部分是通过好参数映射所反映出来的局部动力学性质来研究秩一吸引子的全局混沌动力学.

10.1.3　好参数集的归纳构造

设 $\{T_{a,b}\}$ 为可允秩一映射族, 对 $T = T_{a,b}$, 用 $\Omega = \bigcap\limits_{n=0}^{+\infty} T^n(\mathcal{A})$ 表示 T 的吸引子. Wang 和 Young (2001) 通过精细的归纳过程构造正测度的好参数集 Δ 来证明定理 10.1.1. 对 $(a,b) \in \Delta$, 映射 $T = T_{a,b}$ 存在临界集 $\mathcal{C} \subset \Omega$, 且该临界集满足

(i) $\mathcal{C}$ 中的每一点是局部稳定流形和不稳定流形的二次切点.

(ii) 所有临界点的轨道 $\bigcup\limits_{n=-\infty}^{\infty} T^n(\mathcal{C})$ 是 T 在 Ω 中所有的稳定流形和不稳定流形的切点.

对于好参数映射, 临界集 $\mathcal{C}$ 是一个 Cantor 集, 它位于一维奇异极限的临界点附近. 令 x_0 是 f_{a_*} 的临界点, 对固定小的 $\delta > 0$, 记 $Q(x_0) = [x_0 - \delta, x_0 + \delta] \times D^{m-1}$. 对于不同的临界点 $x_0 \in \mathcal{C}(a_*)$, 可得到有限个这样的柱形. 在 T 的每一次作用下都用有限个更细更短的小柱形去替代前面的每一个柱形, 最终得到 Cantor 集 $\mathcal{C}$, 见图 10.1.2.

好参数集与临界集 $\mathcal{C}$ 的构造都是一步一步归纳得到. 每一步始于暂时的好参数集和一些小临界柱形 $Q^{(k-1)}$. 下一步在每个 $Q^{(k-1)}$ 内构造新的临界柱形 $Q^{(k)}$ 时要去掉一些参数, 这些参数破坏局部稳定流形与不稳定流形的二次相切性质. Wang 和 Young 证明, 每一步替代后去掉的参数集测度呈指数下降. 最后得到一个正测度的参数集, 使得映射有如上定义的临界集.

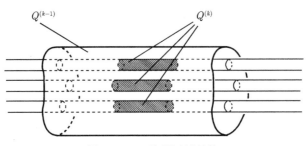

图 10.1.2　临界区域结构

以上描述的参数归纳过程和定理 10.1.1 的证明比较长, 详细内容见 Wang 和 Young (2001, 2008, 2010) 的相关文献.

10.1.4　秩一吸引子的混沌动力学

通过上节的逐步归纳过程我们得到了一类新的混沌吸引子. 这类混沌吸引子是一类真正的非一致双曲吸引子. 它的稳定方向和不稳定方向在切映射下不是保持不变, 而是稳定方向会变成不稳定方向, 不稳定方向也会变成稳定方向. Wang 和 Young (2001) 所建立的秩一理论, 提供我们在几何动力学结构上全面地理解混沌秩一吸引子. 记 $T = T_{a,b}$, 其中 $(a,b) \in \Delta$ 为好参数. 令 $\Omega = \bigcap\limits_{n=0}^{+\infty} T^n(\mathcal{A})$ 为混沌吸引子, $\mathcal{C}$ 为 T 的临界集. 下面介绍三个定理, 这些定理的二维证明见文献 Wang 和 Young (2001), 高维的证明见 Wang 和 Young (2008, 2010).

A. 双曲结构和符号动力学

定理 10.1.2　对任给的 $\varepsilon > 0$,

$$\Lambda_\varepsilon = \{z = (x,y) \in \Omega, d(T^n(z), \mathcal{C}) \geqslant \varepsilon, \forall n \in \mathbb{Z}\}$$

是 Ω 的一致双曲不变子集.

定理 10.1.2 说明临界集 $\mathcal{C}$ 是导致 Ω 中非一致双曲性的真正原因.

下面对 Ω 中的轨道进行编码. 令 $x_1 < x_2 < \cdots < x_q < x_{q+1} = x_1$ 为 f_{a_*} 的临界点, $\mathcal{C}_i$ 为 $\mathcal{C}$ 中靠近 $(x_i, 0) \in \mathcal{A}$ 的那部分. 令 $\Sigma_q = \prod\limits_{-\infty}^{\infty}\{1, 2, \cdots, q\}$ 为 q 个符号的符号空间, $\sigma : \Sigma_q \to \Sigma_q$ 为移位映射.

定理 10.1.3　(a) 不变子集 $\Omega \backslash \mathcal{C}$ 可以分割成互不相交的 q 部分 $A_1, A_2, \cdots, A_q$. 其中点 $z \in A_i$ $(i = 1, 2, \cdots, q)$ 既落在 $\mathcal{C}_i$ 的右边也落在 $\mathcal{C}_{i+1}$ 的左边.

(b) 假设对任意的 j, $f_{a_*}([x_j, x_{j+1}]) \not\supseteq S^1$, 则存在闭不变子集 $\Sigma \subset \Sigma_q$, 使得映射 $\pi : \Sigma \to \Omega$ 满足以下两条性质:

(b_1) 对任意的 $\boldsymbol{s} = (s_i) \in \Sigma$, 它在 Ω 中的像 $\pi(s) = z$ 满足 $\forall i$, $T^i z \in \bar{A}_{s_i}$;

(b_2) π 是连续满射, 且在 $\Sigma \backslash \bigcup\limits_{i=-\infty}^{\infty} T^i \mathcal{C}$ 上是一一对应的, 在 $\bigcup\limits_{i=-\infty}^{\infty} T^i \mathcal{C}$ 上是二对一的.

B. 统计性质

在混沌秩一吸引子上的点, 个别轨道以几乎随机的方式跳来跳去, 每个轨道的发展趋向几乎完全不可预测. 然而, $\mathcal{A}$ 中几乎所有 (在 Lebesgue 测度意义下) 轨道的渐近分布是有统计规律的. 确切地说, 首先把 $\mathcal{A}$ 分解为若干互不相交的子区域的集合. 对 $\mathcal{A}$ 中从任一初始点经过 T 的有限次迭代后得到有限个点组成的轨道, 我们通过数在每个子区域上属于该轨道点的个数来为每次分解定义一个历史记录. 然后取两种极限: 一种极限是令迭代次数趋于无穷, 从而 T 的轨道的点的个数趋于无穷; 另一种极限是加细区域的分割, 使得小区域的最大直径趋于零. 原则上, 在任何一个或两个极限过程中, 不存在任何的原因能预知上述的历史记录会收敛.

但是, 对于混沌秩一吸引子, 对 $\mathcal{A}$ 中几乎所有 (在 Lebesgue 测度意义下) 轨道而言, 不仅上述的历史记录会收敛, 而且它们收敛于有限个数的概率分布. 这些极限分布就是 T 的 Sinai-Ruelle-Bowen(SRB) 测度.

定理 10.1.4　*映射 T 至少存在一个, 至多 q 个, 遍历 SRB 测度, 其中 q 是一维奇异极限映射 f_a 的临界点个数.*

文献 Young (2002) 给出了更多关于 SRB 测度理论的内容. 除了定理 10.1.4 之外, 混沌秩一吸引子还具有中心极限定理、指数混合律以及大方差准则等很好的动力学性质 (Young, 1998; Wang, Young, 2010).

10.2　在常微分方程中的应用

秩一吸引子混沌理论在用具体的微分方程作为模型的工程系统中有许多应用. 本节介绍三个实例.

10.2.1　有同宿轨道的系统的周期扰动

如第 6, 7 章所述, 在一定的扰动参数条件下, 周期扰动的二维自治系统同宿到鞍点的同宿轨道, 可能产生稳定流形和不稳定流形横截相交, 从而产生同宿缠结以及混沌动力学. 同时也存在参数值, 使得稳定流形和不稳定流形扰动后分开. 图 10.2.1 显示了时间-T 映射的两种情况, 其中 T 为受迫力的周期.

早期的研究者只考虑出现图 10.2.1(a) 的同宿缠结, 通过稳定流形和不稳定流形的横截相交来证明混沌性质的存在, 而不考虑图 10.2.1(b) 的情形.

Afraimovich 和 Shil'nikov (1977) 研究了图 10.2.1(b) 的混沌性. 他们建议用返回映射研究同宿轨道的周期扰动动力学. 该返回映射是扩张相空间中同宿轨道邻域内的返回映射. 他们发现, 如果扰动频率充分大, 那么在图 10.2.1 的情形 (b), 扰动系统也存在马蹄动力学.

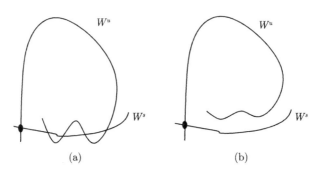

图 10.2.1　　(a) 不变流形的同宿相交, (b) 不相交的不变流形

在 Afraimovich 和 Shil'Nikov 研究的基础上, Wang 和 Ott (2011) 严格推导了具有同宿到鞍点的同宿轨道的系统在周期扰动下的返回映射表达式. 他们证明当鞍点是耗散的而且非共振时, 返回映射是一族秩一映射, 其一维奇异极限具有下列形式:

$$f_a(\theta) = \theta + a + \frac{\omega}{\beta} \ln M(\theta),$$

其中 ω 是外力频率, β 是鞍点的不稳定特征值, $M(\theta)$ 是 Melnikov 函数, 常数 a 为

$$a = \frac{\omega}{\beta} \ln \mu^{-1} + K,$$

其中 μ 是扰动参数, K 是由方程确定的常数. 如果 Melnikov 函数 $M(\theta)$ 满足 $\min_\theta M(\theta) > 0$ (此即图 10.2.1 的情形 (b)), 且 $M(\theta)$ 的所有临界点非退化, 则当外力频率充分大时, 返回映射是一族可允秩一映射. 因此存在参数 μ 的正测度集, 使得扰动方程出现混沌的秩一吸引子.

考虑 Duffing 方程

$$\frac{d^2q}{dt^2} + (\lambda - \gamma q^2)\frac{dq}{dt} - q + q^3 = \mu \sin(\omega t). \tag{10.2.1}$$

当 $\mu = 0$ 时, 易证对充分小的 $\lambda_0 > 0$, 存在 $\gamma = \gamma_0$, 使得方程 (10.2.1) 有同宿到鞍点的同宿轨道 ℓ_0. Wang 和 Ott (2011) 证明的下列定理说明, 在 ℓ_0 的邻域内存在直接可观测的全局混沌吸引子.

定理 10.2.1　对上述给定的参数 $\lambda_0 > 0$, γ_0 和同宿轨道 ℓ_0, 在 $(\gamma_0, \infty, 0)$ 附近存在正测度参数集 Δ, 使得当 $(\gamma, \omega, \mu) \in \Delta$ 时, Duffing 方程 (10.2.1) 在 ℓ_0 的开邻域内存在唯一的混沌秩一吸引子.

10.2.2　具有超临界 Hopf 分枝的自治系统的周期脉冲参数激励

在 3.2 节, 我们已研究过脉冲参数激励的二阶线性系统. 现在考虑有 Hopf 分枝极限环的周期脉冲参数激励的二阶非线性系统. 电路开关控制系统、神经科学、生态学的数学模型, 常常通过周期脉冲参数激励的扰动系统来模拟.

设 $x \in \mathbb{R}^m, m \geqslant 2$. 考虑下列含参数 μ 的微分方程

$$\frac{dx}{dt} = A_\mu x + f_\mu(x), \qquad (10.2.2)$$

其中 A_μ 是 $m \times m$ 矩阵, 向量值函数 $f_\mu(x)$ 关于 x 至少是 2 阶的. 假设在 $\mu = 0$ 附近, 矩阵 A_μ 有一对共轭复根 $\lambda_{1,2} = a(\mu) \pm \omega(\mu)\sqrt{-1}$, 满足 $a(0) = 0, \omega(0) \neq 0$. A_μ 的其他 $m - 2$ 个特征值均具有有负实部. 在 $x = 0$ 处, 方程 (10.2.2) 有局部中心流形 W^c, 其上诱导的方程可用复变量表示为下列规范形

$$\dot{z} = (a(\mu) + i\omega(\mu))z + k_1(\mu)z^2\bar{z} + k_2(\mu)z^3\bar{z}^2 + \cdots, \qquad (10.2.3)$$

这里, $k_1(\mu)$, $k_2(\mu)$ 是复数. 当 $\mathrm{Re}(k_1(0)) \neq 0$ 时方程 (10.2.2) 将从平衡点 $x = 0$ 产生小振幅的周期解, 称为 Hopf 分枝. 当 $\mathrm{Re}(k_1(0)) < 0$ 时, 称为超临界 Hopf 分枝; 当 $\mathrm{Re}(k_1(0)) > 0$ 时, 称为次临界 Hopf 分枝.

对方程 (10.2.2) 增加周期脉冲扰动得到下列新方程

$$\frac{dx}{dt} = A_\mu x + f_\mu(x) + \varepsilon\Phi(x)\sum_{n=-\infty}^{+\infty}\delta(t - nT), \qquad (10.2.4)$$

其中 ε 表示外力的强度, $\Phi(x)$ 满足 $\Phi(0) = 0$, $\delta(t)$ 为 δ-函数.

对小的 μ 值, 在稳定周期解邻域内计算时间 T 映射. 计算结果表明, 该时间 T 映射是一族秩一映射, 它的一维奇异极限有下列形式

$$f_a(\theta) = \theta + a + L\phi(\theta),$$

其中 $a \approx \omega(0)T \bmod(2\pi)$; $\phi(\theta) = \phi_0(\theta) + \mathcal{O}(\sqrt{\mu}) + \mathcal{O}(\varepsilon)$, $\phi_0(\theta)$ 由 A_0 和 $D\Phi(0)$ 确定; $L \approx \varepsilon \cdot \tau$ 且

$$\tau = \left|\frac{\mathrm{Im}(k_1(0))}{\mathrm{Re}(k_1(0))}\right|.$$

通常, Wang 和 Young (2003) 分四步对方程 (10.2.4) 证明混沌秩一吸引子的存在性.

(i) 计算 $\phi_0(\theta)$, 再验证它的所有临界点非退化;

(ii) 计算 (10.2.3) 的规范形, 得到系数 $k_1(0)$. 选取使得 τ 大的方程;

(iii) 令 μ 和 ε 充分小, 使得 $\phi(\theta)$ 近似于 $\phi_0(\theta)$, 同时要求 $L = \tau \cdot \varepsilon$ 充分大.

(iv) 得出结论: 存在周期 T 的正测集, 使得方程 (10.2.4) 出现混沌的秩一吸引子.

对于具体的如图 10.2.2(a) 所示的 Chua 氏电路系统, 通过周期地打开和合上开关产生周期脉冲内扰动. 按以上四步分析电路微分方程, 探索出现混沌秩一

吸引子的参数范围. 再在实验室重建电路, 选取参数范围内的参数模拟, 可得到图 10.2.2(b) 的结果.

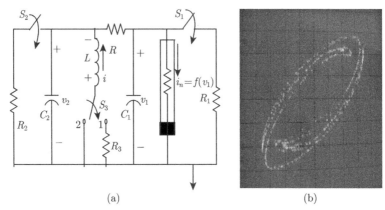

(a)　　　　　　　　　　　　(b)

图 10.2.2　　(a) Chua 氏电路, (b) 混沌秩一吸引子

Oksasoglu 和 Wang (2008) 将上述理论应用于分析 Chua 氏电路, 并由 Demirkol 等 (2009) 完成了电路制作.

10.2.3　存在极限环的自治系统的周期脉冲参数激励

对 $x \in \mathbb{R}^2$, 假设方程

$$\frac{dx}{dt} = f(x) \tag{10.2.5}$$

存在渐近稳定的周期解, $f(x)$ 是 C^4 函数. 方程 (10.2.5) 在周期脉冲参数激励 $\varepsilon P_{T,p}(t)\Phi(x)$ 下有模型方程

$$\frac{dx}{dt} = f(x) + \varepsilon P_{T,p}(t)\Phi(x), \tag{10.2.6}$$

其中

$$P_{T,p}(t) = \sum_{n=-\infty}^{\infty} P_p(t - nT) \tag{10.2.7}$$

是 T-周期脉冲函数,

$$P_p(t) = \begin{cases} \dfrac{1}{p}, & 0 < t \leqslant p, \\ 0, & p < t < T. \end{cases} \tag{10.2.8}$$

$\Phi(x)$ 为描述内力的函数. 可以证明方程 (10.2.6) 的时间 T 映射在适当的条件下是可允秩一映射 (Oksasoglu, Wang, 2008). 因此系统 (10.2.6) 也存在混沌秩一吸引子.

考虑平面系统（Chen, Han, 2009）

$$\dot{x} = 2Bxy + \varepsilon(x + ax^2),$$
$$\dot{y} = 1 - 2Ax - By^2. \tag{10.2.9}$$

当 $\varepsilon = 0$ 时, 系统 (10.2.9) 有三个平衡点 $O_1\left(0, \dfrac{1}{\sqrt{B}}\right)$, $O_2\left(0, -\dfrac{1}{\sqrt{B}}\right)$, $O_3\left(\dfrac{1}{2A}, 0\right)$. 其中 O_1, O_2 为鞍点, O_3 为中心. 方程 (10.2.9) 存在由连接鞍点 O_1, O_2 的两条异宿轨道 ℓ_1 和 ℓ_2 构成的异宿环, 其中

$$\ell_1 = \left\{ \left(\frac{1}{A}\mathrm{sech}^2(t_0 - t), \frac{1}{\sqrt{B}}\tanh(t_0 - t)\right) : t \in \mathbf{R} \right\},$$

$$\ell_2 = \left\{ \left(0, -\frac{1}{\sqrt{B}}\tanh(t_0 - t)\right) : t \in \mathbf{R} \right\}.$$

根据 (6.4.21) 式, 对自治系统

$$I(\varepsilon) : \dot{X} = f_0(X) + \varepsilon f_1(X, \varepsilon), \ X \in \mathbf{R}^2,$$

假设当 $\varepsilon = 0$ 时, $I(0)$ 有一个顺时针方向的异宿环. 考虑 Melnikov 函数

$$M = \int_{-\infty}^{\infty} (f_0(\ell_1) \wedge f_1(\ell_1, 0)) e^{-\int_0^t \mathrm{div} f_0(\ell_1(\tau))d\tau} dt.$$

如果 $\varepsilon M < 0$ 且 $I(\varepsilon)$ 有一个不稳定焦点, 则对充分小的 ε, $I(\varepsilon)$ 存在稳定的极限环.

对于方程 (10.2.9), 当 $A = 1$, $B = 1$ 时, $M = \dfrac{4}{3} + \dfrac{16a}{15}$. 中心 $O_3\left(\dfrac{1}{2}, 0\right)$ 变为焦点 $O_3'(x', y')$. 由于发散量 $\mathrm{div}F(O_3') = \varepsilon(1 + a) + \mathcal{O}(\varepsilon^2)$. 所以对 $\varepsilon < 0$ 以及 $-\dfrac{5}{4} < a < -1$, 有 $\varepsilon M < 0$ 且 $\mathrm{div}F(O_3') > 0$. 因此, 系统 (10.2.9) 存在一个稳定的极限环, 见图 10.2.3.

考虑方程 (10.2.9) 的周期扰动系统

$$\dot{x} = 2Bxy + \varepsilon(x + ax^2) - \mu\Phi(x)P_{T,p}(t),$$
$$\dot{y} = 1 - 2Ax - By^2, \tag{10.2.10}$$

其中 $P_{T,p}(t)$ 同 (10.2.7) 式, $\Phi(x) = x$.

为了模拟 (10.2.10) 的秩一混沌吸引子, 先固定参数 $A = 1$, $B = 1$, $\varepsilon = -1$, $a = -1.23$, $p = 0.5$, $\mu = 0.4$. 观察 (10.2.10) 的时间 T 映射, 当 T 变化时通过数值计算, 我们得到如图 10.2.4—图 10.2.6 所示的秩一混沌吸引子. 其中 (a) 是相图 $(x(kT), y(kT))$, (b) 是 $x(kT)$ 的时间序列, (c) 是 $x(kT)$ 的 Fourier 频谱.

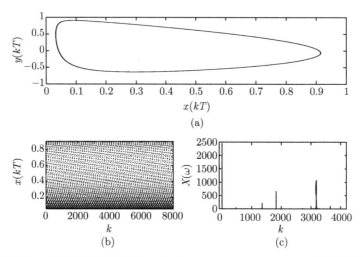

图 10.2.3　方程 (10.2.9) 当 $A = 1$, $B = 1$, $\varepsilon = -1$, $a = -1.23$ 时的极限环

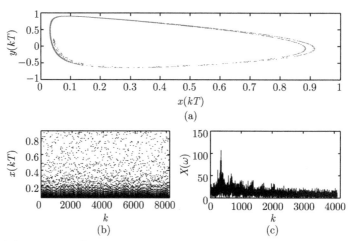

图 10.2.4　方程 (10.2.10) 当 $A = 1$, $B = 1$, $\varepsilon = -1$, $a = -1.23$, $\mu = 0.4$, $T = 30$ 时的秩一
混沌吸引子

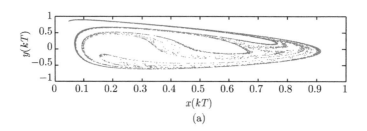

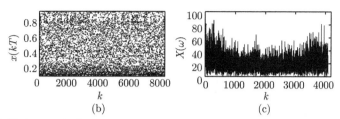

图 10.2.5 方程 (10.2.10) 当 $A = 1$, $B = 1$, $\varepsilon = -1$, $a = -1.23$, $\mu = 0.4$, $T = 10$ 时的秩一混沌吸引子

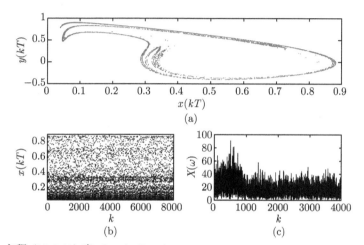

图 10.2.6 方程 (10.2.10) 当 $A = 1$, $B = 1$, $\varepsilon = -1$, $a = -1.23$, $\mu = 0.4$, $T = 8$ 时的秩一混沌吸引子

第 11 章 耗散鞍点的同宿缠结动力学

我们在第 6 章中所介绍的 Melnikov 方法和第 7 章中的应用例子面对的是可积系统的周期扰动系统. 它为可积系统的双曲鞍点的稳定流形和不稳定流形在小扰动下是否同宿缠结而导致 Smale 马蹄和符号动力学行为的存在提供了简洁和直接判定, 并具有精确的数学分析的可计算性.

然而, 该方法并未考虑扰动强度 ε 的尺度变化对系统混沌性质的影响. 关于同宿缠结的动力学结构的了解, 仅仅证明 Smale 马蹄的存在性是远远不够的. 事实上, 马蹄理论无法对大量的数值模拟中出现的混沌图作出圆满的解释. 一般来说, 出现在数值计算中的动力学结构应有 Lebesgue 正测度的吸引域. 但 Smale 马蹄的吸引域是 Lebesgue 零测度集. 因此, 数值计算中出现的混沌图很可能并不对应于 Smale 马蹄.

近二十年来, 对于非一致双曲映射的研究, 充分表明了在一般情况下混沌的动力学结构远比 Smale 马蹄复杂. SRB 测度理论, Newhouse 的同宿相切理论和第 10 章中介绍的秩一混沌理论所揭示的动力学都远比 Smale 马蹄的存在更为深刻和完整.

本章介绍由 Wang 和 Oksasoglu (2008, 2011) 所发展的同宿缠结理论. 该理论为非一致双曲映射理论在具体微分方程中的应用提供了新的途径, 对同宿缠结的整体动力学结构给出了更为精细和系统、完整的描述.

11.1 基本方程和返回映射

本节研究自治微分方程

$$\frac{dx}{dt} = -\alpha x + f(x, y),$$
$$\frac{dy}{dt} = \beta y + g(x, y), \tag{11.1.1}$$

其中 $f(x, y), g(x, y)$ 是 $V \subset \mathbf{R}^2$ 上的解析函数, 满足 $f(0,0) = g(0,0) = \partial_x f(0,0) = \partial_y f(0,0) = \partial_x g(0,0) = \partial_y g(0,0) = 0$.

兹假设

(H_1) (i) $0 < \beta < \alpha$, 且 α 与 β 不可通约, 即不存在正整数 m, n, 使得 $\frac{\alpha}{\beta} = \frac{m}{n}$.

(ii) (11.1.1) 存在同宿到鞍点 $O(0,0)$ 的同宿轨道 $\ell = \{(a(t), b(t)) : t \in \mathbf{R}\}$.

(H_1) (i) 说明平衡点 $(0,0)$ 是非共振的耗散鞍点. $-\alpha, \beta$ 为它的两个特征值, 相应的单位特征向量为 $\xi_{-\alpha} = \begin{pmatrix} 1 \\ 0 \end{pmatrix}$, $\xi_{\beta} = \begin{pmatrix} 0 \\ 1 \end{pmatrix}$.

对 (11.1.1) 加周期扰动, 得到

$$
\begin{aligned}
\frac{dx}{dt} &= -\alpha x + f(x,y) + \mu P(x,y,t), \\
\frac{dy}{dt} &= \beta y + g(x,y) + \mu Q(x,y,t),
\end{aligned}
\tag{11.1.2}
$$

其中 $P(x,y,t), Q(x,y,t)$ 满足:

(H_2) $P(x,y,t), Q(x,y,t)$ 是 $V \times \mathbf{R}$ 上只含关于 (x,y) 的二次和二次以上项的解析函数, 是时间 t 的解析周期函数, 即存在 $T > 0$, 使得 $\forall (x,y) \in V$, $P(x,y,t) = P(x,y,t+T)$, $Q(x,y,t) = Q(x,y,t+T)$.

记同宿轨道 ℓ 的单位切向量为

$$
\tau_\ell(t) = \left| \frac{d\ell(t)}{dt} \right|^{-1} \frac{d\ell(t)}{dt} \triangleq (u,v),
$$

$\tau_\ell^\perp(t) = (v, -u)$ 表示单位法向量. 易知

$$
\lim_{t \to -\infty} \tau_\ell(t) = \xi_\beta, \qquad \lim_{t \to +\infty} \tau_\ell(t) = -\xi_{-\alpha}.
$$

类似于 (6.4.21) 式, 定义 Melnikov 函数

$$
\mathcal{W}(\theta) = \int_{-\infty}^{\infty} [(P(\ell(t), t+\theta), Q(\ell(t), t+\theta)) \cdot \tau_\ell^\perp(t)] e^{-\int_0^t E_\ell(s)ds} dt,
\tag{11.1.3}
$$

其中

$$
E_\ell(t) = \tau_\ell^\perp(t) \begin{pmatrix} -\alpha + \partial_x f(\ell(t)) & \partial_y f(\ell(t)) \\ \partial_x g(\ell(t)) & \beta + \partial_y g(\ell(t)) \end{pmatrix} \tilde{\tau}_\ell^\perp(t)
\tag{11.1.4}
$$

表示同宿轨道在时刻 t 的法向扩张率.

注 (11.1.3) 所定义的 Melnikov 函数 $\mathcal{W}(\theta)$ 与关于 Hamilton 扰动系统的 Melnikov 函数 (6.4.21) 之间的关系推导可参考本章附录一.

记 $m = \min_{\theta \in (0,T]} \mathcal{W}(\theta)$, $M = \max_{\theta \in (0,T]} \mathcal{W}(\theta)$. 假设

(H_3) (i) $\mathcal{W}(\theta)$ 是 Morse 函数, 即其所有临界点都是非退化的;

(ii) $\mathcal{W}(\theta)$ 的零点非退化, 即如果 $\mathcal{W}(\theta_0) = 0$, 则 $\mathcal{W}'(\theta_0) \neq 0$;

(iii) $m < 0 < M$.

在假设 (H_1)—(H_3) 下, 为研究方程 (11.1.2) 的动力学, 需要引进下面定义的返回映射.

考虑方程 (11.1.2) 的扭扩系统

$$\frac{dx}{dt} = -\alpha x + f(x,y) + \mu P(x,y,\theta),$$
$$\frac{dy}{dt} = \beta y + g(x,y) + \mu Q(x,y,\theta), \qquad (11.1.5)$$
$$\frac{d\theta}{dt} = 1.$$

称空间 (x,y,θ) 为扭扩相空间.

以 ε 为半径作点 $(0,0)$ 的小邻域 U_ε. 在 $U_{\frac{\varepsilon}{4}}$ 外作同宿轨道 ℓ 的邻域 D, 令 $\sigma^\pm$ 为 $U_\varepsilon \cap D$ 中分别垂直于同宿轨道的小线段, 记

$$\mathcal{U}_\varepsilon = U_\varepsilon \times S^1, \quad \mathbf{D} = D \times S^1, \quad \Sigma^\pm = \sigma^\pm \times S^1.$$

如图 11.1.1. 记 $-L_-, L_+$ 分别为同宿轨道上距离鞍点 $\frac{\varepsilon}{2}$ 处的时刻, 即 $|\ell(-L_-) - (0,0)| = \frac{\varepsilon}{2}$, $|\ell(L_+) - (0,0)| = \frac{\varepsilon}{2}$. 返回映射是从 Σ^- 回到 Σ^- 的映射.

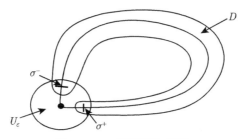

图 11.1.1　同宿环的邻域

命题 11.1.1 *存在坐标变换* $\mathcal{L}_\mu : (x,y) \to (X,Y)$,

$$\begin{pmatrix} x \\ y \end{pmatrix} = \begin{pmatrix} X \\ Y \end{pmatrix} + \begin{pmatrix} F(X,Y) \\ G(X,Y) \end{pmatrix} + \mu \begin{pmatrix} \tilde{F}(X,Y,\theta) \\ \tilde{G}(X,Y,\theta) \end{pmatrix}, \qquad (11.1.6)$$

使得方程 (11.1.5) *在* U_ε *内可线性化为*

$$\frac{dX}{dt} = -\alpha X, \quad \frac{dY}{dt} = \beta Y, \quad \frac{d\theta}{dt} = 1. \qquad (11.1.7)$$

在扭扩相空间 (X,Y,θ) 中, 令

$$\Sigma^- = \{(X,Y,\theta) : Y = \varepsilon, |X| < \mu, \theta \in S^1\},$$

$$\Sigma^+ = \{(X, Y, \theta) : X = \varepsilon, |Y| < K_1(\varepsilon)\mu, \theta \in S^1\}.$$

再作 X, Y 的变量变换

$$\mathbb{X} = \mu^{-1}X, \qquad \mathbb{Y} = \mu^{-1}Y.$$

上面的讨论中涉及两个小尺度参数 ε, μ 和常数 K_1. 选取小 ε 的目的是在邻域 U_ε 内使方程 (11.1.5) 线性化. 而 μ 是扰动强度, 恒设

$$\mu \ll \varepsilon \ll 1. \tag{11.1.8}$$

至于常数 K, 其表示与相变量、时间以及 μ 无关的常量, 在不同的场合 K 代表的值是不同的. 在某些必要的情况下, 我们也会用 $K_1, K_2, \cdots$ 表示不同的 K 值. 与 ε 有关的常量记作 $K_1(\varepsilon), K_2(\varepsilon)$ 等.

为了便于推导返回映射, 需要引进新参数 $h = \ln \mu^{-1}$. 把所有 μ 的函数看作 h 的函数. 这样, 扰动项相对于 h 求导后还是扰动项. 这是因为 $\partial_h F(\mu) = -\mu \partial_\mu F(\mu)$.

我们还要对符号 $\mathcal{O}$ 作如下说明: 一个好的返回映射表达式中必然包含显项和隐项, 隐项通常是误差项. 误差项估计得好与不好, 直接影响映射的动力学分析.

我们用 $\mathcal{O}(1), \mathcal{O}(\varepsilon), \mathcal{O}(\mu)$ 分别表示满足 $|\mathcal{O}(1)| < K, |\mathcal{O}(\varepsilon)| < K\varepsilon, |\mathcal{O}(\mu)| < K(\varepsilon)\mu$ 的常数. 对一组变量 V, $\mathcal{O}_V(1), \mathcal{O}_V(\varepsilon), \mathcal{O}_V(\mu)$ 是关于 V 的函数, 它们的 C^r-范数满足 $\|\mathcal{O}_V(1)\|_{C^r} < K, \|\mathcal{O}_V(\varepsilon)\|_{C^r} < K\varepsilon, \|\mathcal{O}_V(\mu)\|_{C^r} < K(\varepsilon)\mu$. 例如, $\mathcal{O}_{Z,\theta}(\mu)$ 是 Z, θ 的函数, 它关于 Z, θ 的 C^r-范数满足 $\|\mathcal{O}_{Z,\theta}(\mu)\|_{C^r} < K(\varepsilon)\mu$.

记

$$M_+ = e^{\int_0^{L_+} E_\ell(s)ds}, \qquad M_- = e^{\int_{-L_-}^0 E_\ell(s)ds}.$$

定理 11.1.1 设返回映射 $\mathcal{R} : \Sigma^- \to \Sigma^-$ 为 $(\theta_1, \mathbb{X}_1) = \mathcal{R}(\theta, \mathbb{X})$, 则

$$\theta_1 = \theta + a - \frac{1}{\beta} \ln \mathbb{F}(\theta, \mathbb{X}, \mu) + \mathcal{O}_{\theta, \mathbb{X}, h}(\mu),$$
$$\mathbb{X}_1 = b[\mathbb{F}(\theta, \mathbb{X}, \mu)]^{\frac{\alpha}{\beta}}, \tag{11.1.9}$$

其中

$$a = \frac{1}{\beta} \left(\ln \mu^{-1} + \ln \frac{\varepsilon}{(1 + \mathcal{O}(\varepsilon))M_+} \right) + (L_- + L_+),$$
$$b = (\mu\varepsilon^{-1})^{\frac{\alpha}{\beta}-1}[(1 + \mathcal{O}(\varepsilon))M_+]^{\frac{\alpha}{\beta}} \tag{11.1.10}$$

为常数.

$$\mathbb{F}(\theta, \mathbb{X}, \mu) = \mathcal{W}(\theta) + M_-(1 + \mathcal{O}(\varepsilon))\mathbb{X} + \mathbb{E}(\theta) + \mathcal{O}_{\theta, \mathbb{X}, h}(\mu), \tag{11.1.11}$$

其中 $\mathcal{W}(\theta)$ 是 (11.1.3) 式定义的 Melnikov 函数, 且

$$\mathbb{E}(\theta) = ((M_+)^{-1} + M_-)\mathcal{O}_\theta(1). \tag{11.1.12}$$

为了分析返回映射 $\mathcal{R}$ 的动力学, 兹作以下几点说明.

(i) 因为 $\dfrac{\alpha}{\beta} - 1 > 0$, 所以当 $\mu \to 0$ 时, $\boldsymbol{b} \to 0$. 因此二维映射 $\mathcal{R}$ 是下列一维映射的开折:

$$f_h(\theta) = \theta + \boldsymbol{a} - \frac{1}{\beta}\ln(\mathcal{W}(\theta) + \mathbb{E}(\theta)).$$

(ii) $M_+ \sim \varepsilon^{-\frac{\beta}{\alpha}}$, $M_- \sim \varepsilon^{\frac{\alpha}{\beta}}$.

根据邻域 U_ε 内线性映射解 $X = X_0 e^{-\alpha t}$, $Y = Y_0 e^{\beta t}$, 当 $t = -L_-$ 时, $Y = \varepsilon$, 当 $t = L_+$ 时, $X = \varepsilon$. 所以

$$\varepsilon \sim e^{-\beta L_-} \sim e^{-\alpha L_+}.$$

又由 $\lim\limits_{t \to +\infty} E_\ell(t) = \beta$, $\lim\limits_{t \to -\infty} E_\ell(t) = -\alpha$ 得

$$M_+ = e^{\int_0^{L_+} E_\ell(s)ds} \sim e^{\beta L_+} = e^{-\alpha L_+ \cdot \frac{\beta}{-\alpha}} \sim \varepsilon^{-\frac{\beta}{\alpha}},$$

$$M_- = e^{\int_{-L_-}^0 E_\ell(s)ds} \sim e^{-\alpha L_-} = e^{-\beta L_- \cdot \frac{\alpha}{\beta}} \sim \varepsilon^{\frac{\alpha}{\beta}}.$$

而

$$\frac{\partial \mathbb{F}(\theta, \mathbb{X}, \mu)}{\partial \mathbb{X}} \approx M_- \gg \mathcal{O}(\mu),$$

所以二维映射 $\mathcal{R}$ 是一维映射 f_μ 在 $\mathbb{X}$-方向的非退化开折.

(iii) $\boldsymbol{a} \approx \dfrac{1}{\beta}\ln\mu^{-1} + \mathcal{K}$, 其中

$$\mathcal{K} = \lim_{t \to -\infty} \frac{1}{\beta}\ln[|\ell(t)|e^{-\beta t}] + \frac{1}{\beta}\int_0^{+\infty} (\beta - E_\ell(s))ds \text{ 是常数}.$$

所以当 $\mu \to 0$ 时, $\boldsymbol{a} \to +\infty$.

(iv) $\mathbb{E}(\theta) \sim \varepsilon^{\frac{\alpha}{\beta}}\mathcal{O}_\theta(1)$.

定理 11.1.1 中的公式 $\mathcal{R}$ 是推导本节主要结果的基础. 定理 11.1.1 的详细证明见 9.4 节.

11.2　动力学结果

记环面 $\Sigma^- = S^1 \times I$, 其中 S^1 为圆周, 区间 $I = [-1, 1]$. 用变量 θ 和 $\mathbb{X}$ 分别表示 S^1 以及 I 上的点, 并且 θ 为水平方向, $\mathbb{X}$ 为垂直方向. Σ^- 由若干区域组成, 区域的边界由

$$\mathbb{F}(\theta, \mathbb{X}, \mu) = 0 \tag{11.2.1}$$

决定. 因为 $\mathcal{W}(\theta)$ 的所有零点非退化, 则对充分小的 ε, (11.2.1) 式的解是 Σ^- 中有限条互不相交的几乎垂直曲线. 这些几乎垂直曲线把 Σ^- 分成有限个竖条, 其中每一个竖条上 $\mathbb{F} = \mathbb{F}(\theta, \mathbb{X}, \mu)$ 的符号相同, 并且沿着 θ 的方向在不同的竖条上 $\mathbb{F}$ 的符号交替变化. 记 $\mathbb{F} > 0$ 的竖条为 U, $\mathbb{F} < 0$ 的竖条为 V. (11.1.9) 式中的对数函数要求返回映射 $\mathcal{R}$ 定义在 U 上.

记 $U = \bigcup\limits_{i=1}^{k} U_i$. 则 $\mathcal{R}$ 对每一个 U_i 的作用如下: 垂直方向压缩, 水平方向拉伸, 并向两端无限延伸. 然后折叠绕环面 Σ^- 无穷多次, 如图 11.2.1.

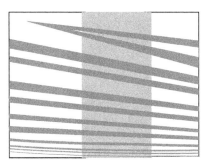

图 11.2.1   映射 $\mathcal{R}$ 的动力学结构

把 μ 看作参数, 记返回映射为 $\mathcal{R}_\mu$, 且

$$\Omega_\mu = \{(\theta, \mathbb{X}) \in U : \mathcal{R}_\mu^n(\theta, \mathbb{X}) \in U, \forall n \geqslant 0\}, \quad \Lambda_\mu = \bigcap_{n \geqslant 0} \mathcal{R}_\mu^n(\Omega_\mu). \qquad (11.2.2)$$

则 $\mathcal{R}_\mu$ 的同宿缠结几何动力学结构都体现在 Λ_μ 中. 显然, 对充分小的所有 μ, Λ_μ 含有一个无穷符号的马蹄, 该马蹄包含了 Smale 马蹄以及它的各种变化. 无穷符号马蹄存在于所有的同宿缠结中.

Λ_μ 的结构敏感依赖于折叠部分在 Σ^- 中的位置. 如果所有竖条 U_i ($i = 1, \cdots, k$) 的折叠部分落在 V 内部, 那么同宿缠结简化为一个无穷符号的马蹄. 如果折叠部分落在 U_i 内部, 那么同宿缠结会出现强吸引的周期解或 Newhouse 汇以及与同宿切有关的似 Hénon 吸引子. 由返回映射 $\mathcal{R}_\mu$ 的表达式 (11.1.9) 知道, 当 $\mu \to 0$ 时, 所有 $\mathcal{R}_\mu(U_i)$ ($i = 1, \cdots, k$) 的折叠部分相对固定地以常速率 (关于 $\boldsymbol{a} \sim \ln \mu^{-1}$) 向 $\theta = +\infty$ 作水平移动, 无穷次横穿 U 和 V. 因此, $\mathcal{R}_\mu$ 的动力学可归结为如下三类主要现象.

(a) 如果 $\mathcal{R}_\mu(U_i)$ ($i = 1, \cdots, k$) 的折叠部分全含在 V 内部时, 整个同宿缠结就简化为一个无穷符号马蹄.

(b) 对一维映射

$$f_h(\theta) = \theta + \boldsymbol{a} - \frac{1}{\beta} \ln(\mathcal{W}(\theta) + \mathbb{E}(\theta)),$$

当 $\mu \to 0$ 时存在无穷多的 μ 值, 使得 $f(\theta_c) = \theta_c$, 其中 $\theta_c = \theta_c(\mu)$ 是 f 的临界点, 即 $f'(\theta_c(\mu)) = 0$. 这些同宿缠结出现强吸引的周期解.

(c) 当 $\mu \to 0$ 时, 存在无穷多个 μ 值使得马蹄的周期鞍点的不稳定流形与稳定流形同宿相切. 则在每一个 μ 值附近存在无穷多个 Newhouse 周期汇和似 Hénon 吸引子. 见图 11.2.2.

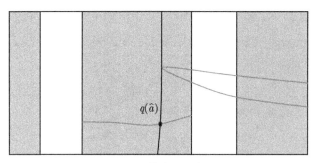

图 11.2.2　横穿地同宿相切

因此, 当 $\mu \to 0$ 时, 方程 (11.1.5) 的同宿缠结动力学结构敏感依赖于 μ 值, 但存在一个固定的动力学模式. 这个模式在每个长度为 T 的区间上关于参数 $\boldsymbol{a} \sim \ln \mu^{-1}$ 重复出现. 当 $\mu \to 0$ 时, 现象 (a)—(c) 快速交替出现. 扰动函数 $P(x, y, t)$ 和 $Q(x, y, t)$ 主要通过 Melnikov 函数影响同宿缠结动力学结构. Melnikov 函数决定了 Σ^- 中竖条的个数以及竖条在 $\mathcal{R}$ 作用下的折点个数.

对于上述现象 (a)—(c), 严格的同宿缠结动力学叙述如下. 对方程 (11.1.5), 我们假设 (H_1)—(H_3), 且 Melnikov 函数 $\mathcal{W}(\theta)$ 有两个临界点.

定理 11.2.1　存在趋向于 0 的 μ 序列, 记作

$$1 \gg \mu_1^{(r)} > \mu_1^{(l)} > \cdots > \mu_n^{(r)} > \mu_n^{(l)} > \cdots > 0$$

使得 $\forall \mu \in [\mu_n^{(l)}, \mu_n^{(r)}]$, $\mathcal{R}_\mu$ 在不变集

$$\Lambda = \{(\theta, \mathbb{X}) \in U : \mathcal{R}_\mu^i(\theta, \mathbb{X}) \in U, \ \forall i \in \mathbb{Z}\}$$

上拓扑共轭于无穷符号空间的移位映射.

定理 11.2.2　对定理 9.2.1 的 μ 序列, 存在开集 $O \subset [\mu_{n+1}^{(r)}, \mu_n^{(l)}]$, 使得对任意的 $\mu \in O$, Λ_μ 由一个吸引的不动点 (周期汇) 和一个无穷符号马蹄组成.

定理 11.2.3　对定理 9.2.1 的 μ 序列, 存在正 Lebesgue 测度集 $\Delta \subset [\mu_{n+1}^{(r)}, \mu_n^{(l)}]$, 使得对任意的 $\mu \in \Delta$, 相应的同宿缠结 Λ_μ 为具有 SRB 测度的奇异吸引子.

这里我们暂时不证明定理 11.2.1—11.2.3. 在下一章的异宿缠结中, 我们将给出更一般的定理及其证明.

11.3 具体例子及数值结果

本节通过具体例子说明如何应用 11.2 节的定理去研究具体的微分方程, 并给出数值结果.

对平面上的二阶微分方程

$$\begin{aligned}\frac{dq}{dt} &= p, \\ \frac{dp}{dt} &= q - q^2 - (\lambda - \gamma q^2)p,\end{aligned} \tag{11.3.1}$$

其中 λ, γ 为参数. 首先, 平衡点 $(0,0)$ 是鞍点, 特征值为 $-\alpha, \beta$,

$$\alpha = \frac{\sqrt{\lambda^2 + 4} + \lambda}{2}, \quad \beta = \frac{\sqrt{\lambda^2 + 4} - \lambda}{2}.$$

故当 $\lambda \neq 0$ 时, $(0,0)$ 是方程 (11.3.1) 的耗散鞍点.

命题 11.3.1 对充分小的 $\lambda > 0$, 存在 γ_λ, 使得方程 (11.3.1) 有同宿轨道 ℓ_λ 经过鞍点 $(0,0)$.

证 当 $\lambda = \gamma = 0$ 时, 平衡点 $(0,0)$ 也为鞍点, 且此时 (11.3.1) 为 Hamilton 系统, Hamilton 量

$$H(q, p) = \frac{1}{2}p^2 + \frac{1}{3}q^3 - \frac{1}{2}q^2.$$

令 $H(q, p) = 0$, 解得

$$q_0(t) = \frac{6e^{-t}}{(1 + e^{-t})^2}, \quad p_0(t) = \frac{6e^{-t}(e^{-t} - 1)}{(1 + e^{-t})^3}.$$

即 $\ell_0(t) = \{(q_0(t), p_0(t)) : t \in R\}$ 为过鞍点 $(0,0)$ 的同宿轨道. 视 λ 为扰动参数, 方程 (11.3.1) 可改写为

$$\begin{aligned}\frac{dq}{dt} &= p, \\ \frac{dp}{dt} &= q - q^2 - \lambda\left(1 - \frac{\gamma}{\lambda}q^2\right)p,\end{aligned} \tag{11.3.2}$$

计算同宿轨道 $\ell_0(t)$ 上的 Melnikov 函数

$$\mathcal{W} = \int_{-\infty}^{\infty}\left(1 - \frac{\gamma}{\lambda}q_0^2(t)\right)p_0^2(t)dt.$$

因为

$$\int_{-\infty}^{\infty} q_0^2(t)p_0^2(t)dt \neq 0,$$

所以对 $\lambda > 0$, 存在 γ_λ, 使得 $\mathcal{W} = 0$, 即 (11.3.1) 有同宿轨道 ℓ_λ. □

在此基础上考虑 (11.3.1) 的时间扰动

$$
\begin{aligned}
\frac{dq}{dt} &= p, \\
\frac{dp}{dt} &= q - q^2 - (\lambda - \gamma q^2)p + \mu q^2 \sin(2\pi\omega t).
\end{aligned}
\tag{11.3.3}
$$

根据命题 11.3.1, 设 $\ell_\lambda(t) = \{(q_\lambda(t), p_\lambda(t)) : t \in R\}$. 在 t 时刻, 同宿轨道 $\ell_\lambda(t)$ 的切向量和法向量

$$
\tau(t) = \frac{(q'_\lambda(t), p'_\lambda(t))}{\sqrt{(q'_\lambda(t))^2 + (p'_\lambda(t))^2}}, \quad \tau^\perp(t) = \frac{(p'_\lambda(t), -q'_\lambda(t))}{\sqrt{(q'_\lambda(t))^2 + (p'_\lambda(t))^2}}.
$$

法向扩张率

$$
E(t) = \frac{(p'_\lambda(t), -q'_\lambda(t))}{(q'_\lambda(t))^2 + (p'_\lambda(t))^2}
\begin{pmatrix} 0 & 1 \\ 1 - 2q_\lambda + 2\gamma q_\lambda p_\lambda & \gamma q_\lambda^2 - \lambda \end{pmatrix}
\begin{pmatrix} p'_\lambda(t) \\ -q'_\lambda(t) \end{pmatrix}.
\tag{11.3.4}
$$

Melnikov 函数

$$
\begin{aligned}
\mathcal{W}(\theta) &= \int_{-\infty}^{\infty} [0, q_\lambda^2(t)\sin 2\pi\omega(t+\theta)] \cdot \frac{(p'_\lambda(t), -q'_\lambda(t))}{\sqrt{(q'_\lambda(t))^2 + (p'_\lambda(t))^2}} e^{-\int_0^t E(s)ds} dt \\
&= -\int_{-\infty}^{\infty} \frac{q_\lambda^2(t)q'_\lambda(t)}{\sqrt{(q'_\lambda(t))^2 + (p'_\lambda(t))^2}} \sin 2\pi\omega(t+\theta) e^{-\int_0^t E(s)ds} dt \\
&= -\sqrt{J_c^2 + J_s^2} \sin(2\pi\omega\theta + \varphi),
\end{aligned}
\tag{11.3.5}
$$

其中

$$
\begin{aligned}
J_c &= \int_{-\infty}^{\infty} \frac{q_\lambda^2(t)q'_\lambda(t)}{\sqrt{(q'_\lambda(t))^2 + (p'_\lambda(t))^2}} e^{-\int_0^t E(s)ds} \cos(2\pi\omega t)dt, \\
J_s &= \int_{-\infty}^{\infty} \frac{q_\lambda^2(t)q'_\lambda(t)}{\sqrt{(q'_\lambda(t))^2 + (p'_\lambda(t))^2}} e^{-\int_0^t E(s)ds} \sin(2\pi\omega t)dt, \\
\varphi &= \arctan\frac{J_s}{J_c}.
\end{aligned}
\tag{11.3.6}
$$

引理 11.3.1　存在充分小的 $\lambda_0 > 0$, 使得对任意的 $0 < \lambda < \lambda_0$, $\sqrt{J_c^2 + J_s^2} \neq 0$.

证　当 $\lambda = 0$ 时, (11.3.3) 为 Hamilton 扰动系统

$$
\begin{aligned}
\frac{dq}{dt} &= \frac{\partial H(p, q)}{\partial p}, \\
\frac{dp}{dt} &= -\frac{\partial H(p, q)}{\partial q} + \mu q^2 \sin(2\pi\omega t).
\end{aligned}
\tag{11.3.7}
$$

对 (11.3.7), 以前的 Melnikov 函数

$$M(\theta) = \int_{-\infty}^{\infty} p_0(t)q_0^2(t)\sin(2\pi\omega(t+\theta))dt.$$

经过计算

$$M(\theta) = \frac{24\pi^3\omega^2 e^{-2\pi^2\omega}(4 + 20\pi^2\omega^2 + 16\pi^4\omega^4)}{5(e^{-4\pi^2\omega} - 1)}\cos(2\pi\omega\theta).$$

对于 Hamilton 扰动系统, 两个 Melnikov 函数之间成立关系

$$\mathcal{W}(\theta) = \frac{M(\theta)}{\sqrt{\left(\frac{\partial H(\ell(0))}{\partial p}\right)^2 + \left(\frac{\partial H(\ell(0))}{\partial q}\right)^2}} = \frac{4}{3}M(\theta)$$

$$= J_s\cos 2\pi\omega\theta, \tag{11.3.8}$$

其中

$$J_s = \frac{96\pi^3\omega^2 e^{-2\pi^2\omega}(4 + 20\pi^2\omega^2 + 16\pi^4\omega^4)}{15(e^{-4\pi^2\omega} - 1)}.$$

即当 $\lambda = 0$ 时, $J_s^2 + J_c^2 \neq 0$. 因此, 对充分小的 $\lambda \neq 0$, 也有 $J_s^2 + J_c^2 \neq 0$. □

至此已验证方程 (11.3.3) 满足条件 (H_1)—(H_3). 此时 Melnikov 函数 (11.3.8) 有两个临界点.

数值结果

以下运用四阶 Runge-Kutta 法和 C 语言数值模拟去寻找同宿缠结中的可观测的动力学结构.

(1) 具体过程. 取定初值 $(q_0, p_0) = (0.01, 0)$. 任意取小参数 λ_0, 例如 $\lambda_0 = 0.5$. 先用四阶 Runge-Kutta 法求解未扰动方程 (11.3.1), 得到满足命题 11.3.1 的 γ_0. 参数 γ_0 一般精确到小数点后 12 位. 再让扰动参数 μ 从 10^{-3} 阶变化到 10^{-8} 阶. 在一个周期 [0,T) 内变化初始时间 t_0, 观测 1000 个解的数值结果.

(2) 观测到下列三类现象.

I(A): 代表马蹄的过渡缠结 (对应定理 9.2.1);
这时, 所有的数值解都离开同宿环邻域. 在相应的同宿缠结中没有吸引域是 Lebesgue 正测度的吸引子.

I(B): 表现为渐近稳定周期轨道的稳定动力学 –周期汇 (对应定理 11.2.2), 见图 11.3.1.

I(C): 具有 SRB 测度的混沌缠结, 表现为似 Hénon 吸引子 (对应定理 11.2.3), 见图 11.3.2.

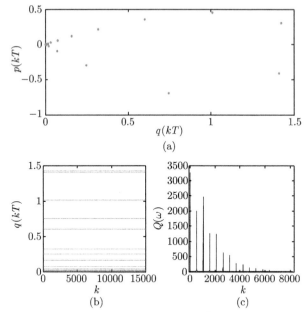

图 11.3.1　方程 (11.3.3) 取 $\mu = 3.3 \times 10^{-5}, t_0 = 0.8$ 时的周期汇.
(a) 相图; (b) $q(t)$ 的时间序列; (c) $q(t)$ 的频谱

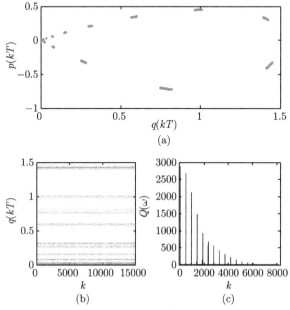

图 11.3.2　方程 (11.3.3) 取 $\mu = 1.46 \times 10^{-6}, t_0 = 0.75$ 时的似 Hénon 吸引子.
(a) 相图; (b) $q(t)$ 的时间序列; (c) $q(t)$ 的频谱

(3) 周期性. 除了观测到上述三类现象以外, 我们还观测到, 随着参数 μ 的变小, 这三类现象组成的动力学模式呈现周期性, 周期由 $\frac{\mu_2}{\mu_1} = e^{\beta T}$ 决定, 其中 β 为鞍点的不稳定特征值, T 为扰动函数的周期. 表 11.3.1 给出了动力学现象转变的 μ 值.

表 11.3.1　动力学模式的周期性

$\lambda = 0.5, \quad \gamma = 0.577028548901$		
$T = 1.0, \quad \beta = 0.78077641$		
μ 的理论周期 $= e^{\beta T} \approx 2.1831$		
μ	动力学现象	实际比率
7.1000×10^{-3}	$I(A)$ 过渡缠结	
3.6100×10^{-3}	$I(C)$ 似 Hénon 吸引子	
3.5000×10^{-3}	$I(B)$ 周期汇	
3.3000×10^{-3}	$I(A)$ 过渡缠结	2.1515
1.6800×10^{-3}	$I(C)$ 似 Hénon 吸引子	2.1488
1.6500×10^{-3}	$I(B)$ 周期汇	2.1212
1.4900×10^{-3}	$I(A)$ 过渡缠结	2.2147
7.7500×10^{-4}	$I(C)$ 似 Hénon 吸引子	2.1677
7.6000×10^{-4}	$I(B)$ 周期汇	2.1710
7.2800×10^{-4}	$I(A)$ 过渡缠结	2.0467
3.5700×10^{-4}	$I(C)$ 似 Hénon 吸引子	2.1708
3.5500×10^{-4}	$I(B)$ 周期汇	2.1408
3.3500×10^{-4}	$I(A)$ 过渡缠结	2.1731
1.6350×10^{-4}	$I(C)$ 似 Hénon 吸引子	2.1835
1.6000×10^{-4}	$I(B)$ 周期汇	2.2187
1.5000×10^{-4}	$I(A)$ 过渡缠结	2.2333
7.5050×10^{-5}	$I(C)$ 似 Hénon 吸引子	2.1785
7.3000×10^{-5}	$I(B)$ 周期汇	2.1918
7.1000×10^{-5}	$I(A)$ 过渡缠结	2.1127
3.4000×10^{-5}	$I(C)$ 似 Hénon 吸引子	2.2073
3.3400×10^{-5}	$I(B)$ 周期汇	2.1856
3.2200×10^{-5}	$I(A)$ 过渡缠结	2.2049
1.5700×10^{-5}	$I(C)$ 似 Hénon 吸引子	2.1656
1.5000×10^{-5}	$I(B)$ 周期汇	2.2266
1.4700×10^{-5}	$I(A)$ 过渡缠结	2.1905
7.1500×10^{-6}	$I(C)$ 似 Hénon 吸引子	2.1958
7.0000×10^{-6}	$I(B)$ 周期汇	2.1428
6.7300×10^{-6}	$I(A)$ 过渡缠结	2.1842
3.2700×10^{-6}	$I(C)$ 似 Hénon 吸引子	2.1865
3.2500×10^{-6}	$I(B)$ 周期汇	2.1538
3.0500×10^{-6}	$I(A)$ 过渡缠结	2.2065
1.4700×10^{-6}	$I(C)$ 似 Hénon 吸引子	2.2245
1.4500×10^{-6}	$I(B)$ 周期汇	2.2414
1.3750×10^{-6}	$I(A)$ 过渡缠结	2.2263
6.5400×10^{-7}	$I(C)$ 似 Hénon 吸引子	2.2477
6.5000×10^{-7}	$I(B)$ 周期汇	2.2308

11.4　映射 $\mathcal{R}$ 的具体推导

定理 11.4.1　设返回映射 $\mathcal{R} : \Sigma^- \to \Sigma^-$ 为 $(\theta_1, \mathbb{X}_1) = \mathcal{R}(\theta, \mathbb{X})$, 则

$$
\begin{aligned}
\theta_1 &= \theta + \boldsymbol{a} - \frac{1}{\beta} \ln \mathbb{F}(\theta, \mathbb{X}, \mu) + \mathcal{O}_{\theta, \mathbb{X}, h}(\mu), \\
\mathbb{X}_1 &= \boldsymbol{b}[\mathbb{F}(\theta, \mathbb{X}, \mu)]^{\frac{\alpha}{\beta}},
\end{aligned}
\tag{11.4.1}
$$

其中

$$
\begin{aligned}
\boldsymbol{a} &= \frac{1}{\beta}\left(\ln \mu^{-1} + \ln \frac{\varepsilon}{(1 + \mathcal{O}(\varepsilon))M_+} \right) + (L_- + L_+), \\
\boldsymbol{b} &= (\mu \varepsilon^{-1})^{\frac{\alpha}{\beta}-1}[(1 + \mathcal{O}(\varepsilon))M_+]^{\frac{\alpha}{\beta}}
\end{aligned}
\tag{11.4.2}
$$

为常数.

$$
\mathbb{F}(\theta, \mathbb{X}, \mu) = \mathcal{W}(\theta) + M_-(1 + \mathcal{O}(\varepsilon))\mathbb{X} + \mathbb{E}(\theta) + \mathcal{O}_{\theta, \mathbb{X}, h}(\mu),
\tag{11.4.3}
$$

其中 $\mathcal{W}(\theta)$ 是 (11.1.3) 式定义的 Melnikov 函数, 且

$$
\mathbb{E}(\theta) = ((M_+)^{-1} + M_-)\mathcal{O}_\theta(1) + \mathcal{W}_L(\theta) - \mathcal{W}(\theta).
\tag{11.4.4}
$$

证　新返回映射 $\mathcal{R} : \Sigma^- \to \Sigma^-$ 由 $\mathcal{M} : \Sigma^- \to \Sigma^+$ 和 $\mathcal{N} : \Sigma^+ \to \Sigma^-$ 复合得到. 我们先在同宿环邻域内求 $\mathcal{M}$, 再在鞍点邻域内求 $\mathcal{N}$.

令

$$
(x, y) = \ell(s) + \tau_\ell^\perp(s)z.
\tag{11.4.5}
$$

在 (11.4.5) 式两边关于 t 求导

$$
\left(\frac{d\ell(s)}{ds} + z\frac{d\tau_\ell^\perp(s)}{ds} \right) \frac{ds}{dt} + \tau_\ell^\perp(s)\frac{dz}{dt} = (F(s, z, t, \mu), G(s, z, t, \mu)),
\tag{11.4.6}
$$

其中

$$
\begin{aligned}
F(s, z, t, \mu) &= -\alpha(a(s) + v(s)z) + f(\ell(s) + \tau_\ell^\perp(s)z) + \mu P(\ell(s) + \tau_\ell^\perp(s)z, t), \\
G(s, z, t, \mu) &= \beta(b(s) - u(s)z) + g(\ell(s) + \tau_\ell^\perp(s)z) + \mu Q(\ell(s) + \tau_\ell^\perp(s)z, t).
\end{aligned}
$$

(11.4.6) 两边分别左乘 $\tau_\ell(s)$, $\tau_\ell^\perp(s)$ 得

$$
\begin{aligned}
\frac{ds}{dt} &= \frac{\tau_\ell(s) \cdot (F(s, z, t, \mu), G(s, z, t, \mu))}{\tau_\ell(s) \cdot \left(\dfrac{d\ell(s)}{ds} + z\dfrac{d\tau_\ell^\perp(s)}{ds} \right)}, \\
\frac{dz}{dt} &= \tau_\ell^\perp(s) \cdot (F(s, z, t, \mu), G(s, z, t, \mu)).
\end{aligned}
\tag{11.4.7}
$$

$F(s,z,t,\mu)$, $G(s,z,t,\mu)$ 在 $z=0$ 处 Taylor 展开

$$
\begin{aligned}
F(s,z,t,\mu) = & -\alpha a(s) + f(\ell(s)) + \mu P(\ell(s),t) \\
& + (-\alpha + \partial_x f(\ell(s)), \partial_y f(\ell(s))) \cdot \tau_\ell^\perp(s) z \\
& + \mu(\partial_x P(\ell(s),t), \partial_y P(\ell(s),t)) \cdot \tau_\ell^\perp(s) z + \mathcal{O}_{s,t,h}(z^2), \\
G(s,z,t,\mu) = & \beta b(s) + g(\ell(s)) + \mu Q(\ell(s),t) \\
& + (\partial_x g(\ell(s)), \beta + \partial_y g(\ell(s))) \cdot \tau_\ell^\perp(s) z \\
& + \mu(\partial_x Q(\ell(s),t), \partial_y Q(\ell(s),t)) \cdot \tau_\ell^\perp(s) z + \mathcal{O}_{s,t,h}(z^2).
\end{aligned}
$$

写成向量形式

$$
\begin{aligned}
& (F(s,z,t,\mu), G(s,z,t,\mu)) \\
= & (-\alpha a(s) + f(\ell), \beta b(s) + g(\ell)) + \mu(P(\ell,t), Q(\ell,t)) \\
& + ((-\alpha + \partial_x f(\ell), \partial_y f(\ell)) \cdot \tau_\ell^\perp z, (\partial_x g(\ell), \beta + \partial_y g(\ell)) \cdot \tau_\ell^\perp z) \\
& + \mu((\partial_x P(\ell,t), \partial_y P(\ell,t)) \cdot \tau_\ell^\perp z, (\partial_x Q(\ell,t), \partial_y Q(\ell,t)) \cdot \tau_\ell^\perp z) + \mathcal{O}_{s,t,h}(z^2).
\end{aligned}
$$

上述 ℓ 均指 $\ell(s)$.

令 $z = \mu Z$, 并注意到 $(-\alpha a(s) + f(\ell), \beta b(s) + g(\ell)) = \dfrac{d\ell(s)}{ds}$, 所以

$$
\begin{aligned}
& (F(s,z,t,\mu), G(s,z,t,\mu)) \\
= & \frac{d\ell(s)}{ds} + \mu(P(\ell,t), Q(\ell,t)) \\
& + \mu \begin{pmatrix} -\alpha + \partial_x f(\ell) & \partial_y f(\ell) \\ \partial_x g(\ell) & \beta + \partial_y g(\ell) \end{pmatrix} \cdot \tilde{\tau}_\ell^\perp Z + \mathcal{O}_{s,Z,t,h}(\mu^2).
\end{aligned}
$$

由 (11.4.7) 得到

$$
\frac{ds}{dt} = \frac{\tau_\ell(s) \cdot \left[\dfrac{d\ell(s)}{ds} + \mu(P(\ell,t), Q(\ell,t)) + \mu \begin{pmatrix} -\alpha + \partial_x f(\ell) & \partial_y f(\ell) \\ \partial_x g(\ell) & \beta + \partial_y g(\ell) \end{pmatrix} \cdot \tilde{\tau}_\ell^\perp Z + \mathcal{O} \right]}{\tau_\ell(s) \cdot \left(\dfrac{d\ell(s)}{ds} + \mu Z \dfrac{d\tau_\ell^\perp(s)}{ds} \right)},
$$

$$
\tag{11.4.8}
$$

其中 $\mathcal{O}$ 表示 $\mathcal{O}_{s,Z,t,h}(\mu^2)$.

$$
\begin{aligned}
\frac{dZ}{dt} = & \tau_\ell^\perp(s) \cdot (P(\ell,t), Q(\ell,t)) + \tau_\ell^\perp(s) \cdot \begin{pmatrix} -\alpha + \partial_x f(\ell) & \partial_y f(\ell) \\ \partial_x g(\ell) & \beta + \partial_y g(\ell) \end{pmatrix} \cdot \tilde{\tau}_\ell^\perp(s) Z \\
& + \mathcal{O}_{s,Z,t,h}(\mu)
\end{aligned}
$$

$$= E_\ell(s)Z + \tau_\ell^\perp(s) \cdot (P(\ell, t), Q(\ell, t)) + \mathcal{O}_{s,Z,t,h}(\mu). \tag{11.4.9}$$

由以上两式得到

$$\frac{dt}{ds} = 1 + \mathcal{O}_{s,Z,t,h}(\mu),$$
$$\frac{dZ}{ds} = E_\ell(s)Z + \tau_\ell^\perp(s) \cdot (P(\ell, t), Q(\ell, t)) + \mathcal{O}_{s,Z,t,h}(\mu). \tag{11.4.10}$$

从 $-L_-$ 到 s 积分 (11.4.10) 的第一式得到

$$t = t_0 + s + L_- + \mathcal{O}_{Z,t_0,h}(\mu). \tag{11.4.11}$$

把上述 t 代入 (11.4.10) 第二式

$$\frac{dZ}{ds} = E_\ell(s)Z + \tau_\ell^\perp(s) \cdot (P(\ell(s), t_0 + s + L_-), Q(\ell(s), t_0 + s + L_-)) + \mathcal{O}_{s,Z,t_0,h}(\mu). \tag{11.4.12}$$

运用常数变易法解得

$$Z = M_+ M_- \Phi_L(t_0) + M_+ M_- Z_0 + \mathcal{O}_{Z_0,t_0,h}(\mu),$$

其中 Z_0 为初值,

$$\Phi_L(t_0) = \int_{-L_-}^{L_+} \tau_\ell^\perp(s) \cdot [P(\ell(s), t_0 + s + L_-), Q(\ell(s), t_0 + s + L_-)] e^{-\int_{-L_-}^{s} E_\ell(\tau)d\tau} ds.$$

对 (11.1.3) 定义的 Melnikov 函数, 记

$$\mathcal{W}_L(\theta) = \int_{-L_-}^{L_+} [(P(\ell(t), t + \theta), Q(\ell(t), t + \theta)) \cdot \tau_\ell^\perp(t)] e^{-\int_0^t E_\ell(s)ds} dt. \tag{11.4.13}$$

易验证

$$M_+ M_- \Phi_L(t_0) = M_+ \mathcal{W}_L(t_0 + L_-).$$

记 $\theta = t$, $\theta_0 = t_0$, 则映射 $\mathcal{M} : \Sigma^- \to \Sigma^+$ 为

$$Z = M_+ \mathcal{W}_L(\theta_0 + L_-) + M_+ M_- Z_0 + \mathcal{O}_{Z_0,\theta_0,h}(\mu),$$
$$\theta = \theta_0 + L_+ + L_- + \mathcal{O}_{Z_0,\theta_0,h}(\mu). \tag{11.4.14}$$

下面在邻域 $\mathcal{U}_\varepsilon$ 内推导线性映射 $\mathcal{N} : \Sigma^+ \to \Sigma^-$. 根据

$$\frac{dX}{dt} = -\alpha X, \quad \frac{dY}{dt} = \beta Y, \quad \frac{d\theta}{dt} = 1$$

和 Σ^+, Σ^- 的定义,

$$\tilde{X} = \varepsilon e^{-\alpha t}, \quad \varepsilon = Y e^{\beta t}, \quad \tilde{\theta} = \theta + t.$$

把 $t = \dfrac{1}{\beta} \ln \dfrac{\varepsilon}{Y}$ 代入 $\tilde{X}$ 及 $\tilde{\theta}$,

$$\begin{aligned} \tilde{\mathbb{X}} &= (\mu \varepsilon^{-1})^{\frac{\alpha}{\beta} - 1} \mathbb{Y}^{\frac{\alpha}{\beta}}, \\ \tilde{\theta} &= \theta + \frac{1}{\beta} \ln(\mu \varepsilon^{-1}) - \frac{1}{\beta} \ln \mathbb{Y}. \end{aligned} \tag{11.4.15}$$

为了复合映射 $\mathcal{M}$ 与 $\mathcal{N}$, 需要给出环面 Σ^-, Σ^+ 上点的新旧坐标变换. 原坐标点用 (s, Z, θ) 表示, 新坐标点用 (X, Y, θ) 表示. 对 Σ^-, 先找出 s 与 $-L_-$ 的关系, 再给出 Z 与 X 的关系; 对 Σ^+, 先找出 s 与 $-L_+$ 的关系, 再给出 Z 与 Y 的关系.

在 Σ^- 上, 由 (11.1.6) 式得

$$\ell(s) + \tau_\ell^\perp(s) z = \begin{pmatrix} X \\ \varepsilon \end{pmatrix} + \begin{pmatrix} F(X, \varepsilon) \\ G(X, \varepsilon) \end{pmatrix} + \mu \begin{pmatrix} \tilde{F}(X, \varepsilon, \theta) \\ \tilde{G}(X, \varepsilon, \theta) \end{pmatrix}. \tag{11.4.16}$$

特别在 Σ^- 与 ℓ 的交点有

$$\ell(-L_-) = \begin{pmatrix} 0 \\ \varepsilon \end{pmatrix} + \begin{pmatrix} F(0, \varepsilon) \\ G(0, \varepsilon) \end{pmatrix}. \tag{11.4.17}$$

两式相减

$$\ell(s) - \ell(-L_-) + \tau_\ell^\perp(s) z = \begin{pmatrix} X \\ 0 \end{pmatrix} + \begin{pmatrix} F(X, \varepsilon) - F(0, \varepsilon) \\ G(X, \varepsilon) - G(0, \varepsilon) \end{pmatrix} + \mu \begin{pmatrix} \tilde{F}(X, \varepsilon, \theta) \\ \tilde{G}(X, \varepsilon, \theta) \end{pmatrix}. \tag{11.4.18}$$

为了求出 s 与 $-L_-$ 的关系, 令

$$\begin{pmatrix} W_1 \\ W_2 \end{pmatrix} = \ell(s) - \ell(-L_-) + \tau_\ell^\perp(s) z - \mu \begin{pmatrix} \tilde{F}(0, \varepsilon, \theta) \\ \tilde{G}(0, \varepsilon, \theta) \end{pmatrix}. \tag{11.4.19}$$

由 (11.4.18) 得

$$\begin{pmatrix} W_1 \\ W_2 \end{pmatrix} = \begin{pmatrix} X \\ 0 \end{pmatrix} + \begin{pmatrix} F(X, \varepsilon) - F(0, \varepsilon) \\ G(X, \varepsilon) - G(0, \varepsilon) \end{pmatrix} + \mu \begin{pmatrix} \tilde{F}(X, \varepsilon, \theta) - \tilde{F}(0, \varepsilon, \theta) \\ \tilde{G}(X, \varepsilon, \theta) - \tilde{G}(0, \varepsilon, \theta) \end{pmatrix}. \tag{11.4.20}$$

在 $X = 0$ 处 Taylor 展开 $F, G, \tilde{F}, \tilde{G}$ 直到 X^2 项,

$$F(X, \varepsilon) - F(0, \varepsilon) = \mathcal{O}(\varepsilon) X + \mathcal{O}_X(1) X^2,$$

$$\tilde{F}(X,\varepsilon,\theta) - \tilde{F}(0,\varepsilon,\theta) = \mathcal{O}_\theta(\varepsilon)X + \mathcal{O}_{X,\theta}(1)X^2.$$

因此

$$W_1 = (1 + \mathcal{O}(\varepsilon) + \mu\mathcal{O}_\theta(\varepsilon))X + \mathcal{O}_{X,\theta,h}(1)X^2, \tag{11.4.21}$$

$$W_2 = (\mathcal{O}(\varepsilon) + \mu\mathcal{O}_\theta(\varepsilon))X + \mathcal{O}_{X,\theta,h}(1)X^2. \tag{11.4.22}$$

由 (11.4.21) 式得到

$$X = (1 + \mathcal{O}(\varepsilon) + \mu\mathcal{O}_\theta(\varepsilon))W_1 + \mathcal{O}_{W_1,\theta,h}(1)W_1^2. \tag{11.4.23}$$

代入 (11.4.22)

$$W_2 = (\mathcal{O}(\varepsilon) + \mu\mathcal{O}_\theta(\varepsilon))W_1 + \mathcal{O}_{W_1,\theta,h}(1)W_1^2. \tag{11.4.24}$$

下面通过 (11.4.19) 式得到 s 与 $-L_-$ 的关系, 从而得到 W_1 的表示, 代入 (11.4.23) 式得到 X 与 Z 的关系.

令 $\eta = s + L_-$, 则

$$\ell(s) - \ell(-L_-) = \ell'(-L_-)\eta + \mathcal{O}_\eta(1)\eta^2 = \begin{pmatrix} a'(-L_-) \\ b'(-L_-) \end{pmatrix}\eta + \mathcal{O}_\eta(1)\eta^2,$$

$$\tau_\ell^\perp(s)z - \mu\begin{pmatrix} \tilde{F}(0,\varepsilon,\theta) \\ \tilde{G}(0,\varepsilon,\theta) \end{pmatrix}$$

$$= \mu[\tau_\ell^\perp(-L_-)Z + (\tau_\ell^\perp)'(-L_-)\eta Z + \mathcal{O}_{\eta,Z}(1)\eta^2 + \mathcal{O}_\theta(1)]$$

$$= \mu\left[\begin{pmatrix} v(-L_-) \\ -u(-L_-) \end{pmatrix}Z + \begin{pmatrix} v'(-L_-) \\ -u'(-L_-) \end{pmatrix}\eta Z + \mathcal{O}_{\eta,Z}(1)\eta^2 + \mathcal{O}_\theta(1)\right]$$

代入 (11.4.19) 式得

$$\begin{aligned} W_1 &= a'(-L_-)\eta + \mu[v(-L_-)Z + v'(-L_-)\eta Z + \mathcal{O}_{\eta,Z}(1)\eta^2 + \mathcal{O}_\theta(1)] \\ &\quad + \mathcal{O}_\eta(1)\eta^2, \\ W_2 &= b'(-L_-)\eta - \mu[u(-L_-)Z + u'(-L_-)\eta Z + \mathcal{O}_{\eta,Z}(1)\eta^2 + \mathcal{O}_\theta(1)] \\ &\quad + \mathcal{O}_\eta(1)\eta^2. \end{aligned} \tag{11.4.25}$$

代入 (11.4.24),

$$b'(-L_-)\eta - \mu[u(-L_-)Z + u'(-L_-)\eta Z + \mathcal{O}_{\eta,Z}(1)\eta^2 + \mathcal{O}_\theta(1)] + \mathcal{O}_\eta(1)\eta^2$$

$$= (\mathcal{O}(\varepsilon) + \mu\mathcal{O}_\theta(\varepsilon))\{a'(-L_-)\eta + \mu[v(-L_-)Z + v'(-L_-)\eta Z + \mathcal{O}_{\eta,Z}(1)\eta^2$$

$$+ \mathcal{O}_\theta(1)] + \mathcal{O}_\eta(1)\eta^2\} + \mathcal{O}_{\eta,Z,\theta,h}(1)\eta^2.$$

$$\tag{11.4.26}$$

在 (11.4.26) 中我们只关心 η 的一次项和 μ 的一次项系数, 其他用 $\mathcal{O}(\mu^2)$ 项估计.

$$(b'(-L_-) - \mathcal{O}(\varepsilon)a'(-L_-))\eta = \mu[u(-L_-) + \mathcal{O}(\varepsilon)v(-L_-)]Z$$
$$+ \mu\mathcal{O}_\theta(1) + \mathcal{O}_{\eta,Z,\theta,h}(\mu^2), \tag{11.4.27}$$

即

$$\eta = \mu\frac{u(-L_-) + \mathcal{O}(\varepsilon)v(-L_-)}{b'(-L_-) - \mathcal{O}(\varepsilon)a'(-L_-)}Z + \frac{\mu\mathcal{O}_\theta(1)}{b'(-L_-) - \mathcal{O}(\varepsilon)a'(-L_-)} + \mathcal{O}_{Z,\theta,h}(\mu^2).$$

代入 (11.4.25) 的第一式

$$W_1 = \mu Z + \mu\mathcal{O}_\theta(1) + \mathcal{O}_{Z,\theta,h}(\mu^2).$$

从而由 (11.4.23) 式得

$$\mathbb{X} = (1 + \mathcal{O}(\varepsilon))Z + \mathcal{O}_\theta(1) + \mathcal{O}_{Z,\theta,h}(\mu).$$

同理, 在 Σ^+ 上有

$$\mathbb{Y} = (1 + \mathcal{O}(\varepsilon))Z + \mathcal{O}_\theta(1) + \mathcal{O}_{Z,\theta,h}(\mu).$$

有了坐标变换, 现在可以复合映射 $\mathcal{M}$ 和 $\mathcal{N}$.

$$\begin{aligned}
\mathbb{X}_1 &= (\mu\varepsilon^{-1})^{\frac{\alpha}{\beta}-1}\mathbb{Y}^{\frac{\alpha}{\beta}}\\
&= (\mu\varepsilon^{-1})^{\frac{\alpha}{\beta}-1}[(1 + \mathcal{O}(\varepsilon))Z + \mathcal{O}_\theta(1) + \mathcal{O}_{Z,\theta,h}(\mu)]^{\frac{\alpha}{\beta}}\\
&= (\mu\varepsilon^{-1})^{\frac{\alpha}{\beta}-1}[(1 + \mathcal{O}(\varepsilon))(M_+\mathcal{W}_L(\theta + L_-) + M_+M_-Z + \mathcal{O}_{Z,\theta,h}(\mu))\\
&\quad + \mathcal{O}_\theta(1) + \mathcal{O}_{Z,\theta,h}(\mu)]^{\frac{\alpha}{\beta}}\\
&= (\mu\varepsilon^{-1})^{\frac{\alpha}{\beta}-1}[(1 + \mathcal{O}(\varepsilon))M_+]^{\frac{\alpha}{\beta}}[\mathcal{W}_L(\theta + L_-) + M_-Z + (M_+)^{-1}\mathcal{O}_\theta(1)\\
&\quad + \mathcal{O}_{Z,\theta,h}(\mu)]^{\frac{\alpha}{\beta}}\\
&= (\mu\varepsilon^{-1})^{\frac{\alpha}{\beta}-1}[(1 + \mathcal{O}(\varepsilon))M_+]^{\frac{\alpha}{\beta}}[\mathcal{W}_L(\theta + L_-) + M_-((1 + \mathcal{O}(\varepsilon))\mathbb{X} + \mathcal{O}_\theta(1)\\
&\quad + \mathcal{O}_{\mathbb{X},\theta,h}(\mu)) + (M_+)^{-1}\mathcal{O}_\theta(1) + \mathcal{O}_{Z,\theta,h}(\mu)]^{\frac{\alpha}{\beta}}\\
&= (\mu\varepsilon^{-1})^{\frac{\alpha}{\beta}-1}[(1 + \mathcal{O}(\varepsilon))M_+]^{\frac{\alpha}{\beta}}[\mathcal{W}_L(\theta + L_-) + (1 + \mathcal{O}(\varepsilon))M_-\mathbb{X}\\
&\quad + ((M_+)^{-1} + M_-)\mathcal{O}_\theta(1) + \mathcal{O}_{\mathbb{X},\theta,h}(\mu)]^{\frac{\alpha}{\beta}}.
\end{aligned}$$

令

$$\mathbb{F}(\theta, \mathbb{X}, \mu) = \mathcal{W}(\theta) + M_-(1 + \mathcal{O}(\varepsilon))\mathbb{X} + \mathbb{E}(\theta) + \mathcal{O}_{\mathbb{X},\theta,h}(\mu),$$
$$\mathbb{E}(\theta) = ((M_+)^{-1} + M_-)\mathcal{O}_\theta(1) + \mathcal{W}_L(\theta) - \mathcal{W}(\theta),$$
$$\boldsymbol{b} = (\mu\varepsilon^{-1})^{\frac{\alpha}{\beta}-1}[(1 + \mathcal{O}(\varepsilon))M_+]^{\frac{\alpha}{\beta}},$$

则
$$\mathbb{X}_1 = \boldsymbol{b}[\mathbb{F}(\theta, \mathbb{X}, \mu)]^{\frac{\alpha}{\beta}}.$$

此时
$$\theta_1 = \theta + \boldsymbol{a} - \frac{1}{\beta}\ln\mathbb{F}(\theta, \mathbb{X}, \mu) + \mathcal{O}_{\mathbb{X},\theta,h}(\mu),$$

其中
$$\boldsymbol{a} = \frac{1}{\beta}\left(\ln\mu^{-1} + \ln\frac{\varepsilon}{(1+\mathcal{O}(\varepsilon))M_+}\right) + (L_+ + L_-).$$

定理 11.4.1 得证.　　　　　　　　　　　　　　　　　　　　　　　　　　□

附录　Melnikov 函数 (11.1.3) 与 Melnikov 函数 (6.4.21) 的关系

当系统 (11.1.1) 为 Hamilton 系统, 即存在 $H(x,y)$ 使得
$$\frac{dx}{dt} = \frac{\partial H(x,y)}{\partial y}, \qquad \frac{dy}{dt} = -\frac{\partial H(x,y)}{\partial x} \tag{11.5.1}$$

时, 扰动系统 (11.1.2) 为
$$\frac{dx}{dt} = \frac{\partial H(x,y)}{\partial y} + \mu P(x,y,t), \qquad \frac{dy}{dt} = -\frac{\partial H(x,y)}{\partial x} + \mu Q(x,y,t). \tag{11.5.2}$$

此时异宿轨道 $\ell(t)$ 的切向量 $\tau_\ell(t) = \dfrac{\ell'(t)}{|\ell'(t)|} = \dfrac{\left(\dfrac{\partial H(\ell(t))}{\partial y}, -\dfrac{\partial H(\ell(t))}{\partial x}\right)}{\sqrt{\left[\dfrac{\partial H(\ell(t))}{\partial y}\right]^2 + \left[\dfrac{\partial H(\ell(t))}{\partial x}\right]^2}}.$

扰动系统沿异宿轨道 $\ell(t)$ 的法向扩张率为
$$E_\ell(t) = \tilde\tau_\ell^\perp(t)\begin{pmatrix}\dfrac{\partial^2 H(\ell(t))}{\partial x\partial y} & \dfrac{\partial^2 H(\ell(t))}{\partial y^2}\\[2mm] -\dfrac{\partial^2 H(\ell(t))}{\partial x^2} & -\dfrac{\partial^2 H(\ell(t))}{\partial y\partial x}\end{pmatrix}\tilde\tau_\ell^\perp(t)$$
$$= \frac{1}{\left[\dfrac{\partial H(\ell(t))}{\partial y}\right]^2 + \left[\dfrac{\partial H(\ell(t))}{\partial x}\right]^2}\left(-\dfrac{\partial H(\ell(t))}{\partial x}, -\dfrac{\partial H(\ell(t))}{\partial y}\right)$$
$$\cdot\begin{pmatrix}\dfrac{\partial^2 H(\ell(t))}{\partial x\partial y} & \dfrac{\partial^2 H(\ell(t))}{\partial y^2}\\[2mm] -\dfrac{\partial^2 H(\ell(t))}{\partial x^2} & -\dfrac{\partial^2 H(\ell(t))}{\partial y\partial x}\end{pmatrix}\begin{pmatrix}-\dfrac{\partial H(\ell(t))}{\partial x}\\[2mm] -\dfrac{\partial H(\ell(t))}{\partial y}\end{pmatrix}$$

$$= \frac{\left(\left(\frac{\partial H}{\partial x}\right)^2 - \left(\frac{\partial H}{\partial y}\right)^2\right)\frac{\partial^2 H}{\partial x \partial y} + \frac{\partial H}{\partial x}\frac{\partial H}{\partial y}\left(\frac{\partial^2 H}{\partial y^2} - \frac{\partial^2 H}{\partial x^2}\right)}{\left(\frac{\partial H}{\partial y}\right)^2 + \left(\frac{\partial H}{\partial x}\right)^2}.$$

所以积分

$$-\int_0^t E_\ell(s)ds$$

$$= -\int_0^t \frac{\left(\left(\frac{\partial H}{\partial x}\right)^2 - \left(\frac{\partial H}{\partial y}\right)^2\right)\frac{\partial^2 H}{\partial x \partial y} + \frac{\partial H}{\partial x}\frac{\partial H}{\partial y}\left(\frac{\partial^2 H}{\partial y^2} - \frac{\partial^2 H}{\partial x^2}\right)}{\left(\frac{\partial H}{\partial y}\right)^2 + \left(\frac{\partial H}{\partial x}\right)^2}ds$$

$$= \ln\sqrt{\left(\frac{\partial H}{\partial y}\right)^2 + \left(\frac{\partial H}{\partial x}\right)^2}\Big|_0^t = \ln\frac{\sqrt{\left(\frac{\partial H(\ell(t))}{\partial y}\right)^2 + \left(\frac{\partial H(\ell(t))}{\partial x}\right)^2}}{\sqrt{\left(\frac{\partial H(\ell(0))}{\partial y}\right)^2 + \left(\frac{\partial H(\ell(0))}{\partial x}\right)^2}}.$$

故

$$e^{-\int_0^t E_\ell(s)ds} = \frac{\sqrt{\left(\frac{\partial H(\ell(t))}{\partial y}\right)^2 + \left(\frac{\partial H(\ell(t))}{\partial x}\right)^2}}{\sqrt{\left(\frac{\partial H(\ell(0))}{\partial y}\right)^2 + \left(\frac{\partial H(\ell(0))}{\partial x}\right)^2}}.$$

此时, Melnikov 函数 (11.1.3) 为

$$\mathcal{W}(\theta)$$
$$= \int_{-\infty}^{\infty} [(P(\ell(t), t+\theta), Q(\ell(t), t+\theta)) \cdot \tau_\ell^\perp(t)]e^{-\int_0^t E_\ell(s)ds}dt$$

$$= \int_{-\infty}^{\infty}\left[(P(\ell(t), t+\theta), Q(\ell(t), t+\theta)) \cdot \frac{\left(-\frac{\partial H(\ell(t))}{\partial x}, -\frac{\partial H(\ell(t))}{\partial y}\right)}{\sqrt{\left[\frac{\partial H(\ell(t))}{\partial y}\right]^2 + \left[\frac{\partial H(\ell(t))}{\partial x}\right]^2}}\right]$$

$$\cdot \frac{\sqrt{\left(\frac{\partial H(\ell(t))}{\partial y}\right)^2 + \left(\frac{\partial H(\ell(t))}{\partial x}\right)^2}}{\sqrt{\left(\frac{\partial H(\ell(0))}{\partial y}\right)^2 + \left(\frac{\partial H(\ell(0))}{\partial x}\right)^2}}dt = \frac{1}{\sqrt{\left(\frac{\partial H(\ell(0))}{\partial y}\right)^2 + \left(\frac{\partial H(\ell(0))}{\partial x}\right)^2}}$$

$$\cdot \int_{-\infty}^{\infty} (P(\ell(t), t+\theta), Q(\ell(t), t+\theta)) \left(-\frac{\partial H(\ell(t))}{\partial x}, -\frac{\partial H(\ell(t))}{\partial y} \right) dt$$

$$= \frac{M(\theta)}{\sqrt{\left(\dfrac{\partial H(\ell(0))}{\partial y} \right)^2 + \left(\dfrac{\partial H(\ell(0))}{\partial x} \right)^2}}.$$

这里 $M(\theta)$ 为 (6.4.21) 定义的 Melnikov 函数.

第 12 章 耗散鞍点的异宿缠结动力学

本章推广第 11 章的理论, 研究异宿缠结的动力学. 和同宿缠结的情形类似, 典型的异宿缠结也包括不含有可观测吸引子的过渡缠结, 代表稳定缠结的周期汇和包含似 Hénon 吸引子的混沌缠结. 异宿缠结和同宿缠结最重要的区别在于这三种典型缠结重复出现的不同模式. 对应于典型同宿缠结重复出现的周期模式, 异宿缠结重复出现的模式是拟周期的. 拟周期性的两个频率由两个鞍点的不稳定特征值决定. 本章取材于 Chen 等 (2013).

12.1 基本方程和返回映射

本章研究自治微分方程

$$\frac{dx}{dt} = f(x, y), \qquad \frac{dy}{dt} = g(x, y), \tag{12.1.1}$$

其中 $f(x, y), g(x, y)$ 是开邻域 $V \subset \mathbb{R}^2$ 上的解析函数. 假设方程 (12.1.1) 有两个平衡点 $P = (q, p)$ 和 $P^* = (q^*, p^*)$. P 点的特征值为 $\alpha < 0 < \beta$, 单位特征向量为 ξ_α, ξ_β. P^* 点的特征值为 $\alpha^* < 0 < \beta^*$, 单位特征向量为 $\xi_\alpha^*, \xi_\beta^*$. 假设 P, P^* 是耗散非共振的平衡点, 即

(H_1) $|\alpha| > \beta, |\alpha^*| > \beta^*$, 且 α 与 β 不可通约, α^* 与 β^* 不可通约.

假设方程 (12.1.1) 有两条异宿轨道 $\ell = \{\ell(t) = (a(t), b(t)), t \in \mathbb{R}\}$ 和 $\ell^* = \{\ell^*(t) = (a^*(t), b^*(t)), t \in \mathbb{R}\}$, 满足 $\lim\limits_{t \to -\infty} \ell(t) = P$, $\lim\limits_{t \to +\infty} \ell(t) = P^*$, $\lim\limits_{t \to -\infty} \ell^*(t) = P^*$, $\lim\limits_{t \to +\infty} \ell^*(t) = P$, 见图 12.1.1.

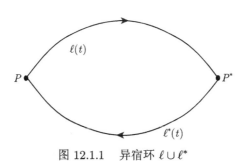

图 12.1.1　异宿环 $\ell \cup \ell^*$

对 (12.1.1) 附加周期扰动得到

$$\frac{dx}{dt} = f(x,y) + \mu P(x,y,t), \qquad \frac{dy}{dt} = g(x,y) + \mu Q(x,y,t), \qquad (12.1.2)$$

其中 μ 为扰动参数. $P(x,y,t)$ 和 $Q(x,y,t)$ 是 $V \times \mathbf{R}$ 上的 C^∞ 函数, 满足

(H_2) (i) $\exists\, T > 0$, 使得 $P(x,y,t+T) = P(x,y,t)$, $Q(x,y,t+T) = Q(x,y,t)$.

(ii) 对任意的 $t \in \mathbf{R}$, 有 $P(q,p,t) = P(q^*,p^*,t) = Q(q,p,t) = Q(q^*,p^*,t) = 0$, $\partial_x P(q,p,t) = \partial_y P(q,p,t) = \partial_x P(q^*,p^*,t) = \partial_y P(q^*,p^*,t) = 0$, $\partial_x Q(q,p,t) = \partial_y Q(q,p,t) = \partial_x Q(q^*,p^*,t) = \partial_y Q(q^*,p^*,t) = 0$.

显然, 条件 (H2)(ii) 表示扰动函数 $P(x,y,t)$, $Q(x,y,t)$ 的幂级数展式至少是 $(x-q, y-p)$ 和 $(x-q^*, y-p^*)$ 的二次和二次以上项.

记异宿轨道 $\ell(t)$, $\ell^*(t)$ 的单位切向量为

$$\tau_\ell(t) = \frac{1}{|\ell'(t)|}\ell'(t), \qquad \tau_{\ell^*}(t) = \frac{1}{|(\ell^*)'(t)|}(\ell^*)'(t).$$

则可验证

$$\lim_{t\to-\infty} \tau_\ell(t) = \xi_\beta, \qquad \lim_{t\to+\infty} \tau_\ell(t) = -\xi_{\alpha^*},$$

$$\lim_{t\to-\infty} \tau_{\ell^*}(t) = \xi_{\beta^*}, \qquad \lim_{t\to+\infty} \tau_{\ell^*}(t) = -\xi_\alpha.$$

记 $\tau_\ell^\perp(t)$ 为垂直于 $\tau_\ell(t)$ 的单位法向量.

兹构造异宿轨道 $\ell(t)$ 的 Melnikov 函数如下

$$\mathcal{W}(\theta) = \int_{-\infty}^{\infty} [(P(\ell(t), t+\theta),\, Q(\ell(t), t+\theta)) \cdot \tau_\ell^\perp(t)] e^{-\int_0^t E_\ell(s)ds} dt, \qquad (12.1.3)$$

其中

$$E_\ell(t) = \tau_\ell^\perp(t) \begin{pmatrix} \partial_x f(\ell(t)) & \partial_y f(\ell(t)) \\ \partial_x g(\ell(t)) & \partial_y g(\ell(t)) \end{pmatrix} \tilde{\tau}_\ell^\perp(t) \qquad (12.1.4)$$

为异宿轨道 $\ell(t)$ 在时刻 t 的法向扩张率. 可以证明 (见附录),

$$\lim_{t\to+\infty} E_\ell(t) = \beta^*, \qquad \lim_{t\to-\infty} E_\ell(t) = \alpha.$$

类似地, 构造异宿轨道 $\ell^*(t)$ 的 Melnikov 函数

$$\mathcal{W}^*(\theta) = \int_{-\infty}^{\infty} [(P(\ell^*(t), t+\theta),\, Q(\ell^*(t), t+\theta)) \cdot \tau_{\ell^*}^\perp(t)] e^{-\int_0^t E_{\ell^*}(s)ds} dt, \quad (12.1.5)$$

其中

$$E_{\ell^*}(t) = \tau_{\ell^*(t)}^\perp \begin{pmatrix} \partial_x f(\ell^*(t)) & \partial_y f(\ell^*(t)) \\ \partial_x g(\ell^*(t)) & \partial_y y(\ell^*(t)) \end{pmatrix} \tilde{\tau}_{\ell^*(t)}^\perp \qquad (12.1.6)$$

也为异宿轨道 $\ell^*(t)$ 在时刻 t 沿法向 $\tau^\perp_{\ell^*}(t)$ 的扩张率, 也有

$$\lim_{t\to+\infty} E_{\ell^*}(t) = \beta, \quad \lim_{t\to-\infty} E_{\ell^*}(t) = \alpha^*.$$

记 $m = \min_{\theta\in[0,T)} \mathcal{W}(\theta)$, $M = \max_{\theta\in[0,T)} \mathcal{W}(\theta)$, $m^* = \min_{\theta\in[0,T)} \mathcal{W}^*(\theta)$, $M^* = \max_{\theta\in[0,T)} \mathcal{W}^*(\theta)$. 假设

(H_3) (i) $\mathcal{W}(\theta)$ 和 $\mathcal{W}^*(\theta)$ 分别是 Morse 函数.

(ii) $\mathcal{W}(\theta)$ 和 $\mathcal{W}^*(\theta)$ 的零点均非退化, 即如果 $\mathcal{W}(\theta_0) = 0$, 则 $\mathcal{W}'(\theta_0) \neq 0$; 如果 $\mathcal{W}^*(\theta_0) = 0$, 则 $(\mathcal{W}^*)'(\theta_0) \neq 0$.

(iii) $m, m^* < 0 < M, M^*$.

在假设 (H_1)—(H_3) 成立的条件下, 以下我们对方程 (12.1.2) 引进返回映射, 以此作为分析方程 (12.1.2) 动力学行为的主要工具.

引进角变量 $\theta \in S^1 := \mathbf{R}/\{nT\}$. 方程 (12.1.2) 可扭扩为

$$\begin{aligned}
\frac{dx}{dt} &= f(x,y) + \mu P(x,y,\theta), \\
\frac{dy}{dt} &= g(x,y) + \mu Q(x,y,\theta), \\
\frac{d\theta}{dt} &= 1.
\end{aligned} \tag{12.1.7}$$

在扭扩相空间 (x,y,θ) 中, 以 ε 为半径作点 P 的小邻域 $B_\varepsilon(P)$, 以 ε^* 为半径作点 P^* 的小邻域 $B_{\varepsilon^*}(P^*)$. 令 σ, σ^* 分别为 $B_\varepsilon(P)$ 和 $B_{\varepsilon^*}(P^*)$ 中垂直于异宿轨道 $\ell(t)$, $\ell^*(t)$ 的小线段. 记 $\Sigma = \sigma \times S^1$, $\Sigma^* = \sigma^* \times S^1$. 如图 12.1.2.

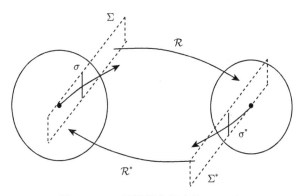

图 12.1.2　扭扩相空间中的 $\mathcal{R}$, $\mathcal{R}^*$

在邻域 $B_\varepsilon(P)$ 中, 记 $-L_-$, L_+^* 分别为异宿轨道 $\ell(t)$ 和 $\ell^*(t)$ 上距离鞍点 P 为 $\dfrac{\varepsilon}{2}$ 处的时刻, 即

$$|\ell(-L_-) - P| = \frac{1}{2}\varepsilon, \quad |\ell^*(L_+^*) - P| = \frac{1}{2}\varepsilon.$$

同理, 在邻域 $B_{\varepsilon^*}(P^*)$ 中, 记 $-L_-^*$, L_+ 为异宿轨道 $\ell(t)$ 和 $\ell^*(t)$ 上距离鞍点 P^* 为 $\dfrac{\varepsilon^*}{2}$ 处的时刻, 即

$$|\ell^*(-L_-^*) - P^*| = \frac{1}{2}\varepsilon^*, \qquad |\ell(L_+) - P^*| = \frac{1}{2}\varepsilon^*.$$

返回映射 $\mathcal{F} = \mathcal{R}^* \circ \mathcal{R}$ 是从 Σ 回到 Σ 的映射. 如图 12.1.3.

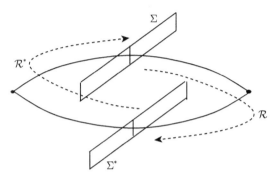

图 12.1.3　返回映射 $\mathcal{F} = \mathcal{R}^* \circ \mathcal{R}$

我们选取参数 ε, ε^*, 使得

$$\varepsilon^* = \varepsilon^{\frac{\beta^*}{\beta}}. \tag{12.1.8}$$

由于 ε, ε^* 充分小, 方程 (12.1.7) 在邻域 $B_\varepsilon(P)$, $B_{\varepsilon^*}(P^*)$ 中可以线性化. 这样, 上述四个时间 $L_\pm$, $L_\pm^*$ 只依赖于异宿轨道 ℓ, ℓ^* 以及参数 ε, ε^*.

对扰动强度 μ, 我们假设

$$\mu \ll \varepsilon, \quad \varepsilon^* \ll 1. \tag{12.1.9}$$

与 9.1 节相同, 我们用新参数 $h = \ln \mu^{-1}$ 并用类似的常数 K 和估计项 $\mathcal{O}$.

因为 Σ 是环面, 用 (X, θ) 表示其上的变量, 其中 X 表示 Σ 上的点到 $\ell(-L_-) \times S^1$ 的距离, $\theta \in S^1$. 作尺度变换 $\mathbb{X} = \mu^{-1}X$, 则 Σ 可表示为

$$\Sigma = \{(\mathbb{X}, \theta): \ |\mathbb{X}| < 1, \ \theta \in S^1\}.$$

同理, Σ^* 可表示为

$$\Sigma^* = \{(\hat{\mathbb{X}}, \hat{\theta}): \ |\hat{\mathbb{X}}| < 1, \ \hat{\theta} \in S^1\}.$$

为方便起见, 引入记号 $M_\pm$, $M_\pm^*$, $\mathcal{W}_{L_-, L_+}(\theta)$ 和 $\mathcal{W}_{L_-^*, L_+^*}^*(\theta)$, 即定义

$$M_+ = e^{\int_0^{L_+} E_\ell(s)\,ds}, \quad M_- = e^{\int_{-L_-}^0 E_\ell(s)\,ds};$$

$$M_+^* = e^{\int_0^{L_+^*} E_{\ell^*}(s)ds}, \quad M_-^* = e^{\int_{-L_-^*}^0 E_{\ell^*}(s)ds}.$$

在 Melnikov 函数 (12.1.3) 和 (12.1.5) 中, 用 $L_+, -L_-$ 代替积分限 $+\infty, -\infty$ 分别记为 $\mathcal{W}_L(\theta)$ 和 $\mathcal{W}_L^*(\theta)$.

定理 12.1.1 设映射 $\mathcal{R}: \Sigma \to \Sigma^*$ 为 $(\hat{\theta}, \hat{\mathbb{X}}) = \mathcal{R}(\theta, \mathbb{X})$. 则

$$\hat{\theta} = \theta + \boldsymbol{a} - \frac{1}{\beta^*} \ln \mathbb{F}(\theta, \mathbb{X}, \mu) + \mathcal{O}_{\theta, \mathbb{X}, h}(\mu),$$
$$\hat{\mathbb{X}} = \boldsymbol{b}[\mathbb{F}(\theta, \mathbb{X}, \mu)]^{-\frac{\alpha^*}{\beta^*}}, \tag{12.1.10}$$

其中

$$\boldsymbol{a} = \frac{1}{\beta^*} \left(\ln \mu^{-1} + \ln \frac{\varepsilon^*}{(1 + \mathcal{O}(\varepsilon^*))M_+} + \ln(\xi_{\alpha^*} \cdot \xi_{\beta^*}^\perp) \right) + (L_- + L_+),$$
$$\boldsymbol{b} = (\mu(\varepsilon^*)^{-1})^{-\frac{\alpha^*}{\beta^*} - 1}[(1 + \mathcal{O}(\varepsilon^*))M_+]^{-\frac{\alpha^*}{\beta^*}} \tag{12.1.11}$$

为常数.

$$\mathbb{F}(\theta, \mathbb{X}, \mu) = \mathcal{W}(\theta + L_-) + M_-(1 + \mathcal{O}(\varepsilon))(\xi_\alpha \cdot \xi_\beta^\perp)\mathbb{X} + \mathbb{E}(\theta) + \mathcal{O}_{\theta, \mathbb{X}, h}(\mu), \tag{12.1.12}$$

其中 $\mathcal{W}(\theta + L_-)$ 是 (12.1.3) 式定义的 Melnikov 函数, 且

$$\mathbb{E}(\theta) = ((M_+)^{-1} + M_-)\mathcal{O}_\theta(1) + \mathcal{W}_L(\theta + L_-) - \mathcal{W}(\theta + L_-). \tag{12.1.13}$$

定理 12.1.2 设映射 $\mathcal{R}^*: \Sigma^* \to \Sigma$ 为 $(\theta, \mathbb{X}) = \mathcal{R}^*(\hat{\theta}, \hat{\mathbb{X}})$. 则

$$\theta = \hat{\theta} + \boldsymbol{a}^* - \frac{1}{\beta} \ln \mathbb{F}^*(\hat{\theta}, \hat{\mathbb{X}}, \mu) + \mathcal{O}_{\hat{\theta}, \hat{\mathbb{X}}, h}(\mu),$$
$$\mathbb{X} = \boldsymbol{b}^*[\mathbb{F}^*(\hat{\theta}, \hat{\mathbb{X}}, \mu)]^{-\frac{\alpha}{\beta}}, \tag{12.1.14}$$

其中

$$\boldsymbol{a}^* = \frac{1}{\beta} \left(\ln \mu^{-1} + \ln \frac{\varepsilon}{(1 + \mathcal{O}(\varepsilon))M_+^*} + \ln(\xi_\alpha \cdot \xi_\beta^\perp) \right) + (L_-^* + L_+^*),$$
$$\boldsymbol{b}^* = (\mu\varepsilon^{-1})^{-\frac{\alpha}{\beta} - 1}[(1 + \mathcal{O}(\varepsilon))M_+^*]^{-\frac{\alpha}{\beta}} \tag{12.1.15}$$

为常数.

$$\mathbb{F}^*(\hat{\theta}, \hat{\mathbb{X}}, \mu) = \mathcal{W}^*(\hat{\theta} + L_-^*) + M_-^*(1 + \mathcal{O}(\varepsilon^*))(\xi_{\alpha^*} \cdot \xi_{\beta^*}^\perp)\hat{\mathbb{X}} + \mathbb{E}^*(\hat{\theta}) + \mathcal{O}_{\hat{\theta}, \hat{\mathbb{X}}, h}(\mu), \tag{12.1.16}$$

其中 $\mathcal{W}^*(\hat{\theta} + L_-^*)$ 是 (12.1.5) 式定义的 Melnikov 函数, 且

$$\mathbb{E}^*(\hat{\theta}) = ((M_+^*)^{-1} + M_-^*)\mathcal{O}_{\hat{\theta}}(1) + \mathcal{W}_L^*(\hat{\theta} + L_-^*) - \mathcal{W}^*(\hat{\theta} + L_-^*). \tag{12.1.17}$$

为了分析返回映射 $\mathcal{F} = \mathcal{R}^* \circ \mathcal{R}$ 的动力学, 作如下几点说明.

(i) 因为 $|\alpha| > \beta$, $|\alpha^*| > \beta^*$, 所以当 $\mu \to 0$ 时, $\boldsymbol{b}, \boldsymbol{b}^* \to 0$. 因此对充分小的 μ, 二维映射 $\mathcal{R}, \mathcal{R}^*, \mathcal{F}$ 分别是下列三个一维奇异极限映射 $f_\mu, f_\mu^*, F_\mu : S^1 \to S^1$ 的开折, 其中

$$
\begin{aligned}
f_\mu(\theta) &= \theta + \boldsymbol{a} - \frac{1}{\beta^*} \ln(\mathcal{W}(\theta + L_-) + \mathbb{E}(\theta)), \\
f_\mu^*(\theta) &= \theta + \boldsymbol{a}^* - \frac{1}{\beta} \ln(\mathcal{W}^*(\theta + L_-^*) + \mathbb{E}^*(\theta)), \\
F_\mu &= f_\mu^* \circ f_\mu.
\end{aligned}
\tag{12.1.18}
$$

(ii) 在定理 12.1.1 和定理 12.1.2 中, 如果固定 $\varepsilon, \varepsilon^*$, 则当 $\mu \to 0$ 时, $\boldsymbol{a} \approx \dfrac{h}{\beta^*} \to \infty$, $\boldsymbol{a}^* \approx \dfrac{h}{\beta} \to \infty$, 其中 $h = \ln \mu^{-1}$.

(iii) $M_+ \sim (\varepsilon^*)^{\frac{\beta^*}{\alpha^*}}$, $M_- \sim \varepsilon^{-\frac{\alpha}{\beta}}$, $M_+^* \sim \varepsilon^{\frac{\beta}{\alpha}}$, $M_-^* \sim (\varepsilon^*)^{-\frac{\alpha^*}{\beta^*}}$.

根据

$$
\frac{\partial}{\partial \mathbb{X}} \mathbb{F}(\theta, \mathbb{X}, \mu) \approx M_-(\xi_\alpha \cdot \xi_\beta^\perp), \quad \frac{\partial}{\partial \hat{\mathbb{X}}} \mathbb{F}^*(\theta, \hat{\mathbb{X}}, \mu) \approx M_-^*(\xi_{\alpha^*} \cdot \xi_{\beta^*}^\perp)
$$

和 $M_-, M_-^* \gg \mathcal{O}(\mu)$ 可知, 返回映射 $\mathcal{F}_\mu$ 是一维映射 $F_\mu = f_\mu^* \circ f_\mu$ 在 $\mathbb{X}$-方向的非退化开折.

(iv) 由 $M_\pm, M_\pm^*$ 的定义得到

$$
\boldsymbol{a} \approx \frac{1}{\beta^*} \ln \mu^{-1} + \mathcal{K}, \quad \boldsymbol{a}^* \approx \frac{1}{\beta} \ln \mu^{-1} + \mathcal{K}^*,
$$

其中

$$
\begin{aligned}
\mathcal{K} &= C - \frac{1}{\beta^*} \ln(\xi_{\alpha^*} \cdot \xi_{\beta^*}^\perp) + \frac{1}{\beta^*} \int_0^{+\infty} (\beta^* - E_\ell(t)) dt, \\
\mathcal{K}^* &= C^* - \frac{1}{\beta} \ln(\xi_\alpha \cdot \xi_\beta^\perp) + \frac{1}{\beta} \int_0^{+\infty} (\beta - E_{\ell^*}(t)) dt, \\
C &= \lim_{t \to -\infty} \frac{1}{\beta} \ln e^{-\beta t} |\ell(t) - P|, \\
C^* &= \lim_{t \to -\infty} \frac{1}{\beta^*} \ln e^{-\beta^* t} |\ell^*(t) - P^*|
\end{aligned}
\tag{12.1.19}
$$

是由未扰动系统 (12.1.1) 决定的四个常数.

(v) 当 $\varepsilon, \varepsilon^* \to 0$ 时, 可以证明

$$
\|\mathcal{W}(\theta) - \mathcal{W}_{L_-, L_+}(\theta)\|_{C^r}, \quad \|\mathcal{W}^*(\theta) - \mathcal{W}_{L_-^*, L_+^*}^*(\theta)\|_{C^r} \to 0.
$$

所以 $\mathbb{E}(\theta), \mathbb{E}^*(\hat{\theta})$ 分别是 $\mathcal{W}(0), \mathcal{W}^*(\hat{\theta})$ 的 C^r-小扰动.

12.2 动力学结果

记环面 $\Sigma = S^1 \times I$. 用 θ 表示 $S^1 = \mathbf{R}/\{nT\}$ 上的点, $\mathbb{X}$ 表示区间 $I = [-1, 1]$ 上的点. 称 θ 为水平方向, $\mathbb{X}$ 为垂直方向.

易知映射 $\mathcal{R}$ 只定义在 Σ 的一个子集上. 因为从 Σ 上出发的解到达邻域 $B_{\varepsilon *}(P^*)$ 后, 部分解通过不稳定流形到达 Σ^*, 而其余解通过另一不稳定流形离开 $\ell \cup \ell^*$ 的邻域, 见图 12.2.1.

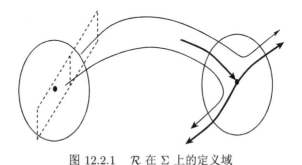

图 12.2.1 $\mathcal{R}$ 在 Σ 上的定义域

假设 $\mathcal{R}$ 定义在 $U \subset \Sigma$ 上, 即 $U = \{(\theta, \mathbb{X}) \in \Sigma : \mathbb{F}(\theta, \mathbb{X}, \mu) > 0\}$. 则 U 的边界由方程

$$\mathbb{F}(\theta, \mathbb{X}, \mu) = \mathcal{W}(\theta + L_-) + M_-(1 + \mathcal{O}(\varepsilon))(\xi_\alpha \cdot \xi_\beta^\perp)\mathbb{X} + \mathbb{E}(\theta) + \mathcal{O}_{\theta, \mathbb{X}, h}(\mu) = 0$$

决定. 解上述方程得

$$\mathbb{X} = \frac{1}{M_-(1 + \mathcal{O}(\varepsilon))(\xi_\alpha \cdot \xi_\beta^\perp)}(\mathcal{W}(\theta + L_-) + \mathbb{E}(\theta)) + \mathcal{O}_{\theta, h}(\mu). \tag{12.2.1}$$

因为 $\mathcal{W}(\theta)$ 的所有零点非退化, 所以对充分小的 ε, U 的边界是若干条几乎垂直的曲线. 这些曲线与 θ-轴的交点靠近 $\mathcal{W}(\theta + L_-)$ 的零点, 把 Σ 分成有限个竖条的并集 $U = \cup U_i$. 记 $W = \Sigma \setminus U$.

类似于同宿缠结, 每一个 U_i 的像 $\mathcal{R}(U_i)$ 绕 Σ^* 无穷多次, 如图 11.2.1. 当 $\mu \to 0$ 时, $\mathcal{R}(U_i)$ 在水平方向几乎以常速率 β^{*-1} 运动. 同理, 映射 $\mathcal{R}^*$ 定义在 Σ^* 的子集 $U^* = \bigcup_i U_i^*$ 上, $\mathcal{R}^*(U_i^*)$ 绕 Σ 无穷多次. 当 $\mu \to 0$ 时, $\mathcal{R}^*(U_i^*)$ 几乎以常速率 β^{-1} 在 θ-方向运动. 记 $W^* = \Sigma^* \setminus U^*$.

视 μ 为参数, 返回映射为 $\mathcal{F}_\mu$. 记

$$\Omega_\mu = \{(x, y, \theta) \in \Sigma : \mathcal{F}_\mu^n(x, y, \theta) \in \Sigma, \forall n \in \mathbb{Z}^+\}, \quad \Lambda_\mu = \bigcap_{n \in \mathbb{Z}^+} \mathcal{F}_\mu^n(\Omega_\mu).$$

则 $\mathcal{F}_\mu$ 的异宿缠结动力学结构都体现在 Λ_μ 中. 显然, 对充分小的所有 μ 值, Λ_μ 含有一个无穷符号马蹄. Λ_μ 的结构也敏感依赖于折叠部分在 Σ 中的位置. 类似于同宿缠结, 得到 $\mathcal{F}_\mu$ 的三类动力学现象:

(a) 如果 $\mathcal{R}(U_i)$ 的折叠部分全落在 W^* 内部, 而且 $\mathcal{R}^*(U_i^*)$ 的折叠部分全落在 W 内部, 那么整个异宿缠结就简化为一个无穷符号马蹄.

(b) 对一维映射 $F_\mu = f_\mu^* \circ f_\mu$, 其中 f_μ, f_μ^* 如 (12.1.18) 式. 当 $\mu \to 0$ 时存在无穷多个 μ 值, 使得 $F_\mu(\theta_c) = \theta_c$, 其中 $\theta_c = \theta_c(\mu)$ 是 F_μ 的临界点, 即 $F_\mu'(\theta_c(\mu)) = 0$. 这些异宿缠结出现强吸引的周期解.

(c) 当 $\mu \to 0$ 时, 存在无穷多个 μ 值使得马蹄的周期鞍点的不稳定流形与稳定流形同宿相切. 则在每一个 μ 值附近存在无穷多个 Newhouse 周期汇和似 Hénon 吸引子.

因此, 当 $\mu \to 0$ 时, 方程 (12.1.7) 的异宿缠结动力学结构敏感依赖于 μ 值, 现象 (a)—(c) 快速交替出现. 但存在一个拟周期的动力学模式. 对新参数 $h = \ln \mu^{-1}$, 记

$$
\begin{aligned}
f_h(\theta) &= \theta + \frac{1}{\beta^*}h + \mathcal{K} - \frac{1}{\beta^*}\ln \mathcal{W}(\theta + C), \\
f_h^*(\theta) &= \theta + \frac{1}{\beta}h + \mathcal{K}^* - \frac{1}{\beta}\ln \mathcal{W}^*(\theta + C^*).
\end{aligned}
\tag{12.2.2}
$$

则 f_h 是以 $\beta^* T$ 为周期的周期函数, 即 $f_h = f_{h+\beta^* T}$. 因此 f_μ 关于 μ 以 $e^{\beta^* T}$ 为周期, 即

$$
f_\mu = f_{\mu e^{-\beta^* T}}.
$$

同理, $f_h^*(\theta)$ 关于 μ 以 $e^{\beta T}$ 为周期, 即

$$
f_\mu^* = f_{\mu e^{-\beta T}}^*.
$$

所以, 一维映射 $F_h = f_h^* \circ f_h : S^1 \to S^1$ 的周期性有两种情况:

(1) 如果 β, β^* 可通约, 即存在 $m, n \in \mathbb{Z}^+$, 使得

$$
\frac{\beta}{\beta^*} = \frac{m}{n}.
$$

则 F_h 关于 μ 以 $e^{n\beta T}$ (或 $e^{m\beta^* T}$) 为周期, 即

$$
F_h = F_{h+n\beta T} = F_{h+m\beta^* T}.
$$

(2) 如果 β, β^* 的有理共振度提高, 直至过渡到不可通约, 则 F_h 逐渐由周期性趋向于非周期性.

对上述现象 (a)—(c), 严格的异宿缠结动力学可综合为下面的定理, 即对方程 (12.1.7), 假设 (H_1)—(H_3) 成立, 则有下面的结论.

定理 12.2.1 (Birkhoff-Smale-Melnikov)　*存在 $\mu_0 > 0$, 使得对任意的 $0 < \mu < \mu_0$, 异宿缠结 Λ_μ 包含可数个符号的 Smale 马蹄.*

定理 12.2.2　*存在一列互不相交的开区间 $\{I_n\}$ 趋向于零, 使得对任意的 $\mu \in \bigcup\limits_n I_n$, Λ_μ 包含周期汇.*

对 (12.1.19) 中的常数 C 和 C^*, 令

$$I_+ = \{\theta \in [0, T) : \mathcal{W}(\theta + C) > 0\}, \quad I_- = \{\theta \in [0, T) : \mathcal{W}(\theta + C) < 0\},$$

$$I_+^* = \{\theta \in [0, T) : \mathcal{W}^*(\theta + C^*) > 0\}, \quad I_-^* = \{\theta \in [0, T) : \mathcal{W}^*(\theta + C^*) < 0\}. \tag{12.2.3}$$

定义函数

$$\mathcal{D}(\theta) = \theta - \frac{1}{\beta^*} \ln \mathcal{W}(\theta + C); \quad \mathcal{D}^*(\theta) = \theta - \frac{1}{\beta} \ln \mathcal{W}^*(\theta + C^*) \tag{12.2.4}$$

和临界点集

$$\mathcal{C} = \{\theta \in I_+ : \mathcal{D}'(\theta) = 0\}, \quad \mathcal{C}^* = \{\theta \in I_+^* : \mathcal{D}^{*\prime}(\theta) = 0\}. \tag{12.2.5}$$

定理 12.2.3　*如果 $\mathcal{D}(\theta)$ 或者 $\mathcal{D}^*(\theta)$ 有非退化临界点, 即 $\mathcal{C} \neq \varnothing$ 或 $\mathcal{C}^* \neq \varnothing$, 则*

(i) (Newhouse 汇) *存在序列 $\{\mu_n\} : \mu_n \to 0$, 使得对每一个 μ_n, 有 $\hat{\mu}_k \to \mu_n$, 且对每一个 $\hat{\mu}_k$, $\Lambda_{\hat{\mu}_k}$ 含有周期汇.*

(ii) (奇异吸引子) *在每一个 μ_n 附近存在 μ 的一个正 Lebesgue 测度集 Δ_{μ_n}, 使得 $\forall \mu \in \Delta_{\mu_n}$, Λ_μ 是具有 SRB 测度的似 Hénon 吸引子.*

记

$$J = \{\theta \in I_+ : |\mathcal{D}'(\theta)| \leqslant 1\}, \quad J^* = \{\theta \in I_+^* : |(\mathcal{D}^*)'(\theta)| \leqslant 1\}. \tag{12.2.6}$$

令

$$\mathcal{D}_h(\theta) := \frac{h}{\beta^*} + \mathcal{K} + \mathcal{D}(\theta), \quad \mathcal{D}_h^*(\theta) := \frac{h}{\beta} + \mathcal{K}^* + \mathcal{D}^*(\theta).$$

定理 12.2.4　*如果存在充分大的 $\tilde{h} \in \mathbf{R}^+$, 使得*

$$\mathcal{D}_{\tilde{h}}(J) \subset I_-^*, \qquad \mathcal{D}_{\tilde{h}}^*(J^*) \subset I_-.$$

则存在开区间 $I_{\tilde{\mu}}$, 使得 $\forall \mu \in I_{\tilde{\mu}}$, Λ_μ 拓扑共轭于可数个符号的马蹄.

注　(1) 当 $t \to -\infty$ 时, 扰动方程 (12.1.2) 在 P, P^* 点的小邻域内可以线性化. 所以, $|\ell(-L_-) - P| \sim \varepsilon \sim e^{-\beta L_-}$, $|\ell^*(-L_-^*) - P^*| \sim \varepsilon^* \sim e^{-\beta^* L_-^*}$. 因此极限 $\lim\limits_{t \to -\infty} \frac{1}{\beta} \ln e^{-\beta t} |\ell(t) - P|$, $\lim\limits_{t \to -\infty} \frac{1}{\beta^*} \ln e^{-\beta^* t} |\ell^*(t) - P^*|$ 存在, 即 C, C^* 有意义.

(2) (12.2.4) 中定义的函数 $\mathcal{D}(\theta)$, $\mathcal{D}^*(\theta)$ 称为 $\mathcal{R}_\mu$, $\mathcal{R}_\mu^*$ 的奇异极限映射.

定理的证明　(i) 定理 12.2.1 的证明. 该定理的证明只需要条件 (H_1), (H_2), $(H_{3'})$: $\mathcal{W}(\theta)$ 和 $\mathcal{W}^*(\theta)$ 分别只有一个非退化零点 θ_0 和 θ_0^*.

在截面 Σ 上, θ 为水平方向, $\mathbb{X}$ 为垂直方向. 为了便于分析, 令 $\theta = \theta + C - L_-$. 则 $\mathcal{W}(\theta + L_-) = \mathcal{W}(\theta + C)$, $\mathcal{W}^*(\theta + L_-^*) = \mathcal{W}^*(\theta + L_-^* + C - L_-) = \mathcal{W}^*(\theta + C^* + L_-^* + C - L_- - C^*) \approx \mathcal{W}^*(\theta + C^*)$. 因为

$$L_-^* - C^* - L_- + C \approx 0.$$

所以

$$\mathbb{F}(\theta, \mathbb{X}, \mu) = \mathcal{W}(\theta + C) + M_-(1 + \mathcal{O}(\varepsilon))(\xi_\alpha \cdot \xi_\beta^\perp)\mathbb{X} + \mathbb{E}(\theta) + \mathcal{O}_{\theta, \mathbb{X}, h}(\mu) = 0 \tag{12.2.7}$$

定义了一条 $\mathbb{X}$ 关于 θ 的曲线 ℓ_v. 该曲线近似于直线 $\theta = \theta_0 - C$, 这里 θ_0 为 Melnikov 函数 $\mathcal{W}(\theta)$ 的零点. $\mathbb{F}$ 在 ℓ_v 的两侧改变符号. 稍微平移 ℓ_v 至 $\tilde{\ell}_v$, 使得 $\mathbb{F}$ 在 ℓ_v 与 $\tilde{\ell}_v$ 之间取正值. 记由 $\ell_v, \tilde{\ell}_v$ 及 $\mathbb{X} = 1$, $\mathbb{X} = -1$ 所围的区域为 $\tilde{U}$. 同样, 在截面 Σ^* 上也可得曲线 $\ell_v^*, \tilde{\ell}_v^*$ 及区域 $\tilde{U}^*$.

定义 $\tilde{U}, \tilde{U}^*$ 中的水平锥和垂直锥分别为

$$\mathcal{C}_h(z) = \left\{ \nu = (u, v) : \left| \frac{v}{u} \right| < \frac{1}{100} \right\},$$

$$\mathcal{C}_\nu(z) = \left\{ \nu = (u, v) : \left| \frac{v}{u} \right| > 100 \right\}.$$

以 $\mathcal{C}_h(z)$ 中的向量为切向量的曲线称为水平曲线. 以 $\mathcal{C}_\nu(z)$ 中的向量为切向量的曲线称为垂直曲线. 两条不相交水平曲线所围的区域称为水平带, 两条不相交垂直曲线所围的区域称为垂直带.

$\forall c \in [-1, 1]$, 记

$$\ell_c = \{\theta \in \tilde{U} : \mathbb{X} = c\}.$$

则 ℓ_c 为 $\tilde{U}$ 中的水平线段. 下证 $\mathcal{R}(\ell_c)$ 为 $\tilde{U}^*$ 中的水平曲线. 对 $\mathcal{R}(\ell_c)$ 上的每一点 $(\hat{\theta}, \hat{\mathbb{X}})$, 根据 (12.1.10) 式有

$$\left| \frac{d\hat{\mathbb{X}}}{d\hat{\theta}} \right| \approx \left| \frac{\boldsymbol{b}\alpha^* \mathbb{F}^{-\frac{\alpha^*}{\beta^*}} \mathcal{W}'(\theta + C)}{\beta^* \mathbb{F} - \mathcal{W}'(\theta + C)} \right|.$$

因为 $\boldsymbol{b} \sim \mu^{-\frac{\alpha^*}{\beta^*} - 1}$, 故存在 $\mu_0 > 0$, 使得对任意 $0 < \mu < \mu_0$ 有

$$\left| \frac{d\hat{\mathbb{X}}}{d\hat{\theta}} \right| < \frac{1}{100},$$

即曲线 $\mathcal{R}(\ell_c)$ 上每一点的切向量都在该点的水平锥中. 所以 $\mathcal{R}(\ell_c)$ 为 $\tilde{U}^*$ 中的水平曲线. 进而 $\mathcal{R}(\tilde{U})$ 为水平带. 根据 θ 的周期性, 记

$$\mathcal{R}(\tilde{U}) \cap \tilde{U}^* = \bigcup_{i=1}^{+\infty} H_i^*,$$

其中 H_i^* 为水平带, 且当 $i \to +\infty$ 时, H_i^* 趋向于直线 $\{\mathbb{X} = 0\}$.

记 $V_i = \mathcal{R}^{-1}(H_i^*)$, 则 V_i 为 $\tilde{U}$ 中的垂直带. 因为 $\forall (\theta, \mathbb{X}) \in \mathcal{R}^{-1}(H_i^*)$,

$$\left| \frac{d\theta}{d\mathbb{X}} \right| \approx \left| \frac{M_-(1 + \mathcal{O}(\varepsilon))(\xi_\alpha \cdot \xi_\beta^\perp)}{\mathcal{W}'(\theta + C)} \right|.$$

由 $M_- \sim \varepsilon^{-\frac{\alpha}{\beta}}$ 知道, 存在 $\varepsilon_0 \ll 1$, 使得

$$\left| \frac{d\theta}{d\mathbb{X}} \right| < \frac{1}{100},$$

即

$$\left| \frac{d\mathbb{X}}{d\theta} \right| > 100.$$

因此 V_i 为 $\tilde{U}$ 中的垂直带. 当 $i \to +\infty$ 时, V_i 趋向于曲线 ℓ_v.

同理, 对映射 $\mathcal{R}^*$, 定义相应的可数个水平带和垂直带.

复合映射 $\mathcal{R}$ 与 $\mathcal{R}^*$, 则 $\mathcal{F}(\tilde{U}) = \mathcal{R}^* \circ \mathcal{R}(\tilde{U})$ 为 $\tilde{U}$ 中可数个横条. 同理, $\mathcal{F}^{-1}(\tilde{U})$ 为 $\tilde{U}$ 中可数个竖条. 因此, $\tilde{U}$ 的一次正像 $\mathcal{F}(\tilde{U})$ 和一次逆像 $\mathcal{F}^{-1}(\tilde{U})$ 的交集为可数个小区域.

下证在切映射 $D\mathcal{R}, D\mathcal{R}^*$ 作用下, 水平带扩张, 垂直带压缩, 并满足一定的扩张压缩比.

对任意的 $z \in \tilde{U}$, Jacobi 矩阵

$$D\mathcal{R}_z \approx \begin{pmatrix} 1 - \dfrac{1}{\beta^* \mathbb{F}} \dfrac{\partial \mathbb{F}}{\partial \theta} & -\dfrac{1}{\beta^* \mathbb{F}} \dfrac{\partial \mathbb{F}}{\partial \mathbb{X}} \\ -\boldsymbol{b}\alpha^*(\beta^*)^{-1}\mathbb{F}^{-\frac{\alpha^*}{\beta^*}-1} \dfrac{\partial \mathbb{F}}{\partial \theta} & -\boldsymbol{b}\alpha^*(\beta^*)^{-1}\mathbb{F}^{-\frac{\alpha^*}{\beta^*}-1} \dfrac{\partial \mathbb{F}}{\partial \mathbb{X}} \end{pmatrix}.$$

对 $\nu = (u, v) \in \mathcal{C}_h(z)$,

$$D\mathcal{R}_z(\nu) \approx \begin{pmatrix} \left(1 - \dfrac{1}{\beta^* \mathbb{F}} \dfrac{\partial \mathbb{F}}{\partial \theta}\right) u - \dfrac{1}{\beta^* \mathbb{F}} \dfrac{\partial \mathbb{F}}{\partial \mathbb{X}} v \\ -\boldsymbol{b}\alpha^*(\beta^*)^{-1}\mathbb{F}^{-\frac{\alpha^*}{\beta^*}-1} \left(\dfrac{\partial \mathbb{F}}{\partial \theta} u + \dfrac{\partial \mathbb{F}}{\partial \mathbb{X}} v \right) \end{pmatrix}$$

向量 $D\mathcal{R}_z(\nu)$ 的斜率

$$|S(D\mathcal{R}_z(\nu))| \approx \left| \frac{\boldsymbol{b}\alpha^*(\beta^*)^{-1}\mathbb{F}^{-\frac{\alpha^*}{\beta^*}-1}\left(\dfrac{\partial \mathbb{F}}{\partial \theta}u + \dfrac{\partial \mathbb{F}}{\partial \mathbb{X}}v\right)}{\left(1 - \dfrac{1}{\beta^*\mathbb{F}}\dfrac{\partial \mathbb{F}}{\partial \theta}\right)u - \dfrac{1}{\beta^*\mathbb{F}}\dfrac{\partial \mathbb{F}}{\partial \mathbb{X}}v} \right|$$

$$= \left| \frac{\boldsymbol{b}\alpha^*(\beta^*)^{-1}\mathbb{F}^{-\frac{\alpha^*}{\beta^*}-1}\left(\dfrac{\partial \mathbb{F}}{\partial \theta} + \dfrac{\partial \mathbb{F}}{\partial \mathbb{X}}\dfrac{v}{u}\right)}{\left(1 - \dfrac{1}{\beta^*\mathbb{F}}\dfrac{\partial \mathbb{F}}{\partial \theta}\right) - \dfrac{1}{\beta^*\mathbb{F}}\dfrac{\partial \mathbb{F}}{\partial \mathbb{X}}\dfrac{v}{u}} \right|.$$

因此存在 $\mu_1 > 0$, 使得对任意的 $0 < \mu < \mu_1$ 有

$$|S(D\mathcal{R}_z(\nu))| < \frac{1}{100},$$

即

$$D\mathcal{R}_z(\mathcal{C}_h(z)) \subset \mathcal{C}_h(\mathcal{R}(z)).$$

向量 $D\mathcal{R}_z(\nu)$ 的长度 $|D\mathcal{R}_z(\nu)| \approx \left|\left(1 - \dfrac{1}{\beta^*\mathbb{F}}\dfrac{\partial \mathbb{F}}{\partial \theta}\right)u - \dfrac{1}{\beta^*\mathbb{F}}\dfrac{\partial \mathbb{F}}{\partial \mathbb{X}}v\right|$. 因为 $\mathbb{F} \to 0^+$, 所以存在常数 $\lambda > 1$, 使得

$$|D\mathcal{R}_z(\nu)| > \lambda|\nu|.$$

同理可证, 对映射 $\mathcal{R}^*$ 也有 $D\mathcal{R}_z^*(\mathcal{C}_h(z)) \subset \mathcal{C}_h(\mathcal{R}^*(z))$ 且 $|D\mathcal{R}_z^*(\tau)| > \lambda|\tau|$.

对逆映射 $\mathcal{R}^{-1}$, 矩阵 $D\mathcal{R}$ 的逆矩阵 $D\mathcal{R}^{-1}$ 为

$$D\mathcal{R}^{-1} \approx \frac{1}{-\boldsymbol{b}\alpha^*(\beta^*)^{-1}\mathbb{F}^{-\frac{\alpha^*}{\beta^*}-1}\dfrac{\partial \mathbb{F}}{\partial \mathbb{X}}} \begin{pmatrix} -\boldsymbol{b}\alpha^*(\beta^*)^{-1}\mathbb{F}^{-\frac{\alpha^*}{\beta^*}-1}\dfrac{\partial \mathbb{F}}{\partial \mathbb{X}} & \dfrac{1}{\beta^*\mathbb{F}}\dfrac{\partial \mathbb{F}}{\partial \mathbb{X}} \\[2mm] \boldsymbol{b}\alpha^*(\beta^*)^{-1}\mathbb{F}^{-\frac{\alpha^*}{\beta^*}-1}\dfrac{\partial \mathbb{F}}{\partial \theta} & 1 - \dfrac{1}{\beta^*\mathbb{F}}\dfrac{\partial \mathbb{F}}{\partial \theta} \end{pmatrix}.$$

对任意的 $\nu \in \mathcal{C}_v(\mathcal{R}(z))$, 有

$$D\mathcal{R}^{-1}(\nu)$$

$$\approx \frac{1}{-\boldsymbol{b}\alpha^*(\beta^*)^{-1}\mathbb{F}^{-\frac{\alpha^*}{\beta^*}-1}\dfrac{\partial \mathbb{F}}{\partial \mathbb{X}}} \begin{pmatrix} -\boldsymbol{b}\alpha^*(\beta^*)^{-1}\mathbb{F}^{-\frac{\alpha^*}{\beta^*}-1}\dfrac{\partial \mathbb{F}}{\partial \mathbb{X}}u + \dfrac{1}{\beta^*\mathbb{F}}\dfrac{\partial \mathbb{F}}{\partial \mathbb{X}}v \\[2mm] \boldsymbol{b}\alpha^*(\beta^*)^{-1}\mathbb{F}^{-\frac{\alpha^*}{\beta^*}-1}\dfrac{\partial \mathbb{F}}{\partial \theta}u + \left(1 - \dfrac{1}{\beta^*\mathbb{F}}\dfrac{\partial \mathbb{F}}{\partial \theta}\right)v \end{pmatrix}.$$

向量 $D\mathcal{R}^{-1}(\nu)$ 的斜率

$$|S(D\mathcal{R}^{-1}(\nu))| \approx \left| \frac{\boldsymbol{b}\alpha^*(\beta^*)^{-1}\mathbb{F}^{-\frac{\alpha^*}{\beta^*}-1}\dfrac{\partial \mathbb{F}}{\partial \theta}\dfrac{u}{v} + \left(1 - \dfrac{1}{\beta^*\mathbb{F}}\dfrac{\partial \mathbb{F}}{\partial \theta}\right)}{-\boldsymbol{b}\alpha^*(\beta^*)^{-1}\mathbb{F}^{-\frac{\alpha^*}{\beta^*}-1}\dfrac{\partial \mathbb{F}}{\partial \mathbb{X}}\dfrac{u}{v} + \dfrac{1}{\beta^*\mathbb{F}}\dfrac{\partial \mathbb{F}}{\partial \mathbb{X}}} \right|. \tag{12.2.8}$$

因为 $\dfrac{\partial \mathbb{F}}{\partial \mathbb{X}} \approx M_-$. 如果 $\mathbb{F} > \sqrt{M_-}$, 则上式的分母

$$\left| -\boldsymbol{b}\alpha^*(\beta^*)^{-1}\mathbb{F}^{-\frac{\alpha^*}{\beta^*}-1}\frac{\partial \mathbb{F}}{\partial \mathbb{X}}\frac{u}{v} + \frac{1}{\beta^*\mathbb{F}}\frac{\partial \mathbb{F}}{\partial \mathbb{X}} \right| < \left| \boldsymbol{b}\alpha^*(\beta^*)^{-1}\mathbb{F}^{-\frac{\alpha^*}{\beta^*}-1}\frac{\partial \mathbb{F}}{\partial \mathbb{X}} \right| \left| \frac{u}{v} \right| + \left| \frac{1}{\beta^*\mathbb{F}}\frac{\partial \mathbb{F}}{\partial \mathbb{X}} \right|$$

$$< \frac{1}{100}\left| \boldsymbol{b}\alpha^*(\beta^*)^{-1}\mathbb{F}^{-\frac{\alpha^*}{\beta^*}-1}\frac{\partial \mathbb{F}}{\partial \mathbb{X}} \right| + \frac{1}{\beta^*}\sqrt{M_-}.$$

因此对充分小的 μ 和 ε, (12.2.8) 式的分母也充分小. 分子主项 $1 - \dfrac{1}{\beta^*\mathbb{F}}\dfrac{\partial \mathbb{F}}{\partial \theta} \approx 1 - \dfrac{\mathcal{W}'(\theta+C)}{\beta^*\mathcal{W}(\theta+C)}$ 不随 μ, ε 变化. 所以 $|S(D\mathcal{R}^{-1}(\nu))| > 100$.

如果 $\mathbb{F} < \sqrt{M_-}$, (12.2.8) 式可重新写为

$$\left| S(D\mathcal{R}^{-1}(\nu)) \right| \approx \left| \frac{\boldsymbol{b}\alpha^*(\beta^*)^{-1}\mathbb{F}^{-\frac{\alpha^*}{\beta^*}}\dfrac{\partial \mathbb{F}}{\partial \theta}\dfrac{u}{v} + \left(\mathbb{F} - \dfrac{1}{\beta^*}\dfrac{\partial \mathbb{F}}{\partial \theta} \right)}{-\boldsymbol{b}\alpha^*(\beta^*)^{-1}\mathbb{F}^{-\frac{\alpha^*}{\beta^*}}\dfrac{\partial \mathbb{F}}{\partial \mathbb{X}}\dfrac{u}{v} + \dfrac{1}{\beta^*}\dfrac{\partial \mathbb{F}}{\partial \mathbb{X}}} \right|.$$

这时分母

$$\left| -\boldsymbol{b}\alpha^*(\beta^*)^{-1}\mathbb{F}^{-\frac{\alpha^*}{\beta^*}}\frac{\partial \mathbb{F}}{\partial \mathbb{X}}\frac{u}{v} + \frac{1}{\beta^*}\frac{\partial \mathbb{F}}{\partial \mathbb{X}} \right| < \frac{1}{100}\left| \boldsymbol{b}\alpha^*(\beta^*)^{-1}\mathbb{F}^{-\frac{\alpha^*}{\beta^*}}\frac{\partial \mathbb{F}}{\partial \mathbb{X}} \right| + \frac{1}{\beta^*}\frac{\partial \mathbb{F}}{\partial \mathbb{X}}.$$

此时对充分小的 μ 和 ε, 分母也充分小. 分子主项 $\dfrac{1}{\beta^*}\dfrac{\partial \mathbb{F}}{\partial \theta} \approx \dfrac{1}{\beta^*}\mathcal{W}'(\theta+C)$ 不随 μ 和 ε 变化. 所以 $|S(D\mathcal{R}^{-1}(\nu))| > 100$. 因此, 无论 $\mathbb{F} > \sqrt{M_-}$ 还是 $\mathbb{F} < \sqrt{M_-}$ 都可得到 $|S(D\mathcal{R}^{-1}(\nu))| > 100$. 这样就证明了

$$D\mathcal{R}^{-1}_{\mathcal{R}(z)}(\mathcal{C}_v(\mathcal{R}(z))) \subset \mathcal{C}_v(z).$$

向量 $D\mathcal{R}^{-1}(\nu)$ 的长度

$$|D\mathcal{R}^{-1}(\nu)| \approx \left| \frac{\left(1 - \dfrac{1}{\beta^*\mathbb{F}}\dfrac{\partial \mathbb{F}}{\partial \theta} \right)}{\boldsymbol{b}\alpha^*(\beta^*)^{-1}\mathbb{F}^{-\frac{\alpha^*}{\beta^*}-1}\dfrac{\partial \mathbb{F}}{\partial \mathbb{X}}}v \right|.$$

因为 $\boldsymbol{b} \to 0(\mu \to 0)$, 所以存在常数 $\lambda > 1$, 使得

$$|D\mathcal{R}^{-1}(\nu)| > \lambda|\nu|.$$

同理可证 $D(\mathcal{R}^*)^{-1}_{\mathcal{R}^*(z)}(\mathcal{C}_v(\mathcal{R}^*(z))) \subset \mathcal{C}_v(z)$ 且 $|D(\mathcal{R}^*)^{-1}_{\mathcal{R}^*(z)}(\tau)| > \lambda|\tau|$.

　　所以对映射 $\mathcal{F} = \mathcal{R}^* \circ \mathcal{R}$, 存在 $\mu^* = \min(\mu_0, \mu_1) > 0$, 使得对任意 $0 < \mu < \mu^*$, $\mathcal{F}_\mu$ 的不变集包含可数个符号的马蹄.

　　(ii) 定理 12.2.4 的证明.

　　由条件 (H_3)-(ii) 知, $\mathcal{W}(\theta), \mathcal{W}^*(\theta)$ 的所有零点都是非退化的 (即斜率不为零). 在截面 Σ 中, 令映射 $\mathcal{R}$ 的定义域为 $U = \cup U_i$, 其中 U_i 为使得 $\mathbb{F} > 0$ 的区域. 同理, 令 $U^* = \cup U_j^*$ 为 $\mathcal{R}^*$ 的定义域, 其中 U_j^* 为使得 $\mathbb{F}^* > 0$ 的区域. 因为

$$J = \{\theta \in I_+ : |\mathcal{D}'(\theta)| \leqslant 1\}, \quad J^* = \{\theta \in I_+^* : |(\mathcal{D}^*)'(\theta)| \leqslant 1\}.$$

如果存在充分大的 $\tilde{h}$, 使得

$$\mathcal{D}_{\tilde{h}}(J) \subset I_-^*, \qquad \mathcal{D}_{\tilde{h}}^*(J^*) \subset I_-.$$

说明从一维映射 (即 θ 变量) 的角度看, $\mathcal{R}$ 把所有临界点都映到了 $\mathcal{R}^*$ 的定义域之外. 同时, $\mathcal{R}^*$ 把 θ 增长率不超过 1 的部分也映到了 $\mathcal{R}$ 的定义域之外. 换句话说, $\mathcal{R}$ 与 $\mathcal{R}^*$ 把增长率大于 1 的 θ 区域都映到了各自的定义域内. 类似于定理 12.2.1 的证明, 这时 $\mathcal{R}$ 把每一个 U_i 映为 Σ^* 中的可数个横条, 即 $\mathcal{R}(U_i) \cap U^* = \bigcup_j \bigcup_i U_i$. 同理, $\mathcal{R}^*$ 把每一个 U_j^* 映为 Σ 中的可数个横条, 即 $\mathcal{R}^*(U_j^*) \cap U = \bigcup_i \bigcup_j U_j^*$. 所以 $\mathcal{F} = \mathcal{R}^* \circ \mathcal{R}$ 把 Σ 中的每一个 U_i 映为 Σ 中的可数个横条. 它的逆像为 Σ 中的可数个竖条. 这样就证明了 $\mathcal{F}$ 的不变集就是可数个符号的马蹄, 因此它拓扑共轭于 (Σ_∞, σ).

　　因为区间 I_-, I_-^* 有一定的宽度, 所以变动 $\tilde{h}$ 得一 μ 区间 $I_{\tilde{\mu}}$, 使得 $\forall \mu \in I_{\tilde{\mu}}$, $\mathcal{F}_\mu$ 在不变集上只拓扑共轭于 (Σ_∞, σ).

　　(iii) 定理 12.2.2 的证明.

　　因为映射 $\mathcal{F} = \mathcal{R}^* \circ \mathcal{R}$ 是一维奇异极限映射 $F_h = f_h^* \circ f_h$ 在 $\mathbb{X}$ 方向的非退化开折. 首先证明 F_h 有不动点. 对 (12.2.2) 式中的圆周映射 f_h, 假设 $\theta_c \in S^1$ 为它的临界点, 即 $f_h'(\theta_c) = 0$.

　　对 $I_+^* = \{\theta \in S^1, \mathcal{W}^*(\theta + C^*) > 0\}$, 令 I^* 为 I_+^* 的一个连通分支. 取 I^* 中的闭子区间 J^* 使得 $\mathcal{D}^*(J^*)$ 单调增加且 $|\mathcal{D}^*(J^*)| > \dfrac{\beta^*}{\beta} T + 2T$. 因为当 $h \to +\infty$ 时, $f_h(\theta_c)$ 在圆周上不断运动. 因此可取区间 (h_1, h_2) 使得 $\{f_h(\theta_c) : h \in (h_1, h_2)\} = J^*$. 定义映射 $\gamma : (h_1, h_2) \to S^1$ 为

$$\gamma(h) = f_h^*(f_h(\theta_c)).$$

则 $\gamma(h_1, h_2) \supset S^1 = \mathbb{R}/\{nT\}$. 因为一方面

$$[f_{h_1}(\theta_c), f_{h_2}(\theta_c)] \subset J^*,$$

所以

$$|J^*| \geqslant |f_{h_2}(\theta_c) - f_{h_1}(\theta_c)|$$

$$= \left| \theta_c + \frac{h_2}{\beta^*} + \mathcal{K} - \frac{\ln \mathcal{W}(\theta_c + C)}{\beta^*} - \left(\theta_c + \frac{h_1}{\beta^*} + \mathcal{K} - \frac{\ln \mathcal{W}(\theta_c + C)}{\beta^*} \right) \right|$$

$$= \frac{|h_2 - h_1|}{\beta^*}.$$

因此

$$|h_2 - h_1| < \beta^* |J^*| < \beta^* T.$$

另一方面

$$|\gamma(h_2) - \gamma(h_1)| = \left| f_{h_2}^*(f_{h_2}(\theta_c)) - f_{h_1}^*(f_{h_1}(\theta_c)) \right|$$

$$= \left| \mathcal{D}^*(f_{h_2}(\theta_c)) + \frac{h_2}{\beta} + \mathcal{K}^* - \mathcal{D}^*(f_{h_1}(\theta_c)) - \frac{h_1}{\beta} - \mathcal{K}^* \right|$$

$$= \left| \mathcal{D}^*(f_{h_2}(\theta_c)) - \mathcal{D}^*(f_{h_1}(\theta_c)) + \frac{h_2 - h_1}{\beta} \right|$$

$$> |\mathcal{D}^*(f_{h_2}(\theta_c)) - \mathcal{D}^*(f_{h_1}(\theta_c))| - \frac{|h_2 - h_1|}{\beta} > \frac{\beta^*}{\beta} T + 2T - \frac{\beta^*}{\beta} T = 2T.$$

所以一定存在 $\tilde{h} \in (h_1, h_2)$, 使得 $\gamma(\tilde{h}) = \theta_c$. 即 $F_{\tilde{h}}$ 有不动点 θ_c. 因为

$$\frac{\partial F_{\tilde{h}}(\theta)}{\partial \theta} = f_{\tilde{h}}^{*\prime}(f_{\tilde{h}}(\theta)) \cdot f_{\tilde{h}}'(\theta)|_{\theta=\theta_c} = 0.$$

所以 θ_c 为 $F_{\tilde{h}}$ 的吸引不动点. 根据开折定理, 映射 $\mathcal{F}_{\tilde{h}} = \mathcal{R}^* \circ \mathcal{R}$ 在 $(\theta, \mathbb{X}) = (\theta_c, 0)$ 附近也有吸引不动点, 即周期汇.

当 $h \to +\infty$, 即, $\mu \to 0$ 时, $f_h(\theta_c)$ 在圆周上无数次地遍历区间 J^*. 故存在一列互不相交的趋于零的开区间 $\{\tilde{I}_n\}$, 使得对任意的 $\mu \in \bigcup\limits_n \tilde{I}_n$, $\mathcal{F}_\mu$ 有周期汇.

(iv) 定理 12.2.3 的证明.

不失一般性, 假设 $\mathcal{D}(\theta)$ 有非退化临界点 $c \in I_+$. 令 I_d 为含点 c 的小区间, 使得 $\forall \theta \in I_d, \mathcal{D}''(\theta) \neq 0$. 记 $V_d = \{(\theta, \mathbb{X}) : \theta \in I_d\}$. 根据 $\mathcal{R}$ 的定义域 $U = \cup U_i$, 存在 U_i, 使得 $V_d \subset U_i$. 对给定的充分大的 $\tilde{h}$, 由定理 12.2.1 知道, 返回映射 $\mathcal{F}$ 在 U_i 的垂直边界附近存在无穷多个鞍点. 选取一个记为 p. 因为 p 充分靠近 U_i 的边界, 所以存在含 $\tilde{h}$ 的参数区间 (h_1, h_2) 满足: (a) $h_2 - h_1 > 2\beta^* T$; (b) 鞍点 p 在区间 (h_1, h_2) 上可光滑延拓为 $p(h) : (h_1, h_2) \to \Sigma$. 对 $h \in (h_1, h_2)$, 不稳定流形 $W^u(p(h))$ 中一定有水平横条穿越 V_d. 记 $\ell_d(h)$ 为与 V_d 横截的部分. 则 $\ell_d(h)$ 在 $\mathcal{R}$ 作用下是截面 Σ^* 上带折点的曲线. 由 $h_2 - h_1 > 2\beta^* T$ 知道, 当 h 取遍整个区间 (h_1, h_2) 时, $\mathcal{R}(\ell_d(h))$ 的折点绕过 Σ^* 的 θ-方向至少一圈.

如同前面定理 12.2.2 的证明, 对 $I_+^* = \{\theta \in S^1, \mathcal{W}^*(\theta + C^*) > 0\}$, 先取 I_+^* 的连通分支 I^*, 再取 I^* 的闭子区间 $J^* \subset I^*$, 使得 $\mathcal{D}^*(J^*)$ 单调且 $|\mathcal{D}^*(J^*)| > \frac{\beta^*}{\beta}T + 2T$. 同时我们还可要求在 J^* 上, $|(\mathcal{D}^*)'(\theta)| > 1$. 因为在 J^* 上, $\mathcal{D}^*$ 没有临界点, 所以 $\mathcal{F}(\ell_d) = \mathcal{R}^*(\mathcal{R}(\ell_d))$ 保持 $\mathcal{R}(\ell_d)$ 的折点曲线不变. 在 Σ^* 上, 令 $V_d^* = \{(\theta, \mathbb{X}) : \theta \in J^*\}$. 则存在子区间 $(h_1^*, h_2^*) \subset (h_1, h_2)$, 使得 $\mathcal{R}(\ell_d(h_1^*))$ 和 $\mathcal{R}(\ell_d(h_2^*))$ 的折点分别落在 V_d^* 的两个垂直边界上. 所以存在 $h_0 \in (h_1^*, h_2^*)$, 使得 $\mathcal{F}(\ell_d(h_0))$ 刚好相切于稳定流形 $W^s(p(h_0))$. 因此当 $h = h_0$ 时, 映射 $\mathcal{F}$ 有同宿相切. 由于 c 是 $\mathcal{D}(\theta)$ 的非退化临界点, 该同宿相切是二次的.

根据 Newhouse 的理论, 需进一步证明上述同宿相切是横截的. 也就是说要证明当 h 变化时, $\mathcal{F}(\ell_d(h))$ 的折点与稳定流形 $W^s(p(h))$ 以不同的速度变化. 这部分的详细证明见 Wang 和 Young (2001), Wang 和 Oksasoglu (2011).

12.3　具体例子及数值结果

本节我们应用前面的定理研究一个具体的例子.

对平面上的二阶微分方程

$$\frac{dx}{dt} = 2xy - \eta(x + \gamma x^2), \qquad \frac{dy}{dt} = 1 - 2x - y^2, \qquad (12.3.1)$$

其中 η, γ 为参数. 方程 (12.3.1) 有两个鞍点 $P = (0, -1)$, $P^* = (0, 1)$. 鞍点 P 的特征值为 $\alpha = -\eta - 2$, $\beta = 2$, 相应的特征向量为

$$\xi_\alpha = \left(\frac{4 + \eta}{\sqrt{20 + 8\eta + \eta^2}}, \frac{2}{\sqrt{20 + 8\eta + \eta^2}}\right), \quad \xi_\beta = (0, 1). \qquad (12.3.2)$$

P^* 点的特征值为 $\alpha^* = -2$, $\beta^* = 2 - \eta$, 相应的特征向量为

$$\xi_{\alpha^*} = (0, -1), \quad \xi_{\beta^*} = \left(\frac{4 - \eta}{\sqrt{20 - 8\eta + \eta^2}}, \frac{-2}{\sqrt{20 - 8\eta + \eta^2}}\right). \qquad (12.3.3)$$

从 P 到 P^*, 方程 (12.3.1) 有一条异宿轨道 $\ell = (a(t), b(t))$, 其中

$$a(t) = 0, \qquad b(t) = 1 - \frac{2}{e^{2t} + 1}. \qquad (12.3.4)$$

对充分小的 $\eta > 0$, 一定存在 γ_η, 使得方程 (12.3.1) 有一条从 P^* 到 P 的异宿轨道 $\ell_\eta^* = (a_\eta^*(t), b_\eta^*(t))$. 当 $\eta = 0$ 时,

$$a_0^*(t) = \frac{4e^{2t}}{(e^{2t} + 1)^2}, \qquad b_0^*(t) = \frac{2}{e^{2t} + 1} - 1. \qquad (12.3.5)$$

对方程 (12.3.1) 作如下扰动

$$\frac{dx}{dt} = 2xy - \eta(x + \gamma_\eta x^2) + \mu(y^2 - 1)^2 \sin\omega t, \qquad \frac{dy}{dt} = 1 - 2x - y^2, \quad (12.3.6)$$

μ 为扰动强度, ω 为频率.

1. 验证条件

首先计算 Melnikov 函数 $\mathcal{W}(\theta)$. 因为

$$E_\ell(t) = (1,0)\begin{pmatrix} 2b(t) - \eta & 0 \\ -2 & -2b(t) \end{pmatrix}\begin{pmatrix} 1 \\ 0 \end{pmatrix} = 2b(t) - \eta. \quad (12.3.7)$$

所以

$$\begin{aligned}
\mathcal{W}(\theta) &= \int_{-\infty}^{\infty} (b(t)^2 - 1)^2 \sin\omega(t+\theta) e^{-\int_0^t E_\ell(s)ds} dt \\
&= \sqrt{J_c^2 + J_s^2}\sin\left(\omega\theta + \arctan\left(J_s(J_c)^{-1}\right)\right),
\end{aligned} \quad (12.3.8)$$

其中

$$\begin{aligned}
J_c &= \int_{-\infty}^{\infty} (b(t)^2 - 1)^2 e^{-\int_0^t (2b(s)-\eta)ds} \cos(\omega t)dt, \\
J_s &= \int_{-\infty}^{\infty} (b(t)^2 - 1)^2 e^{-\int_0^t (2b(s)-\eta)ds} \sin(\omega t)dt.
\end{aligned} \quad (12.3.9)$$

对 $\mathcal{W}^*(\theta)$, 有

$$\begin{aligned}
E_{\ell*}(t) &= \frac{((b_\eta^*)'(t), -(a_\eta^*)'(t))}{((a_\eta^*)'(t))^2 + ((b_\eta^*)'(t))^2}\begin{pmatrix} 2b_\eta^*(t) - \eta(1 + 2\gamma a_\eta^*(t)) & 2a_\eta^*(t) \\ -2 & -2b_\eta^*(t) \end{pmatrix} \\
&\quad \cdot \begin{pmatrix} (b_\eta^*)'(t) \\ -(a_\eta^*)'(t) \end{pmatrix}
\end{aligned} \quad (12.3.10)$$

以及

$$\begin{aligned}
\mathcal{W}^*(\theta) &= \int_{-\infty}^{\infty} \frac{(b_\eta^*)'(t)((b_\eta^*)^2(t) - 1)^2 \sin\omega(t+\theta)}{\sqrt{((a_\eta^*)'(t))^2 + ((b_\eta^*)'(t))^2}} e^{-\int_0^t E_{\ell*}(s)ds} dt \\
&= \sqrt{(J_c^*)^2 + (J_s^*)^2}\sin((\omega\theta) + \arctan\left(J_s^*(J_c^*)^{-1}\right)),
\end{aligned} \quad (12.3.11)$$

其中

$$J_c^* = \int_{-\infty}^{\infty} \frac{(b_\eta^*)'(t)((b_\eta^*)^2(t) - 1)^2}{\sqrt{((a_\eta^*)'(t))^2 + ((b_\eta^*)'(t))^2}} e^{-\int_0^t E_{\ell*}(s)ds} \cos(\omega t)dt,$$

$$J_s^* = \int_{-\infty}^{\infty} \frac{(b_\eta^*)'(t)((b_\eta^*)^2(t) - 1)^2}{\sqrt{((a_\eta^*)'(t))^2 + ((b_\eta^*)'(t))^2}} e^{-\int_0^t E_{\ell^*}(s)ds} \sin(\omega t)dt.$$

引理 12.3.1　存在充分小的 $\eta_0 > 0$, 使得对所有 $\eta : 0 < \eta < \eta_0$ 有 $J_c^2 + J_s^2 \neq 0$, $(J_c^*)^2 + (J_s^*)^2 \neq 0$.

证　因为当 $\eta = 0$ 时,

$$J_c = \frac{\pi e^{-\frac{1}{2}\omega\pi}}{60(1 - e^{-\omega\pi})}(\omega^5 + 20\omega^3 + 64\omega), \quad J_s = 0;$$

$$J_c^* = -\frac{\pi e^{-\frac{1}{2}\omega\pi}}{60(1 - e^{-\omega\pi})}(\omega^5 + 20\omega^3 + 64\omega), \quad J_s^* = 0.$$

所以对充分小的 $\eta > 0$, 引理 12.3.1 成立.

下面验证定理 12.2.1—定理 12.2.4 的正确性. 首先验证条件 (H_1)—(H_3).

(H_1) 对 $\eta > 0$, 有 $\alpha + \beta = -\eta < 0$, $\alpha^* + \beta^* = -\eta < 0$. 当 η 为无理数时, α 与 β, α^* 与 β^* 均非有理相关.

(H_2) 对 $P(x,y,t) = (1 - y^2)^2 \sin(\omega t)$, $Q(x,y) = 0$, 条件 (H_2) 自然成立.

(H_3) 由 (12.3.8), (12.3.11) 及引理 12.3.1 可知, 条件 (H_3) 成立.

先固定频率 $\omega > 0$, 再取满足引理 12.3.1的无理数 η 和 γ_η. 此时定理 12.2.1 和定理 12.2.2 的结论成立.

对 (12.3.8) 式的 $\mathcal{W}(\theta)$, 映射 $\mathcal{D}(\theta) = \theta - \dfrac{1}{\beta^*} \ln \mathcal{W}(\theta + C)$ 一定有非退化临界点. 所以定理 12.2.3 也成立.

要验证定理 12.2.4, 必须存在充分大的 $\tilde{h}$ 使得

$$\mathcal{D}_{\tilde{h}}(J) \subset I_-^*, \qquad \mathcal{D}_{\tilde{h}}^*(J^*) \subset I_-,$$

其中

$$J = \{\theta \in I_+ : \ |\mathcal{D}'(\theta)| \leqslant 1\}, \quad J^* = \{\theta \in I_+^* : \ |(\mathcal{D}^*)'(\theta)| \leqslant 1\}.$$

相应于 (12.3.8) 式和 (12.3.11) 式的 $\mathcal{W}(\theta)$, $\mathcal{W}^*(\theta)$, 有

$$|J|, \quad |J^*| = \mathcal{O}(\omega^{-2}), \tag{12.3.12}$$

$$\mathcal{D}_h(\theta) = \frac{h}{\beta^*} + \mathcal{K} + \theta - \frac{1}{\beta^*} \ln \sqrt{J_c^2 + J_s^2} \sin\omega(\theta - \psi),$$

$$\mathcal{D}_h^*(\theta) = \frac{h}{\beta} + \mathcal{K}^* + \theta - \frac{1}{\beta} \ln \sqrt{(J_c^*)^2 + (J_s^*)^2} \sin\omega(\theta - \psi^*),$$

其中

$$\psi = -C - \omega^{-1} \arctan J_s J_c^{-1}, \quad \psi^* = -C^* - \omega^{-1} \arctan J_s^* (J_c^*)^{-1}.$$

相应于 (12.2.3) 的区间, 有

$$I_- = \left(\psi - \frac{\pi}{\omega}, \psi\right), \quad I_-^* = \left(\psi^* - \frac{\pi}{\omega}, \psi^*\right).$$

下证对充分大的频率 ω, 有如下引理.

引理 12.3.2　*存在无穷多个 h, 使得*

$$\mathcal{D}_h(\pi(2\omega)^{-1} + \psi) \in I_-^*, \quad \mathcal{D}_h^*(\pi(2\omega)^{-1} + \psi^*) \in I_-. \tag{12.3.13}$$

证　记

$$I_1 = -\mathcal{K} - \frac{\pi}{2\omega} + \psi^* - \psi + \frac{1}{\beta^*} \ln \sqrt{J_c^2 + J_s^2} + \left(-\frac{\pi}{\omega}, 0\right),$$

$$I_2 = -\mathcal{K}^* - \frac{\pi}{2\omega} + \psi - \psi^* + \frac{1}{\beta} \ln \sqrt{(J_c^*)^2 + (J_s^*)^2} + \left(-\frac{\pi}{\omega}, 0\right).$$

因为当 $\eta = 0$ 时,

$$C = \frac{1}{4}\ln 20, \quad C^* = \frac{1}{2}\ln 2, \quad \mathcal{K} = \frac{1}{4}\ln 2000, \quad \mathcal{K}^* = \frac{1}{4}\ln 80,$$

$$|J_c^*| = |J_c|, \quad J_s = J_s^* = 0, \quad \beta = \beta^*, \quad \psi = -C, \quad \psi^* = -C^*.$$

所以

$$-\mathcal{K} - \frac{\pi}{2\omega} + \psi^* - \psi + \frac{1}{\beta^*} \ln \sqrt{J_c^2 + J_s^2} = -\mathcal{K} - \frac{\pi}{2\omega} - C^* + C + \frac{\ln|J_c|}{2},$$

$$-\mathcal{K}^* - \frac{\pi}{2\omega} + \psi - \psi^* + \frac{1}{\beta} \ln \sqrt{(J_c^*)^2 + (J_s^*)^2} = -\mathcal{K}^* - \frac{\pi}{2\omega} - C + C^* + \frac{\ln|J_c^*|}{2}.$$

易知

$$-\mathcal{K} - C^* + C = -\mathcal{K}^* - C + C^* \quad \mod (2\pi\omega^{-1}).$$

即当 $\eta = 0$ 时, 两区间 I_1, I_2 完全重合, 所以对充分小的 $\eta > 0$, 两区间 I_1, I_2 一定有重叠部分. 记这重叠区间为 $\tilde{I}$. 下证存在 $m_0, n_0 \in \mathbb{Z}$, 使得

$$\frac{h}{\beta^*} - \frac{2\pi}{\omega} n_0 \in \tilde{I} \subset I_1, \tag{12.3.14}$$

$$\frac{h}{\beta} - \frac{2\pi}{\omega} m_0 \in \tilde{I} \subset I_2. \tag{12.3.15}$$

根据连分数表示, 存在充分大的正整数 p_k, q_k, 使得

$$\frac{\beta}{\beta^*} = \frac{p_k}{q_k} + \mathcal{O}\left(\frac{1}{q_k^2}\right).$$

取 $\tilde{I}$ 的中点 θ_0, 令

$$h = \frac{2\pi}{\omega}\beta^* p_k + \beta^* \theta_0.$$

则一方面有

$$\frac{h}{\beta^*} - \frac{2\pi}{\omega} p_k = \theta_0 \in \tilde{I} \subset I_1.$$

另一方面有

$$\frac{h}{\beta} - \frac{2\pi}{\omega} q_k = \frac{\beta^*}{\beta}\frac{2\pi}{\omega} p_k + \frac{\beta^*}{\beta}\theta_0 - \frac{2\pi}{\omega} q_k = \frac{2\pi}{\omega}\left(\frac{\beta^*}{\beta}p_k - q_k\right) + \frac{\beta^*}{\beta}\theta_0 = \mathcal{O}\left(\frac{1}{q_k}\right) + \frac{\beta^*}{\beta}\theta_0.$$

因为 $\eta > 0$ 充分小, 所以 $\dfrac{\beta^*}{\beta} = \dfrac{2-\eta}{2} \approx 1$, 所以 $\dfrac{\beta^*}{\beta}\theta_0 \in \tilde{I}$, 即

$$\frac{h}{\beta} - \frac{2\pi}{\omega} q_k \in \tilde{I} \subset I_2.$$

取 $n_0 = p_k, m_0 = q_k$, 则 (12.3.14), (12.3.15) 式成立, 即

$$\frac{h}{\beta^*} - \frac{2\pi}{\omega} n_0 \in -\mathcal{K} - \frac{\pi}{2\omega} + \psi^* - \psi + \frac{1}{\beta^*}\ln\sqrt{J_c^2 + J_s^2} + \left(-\frac{\pi}{\omega}, 0\right),$$

$$\frac{h}{\beta} - \frac{2\pi}{\omega} m_0 \in -\mathcal{K}^* - \frac{\pi}{2\omega} + \psi - \psi^* + \frac{1}{\beta}\ln\sqrt{(J_c^*)^2 + (J_s^*)^2} + \left(-\frac{\pi}{\omega}, 0\right).$$

因此

$$\frac{h}{\beta^*} + \mathcal{K} + \frac{\pi}{2\omega} + \psi - \frac{1}{\beta^*}\ln\sqrt{J_c^2 + J_s^2} \mod \frac{2\pi}{\omega} \in \left(\psi^* - \frac{\pi}{\omega}, \psi^*\right), \qquad (12.3.16)$$

$$\frac{h}{\beta} + \mathcal{K}^* + \frac{\pi}{2\omega} + \psi^* - \frac{1}{\beta}\ln\sqrt{(J_c^*)^2 + (J_s^*)^2} \mod \frac{2\pi}{\omega} \in \left(\psi - \frac{\pi}{\omega}, \psi\right). \qquad (12.3.17)$$

对于充分大的 p_k, 对应无穷多 h, 使得 (12.3.16), (12.3.17) 同时成立, 故引理 12.3.2 成立.

2. 数值结果

根据定理 12.2.1—定理 12.2.4 的结论, 系统 (12.3.6) 关于参数 μ 出现三类动力学现象:

(i) 代表马蹄的过渡缠结 (transient tangle).

这时所有解都离开异宿环邻域, 表明异宿缠结不存在吸引域是 Lebesgue 正测度的物理测度.

(ii) 表现为周期汇的稳定动力学, 见图 12.3.1.

(iii) 表现为似 Hénon 吸引子的混沌, 见图 12.3.2.

而且这三类现象随着参数 $\mu \to 0$ 以固定的模式出现.

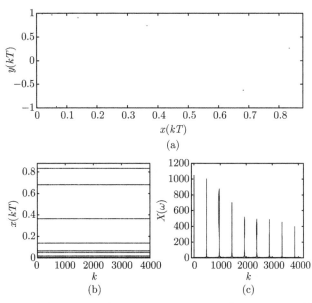

图 12.3.1 方程 (12.3.6) 在 $\eta = 1, \mu = 3.5 \times 10^{-6}, t_0 = 0.4$ 时的周期汇

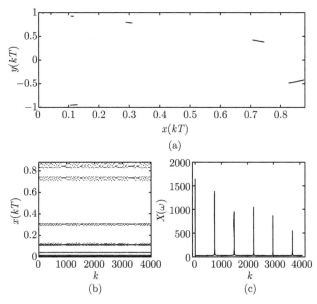

图 12.3.2 方程 (12.3.6) 在 $\eta = 1, \mu = 1.43 \times 10^{-3}, t_0 = 0.2$ 时的似 Hénon 吸引子

首先固定初始相位 $(x_0, y_0) = (0.05, 0.05)$, 然后对给定的 $\eta > 0$, 确定 γ_η, 使得未扰动系统 (12.3.1) 存在异宿环. 再固定 η 和 γ_η, 变化参数 μ 和初始时间 $t_0 \in [0, T]$ (T 为外力周期), 用四阶 Runge-Kutta 方法计算方程 (12.3.6) 解.

对给定的 μ, 每一个 t_0 对应一个解, 我们观察 1000 个解的情况.

3. 拟周期性

两个不稳定特征值 β 与 β^* 决定了异宿缠结存在两种内在的周期性. 一方面, 三类现象在一个模式中重复出现; 另一方面, 这三类现象组成的模式重复出现. 如果 β 与 β^* 有理相关, 例如 $\dfrac{\beta}{\beta^*} = \dfrac{m}{n}$, 则三类现象重复出现并组成一定的模式, 且这个模式关于参数 μ 以周期 $e^{\beta n T} = e^{\beta^* m T}$ 重复出现. 如果 β 与 β^* 的共振度增大, 则模式重复出现的周期增大, 而且动力学模式变得更加复杂. 如果 β 与 β^* 非有理相关, 则动力学模式不再呈现周期性. 但根据连分数表示, 无理数可由有理数逼近, 所以该动力学模式也由周期模式逼近. 因此当 β 与 β^* 非有理相关时, 动力学模式呈现拟周期性. 下面我们分两种情况给出数值模拟结果.

(i) $\eta = 1.000000000000$, $\gamma = -1.288434637703$.

此时, $\beta = 2$, $\beta^* = 1$. 模式重复的周期为 $e^2 \approx 7.389$. 数值结果见表 12.3.1. 表中给出了动力学现象变化的 μ 值. 第一周期内 μ 以两位有效数字连续变化, 得到了如下八种情况的动力学模式

$$I(C), I(B), I(A), I(C), I(B), I(A), I(B), I(A).$$

其中 $I(C)$ 代表似 Hénon 吸引子, $I(B)$ 代表稳定的周期点, $I(A)$ 代表马蹄.

表 12.3.1　$\eta = 1.000000000000$, $\gamma = -1.288434637703$ 时的动力学模式

$\eta = 1.000000000000$,　$\gamma = -1.288434637703$		
μ 的理论周期 ≈ 7.389		
μ	动力学现象	实际比率
6.4×10^{-3}	$I(C)$ 似 Hénon 吸引子	
6.3×10^{-3}	$I(B)$ 周期汇	
6.2×10^{-3}	$I(A)$ 过渡缠结	
3.9×10^{-3}	$I(C)$ 似 Hénon 吸引子	
3.8×10^{-3}	$I(B)$ 周期汇	
3.7×10^{-3}	$I(A)$ 过渡缠结	
1.4×10^{-3}	$I(B)$ 周期汇	
1.3×10^{-3}	$I(A)$ 过渡缠结	
8.668×10^{-4}	$I(C)$ 似 Hénon 吸引子	7.38
8.576×10^{-4}	$I(B)$ 周期汇	7.35
8.470×10^{-4}	$I(A)$ 过渡缠结	7.32
5.282×10^{-4}	$I(C)$ 似 Hénon 吸引子	7.38
5.202×10^{-4}	$I(B)$ 周期汇	7.30
5.137×10^{-4}	$I(A)$ 过渡缠结	7.20
1.913×10^{-4}	$I(B)$ 周期汇	7.32
1.890×10^{-4}	$I(A)$ 过渡缠结	6.88

续表

$\eta = 1.000000000000, \quad \gamma = -1.288434637703$		
μ 的理论周期 ≈ 7.389		
μ	动力学现象	实际比率
1.178×10^{-4}	$I(C)$ 似 Hénon 吸引子	7.36
1.160×10^{-4}	$I(B)$ 周期汇	7.39
1.146×10^{-4}	$I(A)$ 过渡缠结	7.39
7.149×10^{-5}	$I(C)$ 似 Hénon 吸引子	7.39
7.041×10^{-5}	$I(B)$ 周期汇	7.39
6.953×10^{-5}	$I(A)$ 过渡缠结	7.39
2.590×10^{-5}	$I(B)$ 周期汇	7.39
2.558×10^{-5}	$I(A)$ 过渡缠结	7.39
1.595×10^{-5}	$I(C)$ 似 Hénon 吸引子	7.39
1.571×10^{-5}	$I(B)$ 周期汇	7.38
1.551×10^{-5}	$I(A)$ 过渡缠结	7.39
9.675×10^{-6}	$I(C)$ 似 Hénon 吸引子	7.39
9.528×10^{-6}	$I(B)$ 周期汇	7.39
9.410×10^{-6}	$I(A)$ 过渡缠结	7.39
3.505×10^{-6}	$I(B)$ 周期汇	7.39
3.462×10^{-6}	$I(A)$ 过渡缠结	7.39
2.158×10^{-6}	$I(C)$ 似 Hénon 吸引子	7.39
2.126×10^{-6}	$I(B)$ 周期汇	7.39
2.099×10^{-6}	$I(A)$ 过渡缠结	7.39
1.309×10^{-6}	$I(C)$ 似 Hénon 吸引子	7.39
1.289×10^{-6}	$I(B)$ 周期汇	7.39
1.273×10^{-6}	$I(A)$ 过渡缠结	7.39
4.744×10^{-7}	$I(B)$ 周期汇	7.39
4.685×10^{-7}	$I(A)$ 过渡缠结	7.39

(ii) $\eta = 0.666666666666$, $\gamma = -1.266580375163$.

当 $\eta = \dfrac{2}{3}$ 时, 相应地有 $\beta = 2$, $\beta^* = \dfrac{4}{3}$. 这时模式重复的周期为 $e^4 \approx 54.597$. 数值结果见表 12.3.2. 第一周期内 μ 也以两位有效数字连续变化. 得到了如下十三种情况组成的动力学模式:

$$I(A), I(B), I(A), I(C), I(A), I(C), I(B), I(A), I(B), I(A), I(B), I(A), I(B).$$

因为这时 β 与 β^* 的共振度增大, 所以动力学模式比第一种情况复杂.

表 12.3.2　　$\eta = 0.666666666666$, $\gamma = -1.266580375163$ 时的
动力学模式

$\eta = 0.666666666666, \quad \gamma = -1.266580375163$		
μ 的理论周期 ≈ 54.597		
μ	动力学现象	实际比率
5.8×10^{-3}	$I(A)$ 过渡缠结	
3.1×10^{-3}	$I(B)$ 周期汇	

$\eta = 0.666666666666,\quad \gamma = -1.266580375163$		
μ 的理论周期 ≈ 54.597		
μ	动力学现象	实际比率
2.9×10^{-3}	$I(A)$ 过渡缠结	
1.6×10^{-3}	$I(C)$ 似 Hénon 吸引子	
1.0×10^{-3}	$I(A)$ 过渡缠结	
8.2×10^{-4}	$I(C)$ 似 Hénon 吸引子	
8.1×10^{-4}	$I(B)$ 周期汇	
7.9×10^{-4}	$I(A)$ 过渡缠结	
4.2×10^{-4}	$I(B)$ 周期汇	
4.0×10^{-4}	$I(A)$ 过渡缠结	
2.1×10^{-4}	$I(B)$ 周期汇	
2.0×10^{-4}	$I(A)$ 过渡缠结	
1.1×10^{-4}	$I(B)$ 周期汇	
1.070×10^{-4}	$I(A)$ 过渡缠结	54.21
5.694×10^{-5}	$I(B)$ 周期汇	54.44
5.494×10^{-5}	$I(A)$ 过渡缠结	52.78
2.937×10^{-5}	$I(C)$ 似 Hénon 吸引子	54.48
2.820×10^{-5}	$I(A)$ 过渡缠结	53.19
1.512×10^{-5}	$I(C)$ 似 Hénon 吸引子	54.23
1.500×10^{-5}	$I(B)$ 周期汇	54.00
1.448×10^{-5}	$I(A)$ 过渡缠结	54.56
7.702×10^{-6}	$I(B)$ 周期汇	54.53
7.436×10^{-6}	$I(A)$ 过渡缠结	53.79
3.954×10^{-6}	$I(B)$ 周期汇	53.11
3.817×10^{-6}	$I(A)$ 过渡缠结	52.40
2.030×10^{-6}	$I(B)$ 周期汇	54.19
1.960×10^{-6}	$I(A)$ 过渡缠结	54.59
1.042×10^{-6}	$I(B)$ 周期汇	54.64
1.006×10^{-6}	$I(A)$ 过渡缠结	54.61
5.380×10^{-7}	$I(C)$ 似 Hénon 吸引子	54.59
5.166×10^{-7}	$I(A)$ 过渡缠结	54.59
2.769×10^{-7}	$I(C)$ 似 Hénon 吸引子	54.60
2.741×10^{-7}	$I(B)$ 周期汇	54.72
2.652×10^{-7}	$I(A)$ 过渡缠结	54.60
1.410×10^{-7}	$I(B)$ 周期汇	54.62
1.361×10^{-7}	$I(A)$ 过渡缠结	54.64
7.228×10^{-8}	$I(B)$ 周期汇	54.70
6.990×10^{-8}	$I(A)$ 过渡缠结	54.61
3.707×10^{-8}	$I(B)$ 周期汇	54.76

12.4　返回映射 $\mathcal{F}$ 的推导

本节推导定理 12.1.1 的映射 $\mathcal{R}$. 对定理 12.1.2 的映射 $\mathcal{R}^*$ 同理可得.

1. Poincaré 截面

要推导映射 $\mathcal{R} : \Sigma \to \Sigma^*$, 此处 Σ, Σ^* 为线性化坐标系下的截面 (图 12.4.1). 首先在两个鞍点 $P = (q, p)$ 及 $P^* = (q^*, p^*)$ 的邻域 $B_\varepsilon(P)$, $B_{\varepsilon^*}(P^*)$ 内线性化方程 (12.1.7), 在 $B_{\varepsilon^*}(P^*)$ 内求出线性解. 然后在原坐标系下求出 (12.1.7) 的规范形, 从而得出从邻域 $B_\varepsilon(P)$ 到邻域 $B_{\varepsilon^*}(P^*)$ 的解. 最后通过坐标变换得到从截面 Σ 到 Σ^* 的映射

$$\mathcal{R} = \mathcal{N}^* \circ \mathcal{L}_\mu^* \circ \mathcal{M} \circ \mathcal{L}_\mu^{-1}.$$

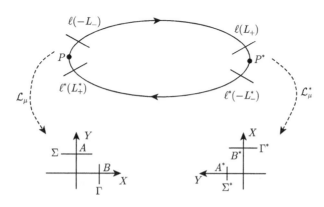

图 12.4.1　坐标变换及返回映射 $\mathcal{F} = \mathcal{R}^* \circ \mathcal{R}$

令 J 为 P 点的 Jacobi 矩阵, J 的特征值为 $\alpha < 0 < \beta$, 相应的特征向量为 ξ_α, ξ_β.

作坐标变换 $\mathcal{L}_\mu : (x, y) \to (X, Y)$ 为

$$\begin{pmatrix} x - q \\ y - p \end{pmatrix} = M \begin{pmatrix} X \\ Y \end{pmatrix} + \begin{pmatrix} F(X, Y) \\ G(X, Y) \end{pmatrix} + \mu \begin{pmatrix} \tilde{F}(X, Y, \theta) \\ \tilde{G}(X, Y, \theta) \end{pmatrix}, \quad (12.4.1)$$

其中 $M = (\xi_\alpha, \xi_\beta)$. 在坐标变换 $\mathcal{L}_\mu$ 下, 方程 (12.1.7) 在邻域 $B_\varepsilon(P)$ 内可以线性化为

$$\frac{dX}{dt} = \alpha X, \qquad \frac{dY}{dt} = \beta Y, \qquad \frac{d\theta}{dt} = 1.$$

记 $\ell(-L_-)$ 在变换 $\mathcal{L}_0$ 下的像为 $(0, A)$. 根据 $-L_-$ 的规定, 有 $A \approx \dfrac{\varepsilon}{2}$. 在空间 (X, Y, θ) 中定义截面

$$\Sigma = \{(X, Y, \theta) : |X| < \mu, Y = A, \theta \in S^1\}.$$

同理, $\ell^*(L_+^*)$ 在 $\mathcal{L}_0$ 下的像为 $(B, 0)$, 且 $B \approx \dfrac{\varepsilon}{2}$. 定义截面 Γ 为

$$\Gamma = \{(X, Y, \theta) : X = B, |Y| = K_1(\varepsilon)\mu, \theta \in S^1\}.$$

记 Σ, Γ 的原像为 Σ_μ, Γ_μ, 即

$$\Sigma_\mu = \mathcal{L}_\mu^{-1}\Sigma, \qquad \Gamma_\mu = \mathcal{L}_\mu^{-1}\Gamma.$$

在 P^* 的邻域 $B_{\varepsilon^*}(P^*)$ 内也线性化方程 (12.1.7). 作坐标变换 $\mathcal{L}_\mu^* : (x,y) \to (X,Y)$ 为

$$\begin{pmatrix} x - q^* \\ y - p^* \end{pmatrix} = M^* \begin{pmatrix} X \\ Y \end{pmatrix} + \begin{pmatrix} F^*(X,Y) \\ G^*(X,Y) \end{pmatrix} + \mu \begin{pmatrix} \tilde{F}^*(X,Y,\theta) \\ \tilde{G}^*(X,Y,\theta) \end{pmatrix}. \quad (12.4.2)$$

在变换 $\mathcal{L}_\mu^*$ 下, 方程 (12.1.7) 在邻域 $B_{\varepsilon^*}(P^*)$ 内可线性化为

$$\frac{dX}{dt} = \alpha^* X, \quad \frac{dY}{dt} = \beta^* Y, \quad \frac{d\theta}{dt} = 1. \quad (12.4.3)$$

记 $\ell^*(-L_-^*), \ell(L_+)$ 在 $\mathcal{L}_0^*$ 下的像分别为 $(0, A^*), (B^*, 0)$. 定义

$$\Sigma^* = \{(X,Y,\theta) : \, |X| < \mu, \, Y = A^*, \, \theta \in S^1\}, \quad \Sigma_\mu^* = (\mathcal{L}_\mu^*)^{-1}\Sigma^*,$$

$$\Gamma^* = \{(X,Y,\theta) : \, X = B^*, \, |Y| = K_1^*(\varepsilon)\mu, \, \theta \in S^1\}, \quad \Gamma_\mu^* = (\mathcal{L}_\mu^*)^{-1}\Gamma^*.$$

下求映射 $\mathcal{M} : \Sigma_\mu \to \Gamma_\mu^*$ 以及线性映射 $\mathcal{N}^* : \Gamma^* \to \Sigma^*$.

2. 线性映射 $\mathcal{N}^*$

根据方程 (12.4.3), 对 $(Y,\theta) \in \Gamma^*$, $(X,\theta) \in \Sigma^*$ 有

$$X = X_0 e^{\alpha^* t}, \quad Y_1 = Y e^{\beta^* t}, \quad \theta = t + \theta_0.$$

因为 $X_0 = \dfrac{\varepsilon^*}{2}, Y_1 = \dfrac{\varepsilon^*}{2}$, 得到

$$X = \left(\frac{\varepsilon^*}{2}\right)^{1+\frac{\alpha^*}{\beta^*}} Y^{-\frac{\alpha^*}{\beta^*}}, \quad \theta = \theta_0 + \frac{1}{\beta^*}\ln\frac{\varepsilon^*}{2Y}.$$

令

$$\mathbb{X} = \mu^{-1}X, \qquad \mathbb{Y} = \mu^{-1}Y. \quad (12.4.4)$$

则对 $(\hat{\mathbb{X}}, \hat{\theta}) = \mathcal{N}^*(\mathbb{Y}, \theta)$, 有

$$\hat{\theta} = \theta + \frac{1}{\beta^*}\ln(\varepsilon^*\mu^{-1}) - \frac{1}{\beta^*}\ln\mathbb{Y};$$

$$\hat{\mathbb{X}} = (\mu(\varepsilon^*)^{-1})^{\frac{\alpha^*}{\beta^*}-1}\mathbb{Y}^{-\frac{\alpha^*}{\beta^*}}. \quad (12.4.5)$$

3. 异宿轨道邻域中的规范形

定义异宿轨道 ℓ 的邻域为 $\mathcal{D}$, 这里

$$\mathcal{D} = D \times S^1, \quad D = \{(x, y) : |(x, y) - \ell(t)| < K_1(\varepsilon)\mu, t \in (-2L_-, 2L_+)\}.$$

把异宿轨道 ℓ 看作以 s 为参数的曲线. 在 D 上令

$$(x, y) = \ell(s) + \tau_\ell^\perp(s)z. \tag{12.4.6}$$

等式 (12.4.6) 关于时间 t 求导得

$$\left(\frac{d\ell(s)}{ds} + z \frac{d\tau_\ell^\perp(s)}{ds} \right) \frac{ds}{dt} + \tau_\ell^\perp(s) \frac{dz}{dt} = (F(s, z, \theta, \mu), G(s, z, \theta, \mu)), \tag{12.4.7}$$

其中

$$\begin{aligned} F(s, z, \theta, \mu) &= f(\ell(s) + \tau_\ell^\perp(s)z) + \mu P(\ell(s) + \tau_\ell^\perp(s)z, \theta), \\ G(s, z, \theta, \mu) &= g(\ell(s) + \tau_\ell^\perp(s)z) + \mu Q(\ell(s) + \tau_\ell^\perp(s)z, \theta). \end{aligned} \tag{12.4.8}$$

(12.4.7) 分别左乘 $\tau_\ell(s), \tau_\ell^\perp(s)$ 得

$$\begin{aligned} \frac{ds}{dt} &= \frac{\tau_\ell(s) \cdot (F(s, z, \theta, \mu), G(s, z, \theta, \mu))}{\tau_\ell(s) \cdot \left(\dfrac{d\ell(s)}{ds} + z \dfrac{d\tau_\ell^\perp(s)}{ds} \right)}, \\ \frac{dz}{dt} &= \tau_\ell^\perp(s) \cdot (F(s, z, \theta, \mu), G(s, z, \theta, \mu)). \end{aligned} \tag{12.4.9}$$

F, G 在 $z = 0$ 处 Taylor 展开, 并写成向量形式

$$\begin{aligned} (F, G) &= (f(\ell), g(\ell)) + \mu(P(\ell, \theta), Q(\ell, \theta)) + \begin{pmatrix} f_x(\ell) & f_y(\ell) \\ g_x(\ell) & g_y(\ell) \end{pmatrix} \tilde{\tau}_\ell^\perp(s)z \\ &\quad + \mu \begin{pmatrix} P_x(\ell, \theta) & P_y(\ell, \theta) \\ Q_x(\ell, \theta) & Q_y(\ell, \theta) \end{pmatrix} \tilde{\tau}_\ell^\perp(s)z + O(z^2). \end{aligned} \tag{12.4.10}$$

令

$$Z = \mu^{-1}z, \tag{12.4.11}$$

并由 $(f(\ell), g(\ell)) = \dfrac{d\ell}{ds}, \tau_\ell^\perp \cdot \dfrac{d\ell}{ds} = 0$ 得

$$\begin{aligned} \frac{dt}{ds} &= 1 + \mathcal{O}_{s, Z, \theta, h}(\mu), \\ \frac{dZ}{dt} &= E_\ell(s)Z + \tau_\ell^\perp(s) \cdot (P(\ell(s), \theta), Q(\ell(s), \theta)) + \mathcal{O}_{s, Z, \theta, h}(\mu). \end{aligned} \tag{12.4.12}$$

(12.4.12) 式的定义域为

$$\mathcal{D} = \{(Z,s,\theta) : |Z| < K_1(\varepsilon), \ \ s \in (-2L_-, 2L_+), \ \ \theta \in S^1\}.$$

从 $-L_-$ 到 s 积分 (12.4.12) 第一式得到

$$t = t_0 + s + L_- + \mathcal{O}_{Z,\theta,h}(\mu).$$

代入 (12.4.12) 第二式, 并运用常数变易公式积分

$$\frac{dZ}{ds} = E_\ell(s)Z + \tau_\ell^\perp(s) \cdot (P(\ell, t_0 + s + L_-),\ Q(\ell, t_0 + s + L_-)) + \mathcal{O}_{s,Z,\theta,h}(\mu),$$

得

$$Z = M_+ \mathcal{W}_L(\theta + L_-) + M_+ M_- Z_0 + \mathcal{O}_{Z_0,\theta,h}(\mu), \tag{12.4.13}$$

其中

$$\mathcal{W}_L(\theta) = \int_{-L_-}^{L_+} [(P(\ell(t), t+\theta), Q(\ell(t), t+\theta)) \cdot \tau_\ell^\perp(t)] e^{-\int_0^t E_\ell(s)ds} dt. \tag{12.4.14}$$

所以映射 $\mathcal{M} : \Sigma_\mu \to \Gamma_\mu^*$ 为: 对 $(Z,\theta) \in \Sigma_\mu$, 令 $(\tilde{Z}, \tilde{\theta}) = \mathcal{M}(Z,\theta)$. 则

$$\begin{aligned}
\tilde{Z} &= M_+ \mathcal{W}_L(\theta + L_-) + M_+ M_- Z + \mathcal{O}_{Z,\theta,h}(\mu), \\
\tilde{\theta} &= \theta + L_+ + L_- + \mathcal{O}_{Z,\theta,h}(\mu).
\end{aligned} \tag{12.4.15}$$

4. 坐标变换

为了得到映射 $\mathcal{R}$ 和 $\mathcal{R}^*$, 需要考虑四个截面 $\Sigma, \Gamma, \Sigma^*, \Gamma^*$ 上的坐标变换. 首先求 Σ 上的坐标变换.

Σ 上的点用 $(\mathbb{X}, \mathbb{Y}, \theta)$ 表示, 这里 $\mathbb{Y} = \frac{\varepsilon}{2}\mu^{-1}$. Σ_μ 上的点用 $(Z(s), \theta(s))$ 表示, 其中 s 为异宿轨道 ℓ 变化的时间.

引理 12.4.1 对于 $(Z(s), \theta(s)) \in \Sigma_\mu$, 有 $s = -L_- + \mathcal{O}_{Z,\theta,h}(\mu)$.

证 由坐标变换 (12.4.1) 和 (12.4.6) 式得到

$$\ell(s) + \tau_\ell^\perp(s)z - P = M \begin{pmatrix} X \\ A \end{pmatrix} + \begin{pmatrix} F(X,A) \\ G(X,A) \end{pmatrix} + \mu \begin{pmatrix} \tilde{F}(X,A,\theta) \\ \tilde{G}(X,A,\theta) \end{pmatrix}.$$

在异宿轨道与截面的交点有 (此时 $\mu = 0$)

$$\ell(-L_-) - P = M \begin{pmatrix} 0 \\ A \end{pmatrix} + \begin{pmatrix} F(0,A) \\ G(0,A) \end{pmatrix}.$$

两式相减得

$$
\ell(s) - \ell(-L_-) + \tau_\ell^\perp(s)z = M\begin{pmatrix} X \\ 0 \end{pmatrix} + \begin{pmatrix} F(X,A) - F(0,A) \\ G(X,A) - G(0,A) \end{pmatrix}
$$
$$
+ \mu\begin{pmatrix} \tilde{F}(X,A,\theta) \\ \tilde{G}(X,A,\theta) \end{pmatrix}. \tag{12.4.16}
$$

令

$$
\begin{pmatrix} W_1 \\ W_2 \end{pmatrix} = M^{-1}(\ell(s) - \ell(-L_-) + \tau_\ell^\perp(s)z) - \mu M^{-1}\begin{pmatrix} \tilde{F}(0,A,\theta) \\ \tilde{G}(0,A,\theta) \end{pmatrix}. \tag{12.4.17}
$$

则由 (12.4.16) 式得到

$$
\begin{pmatrix} W_1 \\ W_2 \end{pmatrix} = \begin{pmatrix} X \\ 0 \end{pmatrix} + M^{-1}\begin{pmatrix} F(X,A) - F(0,A) \\ G(X,A) - G(0,A) \end{pmatrix}
$$
$$
+ \mu M^{-1}\begin{pmatrix} \tilde{F}(X,A,\theta) - \tilde{F}(0,A,\theta) \\ \tilde{G}(X,A,\theta) - \tilde{G}(0,A,\theta) \end{pmatrix}.
$$

因为 $F, G, \tilde{F}, \tilde{G}$ 至少含 (X,Y) 的二次及以上项, 由 Taylor 展开得

$$
F(X,A) - F(0,A) = \mathcal{O}(\varepsilon)X + \mathcal{O}_{X,\theta}(1)X^2,
$$

$$
\tilde{F}(X,A,\theta) - \tilde{F}(0,A,\theta) = \mathcal{O}_\theta(\varepsilon)X + \mathcal{O}_{X,\theta}(1)X^2.
$$

所以 W_1, W_2 为

$$
\begin{aligned}
W_1 &= [1 + \mathcal{O}(\varepsilon) + \mu\mathcal{O}_\theta(\varepsilon)]X + [\mathcal{O}_{X,\theta}(1) + \mathcal{O}_{X,\theta,h}(\mu)]X^2, \\
W_2 &= [\mathcal{O}(\varepsilon) + \mu\mathcal{O}_\theta(\varepsilon)]X + [\mathcal{O}_{X,\theta}(1) + \mathcal{O}_{X,\theta,h}(\mu)]X^2.
\end{aligned} \tag{12.4.18}
$$

由 (12.4.18) 的第一式解得

$$
X = [1 + \mathcal{O}(\varepsilon) + \mu\mathcal{O}_\theta(\varepsilon)]W_1 + [\mathcal{O}_{W_1,\theta}(1) + \mathcal{O}_{W_1,\theta,h}(\mu)]W_1^2, \tag{12.4.19}
$$

代入 (12.4.18) 的第二式得

$$
W_2 = [\mathcal{O}(\varepsilon) + \mu\mathcal{O}_\theta(\varepsilon)]W_1 + [\mathcal{O}_{W_1,\theta}(1) + \mathcal{O}_{W_1,\theta,h}(\mu)]W_1^2. \tag{12.4.20}
$$

下面从 W_1, W_2 的精确表达式 (12.4.17) 求出 s 与 $-L_-$ 的关系, 得到 W_1 的表达示, 再代入 (12.4.19), 得到 X 与 Z 的关系, 即为坐标变换.

因为 $M^{-1} = \dfrac{1}{\det(M)} \begin{pmatrix} \xi_\beta^\perp \\ -\xi_\alpha^\perp \end{pmatrix}$，所以

$$W_1 = \frac{1}{\det(M)} \xi_\beta^\perp \cdot \left(\ell(s) - \ell(-L_-) + \tau_\ell^\perp(s)z - \mu \begin{pmatrix} \tilde{F}(0,A,\theta) \\ \tilde{G}(0,A,\theta) \end{pmatrix} \right),$$

$$W_2 = \frac{-1}{\det(M)} \xi_\alpha^\perp \cdot \left(\ell(s) - \ell(-L_-) + \tau_\ell^\perp(s)z - \mu \begin{pmatrix} \tilde{F}(0,A,\theta) \\ \tilde{G}(0,A,\theta) \end{pmatrix} \right). \tag{12.4.21}$$

令 $\eta = s + L_-$，并作 Taylor 展开

$$\ell(s) - \ell(-L_-) = |\ell'(-L_-)|\tau_\ell(-L_-)\eta + \mathcal{O}_\eta(1)\eta^2,$$

$$\tau_\ell^\perp(s)z - \mu \begin{pmatrix} \tilde{F}(0,A,\theta) \\ \tilde{G}(0,A,\theta) \end{pmatrix} = \mu[\tau_\ell^\perp(-L_-) + (\tau_\ell^\perp)'(-L_-)\eta + \mathcal{O}_\eta(1)\eta^2]Z + \mu\mathcal{O}_\theta(1).$$

整理 η, μ 的一次项得

$$W_1 = \frac{1}{\det(M)} \xi_\beta^\perp \cdot [|\ell'(-L_-)|\tau_\ell(-L_-)\eta + \mu(\tau_\ell^\perp(-L_-)Z + \mathcal{O}_\theta(1)) + \mathcal{O}_\eta(1)\eta^2$$
$$+ \mathcal{O}_{\eta,Z,\theta,h}(\mu^2)],$$

$$W_2 = \frac{-1}{\det(M)} \xi_\alpha^\perp \cdot [|\ell'(-L_-)|\tau_\ell(-L_-)\eta + \mu(\tau_\ell^\perp(-L_-)Z + \mathcal{O}_\theta(1)) + \mathcal{O}_\eta(1)\eta^2$$
$$+ \mathcal{O}_{\eta,Z,\theta,h}(\mu^2)].$$

代入 (12.4.20) 式得

$$(\xi_\alpha^\perp + \mathcal{O}(\varepsilon)\xi_\beta^\perp) \cdot \tau_\ell(-L_-)|\ell'(-L_-)|\eta + \mu[(\xi_\alpha^\perp + \mathcal{O}(\varepsilon)\xi_\beta^\perp) \cdot \tau_\ell^\perp(-L_-)Z + \mathcal{O}_\theta(1)]$$
$$= \mathcal{O}_{\eta,Z,\theta,h}(\mu^2).$$

所以

$$\eta = -\mu \frac{[\xi_\alpha^\perp \cdot \tau_\ell^\perp(-L_-) + \mathcal{O}(\varepsilon)\xi_\beta^\perp \cdot \tau_\ell^\perp(-L_-)]Z + \mathcal{O}_\theta(1)}{|\ell'(-L_-)|[\xi_\alpha^\perp \cdot \tau_\ell(-L_-) + \mathcal{O}(\varepsilon)\xi_\beta^\perp \cdot \tau_\ell(-L_-)]} + \mathcal{O}_{Z,\theta,h}(\mu^2)$$

$$\triangleq \mathcal{O}_{Z,\theta,h}(\mu). \qquad\qquad \Box$$

引理 12.4.2   对 $(s,Z,\theta) \in \Sigma_\mu$，

$$s + L_- = -\mu \frac{[\xi_\alpha^\perp \cdot \tau_\ell^\perp(-L_-) + \mathcal{O}(\varepsilon)\xi_\beta^\perp \cdot \tau_\ell^\perp(-L_-)]Z + \mathcal{O}_\theta(1)}{|\ell'(-L_-)|[\xi_\alpha^\perp \cdot \tau_\ell(-L_-) + \mathcal{O}(\varepsilon)\xi_\beta^\perp \cdot \tau_\ell(-L_-)]} + \mathcal{O}_{Z,\theta,h}(\mu^2).$$

证明见上.

引理 12.4.3　对 $(\mathbb{X}, \theta) \in \Sigma$, 令 $(Z(s), \theta(s)) = \mathcal{L}_\mu^{-1}(\mathbb{X}, \theta)$. 则有

$$\mathbb{X} = \frac{1 + \mathcal{O}(\varepsilon)}{\xi_\alpha \cdot \xi_\beta^\perp} Z + \mathcal{O}_\theta(1) + \mathcal{O}_{Z,\theta,h}(\mu).$$

证　由 (12.4.21) 式知道

$$
\begin{aligned}
W_1 &= \frac{1}{\det(M)} \xi_\beta^\perp \cdot \left(\ell'(-L_-)(s + L_-) + \mu \tau_\ell^\perp(-L_-) Z + \mu \mathcal{O}_\theta(1) + \mathcal{O}_{Z,\theta,h}(\mu^2) \right) \\
&= \frac{\mu}{\det(M)} \xi_\beta^\perp \cdot \left(\tau_\ell(-L_-) \frac{-(\xi_\alpha^\perp \cdot \tau_\ell^\perp(-L_-) + \mathcal{O}(\varepsilon) \xi_\beta^\perp \cdot \tau_\ell^\perp(-L_-)) Z}{\xi_\alpha^\perp \cdot \tau_\ell(-L_-) + \mathcal{O}(\varepsilon) \xi_\beta^\perp \cdot \tau_\ell(-L_-)} + \tau_\ell^\perp(-L_-) Z \right) \\
&\quad + \mu \mathcal{O}_\theta(1) + \mathcal{O}_{Z,\theta,h}(\mu^2) \\
&= \mu \frac{\xi_\beta^\perp \cdot \tau_\ell^\perp(-L_-)}{\det(M)} (1 + \mathcal{O}(\varepsilon)) Z + \mu \mathcal{O}_\theta(1) + \mathcal{O}_{Z,\theta,h}(\mu^2).
\end{aligned}
$$

因为 $\tau_\ell^\perp(-L_-) \approx \xi_\beta^\perp$, 代入 (12.4.19) 得

$$\mathbb{X} = \frac{1}{\det(M)}(1 + \mathcal{O}(\varepsilon)) Z + \mathcal{O}_\theta(1) + \mathcal{O}_{Z,\theta,h}(\mu). \qquad \square$$

同理可得到截面 Σ^*, Γ, Γ^* 上的坐标变换.

命题 12.4.1　(a) 对 $(\mathbb{Y}, \theta) \in \Gamma$, 令 $(Z(s), \theta(s)) = \mathcal{L}_\mu^{-1}(\mathbb{Y}, \theta)$. 则有 $s = L_+^* + \mathcal{O}_{Z,\theta,h}(\mu)$ 且

$$\mathbb{Y} = \frac{1 + \mathcal{O}(\varepsilon)}{\xi_\alpha \cdot \xi_\beta^\perp} Z + \mathcal{O}_\theta(1) + \mathcal{O}_{Z,\theta,h}(\mu).$$

(b) 对 $(\mathbb{X}, \theta) \in \Sigma^*$, 令 $(Z(s), \theta(s)) = (\mathcal{L}_\mu^*)^{-1}(\mathbb{X}, \theta)$. 则有 $s = -L_-^* + \mathcal{O}_{Z,\theta,h}(\mu)$ 且

$$\mathbb{X} = \frac{1 + \mathcal{O}(\varepsilon^*)}{\xi_{\alpha^*} \cdot \xi_{\beta^*}^\perp} Z + \mathcal{O}_\theta(1) + \mathcal{O}_{Z,\theta,h}(\mu).$$

(c) 对 $(\mathbb{Y}, \theta) \in \Gamma^*$, 令 $(s, Z, \theta) = (\mathcal{L}_\mu^*)^{-1}(\mathbb{Y}, \theta)$. 则有 $s = L_+ + \mathcal{O}_{Z,\theta,h}(\mu)$ 且

$$\mathbb{Y} = \frac{1 + \mathcal{O}(\varepsilon^*)}{\xi_{\alpha^*} \cdot \xi_{\beta^*}^\perp} Z + \mathcal{O}_\theta(1) + \mathcal{O}_{Z,\theta,h}(\mu).$$

最后复合映射 $\mathcal{R} = \mathcal{N}^* \circ \mathcal{L}_\mu^* \circ \mathcal{M} \circ \mathcal{L}_\mu^{-1}$.

首先

$$\hat{\mathbb{X}} = (\mu(\varepsilon^*)^{-1})^{-\frac{\alpha^*}{\beta^*}-1} \left[\frac{1+\mathcal{O}(\varepsilon^*)}{\xi_{\alpha^*} \cdot \xi_{\beta^*}^{\perp}} Z + \mathcal{O}_{\theta}(1) + \mathcal{O}_{Z,\theta,h}(\mu) \right]^{-\frac{\alpha^*}{\beta^*}}$$

$$= (\mu(\varepsilon^*)^{-1})^{-\frac{\alpha^*}{\beta^*}-1} \left[\frac{1+\mathcal{O}(\varepsilon^*)}{\xi_{\alpha^*} \cdot \xi_{\beta^*}^{\perp}} (M_+ \mathcal{W}_L(\theta + L_-) \right.$$

$$\left. + M_+ M_- Z + \mathcal{O}_{Z,\theta,h}(\mu)) + \mathcal{O}_{\theta}(1) + \mathcal{O}_{Z,\theta,h}(\mu) \right]^{-\frac{\alpha^*}{\beta^*}}$$

$$= (\mu(\varepsilon^*)^{-1})^{-\frac{\alpha^*}{\beta^*}-1} \left[\frac{1+\mathcal{O}(\varepsilon^*)}{\xi_{\alpha^*} \cdot \xi_{\beta^*}^{\perp}} M_+ \right]^{-\frac{\alpha^*}{\beta^*}} [\mathcal{W}_L(\theta + L_-) + M_- Z + (M_+)^{-1}\mathcal{O}_{\theta}(1)$$

$$+ \mathcal{O}_{Z,\theta,h}(\mu)]^{-\frac{\alpha^*}{\beta^*}}$$

$$= (\mu(\varepsilon^*)^{-1})^{-\frac{\alpha^*}{\beta^*}-1} \left[\frac{1+\mathcal{O}(\varepsilon^*)}{\xi_{\alpha^*} \cdot \xi_{\beta^*}^{\perp}} M_+ \right]^{-\frac{\alpha^*}{\beta^*}} [\mathcal{W}_L(\theta + L_-)$$

$$+ M_-(\xi_{\alpha} \cdot \xi_{\beta}^{\perp}(1 + \mathcal{O}(\varepsilon))\mathbb{X} + \mathcal{O}_{\theta}(1) + \mathcal{O}_{\mathbb{X},\theta,h}(\mu))$$

$$+ (M_+)^{-1}\mathcal{O}_{\theta}(1) + \mathcal{O}_{Z,\theta,h}(\mu)]^{-\frac{\alpha^*}{\beta^*}}$$

$$= (\mu(\varepsilon^*)^{-1})^{-\frac{\alpha^*}{\beta^*}-1} \left[\frac{1+\mathcal{O}(\varepsilon^*)}{\xi_{\alpha^*} \cdot \xi_{\beta^*}^{\perp}} M_+ \right]^{-\frac{\alpha^*}{\beta^*}} [\mathbb{F}(\theta, \mathbb{X}, \mu)]^{-\frac{\alpha^*}{\beta^*}}$$

$$\triangleq \boldsymbol{b}[\mathbb{F}(\theta, \mathbb{X}, \mu)]^{-\frac{\alpha^*}{\beta^*}},$$

其中

$$\mathbb{F}(\theta, \mathbb{X}, \mu) = \mathcal{W}(\theta + L_-) + M_-(1 + \mathcal{O}(\varepsilon))(\xi_{\alpha} \cdot \xi_{\beta}^{\perp})\mathbb{X} + \mathbb{E}(\theta) + \mathcal{O}_{\mathbb{X},\theta,h}(\mu),$$

$$\mathbb{E}(\theta) = ((M_+)^{-1} + M_-)\mathcal{O}_{\theta}(1) + \mathcal{W}_L(\theta + L_-) - \mathcal{W}(\theta + L_-),$$

$$\boldsymbol{b} = (\mu(\varepsilon^*)^{-1})^{-\frac{\alpha^*}{\beta^*}-1} \left[\frac{1+\mathcal{O}(\varepsilon^*)}{\xi_{\alpha^*} \cdot \xi_{\beta^*}^{\perp}} M_+ \right]^{-\frac{\alpha^*}{\beta^*}}.$$

其次

$$\hat{\theta} = \theta + (L_+ + L_-) + \frac{1}{\beta^*} \ln(\varepsilon^* \mu^{-1}) - \frac{1}{\beta^*} \ln \mathbb{Y} + \mathcal{O}_{Z,\theta,h}(\mu)$$

$$= \theta + (L_+ + L_-) + \frac{1}{\beta^*} \ln(\varepsilon^* \mu^{-1}) - \frac{1}{\beta^*} \ln \frac{(1 + \mathcal{O}(\varepsilon^*))M_+}{\xi_{\alpha^*} \cdot \xi_{\beta^*}^{\perp}}$$

$$- \frac{1}{\beta^*} \ln \mathbb{F}(\theta, \mathbb{X}, \mu) + \mathcal{O}_{\mathbb{X},\theta,h}(\mu)$$

$$= \theta + \boldsymbol{a} - \frac{1}{\beta^*} \ln \mathbb{F}(\theta, \mathbb{X}, \mu) + \mathcal{O}_{\theta,\mathbb{X},h}(\mu),$$

其中

$$\boldsymbol{a} = \frac{1}{\beta^*}\left(\ln\mu^{-1} + \ln\frac{\varepsilon^*}{(1+\mathcal{O}(\varepsilon^*))M_+} + \ln(\xi_{\alpha^*}\cdot\xi_{\beta^*}^\perp)\right) + (L_- + L_+).$$

同理可推得定理 12.1.2 的映射 $\mathcal{R}^*$.

附录 $E_\ell(t), E_{\ell^*}(t)$ 的极限

我们验证极限 $\displaystyle\lim_{t\to+\infty}E_\ell(t) = \beta^*$, $\displaystyle\lim_{t\to-\infty}E_\ell(t) = \alpha$, $\displaystyle\lim_{t\to+\infty}E_{\ell^*}(t) = \beta$, $\displaystyle\lim_{t\to-\infty}E_{\ell^*}(t) = \alpha^*$.

记 P^* 点的特征向量组成的矩阵和逆矩阵为

$$M = \left(\xi_{\alpha^*}, \ \xi_{\beta^*}\right), \qquad M^{-1} = \frac{1}{\det M}\begin{pmatrix}\xi_{\beta^*}^\perp \\ -\xi_{\alpha^*}^\perp\end{pmatrix}.$$

记

$$A(t) = M^{-1}\begin{pmatrix}\partial_x f(\ell(t)) & \partial_y f(\ell(t)) \\ \partial_x g(\ell(t)) & \partial_y g(\ell(t))\end{pmatrix}M,$$

则

$$\lim_{t\to+\infty}A(t) = M^{-1}\begin{pmatrix}\partial_x f(P^*) & \partial_y f(P^*) \\ \partial_x g(P^*) & \partial_y g(P^*)\end{pmatrix}M = \begin{pmatrix}\alpha^* & 0 \\ 0 & \beta^*\end{pmatrix},$$

$$\lim_{t\to+\infty}\tau_\ell^\perp(t)\cdot M = -\xi_{\alpha^*}^\perp\cdot\left(\xi_{\alpha^*}, \ \xi_{\beta^*}\right) = -\left(0, \ \xi_{\alpha^*}^\perp\cdot\xi_{\beta^*}\right),$$

$$\lim_{t\to+\infty}M^{-1}\tilde\tau_\ell^\perp(t) = \frac{1}{\det M}\begin{pmatrix}\xi_{\beta^*}^\perp \\ -\xi_{\alpha^*}^\perp\end{pmatrix}(-\tilde\xi_{\alpha^*}^\perp) = \frac{\begin{pmatrix}* \\ 1\end{pmatrix}}{\det M}.$$

由 $\det M = -\xi_{\alpha^*}^\perp\cdot\xi_{\beta^*}$, 得

$$\lim_{t\to+\infty}E_\ell(t) = \lim_{t\to+\infty}\tau_\ell^\perp(t)\cdot M\cdot M^{-1}\begin{pmatrix}\partial_x f(\ell(t)) & \partial_y f(\ell(t)) \\ \partial_x g(\ell(t)) & \partial_y g(\ell(t))\end{pmatrix}M\cdot M^{-1}\cdot\tilde\tau_\ell^\perp(t)$$

$$= -\frac{1}{\det M}\left(0, \ \xi_{\alpha^*}^\perp\cdot\xi_{\beta^*}\right)\begin{pmatrix}\alpha^* & 0 \\ 0 & \beta^*\end{pmatrix}\begin{pmatrix}* \\ 1\end{pmatrix} = \beta^*.$$

同理可得其他三式.

第 13 章 分界线指数小撕裂的判据: 直接法

13.1 问题和结果介绍

动力系统和混沌的现代理论起源于 Henri Poincaré (1890) 的工作, 特别是关于同宿缠结的发现. Poincaré 首先注意到, 对于具有周期时间依赖的右端的微分方程, 其鞍型不动点的稳定流形与不稳定流形横截同宿相交, 导致称为同宿缠结的复杂的动力学结构. 于是, 他考虑如何证明这种系统存在同宿缠结的问题 (见 Poincaré (1900), 卷 II, XXI 章). 针对周期扰动的摆方程, 他将撕裂的距离 $D(t_0, \varepsilon)$ 展开为 ε 的形式幂级数

$$D(t_0, \varepsilon) = D_0(t_0) + \varepsilon D_1(t_0) + \cdots + \varepsilon^n D_n(t_0) + \cdots.$$

Poincaré 明显地计算了 $D_0(t_0)$ 并证明对于所有充分小的 $\varepsilon \neq 0$, $D(t_0, \varepsilon) = 0$ 有非退化的解, 从而, 稳定流形与不稳定流形横截同宿相交.

我们能够应用上述的 Poincaré-Melnikov 方法, 是因为 $D_0(t_0)$ 有明显的积分公式. Melnikov 问可否计算所有的 $D_1(t_0), D_2(t_0), \cdots$? 他建议了一个归纳的格式以计算所有的 $D_n(t_0)$. 但是, 即便对于对周期扰动的二维可积系统, 实际上, 关于 D_1 的计算都是困难的. 本章介绍近年 Wang Qiudong 新发展的实用方法, 对所有的 $n \geqslant 1$, 引进递推公式, 计算 $D_n(t_0)$. 特别, 用具有高频非 Hamilton 扰动的 Duffing 振子作为例子, 揭示当 $D_0(t_0)$ 的尺度是指数式衰减到零时, 如何发展计算 $D_n(t_0)$ 的分析理论, 证明同宿缠结的存在性.

13.1.1 本章的主要结果

考虑具有周期扰动的 Duffing 方程

$$\frac{dx}{dt} = y, \qquad \frac{dy}{dt} = x - x^3 + \varepsilon \cos \omega t \cdot y^2. \tag{13.1.1}$$

未扰动系统

$$\frac{dx}{dt} = y, \qquad \frac{dy}{dt} = x - x^3 \tag{13.1.2}$$

有 Hamilton 量 $H(x, y) = \dfrac{1}{2}(y^2 - x^2) + \dfrac{1}{4}x^4 = h$. 当 $h = 0$, 水平曲线 $H(x, y) =$

0 是同宿到鞍点 $(0,0)$ 的两同宿轨道. 右边的同宿轨道 $\ell = \{(a(t), b(t)),\ t \in (-\infty, +\infty)\} \cup (0,0)$ 有参数表示

$$a(t) = \sqrt{2}\operatorname{sech}(t), \quad b(t) = -\sqrt{2}\operatorname{sech}(t)\tanh(t). \tag{13.1.3}$$

我们要证明, 存在常数 $k_0 > 0$ 与 $\omega_0 > 0$, 使得对于一切 $\omega > \omega_0$ 与 $\varepsilon \in (0, \omega^{-k_0})$, 方程 (13.1.1) 的鞍点 $(0,0)$ 的稳定流形与不稳定流形横截同宿相交, 从而存在同宿缠结.

用 D_ℓ 表示 ℓ 在相空间中的小邻域. 用 t_0 表示初始时刻, $(x^s(t, \varepsilon, \omega), y^s(t, \varepsilon, \omega)), t \geqslant t_0$ 表示在 $\mathcal{D}_\ell$ 内满足 $y^s(t_0, \varepsilon, \omega) = 0$ 的到 $(0,0)$ 的稳定解. 而用 $(x^u(t, \varepsilon, \omega), y^u(t, \varepsilon, \omega)), t \leqslant t_0$ 表示满足 $y^u(t_0, \varepsilon, \omega) = 0$ 的在 $\mathcal{D}_\ell$ 内的不稳定解. 量

$$D(t_0, \varepsilon, \omega) = \varepsilon^{-1}\left(x^s(t_0, \varepsilon, \omega) - x^u(t_0, \varepsilon, \omega)\right)$$

是**撕裂距离**, 用来量度稳定流形与不稳定流形之间的相对位置 (图 13.1.1).

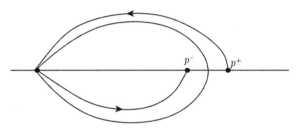

图 13.1.1　撕裂距离 D

为研究撕裂距离, 首先展开它作为 ε 的下述幂级数

$$D(t_0, \omega, \varepsilon) = \varepsilon D_0(t_0, \omega) + \varepsilon^2 D_1(t_0, \omega) + \cdots + \varepsilon^{n+1}D_n(t_0, \omega) + \cdots. \tag{13.1.4}$$

应用第 6 章的一阶 Melnikov 积分公式于方程 (13.1.1), 可得

$$D_0(t_0, \omega) = \frac{\sqrt{2}\pi}{30}\omega^5 e^{-\omega\pi/2}\left[1 + O(\omega^{-1})\right]\sin(\omega t_0). \tag{13.1.5}$$

注意到 $D_0(t_0, \omega)$ 的振幅 $\dfrac{\sqrt{2}\pi}{30}\omega^5 e^{-\omega\pi/2}$ 作为 ω 的函数, 关于 ω 的增加是指数衰减到零的. 因此, 当 ω 很大且 $\varepsilon \approx \omega^{-k_0}$ 时, 我们要知道 $D_0(t_0, \omega)$ 的振幅是否大于 $\varepsilon^n D_n(t_0, \omega)$ 的振幅. 为此, 我们需要对所有的 $n \geqslant 1$, 计算 $D_n(t_0, \omega)$. 本章的主要结果是下面的定理.

主要定理　用 $D(t_0, \omega, \varepsilon)$ 表示方程 (13.1.1) 的鞍点 $(0,0)$ 的稳定流形与不稳定流形之间的撕裂距离, $D_n(t_0, \omega)$ 由 (13.1.4) 定义. 则

(a) 对一切 $n \geqslant 0$,

$$D_n(t_0, \omega) = \sum_{k=1}^{4(n+1)} A_{k,n}(\omega) \sin k\omega t_0;$$

(b) 存在正常数 κ_0 与 ω_0, 使得对所有的 $\omega > \omega_0$ 与在 (a) 中定义的 $A_{k,n}$, 有

$$|A_{k,n}(\omega)| < \omega^{\kappa_0(n+1)} e^{-\omega\pi/2}.$$

显然, 由 (13.1.5) 中的 $D_0(t_0, \omega)$ 与上述定理结论 (b) 可见, 如果 $|\varepsilon| < \omega^{-k_0}$, $k_0 = 3\kappa_0$, 则 $D_0(t_0, \omega)$ 的振幅仍然大于 $D(t_0, \omega, \varepsilon)$ 的展开式后面部分各项的振幅, 再用隐函数存在定理即可证明同宿缠结的存在性.

13.1.2　高阶 Melnikov 积分

我们的工作分两步进行. 首先, 对所有的 $n \geqslant 0$, 介绍导出 D_n 的积分公式的方法. 事实上, D_n 是有很好结构的多重积分的有限组合 (称高阶 Melnikov 积分). 积分 D_n 的重次 $\geqslant n$ 但 $\leqslant 4(n+1)$. 其次, 用高阶 Melnikov 积分来证明主要定理的结论 (b).

为了定义 Melnikov 积分 N_p^s, 我们引入结构树概念. 一棵结构树始于一个根结点, 接着某些有向后续分叉出来. 这些后续结点中每个都可作为新的根结点构造子树, 第二次产生后续分叉, 继续这样, 最终分叉停止, 我们得到一棵结构树 (图 13.1.2).

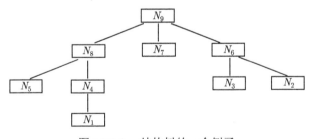

图 13.1.2　结构树的一个例子

设一棵给定的结构树共有 p 个结点. 我们从底部到顶部为结点编号, 在同一水平上, 从右至左编号, 记为 $N_1, \cdots, N_p$. 整棵树的根结点记为 N_p. 一棵结构树存在两种类型的结点: M-型与 W-型. 对每个结点 N_j, 我们赋予 (i) 一个积分变量 t_j; (ii) 一个核函数 $f_j(t_j, t_0)$; (iii) 关于 t_j 的一个积分区间 I_j.

关于 (ii): 核函数 $f_j(t_j, t_0)$ 定义为

$$f_j(t_j, t_0) = (\cos\omega(t_j + t_0))^{n_0(j)} d_j(t_j),$$

其中 $n_0(j)$ 为 0 或 1. 对方程 (13.1.1) 而言, 我们需要更多的技术性准备而得到明显的 $d_j(t_j)$, 但是, 导致指数小撕裂的对称性嵌入在 $d_j(t_j)$ 中: 对于方程 (13.1.1), 所有的 $d_j(t_j)$ 是 t_j 的奇函数.

关于 (iii): 对于 N_p, $I_p = (0, +\infty)$. 对于 $j < p$, 令 j' 是使得 N_j 是由 $N_{j'}$ 直接分叉出的. 若 N_j 是一个 M-结点, 则 $I_j = (t_{j'}, +\infty)$; 若 N_j 是一个 W-结点, 则 $I_j = (0, t_{j'})$.

我们定义高阶 Melnikov 积分 N_p^s 如下:

$$N_p^s = \int_{I_p} f_p(t_p, t_0) \left(\cdots \left(\int_{I_j} f_j(t_j, t_0) \left(\cdots \left(\int_{I_1} f_1(t_1, t_0) dt_1 \right) \cdots \right) dt_j \right) \cdots \right) dt_p.$$

对于给定的 N_p^s, 为得到对应的 N_p^u, 只需在所有的 M-结点改变 I_j 从 $(t_{j'}, +\infty)$ 到 $(t_{j'}, -\infty)$.

本章分三步介绍. 第一步, 证明对一切 $n \geqslant 0$, 存在一个高阶 Melnikov 积分 N_p^s 的集合 Λ_n, 使得

$$D_n(t_0, \omega) = \sum_{N_p^s \in \Lambda_n} d_{N_p}(t_0, \omega),$$

其中

$$d_{N_p}(t_0, \omega) = N_p^s(t_0, \omega) - N_p^u(t_0, \omega).$$

为了控制 $D_n(t_0, \omega)$ 的和, 需要证明对一切在 Λ_n 中的 N_p^s, Λ_n 中的高阶 Melnikov 积分数目 $\leqslant K^n$, 且 $p \leqslant 4(n+1)$. 这里, K 表示一般的常数, 不依赖于 $t, t_0, \omega, \varepsilon$ 和 k, n.

第二步, 在假设所有的 $d_j(t_j)$ 是奇函数的条件下, 从每个 $d_{N_p}(t_0, \omega)$ 中剥离指数小的因子. 在 13.6.2 节中, 我们证明主要定理.

第三步, 我们证明三个命题 13.3.1、命题 13.6.1 和命题 13.6.2.

13.2　初等稳定解的递归式

本节介绍推导 $D_n(t_0, \omega)$(对一切 n) 的积分公式的直接递归方法. 在 13.2.1 节, 引入新变量, 以便对围绕未扰动解 $(a(t), b(t))$ 的第一变分方程求解. 两新变量中, m 是经典的 Melnikov 变量, ω 是新的.

在 13.2.2 节将新变量的对应用于扰动方程 (13.1.1), 在 13.2.3 节将得到的微分方程转换到稳定解的积分方程. 13.2.3 节中引入的变量变换使得我们可用高阶 Melnikov 积分的核函数动力学部分作为 t 的奇函数. 在 13.2.4 节, 我们用 13.2.3 节中得到的积分方程引入新的递归, 以便对所有的 n 导出 D_n. 并对 $D_1(t_0)$ 给出明显的积分公式.

13.2.1　第一变分方程

记

$$a = a(t), \quad a' = a'(t), \quad b = b(t), \quad b' = b'(t).$$

于是

$$a' = b, \quad b' = a - a^3, \quad b^2 = a^2 - a^4/2.$$

第三式由未扰动系统的 Hamilton 量确定. 兹考虑第一变分方程

$$\frac{d\xi}{dt} = \eta; \qquad \frac{d\eta}{dt} = (1 - 3a^2)\xi. \tag{13.2.1}$$

这个方程关于未扰动系统沿着 $\ell(t) = (a, b)$ 成立. 以下令

$$h(t) = 3a^2(t) \int_0^t a^{-2}(\tau)d\tau = \frac{3}{4}[\sinh(2t) + 2t]\operatorname{sech}^2(t) \tag{13.2.2}$$

与

$$H(t) = \frac{1}{a(t)}\left[b(t)h(t) + a(t)\right]; \qquad \tilde{H}(t) = \frac{1}{a(t)}\left[b'(t)h(t) + 2b(t)\right]. \tag{13.2.3}$$

容易验证下面的结论成立.

引理 13.2.1　函数 $a(t), H(t)$ 是偶函数, 函数 $b(t), h(t)$ 与 $\tilde{H}(t)$ 是奇函数. 此外, $h(t), H(t)$ 与 $\tilde{H}(t)$ 关于所有的 $t \in (-\infty, +\infty)$ 是一致有界的.

再记

$$h = h(t), \quad H = H(t), \quad \tilde{H} = \tilde{H}(t).$$

引理 13.2.2　通过 m, w 的变量变换

$$\xi = \frac{1}{a}\left(bw - aHm\right); \qquad \eta = \frac{1}{a}\left(b'w - a\tilde{H}m\right). \tag{13.2.4}$$

第一变分方程 (13.2.1) 可化为

$$\frac{dm}{dt} = -\frac{b}{a}m; \qquad \frac{dw}{dt} = \frac{b}{a}w. \tag{13.2.5}$$

证　定义变量 z_1, z_2 为

$$z_1 = \frac{1}{a}\left(b'\xi - b\eta\right); \qquad z_2 = \frac{1}{a}\left(2b\xi - a\eta\right). \tag{13.2.6}$$

其逆变换为

$$\xi = \frac{1}{a}\left(bz_2 - az_1\right); \qquad \eta = \frac{1}{a}\left(b'z_2 - 2bz_1\right). \tag{13.2.7}$$

注意, 新变量 z_1 是 (ξ, η) 到垂直于未扰动同宿轨切方向的投影, 这是按照 Melnikov 的原创设计的. 至于 z_2, 我们故意地避免用未扰动同宿轨的切方向, 因为当坐标作逆向改变时, 会导出一个除数因子 $b^2 + (b')^2$. 方程 $b^2 + (b')^2 = 0$ 关于 t 无实解. 但是, 在复的 t 平面是可解的. 我们设计 z_2, 使得它在复的 t 平面无新的奇性.

通过求 (13.2.6) 的逆得到 (13.2.7), 用了下面的等式

$$2b^2 - ab' = 2a^2 - a^4 - a(a - a^3) = a^2.$$

由于这个等式, 对于 (13.2.7), 我们避免了在复的 t 平面引入新的奇性. 关于 z_1 得

$$\frac{dz_1}{dt} = \frac{1}{a}\left(b''\xi + b'\xi' - a''\eta - a'\eta'\right) - \frac{a'}{a}z_1.$$

此外, 由 $b' = a''$ 与 $\xi' = \eta$ 得到 $b'\xi' = a''\eta$. 又由 $b'' = (1-3a^2)a'$ 与 $\eta' = (1-3a^2)\xi$ 得到 $b''\xi = a'\eta'$. 因此

$$\frac{dz_1}{dt} = -\frac{b}{a}z_1.$$

关于 z_2 有

$$\begin{aligned}
\frac{dz_2}{dt} &= \frac{1}{a}\left[2b'\xi + 2b\xi' - a'\eta - a\eta'\right] - \frac{a'}{a}z_2 \\
&= \frac{1}{a}\left[2b'\xi + 2b\eta - a'\eta - a(1 - 3a^2)\xi\right] - \frac{a'}{a}z_2 \\
&= \frac{1}{a^2}\left[(a + a^3)(a'z_2 - az_1) + b(b'z_2 - 2bz_1)\right] - \frac{a'}{a}z_2.
\end{aligned}$$

于是, 得到

$$\frac{dz_2}{dt} = -3z_1 + \frac{a'}{a}z_2.$$

设 $w, h(t)$ 使得

$$w = h(t)z_1 + z_2.$$

从而

$$\frac{dw}{dt} = \left(h' - \frac{2a'}{a}h - 3\right)z_1 + \frac{a'}{a}w.$$

再用

$$h = 3a^2(t)\int_0^t a^{-2}(\tau)d\tau$$

得到

$$h' - \frac{2a'}{a}h - 3 = 0.$$

基于 $h(t)$ 的这个选择可得

$$\frac{dw}{dt} = \frac{b}{a}w.$$

再应用 (13.2.7) 与 $z_2 = w - hz_1$, 并重新记 z_1 作为 m 可得

$$\xi = \frac{1}{a}(bw - aHm); \qquad \eta = \frac{1}{a}(b'w - a\tilde{H}m),$$

其中

$$H = \frac{1}{a}(bh + a); \qquad \tilde{H} = \frac{1}{a}(b'h + 2b).$$

这就是 (13.2.4) 及 (13.2.3). 并且

$$\frac{dm}{dt} = -\frac{b}{a}m; \qquad \frac{dw}{dt} = \frac{b}{a}w.$$

此即 (13.2.5). $\qquad\qquad\qquad\qquad\qquad\qquad\qquad\qquad\qquad\qquad\qquad$ $\square$

13.2.2　稳定解的微分方程

设 t_0 是给定的初始时间, $(\hat{x}(t), \hat{y}(t))$ 是扰动方程满足 $(\hat{x}(t_0), \hat{y}(t_0)) = (x_0, y_0)$ 的稳定解. 记 $(x(t), y(t)) = (\hat{x}(t + t_0), \hat{y}(t + t_0))$. 故 $(x(t), y(t))$ 在 $t \in [0, +\infty)$ 有定义且满足

$$\frac{dx}{dt} = y; \qquad \frac{dy}{dt} = x - x^3 + \varepsilon \cos \omega(t + t_0) y^2$$

与 $(x(0), y(0)) = (x_0, y_0)$. 记

$$X = x - a(t); \qquad Y = y - b(t). \tag{13.2.8}$$

则

$$\frac{dX}{dt} = Y; \qquad \frac{dY}{dt} = (1 - 3a^2)X + Q(t, X) + \varepsilon \cos \omega(t + t_0)(Y + b)^2, \tag{13.2.9}$$

其中

$$Q(t, X) = -3aX^2 - X^3.$$

引理 13.2.3　设 M, W 使得

$$X = \frac{1}{a}(bW - aHM); \qquad Y = \frac{1}{a}\left(b'W - a\tilde{H}M\right), \tag{13.2.10}$$

其中 h 与 $H, \tilde{H}$ 在 (13.2.2) 和 (13.2.3) 给定. 于是, 方程 (13.2.9) 变为新的变量 (M, W) 的系统

$$\frac{dM}{dt} = -\frac{b}{a}M - \frac{b}{a}Q(t, X) - \varepsilon\frac{b}{a}\cos \omega(t + t_0)(Y + b)^2;$$

$$\frac{dW}{dt} = \frac{h}{a}W - HQ(t, X) - \varepsilon H \cos \omega(t + t_0)(Y + b)^2, \tag{13.2.11}$$

其中

$$Q(t, X) = -3aX^2 - X^3. \tag{13.2.12}$$

证 设

$$Z_1 = \frac{1}{a}\left(b'X - bY\right); \qquad Z_2 = \frac{1}{a}\left(2bX - aY\right). \tag{13.2.13}$$

则

$$X = \frac{1}{a}(bZ_2 - aZ_1); \qquad Y = \frac{1}{a}(b'Z_2 - 2bZ_1). \tag{13.2.14}$$

对于 Z_1 有

$$\begin{aligned}
\frac{dZ_1}{dt} &= \frac{1}{a}\left(b''X + b'X' - b'Y - bY'\right) - \frac{b}{a}Z_1 \\
&= \frac{1}{a}\left\{(1 - 3a^2)a'X - b\left[(1 - 3a^2)X + Q(t, X)\right]\right\} \\
&\quad - \varepsilon\frac{b}{a}\cos\omega(t + t_0)(Y + b)^2 - \frac{b}{a}Z_1 \\
&= -\frac{b}{a}Z_1 - \frac{b}{a}Q(t, X) - \varepsilon\frac{b}{a}\cos\omega(t + t_0)(Y + b)^2.
\end{aligned}$$

对于 Z_2 有

$$\begin{aligned}
\frac{dZ_2}{dt} &= \frac{1}{a}[2b'X + 2bX' - a'Y - aY'] - \frac{b}{a}Z_2 \\
&= \frac{1}{a}\left\{2b'X + bY - a\left[(1 - 3a^2)X + Q(t, X)\right]\right\} \\
&\quad - \varepsilon\cos\omega(t + t_0)(Y + b)^2 - \frac{b}{a}Z_2 \\
&= \frac{1}{a^2}\left\{\left[2b' - a(1 - 3a^2)\right](a'Z_2 - aZ_1) + b(b'Z_2 - 2bZ_1)\right\} \\
&\quad - Q(t, X) - \varepsilon\cos\omega(t + t_0)(Y + b)^2 - \frac{b}{a}Z_2.
\end{aligned}$$

从而, 可得

$$\frac{dZ_2}{dt} = -3Z_1 + \frac{b}{a}Z_2 - Q(t, X) - \varepsilon\cos\omega(t + t_0)(Y + b)^2.$$

总之

$$\begin{aligned}
\frac{dZ_1}{dt} &= -\frac{b}{a}Z_1 - \frac{b}{a}Q(t, X) - \varepsilon \cdot \frac{b}{a}\cos\omega(t + t_0)(Y + b)^2; \\
\frac{dZ_2}{dt} &= -3Z_1 + \frac{b}{a}Z_2 - Q(t, X) - \varepsilon\cos\omega(t + t_0)(Y + b)^2.
\end{aligned}$$

再令

$$W = h(t)Z_1 + Z_2$$

可得

$$\frac{dW}{dt} = h'Z_1 + h\left[-\frac{b}{a}Z_1 - \frac{b}{a}Q(t,X) - \varepsilon\frac{b}{a}\cos\omega(t+t_0)(Y+b)^2\right]$$
$$+ \left[-3Z_1 + \frac{b}{a}(W - hZ_1) - Q(t,X) - \varepsilon\cos\omega(t+t_0)(Y+b)^2\right].$$

又因 $h = h(t)$ 满足

$$h' - \frac{2b}{a}h - 3 = 0,$$

且

$$H = h\frac{b}{a} + 1.$$

我们有

$$\frac{dW}{dt} = \frac{b}{a}W - HQ(t,X) - \varepsilon H\cos\omega(t+t_0)(Y+b)^2.$$

综合以上得

$$\frac{dZ_1}{dt} = -\frac{b}{a}Z_1 - \frac{b}{a}Q(t,X) - \varepsilon\frac{b}{a}\cos\omega(t+t_0)(Y+b)^2;$$
$$\frac{dW}{dt} = \frac{b}{a}W - HQ(t,X) - \varepsilon H\cos\omega(t+t_0)(Y+b)^2,$$

其中

$$X = \frac{1}{a}\left[b(W - hZ_1) - aZ_1\right] = \frac{1}{a}\left(bW - aHZ_1\right),$$
$$Y = \frac{1}{a}\left[b'(W - hZ_1) - 2bZ_1\right] = \frac{1}{a}(b'W - a\tilde{H}Z_1).$$

最后, 记 Z_1 作为 M 得

$$\frac{dM}{dt} = -\frac{b}{a}M - \frac{b}{a}Q(t,X) - \varepsilon\frac{b}{a}\cos\omega(t+t_0)(Y+b)^2;$$
$$\frac{dW}{dt} = \frac{b}{a}W - HQ(t,X) - \varepsilon H\cos\omega(t+t_0)(Y+b)^2,$$

其中

$$Q(t,X) = -3aX^2 - X^3;$$

与

$$X = \frac{1}{a}\left(bW - aHM\right), \quad Y = \frac{1}{a}[b'W - a\tilde{H}M].$$

引理 13.2.3 证毕.　　　　　　　　　　　　　　　　　　　　　　　　□

13.2.3　稳定解的积分方程

兹引进一个新的变量变换

$$\mathbb{M} = \frac{a}{\varepsilon} M; \qquad\qquad \mathbb{W} = \frac{\sqrt{(2-a^2)}}{\varepsilon b} W. \qquad\qquad (13.2.15)$$

对于两个新变量, $\mathbb{M}$ 是对 M 作 $1/\varepsilon$ 尺度变换, 乘以因子 a 的目的是在新方程中抹去 M 的线性项. 事实上, $\mathbb{M}$ 就是原来的 Melnikov 变量. 对于 $\mathbb{W}$, 注意到

$$\frac{\sqrt{(2-a^2)}}{\varepsilon b} = \frac{\sqrt{a^2(2-a^2)}}{\varepsilon ba} = \frac{\sqrt{2}|b|}{\varepsilon ba}.$$

故当 $t > 0$ 时, 有

$$\mathbb{W} = -\frac{\sqrt{2}}{\varepsilon a} W,$$

当 $t < 0$ 时,

$$\mathbb{W} = \frac{\sqrt{2}}{\varepsilon a} W.$$

换言之, 在计算稳定与不稳定解时, 关于 $\mathbb{W}$, 我们要用不同的符号. 变换到 $\mathbb{W}$ 的目的是移除 W 的线性项. 对于 $t > 0$ 与 $t < 0$ 用不同符号的原因, 今后会很清楚. 以下我们导出关于 $\mathbb{M}$ 与 $\mathbb{W}$ 的方程. 令

$$\mathbb{X} = \frac{1}{\varepsilon} X, \qquad\qquad \mathbb{Y} = \frac{1}{\varepsilon} Y.$$

则

$$\mathbb{X} = \frac{1}{a}\left(\frac{b^2}{\sqrt{(2-a^2)}}\mathbb{W} - H\mathbb{M}\right), \qquad\qquad \mathbb{Y} = \frac{1}{a}\left[\frac{bb'}{\sqrt{(2-a^2)}}\mathbb{W} - \tilde{H}\mathbb{M}\right].$$

首先, 对于 $\mathbb{M}$ 有

$$\frac{d\mathbb{M}}{dt} = \varepsilon b\left(3a\mathbb{X}^2 + \varepsilon\mathbb{X}^3\right) - b\cos\omega(t+t_0)(\varepsilon\mathbb{Y}+b)^2.$$

其次, 当 $t > 0$ 时,

$$\begin{aligned}
\frac{d\mathbb{W}}{dt} &= \frac{\sqrt{2}}{\varepsilon a}\frac{dW}{dt} - \frac{\sqrt{2}b}{\varepsilon a^2}W \\
&= \frac{\sqrt{2}}{a}\left(\varepsilon H\left(3a\mathbb{X}^2 + \varepsilon\mathbb{X}^3\right) - H\cos\omega(t+t_0)(\varepsilon\mathbb{Y}+b)^2\right).
\end{aligned}$$

当 $t < 0$ 时,

$$\frac{d\mathbb{W}}{dt} = -\frac{\sqrt{2}}{\varepsilon a}\frac{dW}{dt} + \frac{\sqrt{2}b}{\varepsilon a^2}W$$

$$= -\frac{\sqrt{2}}{a}\left(\varepsilon H\left(3a\mathbb{X}^2 + \varepsilon\mathbb{X}^3\right) - H\cos\omega(t+t_0)(\varepsilon\mathbb{Y}+b)^2\right).$$

这意味着对所有的 t 有

$$\frac{d\mathbb{W}}{dt} = \frac{\sqrt{2}|b|}{ab}\left(\varepsilon H\left(3a\mathbb{X}^2 + \varepsilon\mathbb{X}^3\right) - H\cos\omega(t+t_0)(\varepsilon\mathbb{Y}+b)^2\right)$$

$$= \frac{\sqrt{(2-a^2)}}{b}\left(\varepsilon H\left(3a\mathbb{X}^2 + \varepsilon\mathbb{X}^3\right) - H\cos\omega(t+t_0)(\varepsilon\mathbb{Y}+b)^2\right).$$

总之, 得到

$$\frac{d\mathbb{M}}{dt} = \varepsilon b\left(3a\mathbb{X}^2 + \varepsilon\mathbb{X}^3\right) - b\cos\omega(t+t_0)(\varepsilon\mathbb{Y}+b)^2;$$

$$\frac{d\mathbb{W}}{dt} = \frac{2b}{a^2\sqrt{(2-a^2)}}\left[\varepsilon H\left(3a\mathbb{X}^2 + \varepsilon\mathbb{X}^3\right) - H\cos\omega(t+t_0)(\varepsilon\mathbb{Y}+b)^2\right]. \tag{13.2.16}$$

引理 13.2.4　对于最初的稳定解, 函数 $(\mathbb{M}(t),\mathbb{W}(t))$ 满足积分方程

$$\mathbb{M}(t) = -\varepsilon\int_t^{+\infty}b(3a\mathbb{X}^2 + \varepsilon\mathbb{X}^3)d\tau + \int_t^{+\infty}b\cos\omega(\tau+t_0)(\varepsilon\mathbb{Y}+b)^2d\tau;$$

$$\mathbb{W}(t) = \int_0^t\frac{2b}{a^2\sqrt{(2-a^2)}}\left[\varepsilon H(3a\mathbb{X}^2 + \varepsilon\mathbb{X}^3) - H\cos\omega(\tau+t_0)(\varepsilon\mathbb{Y}+b)^2\right]d\tau, \tag{13.2.17}$$

其中

$$\mathbb{X} = \frac{1}{a}\left[\frac{b^2}{\sqrt{(2-a^2)}}\mathbb{W} - H\mathbb{M}\right], \quad \mathbb{Y} = \frac{1}{a}\left[\frac{bb'}{\sqrt{(2-a^2)}}\mathbb{W} - \tilde{H}\mathbb{M}\right]. \tag{13.2.18}$$

证　由 (13.2.16) 可知

$$\mathbb{M}(t) = \mathbb{M}(0) + \varepsilon\int_0^t b(3a\mathbb{X}^2 + \varepsilon\mathbb{X}^3)d\tau - \int_0^t b\cos\omega(\tau+t_0)(\varepsilon\mathbb{Y}+b)^2d\tau;$$

$$\mathbb{W}(t) = \mathbb{W}(0) + \int_0^t\frac{2b}{a^2\sqrt{(2-a^2)}}\left[\varepsilon H(3a\mathbb{X}^2 + \varepsilon\mathbb{X}^3) - H\cos\omega(\tau+t_0)(\varepsilon\mathbb{Y}+b)^2\right]d\tau. \tag{13.2.19}$$

由于

$$Y = \frac{b'}{a}W - \tilde{H}M.$$

故对于最初的稳定解

$$W(0) - \frac{a(0)}{b'(0)}\left(Y(0) + \tilde{H}(0)M(0)\right) = 0.$$

注意, 为得到上面的后一等式, 用了 $Y(0) = 0$ 与 $\tilde{H}(0) = 0$. 再注意到

$$\mathbb{W}(t) = \frac{\sqrt{(2 - a^2)}}{\varepsilon b} W.$$

故

$$\mathbb{W}(0) = \lim_{t \to 0} \frac{\sqrt{2 - a^2(t)}}{\varepsilon b(t)} W(t) = 0.$$

在 (13.2.17) 中关于 $\mathbb{W}$ 的积分方程可直接地由 (13.2.19) 推出来.

现计算 $\mathbb{M}(0)$. 由于

$$\mathbb{M}(t) = \varepsilon^{-1} a M(t) = \varepsilon^{-1} a \left(\frac{b'}{a} X - \frac{a'}{a} Y \right).$$

关于稳定解得到

$$\lim_{t \to +\infty} (X(t), Y(t)) = (0, 0),$$

这意味着

$$\mathbb{M}(+\infty) = 0.$$

于是, 得到

$$\mathbb{M}(0) = -\varepsilon \int_0^{+\infty} b \left(3a\mathbb{X}^2 + \varepsilon\mathbb{X}^3 \right) d\tau + \int_0^{+\infty} b \cos \omega(\tau + t_0)(\varepsilon\mathbb{Y} + b)^2 d\tau. \quad (13.2.20)$$

将上述 $\mathbb{M}(0)$ 的公式代入 (13.2.19), 即得关于 $\mathbb{M}$ 的 (13.2.17). □

13.2.4 撕裂距离的递归推导

基于引理 13.2.4 中的 (13.2.17), 现在我们已经准备好证明本章主要定理的第一个结论了. 设 $\mathbb{M}(t) = \mathbb{M}(t, t_0, \omega, \varepsilon)$, $\mathbb{W}(t) = \mathbb{W}(t, t_0, \omega, \varepsilon)$ 可形式地展为 ε 的幂级数, 即

$$\mathbb{M}(t) = \sum_{n=0}^{+\infty} \varepsilon^n \mathbb{M}_n(t, t_0, \omega); \qquad \mathbb{W}(t) = \sum_{n=0}^{+\infty} \varepsilon^n \mathbb{W}_n(t, t_0, \omega).$$

对一切 n, 我们可用 (13.2.17) 递归地确定函数 $\mathbb{M}_n = \mathbb{M}_n(t, t_0, \omega)$, $\mathbb{W}_n = \mathbb{W}_n(t, t_0, \omega)$: 首先, 由 (13.2.17) 得

$$\mathbb{M}_0(t, t_0, \omega) = \int_t^{+\infty} \cos \omega(\tau + t_0) \cdot b^3 d\tau;$$

$$\mathbb{W}_0(t, t_0, \omega) = - \int_0^t \cos \omega(\tau + t_0) \cdot \frac{2b^3 H}{a^2 \sqrt{(2 - a^2)}} d\tau.$$

$$(13.2.21)$$

于是

$$\mathbb{M}_1(t) = -3\int_t^{+\infty} ba\mathbb{X}_0^2 d\tau + 2\int_t^{+\infty} \cos\omega(\tau+t_0)b^2\mathbb{Y}_0 d\tau;$$

$$\mathbb{W}_1(t) = \int_0^t \frac{2bH}{a^2\sqrt{(2-a^2)}}\left[3a\mathbb{X}_0^2 - 2\cos\omega(\tau+t_0)b\mathbb{Y}_0\right]d\tau$$

(13.2.22)

其中

$$\mathbb{X}_0 = \frac{1}{a}\left[\frac{b^2}{\sqrt{(2-a^2)}}\mathbb{W}_0 - H\mathbb{M}_0\right], \qquad \mathbb{Y}_0 = \frac{1}{a}\left[\frac{bb'}{\sqrt{(2-a^2)}}\mathbb{W}_0 - \tilde{H}\mathbb{M}_0\right].$$

(13.2.23)

一般地, 假设对所有 $k \leqslant n$, 我们已得到 $\mathbb{M}_k = \mathbb{M}_k(t,t_0,\omega)$, $\mathbb{W}_k = \mathbb{W}_k(t,t_0,\omega)$. 应用 (13.2.17), 我们可解出 $\mathbb{M}_{n+1} = \mathbb{M}_{n+1}(t,t_0,\omega)$, $\mathbb{W}_{n+1} = \mathbb{W}_{n+1}(t,t_0,\omega)$, 通过 $\mathbb{M}_k = \mathbb{M}_k(t,t_0,\omega)$, $\mathbb{W}_k = \mathbb{W}_k(t,t_0,\omega)(k \leqslant n)$ 来表示. 这是因为左边仅有 ε^{n+1} 阶的项是 $\mathbb{M}_{n+1}$ 与 $\mathbb{W}_{n+1}$, 而右边 ε^{n+1} 阶的项仅包含 $\mathbb{M}_k(t,t_0,\omega)$, $\mathbb{W}_k(t,t_0,\omega)$, $k \leqslant n$. 右边所有包含 $\mathbb{M}_k, \mathbb{W}_k(k \geqslant n+1)$ 的项至少是 ε^{n+2} 阶的.

至此, 我们已经得到了初等稳定解的积分公式. 类似地, 可得初等不稳定解的积分公式. 为区别起见, 我们表示稳定解为 $(\mathbb{M}^s(t,t_0,\omega,\varepsilon), \mathbb{W}^s(t,t_0,\omega,\varepsilon))$, 表示不稳定解为 $(\mathbb{M}^u(t,t_0,\omega,\varepsilon), \mathbb{W}^u(t,t_0,\omega,\varepsilon))$. 于是

$$\mathbb{M}^s(t,t_0,\omega,\varepsilon) = \sum_{n=0}^{\infty}\varepsilon^n\mathbb{M}_n^s(t,t_0,\omega); \qquad \mathbb{W}^s(t,t_0,\omega,\varepsilon) = \sum_{n=0}^{\infty}\varepsilon^n\mathbb{W}_n^s(t,t_0,\omega);$$

且对偶地

$$\mathbb{M}^u(t,t_0,\omega,\varepsilon) = \sum_{n=0}^{\infty}\varepsilon^n\mathbb{M}_n^u(t,t_0,\omega); \qquad \mathbb{W}^u(t,t_0,\omega,\varepsilon) = \sum_{n=0}^{\infty}\varepsilon^n\mathbb{W}_n^u(t,t_0,\omega).$$

由定义, 撕裂距离为

$$D(t_0,\omega,\varepsilon) = \mathbb{M}^s(0,t_0,\omega,\varepsilon) - \mathbb{M}^u(0,t_0,\omega,\varepsilon) = \sum_{n=0}^{\infty}\varepsilon^n D_n(t_0,\omega),$$

(13.2.24)

其中

$$D_n(t_0,\omega) = \mathbb{M}_n^s(0,t_0,\omega) - \mathbb{M}_n^u(0,t_0,\omega).$$

(13.2.25)

直接由 (13.2.21) 可得

$$D_0(t_0,\omega) = \int_{-\infty}^{+\infty} \cos\omega(\tau+t_0) \cdot b^3(\tau)d\tau.$$

(13.2.26)

我们有下述关于 $D_1(t_0,\omega)$ 的推论.

推论 13.2.1 我们有

$$D_1(t_0, \omega) = \mathbb{M}_1^s - \mathbb{M}_1^u,$$

其中

$$\mathbb{M}_1^s = -3 \int_0^{+\infty} ba\left[\mathbb{X}_0^s(\tau)\right]^2 d\tau + 2 \int_0^{+\infty} \cos\omega(\tau + t_0) b^2 \mathbb{Y}_0^s(\tau) d\tau;$$

将 (13.2.21) 代入 (13.2.23) 可得

$$\mathbb{X}_0^s(t) = -\frac{1}{a}\left[\frac{b^2}{\sqrt{(2-a^2)}} \int_0^t \cos\omega(\tau + t_0) \cdot \frac{2b^3 H}{a^2\sqrt{(2-a^2)}} d\tau \right.$$
$$\left. + H \int_t^{+\infty} \cos\omega(\tau + t_0) \cdot b^3 d\tau \right],$$

$$\mathbb{Y}_0^s(t) = -\frac{1}{a}\left[\frac{bb'}{\sqrt{(2-a^2)}} \int_0^t \cos\omega(\tau + t_0) \cdot \frac{2b^3 H}{a^2\sqrt{(2-a^2)}} d\tau \right.$$
$$\left. + \tilde{H} \int_t^{+\infty} \cos\omega(\tau + t_0) \cdot b^3 d\tau \right].$$

此外, 通过分别在 $\mathbb{M}_1^s$, $\mathbb{X}_0^s$ 与 $\mathbb{Y}_0^s$ 中改变 $+\infty$ 到 $-\infty$, 可得 $\mathbb{M}_1^u$, $\mathbb{X}_0^u$ 与 $\mathbb{Y}_0^u$.

13.3 高阶 Melnikov 积分

本节要在 13.3.1 节和 13.3.2 节更细致地讨论在 13.1.2 节介绍过的高阶 Melnikov 积分: ① 细致地研究核函数 $d_j(t_j)$; ② 对结构树增加限制; ③ 定义 $N_p^s(t, t_0, \omega)$ 代之以 $N_p^s(t_0, \omega)$ $(N_p^s(t_0, \omega) = N_p^s(0, t_0, \omega))$.

在 13.3.1节, 我们明显地定义核函数的集合. 引理 13.3.3 中所述的对称性导致在时间周期方程中存在指数小撕裂的动力学现象. 在 13.3.2 节我们再次定义高阶 Melnikov 积分并证明所有高阶 Melnikov 积分是绝对收敛的. 13.3.3 节的主要结果是命题 13.3.1, 其证明放在 13.7 节.

13.3.1 核函数

记

$$A = A(t) = \frac{1}{2}\sqrt{(2 - a^2(t))}. \tag{13.3.1}$$

显然,

(i) $A(t)$ 是 t 的偶函数;

(ii) 对一切 t, $|A(t)| < 1$;

(iii) 当 $t \to 0$, $|b(t)A^{-1}(t)|$ 与 $|\tilde{H}(t)A^{-1}|$ 一致有界于某个常数 K.

将 (13.2.17) 记为

$$
\begin{aligned}
\mathbb{M}(t) &= -\varepsilon \int_t^{+\infty} b(3a\mathbb{X}^2 + \varepsilon\mathbb{X}^3)d\tau + \int_t^{+\infty} b\cos\omega(\tau + t_0)(\varepsilon\mathbb{Y} + b)^2 d\tau; \\
\mathbb{W}(t) &= \int_0^t \frac{b}{a^2 A}\left[\varepsilon H\left(3a\mathbb{X}^2 + \varepsilon\mathbb{X}^3\right) - H\cos\omega(\tau + t_0)(\varepsilon\mathbb{Y} + b)^2\right]d\tau,
\end{aligned}
\tag{13.3.2}
$$

其中

$$
\mathbb{X} = \frac{1}{a}\left(a^2 A\mathbb{W} - H\mathbb{M}\right), \qquad \mathbb{Y} = \frac{1}{a}\left[\frac{bb'}{2A}\mathbb{W} - \tilde{H}\mathbb{M}\right].
\tag{13.3.3}
$$

由 (13.3.2) 与 (13.3.3) 得

$$
\begin{aligned}
\mathbb{M}(t) =\ & \int_t^{+\infty} \cos\omega(\tau + t_0) \cdot b^3 d\tau - 3\varepsilon \int_t^{+\infty} ba^3 A^2 \mathbb{W}^2 d\tau \\
& - 3\varepsilon \int_t^{+\infty} ba^{-1}H^2\mathbb{M}^2 d\tau + 6\varepsilon \int_t^{+\infty} baAH\mathbb{W}\mathbb{M}d\tau \\
& - \varepsilon^2 \int_t^{+\infty} ba^3 A^3 \mathbb{W}^3 d\tau + \varepsilon^2 \int_t^{+\infty} ba^{-3}H^3\mathbb{M}^3 d\tau \\
& + 3\varepsilon^2 \int_t^{+\infty} baA^2 HW^2\mathbb{M}d\tau \\
& - 3\varepsilon^2 \int_t^{+\infty} ba^{-1}AH^2\mathbb{W}\mathbb{M}^2 d\tau + 2\varepsilon \int_t^{+\infty} \cos\omega(\tau + t_0)ba^2 A\mathbb{W}d\tau \\
& - 2\varepsilon \int_t^{+\infty} \cos\omega(\tau + t_0)ba^4 A\mathbb{W}d\tau - 2\varepsilon \int_t^{+\infty} \cos\omega(\tau + t_0)b^2 a^{-1}\tilde{H}\mathbb{M}d\tau \\
& + \frac{1}{2}\varepsilon^2 \int_t^{+\infty} \cos\omega(\tau + t_0)ba^2 \mathbb{W}^2 d\tau - \varepsilon^2 \int_t^{+\infty} \cos\omega(\tau + t_0)ba^4 \mathbb{W}^2 d\tau \\
& + \frac{1}{2}\varepsilon^2 \int_t^{+\infty} \cos\omega(\tau + t_0)ba^6 \mathbb{W}^2 d\tau + \varepsilon^2 \int_t^{+\infty} \cos\omega(\tau + t_0)b\tilde{H}^2 a^{-2}\mathbb{M}^2 d\tau \\
& - 2\varepsilon^2 \int_t^{+\infty} \cos\omega(\tau + t_0)\tilde{H}aA\mathbb{W}\mathbb{M}d\tau \\
& + 2\varepsilon^2 \int_t^{+\infty} \cos\omega(\tau + t_0)a^3 \tilde{H}A\mathbb{W}\mathbb{M}d\tau.
\end{aligned}
\tag{13.3.4}
$$

在上述积分公式的推导过程中, 我们用了关系 $b' = a - a^3$, $b^2 = a^2 - a^4/2$.

　　引理 13.3.1　在关于 $\mathbb{M}(t)$ 的积分 (13.3.4) 的右边, 每个积分的被积函数具有形式

$$
f(t) = \cos^{n_0}\omega(t + t_0) \cdot b^{m_1}\tilde{H}^{m_2}a^{n_1}A^{n_2}H^{n_3}\mathbb{M}^{n_4}\mathbb{W}^{n_5},
$$

其中

(i) n_0 是 0 或 1;

(ii) $n_1 \geqslant -3, m_1, m_2, n_2, n_3, n_4, n_5 \geqslant 0$, 且 $m_1 + m_2 + |n_1| + n_2 + n_3 \leqslant 7$;

(iii) $m_1 + m_2$ 是 1 或 3;

(iv) $0 \leqslant n_4 + n_5 \leqslant 3$;

(v) $m_1 + n_1 + 3n_4 \geqslant 3$.

证 引理的每条结论在后面的分析中都有重要作用, 我们可对 (13.3.4) 右边的每个积分一一地计算作证明. 结论 (i) 是指在核函数中有一个 $\cos\omega(t+t_0)$, 或者没有. 有是由扰动函数导致的, 没有是由未扰动方程的高阶项确定的. 结论 (ii) 明显地表示所有的函数的幂的上界和下界. 幂 n_1 可以是负的, 由于 a^{-1} 含在 $\mathbb{X}$ 与 $\mathbb{Y}$ 中. $n_1 \geqslant -3$ 是因方程 (13.2.16) 的非线性项的最高阶数是 3. 结论 (iii) 在判别上是重要的. 该结论说明, 在 $f(t)$ 中删除三角函数 $\cos\omega(t+t_0)$ 与 $M^{n_4}W^{n_5}$ 后, 留下的函数

$$b^{m_1}\tilde{H}^{m_2}a^{n_1}A^{n_2}H^{n_3}$$

是 t 的奇函数. 由于方程 (13.2.16) 的非线性项的最高阶是 3, 故结论 (iv) 成立. 结论 (v) 保证了高阶 Melnikov 积分的绝对收敛性. 特别地, 见引理 13.3.5 中, 关于 (13.3.18) 的证明. □

现在回到函数 $\mathbb{W}(t)$. 由 (13.3.2) 与 (13.3.3) 可得

$$\begin{aligned}
\mathbb{W}(t) = &-2\int_0^t \cos\omega(\tau+t_0)\cdot bAHd\tau + 3\varepsilon\int_0^t baAH\mathbb{W}^2 d\tau \\
&+ 3\varepsilon\int_0^t ba^{-3}A^{-1}H^3\mathbb{M}^2 d\tau - 6\varepsilon\int_0^t ba^{-1}H^2\mathbb{W}\mathbb{M}d\tau \\
&+ \varepsilon^2\int_0^t baA^2H\mathbb{W}^3 d\tau - \varepsilon^2\int_0^t ba^{-5}A^{-1}H^4\mathbb{M}^3 d\tau + 3\varepsilon^2\int_0^t ba^{-3}H^3\mathbb{W}\mathbb{M}^2 d\tau \\
&- 3\varepsilon^2\int_0^t ba^{-1}AH^2\mathbb{W}^2\mathbb{M}d\tau - 2\varepsilon\int_0^t \cos\omega(\tau+t_0)bH\mathbb{W}d\tau \\
&+ 2\varepsilon\int_0^t \cos\omega(\tau+t_0)ba^2H\mathbb{W}d\tau + 4\varepsilon\int_0^t \cos\omega(\tau+t_0)\tilde{H}a^{-1}AHMd\tau \\
&- \varepsilon^2/2\int_0^t \cos\omega(\tau+t_0)bA^{-1}H\mathbb{W}^2 d\tau \\
&- \varepsilon^2/2\int_0^t \cos\omega(\tau+t_0)ba^4A^{-1}H\mathbb{W}^2 d\tau \\
&+ \varepsilon^2\int_0^t \cos\omega(\tau+t_0)ba^2A^{-1}H\mathbb{W}^2 d\tau \\
&- \varepsilon^2\int_0^t \cos\omega(\tau+t_0)b\tilde{H}^2a^{-4}A^{-1}H\mathbb{M}^2 d\tau
\end{aligned}$$

$$+ 2\varepsilon^2 \int_0^t \cos \omega(\tau + t_0) \tilde{H} a^{-1} H \mathbb{W} \mathbb{M} d\tau$$

$$- 2\varepsilon^2 \int_0^t \cos \omega(\tau + t_0) \tilde{H} a H \mathbb{W} \mathbb{M} d\tau. \tag{13.3.5}$$

上面我们再次用了关系 $b' = a - a^3$ 与 $b^2 = a^2 - a^4/2$.

引理 13.3.2　对 $\mathbb{W}(t)$, (13.3.5) 的右边的每个积分函数有下述形式

$$f(t) = \cos^{n_0} \omega(t + t_0) \cdot b^{m_1} \tilde{H}^{m_2} a^{n_1} A^{n_2} H^{n_3} \mathbb{M}^{n_4} \mathbb{W}^{n_5},$$

其中

(i) n_0 是 0 或 1;

(ii) $n_1 \geqslant -5$, $n_2 \geqslant -1$, $m_1, m_2, n_3, n_4, n_5 \geqslant 0$, 且 $m_1 + m_2 + |n_1| + |n_2| + n_3 \leqslant 11$;

(iii) $m_1 + m_2$ 是 1 或 3;

(iv) $0 \leqslant n_4 + n_5 \leqslant 3$;

(v) $m_1 + n_1 + 3n_4 \geqslant 1$.

证　引理的每条结论可对 (13.3.5) 右边的每个积分——地计算作证明. 本引理与引理 13.3.1 不同的是在 (13.3.2) 中, $\mathbb{W}$ 的被积函数要除以 $a^2 A$. 引理的结论 (v) 在引理 13.3.5 的证明中证明 (13.3.19) 有所应用.　　　　□

记 $\mathcal{K}_M$ 为关于 $\mathbb{M}$, (13.3.4) 右边所有被积函数的集合. 对于 $f \in \mathcal{K}_M$ 有

$$f = \cos^{n_0} \omega(t + t_0) \cdot b^{m_1} \tilde{H}^{m_2} a^{n_1} A^{n_2} H^{n_3} \mathbb{M}^{n_4} \mathbb{W}^{n_5}.$$

在 f 中删除 $\mathbb{M}^{n_4} \mathbb{W}^{n_5}$, 由 f 得到函数

$$\hat{f} := \cos^{n_0} \omega(t + t_0) \cdot b^{m_1} \tilde{H}^{m_2} a^{n_1} A^{n_2} H^{n_3}. \tag{13.3.6}$$

令

$$\hat{\mathcal{K}}_M = \{\hat{f} : f \in \mathcal{K}_M\}.$$

关于 $\mathbb{W}$, 平行地用 (13.3.5) 定义集合 $\mathcal{K}_W$ 与 $\hat{\mathcal{K}}_W$.

定义 13.3.1　(a) 称 $\hat{f} \in \hat{\mathcal{K}}_M \cup \hat{\mathcal{K}}_W$ 为**核函数**;

(b) 记核函数作为 $\hat{f}(t) = g(t) \cdot d(t)$, 其中

$$g(t) = \cos^{n_0} \omega(t + t_0), \qquad d(t) = b^{m_1} \tilde{H}^{m_2} a^{n_1} A^{n_2} H^{n_3}. \tag{13.3.7}$$

称 $g(t)$ 是核函数的**三角部分**, $d(t)$ 是核函数的**动力学部分**.

引理 13.3.3 (对称性)　$d(t) = -d(-t)$, 即核函数的动力学部分是 t 的奇函数.

证 结论的正确性直接由引理 13.3.1 (iii) 与引理 13.3.2 (iii) 及 $a(t), A(t)$ 与 $H(t)$ 是偶函数可推出. □

引理 13.3.3 的注 (1) 对于第二部分的分析, 在引理 13.3.3 中所述对称性是非常重要的.

(2) 此外, 对所有实的 $t > 0$ 有

$$\mathbb{W} = \frac{\sqrt{2 - a^2}}{\varepsilon b} W = -\frac{\sqrt{2}}{\varepsilon a} W,$$

而对所有实的 $t < 0$ 有

$$\mathbb{W} = \frac{\sqrt{2 - a^2}}{\varepsilon b} W = \frac{\sqrt{2}}{\varepsilon a} W.$$

这是由于对 $t > 0$, $b = a\sqrt{1 - a^2/2}$, 而对 $t < 0$, $b = -a\sqrt{1 - a^2/2}$.

(3) 通过变换 $\mathbb{W} = (\varepsilon a)^{-1} W$ 或 $\mathbb{W} = -(\varepsilon a)^{-1} W$, 可删除 $\mathbb{W}$ 的新方程中的线性项. 由

$$\mathbb{W} = \frac{\sqrt{2 - a^2}}{\varepsilon b} W,$$

我们可用两种选择的混合：为求初等稳定解用负号, 而求初等不稳定解用正号.

(4) 应用不同符号求稳定与不稳定解的原因是为了得到引理 13.3.3. 如果我们对所有的 t 都用正号, 那么引理 13.3.3 对于 $\mathbb{W}$ 得到的积分是不正确的. 由于

$$X = \frac{1}{a}\left(bW - aHM\right), \qquad Y = \frac{1}{a}\left(b'W - a\tilde{H}M\right).$$

令 $\mathbb{M} = aM$, $\mathbb{W} = a^{-1}W$, 可得

$$X = b\mathbb{W} - a^{-1}H\mathbb{M}, \qquad Y = b'\mathbb{W} - a^{-1}\tilde{H}\mathbb{M}. \tag{13.3.8}$$

由上式可见, 对 X 与 Y 而言, 当 $\mathbb{W}$ 被选定, $\mathbb{W}$ 前面的函数与 $\mathbb{M}$ 前面的函数有相反的奇偶对称. 另一方面, 令 $\mathbb{W} = \dfrac{2A}{b} W$ 可得

$$X = \frac{1}{a}\left(b^2 (2A)^{-1} \mathbb{W} - H\mathbb{M}\right), \qquad Y = \frac{1}{a}\left(b'b(2A)^{-1}\mathbb{W} - \tilde{H}\mathbb{M}\right). \tag{13.3.9}$$

此时, 对 X 而言, $\mathbb{W}$ 与 $\mathbb{M}$ 前面的系数都是偶函数. 而对 Y 而言, $\mathbb{W}$ 与 $\mathbb{M}$ 前面的系数都是奇函数.

13.3.2 高阶 Melnikov 积分的定义

在 13.3.1 节, 我们已经详尽地研究了核函数, 现在可以精确地定义高阶 Melnikov 积分了. 为此, 我们从 13.1.2 节中讨论过的结构树出发. 设一棵给定的结构

树共有 p 个结点. 我们对每个结点依序编号, 从底部到顶部, 在同一水平上, 从右至左, 表示为 $N_1, \cdots, N_p$. 整棵树的根结点记为 N_p. 当 $j \leqslant p$ 时, 我们定义三个指标集, 分别表示为 $C(j), T(j)$ 与 $P(j)$: $C(j)$ 是由 N_j 分叉出的后继结点的指标集; $T(j)$ 是位于 N_j(包含 j) 的子树的所有结点的指标集; 而 $P(j)$ 是 N_j 的前置线中所有结点的指标集合. 注意, $j' \ (\neq j)$ 含于 $P(j)$ 中, 当且仅当 $j \in T(j')$.

所有结点 N_j 分两种类型: M-型与 W-型. 对每个结点 N_j, 我们设计一个积分变量 t_j 并有伴随的函数 f_j. 如果 N_j 是 M-型的, 令 $f_j \in \mathcal{K}_M$. 如果 N_j 是 W-型的, 令 $f_j \in \mathcal{K}_W$. 关于函数 f_j 作两个定义: 首先是核函数 $\hat{f}_j(t_j)$, 其次, N_j 有 n_4 个 M-型的定向后继者, n_5 个 W-型的定向后继者. 由 $n_4 + n_5 \leqslant 3$ (引理 13.3.1(iv) 与引理 13.3.2(iv)) 可知, 在给定的结构树中, 每个树结至多有 3 个定向后继者. 对每个 N_j 我们还要设计一个积分区间 I_j. 假如 N_j 是直接地从 $N_{j'}$ 分叉出来, 如果 N_j 是 M-结点, 则令 $I_j = (t_{j'}, +\infty)$; 若 N_j 是 W-结点, 则令 $I_j = (0, t_{j'})$. 对于 N_p, 令 $t_{j'} = t$.

对于 $\mathbb{M}_0$ 而言, 使得在 $\mathcal{K}_M$ 中结构树受限的是 $f(t) = \cos \omega(t + t_0) b^3$, 而对于 $\mathbb{W}_0$ 而言, 使得在 $\mathcal{K}_W$ 中结构树受限的是 $f(t) = \cos \omega(t + t_0) bAH$. 在结构树中, 所有结束的结点必须是上述二者之一.

兹定义**高阶 Melnikov 积分** $N_p^s(t, t_0, \omega)$ 作为一个重数为 p 的多重积分如下: (a) 对于 N_p^s 被积函数是 $\prod_{j=1}^p \hat{f}_j(t_j)$; (b) 该积分变量的次序是 $dt = dt_1 dt_2 \cdots dt_p$; (c) t_j 的积分区间是 I_j.

我们也可用以下更替的 (等价的) 归纳形式的高阶 Melnikov 积分的定义, 对某些技术性的证明, 这种定义可能是方便的. 当 $p = 1$ 时, 在 (13.2.21) 中, N_1^s 是 $\mathbb{M}_0(t)$ 或 $\mathbb{W}_0(t)$. 设 $p > 1$. 如果 $\hat{f}_p \in \hat{\mathcal{K}}_M$, 令

$$N_p^s(t, t_0, \omega) = \int_t^{+\infty} \hat{f}_p(t_p) \prod_{j \in C(p)} N_j^s(t_p, t_0, \omega) dt_p. \tag{13.3.10}$$

相应地, 如果 $\hat{f}_p \in \hat{\mathcal{K}}_W$, 令

$$N_p^s(t, t_0, \omega) = \int_0^t \hat{f}_p(t_p) \prod_{j \in C(p)} N_j^s(t_p, t_0, \omega) dt_p. \tag{13.3.11}$$

注意, 对于 M-型, 积分从 t 到 $+\infty$, 而对于 W-型, 积分从 0 到 t.

引理 13.3.4 *存在常数 $K_0 > 0$ 使得对所有的 $t > 0$ 有*

$$\begin{aligned} &|H(t)|, \ |\tilde{H}(t)|, \ |A(t)| < K_0; \qquad |b(t)/a(t)| < K_0; \\ &|b(t)/A(t)| < K_0 e^{-t}; \qquad K_0^{-1} e^{-t} < |a(t)| < K_0 e^{-t}. \end{aligned} \tag{13.3.12}$$

证 这里再复习一下我们用过的函数.

$$a(t) = \sqrt{2}\mathrm{sech}(t), \quad b(t) = -\sqrt{2}\mathrm{sech}(t)\tanh(t). \tag{13.3.13}$$

$a(t), b(t)$ 使得下列等式成立:

$$b = a'; \quad b' = a - a^3; \quad b^2 = a^2 - \frac{1}{2}a^4. \tag{13.3.14}$$

又, 由定义

$$A(t) = \frac{1}{2}\sqrt{(2 - a^2)}; \tag{13.3.15}$$

$$h(t) = 3a^2(t)\int_0^t a^{-2}(\tau)d\tau = \frac{3}{4}[\sinh(2t) + 2t]\mathrm{sech}^2(t); \tag{13.3.16}$$

并且

$$H(t) = \frac{1}{a(t)}\left[b(t)h(t) + a(t)\right]; \quad \tilde{H}(t) = \frac{1}{a(t)}\left[b'(t)h(t) + 2b(t)\right]. \tag{13.3.17}$$

引理中包含的所有函数都有明显的定义, 直接地计算即可验证所有结论. □

设对每个 N_j, $r_j = m_1(j) + n_1(j)$. 易见当 $t_j \to +\infty$ 时, $d_j(t_j) \sim e^{-r_j t_j}$. 注意, r_j 不必是正数且当 $r_j < 0$ 时, 随着 $t_j \to +\infty$, $d_j(t_j)$ 指数快地发散到 ∞. 这给收敛性带来强烈危机.

下面的引理保证高阶 Melnikov 积分的收敛性不是问题.

引理 13.3.5 所有的高阶 Melnikov 积分是绝对收敛的. 事实上, 存在常数 $\mathbb{K} > 0$, 使得对所有的 $p \geqslant 1$ 与 $t \geqslant 0$, 如果 N_p 是 M-型的,

$$|N_p^s(t, t_0, \omega)| \leqslant \mathbb{K}^p a^3(t). \tag{13.3.18}$$

并且, 如果 N_p 是 W-型的,

$$|N_p^s(t, t_0, \omega)| \leqslant \mathbb{K}^p. \tag{13.3.19}$$

证 首先, 由于当 $t \to +\infty$ 时, 对于 $\mathbb{M}_0$ 有 $d(t) \sim b^3$, 对于 $\mathbb{W}_0$ 有 $d(t) \sim b$, 故对于 $\mathbb{M}_0(t)$ 与 $\mathbb{W}_0(t)$, 引理的估计成立. 当 $p > 1$, 我们设 (13.3.18) 与 (13.3.19) 对所有的 $N_k^s(t, t_0, \omega)$ 正确, $k < p$. 设 N_p 是 M-型, 有

$$|N_p^s(t, t_0, \omega)| = \left|\int_t^{+\infty} b^{m_1}|\tilde{H}|^{m_2}a^{n_1}A^{n_2}|H|^{n_3}\prod_{j \in C(p)}|N_j(\tau, t_0, \omega)|d\tau\right|$$

$$\leqslant K_0^7 \mathbb{K}^{p-1}\left|\int_t^{+\infty} a^{m_1 + n_1}a^{3n_4}d\tau\right|.$$

这里用了 (13.3.12) 与 $m_1 + m_2 + |n_1| + n_2 + n_3 \leqslant 7$ 的事实. 我们还用了对一切 $N_j, j \in C(p)$, (13.3.18), (13.3.19), 以及

$$\sum_{j \in C(p)} p_j = p - 1,$$

其中 p_j 是定义于根植于 N_j 的子树的积分 N_j^s 的重数. 于是有

$$|N_p^s(t, t_0, \omega)| \leqslant K_0^{7+(m_1+n_1+3n_4)} \mathbb{K}^{p-1} \left| \int_t^{+\infty} e^{-(m_1+n_1+3n_4)\tau} d\tau \right|$$
$$\leqslant K_0^{7+12} \mathbb{K}^{p-1} \left| \int_t^{+\infty} e^{-3\tau} d\tau \right|$$
$$\leqslant K_0^{22} \mathbb{K}^{p-1} a^3(t).$$

注意, 为得到第二个不等式, 我们用了引理 13.3.1(v), 即 $m_1 + n_1 + 3n_4 \geqslant 3$. 最后, 令 $\mathbb{K} > K_0^{22}$ 得

$$|N_p(t, t_0, \omega)| \leqslant \mathbb{K}^p a^3(t).$$

对 (13.3.19) 的证明是类似的, 结果的不同在于代替引理 13.3.1(v), 我们用了引理 13.3.2(v), 即 $m_1 + n_1 + 3n_4 \geqslant 1$. □

在结束本小节之前, 我们叙述一个下面有用的技术性引理.

引理 13.3.6　记 $R_j = \sum_{j' \in T(j)}(m_1(j') + n_1(j'))$. 若 N_j 是 M-结点, 则 $R_j \geqslant 3$; 若 N_j 是 W-结点, 则 $R_j \geqslant 1$.

证　设 N_j 是 M-结点. 于是

$$R_j = m_1(j) + n_1(j) + \sum_{j' \in C(j)} R_{j'} \geqslant m_1(j) + n_1(j) + 3n_4(j) \geqslant 3,$$

其中, 第一个不等式由定义可知; 由归纳假设: 若 $N_{j'}$ 是 M-结点, $R_{j'} \geqslant 3$; 若 $N_{j'}$ 是 W-结点, $R_{j'} \geqslant 1$ 可归纳地得到下一个不等式; 后一个不等式是引理 13.3.1(v). 如果 N_j 是 W- 结点, 则

$$R_j = m_1(j) + n_1(j) + \sum_{j' \in C(j)} R_{j'} \geqslant m_1(j) + n_1(j) + 3n_4(j) \geqslant 1,$$

这里, 后一个不等式是引理 13.3.2(v). □

13.3.3　作为高阶 Melnikov 积分的集合的撕裂距离

我们的目标是将有关 $A_{k,n}$ 的指数小的估计简化到高阶 Melnikov 积分及其对偶的单个差值的估计. 这种方法可实现是因为对稳定解而言, $\mathbb{M}_n(t)$ 与 $\mathbb{W}_n(t)$ 是

高阶 Melnikov 积分集合之和. 为实现合理的简化, 我们需要确定与 n 相关的有好结构的多重积分的个数与重数. 设 $n \geqslant 0$ 是任意的整数.

命题 13.3.1 对于 $\mathbb{M}_n(t)$ 与 $\mathbb{W}_n(t)$, 存在 Melnikov 积分的两个集合, 分别记为 $\Lambda_{M,n}$ 与 $\Lambda_{W,n}$, 使得

$$\mathbb{M}_n(t) = \sum_{N_p \in \Lambda_{M,n}} c_{N_p} N_p(t), \qquad \mathbb{W}_n(t) = \sum_{N_p \in \Lambda_{W,n}} c_{N_p} N_p(t), \qquad (13.3.20)$$

其中 c_{N_p} 是常数. 此外, 存在常数 $K_1 = 4$, K_2 与 K_3 使得

(1) (积分的阶数) 对一切 $N_p(t) \in \Lambda_{M,n} \cup \Lambda_{W,n}$, $n \leqslant p \leqslant K_1(n+1)$.

(2) (积分的个数) 在 $\Lambda_{M,n} \cup \Lambda_{W,n}$ 中, Melnikov 积分总的个数 $< K_2^{n+1}$.

(3) (系数) 对所有的 $N_p(t) \in \Lambda_{M,n} \cup \Lambda_{W,n}$, $|c_{N_p}| < K_3^n$.

事实上, 由 13.2.4 节中引入的基于引理 13.2.4 中的积分方程 (13.2.17) 的递归公式可直接推出, $\mathbb{M}_n(t), \mathbb{W}_n(t)$ 是高阶 Melnikov 集合的总和. 结论 (1)—(3) 的证明难以直接给定, 需要赋予综合性的证明, 这将在 13.7 节中给出.

从此以后, 我们用 i 表示 $\sqrt{-1}$.

13.4 高阶 Melnikov 积分的预备知识

本节介绍高阶 Melnikov 积分研究的预备知识. 我们在 13.4.1 节通过结构树来叙述多重积分的新的计算规则, 并定义广义 Melnikov 积分, 纯积分 (在 13.4.1 节) 以及复 Melnikov 积分 (在 13.4.2 节). 13.4.2 节证明主要定理的结论 (a). 13.4.3 节用一个简单的例子证明, 通过转移到复平面, 如何从实积分和它的对偶的差值中抽出一个指数小的因子. 等式 (13.4.7) 与 13.4.3 节的例子一起作为本部分理论的管中窥豹吧.

13.4.1 广义的和纯的 Melnikov 积分

首先挑战我们的是如何叙述我们要研究的多重积分. 我们要做的是:

(a) 详细地解释我们如何动手计算这个积分;

(b) 在确定的操作过程被应用后, 用精确的语言说明最终的产生过程;

(c) 通过积分的操作过程严格地导出最终结果.

按惯常习俗用多重积分符号常是有益的, 这和或明或暗地定义积分区域与被积函数有关. 但是, 我们需要许多与结构树有关的精细的推断和证明.

注意, 多重积分有定义必须

(i) 有一个积分变量集合;

(ii) 有确定定义的被积函数;

(iii) 对每个积分变量有一个确定的积分区间;

(iv) 计算积分时, 积分变量有确定的次序.

我们用结构树 $\mathcal{T}$ 表示多重积分. $\mathcal{T}$ 的树结点被编号, 从底部到顶部, 在同一水平时, 从右至左, 记为 $N_1, \cdots, N_p$. 树结点 N_j 的记忆的存贮是一个积分变量, 记为 t_j; 积分区间记为 I_j; 核函数记为 f_j. 为用 $\mathcal{T}$ 定义多重积分, 记积分变量为 $(t_1, \cdots, t_p)$, 被积函数是所有核函数的积, 对于 t_j, 积分区间是 I_j. 最后, 设积分的计算按次序 $dt_1 dt_2 \cdots dt_p$ 进行.

设 $\mathcal{T}$ 是一个高阶 Melnikov 积分的结构树. 记这个积分为 $\mathcal{T} = \mathcal{T}(t)$. 再用 $\mathcal{T}_j$ 表示植根于 N_j 的子树, 如果 N_j 是 W-结点, 称之为 W-子树. 由 $\mathcal{T}_j$ 定义的积分表示为 $\mathcal{T}_j = \mathcal{T}_j(t_{j'})$ 其中 j' 使得 N_j 是 $N_{j'}$ 的有向后继者.

我们遇到的下一个障碍是积分界限的混乱. 对于一个 W-型的树结点, 高阶 Melnikov 积分的界限是从 0 到 t, 但对于一个 M-型的树结点, 要用

$$\int_0^t = \int_0^{+\infty} - \int_t^{+\infty} \qquad (13.4.1)$$

统一积分上限为 $+\infty$. 规范的处理如下.

定义 13.4.1 设 $\mathcal{T}$ 是高阶 Melnikov 积分 $\mathcal{T}(0)$ 的结构树. 应用以下到 $\mathcal{T}$ 的改变, 我们从 $\mathcal{T}(0)$ 得到一个广义 Melnikov 积分 $\tilde{\mathcal{T}}(0)$. 我们改变 $\mathcal{T}$ 中所有 W-结点的标签为 W_1 或 W_2; 此外, 对所有的新设计的 W_1-结点, 改变积分区间为 $[0, +\infty)$, 而对所有的新设计的 W_2-结点, 我们改变积分区间为 $[t_{j'}, +\infty)$.

引理 13.4.1 设 $\mathcal{E}(\mathcal{T}(0))$ 是由 $\mathcal{T}(0)$ 诱导的广义 Melnikov 积分的集合. 则

(a) 所有广义 Melnikov 积分 $\tilde{\mathcal{T}}(0)$ 是绝对收敛的;

(b) 在 $\mathcal{E}(\mathcal{T}(0))$ 中广义积分的个数等于 $2^{\hat{p}}$, 其中 $\hat{p}$ 是在 $\mathcal{T}(0)$ 中 W-结点的总数;

(c) 我们有

$$\mathcal{T}(0) = \sum_{\tilde{\mathcal{T}}(0) \in \mathcal{E}(\mathcal{T}(0))} (-1)^{w(\tilde{\mathcal{T}})} \tilde{\mathcal{T}}(0),$$

其中 $w(\tilde{\mathcal{T}})$ 是在 $\tilde{\mathcal{T}}(0)$ 中 W_2-结点的总数.

证 为证明结论 (a), 我们将 W_1 与 W_2 结点看作 W-结点, 重复引理 13.3.5 的证明. 结论 (b) 成立是由于改变每个 W 到 W_1 或 W_2 是两边撕裂的过程. 结论 (c) 直接由 (13.4.1) 推出. □

定义 13.4.2 设 $\tilde{\mathcal{T}}(0)$ 是由 $\mathcal{T}(0)$ 诱导的广义积分. 兹定义 $\tilde{\mathcal{T}}(0)$ 的**纯积分**如下:

(a) 从 $\tilde{\mathcal{T}}(0)$ 中删除所有的 W_1-子树后, 留下的树是一个纯积分;

(b) 一个 W_1-子树是纯积分, 倘若它不包含 W_1-型的较小子树;

(c) 如果 W_1-子树包含其他 W_1-子树, 则删除所有在其内的 W_1-子树后, 余下的树是一个纯积分.

引理 13.4.2 有 m 个 W_1-结点的广义积分 $\tilde{\mathcal{T}}(0)$ 有 $m+1$ 个纯积分, 记为 $\mathcal{B}_1(0), \cdots, \mathcal{B}_{m+1}(0)$; 并且

$$\tilde{\mathcal{T}}(0) = \mathcal{B}_1(0)\mathcal{B}_2(0) \cdots \mathcal{B}_{m+1}(0).$$

证 这是因为对 W_1-结点积分区间是 $[0, +\infty)$, 致使植根于它的子树因子不再有. $\qquad\square$

13.4.2 复 Melnikov 积分

设 $\mathcal{T}(0)$ 是 p 阶 Melnikov 积分. 对于 N_j, 其核函数有形式

$$f_j(t_j) = \cos^{n_0} \omega(t_j + t_0)d_j(t_j),$$

其中 $n_0(f_j)$ 是 0 或 1 且

$$d_j(t_j) = b^{m_1}(t_j)\tilde{H}^{m_2}(t_j)a^{n_1}(t_j)A^{n_2}(t_j)H^{n_3}(t_j).$$

定义 13.4.3 记

$$\boldsymbol{q} = (q_1, \cdots, q_p)$$

其中 q_j 是 $n_0(f_j)$ 或 $-n_0(f_j)$. 对给定的 $\boldsymbol{q}$, 通过在 $f_j(t_j)$ 中将 $\cos^{n_0(f_j)} \omega(t_j + t_0)$ 变为 $e^{i\omega q_j t_j}$, 我们定义一个关于 $\mathcal{T}(0)$ 的**复 Melnikov 积分**, 表示为 $\mathcal{T}_{\boldsymbol{q}}(0)$.

设

$$\mathcal{S} = \{\boldsymbol{q} = (q_1, \cdots, q_p); \quad q_j \in \{n_0(f_j), -n_0(f_j)\}\}.$$

$\mathcal{S}$ 是由所有可能的 $\boldsymbol{q}$ 向量全体组成的集合.

引理 13.4.3 我们有

$$\mathcal{T}(0) = \frac{1}{2^{\hat{p}}} \sum_{\boldsymbol{q} \in \mathcal{S}} e^{i\omega Q_{\boldsymbol{q}} t_0} \mathcal{T}_{\boldsymbol{q}}(0),$$

其中

$$\hat{p} = n_0(f_1) + \cdots + n_0(f_p), \qquad Q_{\boldsymbol{q}} = q_1 + \cdots + q_p.$$

证 在 $f_j(t_j)$ 中用 $\frac{1}{2}\left(e^{i\omega(t_j+t_0)} + e^{-i\omega(t_j+t_0)}\right)$ 代替所有的 $\cos\omega(t_j + t_0)$ 即可. $\qquad\square$

定义 13.4.4 对给定的 $\mathcal{T}(0)$, 设 $\mathcal{T}_{\boldsymbol{q}}(0)$ 是一个复 Melnikov 积分, 其中 $\boldsymbol{q} = (q_1, \cdots, q_p)$ 并且 $\mathcal{T}_j$ 是根植于 N_j 的 $\mathcal{T}_{\boldsymbol{q}}(0)$ 的子树.

(i) 记 p_j 为在根植于 N_j 的子树中树结点的总数, 称 p_j 为积分 $\mathcal{T}_j$ **阶数**. 特别, $\mathcal{T}_{\boldsymbol{q}}(0)$ 的阶数是 p.

(ii) 称

$$Q_j = \sum_{j' \in T(j)} q_{j'}$$

为子树 $\mathcal{T}_j$ 的**总指标**. 特别, $\mathcal{T}_{\boldsymbol{q}}(0)$ 的总指标是 Q_p, 有时也表示总指标为 Q_q.

(iii) 用 σ_j 表示 Q_j 的**符号**. 换言之, 若 $Q_j > 0$, 则 $\sigma_j = 1$; 若 $Q_j < 0$, 则 $\sigma_j = -1$; 若 $Q_j = 0$, 则 $\sigma_j = 0$.

(iv) 若 $Q_j = 0$, 则称 $\mathcal{T}_j$ 为**零子树**.

以下用超指标 s 与 u 来区别稳定解及其对偶的积分. 设 $\mathcal{T}_{\boldsymbol{q}}^s(0)$ 是关于 $\mathcal{T}^s(0)$ 的复 Melnikov 积分, 而 $\mathcal{T}_{\boldsymbol{q}}^u(0)$ 是 $\mathcal{T}_{\boldsymbol{q}}^s(0)$ 的对偶. 用 $\mathcal{T}_{\boldsymbol{q}}^s(0)$ 记定义在区域 $\mathcal{R} \subset (0, +\infty)^p$ 上的重积分:

$$\mathcal{T}_{\boldsymbol{q}}^s(0) = \int_{\mathcal{R}} e^{i\omega \boldsymbol{q} \cdot \boldsymbol{t}} F(\boldsymbol{t}) d\boldsymbol{t} \tag{13.4.2}$$

其中 $\boldsymbol{t} = (t_1, \cdots, t_p)$ 并且

$$F(\boldsymbol{t}) = \prod_{j=1}^p d_j(t_j).$$

根据定义,

$$\mathcal{T}_{\boldsymbol{q}}^u(0) = \int_{-\mathcal{R}} e^{i\omega \boldsymbol{q} \cdot \boldsymbol{t}} F(\boldsymbol{t}) d\boldsymbol{t}. \tag{13.4.3}$$

令

$$\mathbb{D}_{\boldsymbol{q}}(0) := e^{i\omega Q_{\boldsymbol{q}} t_0} \left(\mathcal{T}_{\boldsymbol{q}}^s(0) - \mathcal{T}_{\boldsymbol{q}}^u(0) \right).$$

命题 13.4.1　由定义可知

$$\mathbb{D}_{\boldsymbol{q}}(0) + \mathbb{D}_{-\boldsymbol{q}}(0) = -4 \sin\left(\omega Q_{\boldsymbol{q}} t_0\right) \int_{\mathcal{R}} \sin\left(\omega \boldsymbol{q} \cdot \boldsymbol{t}\right) F(\boldsymbol{t}) d\boldsymbol{t}. \tag{13.4.4}$$

证　根据 13.3.3, 有

$$\begin{aligned} \int_{\mathcal{R}} \cos\left(\omega \boldsymbol{q} \cdot \boldsymbol{t}\right) F(\boldsymbol{t}) d\boldsymbol{t} &= \int_{-\mathcal{R}} \cos\left(\omega \boldsymbol{q} \cdot \boldsymbol{t}\right) F(\boldsymbol{t}) d\boldsymbol{t}, \\ \int_{\mathcal{R}} \sin\left(\omega \boldsymbol{q} \cdot \boldsymbol{t}\right) F(\boldsymbol{t}) d\boldsymbol{t} &= -\int_{-\mathcal{R}} \sin\left(\omega \boldsymbol{q} \cdot \boldsymbol{t}\right) F(\boldsymbol{t}) d\boldsymbol{t}. \end{aligned} \tag{13.4.5}$$

这导致

$$\begin{aligned} \mathbb{D}_{\boldsymbol{q}}(0) + \mathbb{D}_{-\boldsymbol{q}}(0) &= e^{i\omega Q_{\boldsymbol{q}} t_0} \left(\mathcal{T}_{\boldsymbol{q}}^s(0) - \mathcal{T}_{\boldsymbol{q}}^u(0) \right) + e^{-i\omega Q_{\boldsymbol{q}} t_0} \left(\mathcal{T}_{-\boldsymbol{q}}^s(0) - \mathcal{T}_{-\boldsymbol{q}}^u(0) \right) \\ &= (\cos\left(\omega Q_{\boldsymbol{q}} t_0\right) + i \sin\left(\omega Q_{\boldsymbol{q}} t_0\right)) \end{aligned}$$

$$\cdot \left(\int_{\mathcal{R}} \cos{(\omega \boldsymbol{q} \cdot \boldsymbol{t})} F(\boldsymbol{t}) d\boldsymbol{t} + i \int_{\mathcal{R}} \sin{(\omega \boldsymbol{q} \cdot \boldsymbol{t})} F(\boldsymbol{t}) d\boldsymbol{t} \right)$$
$$- (\cos{(\omega Q_{\boldsymbol{q}} t_0)} + i \sin{(\omega Q_{\boldsymbol{q}} t_0)})$$
$$\cdot \left(\int_{-\mathcal{R}} \cos{(\omega \boldsymbol{q} \cdot \boldsymbol{t})} F(\boldsymbol{t}) d\boldsymbol{t} + i \int_{-\mathcal{R}} \sin{(\omega \boldsymbol{q} \cdot \boldsymbol{t})} F(\boldsymbol{t}) d\boldsymbol{t} \right)$$
$$+ (\cos{(\omega Q_{\boldsymbol{q}} t_0)} - i \sin{(\omega Q_{\boldsymbol{q}} t_0)})$$
$$\cdot \left(\int_{\mathcal{R}} \cos{(\omega \boldsymbol{q} \cdot \boldsymbol{t})} F(\boldsymbol{t}) d\boldsymbol{t} - i \int_{\mathcal{R}} \sin{(\omega \boldsymbol{q} \cdot \boldsymbol{t})} F(\boldsymbol{t}) d\boldsymbol{t} \right)$$
$$- (\cos{(\omega Q_{\boldsymbol{q}} t_0)} - i \sin{(\omega Q_{\boldsymbol{q}} t_0)})$$
$$\cdot \left(\int_{-\mathcal{R}} \cos{(\omega \boldsymbol{q} \cdot \boldsymbol{t})} F(\boldsymbol{t}) d\boldsymbol{t} - i \int_{-\mathcal{R}} \sin{(\omega \boldsymbol{q} \cdot \boldsymbol{t})} F(\boldsymbol{t}) d\boldsymbol{t} \right)$$
$$= -4 \sin{(\omega Q_{\boldsymbol{q}} t_0)} \int_{\mathcal{R}} \sin{(\omega \boldsymbol{q} \cdot \boldsymbol{t})} F(\boldsymbol{t}) d\boldsymbol{t}.$$

这里强调一下, 由 (13.4.5) 产生的简化过程是由引理 13.3.3的对称性导致的. □

以下用

$$\sin{(\omega \boldsymbol{q} \cdot \boldsymbol{t})} = \frac{1}{2i} \left(e^{i\omega \boldsymbol{q} \cdot \boldsymbol{t}} - e^{-i\omega \boldsymbol{q} \cdot \boldsymbol{t}} \right)$$

改写 (13.4.4) 作为

$$\mathbb{D}_{\boldsymbol{q}}(0) + \mathbb{D}_{-\boldsymbol{q}}(0) = 2i \sin{(\omega Q_{\boldsymbol{q}} t_0)} \left(\mathcal{T}_{\boldsymbol{q}}^s(0) - \mathcal{T}_{-\boldsymbol{q}}^s(0) \right), \tag{13.4.6}$$

又由引理 13.4.3 与 (13.4.6) 得

$$d_{\mathcal{T}} := \mathcal{T}^s(0) - \mathcal{T}^u(0) = \frac{1}{2^{\hat{p}}} \sum_{\boldsymbol{q} \in \mathcal{S}^+} 2i \sin{(\omega Q_{\boldsymbol{q}} t_0)} \left(\mathcal{T}_{\boldsymbol{q}}^s(0) - \mathcal{T}_{-\boldsymbol{q}}^s(0) \right), \tag{13.4.7}$$

其中 $\mathcal{S}^+$ 是使得 $Q_{\boldsymbol{q}} > 0$ 的所有 $\boldsymbol{q} \in \mathcal{S}$ 的集合.

13.4.3 一个简单的例子

令

$$\mathcal{T}_1^s(0) = \int_0^{+\infty} e^{i\omega t} b(t) A^{-1}(t) a(t) dt, \quad \mathcal{T}_{-1}^s(0) = \int_0^{+\infty} e^{-i\omega t} b(t) A^{-1}(t) a(t) dt.$$

我们要证明

命题 13.4.2 *存在常数 K, 使得*

$$\left| \mathcal{T}_1^s(0) - \mathcal{T}_{-1}^s(0) \right| < (K\omega)^2 e^{-\omega \pi / 2}.$$

在这里, 我们的目的是向读者介绍一个重要的思想, 为什么我们能从 $\mathcal{T}_{\boldsymbol{q}}^s(0) - \mathcal{T}_{-\boldsymbol{q}}^s(0)$ 中抽出一个指数小的因子 $e^{-\omega \pi / 2}$ (见 (13.4.7)).

以下将 $b(z)A^{-1}(z)$ 视为复函数, 其中 $z=t+is$. 令

$$D=\{z=t+is:t\in(0,+\infty),\ s\in(-\pi/2,\pi/2)\}.$$

作为 $b(t)A^{-1}(t), t>0$ 的解析的推广, $b(z)A^{-1}(z)$ 在 D 上是有定义的. 这个函数可解析延拓到 D 的闭包, 除了三个点: 第一个点是枝点 $z=0$, 其他两个点是一阶极点 $z=\pm i\pi/2$. 为了待在偏离极点 ω^{-1} 距离, 令

$$D_\omega=\{z=t+is:t\in(0,+\infty),\ s\in(-\pi/2+\omega^{-1},\pi/2-\omega^{-1})\}.$$

引理 13.4.4　函数 $B(z)=b(z)A^{-1}(z)$ 在 D_ω 解析, 连续地定义在 D_ω 的闭包内. 此外, 存在常数 $K_0>0$, 使得 $|B(z)|,|a(z)|\leqslant K_0\omega e^{-t}$ 在 $\bar D_\omega$ 上成立, 其中 $z=t+is$.

证　直接验证即可. □

记

$$\ell_0=\{z=t+is,t\in(0,+\infty),s=0\}.$$

则

$$\mathcal{T}_1^s(0)=\int_0^{+\infty}e^{i\omega t}b(t)A^{-1}(t)a(t)dt=\int_{\ell_0}e^{i\omega z}b(z)A^{-1}(z)a(z)dz.$$

为改变这个积分为复积分, 令

$$\ell_\omega^+=\{z=t+is,t\in(0,+\infty),\ s=\pi/2-\omega^{-1}\};$$
$$\ell_v^+=\{z=t+is,t=0,\ s\in(0,\pi/2-\omega^{-1}]\}.$$

见图 13.4.3(a).

引理 13.4.5　我们有

$$\int_{\ell_0}e^{i\omega z}b(z)A^{-1}(z)a(z)dz=\int_{\ell_v^+}e^{i\omega z}b(z)A^{-1}(z)a(z)dz+\int_{\ell_\omega^+}e^{i\omega z}b(z)A^{-1}(z)a(z)dz.$$

证　兹用 Cauchy 积分定理证明引理. 看图 13.4.1(b). 该积分在由 $\ell_1,\ell_2,\ell_3,\ell_4$ 与 ℓ_5 所围的区域边界上等于零. 我们拉长 ℓ_5 到无穷大, 并收缩小弧 ℓ_2 到 $z=0$. 在 ℓ_5 上的积分逼近于零, 因为当 $\ell_5\to+\infty$ 时, 被积函数的尺度指数式衰减到零. 在 ℓ_2 上的积分也趋于零, 因为在 ℓ_2 上被积函数是有界的, 但 ℓ_2 的长趋于零. □

平行地, 令

$$\ell_\omega^-=\{z=t+is,t\in(0,+\infty),\ s=-\pi/2+\omega^{-1}\};$$
$$\ell_v^-=\{z=t+is,t=0,\ s\in(0,-\pi/2+\omega^{-1}]\}.$$

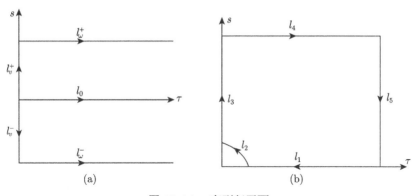

图 13.4.1 变到复平面

引理 13.4.6 我们有

$$\int_{\ell_0} e^{-i\omega z}b(z)A^{-1}(z)a(z)dz = \int_{\ell_v^-} e^{-i\omega z}b(z)A^{-1}(z)a(z)dz$$
$$+ \int_{\ell_\omega^-} e^{-i\omega z}b(z)A^{-1}(z)a(z)dz.$$

证 证明平行地如引理 13.4.5 的证明. □

命题 13.4.2 的证明 由 13.4.5 得

$$\mathcal{T}_1^s(0) = \int_{\ell_v^+} e^{i\omega z}b(z)A^{-1}(z)a(z)dz + \int_{\ell_\omega^+} e^{i\omega z}b(z)A^{-1}(z)a(z)dz$$
$$= i\int_0^{\pi/2-\omega^{-1}} e^{-\omega s}b(is)A^{-1}(is)a(is)ds$$
$$+ e^{-\omega\pi/2+1}\int_0^{+\infty} e^{i\omega t}b(t_+)A^{-1}(t_+)a(t_+)dt,$$

其中 $t_+ = t + i(\pi/2 - \omega^{-1})$. 由引理 13.4.6 又得

$$\mathcal{T}_{-1}^s(0) = \int_{\ell_v^-} e^{-i\omega z}b(z)A^{-1}(z)a(z)dz + \int_{\ell_\omega^-} e^{-i\omega z}b(z)A^{-1}(z)a(z)dz$$
$$= i\int_0^{-\pi/2+\omega^{-1}} e^{\omega s}b(is)A^{-1}(is)a(is)ds$$
$$+ e^{-\omega\pi/2+1}\int_0^{+\infty} e^{-i\omega t}b(t_-)A^{-1}(t_-)a(t_-)dt,$$

其中 $t_- = t - i(\pi/2 + \omega^{-1})$. 通过变 s 到 $-s$ 得

$$\int_0^{-\pi/2+\omega^{-1}} e^{\omega s}b(is)A^{-1}(is)a(is)ds = \int_0^{\pi/2-\omega^{-1}} e^{-\omega s}b(is)A^{-1}(is)a(is)ds.$$

这里, 关键的是, $b(t)$ 是奇的且 $A(t), a(t)$ 是偶的. 这意味着

$$\mathcal{T}_1^s(0) - \mathcal{T}_{-1}^s(0) = e^{-\omega\pi/2+1} \int_0^{+\infty} e^{i\omega t} b(t_+) A^{-1}(t_+) a(t_+) dt$$
$$-e^{-\omega\pi/2+1} \int_0^{+\infty} e^{-i\omega t} b(t_-) A^{-1}(t_-) a(t_-) dt.$$

再用引理 13.4.4 可得结论

$$\left| \mathcal{T}_1^s(0) - \mathcal{T}_{-1}^s(0) \right| < (K\omega)^2 e^{-\omega\pi/2}. \qquad \square$$

通过在复平面上改变积分路径, 即从实轴变到可偏离被积函数的奇集合 ω^{-1} 距离的新路径, 我们放大核函数的动力学部分到 $O(\omega^2)$ 因子倍, 又让核函数的三角部分增加指数小因子 $e^{-\omega\pi/2}$. 我们强调如下事实, 为要命题 13.4.2 成立, 重要的是积分

$$\int_{\ell_v^+} e^{i\omega z} b(z) A^{-1}(z) a(z) dz,$$

而删除掉

$$\int_{\ell_v^-} e^{-i\omega z} b(z) A^{-1}(z) a(z) dz.$$

这种删除的可能由被积函数的对称性所保证.

13.5　纯积分的处理

本节研究复的纯积分. 设 $\mathcal{T}_q(0)$ 是一个关于稳定解的复纯积分, 其中 $\boldsymbol{q} = (q_1, \cdots, q_p)$. 这些纯积分全体关于 $+\infty$ 是一致有上界的.

在 13.5.1节, 用变量 τ_j 的新集合转换所有纯积分的积分区域到 $(0, +\infty)^p$. 这将使我们能够转换新积分变量的序, 而不用担心积分的界. 接着引入复变量 $z_j = \tau_j + is_j$, 为了应用 Cauchy 积分定理以代替在实 τ_j-轴上定义于 $(0, +\infty)$ 上的积分, 在 13.5.2—13.5.4节, 我们用定义在复 z_j-平面的路径上的两个积分. 本节主要结果是纯积分的分解公式 (13.5.13).

注　谨记以下记号: $C(j)$ 是使得 N_k 是 N_j 的有向后置点的所有 k 的集合, $T(j)$ 是使得 N_k 在根植于 N_j(包含 j) 的子树内的所有 k 的集合, 并且 $P(j)$ 是使得 $j \in T(k)$(不包含 j) 的所有 k 的集合. $N_k (k \in P(j))$ 的集合是 N_j 的前置线.

13.5.1　所有积分界的统一

我们将复的纯积分 $\mathcal{T}_q(0)$ 看作定义在 $(0, +\infty)^p$ 中的区域 $\mathcal{R}$ 上的一个多重积分. 设对所有的 j, $\tau = (\tau_1, \cdots, \tau_p)$ 使得

$$t_j = \tau_j + \sum_{j' \in P(j)} \tau_{j'}, \qquad (13.5.1)$$

注意, $P(j)$ 是 N_j (不含 j) 前置线的指标集. 我们将积分变量由 $(t_1, \cdots, t_p)$ 改变为 $(\tau_1, \cdots, \tau_p)$. 对应于这种变量改变, 我们在下面修改 $\mathcal{T}_{\boldsymbol{q}}(0)$ 以便得到用 τ 作变量的新的结构树. 对所有的 N_j, $j \leqslant p$,

(i) N_j 的积分变量从 t_j 变到 τ_j.

(ii) τ_j 的积分区间变到 $(0, +\infty)$.

(iii) 新的核函数是

$$\hat{f}_j(\tau) = \hat{g}_j(\tau_j)\hat{d}_j(\tau),$$

其中

$$\hat{g}_j(\tau_j) = e^{i\omega Q_j \tau_j}$$

是新的三角部分, 并且

$$\hat{d}_j(\tau) = d_j\left(\tau_j + \sum_{j' \in P(j)} \tau_{j'}\right)$$

是新核函数的动力学部分. 注意上面的

$$Q_j = \sum_{j' \in T(j)} q_{j'}$$

是根植于 N_j 的子树的总指标, 又

$$d_j(t) = b^{m_1}(t)\tilde{H}^{m_2}(t)a^{n_1}(t)A^{n_2}(t)H^{n_3}(t).$$

由 $\hat{\mathcal{T}}_{\boldsymbol{q}}(0)$ 定义的积分是在 $\tau = (\tau_1, \cdots, \tau_p)$ 空间定义在 $(0, +\infty)^p$ 上的多重积分. 我们有

$$\hat{\mathcal{T}}_{\boldsymbol{q}}(0) = \int_{(0, +\infty)^p} \prod_{j=1}^{p} \hat{f}_j(\tau)d\tau, \tag{13.5.2}$$

其中 $d\tau = d\tau_1 \cdots d\tau_p$.

命题 13.5.1 等式 $\mathcal{T}_p(0) = \hat{\mathcal{T}}_p(0)$ 成立.

证 用

$$t_j = \tau_j + \sum_{j' \in P(j)} \tau_{j'}$$

定义的从 t 到 τ 的坐标变换的 Jacobi 行列式是 1. 关于 τ_j 的积分区间是 $(0, +\infty)$, 由定义

$$\tau_j = t_j - t_{j'},$$

其中 j' 使得 $j \in C(j')$. 对于核函数的三角部分, 有

$$\sum_{j=1}^{p} q_j t_j = \sum_{j=1}^{p} q_j \left(\tau_j + \sum_{j' \in P(j)} \tau_{j'} \right) = \sum_{j=1}^{p} Q_j \tau_j, \qquad (13.5.3)$$

其中

$$Q_j = \sum_{j' \in T(j)} q_{j'}.$$

在 (13.5.3) 中, 第一个等式由定义而得. 第二个等式由以下事实推出, 一旦涉及变量 τ_j, 则当 $j' \in T(j)$ 时, 从 $t_{j'}$ 到 $\sum_{j=1}^{p} q_j t_j$ 的贡献是 $q_{j'}\tau_j$, 但是, 若 $j' \notin T(j)$, 则无贡献. 于是, 对于核函数的三角部分, 有

$$\prod_{j=1}^{p} e^{i\omega q_j t_j} = \prod_{j=1}^{p} e^{i\omega q_j(\tau_j + \sum_{j' \in P(j)} \tau_{j'})} = \prod_{j=1}^{p} e^{i\omega Q_j \tau_j}. \qquad \square$$

$\hat{\mathcal{T}}_p(0)$ 的积分区域的几何现在已完全地被平凡化了. 因此, 我们在 $\hat{\mathcal{T}}_q(0)$ 中, 对于任意给定的对子 j, j' 可自由地改写 $d\tau_j d\tau_{j'}$ 作为 $d\tau_{j'} d\tau_j$. 但是, 若未花工夫研究, 这种简单性是不能实现的. 在新变量下, 被积函数动力学部分的讨论是扰乱人的.

在本节的后续部分, 我们设 $Q_p \neq 0$.

13.5.2　移动到复平面

在本节的后续部分我们要引入复变量 $z_j = \tau_j + is_j$, 从 $z_p = \tau_p + is_p$ 开始, j 看作时间, 变换原定义于正半实轴 $\tau_j \in [0, +\infty)$ 的纯积分为两个积分, 一个定义在纯虚 z_j-轴的某个区间上, 另一个定义在复平面上平行于实轴的一条射线上. 通过在复平面上对积分路径的精细设计, 我们排除了被积函数靠近函数 $a(z)$ 的复奇点的争议 (保持至少有 ω^{-1}-距离), 我们期望从核函数的动力学部分处理掉 ω 的多项式幂的不好的因子, 以及从核函数的三角部分处理掉指数小的因子 $e^{-\omega\pi/2}$. 该方法受 13.4.3 节中计算的启发.

两个积分中, 定义在纯虚轴者跳到下一步, 另一个我们在后面选择. 前一个积分的时间变量变为从 τ_j 到 s_j. 后面对积分作归纳计算时完全用 s-变量.

我们从用 t 变量的纯积分 $\mathcal{T}_q(0)$ 出发以便得到对应的用 τ 变量的积分 $\hat{\mathcal{T}}_q(0)$. 在前面勾画过的 $\hat{\mathcal{T}}_q(0)$ 是 p 步的归纳过程. 我们用 $k = 0, \cdots, p-1$ 作为归纳指标.

归纳的初始一步　为按计划施行归纳法, 我们首先分解积分 $\hat{\mathcal{T}}_q(0)$ 为两个复值积分, 记之为 $\mathbb{T}(0, v)$ 与 $\mathbb{T}(0, \omega)$.

由定义可知

$$\hat{\mathcal{T}}_{\boldsymbol{q}}(0) = \int_{(0,+\infty)^p} F(\tau) d\tau,$$

其中

$$F(\tau) = \prod_{j=1}^p e^{i\omega Q_j \tau_j} d_j \left(\tau_j + \sum_{j' \in P(j)} \tau_{j'} \right).$$

由于此时可自由地变更积分的次序, 我们可重新写该积分为

$$\hat{\mathcal{T}}_{\boldsymbol{q}}(0) = \int_{(0,+\infty)^{p-1}} \left(\int_0^{+\infty} F(\tau) d\tau_p \right) d\hat{\tau},$$

其中 $d\hat{\tau} = d\tau_1 \cdots d\tau_{p-1}$. 从余下的部分分离出变量 τ_p, 记 $F(\tau) = F(\hat{\tau}, \tau_p)$. 将 $\hat{\tau} = (\tau_1, \cdots, \tau_{p-1})$ 视为实参数, 而 τ_p 看作复变量 z_p, 并记为 $z_p = \tau_p + is_p$. 令

$$\mathbb{D}_\ell = \int_\ell F(\hat{\tau}, z_p) dz_p,$$

其中 ℓ 是在复 z_p 平面的一条连续路径.

引理 13.5.1　在假设 $s_p \in [-\pi/2, \pi/2]$ 与 $\tau_p > 1$ 下, 有

$$|F(\hat{\tau}, z_p)| \leqslant K(\hat{\tau}) e^{-R_p \tau_p}, \tag{13.5.4}$$

其中

$$R_p := \sum_{j=1}^p (m_1(j) + n_1(j)). \tag{13.5.5}$$

证　由定义

$$F(\hat{\tau}, \tau_p + is_p) = \prod_{j=1}^p e^{i\omega Q_j \tau_j} d_j \left(\tau_j + \sum_{j' \in P(j) \setminus \{p\}} \tau_{j'} + \tau_p + is_p \right),$$

以及

$$d_j(t) = b^{m_1}(t) \tilde{H}^{m_2}(t) a^{n_1}(t) A^{n_2} H^{n_3}(t).$$

注意到 N_p 位于所有 N_j 的前置线上. 记

$$t_j = \tau_j + \sum_{j' \in P(j) \setminus \{p\}} \tau_{j'} + \tau_p + is_p.$$

由假设 $s_p \in [-\pi/2, \pi/2]$ 与 $\tau_p > 1$, 得

$$|b(t_j)| < K_j(\hat{\tau}) e^{-\tau_p}, \quad K_j^{-1}(\hat{\tau}) e^{-\tau_p} < |a(t_j)| < K_j(\hat{\tau}) e^{-\tau_p},$$

$$|A(t_j)|, |H(t_j)|, |\tilde{H}(t_j)| < K_j(\hat{\tau});$$

从而 (13.5.4) 可直接地从这些估计式中推出.　　□

根据引理 13.3.6, $R_p \geqslant 1$. 于是上述引理意味着

$$\lim_{\tau_p \to +\infty} \int_{\ell_5} F(\hat{\tau}, z_p) dz_p = 0,$$

其中

$$\ell_5 = \left\{ z_p = \tau_p + i s_p, s_p \in [-\pi/2 + \omega^{-1},\ \pi/2 - \omega^{-1}] \right\}.$$

见图 11.4.3(b).

令

$$\ell_0 = \{ z_p = \tau_p + i s_p :\ s_p = 0,\ \tau_p \in (0, +\infty) \},$$
$$\ell_v = \{ z_p = \tau_p + i s_p :\ \tau_p = 0,\ s_p \in (0, \sigma_p(\pi/2 - \omega^{-1})) \},$$
$$\ell_\omega = \{ z_p = \tau_p + i s_p :\ s_p = \sigma_p(\pi/2 - \omega^{-1}),\ \tau_p \in (0, +\infty) \}.$$

回顾一下, σ_p 是 Q_p 的符号: 若 $Q_p > 0$, $\sigma_p = 1$; 若 $Q_p < 0$, $\sigma_p = -1$. 如果 $Q_p > 0$, 则上移到 $i\pi/2$; 但若 $Q_p < 0$, 则下移到 $-i\pi/2$.

我们有如下引理.

引理 13.5.2

$$\mathbb{D}_{\ell_0} = \mathbb{D}_{\ell_v} + \mathbb{D}_{\ell_\omega}.$$

证　再次用 Cauchy 积分定理来证明. 关于积分路径的应用见 13.4.3 节中引理 13.4.4 的证明和图 11.4.3(b). 引理 13.5.1 保证 $\mathbb{D}_{\ell_v}$ 与 $\mathbb{D}_{\ell_\omega}$ 都是绝对收敛的. 同时, 可保证当 ℓ_5 移动到 $+\infty$ 时, 在 ℓ_5 上定义的积分化为零. 与左边有关的唯一有问题的点再次是 $b^{m_1}(z)\tilde{H}^{m_2}(z)A^{n_2}(z)$ 在 $z = 0$ 的奇性. 由于 $n_2 \geqslant -1$ 与 $m_1 + m_2 \geqslant 1$ (引理 13.3.1 与引理 13.3.2), 这个点是一个无害的枝点, 因为当 $z \to 0$ 时 $|b(z)A^{-1}(z)|$ 与 $|\tilde{H}(z)A^{-1}(z)|$ 都是有界的. □

由引理 13.5.2可得

$$\hat{\mathcal{T}}_q(0) = \int_{\hat{\tau} \in \mathbb{R}_+^{p-1}} \mathbb{D}_{\ell_0} d\hat{\tau} = \int_{\hat{\tau} \in \mathbb{R}_+^{p-1}} \mathbb{D}_{\ell_v} d\hat{\tau} + \int_{\hat{\tau} \in \mathbb{R}_+^{p-1}} \mathbb{D}_{\ell_\omega} d\hat{\tau}$$
$$= i \int_0^{\sigma_p(\pi/2 - \omega^{-1})} \left(\int_{\hat{\tau} \in \mathbb{R}_+^{p-1}} F(\hat{\tau}, i s_p) d\hat{\tau} \right) ds_p$$
$$+ \int_0^{+\infty} \left(\int_{\hat{\tau} \in \mathbb{R}_+^{p-1}} F(\hat{\tau}, \tau_p + i\sigma_p(\pi/2 - \omega^{-1})) d\hat{\tau} \right) d\tau_p.$$

根据定义

$$F(\hat{\tau}, \tau_p + i\sigma_p(\pi/2 - \omega^{-1})) = e^{-\sigma_p Q_p \omega(\pi/2 - \omega^{-1})} \prod_{j=1}^p e^{i\omega Q_j \tau_j} d_j(w_j),$$

其中

$$w_j = \tau_j + \sum_{j' \in P(j)} \tau_{j'} + i\sigma_p(\pi/2 - \omega^{-1}). \tag{13.5.6}$$

于是

$$\hat{\mathcal{T}}_{\boldsymbol{q}}(0) = i\mathbb{T}(0, v) + e^{-\sigma_p Q_p \omega(\pi/2 - \omega^{-1})} \mathbb{T}(0, \omega),$$

其中

$$\mathbb{T}(0, v) = \int_0^{\sigma_p(\pi/2 - \omega^{-1})} \left(\int_{\hat{\tau} \in \mathbb{R}_+^{p-1}} F(\hat{\tau}, is_p) d\hat{\tau} \right) ds_p,$$

$$\mathbb{T}(0, \omega) = \int_0^{+\infty} \left(\int_{\hat{\tau} \in \mathbb{R}_+^{p-1}} \prod_{j=1}^p e^{i\omega Q_j \tau_j} d_j(w_j) d\hat{\tau} \right) d\tau_p,$$

并且 w_j 像在 (13.5.6) 那样. 这就是所期待的归纳法的初始一步.

上述的多重积分应用了积分符号的传统习惯. 这些惯用符号对我们有很大帮助. 为叙述归纳法的一般步骤, 我们需要用结构树引入新的表示多重积分的方法. 为顺利地过渡, 对 $\mathbb{T}(0, v)$ 与 $\mathbb{T}(0, \omega)$ 我们作如下关于结构树的描述.

关于 $\mathbb{T}(0, v)$ 与 $\mathbb{T}(0, \omega)$ 的描述: (a) 按下述操作修改 $\hat{\mathcal{T}}_{\boldsymbol{q}}(0)$, 我们得到 $\mathbb{T}(0, v)$: (i) 在所有核函数中, 变 τ_p 为 is_p; (ii) 对树结点 N_p, 将积分变量从 τ_p 变为 s_p; 将积分区间从 $[0, +\infty)$ 变为 $[0, \sigma_p(\pi/2 - \omega^{-1})]$.

(b) 在 $\hat{\mathcal{T}}_{\boldsymbol{q}}(0)$ 的核函数的动力学部分, 用 $\tau_p + i\sigma_p(\pi/2 - \omega^{-1})$ 代替变量 τ_p. 我们得到 $\mathbb{T}(0, \omega)$.

13.5.3 $\mathbb{T}(k, v)$ 与 $\mathbb{T}(k, \omega)$ 的结构树

从 $k = 0$ 出发, 到第 k 步, 我们表示将要计算的积分为 $\mathbb{T}(k, v)$, 并表示放在一边的积分为 $\mathbb{T}(k, \omega)$. 在本节中 $\mathbb{T}(k, v)$ 与 $\mathbb{T}(k, \omega)$ 的详细定义将作为归纳假设处理. 我们再修改在 $\mathcal{T}_{\boldsymbol{q}}(0)$ 中所有树结点的记录而定义 $\mathbb{T}(k, v)$ 与 $\mathbb{T}(k, \omega)$.

结构树 $\mathbb{T}(k, v)$ 我们将所有的树结点分为两组. (a) 组是树的顶部, 即使得 $p - k \leqslant j \leqslant p$ 的所有 N_j. 剩下的结点是 (b) 组. 在第 k 步, (a) 组中的树结点的积分变量已经从 τ 变为 s. 对应于 N_j, $p - k \leqslant j \leqslant p$, 设积分变量作为 s_j, 积分区间为

$$I_j = \left[0, \sigma_j(\pi/2 - \omega^{-1}) - \sum_{j' \in P(j)} s_{j'} \right],$$

核函数的三角部分是 $e^{-\omega Q_j s_j}$, 而动力学部分是

$$d_j(iS_j) = b^{m_1}(iS_j)\tilde{H}^{m_2}(iS_j)a^{n_1}(iS_j)A^{n_2}(iS_j)H^{n_3}(iS_j),$$

其中

$$S_j = s_j + \sum_{j' \in P(j)} s_{j'}, \tag{13.5.7}$$

这里, S_j 是 s_j 加上沿着 N_j 的前置线的所有变量之和.

I_j 的下界是容易理解的: 从实轴移动到复平面并总是从 $s_j = 0$ 出发. 回顾一下: σ_j 是 Q_j 的符号, 若 $Q_j > 0$, 则 $\sigma_j = 1$; 若 $Q_j < 0$, 则 $\sigma_j = -1$; 若 $Q_j = 0$, 则 $\sigma_j = 0$. I_j 的右端点

$$\sigma_j(\pi/2 - \omega^{-1}) - \sum_{j' \in P(j)} s_{j'}$$

是巧妙地设计的. 这就保证了所有 S_j 在区间 $[-\pi/2 + \omega^{-1}, \pi/2 - \omega^{-1}]$ 之中, 从而 $a(z), b(z), A(z)$ 与 $H(z)$ 的复奇点并不影响我们应用 Cauchy 积分定理. 见即将证明的引理 13.5.3.

在归纳的这一步, 构造 τ_j 到 s_j 的过程并未涉及 (b) 组中的树结点. 故对 N_j, $1 \leqslant j < p - k$, 我们设被积变量为 τ_j, 积分区间为 $(0, +\infty)$, 并且核函数的三角部分仍为 $e^{i\omega Q_j \tau_j}$. 动力学部分在 $\hat{\mathcal{T}}_{\boldsymbol{q}}$ 中为

$$\hat{d}_j(\tau) = b^{m_1}(t_j)\tilde{H}^{m_2}(t_j)a^{n_1}(t_j)A^{n_2}(t_j)H^{n_3}(t_j),$$

其中

$$t_j = \tau_j + \sum_{j' \in P(j)} \tau_{j'}.$$

现将它变为

$$\hat{d}_j(\tau, s) = b^{m_1}(w_j)\tilde{H}^{m_2}(w_j)a^{n_1}(w_j)A^{n_2}(w_j)H^{n_3}(w_j),$$

其中若 $N_{j'}$ 在 (a) 组中, w_j 通过将 t_j 中的 $\tau_{j'}$ 变为 $is_{j'}$ 而得到. 换言之, 有

$$w_j = \tau_j + \sum_{j' \in P(j),\ j' < p-k} \tau_{j'} + i \sum_{j' \in P(j),\ j' \geqslant p-k} s_{j'}. \tag{13.5.8}$$

这就结束了 $\mathbb{T}(k, v)$ 定义的讨论.

对于用 $\mathbb{T}(k, v)$ 表示的积分, 我们不再有改变积分变量次序的自由. 因此, 有必要固定一个专门的序, 对结构树, 通常由底部到顶部, 在同一水平, 按从右到左排序. 然而, 对于该积分我们仍然有某些自由: 我们可分积分变量为两组: s-组与 τ-组. 令

$$S(k) = \{p, p-1, \cdots, p-k\}.$$

$\mathbb{T}(k, v)$ 可记为

$$\int_{R_s} \left(\int_{\mathbf{R}_+^{p-k-1}} F d\tau \right) dS,$$

其中

$$dS = ds_{p-k}\cdots ds_p, \qquad d\tau = \prod_{j'\notin S(k)} d\tau_{j'},$$

并且

$$R_s = \left\{ s_j \in I_j = \left[0, \sigma_j(\pi/2 - \omega^{-1}) - \sum_{j'\in P(j)} s_{j'}\right], \; j \in S(k)\right\}.$$

注意, 在 $d\tau$ 中 $d\tau_{j'}$ 的序仍然是可任意的.

引理 13.5.3 设对所有的 $j \in S(k) := \{p, p-1, \cdots, p-k\}$, $s_j \in I_j$. 记

$$S_j = s_j + \sum_{j'\in P(j)} s_{j'}.$$

于是, 对所有的 $j \in S(k)$,

$$S_j \in \left[-\pi/2 + \omega^{-1}, \; \pi/2 - \omega^{-1}\right]. \tag{13.5.9}$$

证 由

$$s_j \in \left[0, \; \sigma_j(\pi/2 - \omega^{-1}) - \sum_{j'\in P(j)} s_{j'}\right],$$

可推出

$$S_j \in \left[\sum_{j'\in P(j)} s_{j'}, \; \sigma_j(\pi/2 - \omega^{-1})\right].$$

设 $j \in C(j'')$, 则有 $S_{j''} = \sum_{j'\in P(j)} s_{j'}$. 由对于 $S_{j''}$ 的归纳假设, 我们得到 (13.5.9) 关于 S_j 成立. $\qquad\square$

结构树 $\mathbb{T}(k,\omega)$ 为定义 $\mathbb{T}(k,\omega)$, 我们分树结点为三组, 分别记为 (a) 组、(b) 组与 (c) 组. (a) 组再次在顶点, 但它不同于 $\mathbb{T}(k,v)$ 中的 (a) 组, 有一个结点 N_{p-k} 被排除了. 剩下的树结点分到 (b) 组, 包含根植于 N_{p-k} 的子树之外的树结点, 而 (c) 组包含根植于 N_{p-k} 的子树之内的树结点.

对于 $\mathbb{T}(k,\omega)$, (a) 组中的树结点 N_j 等同于在 $\mathbb{T}(k,v)$ 中对应的 N_j, 当然它不在 N_{p-k} 的前置线中. 对于在 N_{p-k} 的前置线中的 N_j, 所有的都保持与在 $\mathbb{T}(k,v)$ 中相同, 例外的是, 对核函数的三角部分, 对于 $\mathbb{T}(k,\omega)$ 我们要将它从 $e^{-\omega Q_j s_j}$ 变到

$$e^{-\omega(Q_j - Q_{p-k})s_j}.$$

在 (b) 组中的树结点恒同于在 $\mathbb{T}(k,v)$ 中的对应结果. 最后, 对于 (c) 组中的 N_j, 即在根植于 N_{p-k} 的子树中的树结点 (含 N_{p-k}), 完全与 (b) 组相同, 但其核函数的动力学部分应为下述形式

$$d_j(w_j) = b^{m_1}(w_j)\tilde{H}^{m_2}(w_j)a^{n_1}(w_j)A^{n_2}(w_j)H^{n_3}(w_j).$$

此时,

$$w_j = \tau_j + \sum_{j'\in P(j)\cap T(p-k)} \tau_{j'} + i\sigma_{p-k}(\pi/2 - \omega^{-1}). \tag{13.5.10}$$

将它与 (b) 组的 w_j 比较, 所有 s-变量被删除但增加了常数移位 $i\sigma_{p-k}(\pi/2-\omega^{-1})$.

13.5.4　纯积分的分解

我们完成从第 k 步到 $k+1$ 步的归纳过程.

命题 13.5.2　对于 $k\geqslant 0$, 有

$$\mathbb{T}(k,v) = i\mathbb{T}(k+1,v) + e^{-\sigma_{p-k-1}Q_{p-k-1}\omega(\pi/2-\omega^{-1})}\mathbb{T}(k+1,\omega). \tag{13.5.11}$$

证　从

$$\mathbb{T}(k,v) = \int_{R_s}\left(\int_{(0,+\infty)^{p-k-1}} Fd\tau\right)dS$$

出发, 其中

$$dS = ds_{p-k}\cdots ds_p, \quad d\tau = d\tau_{p-k-1}\cdots d\tau_1,$$

有

$$\mathbb{T}(k,v) = \int_{R_s}\int_{(0,+\infty)^{p-k-2}}\left(\int_0^{+\infty} Fd\tau_{p-k-1}\right)d\hat{\tau}dS,$$

其中 $\hat{\tau} = (\tau_1,\cdots,\tau_{p-k-2})$. 被积函数 F 是 $S,\hat{\tau},\tau_{p-k-1}$ 的函数, 可表示为

$$F = F(S,\hat{\tau},\tau_{p-k-1}).$$

视 $S,\hat{\tau}$ 为实参数并设 z_{p-k-1} 为复变量, 定义

$$\mathbb{D}_\ell = \int_\ell F(S,\hat{\tau},z_{p-k-1})dz_{p-k-1},$$

其中 ℓ 是一条在复 z_{p-k-1}-平面的连续路径, $z_{p-k-1} = \tau_{p-k-1} + is_{p-k-1}$. 记

$$\ell_0 = \{\tau_{p-k-1}\in(0,+\infty), s_{p-k-1}=0\},$$

$$\ell_v = \left\{\tau_{p-k-1}=0,\ s_{p-k-1}\in\left(0,\sigma_{p-k-1}(\pi/2-\omega^{-1}) - \sum_{j'\in P(p-k-1)} s_{j'}\right]\right\},$$

$$\ell_\omega = \left\{ \tau_{p-k-1} \in (0, +\infty), \quad s_{p-k-1} = \sigma_{p-k-1}(\pi/2 - \omega^{-1}) - \sum_{j' \in P(p-k-1)} s_{j'} \right\}.$$

我们有

$$\mathbb{D}_{\ell_0} = \mathbb{D}_{\ell_v} + \mathbb{D}_{\ell_\omega}. \tag{13.5.12}$$

注意, 这里要应用 Cauchy 积分定理, 因为引理 13.5.3 保证了在由 ℓ_0, ℓ_v, 与 ℓ_ω 界定的复区域内, 核函数的动力学部分是无奇性的. 为得到 (13.5.12), 还需要保证有

$$\lim_{\tau_{p-k-1} \to +\infty} \mathbb{D}_{\ell_5} = 0,$$

其中 ℓ_5 像图 11.4.3(b). 由于

$$|F(S, \hat{\tau}, z_{p-k-1})| < K(\hat{\tau}, \omega) e^{-R_{p-k-1} \tau_{p-k-1}},$$

上述极限等式的证明, 类似于引理 13.5.1 及由引理 13.3.6, $R_{p-k-1} \geqslant 1$. 还要注意, 按照引理 13.4.4 所述的同样原因, 函数 $b^{m_1}(z) \tilde{H}^{m_2}(z) A^{n_2}(z)$, $n_2 \geqslant -1$ 在 $z = 0$ 的枝点也无问题.

于是, 得到

$$\mathbb{T}(k, v) = \int_{R_s} \int_{(0, +\infty)^{p-k-2}} (\mathbb{D}_{\ell_0}) \, d\hat{\tau} dS = \mathcal{T}_1 + \mathcal{T}_2,$$

其中

$$\mathcal{T}_1 = \int_{R_s} \int_{(0, +\infty)^{p-k-2}} (\mathbb{D}_{\ell_v}) \, d\hat{\tau} dS, \quad \mathcal{T}_2 = \int_{R_s} \int_{(0, +\infty)^{p-k-2}} (\mathbb{D}_{\ell_\omega}) \, d\hat{\tau} dS.$$

在 ℓ_v 上, 有 $dz_{p-k-1} = i ds_{p-k-1}$. 为得到 $\mathbb{D}_{\ell_v}$, 我们在 $\mathbb{D}_\ell$ 上用 is_{p-k-1} 代替 τ_{p-k-1}. 设

$$\mathcal{T}_1 = i\mathbb{T}(k+1, v),$$

其中 i 来自 $d\tau_{p-k-1} = i ds_{p-k-1}$. 通过修正 $\mathbb{T}(k, v)$ 使得结点 N_{p-k-1} 从 (b) 组转换到 (a) 组, 得到 $\mathbb{T}(k+1, v)$.

我们致力于修正结构树 $\mathbb{T}(k, v)$ 而定义 $\mathcal{T}_2$. 由 N_{p-k-1} 开始. 在 ℓ_ω 上有

$$z_{p-k-1} = \tau_{p-k-1} + i \left(\sigma_{p-k-1}(\pi/2 - \omega^{-1}) - \sum_{j' \in P(p-k-1)} s_{j'} \right),$$

其中 τ_{p-k-1} 保持积分变量, 并且积分区间持续在 $(0, +\infty)$. 还要注意

$$e^{iQ_{p-k-1}\omega z_{p-k-1}} = e^{iQ_{p-k-1}\omega\{\tau_{p-k-1} + i[\sigma_{p-k-1}(\pi/2 - \omega^{-1}) - \sum_{j' \in P(p-k-1)} s_{j'})]\}}$$

$$= e^{-\sigma_{p-k-1}Q_{p-k-1}\omega(\pi/2-\omega^{-1})} \cdot e^{Q_{p-k-1}\omega\sum_{j'\in P(p-k-1)}s_{j'}}$$

$$\cdot e^{iQ_{p-k-1}\omega\tau_{p-k-1}}.$$

第一个因子是常数, 可删除不用. 对第二个因子, 我们沿着 N_{p-k-1} 的前置路径向上推, 对所有的 $j' \in P(p-k-1)$, 在 $N_{j'}$ 的核函数的三角部分乘以 $e^{Q_{p-k-1}\omega s_{j'}}$. 换言之, 我们适时地修正所有的 $N_{j'}$, $j' \in S(k) \cap P(p-k-1)$, 在 $N_{j'}$ 的核函数的三角部分乘以 $e^{Q_{p-k-1}\omega s_{j'}}$. 最后, 对于第三个因子, 我们保持它作为 N_{p-k-1} 的三角核函数. 至于核函数的动力学部分, 这个函数的新结果是

$$z_{p-k-1} + i\sum_{j'\in P(p-k-1)}s_{j'} = \tau_{p-k-1} + i\sigma_{p-k-1}(\pi/2-\omega^{-1}).$$

对于根植于 N_{p-k-1} 的完全子树, 核函数的动力学部分的结果被适时地修正为: 对于 $j \in T(p-k-1)$, 新结果是

$$\tau_j + \sum_{j'\in P(j)\backslash(S(k)\cup\{p-k-1\})}\tau_{j'} + z_{p-k-1} + i\sum_{j'\in P(j)\cap S(k)}s_{j'},$$

即用 $z_{p-k-1} = \tau_{p-k-1} + i[\sigma_{p-k-1}(\pi/2-\omega^{-1}) - \sum_{j'\in P(p-k-1)}s_{j'}]$, 变为

$$\tau_j + \sum_{j'\in P(j)\backslash S(k)}\tau_{j'} + i\sigma_{p-k-1}(\pi/2-\omega^{-1}).$$

通过这些修正, 我们将 $\mathbb{T}(k,v)$ 变到 $\mathbb{T}(k+1,\omega)$.　　　　　　　□

递归地用 (13.5.11), 可得如下命题.

命题 13.5.3　设 $\mathcal{T}_q(0)$ 是一个纯积分. 则

$$\mathcal{T}_q(0) = i^p\mathbb{T}(p-1,v) + \sum_{k=0}^{p-1}i^k e^{-\sigma_{p-k}Q_{p-k}\omega(\pi/2-\omega^{-1})}\mathbb{T}(k,\omega). \tag{13.5.13}$$

13.6　分界线的指数小撕裂

设 $\mathcal{T}_q(0)$ 是一个阶数 p 的纯积分. 在 13.5 节, 首先我们引入 τ 变量, 以便转换 $\mathcal{T}_q(0)$ 的积分区域到 $[0,+\infty)^p$. 接着我们转到复域, 一对一地转换 τ 变量到 s 变量, 用 Cauchy 积分定理得到 (13.5.13). 在 13.5节, 我们已经对固定的 $q \in \mathcal{S}$, 单独的为 $\mathcal{T}_q(0)$ 做了工作. 现在不再这样了. 我们从研究 $\mathbb{T}(k,v)$ 与 $\mathbb{T}(k,\omega)$ 关于 q 的明显依赖性出发并改写 (13.5.13) 作为

$$\mathcal{T}_q(0) = i^p\mathbb{T}_q(p-1,v) + \sum_{k=0}^{p-1}i^k e^{-\sigma_{p-k}Q_{p-k}\omega(\pi/2-\omega^{-1})}\mathbb{T}_q(k,\omega). \tag{13.6.1}$$

(13.6.1) 的右端有三类项. 第一类是由具有非零总指标的子树所诱导的全体. 对这些项有如下命题.

命题 13.6.1 存在常数 $K > 1$ 使得在假设 $Q_p \neq 0$ 与 $Q_{p-k} \neq 0$ 下, 有

$$|e^{-\sigma_{p-k} Q_{p-k} \omega(\pi/2 - \omega^{-1})} \mathbb{T}_{\boldsymbol{q}}(k, \omega)| \leqslant (3\pi)^k (K\omega)^{27p} e^{-\omega\pi/2}.$$

该命题的证明在 13.8 节. 今后我们称这类项为指数小项.

第二类是第一项 $i^p \mathbb{T}_{\boldsymbol{q}}(p-1, v)$. 这是 s-变量的完全积分. 第三类是由零-子树诱导的全体. 第二类项与第三类项的积分尺度不是指数小的.

13.6.1 在对称性基础上的删减

右端的第一项完全是 s-变量的积分. 由于引理 13.3.3所述的对称性, 我们知道, 一旦联系到 $\hat{\mathcal{T}}_{\boldsymbol{q}}(0) - \hat{\mathcal{T}}_{-\boldsymbol{q}}(0)$, 该项将因其在 $\hat{\mathcal{T}}_{-\boldsymbol{q}}(0)$ 中的对偶 $\mathbb{T}_{-\boldsymbol{q}}(p-1, v)$ 而被删除.

引理 13.6.1 设 $Q_p \neq 0$, 则 $\mathbb{T}_{\boldsymbol{q}}(p-1, v) = \mathbb{T}_{-\boldsymbol{q}}(p-1, v)$.

证 注意, $\mathbb{T}_{\boldsymbol{q}}(p-1, v)$ 与 $\mathbb{T}_{-\boldsymbol{q}}(p-1, v)$ 完全依赖于 s-变量. 为证引理, 令 $\hat{s}_j = -s_j$ 转换 $\mathbb{T}_{\boldsymbol{q}}(p-1, v)$ 到 $\mathbb{T}_{-\boldsymbol{q}}(p-1, v)$. 对于 $\boldsymbol{q}$, 设 Q_j 被表示为 $Q_j(\boldsymbol{q})$, σ_j 被表示为 $\sigma_j(\boldsymbol{q})$. 则

$$Q_j(\boldsymbol{q}) = -Q_j(-\boldsymbol{q}); \qquad \sigma_j(\boldsymbol{q}) = -\sigma_j(-\boldsymbol{q}).$$

对 N_j, 用 $\hat{s}_j = -s_j$ 作为新积分变量, 我们硬性地改变对应的积分区间为

$$-\left[0, \ \sigma_j(\boldsymbol{q})(\pi/2 - \omega^{-1}) - \sum_{j' \in P(j)} s_j\right] = \left[0, \ \sigma_j(-\boldsymbol{q})(\pi/2 - \omega^{-1}) - \sum_{j' \in P(j)} \hat{s}_j\right].$$

在 $\hat{s}$ 中重新记核函数的三角部分为

$$e^{-\omega Q_j(\boldsymbol{q}) s_j} = e^{-\omega Q_j(-\boldsymbol{q}) \hat{s}_j};$$

并由引理 13.3.3, $\hat{s}$ 中动力学部分为

$$d_j(iS_j) = -d_j(i\hat{S}).$$

此外, 由于 $ds_j = -d\hat{s}_j$, 上面等式中的负号无效. $\qquad\square$

遗憾的是, (13.6.1) 右边由零-子树诱导的项较难处理. 设 k_0 使得 $Q_{p-k_0} = 0$, 该项是

$$i^{k_0} \mathbb{T}_{\boldsymbol{q}}(k_0, \omega).$$

在 $\mathcal{T}_{-\boldsymbol{q}}(0)$ 中对应的项是

$$i^{k_0} \mathbb{T}_{-\boldsymbol{q}}(k_0, \omega).$$

我们的问题是 (a) 这两项的尺度不是指数小的, (b) 不像 $\mathbb{T}_{\boldsymbol{q}}(p-1,v)$ 与 $\mathbb{T}_{-\boldsymbol{q}}(p-1,v)$, 这两项非指数小部分在 $\mathcal{T}_{\boldsymbol{q}}(0) - \mathcal{T}_{-\boldsymbol{q}}(0)$ 中不能相互删除.

然而, 我们不需要去证明对一个固定的 $\boldsymbol{q}$, $\mathcal{T}_{\boldsymbol{q}}(0) - \mathcal{T}_{-\boldsymbol{q}}(0)$ 是尺度上指数小的. 回顾一下, 有

$$T^s(0) - T^u(0) = \frac{1}{2^{\hat{p}}} \sum_{\boldsymbol{q} \in \mathcal{S}^+} 2i \sin \omega Q_{\boldsymbol{q}} t_0 \left(\mathcal{T}_{\boldsymbol{q}}^s - \mathcal{T}_{-\boldsymbol{q}}^s \right). \tag{13.6.2}$$

这个等式是 13.4.2节中的 (13.4.7). 为要让由零-子树诱导的项 (至少这些项中非指数小部分) 在 $T^s(0) - T^u(0)$ 中消除, 我们需要借助下述项的帮助, 对不同的 $\boldsymbol{q} \in \mathcal{S}^+$,

$$\sin \omega Q_{\boldsymbol{q}} t_0 \left(\mathcal{T}_{\boldsymbol{q}}^s - \mathcal{T}_{-\boldsymbol{q}}^s \right).$$

现在我们要搞清楚对哪些另外的 $\boldsymbol{q} \in \mathcal{S}^+$ 需要清除掉其 $\mathcal{T}_{\boldsymbol{q}}(0) - \mathcal{T}_{-\boldsymbol{q}}(0)$ 中的指数小部分. 记 $\boldsymbol{q} = (q_p, \cdots, q_1)$. 对一个给定的 $\boldsymbol{q} \in \mathcal{S}^+$, 我们定义基本 $\boldsymbol{q}$-块如下. 首先, 认定 $\boldsymbol{q}_R$, 作为 $\boldsymbol{q}$ 的一部分是基本 $\boldsymbol{q}$-块, 它由删除 $\mathcal{T}_{\boldsymbol{q}}(0)$ 中所有的零-子树而留下的子树构成. 其次, 我们认定 $\boldsymbol{q}$ 中定义零-子树 $\mathcal{T}_k$ 的 $\boldsymbol{q}$ 的那一部分是基本 $\boldsymbol{q}$-块, 如果 $\mathcal{T}_k$ 不含其他的零-子树. 最后, 如果一棵零-子树 $\mathcal{T}_k$ 包含其他零-子树, 通过删除 $\mathcal{T}_k$ 中所有零-子树而得到 $\mathcal{T}_k$ 的剩余子树是其一部分, 我们认定这部分为一个基本 $\boldsymbol{q}$-块.

引理 13.6.2 在 $\mathcal{T}_{\boldsymbol{q}}(0)$ 无零-子树的假设下, 包括 $\boldsymbol{q}_R$, 我们有总共 $n+1$ 基本 $\boldsymbol{q}$-块, 记为

$$\boldsymbol{q}_R, \boldsymbol{q}_1, \boldsymbol{q}_2, \cdots, \boldsymbol{q}_n.$$

按定义它们是 $\boldsymbol{q}$ 的相互不相交的子集, 并且

$$\boldsymbol{q} = \boldsymbol{q}_R \cup \boldsymbol{q}_1 \cup \cdots \cup \boldsymbol{q}_n.$$

证 对于 N_j, 设 q_j 是 $\boldsymbol{q}$ 的分量. 从 N_j 出发, 我们沿着 N_j 的前置线向后走. 若在这条前置线上没有零-子树的根结点, 则 q_j 是 $\boldsymbol{q}_R$ 的一个分量. 否则, q_j 位于由在路上遇到的零-子树的首个根结点定义的基本 $\boldsymbol{q}$-块中. □

对一个给定的 $\boldsymbol{q} \in \mathcal{S}_{\boldsymbol{q}}^+$, 令

$$\mathbb{S}_{\boldsymbol{q}} = \{ \hat{\boldsymbol{q}} = \boldsymbol{q}_R \cup \pm \boldsymbol{q}_1 \cup \cdots \cup \pm \boldsymbol{q}_n \}, \tag{13.6.3}$$

其中 $\pm$ 是 $+$ 或 $-$, 倘若基本 $\boldsymbol{q}$-块的标注不是零向量. 设 $\pm = 0$, 倘若基本 $\boldsymbol{q}$-块标注是一个零向量.

引理 13.6.3 我们有 (i) 对所有的 $\hat{\boldsymbol{q}} \in \mathbb{S}_{\boldsymbol{q}}$, $Q_{\hat{\boldsymbol{q}}} = Q_{\boldsymbol{q}}$; (ii) 若 $\hat{\boldsymbol{q}} \in \mathbb{S}_{\boldsymbol{q}}$, 则 $\mathbb{S}_{\hat{\boldsymbol{q}}} = \mathbb{S}_{\boldsymbol{q}}$.

证 结论 (i) 成立, 因为除 q_R 外, 所有基本块的总指标是零, q_R 的总指标就是整个 q 的总指标. 结论 (ii) 直接由 (13.6.3) 推出.　　　□

令

$$D_{\mathbb{S}_q} = \sum_{\hat{q} \in \mathbb{S}_q} (T_{\hat{q}}(0) - T_{-\hat{q}}(0)).$$

我们有如下命题.

命题 13.6.2 *存在常数 $K > 0$ 使得*

$$\left| \mathbb{D}_{\mathbb{S}_q} \right| \leqslant (K\omega)^{27p} e^{-\omega\pi/2}.$$

该命题的证明是较麻烦的, 将放在 13.9 节中.

13.6.2 主要定理的证明

本节我们集中已介绍过的各种内容于一体, 以便证明主要定理. 记 $\ell = (a(t), b(t))$ 为未扰动方程 (13.1.2) 满足 $b(0) = 0$ 的同宿解, D_ℓ 是 ℓ 的小邻域. 对于 $t_0 \in [0, 2\pi\omega^{-1})$, 存在扰动方程 (13.1.1) 在 D_ℓ 内满足 $y^s(t_0, \omega, \varepsilon) = 0$ 的初等稳定解 $(x^s(t, \omega, \varepsilon), y^s(t, \omega, \varepsilon))$. 在 13.2 节, 拟引入新变量序列以便解出 $x^s(t_0, \omega, \varepsilon)$. 我们展开 $x^s(t_0, \omega, \varepsilon)$ 为 ε 的形式幂级数

$$x^s(t_0, \omega, \varepsilon) = \varepsilon x_0(t_0, \omega) + \cdots + \varepsilon^{n+1} x_n^s(t_0, \omega) + \cdots,$$

我们的结论是, 对所有的 $n \geqslant 0$, 可将 $x_n^s(t_0, \omega)$ 表示为某些有很好结构的重积分 (称高阶 Melnikov 积分) 集合的线性组合, 即

$$x_n^s(t_0, \omega) = \sum_{\mathcal{T} \in \Lambda_{M,n}} c_{\mathcal{T}} \mathcal{T}.$$

这是命题 13.3.1中的 (13.3.20).

我们通过结构树的帮助而定义高阶 Melnikov 积分. 该项工作已在 13.3.2 节详细介绍. 用 $\mathcal{T}$ 表示结构树与有助于定义的多重积分, 并设 $\mathcal{T}$ 有 p 个树结点, 用 $N_1, \cdots, N_p$ 记之, 其下标的顺序是从底水平到顶水平, 在同一水平从右到左. 以下的内容涉及 N_j (见 13.3.2 节).

(i) 结点的类型是 M 或 W.

(ii) 积分变量用 t_j 表示.

(iii) 积分区间记为 I_j. 对于 M-结点, $I_j = (t_{j'}, +\infty)$; 对于 W-结点, $I_j = (0, t_{j'})$, 其中 j' 是使得 N_j 被直接地从 $N_{j'}$ 分叉出来的指标. 当 $j = p$ 时, 令 $I_p = (0, +\infty)$.

(iv) 核函数有形式

$$\hat{f}(t_j) = g_j(t_j) d_j(t_j),$$

其中

$$g_j(t_j) = \cos^{n_0} \omega(t_j + t_0)$$

是核函数的三角部分而

$$d_j(t_j) = b^{m_1}(t_j) \tilde{H}^{m_2}(t_j) a^{n_1}(t_j) A^{n_2}(t_j) H^{n_3}(t_j)$$

是核函数的动力学部分. 注意, 在 $g_j(t_j)$ 中 n_0 是 0 或 1.

用 $\mathcal{T}$ 表示结构树与它所定义的重积分. 函数 $a(t), b(t), H(t), \tilde{H}(t), A(t)$ 都有明显的定义, $a(t), H(t)$ 与 $A(t)$ 是偶函数, $b(t)$ 与 $\tilde{H}(t)$ 是奇函数. 见引理 13.2.1. 对于核函数的动力学部分有

$$d_j(t_j) = -d_j(-t_j), \tag{13.6.4}$$

即引理 13.3.3.

平行地, 我们有在 D_ℓ 内满足 $y^u(t_0, \varepsilon, \omega) = 0$ 的初等不稳定解 $(x^u(t, \varepsilon, \omega), y^u(t, \varepsilon, \omega))$. 用上指标 s 与 u 区别对应的初等稳定解与初等不稳定解. 对于每个 $\mathcal{T} \in \Lambda_{M,n}$, 关于初等稳定解记为 $\mathcal{T}^s \in \Lambda_{M,n}^s$, 关于其对偶的初等不稳定解记为 $\mathcal{T}^u$. 为转换 $\mathcal{T}^s$ 到 $\mathcal{T}^u$, 对所有在 $\mathcal{T}^s$ 中的 M-结点, 我们改变 $I_j = (t_{j'}, +\infty)$ 为 $(t_{j'}, -\infty)$. 展开 $x^u(t_0, \omega, \varepsilon)$ 为 ε 的形式幂级数

$$x^u(t_0, \omega, \varepsilon) = \varepsilon x_0^u(t_0, \omega) + \cdots + \varepsilon^{n+1} x_n^u(t_0, \omega) + \cdots,$$

可得

$$x_n^u(t_0, \omega) = \sum_{\mathcal{T} \in \Lambda_{M,n}} c_{\mathcal{T}} \mathcal{T}^u.$$

最后, 令

$$D(t_0, \omega, \varepsilon) = x^s(t_0, \omega, \varepsilon) - x^u(t_0, \omega, \varepsilon) \tag{13.6.5}$$

为撕裂距离. 记

$$D(t_0, \omega, \varepsilon) = \varepsilon D_0(t_0, \omega) + \varepsilon^2 D_1(t_0, \omega) + \cdots + \varepsilon^{n+1} D_n(t_0, \omega) + \cdots \tag{13.6.6}$$

得

$$D_n(t_0, \omega) = \sum_{\mathcal{T} \in \Lambda_{M,n}} c_{\mathcal{T}} (\mathcal{T}^s - \mathcal{T}^u). \tag{13.6.7}$$

计算一个给定的积分 $\mathcal{T}$ 的第一步是用

$$\int_0^t = \int_0^\infty - \int_t^\infty$$

分割 $\mathcal{T}$ 到广义积分的集合 $\mathcal{E}(\mathcal{T})$, 其中每个积分表示为 $\tilde{\mathcal{T}}$. 为从 $\mathcal{T}$ 得到广义积分 $\tilde{\mathcal{T}}$, 我们重新设计所有在 $\mathcal{T}$ 中的 W 结点作为 W_1 结点或 W_2 结点. 然后对 W_1 结点, 我们改变积分区间从 $[0, t_{j'}]$ 到 $[0, \infty)$, 对 W_2 结点, 从 $[0, t_{j'}]$ 到 $[t_{j'}, \infty)$. 我们有

$$\mathcal{T} = \sum_{\tilde{\mathcal{T}} \in \mathcal{E}(\mathcal{T})} (-1)^{w(\tilde{\mathcal{T}})} \tilde{\mathcal{T}}, \tag{13.6.8}$$

其中 $w(\tilde{\mathcal{T}})$ 是在 $\tilde{\mathcal{T}}$ 中 W_2 结点的个数. 这就是引理 13.4.1(c). 组合 (13.6.7) 与 (13.6.8) 可得

$$D_n(t_0, \omega) = \sum_{\mathcal{T} \in \Lambda_{M,n}} c_\mathcal{T} \sum_{\tilde{\mathcal{T}} \in \mathcal{E}(\mathcal{T})} (-1)^{w(\tilde{\mathcal{T}})} \left(\tilde{\mathcal{T}}^s - \tilde{\mathcal{T}}^u \right). \tag{13.6.9}$$

设广义积分 $\tilde{\mathcal{T}}$ 有 m 个 W_1 结点, 记为

$$N_{j_1}, \cdots, N_{j_m}.$$

再记根植于 N_{j_k} 的子树为 $\mathcal{T}_{j_k}$. 我们定义 $\tilde{\mathcal{T}}$ 的**纯块**如下: (i) 从 $\tilde{\mathcal{T}}$ 中删除所有 W_1-子树后的余留树是一个纯块; (ii) 一棵 W_1 子树 $\mathcal{T}_{j_k}$ 是一纯块, 倘若它不包含 W_1-型的较小子树; (iii) 若 $\mathcal{T}_{j_k}$ 包含一棵 W_1 子树于其内, 则删除所有它包含的 W_1-子树后的余留树是一纯块 (定义 13.4.2), 有 m 个 W_1 结点的广义积分 $\tilde{\mathcal{T}}$ 有 $m + 1$ 纯块, 记为 $\mathcal{B}_1, \cdots, \mathcal{B}_{m+1}$. 此外, 有 (引理 13.4.2)

$$\tilde{\mathcal{T}} = \mathcal{B}_1 \cdots \mathcal{B}_{m+1}.$$

我们继续记

$$D_n(t_0, \omega) = \sum_{\mathcal{T} \in \Lambda_{M,n}} c_\mathcal{T} \sum_{\tilde{\mathcal{T}} \in \mathcal{E}(\mathcal{T})} (-1)^{w(\tilde{\mathcal{T}})} \left(\mathcal{B}_1^s \cdots \mathcal{B}_{m+1}^s - \mathcal{B}_1^u \cdots \mathcal{B}_{m+1}^u \right).$$

对 $0 \leqslant k \leqslant m + 1$, 令

$$\mathbb{B}_k := [\mathcal{B}_1^s \cdots \mathcal{B}_k^s] \cdot [\mathcal{B}_{k+1}^u \cdot \mathcal{B}_{m+1}^u].$$

我们有

$$\tilde{\mathcal{T}}^s - \tilde{\mathcal{T}}^u = \mathcal{B}_1^s \cdots \mathcal{B}_{m+1}^s - \mathcal{B}_1^u \cdots \mathcal{B}_{m+1}^u$$

$$=\mathbb{B}_{m+1}-\mathbb{B}_0$$
$$=\sum_{k=0}^{m}(\mathbb{B}_{k+1}-\mathbb{B}_k)$$
$$=\sum_{k=0}^{m}\left[\mathcal{B}_1^s\cdots\mathcal{B}_k^s\right]\left[\mathcal{B}_{k+2}^u\cdot\mathcal{B}_{m+1}^u\right]\left(\mathcal{B}_{k+1}^s-\mathcal{B}_{k+1}^u\right).$$

这意味着

$$D_n(t_0,\omega)=\sum_{\mathcal{T}\in\Lambda_{M,n}}c_{\mathcal{T}}\sum_{\tilde{\mathcal{T}}\in\mathcal{E}(\mathcal{T})}(-1)^{w(\tilde{\mathcal{T}})}\sum_{k=0}^{m}\left[\mathcal{B}_1^s\cdots\mathcal{B}_k^s\right]\cdot\left[\mathcal{B}_{k+2}^u\cdot\mathcal{B}_{m+1}^u\right]\left(\mathcal{B}_{k+1}^s-\mathcal{B}_{k+1}^u\right).$$

$$(13.6.10)$$

由 13.3.5 节得

$$\left|\mathcal{B}_1^s\cdots\mathcal{B}_k^s\cdot\mathcal{B}_{k+2}^u\cdot\mathcal{B}_{m+1}^u\right|<K^p.\qquad(13.6.11)$$

也可见引理 13.4.1(a). 为证明主要定理的结论 (b), 现我们集中精力对纯块 $\mathcal{B}$, 从 $\mathcal{B}^s-\mathcal{B}^u$ 中抽出一个指数小因子 $e^{-\omega\pi/2}$. 我们也称纯块为纯积分.

设 $\mathcal{B}$ 是一个关于稳定解的 p 阶纯积分. 我们重新对 $\mathcal{B}$ 的所有树结点进行编号, 从底水平到顶水平以及从右到左记为 $N_1,\cdots,N_p$. 记住对于 N_j, 核函数的三角部分是

$$g_j(t_j)=\cos^{n_0(j)}\omega(t_j+t_0),$$

其中 $n_0(j)$ 是 0 或 1. 对所有的 j, 若 $n_0(j)=0$, 则 $g_j(t_j)=1$. 此时, 由在 (13.6.4) 中固有的对称性, $\mathcal{B}^s-\mathcal{B}^u=0$. 这是一种退化情况, $\mathcal{B}^s$ 排除了 $\mathcal{B}^u$.

现假设存在至少一个 $n_0(j)\neq0$. 令

$$\mathcal{S}=\{\boldsymbol{q}=(q_p,\cdots,q_1),q_j\in\{-n_0(j),n_0(j)\}\}.$$

在所有 $N_j\in\mathcal{B}$ 中, 通过将核函数的三角部分从 $\cos^{n_0}\omega(t_j+t_0)$ 变为 $e^{i\omega q_j t_j}$, 对 $\boldsymbol{q}\in\mathcal{S}$, 我们定义一个复形式的高阶 Melnikov 积分. 我们有

$$\mathcal{B}^s-\mathcal{B}^u=\frac{1}{2^{\hat{p}}}\sum_{\boldsymbol{q}\in\mathcal{S}}e^{i\omega Q_{\boldsymbol{q}}t_0}\left(\mathcal{B}_{\boldsymbol{q}}^s-\mathcal{B}_{\boldsymbol{q}}^u\right),$$

其中

$$\hat{p}=\sum_{j=1}^{p}n_0(j),\qquad Q_{\boldsymbol{q}}=\sum_{j=1}^{p}q_j.$$

称 $Q_{\boldsymbol{q}}$ 为积分 $\mathcal{B}_{\boldsymbol{q}}$ 的总指标. 这就是引理 13.4.3.

对称性 (13.6.4) 可用以证明命题 13.4.1, 其结论如下. 设 $\mathcal{S}^+$ 是使得 $Q_{\boldsymbol{q}}>0$ 的 $\mathcal{S}$ 的子集. 我们有

$$\mathcal{B}^s - \mathcal{B}^u = \frac{1}{2^{\hat{p}}} \sum_{\boldsymbol{q} \in \mathcal{S}^+} 2i \sin \omega Q_{\boldsymbol{q}} t_0 \left(\mathcal{B}^s_{\boldsymbol{q}} - \mathcal{B}^s_{-\boldsymbol{q}} \right). \tag{13.6.12}$$

这是 (13.4.7). 易见, 只有满足

$$Q_{\boldsymbol{q}} \neq 0 \tag{13.6.13}$$

的 $\mathcal{B}_{\boldsymbol{q}}$ 在 (13.6.12) 的右边.

对满足 (13.6.13) 的纯积分 $\mathcal{B}_{\boldsymbol{q}}$, 用 $\mathcal{T}_j$ 表示在 $\mathcal{B}_{\boldsymbol{q}}$ 中根植于 N_j 的子树, 并用 Q_j 表示定义在 $\mathcal{T}_j$ 中的 $\boldsymbol{q}$ 的所有分量之和. 称 Q_j 为子树 $\mathcal{T}_j$ 的总指标. 一棵子树是**零子树**, 如果它的总指标是零 (在 13.4.1 节中的定义 13.4.4). 设 $\mathcal{B}_{\boldsymbol{q}}$ 有 m 棵零子树, 记为

$$\mathcal{T}_{j_1}, \cdots, \mathcal{T}_{j_m}.$$

下面我们定义 $\mathcal{B}_{\boldsymbol{q}}$ 的基本块: ① 从 $\mathcal{B}_{\boldsymbol{q}}$ 中删除所有零子树后所得到的剩余树构成一个基本块; ② 一棵不包含零子树于其内的零子树是一个基本块; ③ 从一棵零子树删除它所包含的零子树后得到的剩余树构成一个基本块. 每个基本块有一个相伴的 $\boldsymbol{q}$-向量, 称之为一个基本 $\boldsymbol{q}$-块. 总之, 我们有 $m+1$ 个基本 $\boldsymbol{q}$-块. 第一个是伴随 N_p 的基本 $\boldsymbol{q}$-块, 记为 $\boldsymbol{q}_R$, 其余的与零子树的根结点相伴的基本 $\boldsymbol{q}$-块, 记为 $\boldsymbol{q}_k$, 每个和 N_{j_k} 相伴. 我们有 (引理 13.6.2)

$$\boldsymbol{q} = \boldsymbol{q}_R \cup \boldsymbol{q}_1 \cup \cdots \cup \boldsymbol{q}_m.$$

对一个给定的 $\boldsymbol{q} \in \mathcal{S}^+$, 令

$$\mathbb{S}_{\boldsymbol{q}} = \{\hat{\boldsymbol{q}} \in \mathcal{S}^+, \hat{\boldsymbol{q}} = \boldsymbol{q}_R \cup \pm\boldsymbol{q}_1 \cup \cdots \cup \pm\boldsymbol{q}_m\},$$

其中 $\pm$ 是 $+$ 或 $-$. 由定义可知对于所有的 $\hat{\boldsymbol{q}} \in \mathbb{S}_{\boldsymbol{q}}$,

$$Q_{\hat{\boldsymbol{q}}} = Q_{\boldsymbol{q}}.$$

我们还知道 $\mathcal{S}^+$ 是相互不交的 $\mathbb{S}_{\boldsymbol{q}}$ 的并集. 至于每个 $\mathbb{S}_{\boldsymbol{q}}$ 作为一个元素, 我们得到一个商集, 记为 $\mathcal{S}^+ / \sim$. 这让我们可重写 (13.6.12) 作为

$$\mathcal{B}^s - \mathcal{B}^u = \frac{1}{2^{\hat{p}}} \sum_{\mathcal{S}^+ / \sim} 2i \sin \omega Q_{\boldsymbol{q}} t_0 \cdot D_{\mathbb{S}_{\boldsymbol{q}}}, \tag{13.6.14}$$

其中

$$D_{\mathbb{S}_{\boldsymbol{q}}} = \sum_{\hat{\boldsymbol{q}} \in \mathbb{S}_{\boldsymbol{q}}} (\mathcal{B}^s_{\hat{\boldsymbol{q}}} - \mathcal{B}^s_{-\hat{\boldsymbol{q}}}). \tag{13.6.15}$$

综合一起用 (13.6.10), (13.6.14), (13.6.15) 可得

$$D_n(t_0,\omega) = \sum_{\mathcal{T}\in\Lambda_{M,n}} c_{\mathcal{T}} \sum_{\tilde{\mathcal{T}}\in\mathcal{E}(\mathcal{T})} (-1)^{w(\tilde{\mathcal{T}})} \sum_{k=0}^{m} [\mathcal{B}_1^s \cdots \mathcal{B}_k^s]$$

$$\cdot [\mathcal{B}_{k+2}^u \cdot \mathcal{B}_{m+1}^u] \left(\frac{1}{2^{\hat{p}}} \sum_{\mathcal{S}^+/\sim} 2i\sin\omega Q_{\boldsymbol{q}} t_0 \cdot D_{\mathbb{S}_{\boldsymbol{q}}} \right)_{(k+1)}, \qquad (13.6.16)$$

其中下标 $(k+1)$ 指出括号中的量是从 $\mathcal{B}_{k+1}$ 开始的. 我们还需要命题 13.6.2 的结论. 即

$$|D_{\mathbb{S}_{\boldsymbol{q}}}| < (K\omega)^{27p} e^{-\omega\pi/2}. \qquad (13.6.17)$$

这个估计式的证明放在 13.9 节.

　　主要定理结论 (a) 的证明　为证明主要定理结论 (a), 我们综合用命题 13.4.1 与 $|Q_{\boldsymbol{q}}| \leqslant q$ 及 $q \leqslant 4(n+1)$ (命题 13.3.1(1)).　　　　　　　　　□

　　主要定理结论 (b) 的证明　由 (13.6.16) 得

$$|A_{k,n}| \leqslant K^p \sum_{\mathcal{T}\in\Lambda_{M,n}} \sum_{\tilde{\mathcal{T}}\in\mathcal{E}(\mathcal{T})} \sum_{k=0}^{m} \left(\sum_{\mathcal{S}^+/\sim} |D_{\mathbb{S}_{\boldsymbol{q}}}| \right)_{(k+1)}$$

$$\leqslant K^p \sum_{\mathcal{T}\in\Lambda_{M,n}} \sum_{\tilde{\mathcal{T}}\in\mathcal{E}(\mathcal{T})} \sum_{k=0}^{m} \sum_{\mathcal{S}^+/\sim} (K\omega)^{27p} e^{-\omega\pi/2},$$

其中对于第一个不等式, 我们用了 $|c_{\mathcal{T}}| < K^p$ (命题 13.3.1(3)) 与 $|\mathcal{B}_1^s \cdots \mathcal{B}_k^s \cdot \mathcal{B}_{k+2}^u \cdot \mathcal{B}_{m+1}^u| < K^p$ (见 (13.6.11)). 对第二个不等式, 用了 (13.6.17). 现在我们计算含于四个加号中项的个数. 内部的最大和的数目 $\leqslant 2^p$ (因为集合 $\mathcal{S}$ 的基数 $\leqslant 2^p$) 并且对于广义积分的集合的和式同样如此. 对于从 $k=0$ 到 m 的和式项数的计算, 它由简单的因子 p 界定, 对于在 $\Lambda_{M,n}$ 上和式项数的计算, 它被 K^p 界定 (命题 13.3.1(2)). 作为结论, 对所有的 $\omega > \omega_0$ 有

$$|A_{k,n}| < K^p(K\omega)^{27p} e^{-\omega\pi/2} < (\mathbb{K}\omega)^{27p} e^{-\omega\pi/2} \leqslant \omega^{\kappa_0(n+1)} e^{-\omega\pi/2}.$$

假如 $\omega_0 > \mathbb{K}$, $\kappa_0 = 8 \times 27$. 估计式 $p < 4(n+1)$ (命题 13.3.1(1)) 再次被用于后一个不等式. 这就证明了主要定理的结论 (b).　　　　　　　　　　　　　　□

13.7　命题 13.3.1 的证明

　　本节证明命题 13.3.1. 首先, 我们证明 $\mathbb{M}_n$ 与 $\mathbb{W}_n$ 是高阶 Melnikov 积分的线性组合. 接着需要做三项重要的估计. 第一项是对一个给定的 n, 在 $\mathbb{M}_n$ 与 $\mathbb{W}_n$ 中

的所有多重积分的阶数 (重数). 第二项是在 $\mathbb{M}_n$ 与 $\mathbb{W}_n$ 中多重积分的个数. 第三项是将 $\mathbb{M}_n$ 与 $\mathbb{W}_n$ 看作高阶 Melnikov 积分的线性组合时, 其组合常数的大小. 这里我们需要面对稍微麻烦的组合计算问题.

对所有的 $k \leqslant n$, 关于 $\mathbb{M}_k, \mathbb{W}_k$ 归纳地假设 (13.3.20) 成立, 然后证明关于 $\mathbb{M}_{n+1}, \mathbb{W}_{n+1}$, (13.3.20) 亦成立. 对 $\mathbb{M}_{n+1}$, 重新记 (13.3.4) 作为

$$\mathbb{M}(t) = \mathbb{M}_0(t) + \varepsilon^{-1} \sum_{f \in \mathcal{K}_M, n_0(f)=0} c_f \int_t^{+\infty} \hat{f}(\tau)(\varepsilon\mathbb{M})^{n_4(f)}(\varepsilon\mathbb{W})^{n_5(f)} d\tau$$

$$+ \sum_{f \in \mathcal{K}_M, n_0(f)=1} c_f \int_t^{+\infty} \hat{f}(\tau)(\varepsilon\mathbb{M})^{n_4(f)}(\varepsilon\mathbb{W})^{n_5(f)} d\tau, \tag{13.7.1}$$

其中 $|c_f| \leqslant 6$. 这里, 用两个和式是为了区分由方程 (13.2.16) 的自治部分与非自治导致的积分. 对于第一个和式, ε^{-1} 是改变尺度的因子. 对于第二个和式, 由于有一个 ε 在方程 (13.2.9) 的非自治受迫函数前面, 故这个改变尺度的因子被消除了. 还要注意, 对于第一个和式中的所有积分有

$$n_4 + n_5 \geqslant 2. \tag{13.7.2}$$

因为自治线性项从方程 (13.2.16) 中被移除了. 对第二个和式中所有积分有

$$n_4 + n_5 \geqslant 1. \tag{13.7.3}$$

首先记

$$\varepsilon\mathbb{M} = \varepsilon\mathbb{M}_0 + \varepsilon^2\mathbb{M}_1 + \cdots + \varepsilon^{n+1}\mathbb{M}_n;$$
$$\varepsilon\mathbb{W} = \varepsilon\mathbb{W}_0 + \varepsilon^2\mathbb{W}_1 + \cdots + \varepsilon^{n+1}\mathbb{W}_n.$$

计算 M_{n+1} 得

$$(\varepsilon\mathbb{M})^{n_4} = \sum_I \varepsilon^{i_0+2i_1+\cdots+(n+1)i_n} C^{n_4,I} (\mathbb{M}_0)^{i_0} \cdots (\mathbb{M}_n)^{i_n};$$

$$(\varepsilon\mathbb{W})^{n_5} = \sum_J \varepsilon^{j_0+2j_1+\cdots+(n+1)j_n} C^{n_5,J} (\mathbb{W}_0)^{j_0} \cdots (\mathbb{W}_n)^{j_n}, \tag{13.7.4}$$

其中 I 取遍所有正整数 $i_0, \cdots, i_n$ 满足

$$i_0 + i_1 + \cdots + i_n = n_4;$$

J 取遍所有正整数 $j_0, \cdots, j_n$ 满足

$$j_0 + j_1 + \cdots + j_n = n_5$$

与

$$C^{n_4,I} = \frac{n_4!}{i_0!\cdots i_n!}, \qquad C^{n_5,J} = \frac{n_5!}{j_0!\cdots j_n!}.$$

由于 $n_4 + n_5 \leqslant 3$, 这个看似很长的 $C^{n_4,I}$ 与 $C^{n_5,J}$ 实际上是相对小的数. 事实上, 所有的 $C^{n_4,I}, C^{n_5,J}$ 是 $\leqslant 6$.

我们再表示

$$\kappa_I = i_0 + 2i_1 + \cdots + (n+1)i_n, \qquad \kappa_J = j_0 + 2j_1 + \cdots + (n+1)j_n.$$

记

$$(\varepsilon\mathbb{M})^{n_4}(\varepsilon\mathbb{W})^{n_5} = \sum_{I,J} C^{n_4,I} C^{n_5,J} \varepsilon^{\kappa_I + \kappa_J} (\mathbb{M}_0)^{i_0} \cdots (\mathbb{M}_n)^{i_n} \cdot (\mathbb{W}_0)^{j_0} \cdots (\mathbb{W}_n)^{j_n}, \tag{13.7.5}$$

其中 $\sum_{I,J}$ 取遍所有指标 $i_0, \cdots, i_n; j_0, \cdots, j_n$ 满足

$$n_4 = i_0 + \cdots + i_n; \qquad n_5 = j_0 + \cdots + j_n.$$

将 (13.7.5) 代入 (13.7.1) 得

$$\mathbb{M}_{n+1} = \sum_{f \in \mathcal{K}_M} c_f \sum_{I,J} C^{n_4,I} C^{n_5,J} \int_0^{+\infty} \hat{f}(\tau)(\mathbb{M}_0)^{i_0} \cdots (\mathbb{M}_n)^{i_n}$$
$$\cdot (\mathbb{W}_0)^{j_0} \cdots (\mathbb{W}_n)^{j_n} d\tau. \tag{13.7.6}$$

当 $n_0(f) = 0$ 时, $\sum_{I,J}$ 取遍所有指标 $i_0, \cdots, i_n; j_0, \cdots, j_n$ 满足

$$n_4 = i_0 + \cdots + i_n; \quad n_5 = j_0 + \cdots + j_n;$$
$$n + 2 = \kappa_I + \kappa_J := i_0 + j_0 + 2(i_1 + j_1) + \cdots + (n+1)(i_n + j_n), \tag{13.7.7}$$

其中 $n_4 + n_5 \geqslant 2$. 当 $n_0(f) = 1$, $\sum_{I,J}$ 取遍所有指标 $i_0, \cdots, i_n; j_0, \cdots, j_n$ 满足

$$n_4 = i_0 + \cdots + i_n; \quad n_5 = j_0 + \cdots + j_n;$$
$$n + 1 = \kappa_I + \kappa_J := i_0 + j_0 + 2(i_1 + j_1) + \cdots + (n+1)(i_n + j_n), \tag{13.7.8}$$

其中 $n_4 + n_5 \geqslant 1$. 我们进一步用 (13.3.20) 代替所有的在 (13.7.6) 中的 $\mathbb{M}_k$, $\mathbb{W}_k$, $k \leqslant n$. 于是, 可推出结论: $\mathbb{M}_{n+1}$ 是多个积分之和, 每个积分由 (13.3.10) 定义. 由 (13.3.5), 关于 $\mathbb{W}_{n+1}$ 的证明是类似的.

注意, 满足 (13.7.7) 或 (13.7.8) 的 i_k, j_k 的指标集不像我们当初想的那么大, 因为 $n_4 + n_5 \leqslant 3$, 该条件限制了允许的非零对 i_k, j_k 的个数. 另一个严格的限制还加在 i_k, j_k 上, 即在 κ_I 与 κ_J 中, $(k+1)$ 被乘以 i_k 与 j_k.

命题 13.3.1(1)(积分的阶数) 的证明 设 $p(n)$ 是在 $\Lambda_{M,n} \cup \Lambda_{W,n}$ 中的最高阶 Melnikov 积分. 兹证对所有的 $n \geqslant 0$ 有

$$p(n) \leqslant 4(n+1) - 2.$$

当 $n = 0$ 时结论显然为真. 我们归纳地假设对所有的 $m \leqslant n$,

$$p(m) \leqslant 4(m+1) - 2. \tag{13.7.9}$$

由 (13.7.6) 得

$$p(n+1) \leqslant 1 + (i_0 + j_0)p(0) + (i_1 + j_1)p(1) + \cdots + (i_n + j_n)p(n)$$
$$\leqslant 1 + 4 \cdot 1(i_0 + j_0) + 4 \cdot 2(i_1 + j_1) + \cdots + 4 \cdot (n+1)(i_n + j_n)$$
$$- 2(i_0 + \cdots + i_n + j_0 + \cdots + j_n).$$

如果 f 使得 $n_0(f) = 0$, 则由 (13.7.7) 得

$$p(n+1) \leqslant 4(n+2) + 1 - 2(n_4 + n_5) < 4(n+2) - 2,$$

其中 $n_4 + n_5 \geqslant 2$ 被用于得到第二个等式. 当 $n_0(f) = 1$ 时, 由 (13.7.8) 得

$$p(n+1) \leqslant 4(n+1) + 1 - 2(n_4 + n_5) < 4(n+2) - 2.$$

这就证明了命题 13.3.1(1). □

命题 13.3.1(2) (积分的个数) 的证明 设 $\mathcal{N}_n$ 是 $\Lambda_{M,n} \cup \Lambda_{W,n}$ 的基数. 兹证对所有的 $n \geqslant 0$,

$$\mathcal{N}_n \leqslant (n+1)^{-2} \mathbb{K}^{2n+1}.$$

归纳地设对所有的 $m \leqslant n$,

$$\mathcal{N}_m \leqslant (m+1)^{-2} \mathbb{K}^{2m+1}. \tag{13.7.10}$$

为计算 $\mathcal{N}_{n+1}$, 注意到仅有一个固定的数 $f \in \mathcal{K}_M$ (精确的是 18). 对一个给定的 $f \in \mathcal{K}_M$, 记 $\mathcal{N}_{n+1}^f$ 是以下贡献于 $\mathbb{M}_{n+1}$ 的和的积分的个数

$$\sum_{I,J} C^{n_4, I} C^{n_5, J} \int_0^{+\infty} \hat{f}(\tau) (\mathbb{M}_0)^{i_0} \cdots (\mathbb{M}_n)^{i_n} \cdot (\mathbb{W}_0)^{j_0} \cdots (\mathbb{W}_n)^{j_n} d\tau.$$

由 (13.7.6) 得

$$\mathcal{N}_{n+1} \leqslant \sum_{f \in \mathcal{K}_M \cup \mathcal{K}_W} \mathcal{N}_{n+1}^f. \tag{13.7.11}$$

又

$$\mathcal{N}_{n+1}^f \leqslant \sum [\mathcal{N}_0]^{w_0} \cdots [\mathcal{N}_n]^{w_n}, \tag{13.7.12}$$

其中和是遍取于所有的 $w_k = i_k + j_k$ 满足

$$\begin{aligned} n_4 + n_5 &= w_0 + w_1 + \cdots + w_n; \\ n + 2 &= w_0 + 2w_1 + \cdots + (n+1)w_n, \end{aligned} \tag{13.7.13}$$

倘若 $n_0(f) = 0$; 但是

$$\begin{aligned} n_4 + n_5 &= w_0 + w_1 + \cdots + w_n; \\ n + 1 &= w_0 + 2w_1 + \cdots + (n+1)w_n, \end{aligned} \tag{13.7.14}$$

倘若 $n_0(f) = 1$.

如果 $n_4(f) + n_5(f) = 1$, 则必须有 $n_0(f) = 1$ 与 $w_n = 1$. 换言之

$$\mathcal{N}_{n+1}^f = \mathcal{N}_n \leqslant \frac{(n+2)^2}{(n+1)^2}(n+2)^{-2}\mathbb{K}^{2n+1} < 4(n+2)^{-2}\mathbb{K}^{2n+1}. \tag{13.7.15}$$

如果 $n_4(f) + n_5(f) = 2$. 设 $n_0(f) = 0$, 则

$$\begin{aligned} 2 &= w_0 + w_1 + \cdots + w_n; \\ n+2 &= w_0 + 2w_1 + \cdots + (n+1)w_n. \end{aligned}$$

此时, 我们关于 w_k 的选择被限制: 或者有两个非零的 w_k, 使得 $w_{k_1} = w_{k_2} = 1$ 且 $k_1 \neq k_2$, 或者有一个非零的 w_k. 在第一种情况有 $k_1 + k_2 = n$, 因为

$$n + 2 = (k_1 + 1)w_{k_1} + (k_2 + 1)w_{k_2};$$

在第二种情况, 有 $k = n/2$, 因为 $2(k+1) = n+2$. 综合两种情况得

$$\begin{aligned} \mathcal{N}_{n+1}^f &\leqslant \sum_{k=1}^{n/2} \mathcal{N}_k \mathcal{N}_{n-k} \\ &\leqslant \mathbb{K}^{2k+1+2(n-k)+1} \sum_{k=1}^{n/2} \frac{1}{(k+1)^2(n-k+1)^2} \\ &\leqslant 4n^{-2}\mathbb{K}^{2(n+1)} \sum_{k=1}^{n/2} \frac{1}{(k+1)^2}, \end{aligned}$$

其中 (13.7.12) 与 $k_2 = n - k_1$ 用于第一个不等式; 归纳假设 (13.7.10) 用于第二个不等式; $n - k + 1 \geqslant n/2$ (因 $k \leqslant n/2$) 用于后一个不等式. 作为结论, 有

$$\mathcal{N}_{n+1}^f \leqslant 16(n+2)^{-2}K_0\mathbb{K}^{2(n+1)}, \tag{13.7.16}$$

其中 $K_0 = \sum_{k=1}^{+\infty} k^{-2}$.

下面考虑情况 $n_4(f) + n_5(f) = 3$. 设 $n_0(f) = 0$, 有

$$3 = w_0 + w_1 + \cdots + w_n;$$
$$n + 2 = w_0 + 2w_1 + \cdots + (n+1)w_n.$$

此时, 存在至多三个非零的 w_k, 记为 $w_{k_1}, w_{k_2}, w_{k_3}$. 先考虑第一种情形 $w_{k_1} = w_{k_2} = w_{k_3} = 1$. 从

$$(k_1+1)w_{k_1} + (k_2+1)w_{k_2} + (k_3+1)w_{k_3} = n+2.$$

我们得到

$$k_1 + k_2 + k_3 = n - 1.$$

再研究有两个非零的 w_k 与一个非零的 w_k 两种情形, 可得

$$
\begin{aligned}
\mathcal{N}_{n+1}^f &\leqslant 6 \sum_{k_1 \leqslant k_2 \leqslant k_3 \leqslant n-1} \mathcal{N}_{k_1} \mathcal{N}_{k_2} \mathcal{N}_{k_3} \\
&\leqslant 6\mathbb{K}^{2k_1 + 2k_2 + 2k_3 + 3} \sum_{k_1 \leqslant k_2 \leqslant k_3 \leqslant n-1} (k_1+1)^{-2}(k_2+1)^{-2}(k_3+1)^{-2} \\
&\leqslant 6\mathbb{K}^{2n+1} \sum_{k_1 \leqslant k_2 \leqslant k_3 \leqslant n-1} (k_1+1)^{-2}(k_2+1)^{-2}(k_3+1)^{-2}.
\end{aligned}
$$

注意, 通过在 $k_1 \leqslant k_2 \leqslant k_3$ (而不是 $k_1 < k_2 < k_3$) 情形求和, 存在两个与一个非零 w_k 的情况这里已考虑了. 这意味着

$$\mathcal{N}_{n+1}^f \leqslant 108(n+2)^{-2} K_0^2 \mathbb{K}^{2n+1}, \tag{13.7.17}$$

其中 $K_0 = \sum_{k=1}^{+\infty} 1/k^2$. 这里用了 $k_3 + 1 = n - k_1 - k_2 \geqslant n/3$, 该结果由 $k_1 + k_2 \leqslant 2n/3$ 推出. 我们有 $k_1 + k_2 \leqslant 2n/3$, 因为若 $k_1 + k_2 > 2n/3$, 则 $k_2 > n/3$, 这导致 $k_3 > n/3$, 因此, $k_1 + k_2 + k_3 > n$, 这与等式 $k_1 + k_2 + k_3 = n - 1$ 相矛盾.

对于情况 $n_0(f) = 1$ 的估计是类似的.

最后, 从 (13.7.11), (13.7.15)—(13.7.17) 可推出

$$\mathcal{N}_{n+1} \leqslant (n+2)^{-2} \hat{K} \mathbb{K}^{2(n+1)},$$

其中

$$\hat{K} = \#\{f \in \mathcal{K}_M \cup \mathcal{K}_W\}(4 + 16K_0 + 108K_0^2).$$

设 $\mathbb{K}$ 使得 $\mathbb{K} > \hat{K}$ 而得到结论

$$\mathcal{N}_{n+1} \leqslant (n+2)^{-2} \mathbb{K}^{2(n+1)+1}.$$

这就证明了命题 13.3.1(2).   □

命题 13.3.1(3) (系数) 的证明   设 $c(n)$ 是 $N \in \Lambda_{M,n} \cup \Lambda_{W,n}$ 前面的系数的尺度的最大值. 兹证对所有的 $n \geqslant 0$, 存在 $K_3 > 0$ 使得

$$c(n) \leqslant 6K_3^n.$$

当 $n = 0$ 时该不等式成立, 因为 $c(0) < 6$. 见 (13.2.21). 归纳地假设对所有的 $m \leqslant n$,

$$c(m) \leqslant 6K_3^m. \tag{13.7.18}$$

由 (13.7.6) 与

$$|c_f|,\ C^{n_4,I},\ C^{N_5,J} \leqslant 6,$$

得

$$\begin{aligned}
c(n+1) &\leqslant 6^3 \cdot 6^{n_4+n_5}[c(0)]^{i_0+j_0}[c(1)]^{i_1+j_1}\cdots[c(n)]^{i_n+j_n}\\
&\leqslant 6^6 \cdot K_3^{(i_0+j_0)+2(i_i+j_i)+(n+1)(i_n+j_n)-(i_0+j_0+i_1+j_1+\cdots+i_n+j_n)}.
\end{aligned}$$

我们再次要处理两种情况: $n_0(f) = 0$ 与 $n_0(f) = 1$. 注意到若 $n_0(f) = 0$, 则 $n_4(f) + n_5(f) \geqslant 2$. 假设 $K_3 > 6^6$, 有

$$c(n+1) \leqslant 6^6 \cdot K_3^{n+2-(n_4+n_5)} \leqslant 6^6K_3^n < K_3^{n+1}.$$

若 $n_0(f) = 1$, 假设 $K_3 > 6^6$, 则

$$c(n+1) \leqslant 6^6 \cdot K_3^{n+1-(n_4+n_5)} < 6^6K_3^n < K_3^{n+1}.$$

这就证明了命题 13.3.1(3).   □

13.8   命题 13.6.1 的证明

设 $\mathcal{T}_q(0)$ 是阶数 p 的纯积分, 又 $\mathbb{T}(k,\omega), k = 0, 1, \cdots, p-1$ 如命题 13.5.3所述. 本节证明命题 13.6.1. 在假设 $Q_p \neq 0$ 与 $Q_{p-k} \neq 0$ 下, 我们单独地在 $\mathbb{T}(k,\omega)$ 工作.

为证明命题 13.6.1, 我们首先修正所有在 $\mathbb{T}(k,\omega)$ 中的树结点的记录而构造新的积分, 表示作为 $\|\mathbb{T}\|(k,\omega)$ 并为 $\mathbb{T}(k,\omega)$ 中的较大者命名. 记在 $\|\mathbb{T}\|(k,\omega)$ 中 N_j 的对应为 $\|N\|_j$. 记住

$$\hat{S}(k) = \{p-k+1, \cdots, p\}.$$

对所有的 j 与 $\|N\|_j$, 结点、积分变量与积分区间保持与 N_j 相同.

关于核函数的三角部分 对于 $j \in \hat{S}(k)$ 与 $\|N\|_j$, 核函数的三角部分保持与 N_j 相同. 对于 $j \notin \hat{S}(k)$, 若是 N_j, 我们设核函数的三角部分是 $e^{-i\omega Q_j \tau_j}$, 而对于 $\|N\|_j$, 设核函数的三角部分是 1.

关于核函数的动力学部分 对于 $\|N\|_j$, 我们表示核函数的动力学部分作为 $\|d\|_j$. 当 $j \in \hat{S}(k)$ 时, 令

$$\|d\|_j = (K\omega)^{27}, \tag{13.8.1}$$

其中 K 是某些充分大的常数. 当 $j \notin \hat{S}(k)$, 令

$$\|d\|_j = (K\omega)^{27} e^{-(m_1+n_1)(\tau_j + \sum_{j' \in P(j) \setminus \hat{S}(k)} \tau_{j'})}. \tag{13.8.2}$$

我们有

引理 13.8.1 记 d_j 是关于 N_j 的核函数的动力学部分, $\|d\|_j$ 是关于 $\|N\|_j$ 的核函数的动力学部分. 假设在 (13.8.1) 与 (13.8.2) 中, K 是充分大的. 对所有的 $j \leqslant p$ 有

$$|d_j| \leqslant \|d\|_j.$$

证 注意, 对 $j \in \hat{S}(k)$, 关于 N_j 的核函数的动力学部分是

$$d_j(iS_j) = b^{m_1}(iS_j)\tilde{H}^{m_2}(iS_j)a^{n_1}(iS_j)A^{n_2}(iS_j)H^{n_3}(iS_j),$$

其中

$$S_j = s_j + \sum_{j' \in P(j)} s_{j'},$$

这个 S_j 是通过加上沿着前置线反向追踪的所有 s-变量而得到的. 根据 (13.5.3), 得 $S_j \in [-\pi/2 + \omega^{-1}, \pi/2 - \omega^{-1}]$, 这意味着

$$|a(iS_j)| < K\omega, \quad |b(iS_j)| < K\omega^2, \quad |A(iS_j)| < K\omega, \quad |H(iS_j)| < K\omega^3,$$
$$|\tilde{H}(iS_j)| < K\omega^4, \quad |a^{-1}(iS_j)| \leqslant K, \quad |b(iS_j)A^{-1}(iS_j)| < K\omega. \tag{13.8.3}$$

注意到这些上界, 有

$$|d_j(iS_j)| \leqslant (K\omega)^{27} := \|d\|_j.$$

对于 $j \notin \hat{S}(k)$, 关于 N_j, 核函数的动力学部分是

$$d_j = b^{m_1}(w_j)\tilde{H}^{m_2}(w_j)a^{n_1}(w_j)A^{n_2}(w_j)H^{n_3}(w_j),$$

其中对 $j \notin T(p-k)$,

$$w_j = \tau_j + \sum_{j' \in P(j),\, j'<p-k} \tau_{j'} + i \sum_{j' \in P(j),\, j'>p-k} s_{j'},$$

但对 $j \in T(p - k)$,

$$w_j = \tau_j + \sum_{j' \in P(j),\, j' < p-k} \tau_{j'} + i\sigma_{p-k}(\pi/2 - \omega^{-1}).$$

在两种情况, w_j 有一个虚部, 即 $\in [-\pi/2 + \omega^{-1},\ \pi/2 - \omega^{-1}]$. 这意味着

$$K^{-1}e^{-(\tau_j+\sum_{j'\in P(j)\setminus \hat{S}(k)}\tau_{j'})} < |a(w_j)| < K\omega e^{-(\tau_j+\sum_{j'\in P(j)\setminus \hat{S}(k)}\tau_{j'})};$$
$$|b(w_j)| < K\omega^2 e^{-(\tau_j+\sum_{j'\in P(j)\setminus \hat{S}(k)}\tau_{j'})};$$
$$|b(w_j)A^{-1}(w_j)| \leqslant K\omega e^{-(\tau_j+\sum_{j'\in P(j)\setminus \hat{S}(k)}\tau_{j'})}; \tag{13.8.4}$$
$$|A(w_j)| < K\omega; \quad |\tilde{H}(w_j)| < K\omega^4; \quad |H(w_j)| < K\omega^3.$$

我们再次用这些不等式给出的上界得到

$$|d_j| \leqslant (K\omega)^{27}e^{-(m_1+n_1)(\tau_j+\sum_{j'\in P(j)\setminus \hat{S}(k)}\tau_{j'})} := \|d\|_j. \qquad \Box$$

引理 13.8.2　我们有 $|\mathbb{T}(k,\omega)| \leqslant \|\mathbb{T}\|(k,\omega)$. 换言之, $\mathbb{T}(k,\omega)$ 的值被它的较大者界定.

证　该定理直接由引理 13.8.1 推出. $\qquad \Box$

以下估计 $\|\mathbb{T}\|(k,\omega)$. 令

$$P(p - k) = \{j_1, \cdots, j_m\}$$

按减少的序排列. 注意 $j_1 = p$. 定义

$$\mathbb{P} = \int_0^{\sigma_{j_1}(\pi/2-\omega^{-1})} e^{-\omega(Q_{j_1}-Q_{p-k})s_{j_1}} \left(\int_0^{\sigma_{j_2}(\pi/2-\omega^{-1})-s_{j_1}} e^{-\omega(Q_{j_2}-Q_{p-k})s_{j_2}} \right.$$
$$\left. \cdots \left(\int_0^{\sigma_{j_m}(\pi/2-\omega^{-1})-s_{j_1}-s_{j_2}-\cdots-s_{j_{m-1}}} e^{-\omega(Q_{j_m}-Q_{p-k})s_{j_m}} ds_{j_m} \right) \cdots \right) ds_{j_1}.$$

引理 13.8.3　我们有 $\|\mathbb{T}\|(k,\omega) \leqslant (K\omega)^{27p}|\mathbb{P}|$.

证　由定义, 对于 $\|N\|_j$, $j \notin \hat{S}(k)$, 核函数的动力学部分是

$$\|d\|_j = (K\omega)^{27}e^{-(m_1+n_1)(\tau_j+\sum_{j'\in P(j)\setminus \hat{S}(k)}\tau_{j'})}.$$

以下作附加性处理, 我们从上式的指数函数中拿下在 $\|N\|_j$ 中的因子

$$e^{-(m_1+n_1)\tau_j}.$$

但继续保留因子

$$e^{-(m_1+n_1)\sum_{j'\in P(j)\setminus \hat{S}(k)}\tau_{j'}},$$

并沿着 $\|N\|_j$ 的前置线对 $\|N\|_{j'}$ 增加一个因子

$$e^{-(m_1+n_1)\tau_{j'}}.$$

经过这样处理后, 对 $\|N\|_j, j \leqslant p - k$, 核函数的动力学部分变为

$$e^{-R_j\tau_j},$$

其中

$$R_j = \sum_{j' \in T(j)} (m_1(j') + n_1(j')),$$

并且由引理 13.3.6 有

$$R_j \geqslant 1.$$

现在, 在 $\|\mathbb{T}\|(k, \omega)$ 中, τ-变量的所有结点可作因子分解并分离地计算.

对所有的 $j \in \hat{S}(k) \setminus P(p-k)$, 若 $Q_j > 0$, 则 $I_j \subset \mathbb{R}_+$; 但若 $Q_j < 0$, 则 $I_j \subset \mathbb{R}_-$. 这是因为区间 I_j 总是从 0 开始并结束于

$$\sigma_j(\pi/2 - \omega^{-1}) - \sum_{j' \in P(j)} s_{j'}.$$

按照引理 13.5.3

$$\left| \sum_{j' \in P(j)} s_{j'} \right| \leqslant \pi/2 - \omega^{-1}.$$

因此, 这个积分的端点的符号与 σ_j 相同.

综上所述可知, 在 I_j 上, $Q_j s_j > 0$. 这就意味着

$$\left| e^{-\omega Q_j s_j} \right| \leqslant 1,$$

因此, 对所有的 $j \in \hat{S}(k) \setminus P(p-k)$ 有

$$\left| \int_{I_j} e^{-\omega Q_j s_j} ds_j \right| < \pi.$$

取出所有结点的因子 $(K\omega)^{27}$, 得到因子总数 $(K\omega)^{27p}$. 左边是沿着 $\|N\|_{p-k}$ 的前置线的变量所定义的积分. 这是明显地定义如上的精确积分 $\mathbb{P}$. □

引理 13.8.4　我们有 $|e^{-\sigma_{p-k}Q_{p-k}\omega\pi/2}\mathbb{P}| \leqslant (3\pi)^m e^{-\omega\pi/2}$.

证　该引理的证明存在某些技术上的困难, 因为我们不能控制沿着 N_{p-k} 的前置线的子树的总指标, 不同于 Q_p 与 Q_{p-k} 非零. 我们需要考虑各种可能情况的综合. 实质上, 这里我们要做的是计算有明显定义的定积分并考虑各种可能的参数. 为简化我们的叙述, 我们重新记指标 $j_1, \cdots, j_m$ 为 $1, \cdots, m$, 记变量 $s_{j_1}, \cdots, s_{j_m}$ 为 $s_1, \cdots, s_m$. 类似地, 记 $Q_{j_1}, \cdots, Q_{j_m}$ 作为 $Q_1, \cdots, Q_m$. 也记 Q_{p-k} 作为 Q_{m+1}. 强调一下, 这种记号的改变是局部的, 仅在这里的证明中应用. 再令 $\sigma_j = \mathrm{sgn}(Q_j)$, 并在所有积分界上删除 ω^{-1}, 因为在这里它的存在并不是重要的, 即记 $\mathbb{P}$ 作为

$$\mathbb{P} = \int_0^{\sigma_1 \pi/2} e^{-\omega(Q_1 - Q_{m+1})s_1} \int_0^{\sigma_2 \pi/2 - s_1} e^{-\omega(Q_2 - Q_{m+1})s_2} \cdots$$

$$\cdot \left[\int_0^{\sigma_{m-1} \pi/2 - s_1 - s_2 - \cdots - s_{m-2}} e^{-\omega(Q_{m-1} - Q_{m+1})s_{m-1}} \right.$$

$$\left. \cdot \left(\int_0^{\sigma_m \pi/2 - s_1 - s_2 - \cdots - s_{m-1}} e^{-\omega(Q_m - Q_{m+1})s_m} ds_m \right) ds_{m-1} \right] \cdots ds_2 ds_1,$$

并且设

$$Q_1 \neq 0, \quad Q_{m+1} \neq 0.$$

以下设 j, k 使得 $1 \leqslant j < k \leqslant m+1$, 并表示

$$\mathbb{P}(j,k) = \int_0^{\sigma_1 \pi/2} e^{-\omega(Q_1 - Q_k)s_1} \int_0^{\sigma_2 \pi/2 - s_1} e^{-\omega(Q_2 - Q_k)s_2} \cdots$$

$$\cdot \left[\int_0^{\sigma_{j-1} \pi/2 - s_1 - s_2 - \cdots - s_{j-2}} e^{-\omega(Q_{j-1} - Q_k)s_{j-1}} \right.$$

$$\left. \cdot \left(\int_0^{\sigma_j \pi/2 - s_1 - s_2 - \cdots - s_{j-1}} e^{-\omega(Q_j - Q_k)s_j} ds_j \right) ds_{j-1} \right] \cdots ds_1.$$

特别, 有

$$\mathbb{P} = \mathbb{P}(m, m+1).$$

引理 13.8.5　设 $j < k$, 则

$$\left| e^{-\sigma_k Q_k \omega \pi/2} \mathbb{P}(j,k) \right| \leqslant \pi^j e^{-\omega \pi/2} + \pi \left| e^{-\sigma_k Q_k \omega \pi/2} \mathbb{P}(j-1, k) \right|$$

$$+ |\sigma_j| \cdot \left| e^{-\sigma_j Q_j \omega \pi/2} \mathbb{P}(j-1, j) \right|. \tag{13.8.5}$$

为归纳地证明这个引理, 我们先设, 对满足 $1 \leqslant j < k \leqslant m+1$ 与 $\sigma_k \neq 0$ 的所有 j, k,

$$\left| e^{-\sigma_k Q_k \omega \pi/2} \mathbb{P}(j,k) \right| \leqslant (3\pi)^j e^{-\omega \pi/2} \tag{13.8.6}$$

成立.

这是两个指标的归纳法. 首先, 设 k_0 是满足 $\sigma_k \neq 0$ 的最小者 $k > 1$. 整数 $k_0 \leqslant m+1$ 有定义, 因为 $\sigma_{m+1} \neq 0$. 兹证对所有 $j < k_0$ (13.8.6) 成立. 我们从 $j = 1$ 开始证

$$\left| e^{-\sigma_{k_0} Q_{k_0} \omega \pi / 2} \mathbb{P}(1, k_0) \right| \leqslant 3\pi e^{-\omega \pi / 2}. \tag{13.8.7}$$

如果 $Q_{k_0} = Q_1$, 这个估计明显成立. 假设 $Q_1 \neq Q_{k_0}$, 我们进一步验证 (13.8.7). 此时有

$$\left| e^{-\sigma_{k_0} Q_{k_0} \omega \pi / 2} \mathbb{P}(1, k_0) \right| = e^{-\sigma_{k_0} Q_{k_0} \omega \pi / 2} \left| \int_0^{\sigma_1 \pi / 2} e^{-\omega(Q_1 - Q_{k_0}) s_1} ds_1 \right|$$

$$\leqslant e^{-\sigma_{k_0} Q_{k_0} \omega \pi / 2} \frac{1}{\omega} \left(e^{-\sigma_1 \omega(Q_1 - Q_{k_0}) \pi / 2} + 1 \right)$$

$$\leqslant \frac{1}{\omega} \left(e^{-\sigma_1 Q_1 \omega \pi / 2} + e^{-\sigma_{k_0} Q_{k_0} \omega \pi / 2} \right)$$

$$\leqslant e^{-\omega \pi / 2},$$

这里, 为得到第二个不等式, 需要考虑两种情况: 当 $\sigma_1 = \sigma_{k_0}$ 时与当 $\sigma_1 = -\sigma_{k_0}$ 时. 这就证明了 (13.8.7).

现在设对于 $1 < j < k_0 - 1$,

$$\left| e^{-\sigma_{k_0} Q_{k_0} \omega \pi / 2} \mathbb{P}(j, k_0) \right| \leqslant (3\pi)^j e^{-\omega \pi / 2}.$$

由 (13.8.5) 得

$$\left| e^{-\sigma_{k_0} Q_{k_0} \omega \pi / 2} \mathbb{P}(j+1, k_0) \right| \leqslant \pi^{j+1} e^{-\omega \pi / 2} + \pi \left| e^{-\sigma_{k_0} Q_{k_0} \omega \pi / 2} \mathbb{P}(j, k_0) \right|$$

$$+ |\sigma_{j+1}| \cdot \left| e^{-\sigma_j Q_j \omega \pi / 2} \mathbb{P}(j, j+1) \right|.$$

我们看到, 由于 $1 < j+1 < k_0$, 故 $\sigma_{j+1} = 0$. 这就意味着

$$\left| e^{-\sigma_{k_0} Q_{k_0} \omega \pi / 2} \mathbb{P}(j+1, k_0) \right| \leqslant \pi^{j+1} e^{-\omega \pi / 2} + \pi (3\pi)^j e^{-\omega \pi / 2} \leqslant (3\pi)^{j+1} e^{-\omega \pi / 2}.$$

我们致力于下一步的目标的归纳法. 设 $k > k_0$ 使得 $\sigma_k \neq 0$. 兹归纳地假设对所有满足 $\sigma_{k'} \neq 0$ 的 $k' \leqslant k$ 及对所有满足 $j < k'$ 的 j, k',

$$\left| e^{-\sigma_{k'} Q_{k'} \omega \pi / 2} \mathbb{P}(j, k') \right| \leqslant (3\pi)^j e^{-\omega \pi / 2}. \tag{13.8.8}$$

设 k_1 是大于 k 的最小整数, 使得 $\sigma_{k_1} \neq 0$. 又 $k_1 \leqslant m+1$ 有定义. 我们需要证明对所有的 $j, 1 \leqslant j < k_1$,

$$\left| e^{-\sigma_{k_1} Q_{k_1} \omega \pi / 2} \mathbb{P}(j, k_1) \right| \leqslant (3\pi)^j e^{-\omega \pi / 2}. \tag{13.8.9}$$

根据 (13.8.7), 这个不等式当 $j = 1$ 成立. 现设对所有的 j, $1 \leqslant j < k_1 - 2$, (13.8.9) 成立, 由 (13.8.5) 得

$$
\begin{aligned}
\left| e^{-\sigma_{k_1} Q_{k_1} \omega \pi/2} \mathbb{P}(j+1, k_1) \right| \leqslant{}& \pi^{j+1} e^{-\omega \pi/2} + \pi \left| e^{-\sigma_{k_1} Q_{k_1} \omega \pi/2} \mathbb{P}(j, k_1) \right| \\
& + |\sigma_{j+1}| \cdot \left| e^{-\sigma_{j+1} Q_{j+1} \omega \pi/2} \mathbb{P}(j, j+1) \right|.
\end{aligned}
$$

有两种情况要研究. 第一种是 $\sigma_{j+1} = 0$ 情形. 此时有

$$
\begin{aligned}
\left| e^{-\sigma_{k_1} Q_{k_1} \omega \pi/2} \mathbb{P}(j+1, k_1) \right| &\leqslant \pi^{j+1} e^{-\omega \pi/2} + \pi \left| e^{-\sigma_{k_1} Q_{k_1} \omega \pi/2} \mathbb{P}(j, k_1) \right| \\
&\leqslant \pi^{j+1} e^{-\omega \pi/2} + \pi (3\pi)^j e^{-\omega \pi/2} \\
&\leqslant (3\pi)^{j+1} e^{-\omega \pi/2},
\end{aligned}
$$

其中在第二行, 我们用了 (13.8.9). 第二种是 $\sigma_{j+1} \neq 0$ 情形. 注意, 由假设 $j + 1 < k_1$, 此时有

$$
\begin{aligned}
\left| e^{-\sigma_{k_1} Q_{k_1} \omega \pi/2} \mathbb{P}(j+1, k_1) \right| \leqslant{}& \pi^{j+1} e^{-\omega \pi/2} + \pi \left| e^{-\sigma_{k_1} Q_{k_1} \omega \pi/2} \mathbb{P}(j, k_1) \right| \\
& + \left| e^{-\sigma_{j+1} Q_{j+1} \omega \pi/2} \mathbb{P}(j, j+1) \right| \\
\leqslant{}& \pi^{j+1} e^{-\omega \pi/2} + \pi (3\pi)^j e^{-\omega \pi/2} + (3\pi)^j e^{-\omega \pi/2} \\
\leqslant{}& (3\pi)^{j+1} e^{-\omega \pi/2}.
\end{aligned}
$$

这里, 我们在第二个不等式中的第二项与第三项再次用了 (13.8.9). 这就结束了关于 (13.8.6) 的归纳证明. 特别, 有

$$
\left| e^{-\sigma_{m+1} Q_{m+1} \omega \pi/2} \mathbb{P}(m, m+1) \right| \leqslant (3\pi)^m e^{-\omega \pi/2}.
$$

这就证明了引理 13.8.4. □

引理 13.8.5 的证明　首先, 设 $Q_k = 0$, 我们观察到

$$
|\mathbb{P}(j, k)| \leqslant \pi^j. \tag{13.8.10}
$$

再次用对于所有的 $j' \leqslant j$, $Q_{j'} s_{j'} > 0$ 这一事实 (这是在引理 13.8.3 的证明中推出的) 可证明 (13.8.10).

现设 $Q_k \neq 0$. 为研究 $\mathbb{P}(j, k)$, 考虑两种情况. 第一种情况是 $Q_j = Q_k$. 此时有

$$
|\mathbb{P}(j, k)| < \pi |\mathbb{P}(j-1, k)|. \tag{13.8.11}
$$

第二种情况是 $Q_j \neq Q_k$. 对于最内部的积分, 有

$$
\mathcal{P} := \int_0^{\sigma_j \pi/2 - s_1 - s_2 - \cdots - s_{j-1}} e^{-\omega(Q_j - Q_k) s_j} ds_j
$$

$$= \frac{1}{-\omega(Q_j - Q_k)} \left[e^{-\omega(Q_j - Q_k)(\sigma_j \pi/2 - s_1 - s_2 - \cdots - s_{j-1})} - 1 \right].$$

于是, 这意味着

$$\left| e^{-\sigma_k Q_k \omega \pi/2} \mathbb{P}(j, k) \right| < |(\mathrm{I})| + |(\mathrm{II})|, \tag{13.8.12}$$

其中

$$(\mathrm{I}) = \frac{-e^{-\sigma_k \omega Q_k \pi/2 - \sigma_j \omega(Q_j - Q_k)\pi/2}}{\omega(Q_j - Q_k)} \mathbb{P}(j-1, j),$$

$$(\mathrm{II}) = \frac{e^{-\sigma_k \omega Q_k \pi/2}}{\omega(Q_j - Q_k)} \mathbb{P}(j-1, k).$$

对 (I), 存在三种子情况

(a) $\sigma_k = \sigma_j$. 在此情况,

$$(\mathrm{I}) = \frac{e^{-\sigma_j \omega Q_j \pi/2}}{\omega(Q_j - Q_k)} \mathbb{P}(j-1, j).$$

(b) $\sigma_j = -\sigma_k$. 在此情况,

$$(\mathrm{I}) = \frac{e^{-2\sigma_k \omega Q_k \pi/2 - \sigma_j \omega Q_j \pi/2}}{\omega(Q_k - Q_j)} \mathbb{P}(j-1, j).$$

(c) $\sigma_j = 0$. 在此情况,

$$|(\mathrm{I})| = \frac{e^{-\sigma_k \omega Q_k \pi/2}}{\omega |Q_j - Q_k|} |\mathbb{P}(j-1, j)| \leqslant \pi^j e^{-\sigma_k \omega Q_k \pi/2}.$$

注意, 在 (c) 中的后一不等式, 我们用了 (13.8.10).

总结以上, 设 $Q_k \neq 0$, 我们有

(1) 如果 $Q_j = Q_k$, 则

$$\left| e^{-\sigma_k Q_k \omega \pi/2} \mathbb{P}(j, k) \right| < \pi \left| e^{-\sigma_k Q_k \omega \pi/2} \mathbb{P}(j-1, k) \right|.$$

这从 (13.8.11) 得到.

(2) 如果 $Q_j \neq Q_k$, 且 $Q_j \neq 0$, 则

$$\left| e^{-\sigma_k Q_k \omega \pi/2} \mathbb{P}(j, k) \right| \leqslant \left| e^{-\sigma_j \omega Q_j \pi/2} \mathbb{P}(j-1, j) \right| + \left| e^{-\sigma_k \omega Q_k \pi/2} \mathbb{P}(j-1, k) \right|.$$

这由上面的结论 (a), (b) 与 (13.8.12) 推出.

(3) 如果 $Q_j \neq Q_k$, 且 $Q_j = 0$, 则

$$\left| e^{-\sigma_k Q_k \omega \pi/2} \mathbb{P}(j, k) \right| \leqslant \pi^j e^{-\sigma_k \omega Q_k \pi/2} + \left| e^{-\sigma_k \omega Q_k \pi/2} \mathbb{P}(j-1, k) \right|.$$

这由上面的结论 (c) 与 (13.8.12) 推出.

设 $j < k$, 合并 (1)—(3) 可得

$$\left| e^{-\sigma_k Q_k \omega \pi/2} \mathbb{P}(j,k) \right| \leqslant \pi^j e^{-\omega \pi/2} + \pi \left| e^{-\sigma_k Q_k \omega \pi/2} \mathbb{P}(j-1,k) \right|$$
$$+ |\sigma_j| \cdot \left| e^{-\sigma_j Q_j \omega \pi/2} \mathbb{P}(j-1,j) \right|.$$

注意, 在第三项前面的因子 $|\sigma_j|$ 表示当 $Q_j \neq 0$ 时, 这项是唯一的.　□

命题 13.6.1 的证明　结论可由引理 13.8.2 — 引理 13.8.4 直接推出.　□

13.9　命题 13.6.2 的证明

本节我们证明命题 13.6.2. 在介绍这个证明时, 我们面对的挑战是需要叙述较复杂的组合的证明. 为了数学上的严格性, 我们需要引入详尽的指引和进行烦琐的计算, 然而这种过分的详尽有时是难以忍受的, 并使读者难于发现证明的主要思想. 为避免这个问题, 我们从特殊情况出发, 逐渐地引入应用于一般情况的证明的组合细节. 13.9.1 节考虑结构树仅有一棵零子树的情况. 13.9.2 节允许多棵零子树但假设所有的零子树是相互独立的. 命题 13.6.2 的正式证明在 13.9.3 节中叙述.

13.9.1　有一棵零子树的积分

设 $\mathcal{T}_q(0)$ 是阶数为 p 的纯积分. 我们从最简单的非平凡情况出发, 对 $\mathcal{T}_q(0)$ 作如下假设:

(A_1) $\mathcal{T}_q(0)$ 的总指标, 记为 Q_p, 它是非零的.

(A_2) 积分 $\mathcal{T}_q(0)$ 只包含一棵零子树, 其根记为 N_{k_0}. 换言之, 我们假设 $Q_j = 0$ 当且仅当 $j = k_0$.

设 $\mathcal{T}_q(0)$ 满足 (A_1) 与 (A_2). 我们首先得到 τ 变量的 $\hat{\mathcal{T}}_q(0)$. 接着, 对 $k = 0, \cdots, p-1$, 我们分解 $\hat{\mathcal{T}}_q(0)$ 以得到 $\mathbb{T}_q(p-1, v)$ 与 $\mathbb{T}_q(k, \omega)$. 见 (13.6.1). 这里, 我们考虑的中心是 $\mathbb{T}(p-k_0, \omega)$.

在 $\mathbb{T}(p-k_0, \omega)$ 中, 所有的树结点被放到三组.

(a) 组: (用 s 变量的树的顶部) (a) 组是使得 $k_0 < j \leqslant p$ 的 N_j 的集合. 它位于结构树的顶部. 这些是 s-变量的树结点. 对该组中的 N_j, 积分变量是 s_j, 积分区间是

$$I_j = \left[0, \quad \sigma_j(\pi/2 - \omega^{-1}) - \sum_{j' \in P(j)} s_j \right],$$

核函数的三角部分是

$$e^{-\omega Q_j s_j},$$

核函数的动力学部分是

$$b^{m_1}(iS_j)\tilde{H}^{m_2}(iS_j)a^{n_1}(iS_j)A^{n_2}(iS_j)H^{n_3}(iS_j),$$

其中

$$S_j = s_j + \sum_{j' \in P(j)} s_{j'}$$

是通过加上沿着到 s_j 的前置线的所有 s-变量而得到的. 注意, 对于在 N_{k_0} 的前置线上的 N_j, 核函数的三角部分是 $e^{-\omega Q_j s_j}$, 因为 $Q_{k_0} = 0$.

　　(b) 组: (根植于 N_{k_0} 的子树之外, 但不转换到 s-变量) (b) 组是使得 $j < k_0$ 但 $j \notin T(k_0)$ 的 N_j 的集合. 在该组中, 将 τ 变量转变到 s 变量的归纳法未能达到 N_j. 对 (b) 组的 N_j, 积分变量是 τ_j, 积分区间是 $[0, +\infty)$, 核函数的三角部分是 $e^{i\omega Q_j \tau_j}$, 核函数的动力学部分是

$$b^{m_1}(w_j)\tilde{H}^{m_2}(w_j)a^{n_1}(w_j)A^{n_2}(w_j)H^{n_3}(w_j),$$

其中 w_j 是 τ 与 s 变量的混合: w_j 是通过加上沿着 N_j 的前置线的所有积分变量到 τ_j 而得到的. 再乘以 i 到所有的 s-变量用以说明它们是一个复变量集合的虚部. 换言之, 我们有

$$w_j = \tau_j + \sum_{j' \in P(j), \ j' < k_0} \tau_{j'} + i \sum_{j' \in P(j), \ j' > k_0} s_{j'}.$$

　　(c) 组: (根植于 N_{k_0} 的子树) (c) 组是根植于 N_{k_0} 的子树所有结点. 对于在这子树的 N_j, 积分变量是 τ_j, 积分区间是 $[0, +\infty)$, 核函数的三角部分是 $e^{i\omega Q_j \tau_j}$, 核函数的动力学部分是

$$b^{m_1}(w_j)\tilde{H}^{m_2}(w_j)a^{n_1}(w_j)A^{n_2}(w_j)H^{n_3}(w_j).$$

但是, 这里 w_j 与 (b) 组的不同. 由 (13.5.10) 得

$$w_j = \tau_j + \sum_{j' \in T(k_0) \cap P(j)} \tau_{j'}.$$

换言之, w_j 是通过加上沿着 N_j 在该子树内的前置线的所有 τ 变量到 τ_j 而得到的. 注意到因 $Q_{k_0} = \sigma_{k_0} = 0$, 故在 (13.5.10) 中的 $k = p - k_0$, $\sigma_{p-k}(\pi/2 - \omega^{-1})$ 项没有了.

　　设在 $\mathcal{T}_q(0)$ 中根植于 N_{k_0} 的积分表示为 $\mathcal{T}_{k_0} = \mathcal{T}_{k_0}(t_{j'})$, 其中 j' 使得 $k_0 \in C(j')$. 由上面关于 (c) 组的讨论, 可得结论: 在 $\mathbb{T}(p - k_0, \omega)$ 中根植于 N_{k_0} 的子树是 $\mathcal{T}_{k_0}(0)$.

用 $\mathcal{R}_{k_0}(0)$ 记从 $\mathcal{T}_{\boldsymbol{q}}(0)$ 中删除子树 $\mathcal{T}_{k_0}$ 后得到的结构树. 对于 $\mathcal{T}_{\boldsymbol{q}}(0)$, 我们将定义的向量分为两部分. 第一部分是定义 $\mathcal{T}_{k_0}(0)$ 的 $\boldsymbol{q}$ 部分, 记为

$$\boldsymbol{q}_T := \boldsymbol{q}(\mathcal{T}_{k_0}).$$

第二部分是定义 $\mathcal{R}_{k_0}(0)$ 的部分, 记为

$$\boldsymbol{q}_R := \boldsymbol{q}(\mathcal{R}_{k_0}).$$

我们表示 $\boldsymbol{q}$ 为

$$\boldsymbol{q} = (\boldsymbol{q}_R, \boldsymbol{q}_T).$$

积分 $\mathcal{T}_{k_0}(0)$ 用 $\boldsymbol{q}_T$ 定义, 积分 $\mathcal{R}_{k_0}(0)$ 用 $\boldsymbol{q}_R$ 定义. 我们也表示 $\mathbb{T}(p-k_0, \omega)$ 为 $\mathbb{T}_{(\boldsymbol{q}_R, \boldsymbol{q}_T)}(p-k_0, \omega)$, 表示 $\mathcal{T}_{k_0}(0)$ 为 $\mathcal{T}_{\boldsymbol{q}_T}$, 表示 $\mathcal{R}_{k_0}(0)$ 为 $\mathcal{R}_{\boldsymbol{q}_R}$.

引理 13.9.1　我们有

(a) $\mathbb{T}_{(\boldsymbol{q}_R, \boldsymbol{q}_T)}(p-k_0, \omega) = \mathcal{T}_{\boldsymbol{q}_T} \cdot \mathcal{R}_{\boldsymbol{q}_R}(p-k_0-1, v)$;

(b) 存在 $K > 0$ 使得

$$|\mathbb{T}_{(\boldsymbol{q}_R, \boldsymbol{q}_T)}(p-k_0, \omega) - \mathbb{T}_{(-\boldsymbol{q}_R, \boldsymbol{q}_T)}(p-k_0, \omega)| < (K\omega)^{27p} e^{-\pi/2}, \quad (13.9.1)$$

$$|\mathbb{T}_{(\boldsymbol{q}_R, -\boldsymbol{q}_T)}(p-k_0, \omega) - \mathbb{T}_{(-\boldsymbol{q}_R, -\boldsymbol{q}_T)}(p-k_0, \omega)| < (K\omega)^{27p} e^{-\pi/2}. \quad (13.9.2)$$

证　结论 (a) 直接从在 $\mathbb{T}(p-k_0, \omega)$ 中根植于 N_{k_0} 的子树是 $\mathcal{T}_{k_0}(0)$ 这个事实推出, $\mathcal{T}_{k_0}(0)$ 也可记为 $\mathcal{T}_{\boldsymbol{q}_T}$. 因子 $\mathcal{T}_{\boldsymbol{q}_T}$ 从 $\mathbb{T}(k_0, \omega)$ 出来, 并表示留下的树作为 $\mathcal{R}_{\boldsymbol{q}_R}(p-k_0-1, v)$. 得到 $\mathcal{R}_{\boldsymbol{q}_R}(p-k_0-1, v)$ 的另一种方法是应用 13.5 节的分解过程到 $\mathcal{R}_{\boldsymbol{q}_R} = \mathcal{R}_{k_0}(0)$. 积分 $\mathcal{R}_{\boldsymbol{q}_R}(p-k_0-1, v)$ 在 $p-k_0-1$ 步的终端进行.

为证明 (13.9.1) 我们考虑

$$\mathbb{T}_{(\boldsymbol{q}_R, \boldsymbol{q}_T)}(p-k_0, \omega) = \mathcal{T}_{\boldsymbol{q}_T} \cdot \mathcal{R}_{\boldsymbol{q}_R}(p-k_0-1, v),$$

$$\mathbb{T}_{(-\boldsymbol{q}_R, \boldsymbol{q}_T)}(p-k_0, \omega) = \mathcal{T}_{\boldsymbol{q}_T} \cdot \mathcal{R}_{-\boldsymbol{q}_R}(p-k_0-1, v)$$

得到

$$\mathbb{T}_{(\boldsymbol{q}_R, \boldsymbol{q}_T)}(p-k_0, \omega) - \mathbb{T}_{(-\boldsymbol{q}_R, \boldsymbol{q}_T)}(p-k_0, \omega)$$
$$= \mathcal{T}_{\boldsymbol{q}_T} \cdot [\mathcal{R}_{\boldsymbol{q}_R}(p-k_0-1, v) - \mathcal{R}_{-\boldsymbol{q}_R}(p-k_0-1, v)].$$

由 (A2) 知, $\mathcal{R}_{\boldsymbol{q}_R}$ 的子树中无总指标是零的, 根据命题 13.5.2 与命题 13.6.1 可知, $\mathcal{R}_{\boldsymbol{q}_R}(p-k_0-1, v)$ 是一个和式

$$i^{k_0 - p_{k_0} - 1} \mathbb{R}_{\boldsymbol{q}_R}(p - p_{k_0} - 1, v),$$

并且是一个指数小项的集合. 类似地, $\mathbb{R}_{-\boldsymbol{q}_R}(p-k_0-1,v)$ 是和式

$$i^{k_0-p_{k_0}-1}\mathbb{R}_{-\boldsymbol{q}_R}(p-p_{k_0}-1,v)$$

也是一个指数小项的集合. 注意到 $\mathbb{R}_{\boldsymbol{q}_R}(p-p_{k_0}-1,v)$ 与 $\mathbb{R}_{-\boldsymbol{q}_R}(p-p_{k_0}-1,v)$ 都完全是用 s-变量的. 再次用引理 13.6.1 得

$$\mathbb{R}_{\boldsymbol{q}_R}(p-p_{k_0}-1,v)=\mathbb{R}_{-\boldsymbol{q}_R}(p-p_{k_0}-1,v).$$

这就证明了 (13.9.1). 关于 (13.9.2) 的证明是类似的. $\quad\square$

对满足 (A1) 与 (A2) 的 $\boldsymbol{q}\in\mathcal{S}^+$, 基本块是 $\boldsymbol{q}_T$ 与 $\boldsymbol{q}_R$. 我们有

$$\mathbb{S}_{\boldsymbol{q}}=\{(\boldsymbol{q}_R,\boldsymbol{q}_T);\ (\boldsymbol{q}_R,-\boldsymbol{q}_T)\},$$

并由定义

$$\mathbb{D}_{\mathbb{S}_{\boldsymbol{q}}}=\mathcal{T}_{(\boldsymbol{q}_R,\boldsymbol{q}_T)}(0)-\mathcal{T}_{(-\boldsymbol{q}_R,-\boldsymbol{q}_T)}(0)+\mathcal{T}_{(\boldsymbol{q}_R,-\boldsymbol{q}_T)}(0)-\mathcal{T}_{(-\boldsymbol{q}_R,\boldsymbol{q}_T)}(0).$$

由分解公式 (13.6.1), 引理 13.6.1 与命题 13.6.1 得

$$\left|\mathbb{D}_{\mathbb{S}_{\boldsymbol{q}}}\right|\leqslant(K\omega)^{27p}e^{-\omega\pi/2}+\Big|\mathbb{T}_{(\boldsymbol{q}_R,\boldsymbol{q}_T)}(p-k_0,\omega)-\mathbb{T}_{(-\boldsymbol{q}_R,-\boldsymbol{q}_T)}(p-k_0,\omega)$$
$$+\mathbb{T}_{(\boldsymbol{q}_R,-\boldsymbol{q}_T)}(p-k_0,\omega)-\mathbb{T}_{(-\boldsymbol{q}_R,\boldsymbol{q}_T)}(p-k_0,\omega)\Big|,$$

通过变更等式右边 $\mathbb{T}_{(-\boldsymbol{q}_R,-\boldsymbol{q}_T)}(p-k_0,\omega)$ 和 $\mathbb{T}_{(-\boldsymbol{q}_R,\boldsymbol{q}_T)}(p-k_0,\omega)$ 的位置得

$$\left|\mathbb{D}_{\mathbb{S}_{\boldsymbol{q}}}\right|\leqslant(K\omega)^{27p}e^{-\omega\pi/2}+\Big|\mathbb{T}_{(\boldsymbol{q}_R,\boldsymbol{q}_T)}(p-k_0,\omega)-\mathbb{T}_{(-\boldsymbol{q}_R,\boldsymbol{q}_T)}(p-k_0,\omega)\Big|$$
$$+\Big|\mathbb{T}_{(\boldsymbol{q}_R,-\boldsymbol{q}_T)}(p-k_0,\omega)-\mathbb{T}_{(-\boldsymbol{q}_R,-\boldsymbol{q}_T)}(p-k_0,\omega)\Big|.$$

于是, 由 (13.9.1) 与 (13.9.2) 得到结论

$$\left|\mathbb{D}_{\mathbb{S}_{\boldsymbol{q}}}\right|\leqslant(K\omega)^{27p}e^{-\omega\pi/2}.$$

13.9.2 具有相互独立的零子树的纯积分

本节处理较少限制的情况. 设 $\mathcal{T}_{\boldsymbol{q}}(0)$ 是阶数为 p 的纯积分. 再次设 $Q_{\boldsymbol{q}}\neq 0$. 我们允许 $\mathcal{T}_{\boldsymbol{q}}(0)$ 有多棵零子树, 但设所有的零子树是相互独立的.

设 $\mathcal{T}_{\boldsymbol{q}}(0)$ 有 n 棵根植于 $N_{j_1},\cdots,N_{j_n}$ 的零子树, 其中

$$j_1>j_2>\cdots>j_n.$$

兹用 $\mathcal{T}_{j_k}$ 表示根植于 N_{j_k} 的子树, 用 $\mathcal{R}_{j_k}(0)$ 表示从 $\mathcal{T}_{\boldsymbol{q}}(0)$ 中删除 $\mathcal{T}_{j_k}$ 后留下的树. 一般地, 设

$$k_1<k_2<\cdots<k_m\leqslant n.$$

再用 $\mathcal{R}_{j_{k_1},\cdots,j_{k_m}}(0)$ 表示从 $\mathcal{T}_q(0)$ 中删除零子树 $\mathcal{T}_{j_{k_1}},\cdots,\mathcal{T}_{j_{k_m}}$ 后留下的树. 根据假设所有的零子树是相互独立的, 我们知道在 $\mathcal{R}_{j_{k_1},\cdots,j_{k_m}}(0)$ 中的零子树是所有的使得 $k \notin \{k_1,\cdots,k_m\}$ 的 $\mathcal{T}_{j_k}$.

由分解公式 (13.6.1) 与命题 13.6.1可知, 我们有以下模数指数小项

$$\mathcal{T}_q(0) = i^p \mathbb{T}_q(p-1,v) + \sum_{k=1}^{n} i^{p-j_k} \mathcal{T}_{j_k}(0) \cdot \mathbb{R}_{j_k}(p-j_k-1,v). \tag{13.9.3}$$

注意, 为得到 $\mathbb{R}_{j_k}(p-j_k-1,v)$, 我们从 $\mathcal{T}_q(0)$ 中删除了 $\mathcal{T}_{j_k}$ 以便先得到 $\mathcal{R}_{j_k}(0)$. 接着用 (13.6.1) 分解 $\mathcal{R}_{j_k}(0)$, 并且 $\mathbb{R}_{j_k}(p-j_k-1,v)$ 是在我们的分解过程中在第 $p-j_k-1$ 步得到的积分. 该积分部分的用 s-变量, 部分的用 τ 变量, 我们需要用 (13.5.11) 作进一步的分解. 我们有以下模指数小的项

$$\mathbb{R}_{j_k}(p-j_k-1,v) = i^{j_k-p_{j_k}} \mathbb{R}_{j_k}(p-p_{j_k}-1,v)$$
$$+ \sum_{w=k+1}^{n} i^{j_{kw}} \mathcal{T}_{j_w}(0) \cdot \mathbb{R}_{j_k j_w}(p-j_k+j_{kw}-1,v), \tag{13.9.4}$$

其中

$$j_{kw} = \#\{j' \in [j_w,j_k] \setminus T(j_k)\}$$

是在 $\mathcal{R}_{j_k}(0)$ 中作归纳法时从 N_{j_k+1} 到 N_{j_w} 的步数. 注意到在 $\mathbb{R}_{j_k}(p-j_k-1,v)$ 中, $N_p,\cdots,N_{j_k+1}$ 的积分变量已被转换到 s-变量, 并且零子树的根已被转换到 N_{j_w}, 其中 $w=k+1,k+2,\cdots,n$. 这就是为何 (13.9.4) 右边的求和是从 $w=k+1$ 到 n 作的原因. 在 $\mathcal{R}_{j_k}(0)$ 中从 N_{j_k+1} 到 N_{j_w} 作归纳法时, 其步数是 j_{kw}, 并且在分解 $\mathcal{R}_{j_k}(0)$ 时从 N_p 开始到达 N_{j_w} 其总步数是 $p-j_k+j_{kw}$. 右边第一项中 i 的幂是 $j_k-p_{j_k}$, 因为对于 $\mathcal{R}_{j_k}(0)$, 从 N_{j_k+1} 到达归纳的终点用了 $j_k-p_{j_k}$ 步.

这里要注意的是, 我们的指标变得非常详细. 但是, $\mathbb{R}_{j_k j_w}(p-j_k+j_{kw}-1,v)$ 持续的部分用 s-变量, 部分的用 τ 变量, 因此我们需要进一步地转换 τ 到 s 变量. 这种分解过程最终结束, 产生以下结果.

对 $m \leqslant n$ 令

$$\mathcal{K}_m = \{\boldsymbol{k} = (k_1,\cdots,k_m), k_1 < \cdots < k_m \leqslant n\}$$

及

$$\mathcal{K} = \bigcup_{m=1}^{n} \mathcal{K}_m.$$

我们用指标集 $\mathcal{K}_m$ 表示挑选 m 棵零子树的作用, 在 $\mathcal{T}_q(0)$ 中具有略过 $n-m$ 个的自由. 我们有

引理 13.9.2 对于 $\boldsymbol{k} = (k_1, \cdots, k_m)$, 设 $p_{\boldsymbol{k}} = p - p_{j_{k_1}} - \cdots - p_{j_{k_m}}$ 是剩余树 $\mathcal{R}_{j_{k_1} \cdots j_{k_m}}(0)$ 的阶数. 则模指数小的项为

$$\mathcal{T}_{\boldsymbol{q}}(0) = i^p \mathbb{T}_{\boldsymbol{q}}(p-1, v) + \sum_{m=1}^{n} \left(\sum_{\boldsymbol{k} \in \mathcal{K}_m} i^{p_{\boldsymbol{k}}} \mathcal{T}_{j_{k_1}}(0) \cdots \mathcal{T}_{j_{k_m}}(0) \cdot \mathbb{R}_{j_{k_1} \cdots j_{k_m}}(p_{\boldsymbol{k}} - 1, v) \right). \tag{13.9.5}$$

证 首先将 $\mathbb{R}_{j_k}(p - j_k - 1, v)$ 代入 (13.9.3), 由 (13.9.4) 得

$$\mathcal{T}_{\boldsymbol{q}}(0) = i^p \mathbb{T}(p-1, v) + \sum_{k=1}^{n} i^{p - p_{j_k}} \mathcal{T}_{j_k}(0) \cdot \mathbb{R}_{j_k}(p - p_{j_k} - 1, v)$$

$$+ \sum_{k=1}^{n} \sum_{w=k+1}^{n} i^{p - j_k + j_{kw}} \mathcal{T}_{j_k}(0) \cdot \mathcal{T}_{j_w}(0) \cdot \mathbb{R}_{j_k j_w}(p - j_k + j_{kw} - 1, v).$$

对所有的 $\boldsymbol{k} \in \mathcal{K}_1$, 第一个和式明显地与在 (13.9.5) 中的和式相匹配. 第二个和式可重新记为

$$\sum_{(k_1, k_2) \in \mathcal{K}_2} i^{p - j_k + j_{k_1 k_2}} \mathcal{T}_{j_{k_1}}(0) \cdot \mathcal{T}_{i_{k_2}}(0) \cdot \mathbb{R}_{j_{k_1} j_{k_2}}(p - j_k + j_{k_1 k_2} - 1, v),$$

其中 $k = k_1, w = k_2$. 换言之, 有

$$\mathcal{T}_{\boldsymbol{q}}(0) = i^p \mathbb{T}(p-1, v) + \sum_{k=1}^{n} i^{p - p_{j_k}} \mathcal{T}_{j_k}(0) \cdot \mathbb{R}_{j_k}(p - p_{j_k} - 1, v)$$

$$+ \sum_{(k_1, k_2) \in \mathcal{K}_2} i^{p - j_k + j_{k_1 k_2}} \mathcal{T}_{j_{k_1}}(0) \cdot \mathcal{T}_{i_{k_2}}(0) \cdot \mathbb{R}_{j_{k_1} j_{k_2}}(p - j_k + j_{k_1 k_2} - 1, v).$$

$$\tag{13.9.6}$$

继续下去, 用命题 13.5.2 中的 (13.5.11), 我们进一步分解 $\mathbb{R}_{j_{k_1} j_{k_2}}(p - j_k + j_{k_1 k_2} - 1, v)$, 等等. 到此时很清楚, 为形式地证明 (13.9.5), 我们要做另外的局部归纳.

第一, 我们作归纳假设. 这里, 关于数学的内容还是较少, 像通常的复杂的组合证明那样, 要多关注详尽的指标记号. 设

$$\boldsymbol{k} = (k_1, \cdots, k_m) \in \mathcal{K}_m.$$

(i) 记 $\mathcal{R}_{j_{k_1} \cdots j_{k_m}}(0)$ 为 $\mathcal{R}_{\boldsymbol{k}}(0)$, 并对应地, 记 $\mathbb{R}_{j_{k_1} \cdots j_{k_m}}$ 为 $\mathbb{R}_{\boldsymbol{k}}$; 记 $\mathcal{R}_{\boldsymbol{k}}(0)$ 的阶数为 $p_{\boldsymbol{k}}$.

(ii) 在分解 $\mathcal{R}_{\boldsymbol{k}}(0)$ 时, 从 13.5 节的分解过程的开始点到达 $N_{j_{k_m}+1}$ 的步数记为 J_{pm}. 下标 pm 是指从 N_p 到 $N_{j_{k_m}+1}$.

(iii) 对给定的 $w > k_m$, 在分解 $\mathcal{R}_{\boldsymbol{k}}(0)$ 时, 从 $N_{j_{k_m}+1}$ 到 N_{j_w} 的步数记为 J_{mw}.

(iv) 从 $N_{j_{k_m}+1}$ 到分解 $\mathcal{R}_{\boldsymbol{k}}(0)$ 的终点的步数记为 J_{me}. 下标 me 是指从 $N_{j_{k_m}+1}$ 到树 $\mathcal{R}_{\boldsymbol{k}}(0)$ 的终端.

注意在上面写条目 (ii)—(iv) 时, 我们心照不宣地想着 $N_{j_{k_m}+1}$ 是在 $\mathcal{R}_{\boldsymbol{k}}(0)$ 中. 当 $N_{j_{k_m}+1}$ 不在 $\mathcal{R}_{\boldsymbol{k}}(0)$ 中时, 我们需要在条目 (ii)—(iv) 中用树结点代替 $N_{j_{k_m}+1}$, 在 $\mathcal{R}_{\boldsymbol{k}}(0)$ 中立即处理 $N_{j_{k_m}}$.

对 $\boldsymbol{k} \in \mathcal{K}_m$, 开始重复地用 (13.5.11) 可得

$$\mathbb{R}_{\boldsymbol{k}}(J_{pm} - 1, v) = i^{J_{me}}\mathbb{R}_{\boldsymbol{k}}(p_{\boldsymbol{k}} - 1, v) + \sum_{w=k_m+1}^{n} i^{J_{mw}}\mathcal{T}_{j_w}(0) \cdot \mathbb{R}_{(\boldsymbol{k},w)}(J_{pw} - 1, v).$$
$$(13.9.7)$$

这是 (13.9.4) 的广义版.

关于 (13.9.5) 的证明是对 m 作归纳法, 归纳假设如下.

归纳假设

$$\mathcal{T}_{\boldsymbol{q}}(0) = i^p\mathbb{T}(p - 1, v) + \sum_{m'=1}^{m}\left(\sum_{\boldsymbol{k}\in\mathcal{K}_{m'}} i^{p_{\boldsymbol{k}}}\mathcal{T}_{j_{k_1}}(0)\cdots\mathcal{T}_{j_{k_{m'}}}(0) \cdot \mathbb{R}_{\boldsymbol{k}}(p_{\boldsymbol{k}} - 1, v)\right)$$
$$+ \sum_{\boldsymbol{k}\in\mathcal{K}_{m+1}} i^{J_{p(m+1)}}\mathcal{T}_{j_{k_1}}(0)\cdots\mathcal{T}_{j_{k_{m+1}}}(0) \cdot \mathbb{R}_{\boldsymbol{k}}(J_{p(m+1)} - 1, v). \quad (13.9.8)$$

注意, 在第一行中 $\mathbb{R}_{\boldsymbol{k}}(p_{\boldsymbol{k}} - 1, v)$ 完全是 s-变量. 它们是完全的 (在 $\mathcal{R}_{\boldsymbol{k}}(0)$ 上) 分解过程的最终产物. 但在第二行, $\mathbb{R}_{\boldsymbol{k}}(J_{p(m+1)} - 1, v)$ 仍然是变量 s 与 τ 的混合的积分, 需要完全地转换到 s-变量.

初始一步是 $m = 1$. 此时, (13.9.8) 被约化到 (13.9.6). 进一步作归纳法, 我们需要关于 $m + 1$ 的 (13.9.7). 这就是说, 对 $\boldsymbol{k} \in \mathcal{K}_{m+1}$ 有

$$\mathbb{R}_{\boldsymbol{k}}(J_{p(m+1)} - 1, v) = i^{J_{(m+1)e}}\mathbb{R}_{\boldsymbol{k}}(p_{\boldsymbol{k}} - 1, v)$$
$$+ \sum_{w=k_{m+1}+1}^{n} i^{J_{(m+1)w}}\mathcal{T}_{j_w}(0) \cdot \mathbb{R}_{(\boldsymbol{k},w)}(J_{pw} - 1, v). \quad (13.9.9)$$

设对 m, (13.9.8) 成立, 对在 (13.9.8) 中的 $\mathbb{R}_{\boldsymbol{k}}(J_{p(m+1)} - 1, v)$, 通过应用 (13.9.9), 兹证当 $m + 1$ 时, (13.9.8) 也成立. 换言之, 有

$$\mathcal{T}_{\boldsymbol{q}}(0) = i^p\mathbb{T}(p - 1, v) + \sum_{m'=1}^{m}\left(\sum_{\boldsymbol{k}\in\mathcal{K}_{m'}} i^{p_{\boldsymbol{k}}}\mathcal{T}_{j_{k_1}}(0)\cdots\mathcal{T}_{j_{k_{m'}}}(0) \cdot \mathbb{R}_{\boldsymbol{k}}(p_{\boldsymbol{k}} - 1, v)\right)$$
$$+ \sum_{\boldsymbol{k}\in\mathcal{K}_{m+1}} i^{J_{p(m+1)}}\mathcal{T}_{j_{k_1}}(0)\cdots\mathcal{T}_{j_{k_{m+1}}}(0) \cdot i^{J_{(m+1)e}}\mathbb{R}_{\boldsymbol{k}}(p_{\boldsymbol{k}} - 1, v)$$

$$
+ \sum_{\boldsymbol{k} \in \mathcal{K}_{m+1}} i^{J_{p(m+1)}} \mathcal{T}_{j_{k_1}}(0) \cdots \mathcal{T}_{j_{k_{m+1}}}(0)
$$

$$
\cdot \left(\sum_{w=j_{k_{m+1}}+1}^{n} i^{J_{(m+1)w}} \mathcal{T}_{j_w}(0) \cdot \mathbb{R}_{(\boldsymbol{k},w)}(J_{pw}-1,v) \right).
$$

上式中第二行是

$$
\sum_{\boldsymbol{k} \in \mathcal{K}_{m+1}} i^{J_{p(m+1)}+J_{(m+1)e}} \mathcal{T}_{j_{k_1}}(0) \cdots \mathcal{T}_{j_{k_{m+1}}}(0) \cdot \mathbb{R}_{\boldsymbol{k}}(p_{\boldsymbol{k}}-1,v)
$$

$$
= \sum_{\boldsymbol{k} \in \mathcal{K}_{m+1}} i^{p_{\boldsymbol{k}}} \mathcal{T}_{j_{k_1}}(0) \cdots \mathcal{T}_{j_{k_{m+1}}}(0) \cdot \mathbb{R}_{\boldsymbol{k}}(p_{\boldsymbol{k}}-1,v).
$$

因为由定义 $p_{\boldsymbol{k}} = J_{p(m+1)} + J_{(m+1)e}$. 它被加于第一行, 关于 m' 从 m 到 $m+1$ 提升了上界.

左边是

$$
\sum_{\boldsymbol{k} \in \mathcal{K}_{m+1}} i^{J_{p(m+1)}} \mathcal{T}_{j_{k_1}}(0) \cdots \mathcal{T}_{j_{k_{m+1}}}(0)
$$

$$
\cdot \left(\sum_{w=k_{m+1}+1}^{n} i^{J_{(m+1)w}} \mathcal{T}_{j_w}(0) \cdot \mathbb{R}_{(\boldsymbol{k},w)}(J_{pw}-1,v) \right)
$$

$$
= \sum_{\boldsymbol{k} \in \mathcal{K}_{m+1}} \sum_{w=k_{m+1}+1}^{n} i^{J_{p(m+1)}+J_{(m+1)w}} \mathcal{T}_{j_{k_1}}(0) \cdots \mathcal{T}_{j_{k_{m+1}}}(0) \cdot \mathcal{T}_{j_w}(0) \cdot \mathbb{R}_{(\boldsymbol{k},w)}(J_{pw}-1,v)
$$

$$
= \sum_{\boldsymbol{k} \in \mathcal{K}_{m+2}} i^{J_{p(m+2)}} \mathcal{T}_{j_{k_1}}(0) \cdots \mathcal{T}_{j_{k_{m+2}}}(0) \cdot \mathbb{R}_{\boldsymbol{k}}(J_{p(m+2)}-1,v),
$$

其中, 为得到后一个等式, 我们知道对

$$
\boldsymbol{k} = (k_1, \cdots, k_{m+1}) \in \mathcal{K}_{m+1},
$$

有 $(\boldsymbol{k}, k_w) \in \mathcal{K}_{m+2}$ 当且仅当 $k_{m+1}+1 \leqslant w \leqslant n$. 作为结论, 有

$$
\mathcal{T}_{\boldsymbol{q}}(0) = i^p \mathbb{T}(p-1,v) + \sum_{m'=1}^{m+1} \left(\sum_{\boldsymbol{k} \in \mathcal{K}_{m'}} i^{p_{\boldsymbol{k}}} \mathcal{T}_{j_{k_1}}(0) \cdots \mathcal{T}_{j_{k_{m'}}}(0) \cdot \mathbb{R}_{\boldsymbol{k}}(p_{\boldsymbol{k}}-1,v) \right)
$$

$$
+ \sum_{\boldsymbol{k} \in \mathcal{K}_{m+2}} i^{J_{p(m+2)}} \mathcal{T}_{j_{k_1}}(0) \cdots \mathcal{T}_{j_{m+2}}(0) \cdot \mathbb{R}_{\boldsymbol{k}}(J_{p(m+2)}-1,v).
$$

现在归纳完成了. 最后, 为得到 (13.9.5), 在 (13.9.8) 设 $m=n$. $\qquad\square$

下面我们要证明命题 13.6.2, 仍假设 $\mathcal{T}(0)$ 的所有零子树是相互独立的. 设 q_k 是定义 $\mathcal{T}_{j_k}$ 的 q 的一部分, 则

$$q = q_R \cup q_1 \cup \cdots \cup q_n,$$

且

$$\mathbb{S}_q = \{\hat{q} := q_R \cup \pm q_1 \cup \cdots \cup \pm q_n\}. \tag{13.9.10}$$

再回顾

$$\mathbb{D}_{\mathbb{S}_q} = \sum_{\hat{q} \in \mathbb{S}_q} \left(\mathcal{T}_{\hat{q}}(0) - \mathcal{T}_{-\hat{q}}(0) \right).$$

兹证, 在假设 q 的总指标非零与 $\mathcal{T}_q(0)$ 的所有零子树相互独立下, 则所有项的模是指数小的,

$$\mathbb{D}_{\mathbb{S}_q} = 0. \tag{13.9.11}$$

在这个证明中, 在 13.5 节的归纳过程中产生的所有指数小项都被忽略了. 换言之, 在这个证明中出现的所有等式把握住了这些项的模. 在后面, 我们需要计算有多少这样的项被删除. 在这里完全集中于删除的问题.

在 (13.9.5) 中给出的 $\mathcal{T}_q(0)$ 中取其一项, 例如

$$\mathcal{T}_{j_{k_1}}(0) \cdots \mathcal{T}_{j_{k_m}}(0) \cdot \mathbb{R}_k(p_k - 1, v), \tag{13.9.12}$$

其中 $k = (k_1, \cdots, k_m) \in \mathcal{K}_m$. 通过在 q 中, 改变 $q_{k_1}, \cdots, q_{k_m}$ 的符号为 $-q_{k_1}, \cdots, -q_{k_m}$, 我们定义 $\hat{q}$. 于是, 在 (13.9.5) 中, 对于 $\mathcal{T}_{-\hat{q}}(0)$, 有对应项

$$\mathcal{T}_{j_{k_1}}(0) \cdots \mathcal{T}_{j_{k_m}}(0) \cdot \hat{\mathbb{R}}_k(p_k - 1, v). \tag{13.9.13}$$

其中 $\hat{\mathbb{R}}_k(p_k - 1, v)$ 这样得到: 对在 $\mathbb{R}_k(p_k - 1, v)$ 中的 $\mathcal{R}_k$, 将其中的 q 向量, 例如 q_{R_k} 取相反的符号变为 $-q_{R_k}$. 注意, $\mathbb{R}_k(p_k - 1, v)$ 与 $\hat{\mathbb{R}}_k(p_k - 1, v)$ 都是完全的用 s-变量, 并且有

$$\mathbb{R}_k(p_k - 1, v) = \hat{\mathbb{R}}_k(p_k - 1, v). \tag{13.9.14}$$

等式 (13.9.14) 与引理 13.6.1 有相同的证明. 因此, (13.9.13) 中的项删除了 (13.9.12) 中的项.

现叙述正式的证明. 所有的等式是通常的模指数小项. 由 (13.9.5), 有

$$\mathbb{D}_{\mathbb{S}_q} = \sum_{\hat{q} \in \mathbb{S}_q} \sum_{m=0}^{n} \sum_{k \in \mathcal{K}_m} i^{p_k} \Big(\mathcal{T}_{\hat{q}_{k_1}} \cdots \mathcal{T}_{\hat{q}_{k_m}} \cdot \mathbb{R}_{q_R \bigcup_{j \in [1,n] \setminus (k_1, \cdots, k_m)} \hat{q}_j}(p_k - 1, v)$$

$$- \mathcal{T}_{-\hat{q}_{k_1}} \cdots \mathcal{T}_{-\hat{q}_{k_m}} \cdot \mathbb{R}_{-[q_R \bigcup_{j \in [1,n] \setminus (k_1, \cdots, k_m)} \hat{q}_j]}(p_k - 1, v) \Big)$$

$$= \sum_{\pm} \sum_{m=0}^{n} \sum_{\boldsymbol{k} \in \mathcal{K}_m} i^{p_{\boldsymbol{k}}} \left(\mathcal{T}_{\pm \boldsymbol{q}_{k_1}} \cdots \mathcal{T}_{\pm \boldsymbol{q}_{k_m}} \cdot \mathbb{R}_{\boldsymbol{q}_R \bigcup_{j \in [1,n] \setminus (k_1, \cdots, k_m)} \pm \boldsymbol{q}_j} (p_{\boldsymbol{k}} - 1, v) \right.$$

$$\left. - \mathcal{T}_{\mp \boldsymbol{q}_{k_1}} \cdots \mathcal{T}_{\mp \boldsymbol{q}_{k_m}} \cdot \mathbb{R}_{-[\boldsymbol{q}_R \bigcup_{j \in [1,n] \setminus (k_1, \cdots, k_m)} \pm \boldsymbol{q}_j]} (p_{\boldsymbol{k}} - 1, v) \right),$$

其中在后一个等式的右边, $\pm$ 与 $\mp$ 符号相反, 又 $\sum_{\pm}$ 的意思是求和在所有允许符号 $\pm$ 的选择上进行. 现交换 $\sum_{\pm}$ 与 $\sum_{m=0}^{n} \sum_{\boldsymbol{k} \in \mathcal{K}_m}$ 的次序, 可得

$$\mathbb{D}_{\mathbb{S}_{\boldsymbol{q}}} = \sum_{m=0}^{n} \sum_{\boldsymbol{k} \in \mathcal{K}_m} \sum_{\pm} i^{p_{\boldsymbol{k}}} \left(\mathcal{T}_{\pm \boldsymbol{q}_{k_1}} \cdots \mathcal{T}_{\pm \boldsymbol{q}_{k_m}} \cdot \mathbb{R}_{\boldsymbol{q}_R \bigcup_{j \in [1,n] \setminus (k_1, \cdots, k_m)} \pm \boldsymbol{q}_j} (p_{\boldsymbol{k}} - 1, v) \right.$$

$$\left. - \mathcal{T}_{\mp \boldsymbol{q}_{k_1}} \cdots \mathcal{T}_{\mp \boldsymbol{q}_{k_m}} \cdot \mathbb{R}_{-[\boldsymbol{q}_R \bigcup_{j \in [1,n] \setminus (k_1, \cdots, k_m)} \pm \boldsymbol{q}_j]} (p_{\boldsymbol{k}} - 1, v) \right).$$

注意, 这种次序交换是可允许的, 因为指标集 $\mathcal{K}$ 的定义是不依赖于 $\hat{\boldsymbol{q}}$ 的. 继续进行, 有

$$\mathbb{D}_{\mathbb{S}_{\boldsymbol{q}}} = \sum_{m=0}^{n} \sum_{\boldsymbol{k} \in \mathcal{K}_m} \left(\sum_{\pm} i^{p_{\boldsymbol{k}}} \mathcal{T}_{\pm \boldsymbol{q}_{k_1}} \cdots \mathcal{T}_{\pm \boldsymbol{q}_{k_m}} \right)$$

$$\cdot \left(\sum_{\pm} \mathbb{R}_{\boldsymbol{q}_R \bigcup_{j \in [1,n] \setminus (k_1, \cdots, k_m)} \pm \boldsymbol{q}_j} (p_{\boldsymbol{k}} - 1, v) \right)$$

$$- \sum_{m=0}^{n} \sum_{\boldsymbol{k} \in \mathcal{K}_m} \left(\sum_{\pm} i^{p_{\boldsymbol{k}}} \mathcal{T}_{\mp \boldsymbol{q}_{k_1}} \cdots \mathcal{T}_{\mp \boldsymbol{q}_{k_m}} \right)$$

$$\cdot \left(\sum_{\pm} \mathbb{R}_{-[\boldsymbol{q}_R \bigcup_{j \in [1,n] \setminus (k_1, \cdots, k_m)} \pm \boldsymbol{q}_j]} (p_{\boldsymbol{k}} - 1, v) \right)$$

$$= \sum_{m=0}^{n} \sum_{\boldsymbol{k} \in \mathcal{K}_m} \left(\sum_{\pm} i^{p_{\boldsymbol{k}}} \mathcal{T}_{\pm \boldsymbol{q}_{k_1}} \cdots \mathcal{T}_{\pm \boldsymbol{q}_{k_m}} \right)$$

$$\cdot \sum_{\pm} \left(\mathbb{R}_{\boldsymbol{q}_R \bigcup_{j \in [1,n] \setminus (k_1, \cdots, k_m)} \pm \boldsymbol{q}_j} (p_{\boldsymbol{k}} - 1, v) \right.$$

$$\left. - \mathbb{R}_{-[\boldsymbol{q}_R \bigcup_{j \in [1,n] \setminus (k_1, \cdots, k_m)} \pm \boldsymbol{q}_j]} (p_{\boldsymbol{k}} - 1, v) \right)$$

$$= 0.$$

在第一个等式中, 我们将和式 $\sum_{\pm}$ 分割为两个, 因为 $\pm$ 的选定对所有的个别的基本 $\boldsymbol{q}$-块是相互独立的. 第二个等式成立是因为

$$\sum_{\pm} i^{p_{\boldsymbol{k}}} \mathcal{T}_{\mp \boldsymbol{q}_{k_1}} \cdots \mathcal{T}_{\mp \boldsymbol{q}_{k_m}} = \sum_{\pm} i^{p_{\boldsymbol{k}}} \mathcal{T}_{\pm \boldsymbol{q}_{k_1}} \cdots \mathcal{T}_{\pm \boldsymbol{q}_{k_m}}.$$

后一个等式由以下关系推出

$$\mathbb{R}_{\boldsymbol{q}_R \bigcup_{j \in [1,n] \setminus (k_1, \cdots, k_m)} \pm \boldsymbol{q}_j} (p_{\boldsymbol{k}} - 1, v) = \mathbb{R}_{-[\boldsymbol{q}_R \bigcup_{j \in [1,n] \setminus (k_1, \cdots, k_m)} \pm \boldsymbol{q}_j]} (p_{\boldsymbol{k}} - 1, v).$$

这个等式与引理 13.6.1 有相同的证明. 这就证明了 (13.9.11).

13.9.3　一般情况的证明

本节设 $\mathcal{T}_{\boldsymbol{q}}(0)$ 是纯积分且 $Q_{\boldsymbol{q}} \neq 0$. 兹证命题 13.6.2, 不再假设所有零子树是相互独立的. 设 $\mathcal{T}_{\boldsymbol{q}}(0)$ 有 n 棵零子树, 总体上我们有, 把 $\boldsymbol{q}_R$ 算在内, $n+1$ 个基本 $\boldsymbol{q}$-块, 表示为

$$\boldsymbol{q}_R, \ \boldsymbol{q}_1, \boldsymbol{q}_2, \cdots, \boldsymbol{q}_n.$$

根据定义, 这些是 $\boldsymbol{q}$ 的相互不交的子集并且

$$\boldsymbol{q} = \boldsymbol{q}_R \cup \boldsymbol{q}_1 \cup \cdots \cup \boldsymbol{q}_n.$$

对于 $\boldsymbol{q} \in \mathcal{S}_{\boldsymbol{q}}^+$, 我们知道

$$\mathbb{S}_{\boldsymbol{q}} = \{\hat{\boldsymbol{q}} = \boldsymbol{q}_R \cup \pm \boldsymbol{q}_1 \cup \cdots \cup \pm \boldsymbol{q}_n\}, \tag{13.9.15}$$

其中, 如果基本 $\boldsymbol{q}$-块标注不是零向量, $\pm$ 是 $+$ 或 $-$. 如果基本 $\boldsymbol{q}$-块标注为零向量, 我们设 $\pm = 0$. 再注意

$$\mathbb{D}_{\mathbb{S}_{\boldsymbol{q}}} = \sum_{\hat{\boldsymbol{q}} \in \mathbb{S}_{\boldsymbol{q}}} \left(\mathcal{T}_{\hat{\boldsymbol{q}}}(0) - \mathcal{T}_{-\hat{\boldsymbol{q}}}(0) \right),$$

命题 13.9.1　*模指数小的项是*

$$\mathbb{D}_{\mathbb{S}_{\boldsymbol{q}}} = 0.$$

证　我们密切地仿效在上一节中所述的同样的恒等式的证明, 沿着这条路引入某些必要的调整. 设 $\mathcal{T}_{\boldsymbol{q}}(0)$ 有 n 棵分别根植于 $N_{j_1}, \cdots, N_{j_n}$ 的零子树, 其中

$$j_1 > j_2 > \cdots > j_n.$$

记根植于 N_{j_k} 的零子树作为 $\mathcal{T}_{j_k}$. 再用 $\mathcal{R}_{j_k}(0)$ 表示从 $\mathcal{T}_{\boldsymbol{q}}(0)$ 中删除 $\mathcal{T}_{j_k}$ 后的剩余树. 由 (13.5.13), 再次得到模指数小项为

$$\mathcal{T}_{\boldsymbol{q}}(0) = i^p \mathbb{T}_{\boldsymbol{q}}(p-1, v) + \sum_{k=1}^{n} i^{p-j_k} \mathcal{T}_{j_k} \cdot \mathbb{R}_{j_k}(p - j_k - 1, v). \tag{13.9.16}$$

积分 $\mathbb{R}_{j_k}(p - j_k - 1, v)$ 是 s-与 τ-变量的混合. 我们可想象它作为分解 $\mathcal{R}_{j_k}(0)$ 的中间产物. $\mathbb{R}_{j_k}(p - j_k - 1, v)$ 的顶点部分直到 $N_{j_{k+1}}$ 是用 s-变量, 余下的用 τ-变量.

我们继续分解 $\mathbb{R}_{j_k}(p - j_k - 1, v)$. 现在存在两种困难情况.

(1) 我们不可能假设对所有的 $k' > k$, $\mathcal{T}_{j_{k'}}$ 在 $\mathcal{R}_{j_k}(0)$ 内, 因为 $\mathcal{T}_{j_{k'}}$ 可能不是 $\mathcal{T}_{j_k}$ 的子树. 此时, 从 $\mathcal{T}_q(0)$ 删除 $\mathcal{T}_{j_k}$, 我们也删除了 $\mathcal{T}_{j_{k'}}$.

(2) $\mathcal{R}_{j_k}(0)$ 的零子树不再必要是 $\mathcal{T}_q(0)$ 的零子树. 设 $k < k'$, 且 $\mathcal{T}_{j_{k'}}$ 是 $\mathcal{T}_{j_k}$ 的一棵子树, 则 $\mathcal{T}_{j_k} \setminus \mathcal{T}_{j_{k'}}$ 是在 $\mathcal{R}_{j'_k}(0)$ 中的一棵零子树.

记住这些结论, 我们期望得到 (13.9.5) 的对应.

定义 13.9.1 设 $\boldsymbol{k} = (k_1, \cdots, k_m)$ 使得

$$k_1 < k_2 < \cdots < k_m \leqslant n.$$

称 $\boldsymbol{k}$ 为可允许的, 倘若 $\mathcal{T}_{j_{k_1}}, \cdots, \mathcal{T}_{j_{k_m}}$ 是相互独立的.

设 $\mathcal{K}_m$ 是所有可允许的 m 个分量的 $\boldsymbol{k}$ 的集合, 并且

$$\mathcal{K} = \bigcup_{m=1}^{n} \mathcal{K}_m.$$

对于 $\boldsymbol{k} = (k_1, \cdots, k_m) \in \mathcal{K}_m$, 记 $\mathcal{R}_{\boldsymbol{k}}(0) = \mathcal{R}_{j_{k_1} \cdots j_{k_m}}(0)$ 是从 $\mathcal{T}_q(0)$ 中删除子树 $T_{j_{k_1}}, \cdots, T_{j_{k_m}}$ 后得到的剩余树. 又令 $p_{\boldsymbol{k}} = p - p_{j_{k_1}} - \cdots - p_{j_{k_m}}$ 是 $\mathcal{R}_{\boldsymbol{k}}(0)$ 的阶数. 现在用这个新的 $\mathcal{K}$ 代替 (13.9.5) 中的一个, 得

$$\mathcal{T}_q(0) = i^p \mathbb{T}(p-1, v) + \sum_{m=1}^{n} \left(\sum_{\boldsymbol{k} \in \mathcal{K}_m} i^{p_{\boldsymbol{k}}} \mathcal{T}_{j_{k_1}} \cdots \mathcal{T}_{j_{k_m}} \cdot \mathbb{R}_{j_{k_1} \cdots j_{k_m}}(p_{\boldsymbol{k}} - 1, v) \right).$$

$$\tag{13.9.17}$$

为证明 (13.9.17), 重复引理 13.9.2 的证明, 不同的是, 我们改变在 w 上从 $k_m + 1$ 到 n 的所有和式为在所有 w 上的和式, 使得 $(k_1, \cdots, k_m, w)$ 是可允许的. 这里证明的细节如下. 设 $\boldsymbol{k} = (k_1, \cdots, k_m) \in \mathcal{K}_m$ 其中 $\mathcal{K}_m$ 是长度为 m 的可允许的 $\boldsymbol{k}$ 集合. 我们再定义积分 J_{pm}, J_{mw}, 并用和上节同样的方法定义积分 J_{me}. 对于 (13.9.7) 的对应, 我们重复地用 (13.5.11) 可得

$$\mathbb{R}_{\boldsymbol{k}}(J_{pm} - 1, v) = i^{J_{me}} \mathbb{R}_{\boldsymbol{k}}(p_{\boldsymbol{k}} - 1, v) + \sum_{w: (\boldsymbol{k}, w) \in \mathcal{K}_{m+1}} i^{J_{mw}} \mathcal{T}_{j_w}(0) \cdot \mathbb{R}_{(\boldsymbol{k}, w)}(J_{pw} - 1, v).$$

$$\tag{13.9.18}$$

关于 (13.9.17) 的证明是对 m 作归纳法, 其归纳假设是

$$\mathcal{T}_q(0) = i^p \mathbb{T}(p-1, v) + \sum_{m'=1}^{m} \left(\sum_{\boldsymbol{k} \in \mathcal{K}_{m'}} i^{p_{\boldsymbol{k}}} \mathcal{T}_{j_{k_1}}(0) \cdots \mathcal{T}_{j_{k_{m'}}}(0) \cdot \mathbb{R}_{\boldsymbol{k}}(p_{\boldsymbol{k}} - 1, v) \right)$$

$$+ \sum_{\boldsymbol{k} \in \mathcal{K}_{m+1}} i^{J_{p(m+1)}} \mathcal{T}_{j_{k_1}}(0) \cdots \mathcal{T}_{j_{m+1}}(0) \mathbb{R}_{\boldsymbol{k}}(J_{p(m+1)} - 1, v). \tag{13.9.19}$$

为证 (13.9.19), 对 $m+1$ 对 $\boldsymbol{k} = (k_1, \cdots, k_{m+1}) \in \mathcal{K}_{m+1}$, 我们需要 (13.9.18), 即

$$\mathbb{R}_{\boldsymbol{k}}(J_{p(m+1)} - 1, v) = i^{J_{(m+1)e}} \mathbb{R}_{\boldsymbol{k}}(p_{\boldsymbol{k}} - 1, v)$$

$$+ \sum_{w:(\boldsymbol{k},w)\in\mathcal{K}_{m+2}} i^{J_{(m+1)w}}\mathcal{T}_{j_w}(0)\cdot\mathbb{R}_{(\boldsymbol{k},w)}(J_{pw}-1,v). \tag{13.9.20}$$

设对于 m, (13.9.19) 成立. 我们作归纳法, 代 $\mathbb{R}_{\boldsymbol{k}}(J_{p(m+1)}-1,v)$ 入 (13.9.19), 用 (13.9.20) 得

$$\mathcal{T}_{\boldsymbol{q}}(0) = i^p\mathbb{T}(p-1,v) + \sum_{m'=1}^{m}\left(\sum_{\boldsymbol{k}\in\mathcal{K}_{m'}} i^{p_{\boldsymbol{k}}}\mathcal{T}_{j_{k_1}}(0)\cdots\mathcal{T}_{j_{k_{m'}}}(0)\cdot\mathbb{R}_{\boldsymbol{k}}(p_{\boldsymbol{k}}-1,v)\right)$$
$$+ \sum_{\boldsymbol{k}\in\mathcal{K}_{m+1}} i^{J_{p(m+1)}+J_{(m+1)e}}\mathcal{T}_{j_{k_1}}(0)\cdots\mathcal{T}_{j_{m+1}}(0)\mathbb{R}_{\boldsymbol{k}}(p_{\boldsymbol{k}}-1,v)$$
$$+ \sum_{\boldsymbol{k}\in\mathcal{K}_{m+1}} i^{J_{p(m+1)}}\mathcal{T}_{j_{k_1}}(0)\cdots\mathcal{T}_{j_{m+1}}(0)$$
$$\cdot\left(\sum_{w:(\boldsymbol{k},w)\in\mathcal{K}_{m+2}} i^{J_{(m+1)w}}\mathcal{T}_{j_w}(0)\cdot\mathbb{R}_{(\boldsymbol{k},w)}(J_{pw}-1,v)\right).$$

注意, $p_{\boldsymbol{k}} = J_{p(m+1)} + J_{(m+1)e}$, 故第二行被加到第一个和式中, 提升了上指标 m', 从 m 到 $m+1$. 这意味着

$$\mathcal{T}_{\boldsymbol{q}}(0) = i^p\mathbb{T}(p-1,v) + \sum_{m'=1}^{m+1}\left(\sum_{\boldsymbol{k}\in\mathcal{K}_{m'}} i^{p_{\boldsymbol{k}}}\mathcal{T}_{j_{k_1}}(0)\cdots\mathcal{T}_{j_{k_{m'}}}(0)\cdot\mathbb{R}_{\boldsymbol{k}}(p_{\boldsymbol{k}}-1,v)\right)$$
$$+ \sum_{\boldsymbol{k}\in\mathcal{K}_{m+1}}\sum_{w:(\boldsymbol{k},w)\in\mathcal{K}_{m+2}} i^{J_{pw}}\mathcal{T}_{j_{k_1}}(0)\cdots\mathcal{T}_{j_{m+1}}(0)\cdot\mathcal{T}_{j_w}(0)\cdot\mathbb{R}_{(\boldsymbol{k},w)}(J_{pw}-1,v)$$
$$= i^p\mathbb{T}(p-1,v) + \sum_{m'=1}^{m+1}\left(\sum_{\boldsymbol{k}\in\mathcal{K}_{m'}} i^{p_{\boldsymbol{k}}}\mathcal{T}_{j_{k_1}}(0)\cdots\mathcal{T}_{j_{k_{m'}}}(0)\cdot\mathbb{R}_{\boldsymbol{k}}(p_{\boldsymbol{k}}-1,v)\right)$$
$$+ \sum_{\boldsymbol{k}\in\mathcal{K}_{m+2}} i^{J_{p(m+2)}}\mathcal{T}_{j_{k_1}}(0)\cdots\mathcal{T}_{j_{m+2}}(0)\cdot\mathbb{R}_{\boldsymbol{k}}(J_{p(m+2)}-1,v).$$

为得到后一个等式, 我们作以下记号的改变. 对 $\boldsymbol{k} = (k_1,\cdots,k_{m+1})\in\mathcal{K}_{m+1}$, 与 $(\boldsymbol{k},w)\in\mathcal{K}_{m+2}$, 我们表示 $(\boldsymbol{k},w) = (k_1,\cdots,k_{m+1},k_{m+2})$, 故 $k_{m+2} = w$.

对 $m+1$, 后一个等式是 (13.9.19). 为得到 (13.9.17), 在 (13.9.19) 中, 我们让 $m = n$.

我们已准备好证明命题 13.9.1 了. 所有的等式通常是模指数小的项. 设 $\mathcal{T}_{\boldsymbol{q}}(0)$ 有 n 棵零子树, 记为

$$\mathcal{T}_{j_1},\cdots,\mathcal{T}_{j_n},$$

其中 $j_1 > j_2 > \cdots > j_n$. 我们先记 $\boldsymbol{q}$ 作为

$$\boldsymbol{q} = \boldsymbol{q}_R\cup\boldsymbol{q}_1\cup\cdots\cup\boldsymbol{q}_n,$$

其中 $\boldsymbol{q}_R, \boldsymbol{q}_1, \cdots, \boldsymbol{q}_n$ 是基本 $\boldsymbol{q}$-块. 设 $\boldsymbol{q}(j_k)$ 是定义零子树 $\mathcal{T}_{j_k}$ 的 $\boldsymbol{q}$-向量. 我们有

$$\boldsymbol{q}(j_k) = \bigcup_{k' \in B(j_k)} \boldsymbol{q}_{k'}.$$

注意, 如果 $\mathcal{T}_{j_{k'}} \subset \mathcal{T}_{j_k}$, 则 $B(j_{k'}) \subset B(j_k)$. 设 $\boldsymbol{k} = (k_1, \cdots, k_m) \in \mathcal{K}_m$ 是可允许的. 由于 $\mathcal{T}_{j_{k_1}}, \cdots, \mathcal{T}_{j_{k_m}}$ 是相互独立的,

$$B(j_{k_1}), \cdots, B(j_{k_m})$$

彼此不交. 令

$$B(\boldsymbol{k}) = B(j_{k_1}) \cup \cdots \cup B(j_{k_m}).$$

定义 $\mathcal{R}_{\boldsymbol{k}}(0)$ 的 $\boldsymbol{q}$-向量是

$$\boldsymbol{q}(R_{\boldsymbol{k}}) = \boldsymbol{q}_R \bigcup_{k' \in [1,n] \setminus B(\boldsymbol{k})} \boldsymbol{q}_{k'}.$$

设 $\hat{\boldsymbol{q}}$ 使得 $\hat{\boldsymbol{q}} \in \mathbb{S}_{\boldsymbol{q}}$. 记 $\hat{\boldsymbol{q}}$ 为

$$\hat{\boldsymbol{q}} = \boldsymbol{q}_R \cup \pm\boldsymbol{q}_1 \cup \cdots \cup \pm\boldsymbol{q}_n,$$

其中 $\pm$ 是 $+$ 或 $-$, 倘若基本 $\boldsymbol{q}$-块标注的不是零向量. 又 $\pm = 0$, 倘若基本 $\boldsymbol{q}$-块标注的是零向量. 对一个固定的 $\hat{\boldsymbol{q}}$, 设 $\boldsymbol{k} = (k_1, \cdots, k_m) \in \mathcal{K}_m$. 兹记 $\hat{\boldsymbol{q}}$ 作为

$$\hat{\boldsymbol{q}} = \hat{\boldsymbol{q}}(R_{\boldsymbol{k}}) \cup \hat{\boldsymbol{q}}(j_{k_1}) \cup \cdots \cup \hat{\boldsymbol{q}}(j_{k_m}),$$

其中

$$\hat{\boldsymbol{q}}(j_k) = \bigcup_{k' \in B(j_k)} \pm\boldsymbol{q}_{k'},$$

并且

$$\hat{\boldsymbol{q}}(R_{\boldsymbol{k}}) = \boldsymbol{q}_R \bigcup_{k' \in [1,n] \setminus B(\boldsymbol{k})} \pm\boldsymbol{q}_{k'}.$$

由 (13.9.17), 我们有

$$\begin{aligned}
\mathbb{D}_{\mathbb{S}_{\boldsymbol{q}}} &= \sum_{\hat{\boldsymbol{q}} \in \mathbb{S}_{\boldsymbol{q}}} \sum_{m=0}^{n} \sum_{\boldsymbol{k} \in \mathcal{K}_m} i^{p_{\boldsymbol{k}}} \left(\mathcal{T}_{\hat{\boldsymbol{q}}(j_{k_1})} \cdots \mathcal{T}_{\hat{\boldsymbol{q}}(j_{k_m})} \cdot \mathbb{R}_{\hat{\boldsymbol{q}}(R_{\boldsymbol{k}})}(p_{\boldsymbol{k}} - 1, v) \right. \\
&\qquad\qquad \left. - \mathcal{T}_{-\hat{\boldsymbol{q}}(j_{k_1})} \cdots \mathcal{T}_{-\hat{\boldsymbol{q}}(j_{k_m})} \cdot \mathbb{R}_{-\hat{\boldsymbol{q}}(R_{\boldsymbol{k}})}(p_{\boldsymbol{k}} - 1, v) \right) \\
&= \sum_{\pm} \sum_{m=0}^{n} \sum_{\boldsymbol{k} \in \mathcal{K}_m} i^{p_{\boldsymbol{k}}} \left(\mathcal{T}_{\bigcup_{k' \in B(j_1)} \pm\boldsymbol{q}_{k'}} \cdots \mathcal{T}_{\bigcup_{k' \in B(j_m)} \pm\boldsymbol{q}_{k'}} \right. \\
&\qquad\qquad \left. \cdot \mathbb{R}_{\boldsymbol{q}_R \bigcup_{k' \in [1,n] \setminus B(\boldsymbol{k})} \pm\boldsymbol{q}_{k'}}(p_{\boldsymbol{k}} - 1, v) \right)
\end{aligned}$$

$$-\mathcal{T}_{\bigcup_{k'\in B(j_1)}\mp q_{k'}}\cdots\mathcal{T}_{\bigcup_{k'\in B(j_m)}\mp q_{k'}}\cdot\mathbb{R}_{-q_R\bigcup_{k'\in[1,n]\setminus B(k)}\mp q_{k'}}(p_k-1,v)\bigg),$$

其中在第二个等式中: (i) $\pm$ 是 $+$ 或 $-$, 倘若基本 q-块标注的不是零向量. 又 $\pm=0$, 倘若基本 q-块标注的是零向量; (ii) $\pm$ 与 $\mp$ 是反号的; (iii) $\sum_\pm$ 的意思是在所有可能的由 (i) 定义的 $\pm$ 上求和. 我们有

$$\mathbb{D}_{\mathbb{S}_q}=\sum_{m=0}^n\sum_{k\in\mathcal{K}_m}\left(\sum_\pm i^{p_k}\mathcal{T}_{\bigcup_{k'\in B(j_1)}\pm q_{k'}}\cdots\mathcal{T}_{\bigcup_{k'\in B(j_m)}\pm q_{k'}}\right)$$
$$\cdot\left(\sum_\pm\mathbb{R}_{q_R\bigcup_{k'\in[1,n]\setminus B(k)}\pm q_{k'}}(p_k-1,v)\right)$$
$$-\sum_{m=0}^n\sum_{k\in\mathcal{K}_m}\left(\sum_\pm i^{p_k}\mathcal{T}_{\bigcup_{k'\in B(j_1)}\mp q_{k'}}\cdots\mathcal{T}_{\bigcup_{k'\in B(j_m)}\mp q_{k'}}\right)$$
$$\cdot\left(\sum_\pm\mathbb{R}_{-q_R\bigcup_{k'\in[1,n]\setminus B(k)}\mp q_{k'}}(p_k-1,v)\right)$$
$$=\sum_{m=0}^n\sum_{k\in\mathcal{K}_m}\left(\sum_\pm i^{p_k}\mathcal{T}_{\bigcup_{k'\in B(j_1)}\pm q_{k'}}\cdots\mathcal{T}_{\bigcup_{k'\in B(j_m)}\pm q_{k'}}\right)$$
$$\cdot\sum_\pm\left(\mathbb{R}_{q_R\bigcup_{k'\in[1,n]\setminus B(k)}\pm q_{k'}}(p_k-1,v)-\mathbb{R}_{-[q_R\bigcup_{k'\in[1,n]\setminus B(k)}\pm q_{k'}]}(p_k-1,v)\right)$$
$$=0,$$

其中, 对第一个等式我们将一个 $\sum_\pm$ 分为两个, 因为对所有的个别的基本 q-块, $\pm$ 的选定是相互独立的. 第二个等式成立是因为

$$\sum_\pm i^{p_k}\mathcal{T}_{\bigcup_{k'\in B(j_1)}\pm q_{k'}}\cdots\mathcal{T}_{\bigcup_{k'\in B(j_m)}\pm q_{k'}}=\sum_\pm i^{p_k}\mathcal{T}_{\bigcup_{k'\in B(j_1)}\mp q_{k'}}\cdots\mathcal{T}_{\bigcup_{k'\in B(j_m)}\mp q_{k'}}.$$

后一个等式再次由下式推出

$$\mathbb{R}_{[q_R\bigcup_{k'\in[1,n]\setminus B(k)}\pm q_{k'}]}(p_k-1,v)=\mathbb{R}_{-[q_R\bigcup_{k'\in[1,n]\setminus B(k)}\pm q_{k'}]}(p_k-1,v).$$

这就证明了命题 13.9.1. □

命题 13.6.2 的证明　最后, 我们已准备好证明

$$|\mathbb{D}_{\mathbb{S}_q}|\leqslant(K\omega)^{27p}e^{-\omega\pi/2}.$$

考虑 (13.9.18) 的对应, 现可记为

$$\mathbb{R}_k(J_{pm}-1,v)=i^{J_{me}}\mathbb{R}_k(p_k-1,v)$$

$$+ \sum_{w:(\boldsymbol{k},w)\in\mathcal{K}_{m+1}} i^{J_{mw}} \mathcal{T}_{j_w}(0) \mathbb{R}_{(\boldsymbol{k},w)}(J_{pm}+J_{mw}-1,v) + E_{\boldsymbol{k}}.$$

直接由命题 13.6.1可知

$$|E_{\boldsymbol{k}}| < \left(K\omega^{27}\right)^p e^{-\omega\pi/2}.$$

于是, 我们得到 (13.9.5) 的对应, 可记为

$$\mathcal{T}_{\boldsymbol{q}}(0) = \sum_{m=0}^{n} \left(\sum_{\boldsymbol{k}\in\mathcal{K}_m} i^{p_{\boldsymbol{k}}} \mathcal{T}_{j_{k_1}}(0) \cdots \mathcal{T}_{j_{k_m}}(0) \cdot \mathbb{R}_{j_{k_1}\cdots j_{k_m}}(p_{\boldsymbol{k}}-1,v) \right) + E_{\boldsymbol{q}}. \quad (13.9.21)$$

我们有

$$|E_{\boldsymbol{q}}| = \left| \sum_{m=0}^{n} \sum_{\boldsymbol{k}\in\mathcal{K}_m} i^{p_{\boldsymbol{k}}} \mathcal{T}_{j_{k_1}}(0) \cdots \mathcal{T}_{j_{k_m}}(0) E_{\boldsymbol{k}} \right|$$

$$\leqslant \left(\sum_{m=0}^{p} \binom{p}{m} K^{p-m} \right) \left(K\omega^{27}\right)^p e^{-\omega\pi/2}$$

$$\leqslant ((K+1)\omega^{27})^p e^{-\omega\pi/2}.$$

对所有的 $\hat{q} \in \mathbb{S}_{\boldsymbol{q}}$, 同样的估计可用于 $E_{\pm\hat{q}}$. 我们有

$$|\mathbb{D}_{\mathbb{S}_{\boldsymbol{q}}}| = \left| \sum_{\hat{q}\in\mathbb{S}_{\boldsymbol{q}}} (\mathcal{T}_{\hat{q}}(0) - \mathcal{T}_{-\hat{q}}(0)) \right| \leqslant \sum_{\hat{q}\in\mathbb{S}_{\boldsymbol{q}}} (|E_{\hat{q}}| + |E_{-\hat{q}}|)$$

$$\leqslant 2^{p+1}((K+1)\omega^{27})^p e^{-\omega\pi/2},$$

其中命题 13.9.1 被用于得到第一个不等式.

参 考 文 献

陈翔炎. 1963. 含参数微分方程的周期解与极限环. 数学学报, 13(4): 607-619.

李炳熙. 1984. 高维动力系统的周期轨道: 理论和应用. 上海: 上海科学技术出版社.

李继彬, 陈兰荪. 1986. 周期时间制约捕食者-食饵系统的周期解分枝与混沌现象. 生物数学学报, 1(2): 88-95.

李继彬, 刘曾荣. 1985. 一类二次系统周期扰动的混沌性质. 科学通报, 7: 491-495.

李继彬, 区月华. 1988. 扰动双中心二次系统的全局分枝与混沌性. 应用数学学报, 11(3): 312-323.

李继彬, 赵晓华, 刘正荣. 2007. 广义哈密顿系统理论及其应用. 2 版. 北京: 科学出版社.

刘曾荣, 李德明. 1986. 关于有限次次谐分叉出现马蹄的讨论. 力学学报, 8(6): 540-552.

刘曾荣, 李继彬. 1986. 二个自由度 Hamilton 系统的混沌性质. 应用数学学报, 9(2): 210-214.

刘曾荣, 李继彬, 林常. 1986. 催化反应中的混沌现象. 应用数学和力学, 7(1): 43-49.

刘曾荣, 罗诗裕, 李继彬. 1985. 具有缓变周期扰动的动力体系, 在共振区域内的混沌现象. 工程数学学报, 2(2): 143-147.

刘曾荣, 姚伟国, 朱照宣. 1986. 软弹簧系统在周期小扰动下通向混沌的道路. 应用数学和力学, 7(2): 103-108.

钱敏, 潘涛, 刘曾荣. 1987. Josephson 结的 I-V 曲线的理论分析. 物理学报, 36(2): 149-156.

孙国璋, 刘曾荣. 1986. 软弹簧 Duffing 系统的浑沌态. 科学通报, 31(23): 1784-1788.

徐振源, 刘曾荣. 1986. 两类肌型血管模型的浑沌现象. 生物数学学报, 1(2): 109-115.

严寅, 钱敏. 1985. 横截环及其对 Hénon 映像的应用. 科学通报, 30(13): 961-965.

叶向东, 黄文, 邵松. 2008. 拓扑动力系统概论. 北京: 科学出版社.

叶彦谦, 等. 1983. 极限环论. 上海: 上海科学技术出版社.

张锦炎. 1984. 关于 Henon 映像中的 Smale 马蹄. 科学通报, 29(24): 1478-1480.

张景中, 熊金城. 1993. 函数迭代与一维动力系统. 成都: 四川教育出版社.

张景中, 杨路. 1981. Smale 马蹄的一个简单模型. 科学通报, 26(12): 713-714.

张芷芬, 丁同仁, 黄文灶, 黄镇喜, 等. 1985. 微分方程定性理论. 北京: 科学出版社.

张筑生. 1999. 微分动力系统原理. 北京: 科学出版社.

周建莹. 1984. Taylor 映象中的紊动现象. 中国科学 (A 辑), (8): 685-697.

周作领. 1997. 符号动力系统. 上海: 上海科技教育出版社.

朱照宣. 1984. 非线性动力学中的混沌. 力学进展, 14(2): 129-146.

Afraǐmovich V S, Shil'Nikov L P. 1977. The ring principle in problems of interaction between two self-oscillating systems. Prikl. Mat. Mekh., 41(4): 618-627.

Alekseev V M, Yakobson M V. 1981. Symbolic dynamics and hyperbolic dynamic systems. Physics Reports, 75(5): 290-325.

Alekseev V M. 1968-1969. Quasirandom dynamical systems I, II, III. Math. USSR Sbornik, 5: 73-128, 6: 506-560, 7: 1-43.

Alexander J C, Jones C K R T. 1993. Existence and stability of asymptotically oscillatory triple pulses. Z. Angew. Math. Phys., 44: 189-200.

Alexander J C, Jones C K R T. 1994. Existence and stability of asymptotically oscillatory double pulses. J. Reine. Angew. Math., 446: 49-79.

Andronov A A, Leontovich E A, Gordon I I, Maïer A G. 1971. Theory of Bifurcations of Dynamical Systems on a Plane. Halsted, Jerusalem, London: Israel Program for Scientific Translation.

Arnold L. 1998. Random Dynamical Systems. New York: Springer-Verlag.

Arnold V I. 1964. Instability of dynamical systems with many degrees of freedom. Sov. Math. Dokl., 5: 581-585.

Arnold V I. 1983. Geometrical Methods in the Theory of Ordinary Differential Equations. New York: Springer-Verlag.

Arnold V I. 1989. Mathematical Method of Classical Mechanics. 2nd ed. New York: Springer-Verlag.

Aronson D G, Chory M A, Hall G R, McGehee R P. 1982. Bifurcations from an invariant circle for two-parameter families of maps of the plane: a computer-assisted study. Commun. Math. Phys., 83: 303-354.

Awrejcewicz J, Holicke M M. 2007. Smooth and nonsmooth high dimensional chaos and the Melnikov-type methods. Singapore: World Scientific Publishing Co.

Baldomá I, Fontich E, Guardia M, Seara T M. 2012. Exponentially small splitting of separatrices beyond Melnikov analysis: Rigorous results. J. Diff. Eqns., 253(12): 3304-3439.

Banks J, Brooks J, Cairns G, Stacey P. 1992. On Devaney's definition of chaos. Amer. Math. Monthly, 99: 332-334.

Bates P W, Lu K N, Zeng C C. 1998. Existence and persistence of invariant manifolds for semiflows in Banach space. Mem. Amer. Math. Soc., 135(645).

Bates P W, Lu K N, Zeng C C. 2000. Invariant foliations near normally hyperbolic invariant manifolds for semiflows. Thans. Amer. Math. Soc., 352(10): 4641-4676.

Battelli F, Feckan M. 2010. An example of chaotic behaviour in presence of a sliding homoclinic orbit. Ann. Mat. Pura Appl., 189(4): 615-642.

Battelli F, Feckan M. 2010. Bifurcation and chaos near sliding homoclinics. J. Diff. Eqns., 248: 2227-2262.

Battelli F, Feckan M. 2002. Chaos arising near a topologically transversal homoclinic set, Topol. Methods Nonlinear Anal., 20(2): 195-215.

Battelli F, Feckan M. 2002. Some remarks on the Melnikov function. Electron. J. Diff. Equat., (13): 1-29.

Battelli F, Lazzari C. 1990. Exponential dichotomies, heteroclinic orbits, and Melnikov functions. J. Diff. Equa., 86: 342-366.

Battelli F, Palmer K. 1993. Chaos in the duffing equation. J. Diff. Eqns., 101: 276-301.

Belitskii G R. 1973. Functional equations and conjugacy of diffeomorphisms of finite smoothness class. Funct. Anal. Appl., 7: 268-277.

Benedicks M, Viana M. 2001. Solution of the basin problem for Hénon-like attractors. Invent. Math., 143: 375-434.

Benedicks M, Carleson L. 1985. On iterations of $1 - ax^2$ on $(-1,1)$. Ann. Math., 122: 1-25.

Benedicks M, Carleson L. 1991. The dynamics of the Hénon map. Ann. Math., 133: 73-169.

Benedicks M, Young L S. 1993. Sinai-Bowen-Ruelle measures for certain Hénon maps. Invent. Math., 112: 541-576.

Benedicks M, Young L S. 2000. Markov extensions and decay of correlations for certain Hénon maps. Astérisque. 261: xi, 13-56.

Birkhoff G D. 1935. Nouvelles Recherches sur les systemes dynamics. Mem. Pont. Acad. Sci. Novi Lyncaei, 1: 85-216.

Bowen R. 1971. Periodic points and measures for axiom A diffeomorphisms. Tans. Amer. Math. Soc.: 377-397.

Brieskorn E, Knörrer H. 1986. Plane Algebraic Curves. Basel: Birkhäuser, 1986: vi+721. ISBN: 3-7643-1769-8.

Burns K, Weiss H. 1995. A geometric criterion for positive topological entropy. CMP, 172: 95-118.

Byrd P F, Friedman M D. 1954. Handbook of elliptic integrals for engineers and physicists. Berlin: Springer-Verlag.

Camassa R, Tin S K. 1994. The global geometry of the slow manifold in the Lorenz-Krishnamurthy model. J. Atmos. Sci., 53: 3251-3264.

Camassa R. 1995. On the geometry of an atmospheric slow manifold. Physica D, 84: 357-397.

Cao H J, Jing Z J. 2001. Chaotic dynamics of Josephson equation driven by constant dc and ac forcings. Chaos Solitons Fractals, 12(10): 1887-1895.

Cao Y L, Kiriki S. 2000. The basin of the strange attractors of some Hénon maps. Chaos Solitons Fractals, 11(5): 729-734.

Cao Y L, Kiriki S. 2002. The density of the transversal homoclinic points in the Hénon-like strange attractors. Chaos Solitons Fractals, 13(4): 665-671.

Cao Y L, Mao J M. 2000. The non-wandering set of some Hénon maps. Chaos Solitons Fractals, 11(13): 2045-2053.

Cao Y L, Luzzatto S, Rios I. 2008. The boundary of hyperbolicity for Hénon-like families. Ergod. Th. Dynam. Sys., 28: 1049-1080.

Cao Y L. 1999. The nonwandering set of some Hénon map. Chinese Sci. Bull., 44(7): 590-594.

Cao Y L. 1999. The transversal homoclinic points are dense in the codimension-1 Hénon-like strange attractors. Proc. Amer. Math. Soc., 127(6): 1877-1883.

Carbinatto M, Mischaikov K. 1999. Horseshoes and the Conley index spectrum II. The theory is sharp. Dis. Cont. Dynam. Sys., 5: 599-616.

Carbinatto M, Kwapisz J, Mischaikow K. 2000. Horseshoes and the Conley index spectrum. Ergod. Theo. Dynam. Sys., 20(2): 365-377.

Cartwright M L, Littlewood J E. 1945. On non-linear differential equations of the second order:I. The equation $\ddot{y} - k(1 - y^2)\dot{y} + y = b\lambda k \cos(\lambda t + \alpha)$, k large. J. London Math. Soc., 20: 180-189.

Cartwright M L. 1950. Forced oscillations in nonlinear systems. Contributions to the Theory of Nonlinear Oscillations. Princeton: Princeton University Press (Study 20): 149-242.

Casasayas J, Fontich E, Nunes A. 1992. Invariant manifolds for a class of parabolic points. Nonlinearity, 5: 1193-1210.

Casasayas J, Fontich E, Nunes A. 1993. Transversal homoclinic orbits for a class of Hamiltonians in Hamiltonian systems and celestial mechanics//Lacomba E A, Llibre J. Singapore: World Scientific Publishing Co.

Chan W C C. 1987. Stability of subharmonic solutions. SIAM J.Appl. Math., 47(2): 244-253.

Chen F J, Han M A. 2009. Rank one chaos in a class of planar systems with heteroclinic cycle. Chaos, 19: 043122.

Chen F J, Wang Q D. 2017. High order Melnikov method for time-periodic equations. Adv.Nonlinear Stud., 17(4): 793-818.

Chen F J, Wang Q D. 2019. High order Melnikov method: theory and application. J. Diff. Eqns., 267(2): 1095-1128.

Chen F J, Li J B, Chen F Y. 2007. Chaos for discrete-time RTD-based cellular neural networks. Int. J. Bifur. Chaos, 17(12): 4395-4401.

Chen F J, Oksasoglu A, Wang Q D. 2013. Heteroclinic tangles in time-periodic equations. J. Diff. Eqns., 254(3): 1137-1171.

Chen L J, Li J B. 2004. Chaotic behavior and subharmonic bifurcations for a rotating pendulum equation. J. Bifur. Chaos, 14(10): 3477-3488.

Chen X W, Zhang W N, Zhang W D. 2005. Chaotic and subharmonic oscillations of a nonlinear power system. IEEE Transactions on Circuits and Systems II, 52(12): 811-815.

Chenciner A. 1985. Bifurcations de points fixes elliptiques, I. Courbes invariants. Inst. Hautes Études Sci. Publ. Math., 61: 67-127.

Chenciner A. 1985. Bifurcations de points fixes elliptiques. II. Orbites periodiques et ensembles de Cantor invariants. Invent. Math., 80: 81-106.

Chicone C. 1994. Lyapunov-Schmidt reduction and Melnikov integrals for bifurcation of periodic solutions in coupled oscillators. J. Diff. Equat., 112: 407-447.

Chicone C. 1995. Periodic solutions of a system of coupled oscillators near resonance. SIAM J. Math. Anal., 26(5): 1257-1283.

Chicone C. 1997. Invariant tori for periodically perturbed oscillators. Publicacions Matematiques, 41: 57-83.

Chow S N, Wang D. 1986. On the monotonicity of the period function of some second order equations. Časopis Pěst. Math., 111(1): 14-25.

Chow S N, Hale J K. 1982. Methods of Bifurcation Theory. Grundlehren der Mathematischen Wissenschaften, No. 251, New York-Berlin: Springer-Verlag.

Chow S N, Hale J K, Mallet-Paret J. 1980. An example of bifurcation to homoclinic orbits. J. Diff. Eqns., 37(3): 351-373.

Chow S N, Li C Z, Wang D. 1994. Normal Forms and Bifurcation of Planar Vector Fields. Cambridge: Cambridge University Press.

Coppel W A. 1978. Dichotomies in Stability Theory. Lecture Notes in Maths, 629. Berlin: Springer.

Christie J R, Gopalsamy K, Li J B. 2001. Chaos in perturbed Lotka-Volterra systems. ANZAM J., 42: 399-412.

de Melo W, van Strien S. 1988. One-dimensional dynamics: The Schwarzian derivative and beyond. Bull. Amer. Math. Soc., (N.S.)18(2): 159-163.

Demirkol A S, Ozoguz S, Oksasoglu A, Akgul T, Wang Q D. 2009. Experimental verification of rank one chaos in switch-controlled smooth Chua's circuit. Chaos, 19(1).

Deng B, Sakamoto K. 1995. Shil'Nikov-Hopf bifurcations. J. Diff. Eqns., 119: 1-23.

Deng B. 1989. The Sil'Nikov problem, exponential expansion, strong λ-lemma, C^1- linearization, and homoclinic bifurcation. J. Diff. Eqns., 79: 189-231.

Deng B. 1993. On Sil'Nikov's homoclinic-saddle-focus theorem. J. Diff. Eqns., 102: 305-329.

Devaney R L, Nitecki Z. 1979. Shift automorphisms in the Hénon mapping. Commun. Math. Phys., 67: 137-146.

Devaney R L. 1989. An Introduction to Chaotic Dynamical Systems, Addison Wesley Atudies in Nonlinearity. Redwood City, CA: Addison-Wesley Publishing Company.

Diaz L J, Rocha J, Viana M. 1996. Strange attractors in saddle-node cycles: Prevalence and globality. Invent. Math., 125: 37-74.

Du Z D, Zhang W N. 2005. Melnikov method for homoclinic bifurcation in nonlinear impact oscillators. Comput. Math. Appl., 50: 445-458.

Duffing G. 1918. Erzwungene Schwingungen bei Veranderlicher Eigenfrequenz. F.Wieweg u. Sohn: Braunschweig.

Easton R W. 1984. Parabolic orbits in the planar three-body problem. J. Diff. Equat., 52(1): 116-134.

Eliasson L H. 1990. Normal forms for Hamiltonian systems with Poisson commuting integrals: elliptic case. Comm. Math. Helv., 65: 4-35.

Fečkan M. 1999. Higher dimensional Melnikov mappings. Math. Slovaca., 49: 75-83.

Fečkan M. 2008. Topological degree approach to bifurcation problems. New York: Springer.

Fenichel N. 1971. Persistence and smoothness of invariant manifolds for flows. Indiana Univ. Math. J., 21: 193-226.

Fenichel N. 1974. Asymptotic stability with rate conditions. Indiana Univ. Math. J., 23: 1109-1137.

Fenichel N. 1977. Asymptotic stability with rate conditions, II. Indiana Univ. Math. J., 26: 81-93.

Fenichel N. 1979. Geometric singular perturbation theory for ordinary differential equations. J. Diff. Equat., 31: 53-98.

Fiedler B, Scheurle J. 1996. Discretization of homoclinic orbits, rapid forcing and "invisible" chaos. Mem. Amer. Math. Soc., 119(570).

Fu X L, Deng J, Jing Z J. 2010. Complex dynamics in physical pendulum equation with suspension axis vibrations. Acta. Math. Appl. Sinica, 26(1): 55-78.

Gallavotti G, Gentile G, Giuliani A. 2006. Fractional Lindstedt series. J. Math. Phys., 47: 012702.

Gelfreich V G, Lazutkin V F. 2001. Splitting of separatrices: Perturbation theory and exponential smallness. Russian Math. Surveys, 56(3): 499-558.

Gelfreich V G. 1999. A proof of the exponentially small transversality of the separatrices for the standard map. Comm. Math. Phys., 201(1): 155-216.

Gentile G, Bartuccelli M, Deane J. 2005. Summation of divergent series and Borel summability for strongly dissipative differential equations with periodic or quasiperiodic forcing terms. J. Math. Phys., 46: 062704.

Gentile G, Bartuccelli M, Deane J. 2007. Bifurcation curves of subharmonic solutions and Melnikov theory under degeneracies. Rev. Math. Phys., 19: 307-348.

Glendinning P, Sparrow C. 1984. Local and global behavior near homoclinic orbits. J. Stat. Phys., 35: 645-696.

Greenspan B D, Holmes P J. 1983. Homoclinic orbits, subharmonics and global bifurcations in forced oscillations//Barenblatt G, Iooss G, Joseph D D. Nonlinear Dynamics an Turbulence. London: Pitman: 172-214.

Greenspan B D, Holmes P J. 1984. Repeated resonance and homoclinic bifurcation in a periodically forced family of oscillators. SIAM J. Math. Anal., 15: 69-97.

Gruendler J. 1985. The existence of homoclinic orbits and the method of Melnikov for systems in $\mathbb{R}^n$. SIAM J. Math. Anal., 16: 907-931.

Gruendler J. 1995. Homoclinic solutions for autonomous ordinary differential equations with non-autonomous perturbations. J. Diff. Equat., 122: 1-26.

Guardia M, Olivé C, Seara T M. 2010. Exponentially small splitting for the pendulum: a classical problem revisited. J. Nonlinear Sci., 20(5): 595-685.

Guckenheimer J, Holmes P. 1983. Nonlinear Oscillations, Dynamical Systems, and Bifurcations of Vector Fields. New York: Springer-Verlag.

Guckenheimer J, Wechselberger M, Young L S. 2006. Chaotic attractors of relaxation oscillators. Nonlinearity, 19: 701-720.

Gumowski I, Mira C. 1980. Recurrences and Discrete Dynamic Systems. Lecture Notes in Math. 809. New York: Springer-Verlag.

Gundlach V M. 2000. Random homoclinic dynamics. Int. Conf. on Differential Equations, Vol. 1, 2 (Berlin, 1999), 127-132, World Sci. Publ., River Edge, NJ.

Hénon M. 1976. A two-dimensional mapping with a strange attractor. Commun. Math. Phys., 50: 69-77.

Hale J K. 1980. Ordinary Differential Equations. 2nd ed. Malabar: Robert E. Krieger.

Haller G, Wiggins S. 1993. Orbits homoclinic to resonances: The Hamiltonian case. Phys. D., 66: 298-346.

Haller G, Wiggins S. 1995. N-pulse homoclinic orbits in perturbations of resonant Hamiltonian systems. Arch. Rational Mech. Anal., 130: 25-101.

Haller G. 1995. Diffusion at intersecting resonances in Hamiltonian systems. Physics Letters A, 200: 34-42.

Haller G. 1998. Multi-dimensional homoclinic jumping and the discretized NLS equation. Comm. Math. Phys., 193: 1-46.

Hassard B, Kazarinoff N, Wan Y H. 1981. Theory and Applications of Hopf Bifurcation. Cambridge: Cambridge University Press.

Hayashi C. 1964. Nonlinear Oscillations in Physical Systems. New York: McGraw-Hill.

He Z R, Zhang W N. 2005. Subharmonic bifurcations in a perturbed nonlinear oscillation. Nonlinear Analysis Series A (Theory & Methods), 61(6): 1057-1091.

Hirsoh M W, Smale S. 1974. Differential Equations, Dynamical Systems, and Linear Algebra. New York: Academic Press.

Holmes P J, Rand D A. 1976. The bifurcations of duffing's equation: An application of catastrophe theory. J. Sound and Vibration., 44: 237-253.

Holmes C, Holmes P. 1981. Second order averaging and bifurcations to subharmonics in Duffing's equation. J. Sound Vibration., 78(2): 161-174.

Holmes P J, Lin Y K. 1978. Deterministic stability analysis of a wind loaded structure. Trans ASME J. Appl. Mech., 45: 165-169.

Holmes P J, Rand D A. 1980. Phase portraits and bifurcations of the non-linear oscillator $\ddot{x} + (\alpha + \gamma x^2)\dot{x} + \beta x + \delta x^3 = 0$. Int. J. Nonlinear Mech., 15: 449-458.

Holmes P J. 1979. A nonlinear oscillator with a strange attractor. Phil. Trans. Roy. Soc., A292: 419-448.

Holmes P J. 1979. Domains of stability in a wind-induced oscillation problem. Trans. ASME J. Appl. Mech., 46: 672-676.

Holmes P J. 1980. Averaging and chaotic motions in forced oscillations. SIAM J. Appl. Math., 38(1): 65-80.

Holmes P J, Marsden J E. 1982. Horseshoes in perturbations of Hamiltonian systems with two degrees of freedom. Comm. Math. Phys., 82: 523-544.

Holmes P J, Marsden J E. 1982. Melnikov's method and Arnold diffusion for perturbations of integrable Hamiltonian systems. J. Math. Phys., 23: 669-675.

Holmes P J, Marsden J E, Scheurle J. 1988. Exponentially small splittings of separatrices with applications to KAM theory and degenerate bifurcations. Contemporary Mathematics, 81: 213-244.

Hsu C S. 1977. On nonlinear parametric excitation problems. Advances in Applied Mechanics, 17: 245-301.

Huang J C, Jing Z J. 2009. Bifurcations and chaos in a three-well Duffing system with one external forcing. Chaos, Solitons and Fractals, 40: 1449-1466.

Ito H. 1989. Convergence of Birkhoff normal forms for integrable systems. Comm. Math. Helv., 64: 363-407.

Janicki K, Szemplinska-Stupnicka W. 1993. Stability of subharmonics and escape phenomena in the twin-well potential Duffing system. Institute of Fundamental Technological Research Report, 6.

Janicki K, Szemplinska-Stupnicka W. 1994. Bifurcations of subharmonics in a non-linear oscillator: Perturbation methods versus numerical experiment //Kapitaniak T, Brindley. Chaos and Nonlinear Mechanics. Singapore: World Scientific: 30-39.

Janicki K. 1993. Bifurcations of subharmonics in non-linear oscillations: Near-linear and near-Hamiltonian methods, 1st European Nonlinear Oscillations Conference. Technical University Hamburg, Germany.

Jing Z J, Chan K Y, Xu D S, Cao H J. 2001. Bifurcations of periodic solutions and Chaos in Josephson system. Discrete and Continuous Dynamical Systems-Series A, 7(3): 573-592.

Jing Z J, Cao H J. 2002. Bifurcations of periodic orbits in a Josephson equation with a phase shift. J. Bifur. Chaos, 12(7): 1515-1530.

Jing Z J, Huang J C. 2005. Bifurcation and chaos in a discrete genetic toggle switch system. Chaos, Solitons and Fractals, 23: 887-908.

Jing Z J, Wang J L. 2001. Bifurcation analysis and estimation of stabile region for turbine-generator shaft torsional oscillation. Automation of electric power systems, 25(4): 6-10.

Jing Z J, Wang R Q. 2005. Complex dynamics in Duffing system with two external forcings. Chaos, Solitons and Fractals, 23: 399-411.

Jing Z J, Yang J P. 2006. Bifurcation and chaos in discrete-time predator-prey system. Chaos, Solitons and Fractals, 27: 259-277.

Jing Z J, Yang J P. 2006. Complex dynamics in pendulum equation with parametric and external excitations(I). J. Bifur. Chaos, 16(9): 1-16.

Jing Z J, Zeng X W, Chan K Y. 1997. Harmonic and subharmonic bifurcation in the Brussel model with periodic force. Acta. Math. Appl. Sinica, English Series, 13(3): 289-301.

Jing Z J, Yu C, Chen G R. 2004. Complex dynamics in a permanent-magnet synchronous motor model. Chaos, Solitons and Fractals, 22(4): 831-848.

Jing Z J, Chang Y, Guo B L. 2004. Bifurcation and chaos in discrete FitzHugh-Nagumo system. Chaos, Solitons and Fractals, 21(3): 701-720.

Jing Z J, Deng J, Yang J P. 2008. Bifurcations of periodic orbits and chaos in damped and driven Morse oscillator. Chaos, Solitons and Fractals, 35: 486-505.

Jing Z J, Huang J C, Deng J. 2007. Complex dynamics in three-well Duffing system with two external forcings. Chaos, Solitons and Fractals, 33: 795-812.

Jing Z J, Jia Z Y, Wang R Q. 2002. Chaos behavior in the discrete BVP oscillator. J. Bifur. Chaos, 12(3): 619-627.

Jing Z J, Jia Z Y, Chang Y. 2001. Chaos behavior in the discrete FitzHugh nerve system. Science in China(Series A), 44(12): 1571-1578.

Jing Z J, Wang J L, Chen L N. 2002. Computation of limit cycle via higher-order harmonic balance approximation and its application in electrical power system. IEEE Transactions on Circuits and Systems-I: Fundamental Theory and Applications, 49(9): 1360-1370.

Jing Z J, Xu D S, Chang Y, Chen L N. 2003. Bifurcations, chaos, and system collapse in a three node power system. Electrical Power and Energy Systems, 25: 443-461.

Jing Z J, Xu P C. 1999. Bifurcation of combination oscillations for Duffing's equation with two external forceing terms. Progress in Natural Science, 9(4).

Jing Z J, Yang J P, Feng W. 2006. Bifurcation and chaos in neural excitable system. Chaos, Solitons and Fractals, 27: 197-215.

Jing Z J, Yang Z Y, Jiang T. 2006. Complex dynamics in duffing-Van der Pol equation. Chaos, Solitons and Fractals, 27: 722-747.

Jing Z J. 1989. Chaotic behavior in the Josephson equations with periodic force. SIAM. J. Appl. Math., 49(6).

Jing Z J. 1991. A brief introduction to chaos. Mathematics in Practice and Theory, (1): 81-94.

Jones C K R T, Kopell N. 1994. Tracking invariant manifolds with differential forms in singularly perturbed systems. J. Diff. Eqns., 108: 64-88.

Jones C K R T, Tin S K. 2009. Generalized exchange lemmas and orbits heteroclinic to invariant manifolds. Discrete Contin. Dyn. Syst. Ser., 2(4): 967-1023.

Jones C K R T, Kaper T J, Kopell N. 1996. Tracking invariant manifolds up to exponentially small errors. SIAM J. Math. Anal., 27: 558-577.

Jones C K R T, Kopell N, Langer R. 1991. Construction of the FitzHugh-Nagumo pulse using differential forms//Patterns and Dynamics in Reactive Media. Swinney H, Aris G, Aronson D. IMA Volumes in Mathematics and Its Applications, 37: 101-116, New York: Springer.

Kaper T J, Kovacic G. 1996. Multi-bump orbits homoclinic to resonance bands. Trans. Amer. Math. Soc., 348: 3835-3887.

Kappeler T, Kodama Y, Némethi A. 1998. On the Birkhoff normal form of a completely integrable Hamiltonian system near a fixed point with resonance. Ann. Scuola Norm. Sup. Pisa Cl. Sci., 4: 623-661.

Kennedy J, Yorke J A. 2001. Topological horseshoes. Trans. Amer. Math. Soc., 353(6): 2513-2530.

Kirchgraber U, Stoffer D. 1990. Chaotic behaviour in simple dynamical systems. SIAM Review, 32(3): 424-452.

Koch B P, Leven R W. 1985. Subharmonic and homoclinic bifurcations in a parametrically forced pendulum. Physica D., 16: 1-13.

Kovačič G, Wettergren T A. 1996. Homoclinic orbits in the dynamics of resonantly driven coupled pendula. Z. Angew. Math. Phys., 47: 221-264.

Kovačič G, Wiggins S. 1992. Orbits homoclinic to resonances with an application to chaos in a model of the forced and damped Sine-Gordon equation. Physica D., 57: 185-225.

Kovačič G. 1992. Dissipative dynamics of orbits homoclinic to a resonance band. Phys. Lett., A 167: 143-150.

Kovačič G. 1992. Hamiltonian dynamics of orbits homoclinic to a resonance band. Phys. Lett., A167: 137-142.

Kovačič G. 1995. Singular perturbation theory for homoclinic orbits in a class of near-integrable dissipative systems. SIAM J. Math. Anal., 26: 1611-1643.

Kwek K H, Li J B. 1996. Chaotic dynamics and subharmonic bifurcations in a nonlinear system. Int. J. Non-linear Mechanics, 31: 277-295.

Kwek K H, Li J B. 2003. Solitary waves and chaotic behavior for a class of coupled field equations. J. Bifur. Chaos, 13(3): 643-651.

Lagerstrom P A. 1988. Matched Asymptotic Expansions: Ideas and Techniques. New York, Heidelberg, Berlin: Springer.

Langebartel R G. 1980. Fourier expansions of rational fractions of elliotic integrals and Jacobin elliotic functions. SAIM J. Math.Anal., 11(3): 506-514.

Lauwerier H A. 1986. Two-dimensional interative maps//Holden A V. Princeton: Princeton University Press.

Lazutkin V F. 1984. Splitting of separatrices for the Chirikov standard map. Deposited at VINITI, no. 6372/84, Moscow. (Russian)

Lefever R, Prigogine I. 1968. Symmetry-breaking instability in dissipative systems II. J. Chem. Phy., 48: 1695-1700.

Lerman L M, Shilnikov L P. 1992. Homoclinical structures in non-autonomous systems: Nonautonomous chaos. Chaos, 2: 447-454.

Lerman L M, Umanskii I L. 1983. On the existence of separatrix loops in four-dimensional systems similar to the integrable Hamiltonian systems. PMM U. S. S. R., 47: 335-340.

Levi M. 1981. Qualitative analysis of the periodically forced relaxation oscillations. Mem. Amer. Math. Soc., 32.

Levinson N. 1949. A second order differential equation with singular solutions. Ann. Math., 50: 127-153.

Li J B, Chen F J. 2011. Exact homoclinic orbits and heteroclinic families for a third-order system in the Chazy class XI ($N=3$). J. Bifur. Chaos, 21(11): 3305-3322.

Li J B, Chen F J. 2011. Knotted periodic orbits and chaotic behavior of a class of three-dimensional flows. J. Bifur. Chaos, 21(9): 2505-2523.

Li J B, et al. 1995. Chaos in sociobiology. Bull. Austral. Math. Soc., 51: 439-451.

Li J B, Liu Z R. 1985. Chaotic behavior in some nonlinear oscillatory system with the periodic forcing. Acta. Math. Scientia, 5(2): 195-204.

Li J B, Wang B H. 1989. Chaos and subharmonic bifurcations in the periodically forced system of phase-locked loops. Ann. Diff. Equs., 5(4): 407-426.

Li J B, Wang Z. 1986. A note on Smale horseshoes with positive measure. Journal of Northeast Normal University, (2): 37-41.

Li J B, Zhang J M. 1993. New treatment on bifurcations of periodic solutions and homoclinic orbits at high r in the Lorenz equations. SIAM J. Appl. Math., 53(4): 1059-1071.

Li J B, Zhang Y. 2011. Homoclinic manifolds, center manifolds and exact solutions of four-dimensional traveling wave systems for two classes of nonlinear wave equations. J. Bifur. Chaos, 21(2): 527-543.

Li J B, Zhang Y. 2011. Solitary wave and chaotic behavior of traveling wave solutions for the coupled KdV equations. Applied Mathematics and Computation, 218: 1794-1797.

Li J B, Zhao X H. 1989. Rotation symmetry groups of planar Hamiltonian systems. Ann. Diff. Equs., 5(1): 25-33.

Li J B, Zhao X H. 1993. Chaotic and resonant streamlines in the ABC flow. SIAM J. Appl. Math., 53(1): 71-77.

Li J B, Zhao X H. 1998. Periodic solutions and heteroclinic cycles in the convection model of a rotating fluid layer, in Recent advances in differential equations. Pitman Research Notes in Math. Ser., 386: 47-61, Wealey Longman.

Li J B, Zhao X H. 2011. Exact heteroclinic cycle family and quasi-periodic solutions for the three-dimensional systems determined by chazy class IX. J. Bifur. Chaos, 21(5): 1357-1367.

Li J B, Christie J R, Gopalsamyk. 1998. Perturbed generalised Hamiltonian systems and some advection models. Bull. Austral. Math. Soc., 57(1): 1-24.

Li J B, et al. 1986. Subharmonic and chaotic solutions of the second-order nonlinear systems under parametric and forced excitation. Acta. Math. Scientia., 6(4): 369-374.

Li J B, Fu Y B, Chen F J. 2009. Chaotic motion and Hamiltonian dynamics of a pre-stressed incompressible elastic plate due to resonant-triad interactions. J. Bifur. Chaos, 19(3): 903-921.

Li J B. 1985. Chaotic behavior in planar quadratic Hamiltonian system with periodic perturbation. Kexue Tongbao(Science Bulletin), Beijing, 30(10): 1285-1291.

Li J B. 1985. Topological Classification and Chaotic Behavior with Periodic Perturbation in Planer Symmetric Cubic Hamiltonian System. Proceedings of the international conference on nonlinear mechanics. Beijing: Science Press: 1057-1061.

Li J B. 2009. Exact dark soliton, periodic solutions and chaotic dynamics in a perturbed generalized nonlinear Schrödinger equation. Canadian Applied Mathematics Quarterly, 17(1): 161-173.

Li J B. 2010. Chaotic dynamics for the two-component Bose-Einstein condensate system. Perspectives in Mathematical Sciences, Interdiscip. Math. Sci., 9: 135-144, World Sci. Publ., Hackensack, NJ.

Li W, Lu K. 2005. Sternberg theorems for random dynamical systems. Comm. Pure Appl. Math., 58: 941-988.

Li Y, Mclaughlin D W, Shatah J, Wiggins S. 1996. Persistent homoclinic orbits for a perturbed nonlinear Schrödinger equation. Comm. Pure Appl. Math., 49: 1175-1255.

Lin K K, Young L S. 2010. Dynamics of periodically-kicked oscillators. J. Fixed Point Theory Appl., 7(2): 291-312.

Lin K K. 2006. Entrainment and chaos in a pulse-driven Hodgkin-Huxley oscillator. SIAM J. Appl. Dyn. Syst., 5(2): 179-204.

Lin X B. 1986. Exponential dichotomies and homoclinic orbits in functional-differential equations. J. Diff. Equat., 63(2): 227-254.

Lin X B. 1990. Heteroclinic bifurcation and singularly perturbed boundary value problems. J. Diff. Eqns., 84: 319-382.

Lin X B. 1990. Using Melnokov's method to solve Silnikov's problems. Proc. Roy. Soc. Edinburgh Sect. A, 166(3): 295-325.

Littlewood J E. 1957. On non-linear differential equations of second order: III. Acta. Math., 97: 267-308.

Littlewood J E. 1957. On non-linear differential equations of second order: IV. Acta. Math., 98: 1-110.

Lochak P, Marco J P, Sauzin D. 2003. On the splitting of invariant manifolds in multidimensional near-integrable Hamiltonian systems. Mem. Amer. Math. Soc., 163(775).

Lorenz E N. 1963. Deterministic non-periodic flow. J. Atmos. Sci., 20: 130-141.

Lorenz E N. 1986. On the existence of a slow manifold. J. Atmos. Sci., 43: 1547-1558.

Lu K N, Wang Q D. 2010. Chaos in differential equations driven by a nonautonomous force. Nonlinearity, 23(11): 2935-2975.

Lu K N, Wang Q D. 2011. Chaotic behavior in differential equations driven by a Brownian motion. J. Diff. Eqns., 251(10): 2853-2895.

Lu K N, Wang Q D, Young L S. 2013. Strange attractors for periodically forced parabolic equations. Mem. Amer. Math. Soc., 224(1054): 1.

Markus L. 1954. Global structure of ordinary differential equations in the plane. Trans. Amer. Maths. Soc., 76: 127-148.

Marotto F R. 1978. Snap-back repellers imply chaos in R^n. J. Math. Anal. Appl., 63: 199-223.

Marotto F R. 2005. On redefining a Snap-back repeller. Chaos, Solitons Fractals, 25(1): 25-28.

Martinez R, Pinyol C. 1994. Parabolic orbits in the elliptic restricted three-body problem. J. Diff. Equat., 111: 299-339.

McGehee R. 1973. A stable manifold theorem for degenerate fixed points with applications to celestial mechanics. J. Diff. Equat., 14: 70-88.

Mcrobie F A. 1992. Bifurcational precedences in the braids of periodic orbits of spiral 3-shoes in driven oscillators. Proc. Roy. Soc. London, A438: 545-569.

Mcrobie F A. 1993. Braids of orbits in single-degree-of-freedom forced oscillators. 1st European Nonlinear Oscillations Conference. Technical University Hamburg-Hamburg.

Melnikov V K. 1963. On the stability of the center for time periodic perturbations. Trans. Moscow Math. Soc., 12: 1-57.

Meyer K R, Hall G R. 1992. Introduction to Hamiltonian Dynamical Systems and the N-body Problem. New York: Springer-Verlag .

Meyer K R, Sell G R. 1989. Melnikov transforms, Bernoulli bundles, and almost periodic perturbations. Trans. Amer. Math. Soc., 314(1): 63-105.

Mielke A, Holmes P J, O'Reilly O. 1992. Cascades of homoclinic orbits to, and chaos near, a Hamiltonian saddle-center. J. Dyn. Diff. Eqns., 4: 95-126.

Mischaikow K, Mrozek M. 1995. Isolating neighborhoods and chaos. Japan J. Indust. Appl. Math., 12(2): 205-236.

Misiurewicz M. 1981. Absolutely continuous measures for certain maps of an interval. Publ. Math. IHES., 53: 17-51.

Mora L, Viana M. 1993. Abundance of strange attractors. Acta. Math., 171: 1-71.

Morozov A D, Shilnikov L P. 1984. On nonconservative periodic systems close to two-dimensional Hamiltonian. Prikl. Mat. Mekh., 47: 327-334.

Morozov A D. 1973. Approach to a complete qualitative study of Duffing's equation. USSR J. Comp. Math. and Math. Phys., 13: 1134-1152.

Morozov A D. 1976. A complete qualitative investigation of Duffing's equation. J. Diff. Eqns., 12: 164-174.

Moser J. 1958. On the generalization of a theorem of A. Liapounoff. Comm. Pure Appl. Math., 11: 257-271.

Moser J. 1973. Stable and Random Motions in Dynamical Systems. Princeton: Princeton University Press.

Nayfeh A H, Mook D T. 1979. Nonlinear Oscillations. New York: John Wiley and Sons. ISBN: 0-471-03555-6.

Newhouse S E. 1974. Diffeomorphisms with infinitely many sinks. Topology, 13: 9-18.

Newhouse S E. 1979. The abundance of wild hyperbolic sets and non-smooth stable sets for diffeomorphisms. Publ. Math. IHES, 50: 101-151.

Palis J Jr, De melo W. 1982. Geometric Theory of Dynamical Systems. New York: Springer-Verlag.

Palis J, Takens F. 1993. Hyperbolicity and sensitive chaotic dynamics at homoclinic bifurcations. Cambridge studies in advanced mathematics, 35, Cambridge: Cambridge University Press.

Palmer K J. 1984. Exponential dichotomies and transversal homoclinic points. J. Diff. Eqns., 55: 225-256.

Palmer K J. 1988. Exponential dichotomies, shadowing lemma and transversal homoclinic points. Dynamics Reported, 1: 265-306.

Palmer K J, Stoffer D. 1989. Chaos in almost periodic systems. Z. Angew. Math. Phys., 40: 592-602.

Palmer K J. 1987. Exponential dichotomies for almost periodic equations. Proc. Amer. Math. Soc., 101(2): 293-298.

Poincaré H. 1890. Sur le probléme des trios corps et les équations de la dynamique. Acta Mathematica, 13: 1-270.

Poincaré H. 1899. Les méthodes nouvelles de la mécanique celeste, 3 vols. Paris: Gauthier-Villars.

Poincaré H. 1881-1882. Mémoire sur les courbes définies par une équation différetielle. Journal de Mathematiques, 7: 375-422, 8: 251-296.

Rabinowitz P H. 1989. Periodic and heteroclinic orbits for a periodic Hamiltonian system. Ann. Inst. H. Poincaré, 6: 331-346.

Rabinowitz P H. 1990. Homoclinic orbits for a class of Hamiltonian systems. Proc. Roy. Soc. Edinburgh, A, 114: 33-38.

Rabinowitz P H. 1994. Heteroclinics for a reversible Hamiltonian system. Ergod. Th. Dynam. Sys., 14: 817-829.

Rabinowitz P H. 1994. Heteroclinics for a reversible Hamiltonian system II. Diff. Integral Eqns., 7: 1557-1572.

Rand R H, Armbruster D. 1987. Perturbation Methods, Bifurcation Theory and Computer Algebra. New York: Springer-Verlag.

Rey-Bellet L, Young L S. 2008. Large deviations in nonuniformly hyperbolic dynamical systems. Ergod. Th. Dynam. Sys., 28(2): 587-612.

Robbins K A. 1976. A moment equation description of magnetic reversals in the earth. Proc. Nat. Acad. Sci. U.S.A., 73: 4297-4301.

Robbins K A. 1979. Periodic solutions and bifurcation structure at high r in the Lorenz model. SIAM J. Appl. Math., 36: 457-472.

Robinson C. 1983. Bifurcation to infinitely many sinks. Commun. Math. Phys, 90(3): 433-459.

Robinson C. 1983. Sustained resonance for a nonlinear system with slowly varying coefficients. SIAM J. Math. Anal., 14: 847-860.

Robinson C. 1984. Homoclinic orbits and oscillation for the planar three-body problem. J. Diff. Eqns., 52: 356-377.

Robinson C. 1988. Horseshoes for autonomous Hamiltonian systems using the Melnikov integral. Ergod. Th. Dynam. Sys., 8: 395-409.

Rom-Kedar V. 1994. Secondary homoclinic bifurcation theorems. Chaos, 5: 385-401.

Ruan S G, Zhang W N. 2005. Exponential dichotomies, the Fredholm alternative, and transverse homoclinic orbits in partial functional differential equations. J. Dyn. Diff. Eqns., 16(4): 759-777.

Ruan S G, Tang Y L, Zhang W N. 2008. Computing the heteroclinic bifurcation curves in predator-prey systems with ratio-dependent functional response. J. Math. Biology, 57: 223-241.

Ruelle D, Takens F. 1971. On the nature of turbulence. Comm. Math. Phys., 20: 167-192; 23: 343-344.

Ruelle D. 1979. Ergodic theory of differentiable dynamical systems. Publ. Math., Inst. Hautes Étud. Sci., 50: 27-58.

Sachdev P L. 1991. Nonlinear Ordinary Differential Equations and Their Applications. Pure Appl. Math., 142, New York: John Wiley.

Salam F M A. 1987. The Melnikov technique for highly dissipative systems. SIAM. J. Appl. Math., 47(2): 232-243.

Sanders J A, Verhulst F. 1985. Averaging Methods in Nonlinear Dynamical Systems. New York: Springer-Verlag.

Sanders J A. 1982. Melnikov's method and averaging. Celestial Mechanics, 28: 171-181.

Sarkovskii O M. 1964. Co-existence of cycles of a continuous mapping of the line into itself. Ukrain Math. Z., 16: 61-71.

Sattinger P H. 1979. Group Theoretic Methods in Bifurcation Theory. Lecture notes in Mathematics, 762. New York: Springer-Varlag.

Sauzin D. 2001. A new method for measuring the splitting of invariant manifolds. Ann. Sci. École. Norm. Sup., 34(4): 159-221.

Scheurle J. 1986. Chaotic solutions of systems with almost periodic forcing. J. Applied Math, Physics(ZAMP), 37(1): 12-26.

Schweizer B, Smital J. 1994. Measures of chaos and a spetral decomposition of dynamical systems on the interval. Trans. Amer. Math. Soc., 344: 737-754.

Sell G R. 1985. Smooth linearization near a fixed point. Amer. J. Math., 107: 1035.

Shatah J, Zeng C C. 2002. Periodic solutions for Hamiltonian systems under strong constraining forces. J. Diff. Eqns., 186(2): 572-585.

Shatah J, Zeng C C. 2003. Orbits homoclinic to centre manifolds of conservative PDEs. Nonlinearity, 16(2): 591-614.

Shi Y M, Chen G R. 2004. Chaos of discrete dynamical systems in complete metric spaces. Chaos, Solitons, Fractals, 22: 555-571.

Shi Y M, Chen G R. 2005. Discrete chaos in Banach spaces. Sci. China Ser. A: Math., 48: 222-238.

Shi Y M, Yu P. 2008. Chaos induced by regular snap-back repellers. J. Math. Anal. Appl., 337: 1480-1494.

Siegel C L, Moser J K. 1971. Lectures on Celestial Mechanics. New York, Heidelberg, Berlin: Springer.

Sinai Y G. 1972. Gibbs measures in ergodic theory. Russ. Math. Surv., 27: 21-69.

Sitnikov K. 1960. Existence of oscillating motions for the three-body problem. Dokl. Akad. Nauk, USSR, 133(2): 303-306.

Smale S. 1963. Diffeomorphisms with many periodic points//Cairns S S. Differential and Combinatorial Topology. Princeton: Princeton University Press: 63-80.

Smale S. 1967. Differentiable dynamical systems. Bull. Amer. Math. Soc., 73: 747-818.

Smale S. 1991. Dynamics retrospective: Great problems, attempts that failed. Phys. D, 51: 267-273.

Sparrow C. 1982. The Lorenz Equations: Bifurcations, Chaos, and Strange Attractors. New York: Springer-Verlag.

Sternberg S. 1957. Local contractions and a theorem of Poincaré. Amer. J. Math., 79: 809-824.

Sternberg S. 1958. On the structure of local homeomorphisms of Euclidean n-space. Amer. J. Math., 80: 623-631.

Szemplinska-Stupnicka W. 1991. The approximate analytical methods in the study of transition to chaotic motion in nonlinear oscillators//Szemplinska-Stupnicka W, Troger. In Engineering Applications of Dynamics of Chaos. Vienna: Springer-Verlag: 225-277.

Szemplinska-Stupnicka W. 1992. Cross-well chaos and escape phenomena in driven oscillators. Nonlinear Dynamics, 3: 225-243.

Szemplinska-Stupnnicka W, Rudowski J. 1993. Bifurcations phenomena in a non-linear oscillator: Approximate analytical studies versus computer simulation results. Phys. D., 66: 368-380.

Szymczak A. 1996. The Conley Index and symbolic dynamics. Topology, 35: 287-299.

Takimoto N, Yamashida H. 1987. The variational approach to the theory of subharmonic bifurcations. Phys. D., 26: 251-276.

Šilnikov L P. 1965. A case for the existance of a denumerable set of periodic motions. Sov. Math. Dokl., 6: 163-166.

Šilnikov L P. 1967. The existence of a countable set of periodic motions in the neighborhood of a homoclinic curve. Sov. Math. Dokl., 8: 102-106.

Šilnikov L P. 1970. A contribution to the problem of the structure of an extended neighborhood of rough equilibrium state of saddle-focus type. Math. USSR Sb., 10: 91-102.

Tang Y L, Zhang W N. 2005. Heteroclinic bifurcation in a ratio-dependent predator-prey system. J. Math. Biol., 50(6): 699-712.

Tang Y L, Huang D Q, Ruan S G, Zhang W N. 2008. Coexistence of limit cycles and homoclinic loops in a SIRS model with a nonlinear incidence rate. SIAM J. Appl. Math., 69(2): 621-639.

Terman D. 1992. The transition from bursting to continuous spiking in excitable membrane models. J. Nonlin. Sci., 2: 135-182.

Thompson J M T. 1989. Chaotic phenomena triggering the escape from a potential well. Proc. Roy. Soc. London., A421: 195-225.

Tin S K, Kopell N, Jones C K R T. 1994. Invariant manifolds and singularly perturbed boundary value problems. SIAM J. Num. Anal., 31: 1558-1576.

Tin S K. 1994. On the dynamics of tangent spaces near a normally hyperbolic invariant manifold. Ph. D. Thesis, Brown University.

Tin S K. 1995. Transversality of double-pulse homoclinic orbits in the inviscid Lorenz-Krishnamurthy system. Phys. D., 83: 383-408.

Tresser C. 1984. About some theorems by L. P. Šilnikov. Ann. Inst. Henri Poincaré, 40: 440-461.

Van der Pol B, van der Mark J. 1927. Frequency demultiplication. Nature, 120: 363-364.

Van der Waerden B L. 1881. Algebra. New York: Springer-Verlag.

Veerman P, Holmes P. 1985. The existence of arbitrarily many distinct periodic orbits in a two degree of freedom Hamiltonian system. Phys. D., 14: 177-192.

Veerman P, Holmes P. 1986. Resonance bands in a two degree of freedom Hamiltonian system. Phys. D: 413-422.

Virgin L N. 1988. On the harmonic response of an oscillator with unsymmetric restoring force. J. Sound and Vibration, 126: 157-165.

Virgin L N. 1989. Approximate criterion for capsize based on deterministic dynamics. Dynamics and Stability of Systems, 4: 56-70.

Walters P. 1982. An Introduction to Ergodic Theory. New York: Springer-Verlag.

Wan S D, Li J B. 1988. Fourier series of rational fractions of Jacobian elliptic functions. Appl. Math. Mech., 9(6): 541-556.

Wan Y H. 1978. Bifurcation into invariant tori at points of resonance. Arch. Rational Math. Anal., 68: 343-357, 34: 167-175.

Wan Y H. 1978. Computation of the stability condition for the Hopf bifurcation of diffeomorphisms on $\mathbb{R}^2$. SIAM J. Appl. Math., 34: 167-175.

Wang Q D, Oksasoglu A. 2011. Dynamics of homoclinic tangles in periodically perturbed second-order equations. J. Differential Equations, 250: 710-751.

Wang Q D, Oksasoglu A. 2008. Rank one chaos: theory and applications. Int. J. Bifur. Chaos, 18: 1261-1319.

Wang Q D, Ott W. 2011. Dissipative homoclinic loops of two-dimensional maps and strange attractors with one direction of instability. Commun. Pure. Appl. Math., 11: 1439-1496.

Wang Q D, Young L S. 2001. Strange attractors with one direction of instability. Commun. Math. Phys., 218: 1-97.

Wang Q D, Young L S. 2002. From invariant curves to strange attractors. Commun. Math. Phys., 225: 275-304.

Wang Q D, Young L S. 2013. Dynamical profile of a class of rank one attractors. Ergodic Theory and Dynamical Systems, 33(4): 1221-1264.

Wang Q D, Young L S. 2003. Strange attractors in periodically-kicked limit cycles and Hopf bifurcations. Commun. Math. Phys., 240: 509-529.

Wang Q D, Young L S. 2008. Toward a theory of rank one attractors. Ann. Math., 167: 349-480.

Wang Q D. 2020. Exponentially small splitting: A direct approach. J. Differential Equations, 269(1): 954-1036.

Wang R Q, Jing Z J. 2004. Chaos control of chaotic pendulum system. Chaos, Solitons and Fractals, 21(1): 201-207.

Wang R Q, Deng J, Jing Z J. 2006. Chaos control in duffing system. Chaos, Solitons and Fractals, 27: 249-257.

Wiggins S, Holmes P. 1987. Homoclinic orbits in slowly varying oscillators. SIAM J. Math. Anal., 18: 612-629.

Wiggins S, Holmes P. 1987. Periodic orbits in slowly varying oscillators. SIAM J. Math. Anal., 18: 592-611.

Wiggins S. 1988. Global Bifurcations and Chaos-Analytical Methods. New York: Springer-Verlag.

Wiggins S. 1990. Introduction to Applied Nonlinear Dynamical Systems and Chaos. New York: Springer-Verlag.

Wiggins S. 1994. Normally Hyperbolic Invariant Manifolds in Dynamical Systems. New York: Springer-Verlag.

Xia Z H. 1992. Melnikov method and transversal homoclinic points in the restricted three-body problem. J. Diff. Equat., 96: 170-184.

Xu J X, Yan R, Zhang W N. 2005. An algorithm for Melnikov functions and application to a chaotic rotor. SIAM J. Scientific Comput., 26(5): 1525-1546.

Xu P C, Jing Z J. 2000. Silnikov's orbit in coupled Duffing's systems. Chaos, Solitons and Fractals, 11(6): 853-858.

Xu P C, Jing Z J. 2011. Heteroclinic orbits and chaotic regions for Josephson system. J. Math. Anal. Appl., 376: 103-122.

Yagasaki K. 1993. Chaotic motions near homoclinic manifolds and resonant tori in quasiperiodic perturbations of planar Hamiltonian systems. Physica D, 69: 232-269.

Yagasaki K. 1994. Homoclinic motions and chaos in the quasiperiodically forced van der pol-Duffing oscillator with single well potential. Proc. Roy. Soc. London Ser. A., 445: 597-617.

Yagasaki K. 1995. Bifurcations and chaos in a quasiperiodically forced beam: theory, simulation, and experiment. J. Sound and Vibration., 183: 1-31.

Yagasaki K. 1996. A simple feedback control system: bifurcations of periodic orbits and chaos. Nonlinear Dynamics, 9: 391-417.

Yagasaki K. 1996. Bifurcation of periodic orbits and chaos in a simple feedback control system. Nonlinear Dynamics., 9: 391-417.

Yagasaki K. 1996. Second-order averaging and Melnikov analyses for forced nonlinear oscillators. J. Sound Vibration., 190: 587-609.

Yagasaki K. 1999. The method of Melnikov for perturbations of multi-degree-of-freedom Hamiltonian systems. Nonlinearity, 12: 799-822.

Yagasaki K. 2002. Melnikov's method and codimension two bifurcations in forced oscillations. J. Diff. Equat., 185: 1-24.

Yagasaki K. 2003. Degenerate resonances in forced oscillators. Discrete Contin. Dyn. Syst. Ser. B., 3: 423-438.

Yang J P, Jing Z J. 2006. Complex dynamics in pendulum equation with parametric and external excitations(II). J. Bifur. Chaos, 16(10): 2887-2902.

Yang J P, Jing Z J. 2008. Inhibition of chaos in a pendulum equation. Chaos, Solitons and Fractals, 35: 726-737.

Yang J P, Jing Z J. 2009. Controlling chaos in a pendulum equation with ultra-subharmonic resonances. Chaos, Solitons and Fractals, 42: 1214-1226.

Yang J P, Jing Z J. 2009. Control of chaos in a three-well duffing system. Chaos, Solitons and Fractals, 41: 1311-1328.

Young L S. 1998. Statistical properties of dynamical systems with some hyperbolicity. Ann. Math., 147: 585-650.

Young L S. 2002. What are SRB measures, and which dynamical systems have them? J. Stat. Phys., 108: 733-754.

Zeng C C. 2000. Homoclinic orbits for a perturbed nonlinear Schrödinger equation. Comm. Pure Appl. Math., 53(10): 1222-1283.

Zeng W Y, Jing Z J. 1995. Exponential dichotomies and heteroclinic bifurcations in a degenerate cases. Science in China A., 25.

Zhao X H, Li J B. 1990. Stability of subharmonics and behaviour of bifurcations to chaos on toral Van der Pol equation. Acta Math. Appl., 6(1): 88-96.

Zhang W N. 1995. Fredholm alternative and exponential dichotomies for parabolic equations. J. Math. Anal. Appl., 191: 180-201.

Zhang W N. 2004. On nulls of perturbed Fredholm operators and degenerate homoclinic bifurcations. Science in China, A47(4): 617-627. (Chinese Version A34(2): 146-156.)

Zhao Y, Xie L L, Yiu K F C. 2009. An improvement on Marotto's theorem and its applications to chaotification of switching systems. Chaos Solitons Fractals, 39(5): 2225-2232.

Zhou Z, Wang J L, Jing Z J, Wang R Q. 2006. Complex dynamical behaviors in discrete-time recurrent neural networks with asymmetric connection matrix. J. Bifur. Chaos, 16(8): 2221-2233.

Zhu C R, Zhang W N. 2007. Linearly independent homoclinic bifurcations parameterized by a small function. J. Diff. Equat., 240: 38-57.

Zhu C R, Zhang W N. 2008. Computation of bifurcation manifolds of linearly independent homoclinic orbits. J. Diff. Equat., 245(7): 1975-1994.

《现代数学基础丛书》已出版书目

（按出版时间排序）

1　数理逻辑基础(上册)　1981.1　胡世华　陆钟万　著
2　紧黎曼曲面引论　1981.3　伍鸿熙　吕以辇　陈志华　著
3　组合论(上册)　1981.10　柯召　魏万迪　著
4　数理统计引论　1981.11　陈希孺　著
5　多元统计分析引论　1982.6　张尧庭　方开泰　著
6　概率论基础　1982.8　严士健　王隽骧　刘秀芳　著
7　数理逻辑基础(下册)　1982.8　胡世华　陆钟万　著
8　有限群构造(上册)　1982.11　张远达　著
9　有限群构造(下册)　1982.12　张远达　著
10　环与代数　1983.3　刘绍学　著
11　测度论基础　1983.9　朱成熹　著
12　分析概率论　1984.4　胡迪鹤　著
13　巴拿赫空间引论　1984.8　定光桂　著
14　微分方程定性理论　1985.5　张芷芬　丁同仁　黄文灶　董镇喜　著
15　傅里叶积分算子理论及其应用　1985.9　仇庆久等　编
16　辛几何引论　1986.3　J. 柯歇尔　邹异明　著
17　概率论基础和随机过程　1986.6　王寿仁　著
18　算子代数　1986.6　李炳仁　著
19　线性偏微分算子引论(上册)　1986.8　齐民友　著
20　实用微分几何引论　1986.11　苏步青等　著
21　微分动力系统原理　1987.2　张筑生　著
22　线性代数群表示导论(上册)　1987.2　曹锡华等　著
23　模型论基础　1987.8　王世强　著
24　递归论　1987.11　莫绍揆　著
25　有限群导引(上册)　1987.12　徐明曜　著
26　组合论(下册)　1987.12　柯召　魏万迪　著
27　拟共形映射及其在黎曼曲面论中的应用　1988.1　李忠　著
28　代数体函数与常微分方程　1988.2　何育赞　著
29　同调代数　1988.2　周伯壎　著